普通高等学校公共基础类“互联网+”规划教材

大学物理简明教程

（第4版）

主　编　赵近芳　王登龙

主　审　张承琚

本书资源使用说明

北京邮电大学出版社

·北京·

内容简介

本书是对"互联网+"立体化教材建设的探索成果.本书在"'十二五'普通高等教育本科国家级规划教材《大学物理学》"的基础上进行改编而成,并配以手机APP和网络教学平台等新的辅助教学手段,以及丰富的学习资源,便于各高校师生的教与学.

本书的内容包括纸质图书、依托手机APP和网络教学平台的电子资源.其中,纸质图书的内容有质点运动学、质点动力学(含部分流体力学)、刚体力学基础、机械振动与机械波、气体动理论、热力学基础、静电场、稳恒磁场、变化的电磁场、波动光学、狭义相对论和量子物理基础等12章;电子资源有AR资源、微课视频、习题参考答案、本章提要、拓展阅读、科学家介绍等.

本书可作为理工科院校、农林院校各专业的物理教材,也可作为综合大学和师范院校非物理专业的教材或参考书.

图书在版编目(CIP)数据

大学物理简明教程/赵近芳,王登龙主编.--4版.--北京:北京邮电大学出版社,2021.12
ISBN 978-7-5635-6557-3

Ⅰ.①大… Ⅱ.①赵… ②王… Ⅲ.①物理学—高等学校—教材 Ⅳ.①O4

中国版本图书馆CIP数据核字(2021)第230866号

策划编辑:唐咸荣 **责任编辑**:唐咸荣 **封面设计**:北方兄弟工作室

出版发行:北京邮电大学出版社
社　　址:北京市海淀区西土城路10号(100876)
电话传真:010-82333010 62282185(发行部) 010-82333009 62283578(传真)
网　　址:3.buptpress.com
电子信箱:buptpress3@163.com
经　　销:各地新华书店
印　　刷:三河市恒升印装有限公司
开　　本:787 mm×1 092 mm 1/16
印　　张:19.5
字　　数:485千字
版　　次:2021年12月第4版
印　　次:2021年12月第1次印刷

ISBN 978-7-5635-6557-3 定价:56.00元

如有质量问题请与发行部联系

第 4 版前言

承蒙兄弟院校的厚爱，"互联网＋"立体化教材《大学物理简明教程(第 3 版)》得到了全国上百所高等院校的使用，这是广大师生对这套教材的充分肯定，让编者倍感欣慰. 为了更好地建设这套教材，提高教学效率，增加教学手段，扩充知识，编者在第 3 版教材的互联网立体化建设基础上，做了进一步的尝试，除了 AR 扫描技术，又加入了二维码扫码技术，使更多的电子资源与教材进行充分的衔接，这极大地丰富了教材内容，可以更有效地帮助学生从互联网上获取更多的相关知识.

随着高考制度的改革，高中物理知识和数学知识有所变动. 例如，高等数学中的导数和积分的部分内容在高中已开始学习，物理知识则在难度上有所降低. 编者参考了近年来部分省(市)的高中物理教材，仔细研究了大学物理与高中物理最佳的结合体系和内容. 在第 4 版中，教材尽量保持了第 3 版的体系结构和内容，其主要区别在于以下几个方面.

(1)在例题方面做了适当的调整，替换了部分运算复杂、综合性较强的例题，选用了一些重在物理思想和方法应用的题目.

(2)在习题方面也做了改进，剔除了一些难度较大、答案存在歧义的习题.

(3)在第 2 章增加了 2.5 节"流体　伯努利方程"，以满足部分院校的教学需求，其他使用院校可选学.

(4)对全书的互联网立体化建设进行了改进，对内容进行了增加. 依托"九斗"APP，教材提供了 AR 交互动画、微视频、拓展阅读、科学家简介等资源，全方位地为老师和学生提供教与学上的服务. 为了提高学生的学习主动性，教材还把部分附录、本章提要和习题参考答案都搬上了互联网，通过这些大胆创新，可以帮助学生提高从互联网获取知识的能力.

(5)教材与课程建设紧密结合，配备了一套具有特色的教学资源. 主要包括多媒体课件、电子教案和教学大纲、网络课件、组卷题库系统等.

(6)教材以二维码的方式，融合了课程思政，其内容包括我国著名物理学家的主要成就和优秀事迹，以及我国在物理学领域取得重大科研成果的项目. 学生在学习过程中，通过这些内容，可以了解我国科学家们在物理学领域做出的贡献，了解我国在物理学领域取得的重大成就，从而激发民族自豪感，提高学习积极性.

不同院校不同专业的物理教学计划可能存在差异，在使用本教材时可根据具体情况对内容进行重组或取舍，一般可掌握在32～96学时范围内.

大学物理课程是理工科大学生的一门重要基础课，对于非物理专业的读者来说，在以后的工作中可能不会直接运用物理学的定律和公式去解决实际问题，但是编者相信读者在今后的工作和生活当中，都将会从所学到的物理学知识及物理学研究方法中得到益处、受到启迪，甚至激发出灵感. 考虑到学时较少的特点，本教材叙述尽量简明扼要，难度适中. 其中标 * 的内容，视专业需要和学时情况可由任课老师自行取舍.

全书包括质点运动学、质点动力学、刚体力学基础、机械振动与机械波、气体动理论、热力学基础、静电场、稳恒磁场、变化的电磁场、波动光学、狭义相对论和量子物理基础等 12 章. 每章的习题部分均含有选择题、填空题和解答题等三种题型，题量和难易程度适中.

本书的编写分工如下：由张志纯编写质点运动学、质点动力学、刚体力学基础；杨友田编写气体动理论、热力学基础和量子物理基础；胡柯编写静电场、稳恒磁场、变化的电磁场；王登龙编写机械振动与机械波、波动光学和狭义相对论；最后由赵近芳教授和王登龙教授负责全书的修改和定稿工作. 张承琚教授对本书进行了审稿，提出了许多宝贵意见. 在修订过程中，苏文华、余燕、马双武老师参与了讨论和编写，提出了许多宝贵意见. 范军怀、唐咸荣构思并设计了全书在线课程教学资源的结构与配置，苏梓安、韩霞参与了 AR 及动画方案的设计，杜立、马飞、刘国辉编辑了教学资源的内容，肖玉坤审查了全书配套的教学资源. 在教材编写过程中，不少学校的老师们也提出了很好的建议和要求，尤其是得到了北京航空航天大学、北京邮电大学、厦门大学、华南理工大学、武汉理工大学、中北大学、江汉大学、中南大学、湘潭大学、南华大学、云南大学、长沙理工大学、中南林业科技大学等学校老师的帮助和指导. 北京邮电大学出版社有关人员在本书的编辑出版过程中付出了大量的劳动. 在此一并致谢.

编写全新的“互联网＋”立体化教材是一种探索，由于编者水平有限，如教材中有不妥和疏漏之处，恳请读者批评指正，以便再版时改进.

CONTENTS 目录

第1章 质点运动学

本章提要

质点运动学的任务是研究和描述做机械运动的物体在空间的位置随时间变化的关系，并不追究运动发生的原因．本章在引入参考系、坐标系、质点等概念的基础上，定义描述质点运动的物理量，如位置矢量、位移、速度和加速度等，进而讨论这些量随时间的变化以及相互关系，然后讨论曲线运动中的切向加速度和法向加速度，最后介绍相对运动．

§1.1 参考系 坐标系 物理模型

一、运动的绝对性和相对性

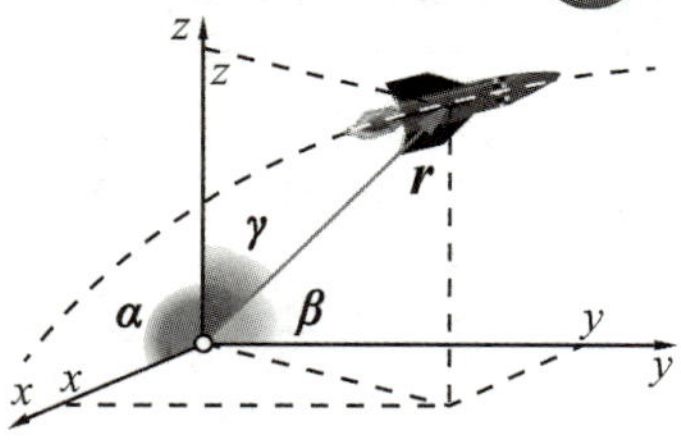

质点运动的描述

众所周知,运动是物质的存在形式,运动是物质的固有属性,任何物体在任何时刻都在不停地运动着.从这种意义上讲,运动是绝对的.例如,地球在自转的同时绕太阳公转,太阳又相对于银河系中心以大约 250 km·s^{-1}的速率运动,而我们所处的银河系又相对于其他星系以大约 600 km·s^{-1}的速率运动着.总之,绝对不运动的物体是不存在的.

然而运动又是相对的,因为通常研究的物体的运动,都是在一定的环境和特定的条件下的运动.例如,一列火车开动了,这显然是指火车相对于地球(车站)而言的,因此离开特定的环境、特定的条件谈论运动没有任何意义.

为了描述物体的运动必须作三点准备,即选择参考系、建立坐标系、提出物理模型.

二、参考系

运动是绝对的,但运动的描述却是相对的.因此,在确定研究对象的位置时,必须先选定一个物体(或相对静止的几个物体)作为标准,那么这个被选作标准的物体或物体群,就称为**参考系**.

同一物体的运动,如果所选的参考系不同,对其运动的描述就会不同.例如,在匀速直线运动的车厢中自由下落的物体,相对于车厢是做直线运动;相对于地面,却是做抛物线运动;相对于太阳或其他天体,其运动的描述则更为复杂.这一事实充分说明了运动的描述是相对的.

从运动学的角度讲,参考系的选择是任意的,通常以对问题的研究最方便、最简单为原则.研究地球上物体的运动,在大多数情况下,以地球为参考系最为方便(以后如不作特别说明,研究地面上物体的运动,都是以地球为参考系).但是,在地球上发射人造天体时,则应以太阳为参考系.

三、坐标系

要想定量地描述物体的运动,就必须在参考系上建立适当的坐标系.在力学中常用的坐标系是直角坐标系.根据需要,也可选用极坐标系、自然坐标系、球面坐标系或柱面坐标系等.下面简要介绍直角坐标系和自然坐标系.

1. 直角坐标系

直角坐标系也称笛卡儿坐标系,它由三条共点且互相垂直的射线组成(见图 1-1);三条射线的交点 O 称为坐标系的原点,三条射线分别称为坐标系的 x、y、z

坐标轴；三个坐标轴的方向分别由三个单位矢量 $\boldsymbol{i}$、$\boldsymbol{j}$、$\boldsymbol{k}$ 表示. 如果物体局限在一个平面内运动，通常用二维直角坐标系（只有两个独立坐标或独立参量）来定量描述其运动情况.

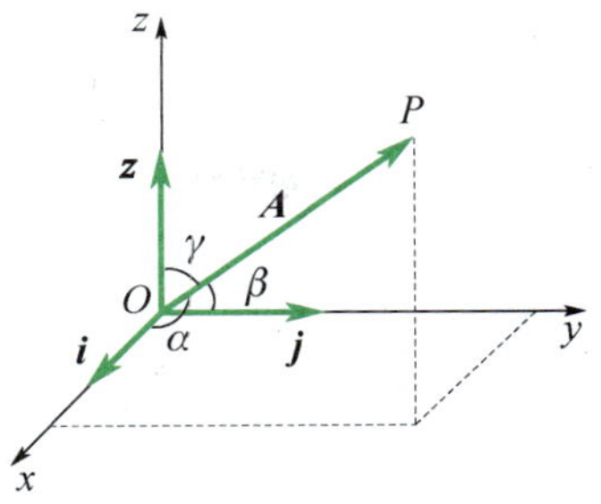

图 1－1　直角坐标系

在直角坐标系中，任意矢量 $\boldsymbol{A}$ 可以表示为

$$\boldsymbol{A}=A_x\boldsymbol{i}+A_y\boldsymbol{j}+A_z\boldsymbol{k}. \qquad (1-1)$$

矢量的大小或模表示为

$$|\boldsymbol{A}|=\sqrt{A_x^2+A_y^2+A_z^2}. \qquad (1-2)$$

矢量的方向也可以由它与三个坐标轴之间的夹角（α,β,γ）来表示，因此，这三个夹角的余弦也称为矢量的方向余弦. 在直角坐标系中，方向余弦满足关系

$$\cos^2\alpha+\cos^2\beta+\cos^2\gamma=1. \qquad (1-3)$$

同时，在直角坐标系中，坐标轴的单位矢量是常矢量，因此满足

$$\frac{\mathrm{d}\boldsymbol{i}}{\mathrm{d}t}=\boldsymbol{0},\quad \frac{\mathrm{d}\boldsymbol{j}}{\mathrm{d}t}=\boldsymbol{0},\quad \frac{\mathrm{d}\boldsymbol{k}}{\mathrm{d}t}=\boldsymbol{0}. \qquad (1-4)$$

2. 自然坐标系

如图 1－2 所示，当质点运动轨迹为已知时，在运动轨迹上任取一点 O 为坐标原点，用质点距离原点的轨道长度 s 来确定质点任意时刻的位置，以轨迹切向和法向的单位矢量（$\boldsymbol{\tau}_0$、$\boldsymbol{n}_0$）作为其独立的坐标方向，这样的坐标系称为**自然坐标系**. s 称为**自然坐标**. 以后将会看到，用自然坐标来描述一般曲线运动，是很方便的.

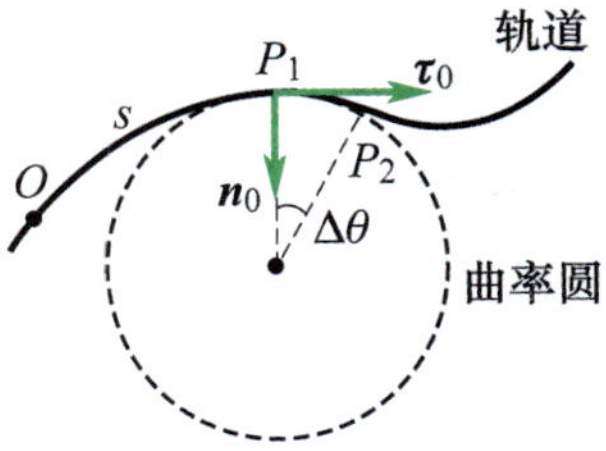

图 1－2　自然坐标系

物理中的模型化

总的说来，当参考系选定后，无论选择何种坐标系，物体的运动性质都不会改变. 然而，坐标系选择得当，可使计算简化.

四、物理模型

任何一个真实的物理过程都是极其复杂的. 为了寻找某过程中最基本的规律，需要根据所提问题（或所要回答的问题），对真实过程进行理想化的简化，然后经过抽象来提出一个可用数学描述的物理模型.

现在所提的问题是确定物体在空间的位置. 若物体的尺度比它运动的空间范围小很多，如绕太阳公转的地球和调度室中铁路运行图上的列车等，或当物体做平动时，物体上各部分的运动情况（轨迹、速度、加速度）完全相同，则这时可以忽略物体的形状、大小而把它看成是一个具有一定质量的几何点，称为**质点**.

若物体的运动在上述两种情形之外，则可用**质点系**来描述. 即把这个物体看成是由许许多多满足第一种情况的质点组成的系统. 把组成这个物体的各个质点的运动情况弄清楚了，整个物体的运动情况也就弄清楚了.

综上所述，**选择合适的参考系，以方便确定物体的运动性质；建立恰当的坐标系，以定量地描述物体的运动；提出较准确的物理模型，以确定所提问题最基本的运动规律.**

*五、国际单位制和量纲

科研设备介绍

郭守敬望远镜

各国使用的单位制种类繁多，这给国际科学技术交流带来很大不便. 为此，在第十四届国际计量大会上选择了 7 个物理量作为**基本量**，规定其相应单位为**基本单位**，并在此基础上建立了国际单位制(SI). 我国国务院在 1984 年把国际单位制的单位定为法定计量单位.

国际单位制的 7 个基本量为长度、质量、时间、电流、热力学温度、物质的量和发光强度.

有了基本单位，通过物理量的定义或物理定律就可导出其他物理量的单位. 从基本量导出的量称为**导出量**，相应的单位称为**导出单位**. 例如，速度的国际单位是 $\mathrm{m \cdot s^{-1}}$，力的国际单位是 N，用基本单位表示为 $\mathrm{kg \cdot m \cdot s^{-2}}$. 因为导出量是由基本量导出的，所以导出量可用基本量的某种组合(乘、除、幂等)表示. 这种由基本量的组合来表示物理量的式子称为该物理量的**量纲式**，如果用 L，M 和 T 分别表示长度、质量和时间，则力学中其他物理量的量纲式可表示为

$$[Q] = \mathrm{L}^p \mathrm{M}^q \mathrm{T}^r.$$

例如，在国际单位制中力的量纲式为

$$[F] = \mathrm{LMT}^{-2}.$$

量纲式和量纲在物理学中很有用处. 只有量纲式相同的量才能相加、相减或用等式相连，这一法则称为**量纲法则**. 所以我们可以用量纲法则进行单位换算，检验新建方程或公式的正确性和完整性；还可用量纲法则为探索复杂的物理规律提供线索. 量纲分析法在科学研究中具有重要作用.

在物理学中，除采用国际单位制以外，基于不同需要，还常用其他一些非法定计量单位. 如长度在原子线度和光波中常用"埃"(Å)作单位：

$$1\ \text{Å} = 10^{-10}\ \mathrm{m}.$$

在国家标准 GB 3102 中明确指出"推荐使用纳米(nm)". 对于原子核线度，常用"飞米"(fm)作单位：

$$1\ \mathrm{nm} = 10^{-9}\ \mathrm{m}, \quad 1\ \mathrm{fm} = 10^{-15}\ \mathrm{m}.$$

在天体物理中，常用 Au(天文单位)和 l. y. (光年)作长度单位. 1 Au 定义为地球和太阳的平均距离，1 l. y. 是光在 1 年时间内通过的距离，即

$$1\ \mathrm{Au} = 1.496 \times 10^{11}\ \mathrm{m},$$

$$1\ \mathrm{l.\,y.} = 9.46 \times 10^{15}\ \mathrm{m}.$$

§1.2 位矢 位移 速度 加速度

一、位置矢量

为了表示运动质点的位置，首先应该选取参考系，然后在参考系上选定坐标系的原点和坐标轴. 图1－3 中点 P 在直角坐标系中的位置可由三个坐标 x, y, z 确定，或者用从原点 O 到 P 点的有向线段 $\overrightarrow{OP} = \boldsymbol{r}$ 表示，矢量 $\boldsymbol{r}$ 叫作**位置矢量**(简称**位矢**，又称**矢径**). 相应地，坐标 x, y, z 也就是位矢 $\boldsymbol{r}$ 在坐标轴上的三个分量.

在直角坐标系中，位矢 $\boldsymbol{r}$ 可以表示成

$$\boldsymbol{r} = x\boldsymbol{i} + y\boldsymbol{j} + z\boldsymbol{k}. \tag{1-5}$$

式中，$\boldsymbol{i}, \boldsymbol{j}, \boldsymbol{k}$ 分别表示沿 x, y, z 轴正方向的单位矢量. 位矢 $\boldsymbol{r}$ 的大小为

$$|\boldsymbol{r}| = r = \sqrt{x^2 + y^2 + z^2}, \tag{1-6}$$

位矢的方向余弦是

$$\cos\alpha=\frac{x}{r},\quad \cos\beta=\frac{y}{r},\quad \cos\gamma=\frac{z}{r}.$$

质点的机械运动是质点的空间位置随时间变化的过程. 这时质点的坐标 x,y,z 和位矢 $\boldsymbol{r}$ 都是时间 t 的函数. 表示运动过程的函数关系式称为**运动方程**,可以写成

$$x=x(t),\quad y=y(t),\quad z=z(t),\tag{1-7a}$$

或

$$\boldsymbol{r}=\boldsymbol{r}(t).\tag{1-7b}$$

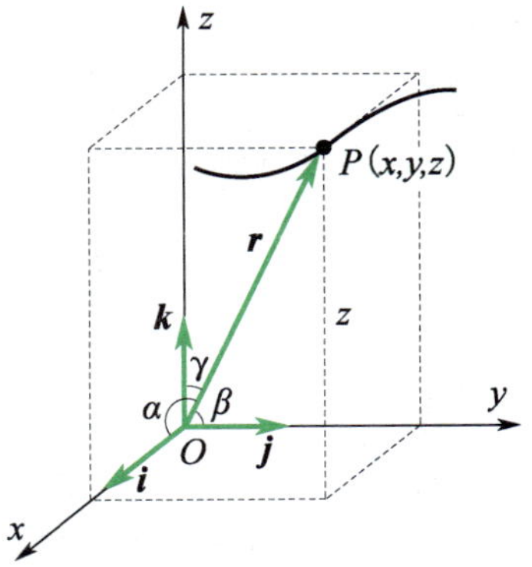

图 1-3　直角坐标系下的位矢

知道了运动方程,就能确定任一时刻质点的位置,从而确定质点的运动. 力学的主要任务之一,正是根据各种问题的具体条件,求解质点的运动方程.

质点在空间的运动路径称为**轨道**(又称为**轨迹**). 质点的轨道为直线时,质点的运动称为直线运动. 质点的轨道为曲线时,质点的运动称为曲线运动. 从(1-7a)式中消去 t 即可得到**轨道方程**,又称为**轨迹方程**. (1-7a)式就是轨道的参数方程.

轨道方程和运动方程最明显的区别,就在于轨道方程不是时间 t 的显函数.

例 1-1

已知某质点的运动方程为 $\boldsymbol{r}(t)=x(t)\boldsymbol{i}+y(t)\boldsymbol{j}$,其中 $x(t)=3\sin\frac{\pi}{6}t$,$y(t)=3\cos\frac{\pi}{6}t$,式中 t 以 s 计,x,y 均以 m 计,求质点的轨道方程.

解　从 x,y 两式中消去 t 后,得轨道方程

$$x^2+y^2=9.$$

这表明质点是在 $z=0$ 的平面内,做以原点为圆心、半径为 3 m 的圆周运动.

二、位移

如图 1-4 所示,设质点沿曲线轨道 $\overset{\frown}{AB}$ 运动,在 t 时刻质点在 A 处,在 $t+\Delta t$ 时刻质点运动到 B 处. A,B 两点的位矢分别由 $\boldsymbol{r}_1$ 和 $\boldsymbol{r}_2$ 表示,质点在 Δt 时间间隔内位矢的增量

$$\Delta\boldsymbol{r}=\boldsymbol{r}_2-\boldsymbol{r}_1,\tag{1-8}$$

称为**位移**,它是描述物体位置变动大小和方向的物理量,在图 1-4 中就是由起始位置 A 指向终止位置 B 的一个矢量. 位移是矢量,它的运算遵循平行四边形定则(或三角形定则).

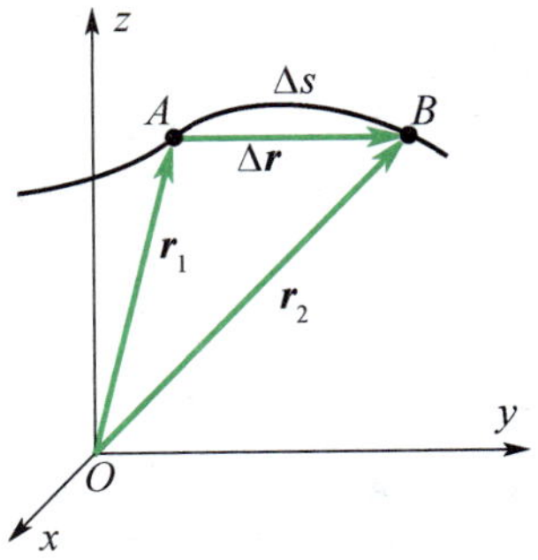

图 1-4　位移

位移和路程的计算及理解

如图 1-5 所示,位移的模只能记作 $|\Delta\boldsymbol{r}|$,不能记作 Δr. Δr 通常表示两个位矢的模的增量,即 $\Delta r=|\boldsymbol{r}_2|-|\boldsymbol{r}_1|$,而 $|\Delta\boldsymbol{r}|$ 则是位矢增量的模(即位移的模),而且在通常情况下 $|\Delta\boldsymbol{r}|\neq\Delta r$.

必须注意,位移表示物体位置的改变量,并非质点所经过的路程. 例如,在图 1-4 中,位移是有向线段 $\overrightarrow{AB}$,它的量值 $|\Delta\boldsymbol{r}|$ 为线段 AB 的长度. 路程是标量,即曲线弧

$\widehat{AB}$的长度，通常记作 Δs. 一般说来，$|\Delta \boldsymbol{r}| \neq \Delta s$. 显然，只有在 Δt 趋近于零时，才有 $|\mathrm{d}\boldsymbol{r}| = \mathrm{d}s$. 应当指出，即使在 $\Delta t \to 0$ 时，$|\mathrm{d}\boldsymbol{r}| = \mathrm{d}r$ 这个等式也不成立.

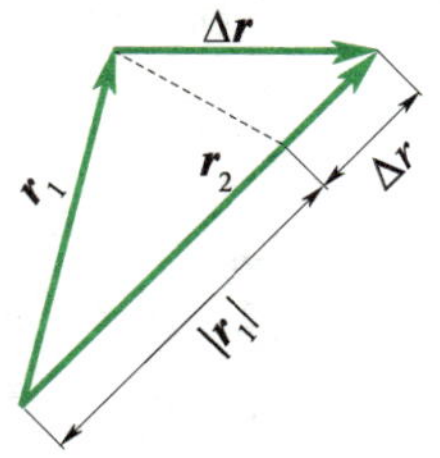

图 1-5 位移的大小

在直角坐标系中，位移的表达式为

$$\begin{aligned}\Delta \boldsymbol{r} &= (x_2 - x_1)\boldsymbol{i} + (y_2 - y_1)\boldsymbol{j} + (z_2 - z_1)\boldsymbol{k} \\ &= \Delta x\boldsymbol{i} + \Delta y\boldsymbol{j} + \Delta z\boldsymbol{k},\end{aligned} \tag{1-9}$$

位移的模为

$$|\Delta \boldsymbol{r}| = \sqrt{(x_2 - x_1)^2 + (y_2 - y_1)^2 + (z_2 - z_1)^2}. \tag{1-10}$$

位移和路程的单位均是长度的单位，国际单位制中为 m.

三、速度

研究质点的运动，不仅要知道质点的位移，还必须知道在多长一段时间内通过这段位移，亦即要知道质点运动的快慢程度.

如图 1-4 所示，在时刻 t 到时刻 $t+\Delta t$ 这段时间内，质点的位移为 $\Delta \boldsymbol{r}$. 那么 $\Delta \boldsymbol{r}$ 与 Δt 的比值，称为质点在时刻 t 附近 Δt 时间内的**平均速度**，即

$$\bar{\boldsymbol{v}} = \frac{\overrightarrow{AB}}{\Delta t} = \frac{\Delta \boldsymbol{r}}{\Delta t}. \tag{1-11}$$

这就是说，平均速度的方向与位移 $\Delta \boldsymbol{r}$ 的方向相同，平均速度的大小与在相应的时间 Δt 内单位时间的位移大小相同.

显然，用平均速度描述物体的运动是比较粗糙的. 因为在 Δt 时间内，质点各个时刻的运动情况不一定相同，质点的运动可以时快时慢，方向也可以不断改变，平均速度不能反映质点运动的真实细节. 如果要精确地知道质点在某一时刻或某一位置的实际运动情况，则应使 Δt 尽量减小，即 $\Delta t \to 0$，用平均速度的极限值——**瞬时速度**(简称**速度**)来描述.

质点在某时刻或某位置的瞬时速度，等于该时刻附近 Δt 趋近于零时平均速度的极限值，数学表达式为

$$\boldsymbol{v} = \lim_{\Delta t \to 0} \frac{\Delta \boldsymbol{r}}{\Delta t} = \frac{\mathrm{d}\boldsymbol{r}}{\mathrm{d}t}. \tag{1-12}$$

可见，**速度等于位矢对时间的一阶导数.**

速度的方向就是 Δt 趋近于零时，平均速度 $\frac{\Delta \boldsymbol{r}}{\Delta t}$ 或位移 $\Delta \boldsymbol{r}$ 的极限方向，即沿质点所在处轨道的切线方向，并指向质点前进的一方.

速度是矢量，具有大小和方向. 描述质点运动时，常采用一个叫作**速率**的物理量. 速率是标量，等于质点在单位时间内所行经的路程，而不考虑质点运动的方向. 如图 1-4 所示，在 Δt 时间内质点所行经的路程为曲线弧 $\widehat{AB}$，设曲线弧 $\widehat{AB}$ 的长度为 Δs，那么，Δs 与 Δt 的比值就称为时刻 t 附近 Δt 时间内的**平均速率**，即

$$\bar{v} = \frac{\Delta s}{\Delta t}. \tag{1-13}$$

平均速率与平均速度不能等同看待. 例如，在某一段时间内，质点环行了一个闭合路径，显然质点的位移等于零，平均速度也为零，而质点的平均速率则不等

于零.

虽然如此，但在 $\Delta t\to 0$ 的极限条件下，曲线弧$\overset{\frown}{AB}$的长度 Δs 与线段 AB 的长度 $|\Delta\boldsymbol{r}|$ 相等，即在 $\Delta t\to 0$ 时，$\mathrm{d}s=|\mathrm{d}\boldsymbol{r}|$，所以**瞬时速率**

$$v=\lim_{\Delta t\to 0}\frac{\Delta s}{\Delta t}=\frac{\mathrm{d}s}{\mathrm{d}t}=\frac{|\mathrm{d}\boldsymbol{r}|}{\mathrm{d}t}=|\boldsymbol{v}|,\tag{1-14}$$

即瞬时速率就是瞬时速度的模.

在直角坐标系中，由(1-5)式可知，速度可表示成

$$\boldsymbol{v}=\frac{\mathrm{d}\boldsymbol{r}}{\mathrm{d}t}=\frac{\mathrm{d}x}{\mathrm{d}t}\boldsymbol{i}+\frac{\mathrm{d}y}{\mathrm{d}t}\boldsymbol{j}+\frac{\mathrm{d}z}{\mathrm{d}t}\boldsymbol{k}=v_x\boldsymbol{i}+v_y\boldsymbol{j}+v_z\boldsymbol{k},\tag{1-15}$$

式中，$v_x=\dfrac{\mathrm{d}x}{\mathrm{d}t}$，$v_y=\dfrac{\mathrm{d}y}{\mathrm{d}t}$，$v_z=\dfrac{\mathrm{d}z}{\mathrm{d}t}$分别叫作速度在 x，y，z 轴的分量. 这时速度的模可以表示成

$$v=|\boldsymbol{v}|=\sqrt{v_x^2+v_y^2+v_z^2}.\tag{1-16}$$

速度和速率在量值上都是长度与时间之比，在国际单位制中，其单位均为 $\mathrm{m\cdot s^{-1}}$.

四、加速度

在力学中，位矢 $\boldsymbol{r}$ 和速度$\boldsymbol{v}$ 都是描述物体机械运动的状态参量，即 $\boldsymbol{r}$ 和$\boldsymbol{v}$ 已知时，质点的力学运动状态就确定了. 下面即将引入的加速度概念则是用来描述速度矢量随时间变化快慢的物理量.

在变速运动中，物体的速度是随时间变化的. 这个变化可以是速度大小的变化，也可以是速度方向的变化，一般情况下速度的方向和大小都在变化. 加速度就是描述质点的速度(大小和方向)随时间变化快慢的物理量. 如图 1-6 所示，$\boldsymbol{v}_A$表示质点在时刻 t、位置 A 处的速度，$\boldsymbol{v}_B$表示质点在时刻 $t+\Delta t$、位置 B 处的速度. 从图 1-6 可以看出，在时间 Δt 内质点速度的增量为

$$\Delta\boldsymbol{v}=\boldsymbol{v}_B-\boldsymbol{v}_A.$$

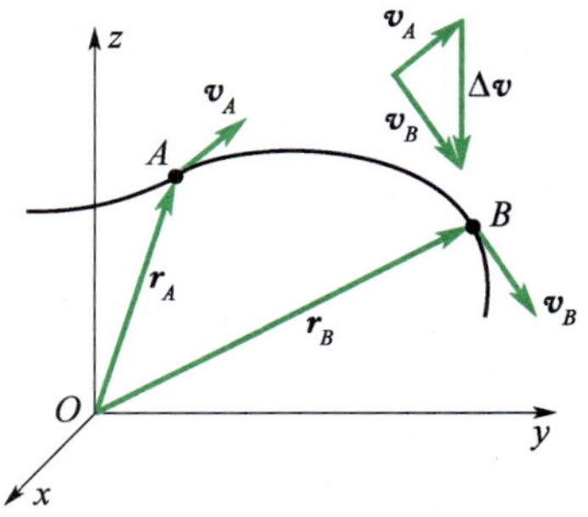

图 1-6 速度的增量

与平均速度的定义类似，比值 $\dfrac{\Delta\boldsymbol{v}}{\Delta t}$ 称为时刻 t 附近 Δt 时间内的**平均加速度**，即

$$\bar{\boldsymbol{a}}=\frac{\boldsymbol{v}_B-\boldsymbol{v}_A}{\Delta t}=\frac{\Delta\boldsymbol{v}}{\Delta t}.\tag{1-17}$$

平均加速度只是反映在时间 Δt 内速度的平均变化率. 为了准确地描述质点在某一时刻 t(或某一位置处)的速度变化率，须引入瞬时加速度.

质点在某时刻或某位置处的**瞬时加速度**(简称**加速度**)等于该时刻附近 Δt 趋近于零时平均加速度的极限值，其数学式为

$$\boldsymbol{a}=\lim_{\Delta t\to 0}\frac{\Delta\boldsymbol{v}}{\Delta t}=\frac{\mathrm{d}\boldsymbol{v}}{\mathrm{d}t}=\frac{\mathrm{d}^2\boldsymbol{r}}{\mathrm{d}t^2}.\tag{1-18}$$

可见，**加速度是速度对时间的一阶导数，或位矢对时间的二阶导数.**

在直角坐标系中，加速度的表示式为

$$\boldsymbol{a}=\frac{\mathrm{d}^2\boldsymbol{r}}{\mathrm{d}t^2}=\frac{\mathrm{d}^2x}{\mathrm{d}t^2}\boldsymbol{i}+\frac{\mathrm{d}^2y}{\mathrm{d}t^2}\boldsymbol{j}+\frac{\mathrm{d}^2z}{\mathrm{d}t^2}\boldsymbol{k}$$
$$=a_x\boldsymbol{i}+a_y\boldsymbol{j}+a_z\boldsymbol{k}, \tag{1-19}$$

式中，$a_x=\frac{\mathrm{d}v_x}{\mathrm{d}t}=\frac{\mathrm{d}^2x}{\mathrm{d}t^2}$，$a_y=\frac{\mathrm{d}v_y}{\mathrm{d}t}=\frac{\mathrm{d}^2y}{\mathrm{d}t^2}$，$a_z=\frac{\mathrm{d}v_z}{\mathrm{d}t}=\frac{\mathrm{d}^2z}{\mathrm{d}t^2}$，分别称为加速度在 x,y,z 轴的分量.加速度的模为

$$a=|\boldsymbol{a}|=\sqrt{a_x^2+a_y^2+a_z^2}. \tag{1-20}$$

加速度的方向是当 $\Delta t\to 0$ 时，平均加速度$\frac{\Delta\boldsymbol{v}}{\Delta t}$或速度增量的极限方向.

在国际单位制中，加速度的单位为 $\mathrm{m\cdot s^{-2}}$.

例 1-2

一质点在 xOy 平面上运动，运动方程为 $x=3t+5$，$y=\frac{1}{2}t^2+3t-4$，式中 t 以 s 计，x,y 均以 m 计.(1)以时间 t 为变量，写出质点位置矢量的表示式；(2)求出 $t=1$ s 时刻和 $t=2$ s 时刻的位置矢量，计算这 1 s 内质点的位移；(3)计算 $t=0$ s 时刻到 $t=4$ s 时刻内的平均速度；(4)求出质点速度矢量的表达式，计算 $t=4$ s 时质点的速度；(5)计算 $t=0$ s 时刻到 $t=4$ s 时刻质点的平均加速度；(6)求出质点加速度矢量的表示式，计算 $t=4$ s 时质点的加速度(请把位置矢量、位移、平均速度、瞬时速度、平均加速度、瞬时加速度都表示成直角坐标系中的矢量式).

解 (1)$\boldsymbol{r}=(3t+5)\boldsymbol{i}+\left(\frac{1}{2}t^2+3t-4\right)\boldsymbol{j}$ (m).

(2)将 $t=1$ s，$t=2$ s 分别代入上式即有

$$\boldsymbol{r}_1=8\boldsymbol{i}-0.5\boldsymbol{j}\ (\mathrm{m}),$$
$$\boldsymbol{r}_2=11\boldsymbol{i}+4\boldsymbol{j}\ (\mathrm{m}).$$

这 1 s 内质点的位移为

$$\Delta\boldsymbol{r}=\boldsymbol{r}_2-\boldsymbol{r}_1=3\boldsymbol{i}+4.5\boldsymbol{j}\ (\mathrm{m}).$$

(3) 因 $t=0$ s，$t=4$ s 的位置矢量分别为

$$\boldsymbol{r}_0=5\boldsymbol{i}-4\boldsymbol{j}(\mathrm{m}),\quad \boldsymbol{r}_4=17\boldsymbol{i}+16\boldsymbol{j}(\mathrm{m}),$$

所以平均速度为

$$\bar{\boldsymbol{v}}=\frac{\Delta\boldsymbol{r}}{\Delta t}=\frac{\boldsymbol{r}_4-\boldsymbol{r}_0}{4-0}=\frac{12\boldsymbol{i}+20\boldsymbol{j}}{4}\ \mathrm{m\cdot s^{-1}}$$
$$=3\boldsymbol{i}+5\boldsymbol{j}\ (\mathrm{m\cdot s^{-1}}).$$

(4)根据速度定义式有

$$\boldsymbol{v}=\frac{\mathrm{d}\boldsymbol{r}}{\mathrm{d}t}=3\boldsymbol{i}+(t+3)\boldsymbol{j}\ (\mathrm{m\cdot s^{-1}}),$$

则 $t=4$ s 时的速度为

$$\boldsymbol{v}_4=3\boldsymbol{i}+7\boldsymbol{j}\ (\mathrm{m\cdot s^{-1}}).$$

(5)因 $t=0$ s，$t=4$ s 的速度分别为

$$\boldsymbol{v}_0=3\boldsymbol{i}+3\boldsymbol{j}(\mathrm{m\cdot s^{-1}}),\quad \boldsymbol{v}_4=3\boldsymbol{i}+7\boldsymbol{j}(\mathrm{m\cdot s^{-1}}),$$

所以平均加速度为

$$\bar{\boldsymbol{a}}=\frac{\Delta\boldsymbol{v}}{\Delta t}=\frac{\boldsymbol{v}_4-\boldsymbol{v}_0}{4}=\frac{4\boldsymbol{j}}{4}\ \mathrm{m\cdot s^{-2}}=1\boldsymbol{j}\ \mathrm{m\cdot s^{-2}}.$$

(6)根据加速度定义式有

$$\boldsymbol{a}=\frac{\mathrm{d}\boldsymbol{v}}{\mathrm{d}t}=1\boldsymbol{j}\ \mathrm{m\cdot s^{-2}},$$

由此可见，该质点的加速度沿 y 轴正方向，且为恒量.

§ 1.3 曲线运动的描述

一、一般的平面曲线运动　切向加速度　法向加速度

质点做曲线运动时，$\Delta\boldsymbol{v}$ 的方向和$\frac{\Delta\boldsymbol{v}}{\Delta t}$的极限方向一般不同于速度$\boldsymbol{v}$ 的方向，而且在曲线运动中，加速度的方向总是指向曲线凹进的一边；如果速率是减小的($|\boldsymbol{v}_B|<|\boldsymbol{v}_A|$)，则 $\boldsymbol{a}$ 与$\boldsymbol{v}$ 的夹角为钝角；如果速率是增大的($|\boldsymbol{v}_B|>|\boldsymbol{v}_A|$)，则 $\boldsymbol{a}$ 与$\boldsymbol{v}$

的夹角为锐角；如果速率不变（$|\boldsymbol{v}_B|=|\boldsymbol{v}_A|$），则 $\boldsymbol{a}$ 与 $\boldsymbol{v}$ 的夹角为直角，如图 1－7 所示.

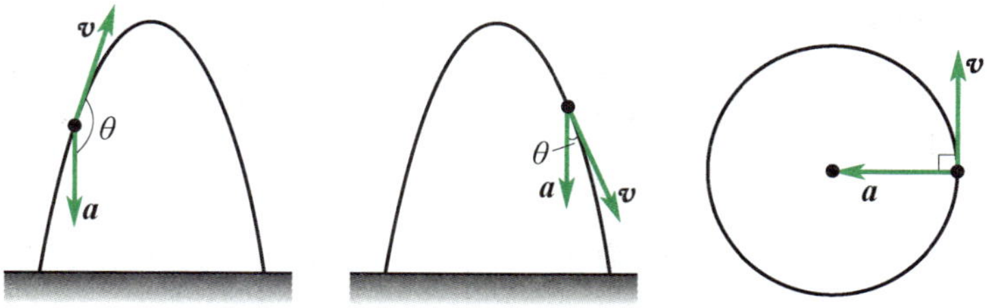

图 1－7　曲线运动中的加速度

切向加速度

为运算方便起见，常采用平面自然坐标系讨论加速度. 即将加速度沿着质点所处轨道的切线方向和法线方向进行分解，这样得到的加速度分量分别叫作**切向加速度**和**法向加速度**.

设质点的运动轨道如图 1－8(a)所示，t 时刻质点在 P_1 点，速度为 $\boldsymbol{v}_1$；$t+\Delta t$ 时刻质点运动到 P_2 点，速度为 $\boldsymbol{v}_2$. 设 P_1，P_2 两点邻切角为 $\Delta\theta$，在 Δt 时间内，速度增量为 $\Delta\boldsymbol{v}$. 图 1－8(b)表示了 $\boldsymbol{v}_1$，$\boldsymbol{v}_2$，$\Delta\boldsymbol{v}$ 三者之间的关系，图中 $\Delta\boldsymbol{v}$ 就是矢量 $\overrightarrow{BC}$. 如果在 $\overrightarrow{AC}$ 上截取 $|\overrightarrow{AD}|=|\overrightarrow{AB}|=|\boldsymbol{v}_1|$，记 $\overrightarrow{DC}$ 为 $\Delta\boldsymbol{v}_\tau$，则

$$|\Delta\boldsymbol{v}_\tau|=|\overrightarrow{DC}|=|\overrightarrow{AC}|-|\overrightarrow{AB}|=|\boldsymbol{v}_2|-|\boldsymbol{v}_1|=\Delta v,$$

即

$$|\Delta\boldsymbol{v}_\tau|=\Delta v,$$

其反映了速度模的增量. 作 $\overrightarrow{BD}$，并记作 $\Delta\boldsymbol{v}_n$，其反映了速度方向的增量. 于是速度增量 $\Delta\boldsymbol{v}$ 所包含的速度大小的增量和速度方向的增量这两个方面的含义，通过 $\Delta\boldsymbol{v}_\tau$ 和 $\Delta\boldsymbol{v}_n$ 得到了定量的描述，即 $\Delta\boldsymbol{v}=\Delta\boldsymbol{v}_\tau+\Delta\boldsymbol{v}_n$.

由图 1－8(c)可看出，当 $\Delta t\to 0$ 时，$\Delta\theta\to 0$，则 $\angle ABD\to\frac{\pi}{2}$，即在极限条件下，$\Delta\boldsymbol{v}_n$ 的方向垂直于过 P_1 点的切线，亦即沿曲线在 P_1 点的法线方向；同时，在 $\Delta\theta\to 0$ 的极限条件下，$\Delta\boldsymbol{v}_\tau$ 就是 $\boldsymbol{v}_1$ 的方向，亦即沿曲线在 P_1 点的切向方向.

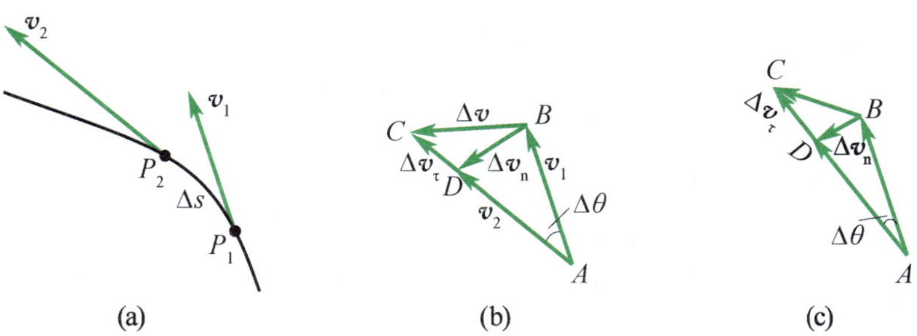

图 1－8　切向加速度与法向加速度

由图 1－8(c)还可看出，$\Delta\theta\to 0$ 时，$|\Delta\boldsymbol{v}_n|=v\Delta\theta$. 如果以 $\boldsymbol{n}_0$ 表示 P_1 点内法线方向的单位矢量，以 $\boldsymbol{\tau}_0$ 表示 P_1 点切线方向（且指向质点前进方向）的单位矢量，则有

$$\boldsymbol{a}=\lim_{\Delta t\to 0}\frac{\Delta \boldsymbol{v}}{\Delta t}=\lim_{\Delta t\to 0}\frac{\Delta \boldsymbol{v}_\tau}{\Delta t}+\lim_{\Delta t\to 0}\frac{\Delta \boldsymbol{v}_n}{\Delta t}$$

$$=\frac{dv}{dt}\boldsymbol{\tau}_0+v\frac{d\theta}{dt}\boldsymbol{n}_0, \tag{1-21}$$

由于$\frac{d\theta}{dt}=\frac{d\theta}{ds}\frac{ds}{dt}=v\frac{1}{\rho}$，式中$\rho=\frac{ds}{d\theta}$为过$P_1$点的曲率圆的曲率半径，则(1－21)式可写为

$$\boldsymbol{a}=\frac{dv}{dt}\boldsymbol{\tau}_0+\frac{v^2}{\rho}\boldsymbol{n}_0=\boldsymbol{a}_\tau+\boldsymbol{a}_n, \tag{1-22}$$

式中，$\boldsymbol{a}_\tau=\frac{dv}{dt}\boldsymbol{\tau}_0$，$\boldsymbol{a}_n=\frac{v^2}{\rho}\boldsymbol{n}_0$分别为加速度的**切向分量**和**法向分量**. $a_\tau=\frac{dv}{dt}$，反映速度大小的变化率；$a_n=\frac{v^2}{\rho}$，反映速度方向的变化率. 加速度的模为

$$|\boldsymbol{a}|=\sqrt{a_\tau^2+a_n^2}. \tag{1-23}$$

例 1－3

以速度$\boldsymbol{v}_0$平抛一小球，不计空气阻力，求t时刻小球的切向加速度量值a_τ，法向加速度量值a_n.

解 由图 1－9 可知

$$a_\tau=g\sin\theta=g\frac{v_y}{v}=g\frac{gt}{\sqrt{v_0^2+g^2t^2}}$$

$$=\frac{g^2t}{\sqrt{v_0^2+g^2t^2}};$$

$$a_n=g\cos\theta=g\frac{v_x}{v}=\frac{gv_0}{\sqrt{v_0^2+g^2t^2}}.$$

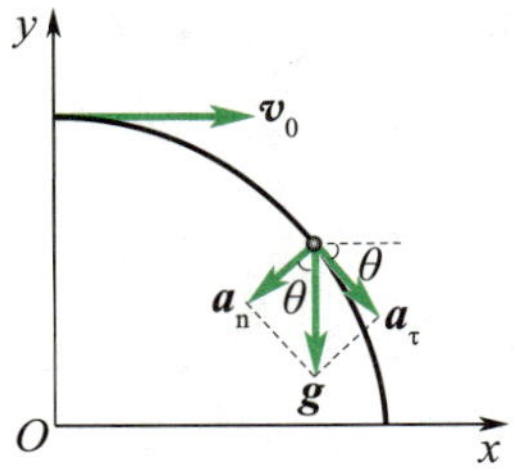

图 1－9 例 1－3 图

二、圆周运动 角速度 角加速度

质点做圆周运动时，由于其轨道的曲率半径处处相等，而速度方向始终在圆周的切线上，因此对圆周运动的描述，常常采用以平面自然坐标系为基础的线量描述和以平面极坐标系为基础的角量描述，现分别进行简单介绍.

在自然坐标系中，位矢$\boldsymbol{r}$是自然坐标s的函数，即

$$\boldsymbol{r}=\boldsymbol{r}(s).$$

如图 1－10 所示，O'为自然坐标系原点，$\boldsymbol{\tau}_0$和$\boldsymbol{n}_0$分别为切向单位矢量和法向单位矢量. 当$\Delta t\to 0$时，$|d\boldsymbol{r}|=ds$. 在自然坐标系中位移、速度可分别表示为

$$d\boldsymbol{r}=ds\boldsymbol{\tau}_0,\quad \boldsymbol{v}=\frac{d\boldsymbol{r}}{dt}=\frac{ds}{dt}\boldsymbol{\tau}_0=v\boldsymbol{\tau}_0. \tag{1-24}$$

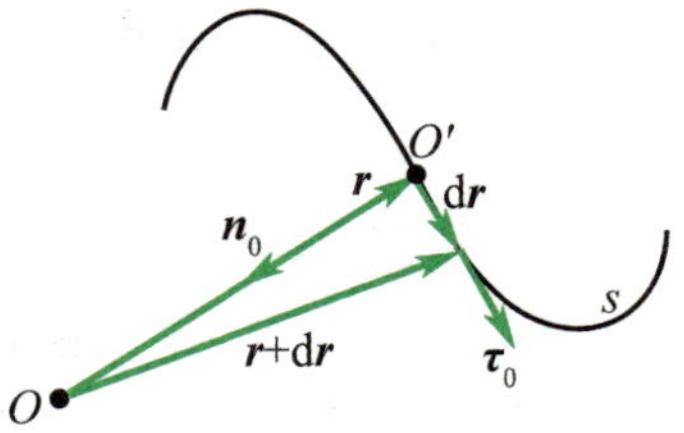

图 1－10 用自然坐标表示质点的位置

根据(1－22)式，圆周运动中的切向加速度和

法向加速度分别为

$$\begin{cases} \boldsymbol{a}_\tau = \dfrac{\mathrm{d}v}{\mathrm{d}t}\boldsymbol{\tau}_0 = \dfrac{\mathrm{d}^2 s}{\mathrm{d}t^2}\boldsymbol{\tau}_0, \\ \boldsymbol{a}_\mathrm{n} = \dfrac{v^2}{\rho}\boldsymbol{n}_0 = \dfrac{v^2}{R}\boldsymbol{n}_0, \end{cases} \tag{1-25}$$

式中，R 是圆形轨道的半径. 于是，所谓匀速圆周运动，就是指切向加速度为零的圆周运动，即匀速率圆周运动.

如果以圆心为**极点**，任引一条射线为**极轴**，那么质点位置对极点的矢径 $\boldsymbol{r}$ 与极轴的夹角 θ 就叫作质点的**角位置**，用 $\Delta\theta$ 表示位矢在 Δt 时间内转过的**角位移**. 角位移既有大小又有方向，其方向的规定为：右手四指弯曲，指向质点的旋转方向，与四指垂直的大拇指指向则表示角位移的方向，即角位移的方向是按右手螺旋定则规定的. 在图1－11 中，质点逆时针转动，这时角位移的方向垂直于纸面向外. 但可以证明，有限大小的角位移不是矢量（因为其合成不服从交换律），只有在 $\Delta t\to 0$ 时角位移才是矢量. 质点做圆周运动时，其角位移只有两种可能的方向，因此，可以在标量前冠以正、负号来表示角位移的方向. 过圆心作一垂直于圆面的直线，任选一个方向规定为坐标轴的正方向，则由上述规定的角位移，其方向与坐标轴正方向相同则为正号，反之则为负号. 在国际单位制中，角位移的单位是 rad（弧度）.

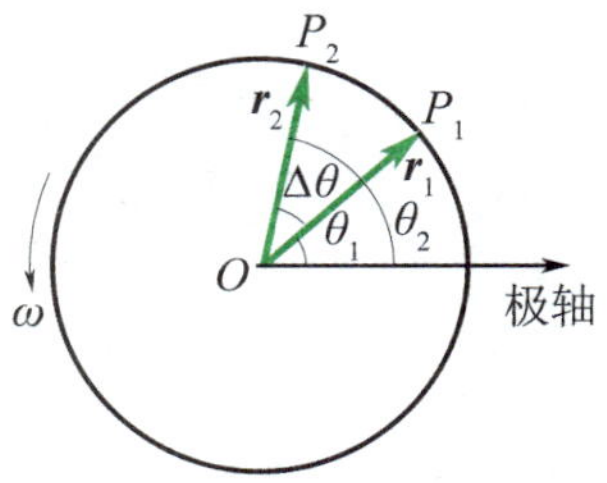

图 1－11　角位移

如前述引进速度和加速度的方法一样，我们也可以引进**角速度**和**角加速度**，分别为

$$\omega = \lim_{\Delta t\to 0}\frac{\Delta\theta}{\Delta t} = \frac{\mathrm{d}\theta}{\mathrm{d}t}, \tag{1-26}$$

$$\alpha = \lim_{\Delta t\to 0}\frac{\Delta\omega}{\Delta t} = \frac{\mathrm{d}\omega}{\mathrm{d}t} = \frac{\mathrm{d}^2\theta}{\mathrm{d}t^2}. \tag{1-27}$$

在国际单位制中，角速度的单位是 $\mathrm{rad\cdot s^{-1}}$，角加速度的单位是 $\mathrm{rad\cdot s^{-2}}$.

当质点做圆周运动时，R＝常数，只有角位置是时间 t 的函数，这样只需一个坐标（即角位置 θ）就可描述质点的位置. 这和质点的直线运动颇有些类似. 因此，也可比照匀变速直线运动的方法建立起描述匀角加速圆周运动的公式，即在匀角加速圆周运动中有

$$\begin{cases} \omega = \omega_0 + \alpha t, \\ \theta = \theta_0 + \omega_0 t + \dfrac{1}{2}\alpha t^2, \\ \omega^2 - \omega_0^2 = 2\alpha(\theta - \theta_0). \end{cases} \tag{1-28}$$

不难证明，在圆周运动中，线量和角量之间存在如下关系，即

$$\begin{cases} \mathrm{d}s = R\mathrm{d}\theta, \\ v = \dfrac{\mathrm{d}s}{\mathrm{d}t} = R\dfrac{\mathrm{d}\theta}{\mathrm{d}t} = R\omega, \\ a_\tau = \dfrac{\mathrm{d}v}{\mathrm{d}t} = R\dfrac{\mathrm{d}\omega}{\mathrm{d}t} = R\alpha, \\ a_\mathrm{n} = \dfrac{v^2}{R} = R\omega^2. \end{cases} \tag{1-29}$$

角速度的方向就是角位移矢量的方向，如图 1－12 所示. 按照矢量的矢积法则，角速度矢量与线速度矢量之间的关系为

$$\boldsymbol{v}=\boldsymbol{\omega}\times\boldsymbol{r},$$

如图 1－13 所示.

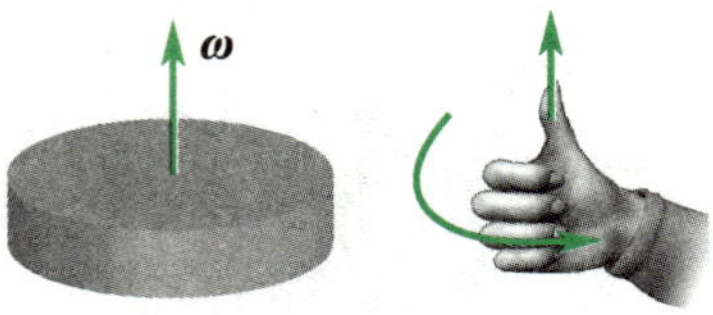

图 1－12　角速度方向

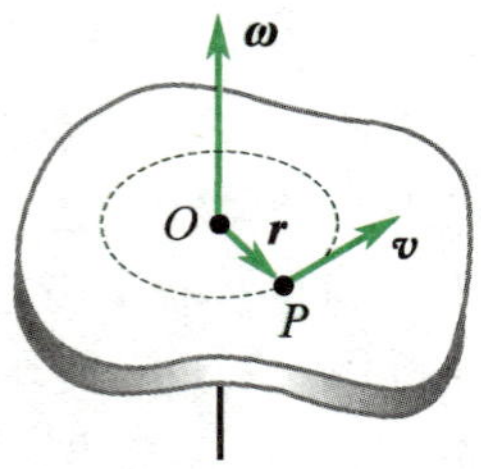

图 1－13　角速度矢量与线速度矢量的关系

例 1－4

一小球做匀减速圆周运动，初始转速 $n=1\ 500\ \mathrm{r\cdot min^{-1}}$，经 $t=50\ \mathrm{s}$ 后静止. (1)求角加速度 α 和从开始到静止的时间内小球的转数 N；(2)求 $t=25\ \mathrm{s}$ 时小球的角速度 ω；(3)设圆半径 $R=1\ \mathrm{m}$，求 $t=25\ \mathrm{s}$ 时小球的速度 v、切向加速度与法向加速度.

解　(1) 由题意知 $\omega_0=2\pi n=2\pi\times\dfrac{1\ 500}{60}\ \mathrm{rad\cdot s^{-1}}=50\pi\ \mathrm{rad\cdot s^{-1}}$，当 $t=50\ \mathrm{s}$ 时，$\omega=0$，故由(1－28)式可得

$$\alpha=\frac{\omega-\omega_0}{t}=\frac{-50\pi}{50}\ \mathrm{rad\cdot s^{-2}}=-\pi\ \mathrm{rad\cdot s^{-2}}$$
$$=-3.14\ \mathrm{rad\cdot s^{-2}}.$$

从开始到静止，小球的角位移及转数分别为

$$\theta-\theta_0=\omega_0 t+\frac{1}{2}\alpha t^2=50\pi\times 50\ \mathrm{rad}-\frac{\pi}{2}\times(50)^2\ \mathrm{rad}$$
$$=1\ 250\pi\ \mathrm{rad},$$
$$N=\frac{1\ 250\pi}{2\pi}\ \mathrm{r}=625\ \mathrm{r}.$$

(2) $t=25\ \mathrm{s}$ 时小球的角速度为

$$\omega=\omega_0+\alpha t=50\pi\ \mathrm{rad\cdot s^{-1}}-25\pi\ \mathrm{rad\cdot s^{-1}}$$
$$=25\pi\ \mathrm{rad\cdot s^{-1}}.$$

(3) $t=25\ \mathrm{s}$ 时小球的速度为

$$v=R\omega=1\times 25\pi\ \mathrm{m\cdot s^{-1}}=78.5\ \mathrm{m\cdot s^{-1}}.$$

相应的切向加速度和法向加速度分别为

$$a_\tau=R\alpha=-\pi\ \mathrm{m\cdot s^{-2}}=-3.14\ \mathrm{m\cdot s^{-2}},$$
$$a_n=R\omega^2=1\times(25\pi)^2\ \mathrm{m\cdot s^{-2}}$$
$$=6.16\times 10^3\ \mathrm{m\cdot s^{-2}}.$$

例 1－5

如图 1－14 所示，一飞机在高空 A 点时的水平速度为 $1\ 940\ \mathrm{km\cdot h^{-1}}$，沿近似于圆弧的曲线俯冲到 B 点，其速度为 $2\ 192\ \mathrm{km\cdot h^{-1}}$，所经历的时间为 3 s. 设 A 点到 B 点的圆弧的半径约为 3.5 km，且飞机从 A 点到 B 点的俯冲过程可视为匀变速率圆周运动. 若不计重力加速度的影响，求：(1)飞机在 B 点的加速度；(2)飞机由 A 点到达 B 点所经过的路程.

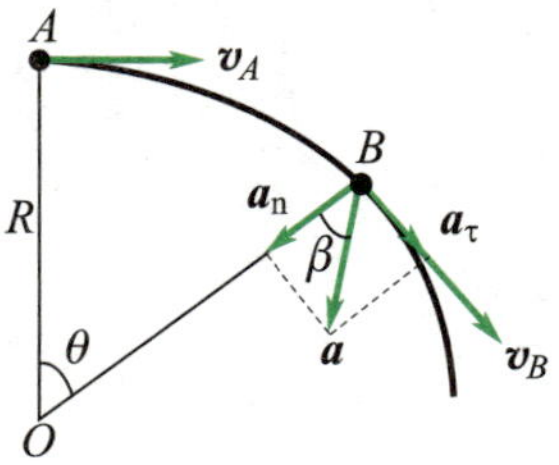

图 1－14　例 1－5 图

解　由已知，$v_A=1\ 940\ \mathrm{km\cdot h^{-1}}=539\ \mathrm{m\cdot s^{-1}}$，

$$v_B=2\ 192\ \mathrm{km\cdot h^{-1}}=609\ \mathrm{m\cdot s^{-1}},$$
$$R=3\ 500\ \mathrm{m},t=3\ \mathrm{s}.$$

(1) B 点的法向加速度：$a_n=\dfrac{v_B^2}{R}=\dfrac{609^2}{3\ 500}\ \mathrm{m\cdot s^{-2}}$

$$=106\ \mathrm{m\cdot s^{-2}};$$

B 点的切向加速度　$a_\tau=\dfrac{\mathrm{d}v}{\mathrm{d}t}$，

$$\int_{v_A}^{v_B}\mathrm{d}v=\int_0^t a_\tau\mathrm{d}t,$$

得　$a_\tau=\dfrac{v_B-v_A}{t}=\dfrac{609-539}{3}\ \mathrm{m\cdot s^{-2}}=23.3\ \mathrm{m\cdot s^{-2}}.$

B 点加速度

$$a=\sqrt{a_n^2+a_\tau^2}=\sqrt{106^2+23.3^2}\ \text{m}\cdot\text{s}^{-2}=109\ \text{m}\cdot\text{s}^{-2}.$$

$\boldsymbol{a}$ 和 $\boldsymbol{a}_n$ 的夹角　$\beta=\arctan\dfrac{a_\tau}{a_n}=12.4°$.

(2)因飞机的运动是初速为 v_A、加速度为 a_τ 的匀加速率圆周运动，故飞机由 A 点到 B 点所经过的路程为

$$s=v_A t+\frac{1}{2}a_\tau t^2=539\times3\ \text{m}+\frac{1}{2}\times23.3\times3^2\ \text{m}$$
$$=1\ 722\ \text{m}.$$

§ 1.4　运动学中的两类问题

一、由已知的运动方程求速度和加速度，求解这类问题主要运用求导的方法

运动学中的两类问题

例 1－6　已知一质点的运动方程为 $\boldsymbol{r}=3t\boldsymbol{i}-4t^2\boldsymbol{j}$，式中 $\boldsymbol{r}$ 以 m 计，t 以 s 计，求质点运动的轨道方程、速度和加速度.

解　将运动方程写成分量式

$$x=3t,\quad y=-4t^2.$$

消去参变量 t 得轨道方程：$4x^2+9y=0$，这是一条顶点在原点的抛物线，如图 1－15所示.

由速度定义得

$$\boldsymbol{v}=\frac{\mathrm{d}\boldsymbol{r}}{\mathrm{d}t}=3\boldsymbol{i}-8t\boldsymbol{j},$$

其模为 $v=\sqrt{3^2+(8t)^2}$，与 x 轴的夹角 $\theta=\arctan\dfrac{-8t}{3}$.

由加速度的定义得

$$\boldsymbol{a}=\frac{\mathrm{d}\boldsymbol{v}}{\mathrm{d}t}=-8\boldsymbol{j}\ \text{m}\cdot\text{s}^{-2},$$

即加速度的方向沿 y 轴负方向，大小为 8 $\text{m}\cdot\text{s}^{-2}$.

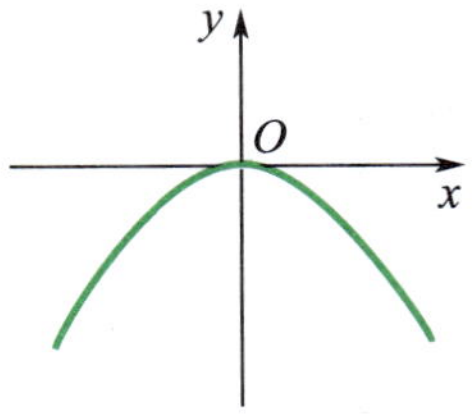

图 1－15　例 1－6 图

例 1－7　一质点沿半径为 1 m 的圆周运动，它通过的弧长 s 按 $s=t+2t^2$ 的规律变化. 问它在 2 s 末的速率、切向加速度和法向加速度各是多少？

解　由速率定义，有

$$v=\frac{\mathrm{d}s}{\mathrm{d}t}=1+4t.$$

将 $t=2$ s 代入上式，得 2 s 末的速率为

$$v=(1+4\times2)\ \text{m}\cdot\text{s}^{-1}=9\ \text{m}\cdot\text{s}^{-1},$$

其法向加速度为

$$a_n=\frac{v^2}{R}=81\ \text{m}\cdot\text{s}^{-2}.$$

由切向加速度的定义，得 $a_\tau=\dfrac{\mathrm{d}^2s}{\mathrm{d}t^2}=4\ \text{m}\cdot\text{s}^{-2}$，为一常数，则 2 s 末的切向加速度为 4 $\text{m}\cdot\text{s}^{-2}$.

二、已知加速度和初始条件，求速度和运动方程，求解这类问题要用积分的方法

例 1-8

一质点沿 x 轴运动，其加速度 $a=-kv^2$，式中 k 为正常数. 设 $t=0$ 时，$x=0$，$v=v_0$，求 v 和 x 作为 t 的函数的表示式.

解 因为 $dv=adt=-kv^2dt$，分离变量得

$$\frac{dv}{v^2}=-kdt,$$

积分得

$$kt=\frac{1}{v}+c_1.$$

因为 $t=0$ 时，$v=v_0$，所以 $c_1=-\frac{1}{v_0}$，代入上式，并整理得

$$v=\frac{v_0}{1+v_0kt}.$$

再由 $dx=vdt$，将 v 的表示式代入，并取积分得

$$x=\int\frac{v_0\,dt}{1+v_0kt}+c_2=\frac{1}{k}\ln(1+kv_0t)+c_2.$$

因为 $t=0$ 时，$x=0$，所以 $c_2=0$，于是

$$x=\frac{1}{k}\ln(1+kv_0t).$$

例 1-9

一质点从静止开始做圆周运动，角加速度 $\alpha=2+3t(\text{rad}\cdot\text{s}^{-2})$，圆周半径 $R=10$ cm. 求：(1)质点的角速度；(2)$t=2$ s 时质点的法向加速度、切向加速度和总加速度的大小.

解 (1)由 $\alpha=\frac{d\omega}{dt}$有 $\int_0^\omega d\omega=\int_0^t\alpha dt$ 得

$$\omega=\int_0^t\alpha dt=\int_0^t(2+3t)dt=2t+\frac{3}{2}t^2(\text{rad}\cdot\text{s}^{-1}).$$

(2)$t=2$ s 时角速度

$$\omega=2t+\frac{3}{2}t^2=10\ \text{rad}\cdot\text{s}^{-1}.$$

法向加速度 $a_n=\omega^2R=10\ \text{m}\cdot\text{s}^{-2}$.

$t=2$ s 时，角加速度

$$\alpha=2+3t=8\ \text{rad}\cdot\text{s}^{-2}.$$

切向加速度 $a_\tau=\alpha R=0.8\ \text{m}\cdot\text{s}^{-2}$.

总加速度的大小

$$a=\sqrt{a_n^2+a_\tau^2}=\sqrt{(10)^2+(0.8)^2}\ \text{m}\cdot\text{s}^{-2}$$
$$=10.03\ \text{m}\cdot\text{s}^{-2}.$$

*§1.5 相对运动

在 1.1 节中曾指出，选取不同的参考系，对同一物体运动的描述就会不同，这反映了运动描述的相对性. 下面研究同一质点在有相对运动的两个参考系中的位矢、速度和加速度之间的关系.

相对运动

当研究大轮船上物体的运动时，一方面既要知道该物体对于河岸的运动，另一方面又要知道该物体相对于轮船的运动. 为此，把河岸(地球)定义为静止参考系，而把轮船定义为运动参考系. 但是，当我们研究宇宙飞船的发射过程时，则只能把太阳作为静止参考系而把地球作为运动参考系. 这就是说，**“静止参考系”“运动参考系”的称谓都是相对的**. 在一般情况下，研究地面上物体的运动，把地球作为静止参考系比较方便.

当定义了静止参考系后，对于一个处于运动参考系中的物体，把它相对于静止参考系的运动称为**绝对运动**，把运动参考系相对于静止参考系的运动称为**牵连运动**，把物体相对于运动参考系的运动称为**相对运动**. 显然，这些称谓也是相对的.

如图 1－16 所示，设 S 为静止参考系，S' 为运动参考系. 为简单计，假定相应坐标轴保持相互平行，S' 相对于 S 沿 x 轴做直线运动. 这时两参考系间的相对运动情况，可用 S' 系的坐标原点 O' 相对于 S 系的坐标原点 O 的运动来代表. 设有一质点位于 S' 系中的 P 点，它对 S 系的位矢为 $\boldsymbol{r}$（绝对位矢），对 S' 系的位矢为 $\boldsymbol{r}'$（相对位矢），而 O' 点对 O 点的位矢为 $\boldsymbol{r}_0$（牵连位矢）. 由矢量加法的三角形定则可知，$\boldsymbol{r}, \boldsymbol{r}', \boldsymbol{r}_0$ 之间有如下关系

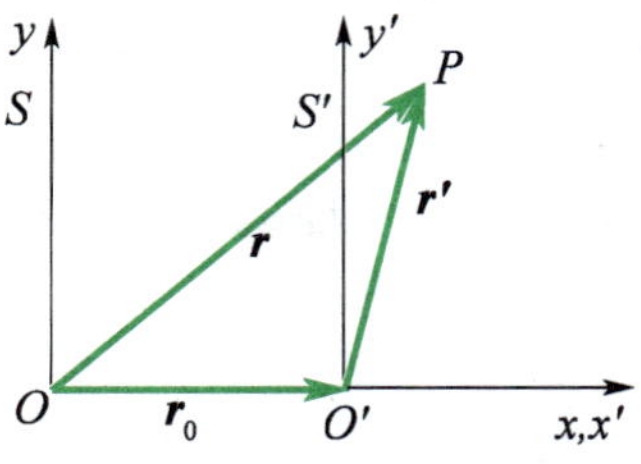

图 1－16　运动描述的相对性

雨中走还是跑淋雨少？

$$\boldsymbol{r} = \boldsymbol{r}_0 + \boldsymbol{r}', \tag{1-30}$$

即绝对位矢等于牵连位矢与相对位矢的矢量和.

将(1－30)式两边对时间求导，即可得

$$\boldsymbol{v} = \boldsymbol{v}_0 + \boldsymbol{v}', \tag{1-31}$$

式中，$\boldsymbol{v}$ **为绝对速度**，$\boldsymbol{v}_0$ **为牵连速度**，$\boldsymbol{v}'$ **为相对速度**.

将(1－31)式两边对时间再次求导，可得

$$\boldsymbol{a} = \boldsymbol{a}_0 + \boldsymbol{a}', \tag{1-32}$$

式中，$\boldsymbol{a}$ **为绝对加速度**，$\boldsymbol{a}_0$ **为牵连加速度**，$\boldsymbol{a}'$ **为相对加速度**.

需要说明的是，(1－30)、(1－31)、(1－32)三式所表示的位矢、速度和加速度的合成法则，只在物体的运动速度远小于光速时才成立. 当物体的运动速度可与光速相比时，上述三式不再成立，此时遵循的是相对论时空坐标、速度和加速度的变换法则. 另外，当两个参考系之间还有相对转动时，速度和加速度之间的关系要复杂得多，此处就不作讨论了.

当讨论处于同一参考系内质点系中各质点间的相对运动时，可以利用以上结论表示质点间的相对位矢和相对速度.

设某质点系由 A, B 两质点组成，它们对某一参考系的位矢分别为 $\boldsymbol{r}_A$ 和 $\boldsymbol{r}_B$，如图 1－17 所示. 质点系内 B 质点对 A 质点的位矢显然是由 A 引向 B 的矢量 $\boldsymbol{r}_{BA}$. 由图可知，由矢量减法的三角形定则，有

$$\boldsymbol{r}_{BA} = \boldsymbol{r}_B - \boldsymbol{r}_A, \tag{1-33}$$

$\boldsymbol{r}_{BA}$ 称为 B 对 A 的**相对位矢**.

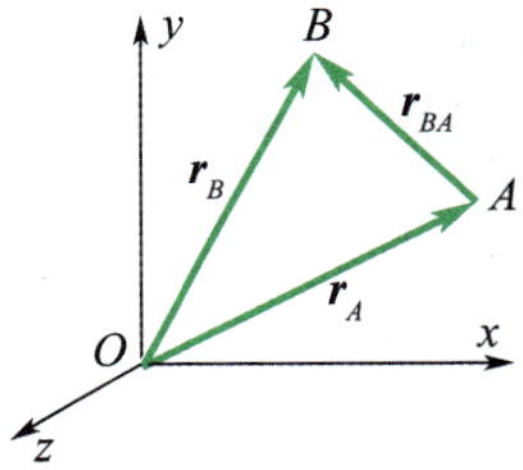

图 1－17　相对位矢

将(1－33)式对时间求一阶导数，可得 B 对 A 的相对速度为

$$\boldsymbol{v}_{BA} = \boldsymbol{v}_B - \boldsymbol{v}_A. \tag{1-34}$$

例 1－10

如图 1－18(a)所示，河宽为 L，河水以恒定速度 $\boldsymbol{u}$ 流动，岸边有 A，B 两码头，A，B 连线与岸边垂直，码头 A 处有船相对于水以恒定速率 v_0 开动. 证明：船在 A，B 两码头间往返一次所需时间为

$$t = \frac{\dfrac{2L}{v_0}}{\sqrt{1-\left(\dfrac{u}{v_0}\right)^2}}$$

（船换向时间不计）.

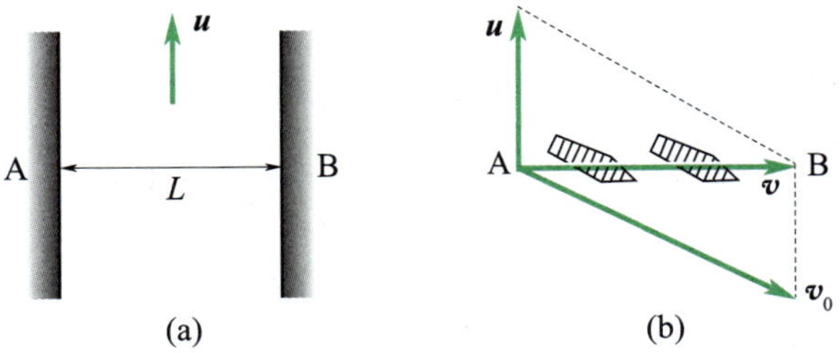

图 1－18　例 1－10 图

解 设船相对于岸边的速度(绝对速度)为$\boldsymbol{v}$,由题意知,$\boldsymbol{v}$的方向必须指向A,B连线,此时河水流速$\boldsymbol{u}$为牵连速度,船对水的速度$\boldsymbol{v}_0$为相对速度,于是有

$$\boldsymbol{v}=\boldsymbol{u}+\boldsymbol{v}_0.$$

据此作出矢量图,如图1-18(b)所示,知

$$v=\sqrt{v_0^2-u^2}.$$

读者自己可证当船由B返回A时,船对岸的速度的模亦由上式给出.因为在A,B两码头往返一次的路程为$2L$,故所需时间为

$$t=\frac{2L}{v}=\frac{2L}{\sqrt{v_0^2-u^2}}=\frac{\frac{2L}{v_0}}{\sqrt{1-\left(\frac{u}{v_0}\right)^2}}.$$

讨论:(1)若$u=0$,即河水静止,则$t=\frac{2L}{v_0}$.

(2)若$u=v_0$,即河水流速u等于船对水的速率v_0,则$t\to\infty$,即船由码头A(或B)出发后就永远不能再回到原出发点了.

(3)若$u>v_0$,则t为一虚数,这是没有物理意义的,即船不能在A,B间往返.

综合上述讨论可知,船在A,B间往返的必要条件是

$$v_0>u.$$

习 题 1

习题参考答案

1.选择题

(1)一运动质点在某瞬时位于矢径$\boldsymbol{r}(x,y)$的端点处,其速度大小为( ).

(A)$\frac{\mathrm{d}r}{\mathrm{d}t}$ (B)$\frac{\mathrm{d}\boldsymbol{r}}{\mathrm{d}t}$

(C)$\frac{\mathrm{d}|\boldsymbol{r}|}{\mathrm{d}t}$ (D)$\sqrt{\left(\frac{\mathrm{d}x}{\mathrm{d}t}\right)^2+\left(\frac{\mathrm{d}y}{\mathrm{d}t}\right)^2}$

(2)一质点做直线运动,某时刻的瞬时速度$v=2\ \mathrm{m\cdot s^{-1}}$,瞬时加速度$a=-2\ \mathrm{m\cdot s^{-2}}$,则1 s后质点的速度( ).

(A)等于零 (B)等于$-2\ \mathrm{m\cdot s^{-1}}$

(C)等于$2\ \mathrm{m\cdot s^{-1}}$ (D)不能确定

(3)一质点沿半径为R的圆周做匀速率运动,每隔t时间转一圈,在$2t$时间间隔中,其平均速度大小和平均速率大小分别为( ).

(A)$\frac{2\pi R}{t},\frac{2\pi R}{t}$ (B)$0,\frac{2\pi R}{t}$

(C)$0,0$ (D)$\frac{2\pi R}{t},0$

(4)质点做曲线运动,$\boldsymbol{r}$表示位置矢量,$\boldsymbol{v}$表示速度,$\boldsymbol{a}$表示加速度,s表示路程,a_τ表示切向加速度,现有下列表达式:

① $\mathrm{d}v/\mathrm{d}t=a$, ② $\mathrm{d}r/\mathrm{d}t=v$,

③ $\mathrm{d}s/\mathrm{d}t=v$, ④ $|\mathrm{d}\boldsymbol{v}/\mathrm{d}t|=a_\tau$.

下列说法中正确的是( ).

(A)只有①、④是对的 (B)只有②、④是对的

(C)只有②是对的 (D)只有③是对的

(5)一质点在平面上做一般曲线运动,其瞬时速度为$\boldsymbol{v}$,瞬时速率为v,某一时间内的平均速度为$\bar{\boldsymbol{v}}$,平均速率为$\bar{v}$,它们之间的关系必定有( ).

(A)$|\boldsymbol{v}|=v,|\bar{\boldsymbol{v}}|=\bar{v}$ (B)$|\boldsymbol{v}|\neq v,|\bar{\boldsymbol{v}}|=\bar{v}$

(C)$|\boldsymbol{v}|\neq v,|\bar{\boldsymbol{v}}|\neq\bar{v}$ (D)$|\boldsymbol{v}|=v,|\bar{\boldsymbol{v}}|\neq\bar{v}$

2.填空题

(1)一质点以$\pi\ \mathrm{m\cdot s^{-1}}$的匀速率做半径为5 m的圆周运动,则该质点在5 s内,位移的大小是________,经过的路程是________.

(2)一质点沿x轴方向运动,其加速度随时间的变化关系式为$a=3+2t$ (SI),如果初始时刻质点的速度$v_0=5\ \mathrm{m\cdot s^{-1}}$,则当$t=3$ s时,质点的速度$v=$________.

(3)一质点从静止出发沿半径$R=1$ m的圆周运动,其角加速度随时间t的变化关系式是$\alpha=12t^2-6t$ (SI),则质点的角速度$\omega=$________;切向加速度$a_\tau=$________.

(4)一质点做直线运动,其坐标 x 与时间 t 的关系曲线如题1.2(4)图所示.则该质点在第________秒瞬时速度为零;在第________秒至第________秒间速度与加速度同方向.

(5)一质点的速率表达式为 $v=1+s^2$,则在任一位置处其切向加速度 a_τ 为________.

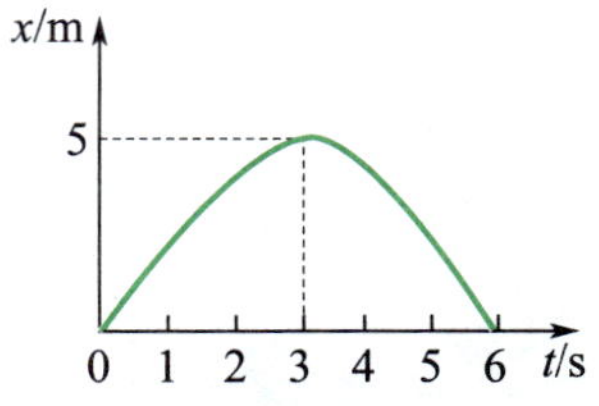

题 1.2(4)图

3. 解答题

1.3.1 下面几个质点运动方程,哪个是匀变速直线运动?

(1)$x=4t-3$;　　(2)$x=-4t^3+3t^2+6$;

(3)$x=-2t^2+8t+4$;　　(4)$x=2/t^2-4/t$.

写出这个匀变速直线运动在 $t=3$ s时的速度和加速度,并说明该时刻运动是加速的还是减速的.(x 单位为 m,t 单位为 s)

1.3.2 在以下几种运动中,质点的切向加速度、法向加速度以及加速度哪些为零?哪些不为零?

(1)匀速直线运动;(2) 匀速曲线运动;(3) 变速直线运动;(4) 变速曲线运动.

1.3.3 一质点沿 x 轴做直线运动,t 时刻的坐标为 $x=4.5t^2-2t^3$(SI).试求:(1)第 2 s 内的平均速度;(2)第 2 s 末的瞬时速度;(3) 第 2 s 内的路程.

1.3.4 两辆车 A 和 B 在笔直的公路上同向行驶,它们在同一起始线上同时出发,并且由出发点开始计时,行驶的距离 x(m)与行驶的时间 t(s)的函数关系式:A 为 $x_A=4t+t^2$,B 为 $x_B=2t^2+2t^3$,则它们刚离开出发点时,行驶在前面的车是哪辆车?并分别求出两辆车出发后行驶距离相同的时刻和出发后 B 车相对 A 车速度为零的时刻.

1.3.5 质点 P 在水平面内沿一半径为 $R=2$ m的圆形轨道转动,转动的角速度与时间 t 的函数关系式为 $\omega=kt^2$(k 为常量).已知 $t=2$ s时,质点 P 的速度大小为32 $\mathrm{m\cdot s^{-1}}$.试求 $t=1$ s时,质点 P 的速度与加速度的大小.

1.3.6 一石头从空中由静止下落,由于空气阻力,石头并非做自由落体运动.现已知加速度 $a=A-Bv$,式中 A,B 均为常量.试求石头的速度随时间的变化关系式.

1.3.7 质点沿 x 轴运动,其加速度和位置的关系为 $a=2+6x^2$,a 的单位为 $\mathrm{m\cdot s^{-2}}$,x 的单位为 m.质点在 $x=0$ 处,速度为 10 $\mathrm{m\cdot s^{-1}}$,试求质点在任意坐标处的速度大小.

1.3.8 已知一质点做直线运动,其加速度为 $a=4+3t$ ($\mathrm{m\cdot s^{-2}}$),开始运动时,$x_0=5$ m,$v_0=0$,求该质点在 $t=10$ s 时的速度和位置.

1.3.9 一质点沿半径为 1 m 的圆周运动,运动方程为 $\theta=2+3t^3$,式中 θ 以 rad 计,t 以 s 计.(1)求 $t=2$ s 时,质点的切向加速度和法向加速度;(2)当加速度的方向和半径成 45°角时,其角位移是多少?

1.3.10 质点沿半径为 R 的圆周按 $s=v_0t-\dfrac{1}{2}bt^2$ 的规律运动,式中,s 为质点与圆周上某点间的弧长,v_0,b 都是常量.求:(1)t 时刻质点的加速度;(2)t 为何值时,加速度在数值上等于 b.

1.3.11 一质点在半径为 0.4 m 的圆形轨道上自静止开始做匀角加速转动,其角加速度为 $\alpha=0.2\ \mathrm{rad\cdot s^{-2}}$.求 $t=2$ s 时质点的速度、法向加速度、切向加速度和合加速度.

***1.3.12** 一船以速率 $v_1=30\ \mathrm{km\cdot h^{-1}}$沿直线向东行驶,另一小艇在其前方以速率 $v_2=40\ \mathrm{km\cdot h^{-1}}$沿直线向北行驶.问在船上看小艇的速度为多少?在艇上看船的速度又为多少?

第2章 质点动力学

本章提要

第1章讨论了物体运动的描述，并没有涉及运动的原因. 实际上，运动是物质本身的属性，而运动又是千差万别的. 物体如何运动则取决于物体之间的相互作用. 研究物体之间的相互作用，以及由于这种相互作用所引起的物体运动状态变化的规律，则是动力学的任务.

在将物体抽象为质点及物体的运动速度远小于光速的前提下，本章主要讨论牛顿运动定律以及物体间相互作用的空间累积效应和时间累积效应，从而引出相关的动量守恒定律和机械能守恒定律，最后介绍质点的角动量定理和角动量守恒定律.

§ 2.1　牛顿运动定律

一、牛顿第一定律

牛顿第一定律指出：**任何物体将保持其原来静止或匀速直线运动状态直到有外力迫使它改变这种运动状态为止.** 物体的这种保持原有运动状态的特性称为**惯性**. 任何物体在任何状态下都具有惯性，**惯性是物体的固有属性**. 牛顿第一定律又称为**惯性定律**.

实验表明，一所受合外力为零的质点并不是在任何参考系中都能保持加速度为零的静止或匀速直线运动状态. 例如，观察一个做加速运动的车厢内的水平光滑桌面上的小球运动，则小球相对于车厢参考系有加速度，而相对于地面参考系，其加速度为零，如图 2 - 1 所示.

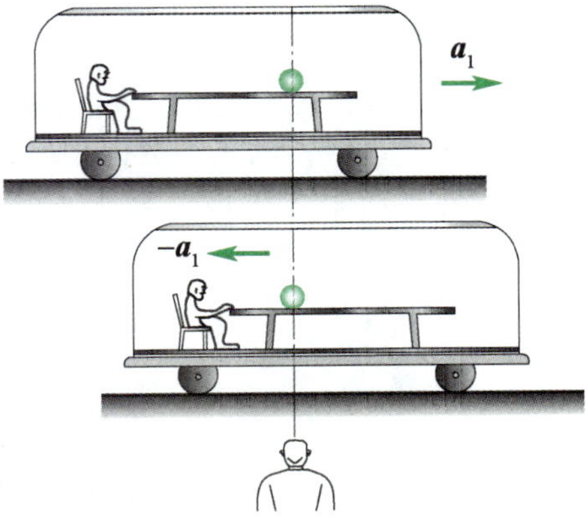

图 2 - 1　在加速运动的车厢内惯性定律不成立

上述现象表明惯性定律只能在某些特殊参考系中成立. 我们通常把所受合外力为零的质点相对于它静止或做匀速直线运动的参考系称为**惯性参考系**，简称惯性系. 上例中的地面就是惯性系，而加速运动的车厢不是惯性系.

那么，哪些参考系是惯性系呢？严格地讲，要根据大量的观察和实验结果来判断.

地球是最常用的惯性系. 但精确观察表明，地球不是严格的惯性系，离地球最近的恒星是太阳，两者相距约 1.5×10^{11} m. 由于太阳的存在，使地球具有约 $5.9\times10^{-3}\ \mathrm{m\cdot s^{-2}}$ 的公转加速度，地球的自转加速度更大，约为 $3.4\times10^{-2}\mathrm{m\cdot s^{-2}}$. 但对大多数精度要求不很高的实验来说，上述效应可以忽略，地球可以作为近似程度很好的惯性系.

太阳参考系是比地球参考系精确度更高的惯性系. 但对地面附近物体的运动，通常选取地球作为惯性系.

可以证明，凡相对于某惯性系静止或做匀速直线运动的其他参考系都是惯性系.

牛顿

如何从运动的车里跳下来？

自然界中的科里奥利效应

二、牛顿第二定律

牛顿第二定律的理解

牛顿第二定律指出：**物体受到外力作用时，它所获得的加速度 $\boldsymbol{a}$ 的大小与合外力 $\boldsymbol{F}$ 的大小成正比，与物体的质量 m 成反比；加速度 $\boldsymbol{a}$ 的方向与合外力 $\boldsymbol{F}$ 的方向相同.**

牛顿第二定律的数学形式为

$$\boldsymbol{F} = km\boldsymbol{a}, \tag{2-1}$$

比例系数 k 与单位制有关，在国际单位制中 $k=1$.

牛顿第一定律只是说明任何物体都具有惯性，但没有给予惯性的度量. 牛顿第二定律指出，同一个外力作用在不同的物体上，质量大的物体获得的加速度小，质量小的物体获得的加速度大. 这意味着质量大的物体要改变其运动状态比较困难，质量小的物体要改变其运动状态比较容易. 因此，**质量就是物体惯性大小的量度**. 牛顿第二定律中的质量也常被称为**惯性质量**.

任何两个物体之间都存在着引力作用，万有引力定律的数学形式为

$$\boldsymbol{F} = -G\frac{m_1 m_2}{r^2}\boldsymbol{r}_0, \tag{2-2}$$

式中，$G=6.67\times10^{-11}\ \mathrm{N\cdot m^2\cdot kg^{-2}}$，称为引力常量；$r$ 为两质点间的距离；负号表示 m_1 对 m_2 的引力方向总是与 m_2 对 m_1 的矢径方向相反；m_1，m_2 称为**引力质量**.

牛顿等许多人做过实验，都证明引力质量等于惯性质量. 所以今后在经典力学的讨论中不再区分引力质量和惯性质量. 惯性质量与引力质量等价是广义相对论的基本出发点之一.

三、牛顿第三定律

牛顿第三定律指出：**当物体 A 以力 $\boldsymbol{F}_1$ 作用在物体 B 上时，物体 B 也必定同时以力 $\boldsymbol{F}_2$ 作用在物体 A 上. $\boldsymbol{F}_1$ 和 $\boldsymbol{F}_2$ 大小相等，方向相反，且力的作用线在同一直线上，即**

确定论系统中的随机行为

$$\boldsymbol{F}_1 = -\boldsymbol{F}_2. \tag{2-3}$$

对于牛顿第三定律，必须注意如下几点.

①作用力与反作用力总是成对出现，且作用力与反作用力之间的关系是一一对应的.

是否能逆风行舟？

②作用力与反作用力分别作用在两个物体上，因此绝对不是一对平衡力.

③作用力与反作用力一定是同一性质的力. 如果作用力是万有引力，那么反作用力也一定是万有引力；如果作用力是摩擦力，那么反作用力也一定是摩擦力；如果作用力是弹力，那么反作用力也一定是弹力.

四、牛顿运动定律的应用

牛顿第二定律描述的是力和加速度间的瞬时关系. 它指出只要物体所受合外力不为零，物体就有相应的加速度，力改变时相应的加速度也随之改变，当物体所受合外力为恒量时，物体的加速度是常数.

牛顿第二定律 $\boldsymbol{F}=m\boldsymbol{a}=m\dfrac{\mathrm{d}^2\boldsymbol{r}}{\mathrm{d}t^2}$ 是矢量式. 在具体运算时，一般先要选定合适的坐标系，然后将牛顿第二定律写成该坐标系的分量式. 例如，在直角坐标系中它的分量式为

$$\begin{cases} F_x = ma_x = m\dfrac{\mathrm{d}v_x}{\mathrm{d}t} = m\dfrac{\mathrm{d}^2 x}{\mathrm{d}t^2}, \\ F_y = ma_y = m\dfrac{\mathrm{d}v_y}{\mathrm{d}t} = m\dfrac{\mathrm{d}^2 y}{\mathrm{d}t^2}, \\ F_z = ma_z = m\dfrac{\mathrm{d}v_z}{\mathrm{d}t} = m\dfrac{\mathrm{d}^2 z}{\mathrm{d}t^2}. \end{cases} \tag{2-4}$$

中国物理学家

钱伟长

在研究曲线运动时，也可用自然坐标系中的切向分量和法向分量式

$$\begin{cases} F_\tau = ma_\tau = m\dfrac{\mathrm{d}v}{\mathrm{d}t}, \\ F_n = ma_n = m\dfrac{v^2}{\rho}, \end{cases} \tag{2-5}$$

式中，F_τ，F_n 分别代表切向分力和法向分力的大小.

牛顿第二定律概括了力的叠加原理. 如果有几个力同时作用在一个物体上，则这些力的合力所产生的加速度等于这些分力单独作用在该物体上所产生的加速度的矢量和.

注意：牛顿运动定律只适用于质点模型，只在惯性系中成立. 可以证明，牛顿运动定律和后面将讨论的动量定理、动量守恒定律、动能定理、功能原理、机械能守恒定律、角动量定理和角动量守恒定律等都只在惯性系中成立. 并且牛顿运动定律只在低速（不考虑相对论效应时）、宏观（不考虑量子效应时）的情况下适用.

例 2-1　一细绳跨过一轴承光滑的定滑轮，绳的两端分别悬有质量为 m_1 和 m_2 的物体（$m_1<m_2$），如图 2-2 所示. 设滑轮和绳的质量可忽略不计，绳不能伸长，试求物体的加速度以及悬挂滑轮的绳中张力.

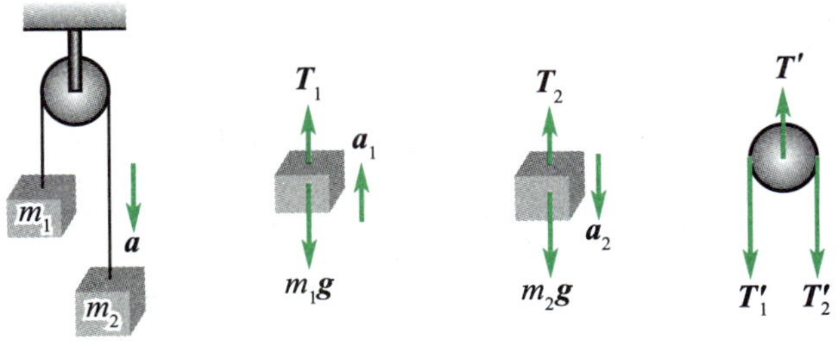

图 2-2　例 2-1 图

解　分别以 m_1、m_2 及滑轮为研究对象，其隔离体受力如图 2-2 所示.

对 m_1，它在绳子拉力 $\boldsymbol{T}_1$ 及重力 $m_1\boldsymbol{g}$ 作用下以加速度 $\boldsymbol{a}_1$ 向上运动，取向上为正方向，则有

$$T_1 - m_1 g = m_1 a_1. \quad ①$$

对 m_2，它在绳子拉力 $\boldsymbol{T}_2$ 及重力 $m_2\boldsymbol{g}$ 作用下以加速度 $\boldsymbol{a}_2$ 向下运动，以向下为正方向，则有

$$m_2 g - T_2 = m_2 a_2. \quad ②$$

由于定滑轮轴承光滑，滑轮和绳的质量可以略去，所以绳上各部分的张力都相等；又因为绳不能伸

长，所以 m_1 和 m_2 的加速度大小相等，即有

$$T_1 = T_2 = T, \quad a_1 = a_2 = a.$$

联立①和②两式得

$$a = \frac{m_2 - m_1}{m_1 + m_2}g, \quad T = \frac{2m_1 m_2}{m_1 + m_2}g.$$

由牛顿第三定律知：$T_1' = T_1 = T, T_2' = T_2 = T$，又考虑到定滑轮质量不计，所以有

$$T' = 2T = \frac{4m_1 m_2}{m_1 + m_2}g.$$

容易证明：

$$T' < (m_1 + m_2)g.$$

例 2-2

如图 2-3(a)所示的圆锥摆，摆长为 l 的细绳一端固定在天花板上，另一端悬挂质量为 m 的小球，小球经推动后，在水平面内绕通过圆心 O 的竖直轴做角速率为 ω 的匀速率圆周运动. 问绳和竖直方向所成的角度 θ 为多少？空气阻力可忽略不计.

解 小球受重力和绳的拉力作用，如图 2-3(b)所示，根据牛顿第二定律有

$$\boldsymbol{T} + m\boldsymbol{g} = m\boldsymbol{a}. \quad ①$$

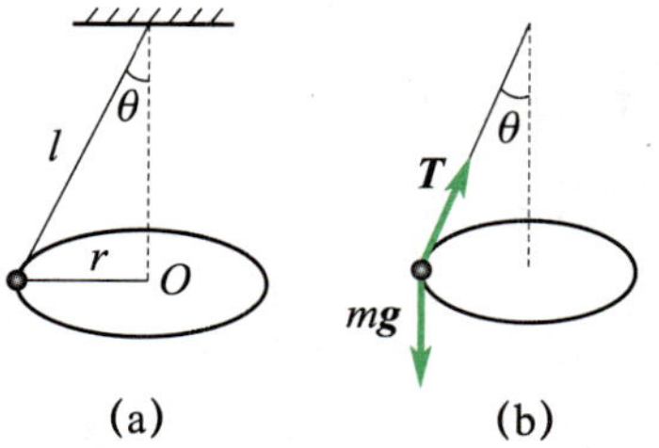

图 2-3 例 2-2 图

由于小球在水平面内做匀速率圆周运动，所以其加速度为法向加速度，方向总是指向圆心，而与法向垂直的竖直方向的加速度为零. 把①式在法向方向和竖直方向分解可得

$$T\sin\theta = ma_n = m\omega^2 r, \quad ②$$

$$T\cos\theta - mg = 0. \quad ③$$

由图知 $r = l\sin\theta$，故由②，③式可得

$$\cos\theta = \frac{g}{\omega^2 l},$$

$$\theta = \arccos\frac{g}{\omega^2 l}.$$

由此可见，ω 越大，绳与竖直方向所成的夹角 θ 也越大.

例 2-3

跳伞运动员在张伞前的俯冲阶段，由于受到随下落速度增加而增大的空气阻力，其下落速度不会像自由落体那样增大. 当空气阻力增大到与重力相等时，跳伞运动员就达到其下落的最大速度，称为终极速度. 一般在跳离飞机大约 10 s，下落 300～400 m 时，就会达到此速度(约为 50 m·s^{-1}). 设跳伞运动员下落时受到的空气阻力为 $F = kv^2$(k 为常量)，如图 2-4(a)所示. 试求跳伞运动员在任一时刻的下落速度.

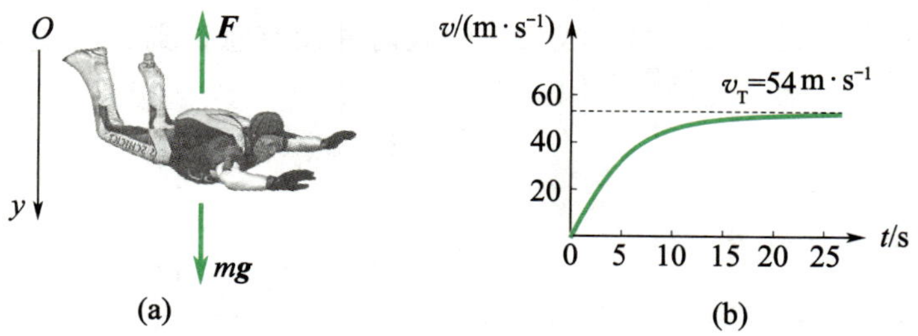

图 2-4 例 2-3 图

解 跳伞运动员的运动方程为

$$mg - kv^2 = m\frac{dv}{dt}.$$

显然，在 $kv^2 = mg$ 的条件下对应的速度即为终极速度，并用 v_T 表示，则

$$v_T = \sqrt{\frac{mg}{k}},$$

改写运动方程为

$$v_T^2 - v^2 = \frac{m\mathrm{d}v}{k\,\mathrm{d}t},$$

$$\frac{\mathrm{d}v}{v_T^2 - v^2} = \frac{k}{m}\mathrm{d}t.$$

因 $t=0$ 时，$v=0$；并设 t 时，速度为 v. 对上式两边取定积分

$$\int_0^v \frac{\mathrm{d}v}{v_T^2 - v^2} = \frac{k}{m}\int_0^t \mathrm{d}t = \frac{g}{v_T^2}\int_0^t \mathrm{d}t,$$

由基本积分公式得

$$\frac{1}{2v_T}\ln\frac{v_T + v}{v_T - v} = \frac{g}{v_T^2}t,$$

解得

$$v = \frac{1 - \mathrm{e}^{\frac{-2gt}{v_T}}}{1 + \mathrm{e}^{\frac{-2gt}{v_T}}}v_T.$$

当 $t \gg \frac{v_T}{2g}$ 时，$v \to v_T$.

设跳伞运动员质量 $m=70$ kg，测得终极速度 $v_T=54\ \mathrm{m\cdot s^{-1}}$，则可推算出

$$k = \frac{mg}{v_T^2} = 0.24\ \mathrm{kg\cdot m^{-1}}.$$

以此 v_T 值代入 $v(t)$ 的公式，可得到如图 2-4(b)所示的 $v-t$ 函数曲线.

§2.2　动量　动量守恒定律

牛顿第二定律给出了力的瞬时效应，本节将讨论力的时间积累效应，根据牛顿运动定律，导出单个质点和质点系的动量定理并进一步讨论动量守恒定律.

一、质点的动量定理

牛顿在研究碰撞过程中所建立起来的牛顿第二定律并不是大家熟知的 $\boldsymbol{F}=m\boldsymbol{a}$ 这种形式，而是

$$\boldsymbol{F} = \frac{\mathrm{d}}{\mathrm{d}t}(m\boldsymbol{v}),\tag{2-6}$$

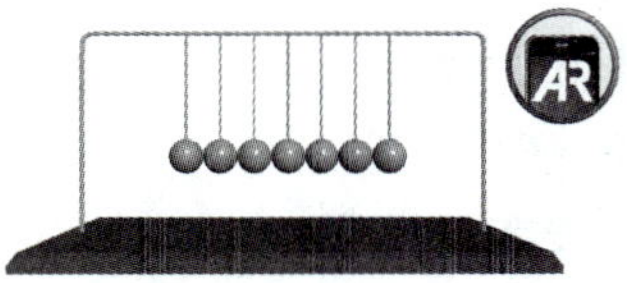

动量守恒定律

冲量与动量定理

在牛顿力学中，质量 m 是一个常数，$\boldsymbol{F}=m\boldsymbol{a}$ 在形式上与(2-6)式等价. 近代物理知识告诉我们，惯性质量与物体的运动状态有关，不能看成常数. 这就是说，从近代物理观点来看，(2-6)式具有更广泛的适应性.

但是，牛顿将他的第二定律写成(2-6)式时并没有意识到 m 不是常数，他采取(2-6)式的形式，是因为他认为"$m\boldsymbol{v}$"是一个独立的物理量. 乘积 $m\boldsymbol{v}$ 是由质量和速度联合确定的，如果引进 $\boldsymbol{p}=m\boldsymbol{v}$，那么(2-6)式可写成

$$\boldsymbol{F} = \frac{\mathrm{d}\boldsymbol{p}}{\mathrm{d}t}.\tag{2-7}$$

将(2-7)式分离变量得

$$\boldsymbol{F}\mathrm{d}t = \mathrm{d}\boldsymbol{p} = \mathrm{d}(m\boldsymbol{v}),$$

两边积分得

$$\int_{t_0}^{t}\boldsymbol{F}\mathrm{d}t = \int_{p_0}^{p}\mathrm{d}\boldsymbol{p} = \boldsymbol{p} - \boldsymbol{p}_0 = m\boldsymbol{v} - m\boldsymbol{v}_0.\tag{2-8}$$

可见，物理量 $\boldsymbol{p}=m\boldsymbol{v}$ 是不能由 m 和 $\boldsymbol{v}$ 的分离值取代的独立物理量. (2-8)式表明力对时间的积累效应使物体的 $m\boldsymbol{v}$ 发生了变化. 牛顿称 $m\boldsymbol{v}$ 为"运动之量"，通常简

称为**动量**.

动量是一个矢量,它的方向与物体的运动方向一致;动量也是一个相对量,与参考系的选择有关.在国际单位制中,动量的单位为 $kg \cdot m \cdot s^{-1}$.

若将(2-8)式中力对时间的积分 $\int_{t_0}^{t} \boldsymbol{F} dt$ 称为力的**冲量**,并且记作 $\boldsymbol{I}$,即 $\boldsymbol{I} = \int_{t_0}^{t} \boldsymbol{F} dt$,则(2-8)式又可写成

$$\boldsymbol{I} = \boldsymbol{p} - \boldsymbol{p}_0. \tag{2-9}$$

它表明**作用于物体上的合外力的冲量等于物体动量的增量**,这就是**质点的动量定理**.

动量定理在直角坐标系中的分量式为

$$\begin{cases} \int_{t_1}^{t_2} F_x dt = mv_{2x} - mv_{1x}, \\ \int_{t_1}^{t_2} F_y dt = mv_{2y} - mv_{1y}, \\ \int_{t_1}^{t_2} F_z dt = mv_{2z} - mv_{1z}. \end{cases} \tag{2-10}$$

值得注意的是,冲量是矢量.在恒力作用的情况下,冲量的方向与恒力方向相同.在变力情况下,Δt 时间内的冲量是各个瞬时冲量 $\boldsymbol{F} dt$ 的矢量和,即这时的冲量由 $\int_{t_0}^{t} \boldsymbol{F} dt$ 决定.但无论过程多么复杂,Δt 时间内的冲量总是等于这段时间内质点动量的增量,冲量的方向与动量的增量的方向相同.

动量定理在解决冲击和碰撞等问题时特别有用.将两物体在碰撞的瞬时相互作用的力称为冲力.由于在冲击和碰撞一类问题中,作用时间极短,冲力的值变化迅速,所以较难测量冲力的瞬时值(图2-5所表示的就是冲力瞬变的示意图).但是两物体在碰撞前后的动量和作用持续的时间都较容易测定.这样就可根据动量定理求出冲力的平均值,然后根据实际需要乘以一个保险系数就可以估算冲力的峰值.在实际问题中,如果作用时间极短,两物体内部间冲力远大于外部有限大小的主动冲力(如重力),则有限大小的主动冲力往往可以忽略而使问题得到简化.此外,在物体动量的变化量给定时,常常用延长(缩短)作用时间的方法来减小(增大)冲力.

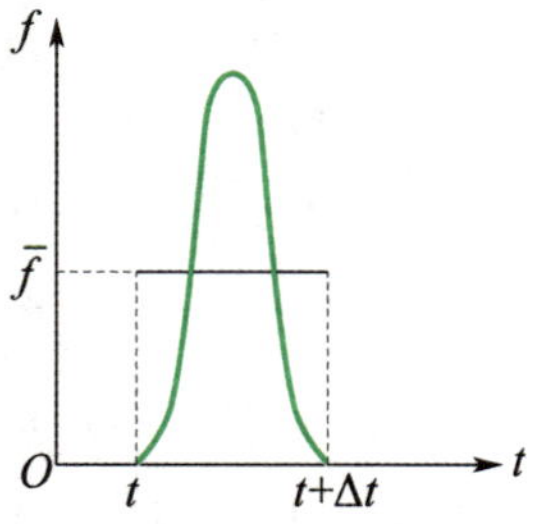

图 2-5　冲力示意图

二、质点系的动量定理

如果研究的对象是多个质点,则称为**质点系**.一个不能抽象为质点的物体也可认为是由多个(甚至无限个)质点所组成的.从这种意义上讲,力学又可分为质点力学和质点系力学.从现在开始将多次涉及质点系力学的某些内容.

当研究对象是质点系时,其受力就可分为"内力"和"外力".质点系内各质点之间的作用力称为**内力**(见图2-6),质

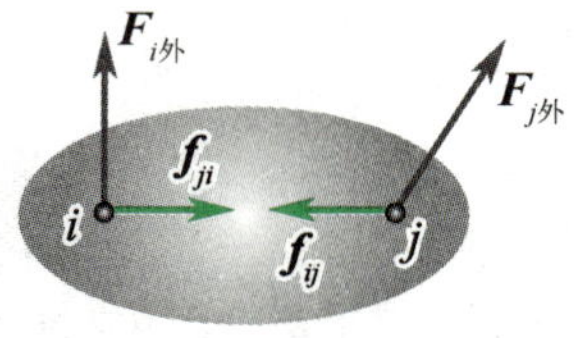

图 2-6　内力示意图

点系以外物体对质点系内质点的作用力称为**外力**. 由牛顿第三定律可知，质点系内质点间相互作用的内力必定是成对出现的，且每对作用内力都必沿两质点连线的方向. 这些就是研究质点系力学的基本观点.

设质点系是由有相互作用的 n 个质点组成的. 现考察第 i 个质点的受力情况. 首先考察 i 质点所受内力的矢量和. 设质点系内第 j 个质点对 i 质点的作用力为 $\boldsymbol{f}_{ji}$，则 i 质点所受内力为

$$\sum_{j=1,j\neq i}^{n} \boldsymbol{f}_{ji}. \tag{2-11}$$

若设 i 质点受到的外力为 $\boldsymbol{F}_{i外}$，则 i 质点受到的合力为 $\boldsymbol{F}_{i外}+\sum\limits_{j=1,j\neq i}^{n}\boldsymbol{f}_{ji}$，对 i 质点运用动量定理有

$$\int_{t_1}^{t_2}\left(\boldsymbol{F}_{i外}+\sum_{j=1,j\neq i}^{n}\boldsymbol{f}_{ji}\right)\mathrm{d}t = m_i\boldsymbol{v}_{i2}-m_i\boldsymbol{v}_{i1}. \tag{2-12}$$

对 i 求和，并考虑到所有质点相互作用的时间 $\mathrm{d}t$ 都相同，此外，求和与积分顺序可互换，于是得

$$\int_{t_1}^{t_2}\left(\sum_{i=1}^{n}\boldsymbol{F}_{i外}\right)\mathrm{d}t+\int_{t_1}^{t_2}\left(\sum_{i=1}^{n}\sum_{j=1,j\neq i}^{n}\boldsymbol{f}_{ji}\right)\mathrm{d}t=\sum_{i=1}^{n}m_i\boldsymbol{v}_{i2}-\sum_{i=1}^{n}m_i\boldsymbol{v}_{i1}.$$

由于内力总是成对出现，且每对内力都等值反向，因此所有内力的矢量和

$$\sum_{i=1}^{n}\sum_{j=1,j\neq i}^{n}\boldsymbol{f}_{ji}=0,$$

于是有

$$\int_{t_1}^{t_2}\left(\sum_{i=1}^{n}\boldsymbol{F}_{i外}\right)\mathrm{d}t=\sum_{i=1}^{n}m_i\boldsymbol{v}_{i2}-\sum_{i=1}^{n}m_i\boldsymbol{v}_{i1}. \tag{2-13}$$

这就是**质点系动量定理**的数学表达式，即**质点系总动量的增量等于作用于该系统上合外力的冲量**. 这个结论说明内力对质点系的总动量无贡献. 但由(2-12)式可知，在质点系内部动量的传递和交换中，则是内力起作用.

三、动量守恒定律

由(2-13)式可知，若 $\sum\limits_{i=1}^{n}\boldsymbol{F}_{i外}=0$，则有

$$\sum_{i=1}^{n}m_i\boldsymbol{v}_{i2}-\sum_{i=1}^{n}m_i\boldsymbol{v}_{i1}=0 \tag{2-14}$$

或

$$\sum_{i=1}^{n}m_i\boldsymbol{v}_{i2}=\sum_{i=1}^{n}m_i\boldsymbol{v}_{i1}.$$

这就是说，**一个孤立的力学系统(系统不受外力作用)或合外力为零的系统，系统内各质点间动量可以交换，但系统的总动量保持不变**. 这就是**动量守恒定律**.

动量守恒定律的数学表达式[(2-14)式]是矢量式. 因此，当 $\sum\limits_{i=1}^{n}\boldsymbol{F}_{i外}=0$ 时，质点系在任何一个方向上(即沿任何一个坐标方向)都满足动量守恒的条件. 如果质点系所受合外力的矢量和不为零，但合外力在某一方向上的分量为零，则质点

动量守恒定律的应用

质心

系在该方向上也满足动量守恒定律. 在实际问题中,若能判断出内力远大于有限主动外力(如重力),也可忽略有限主动外力而运用动量守恒定律.

由于动量是相对量,所以运用动量守恒定律时,必须将各质点的动量统一到同一惯性系中.

最后需要说明的是,在讨论动量守恒定律的过程中,是从牛顿第二定律出发,并运用了牛顿第三定律 (即 $\sum_{i=1}^{n}\sum_{j=1,j\neq i}^{n}\boldsymbol{f}_{ji}=0$). 但不能认为动量守恒定律只是牛顿运动定律的推论. 相反,动量守恒定律是比牛顿运动定律更为普遍的规律. 在某些过程中,特别是微观领域中,牛顿运动定律不成立,动量守恒定律依然成立.

例 2-4

一弹性球,质量 $m=0.20$ kg,速度 $v=5\ \mathrm{m\cdot s^{-1}}$,与墙碰撞后以原速率弹回. 且碰撞前后的运动方向和墙的法线所夹的角都是 α(见图 2-7),设球和墙碰撞的时间 $\Delta t=0.05$ s,$\alpha=60°$,求在碰撞时间内,球和墙的平均相互作用力.

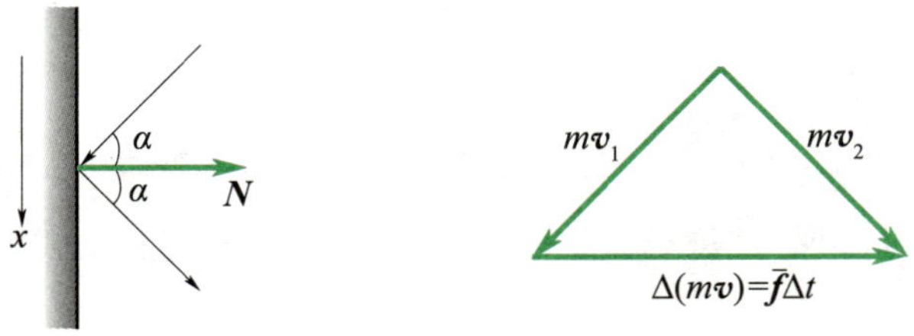

图 2-7 例 2-4 图

解 以球为研究对象. 设墙对球的平均作用力为 $\bar{\boldsymbol{f}}$,球在碰撞前后的速度为 $\boldsymbol{v}_1$ 和 $\boldsymbol{v}_2$,由动量定理可得

$$\bar{\boldsymbol{f}}\Delta t=m\boldsymbol{v}_2-m\boldsymbol{v}_1=m\Delta\boldsymbol{v}.$$

将冲量和动量分别沿图中 N 和 x 两方向分解得

$$\bar{f}_x\Delta t=mv\sin\alpha-mv\sin\alpha=0,$$

$$\bar{f}_N\Delta t=mv\cos\alpha-(-mv\cos\alpha)=2mv\cos\alpha,$$

解方程得

$$\bar{f}_x=0,$$

$$\bar{f}_N=\frac{2mv\cos\alpha}{\Delta t}=\frac{2\times0.2\times5\times0.5}{0.05}\ \mathrm{N}=20\ \mathrm{N}.$$

由牛顿第三定律可知,球对墙的平均作用力和 $\bar{f}_N$ 的方向相反而等值,即垂直于墙面向里.

例 2-5

如图 2-8 所示,一辆装矿砂的车厢以 $v=4\ \mathrm{m\cdot s^{-1}}$的速率从漏斗下通过,落入车厢的矿砂速度为$k=200\ \mathrm{kg\cdot s^{-1}}$,如欲使车厢保持速率不变,需施与车厢多大的牵引力(忽略车厢与地面的摩擦)?

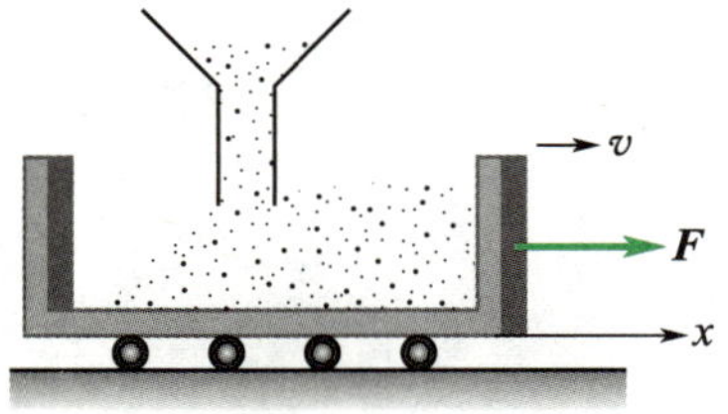

图 2-8 例 2-5 图

解 设 t 时刻已落入车厢的矿砂质量为 m,经过 $\mathrm{d}t$ 后又有 $\mathrm{d}m=k\mathrm{d}t$ 的矿砂落入车厢. 取 m 和 $m+\mathrm{d}m$ 为研究对象,则系统沿 x 方向的动量定理为

$$F\mathrm{d}t=(m+\mathrm{d}m)v-(mv+\mathrm{d}m\cdot0)=v\mathrm{d}m=vk\mathrm{d}t,$$

则

$$F=kv=200\times4\ \mathrm{N}=8\times10^2\ \mathrm{N}.$$

例 2-6

在光滑平面上，质量为 m 的质点以角速度 ω 沿半径为 R 的圆周做匀速运动，如图 2-9 所示. 试求出在 θ 从 0 到 $\pi/2$ 的过程中合力的冲量.

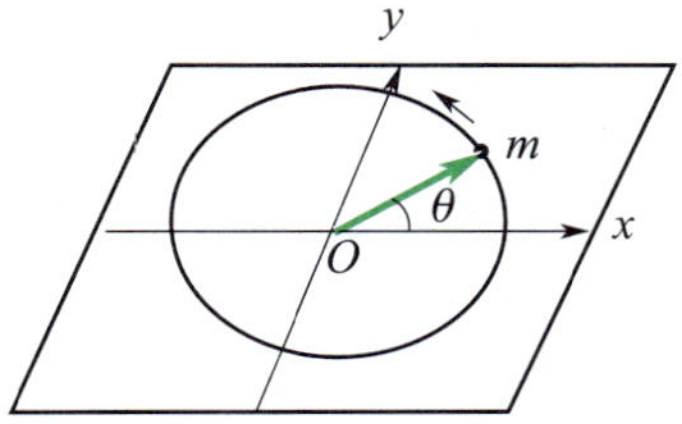

图 2-9　例 2-6 图

解　方法一：根据冲量的定义求解.

质点所受到的合力为

$$\boldsymbol{F}=m\boldsymbol{a}=m\frac{v^2}{R}\boldsymbol{n}_0=-m\omega^2R(\cos\theta\boldsymbol{i}+\sin\theta\boldsymbol{j}).$$

由冲量的定义，在 $\theta=0\to\pi/2$ 的过程中，可用积分求出合力冲量，即

$$\boldsymbol{I}=\int\boldsymbol{F}\mathrm{d}t=\int_0^{\pi/2}(-m\omega^2R)(\cos\theta\boldsymbol{i}+\sin\theta\boldsymbol{j})\frac{1}{\omega}\mathrm{d}\theta$$

$$=-m\omega R(\sin\theta\boldsymbol{i}-\cos\theta\boldsymbol{j})\Big|_0^{\pi/2}=-m\omega R(\boldsymbol{i}+\boldsymbol{j}).$$

方法二：根据动量定理求解.

由动量定理得，合力的冲量

$$I=m(\boldsymbol{v}_{\pi/2}-\boldsymbol{v}_0)=m(-v\boldsymbol{i}-v\boldsymbol{j})=-m\omega R(\boldsymbol{i}+\boldsymbol{j}).$$

由此可得，在 θ 从 0 到 $\pi/2$ 的过程中，合力冲量的大小为 $I=\sqrt{2}m\omega R$，其方向与极轴（x 轴）间的夹角为 $5\pi/4$.

§2.3　功　动能　势能　机械能守恒定律

本节讨论力的空间积累效应，进而讨论功和能的关系，最后导出机械能守恒定律.

一、功、功率

1. 功

在力学中，功的最基本的定义是恒力的功. 如图 2-10 所示，一物体做直线运动，在恒力 $\boldsymbol{F}$ 作用下物体发生位移 $\Delta\boldsymbol{r}$，$\boldsymbol{F}$ 与 $\Delta\boldsymbol{r}$ 的夹角为 α，则**恒力 $\boldsymbol{F}$ 所做的功**定义为：**力在位移方向上的投影与该物体位移大小的乘积.** 若用 W 表示功，则有

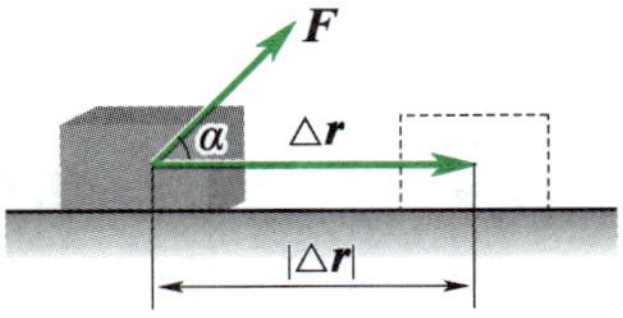

图 2-10　恒力的功

$$W=F|\Delta\boldsymbol{r}|\cos\alpha.$$

按矢量标积的定义，上式可写为

$$W=\boldsymbol{F}\cdot\Delta\boldsymbol{r},\qquad(2-15)$$

即恒力的功等于力与质点位移的标积.

功是标量，它只有大小，没有方向，功的正负由 α 角决定. 当 $\alpha>\frac{\pi}{2}$ 时，功为负值，则说某力做负功，或说克服某力做功；当 $\alpha<\frac{\pi}{2}$ 时，功为正值，则说某力做正功；当 $\alpha=\frac{\pi}{2}$ 时，功值为零，则说某力不做功. 例如，物体做曲线运动时法向力就不做功. 另外，因为位移的值与参考系有关，所以功值是个相对量.

如果物体受到变力作用或做曲线运动，那么上面所讨论的功的计算公式就不能直接套用. 但如果将运动的轨迹曲线分割成许许多多足够小的元位移 $\mathrm{d}\boldsymbol{r}$，使得每段元位移 $\mathrm{d}\boldsymbol{r}$ 中，作用在质点上的力 $\boldsymbol{F}$ 都能看成恒力，如图 2-11 所示，则力 $\boldsymbol{F}$ 在这段元位移上所做的**元功**为

$$\mathrm{d}W = \boldsymbol{F} \cdot \mathrm{d}\boldsymbol{r}. \tag{2-16}$$

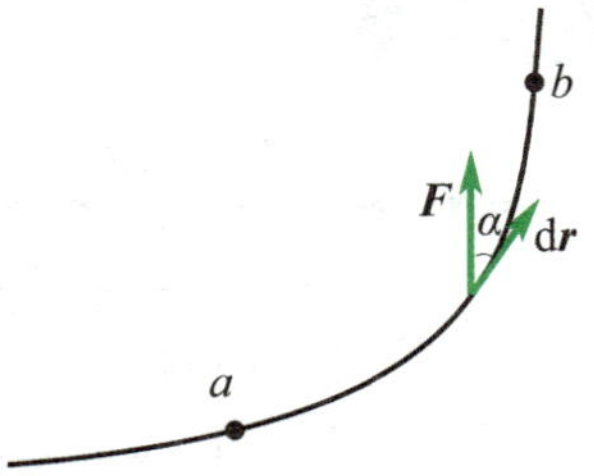

图 2-11 变力的功

力 $\boldsymbol{F}$ 在轨道 ab 上所做总功就等于所有各小段上元功的代数和，即

$$W = \int_a^b \boldsymbol{F} \cdot \mathrm{d}\boldsymbol{r} = \int_a^b F\cos\alpha \, |\mathrm{d}\boldsymbol{r}| = \int_a^b F_\tau \mathrm{d}s, \tag{2-17}$$

变力的功

式中，$\mathrm{d}s = |\mathrm{d}\boldsymbol{r}|$，$F_\tau$ 是力 $\boldsymbol{F}$ 在元位移 $\mathrm{d}\boldsymbol{r}$ 方向上的投影. (2-17)式就是计算变力做功的一般方法. 如果建立了直角坐标系，则有

$$\boldsymbol{F} = F_x\boldsymbol{i} + F_y\boldsymbol{j} + F_z\boldsymbol{k},$$

$$\mathrm{d}\boldsymbol{r} = \mathrm{d}x\boldsymbol{i} + \mathrm{d}y\boldsymbol{j} + \mathrm{d}z\boldsymbol{k},$$

那么(2-17)式就可表示为

$$W = \int_a^b (F_x\mathrm{d}x + F_y\mathrm{d}y + F_z\mathrm{d}z). \tag{2-18}$$

功也可以用图解法计算. 以路程 s 为横坐标，$F\cos\alpha$ 为纵坐标，根据 $\boldsymbol{F}$ 随路程的变化关系所描绘的曲线称为示功图. 在图 2-12 中阴影部分的狭长矩形面积等于力 F_i 在 $\mathrm{d}s_i$ 上做的元功. 曲线与边界线所围的面积就是变力 $\boldsymbol{F}$ 在整个路程上所做的总功. 用示功图求功较直接方便，所以工程上常采用此方法.

焦耳

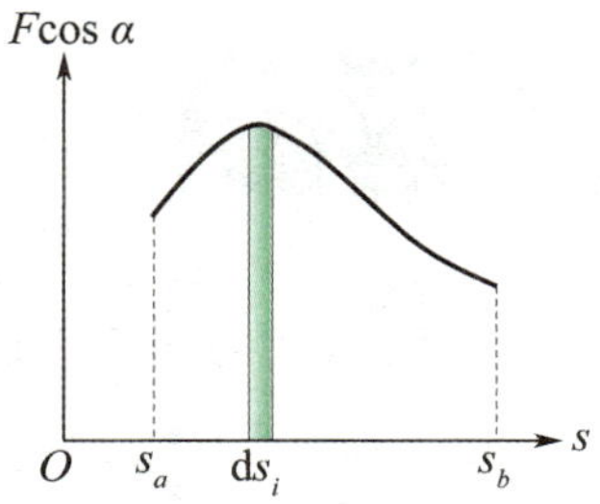

图 2-12 变力做功的示功图

2. 功率

单位时间内的功称为功率. 设 Δt 时间内完成功 ΔW，则这段时间的平均功率为

$$\bar{P} = \frac{\Delta W}{\Delta t}. \tag{2-19}$$

当 $\Delta t \to 0$ 时，某一时刻的瞬时功率为

$$P = \lim_{\Delta t \to 0}\frac{\Delta W}{\Delta t} = \frac{\mathrm{d}W}{\mathrm{d}t} = \boldsymbol{F} \cdot \boldsymbol{v}, \tag{2-20}$$

即瞬时功率等于力和速度的标积.

在国际单位制中，功的单位是焦耳(J)，功率的单位是瓦特(W)，1 W= 1 J · s^{-1}.

3. 保守力的功

下面通过分析重力、万有引力和弹簧弹性力做功的特点，引入保守力的概念.

1)重力的功

这里讨论的重力是指地面附近几百米高度范围内的重力，这里的重力可视为恒力.

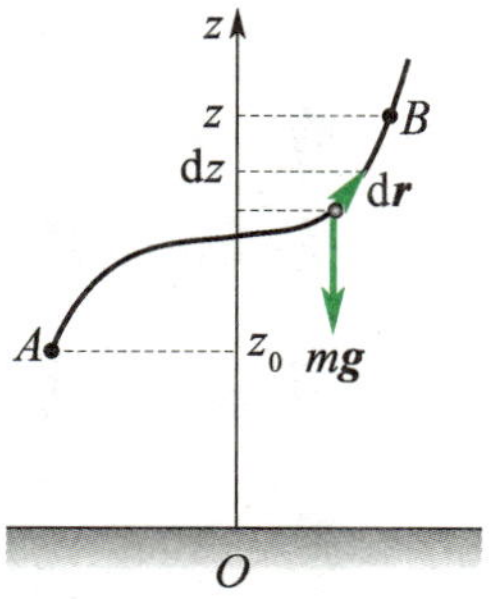

图 2-13 重力做功

设质量为 m 的质点在重力作用下由 A 点沿任意路径移到 B 点，如图 2-13 所示，选取地面为坐标原点，z 轴垂

直于地面，向上为正．重力只有 z 方向的分量，即 $F_z=-mg$，应用(2-18)式，有

$$W=\int_{z_0}^{z}F_z\mathrm{d}z=\int_{z_0}^{z}-mg\,\mathrm{d}z=-(mgz-mgz_0).\tag{2-21}$$

(2-21)式表明，重力的功只由质点相对于地面的始、末位置 z_0 和 z 来决定，而与所通过的路径无关．

2）万有引力的功

考虑质量分别为 m 和 M 的两质点，质点 m 相对于质点 M 的初位置为 $\boldsymbol{r}_A$，末位置为 $\boldsymbol{r}_B$，如图2-14所示．质点 m 受到质点 M 的引力的矢量式为

$$\boldsymbol{F}=-G\frac{mM}{r^2}\boldsymbol{r}_0,$$

式中，$\boldsymbol{r}_0$ 表示 m 相对 M 位矢的单位矢量．则引力的元功为

$$\mathrm{d}W=\boldsymbol{F}\cdot\mathrm{d}\boldsymbol{r}=-G\frac{mM}{r^2}\boldsymbol{r}_0\cdot\mathrm{d}\boldsymbol{r}.$$

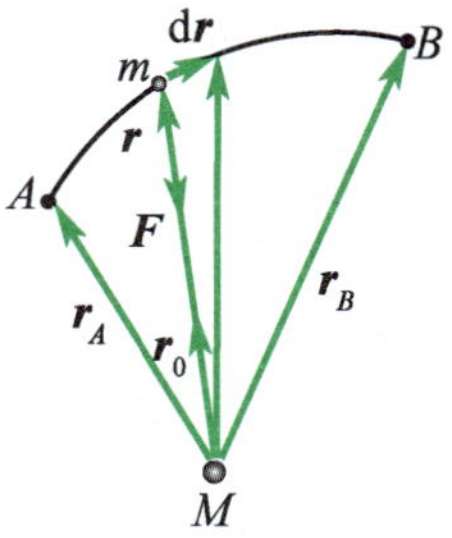

图 2-14　引力的功

万有引力是保守力的证明

因为

$$\boldsymbol{r}\cdot\mathrm{d}\boldsymbol{r}=(x\boldsymbol{i}+y\boldsymbol{j}+z\boldsymbol{k})\cdot(\mathrm{d}x\boldsymbol{i}+\mathrm{d}y\boldsymbol{j}+\mathrm{d}z\boldsymbol{k})=x\mathrm{d}x+y\mathrm{d}y+z\mathrm{d}z$$
$$=\frac{1}{2}\mathrm{d}(x^2+y^2+z^2)=r\mathrm{d}r,\tag{2-22}$$

又因为 $\boldsymbol{r}_0=\dfrac{\boldsymbol{r}}{r}$，所以

$$\mathrm{d}W=-G\frac{mM}{r^2}\mathrm{d}r.$$

于是质点由 A 点移到 B 点引力的功为

$$W=\int_{r_A}^{r_B}-G\frac{mM}{r^2}\mathrm{d}r=-\left[\left(-G\frac{mM}{r_B}\right)-\left(-G\frac{mM}{r_A}\right)\right].\tag{2-23}$$

这说明引力的功也只与始、末位置有关，而与具体的路径无关．

3）弹簧弹性力的功

如图 2-15 所示，选取弹簧自然伸长处为 x 坐标轴的原点，则当弹簧形变量为 x 时，弹簧对质点的**弹性力**为

$$F=-kx,$$

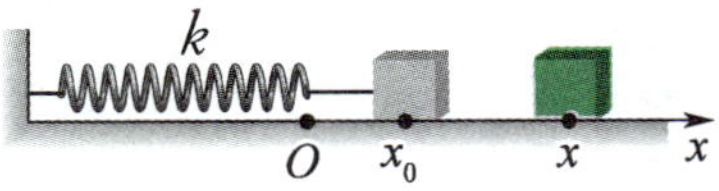

图 2-15　弹簧弹性力的功

式中，负号表示弹性力的方向总是指向弹簧的平衡位置，即坐标原点．k 为弹簧的刚度系数，单位是 $\mathrm{N\cdot m^{-1}}$．因为作用力只有 x 分量，故由(2-18)式可得

$$W=\int_{x_0}^{x}F_x\mathrm{d}x=\int_{x_0}^{x}-kx\,\mathrm{d}x=-\left(\frac{1}{2}kx^2-\frac{1}{2}kx_0^2\right).\tag{2-24}$$

这说明弹簧弹性力的功只与始、末位置有关，而与弹簧的中间形变过程无关．

综上所述，重力、万有引力、弹簧弹性力的功的特点是，它们的功值都只与物体的始、末位置有关而与具体路径无关．或者说，当在这些力作用下的物体沿任意闭合路径绕行一周时，它们的功值均为零．在物理学中，除了这些力，静电力、分子力等也具有这种特性．把具有这种特性的力统称为**保守力**．保守力可用下面的数学表达式来定义，即

$$\oint_l \boldsymbol{F}_{保} \cdot \mathrm{d}\boldsymbol{r} = 0. \tag{2-25}$$

如果某力的功与路径有关，或该力沿任意闭合路径的功值不等于零，则称这种力为**非保守力**，如摩擦力、爆炸力等.

例 2-7

质点所受外力 $\boldsymbol{F}=(y^2-x^2)\boldsymbol{i}+3xy\boldsymbol{j}$，求质点分别以下列方式由点(0,0)运动到点(2,4)的过程中力 $\boldsymbol{F}$ 所做的功：(1)先沿 x 轴由点(0,0)运动到点(2,0)，再平行于 y 轴由点(2,0)运动到点(2,4)；(2)沿连接(0,0)、(2,4)两点的直线运动；(3)沿抛物线 $y=x^2$ 由点(0,0)运动到点(2,4)(单位为国际单位制).

解 (1)质点由点(0,0)沿 x 轴运动到点(2,0)，此时 $y=0$，$\mathrm{d}y=0$，所以

$$W_1 = \int_0^2 F_x \mathrm{d}x = \int_0^2 (-x^2)\mathrm{d}x = -\frac{8}{3}\ \mathrm{J}.$$

由点(2,0)平行于 y 轴运动到点(2,4)，此时 $x=2$，$\mathrm{d}x=0$，故

$$W_2 = \int_0^4 F_y \mathrm{d}y = \int_0^4 6y\mathrm{d}y = 48\ \mathrm{J},$$

$$W = W_1 + W_2 = 45\frac{1}{3}\ \mathrm{J}.$$

(2)因为质点由原点运动到点(2,4)的直线方程为 $y=2x$，则

$$W = \int_0^2 F_x \mathrm{d}x + \int_0^4 F_y \mathrm{d}y$$

$$= \int_0^2 (4x^2 - x^2)\mathrm{d}x + \int_0^4 \frac{3}{2}y^2 \mathrm{d}y = 40\ \mathrm{J}.$$

(3)因为 $y=x^2$，所以

$$W = \int_0^2 (x^4 - x^2)\mathrm{d}x + \int_0^4 3y^{3/2}\mathrm{d}y = 42\frac{2}{15}\ \mathrm{J}.$$

可见此外力是非保守力.

二、动能定理

中国物理学家

钱学森

现在讨论力对物体做功后，物体的运动状态将发生的变化.

设有一质点沿任一曲线运动. 在曲线上取任一元位移 $\mathrm{d}\boldsymbol{r}$，则力 $\boldsymbol{F}$ 在这段元位移上的功为

$$\mathrm{d}W = \boldsymbol{F} \cdot \mathrm{d}\boldsymbol{r} = \frac{\mathrm{d}(m\boldsymbol{v})}{\mathrm{d}t} \cdot \boldsymbol{v}\mathrm{d}t = m\boldsymbol{v} \cdot \mathrm{d}\boldsymbol{v}.$$

与 $\boldsymbol{r} \cdot \mathrm{d}\boldsymbol{r}$ 类似，见(2-22)式，$\boldsymbol{v} \cdot \mathrm{d}\boldsymbol{v} = v\mathrm{d}v$，所以

$$\mathrm{d}W = mv\mathrm{d}v = \mathrm{d}\left(\frac{1}{2}mv^2\right).$$

若质点由初位置 1 处运动到末位置 2 处，其速率由 v_1 增至 v_2，则有

$$W = \int_1^2 \mathrm{d}W = \int_{v_1}^{v_2} \mathrm{d}\left(\frac{1}{2}mv^2\right) = \frac{1}{2}mv_2^2 - \frac{1}{2}mv_1^2,$$

即

$$\int_1^2 \boldsymbol{F} \cdot \mathrm{d}\boldsymbol{r} = \frac{1}{2}mv_2^2 - \frac{1}{2}mv_1^2. \tag{2-26}$$

由(2-26)式可知，如果把 $\frac{1}{2}mv^2$ 看作一个独立的物理量，就可发现 $\frac{1}{2}mv^2$ 是与力在空间上的积累效应相联系的，$\frac{1}{2}mv^2$ 称为质点的动能. 动能是标量，是与参考系的选择有关的相对量. 如果令 $E_\mathrm{k} = \frac{1}{2}mv^2$，则(2-26)式又可写成

$$W = E_{\mathrm{k}2} - E_{\mathrm{k}1}. \tag{2-27}$$

(2-27)式说明**外力对质点所做的功等于质点动能的增量**. (2-26)式就是质点**动能定理**的数学表达式.

例 2-8

一质量为 10 kg 的物体沿 x 轴无摩擦地滑动，$t=0$ 时物体静止于原点.(1)若物体在力 $F=3+4t$(N)的作用下运动了 3 s，它的速度增为多大？(2)物体在力 $F=3+4x$(N)的作用下移动了3 m，它的速度增为多大？

解　(1)由动量定理 $\int_0^t F\mathrm{d}t = mv$，得

$$v = \int_0^t \frac{F}{m}\mathrm{d}t = \int_0^3 \frac{3+4t}{10}\mathrm{d}t = 2.7\ \mathrm{m\cdot s^{-1}}.$$

(2)由动能定理 $\int_0^x F\mathrm{d}x = \frac{1}{2}mv^2$，得

$$v = \sqrt{\int_0^x \frac{2F}{m}\mathrm{d}x} = \sqrt{\int_0^3 \frac{2(3+4x)}{10}\mathrm{d}x} = 2.3\ \mathrm{m\cdot s^{-1}}.$$

三、势能

势能的定义和意义

在第 1 章已指出，描述质点机械运动状态的参量是位矢 $\boldsymbol{r}$ 和速度$\boldsymbol{v}$. 对应于状态参量$\boldsymbol{v}$，引入了动能 $E_k=E_k(v)$，那么对应于状态参量 $\boldsymbol{r}$ 可引入什么样的能量形式呢？下面讨论这个问题.

在前面的讨论中已指出，保守力的功与质点运动的路径无关，仅取决于相互作用的两物体初态和终态的相对位置. 如重力、万有引力、弹簧的弹性力的功，其值分别为

$$W_{重} = -(mgz - mgz_0),$$

$$W_{引} = -\left[\left(-G\frac{mM}{r}\right) - \left(-G\frac{mM}{r_0}\right)\right],$$

$$W_{弹} = -\left(\frac{1}{2}kx^2 - \frac{1}{2}kx_0^2\right).$$

可以看出，保守力做功的结果总是等于一个由相对位置决定的函数增量的负值. 而功总是与能量的改变量相联系的. 因此，上述由相对位置决定的函数必定是某种能量的函数形式. 现在将其称为**势能函数**，用 E_p 表示，即

$$\int_1^2 \boldsymbol{F}_{保} \cdot \mathrm{d}\boldsymbol{r} = -(E_p - E_{p0}) = -\Delta E_p. \tag{2-28}$$

潮汐

(2-28)式定义的只是势能之差，而不是势能函数本身. 为了定义势能函数，可以将(2-28)式的定积分改写为不定积分，即

$$E_p = -\int \boldsymbol{F}_{保} \cdot \mathrm{d}\boldsymbol{r} = E(r) + C, \tag{2-29}$$

式中，C 是一个由系统**零势能**位置决定的积分常数.

(2-29)式表明只要已知一种保守力的力函数，即可求出与之相关的势能函数. 例如，已知万有引力的力函数为

$$\boldsymbol{F} = -G\frac{mM}{r^2}\boldsymbol{r}_0,$$

那么由(2-29)式知，与万有引力相对应的势能函数为

$$E_{p引} = -\int -G\frac{mM}{r^2}\boldsymbol{r}_0 \cdot \mathrm{d}\boldsymbol{r} = -G\frac{mM}{r} + C.$$

如令 $r\to\infty$ 时，$E_{p引}=0$，则 $C=0$，即取无穷远处为引力势能零点时，引力势能函数为

$$E_{p引} = -G\frac{mM}{r}. \tag{2-30}$$

读者自己可以证明：若取离地面高度 $z=0$ 的点为重力势能零点（此时 $C=0$），则重力势能函数为

$$E_{p重}=mgz. \tag{2-31}$$

对于弹簧弹性力，若取弹簧自然伸长处为坐标原点和弹性势能零点（此时 $C=0$），则弹性势能函数为

$$E_{p弹}=\frac{1}{2}kx^2. \tag{2-32}$$

有关势能的几点讨论如下.

(1) **势能是相对量，其值与零势能参考点的选择有关.** 零势能位置点选得不同，(2-29)式中常数 C 就不同. 上面的讨论说明，对于给定的保守力的力函数，只要选取适当的零势能的位置，总可使 $C=0$. 在一般情况下，这时的势能函数的形式较为简洁，如(2-30)式、(2-31)式和(2-32)式所示. 需说明的是，并非在任何情况下，(2-29)式中的积分常数都为零，这一点在静电场中尤为突出.

(2) **势能函数的形式与保守力的性质密切相关，对应于一种保守力的函数就可引进一种相关的势能函数.** 因此，势能函数的形式就不可能像动能那样有统一的表达式.

(3) **势能是以保守力形式相互作用的物体系统所共有.** 例如，(2-30)式所表示的实际上是物体 m，M 互以万有引力作用的结果；(2-32)式所表示的则是物体 M 与弹簧相互作用的结果. 在平常的叙述中，说某物体具有多少势能，这只是一种简便叙述，不能认为势能是某一物体所有.

(4) 由于势能是属于相互以保守力作用的系统所共有，因此(2-28)式的物理意义可解释为：**一对保守力做的功等于相关势能增量的负值.** 因此，当保守力做正功时，系统势能减少；保守力做负功时，系统势能增加.

例 2-9

一刚度系数为 k 的轻质弹簧，下悬一质量为 m 的物体并处于静止状态. 今以该平衡位置为坐标原点，并作为系统的重力势能和弹簧弹性势能零点，那么当 m 偏离平衡位置的位移为 x 时，整个系统的总势能为多少？

解 题中所指系统是由地球、弹簧、重物 m 组成的. 为便于叙述，开始时仍以弹簧原长处（即自然伸长处）为坐标原点 O'，并以向下为 x' 轴（x 轴）正向（见图 2-16），则 m 位于平衡位置 O 点处的坐标值为

$$x_1'=\frac{mg}{k}.$$

由势能函数的定义，弹性势能为

$$E_{p弹}=\frac{1}{2}kx'^2+C.$$

根据题意，选系统在 O 点时 $E_{p弹}=0$，所以 $C=-\frac{1}{2}kx_1'^2$. 即以 O 点为弹性势能零点时，系统弹性势能表达式为

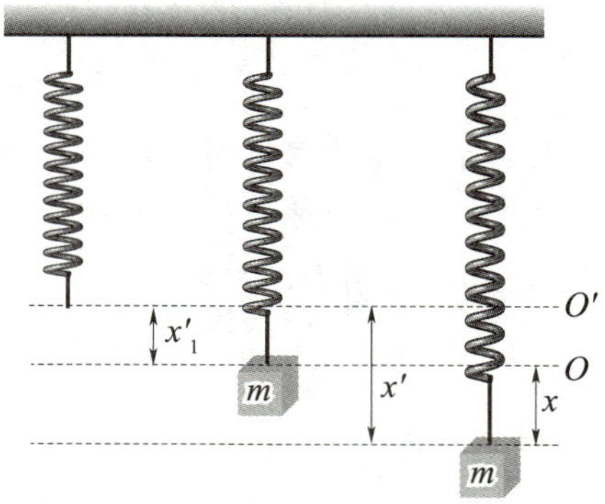

图 2-16　例 2-9 图

$$E_{p弹}=\frac{1}{2}kx'^2-\frac{1}{2}kx_1'^2.$$

当 m 离 O 点为 x 时(见图 2-16)，它相对 O' 点的坐标 $x'=x+x_1'$，所以此时系统的弹性势能为

$$E_{p弹}=\frac{1}{2}k(x+x_1')^2-\frac{1}{2}kx_1'^2=\frac{1}{2}kx^2+kx_1'x$$

$$=\frac{1}{2}kx^2+mgx.$$

同时，题中又设 O 点处重力势能为零，故 x 处的重力势能为

$$E_{p重}=-mgx.$$

总势能 E_p 为

$$E_p=E_{p弹}+E_{p重}=\frac{1}{2}kx^2+mgx-mgx=\frac{1}{2}kx^2.$$

这说明，对竖直悬挂的弹簧，若以平衡位置为坐标原点及重力势能、弹性势能零点，则此系统的总势能(或称系统的振动势能)为 $\frac{1}{2}kx^2$.

例 2-10　如图 2-17 所示，以线密度 λ 的细线弯成半径为 R 的圆环. 试求一质量为 m 的质点放在环中心点时，圆环和质点的引力势能和它们之间的引力.

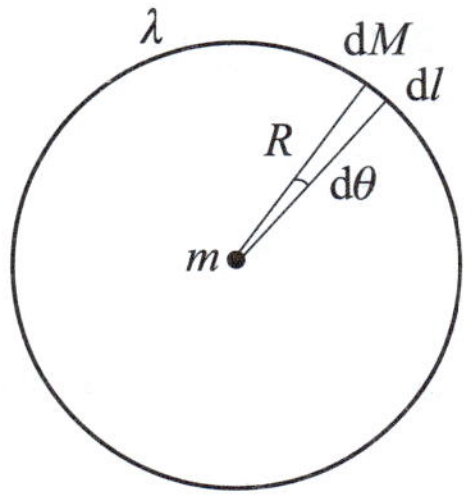

图 2-17　例 2-10 图

解　将圆环分成无限多个线元，在圆环上任取一个线元，长为 $\mathrm{d}l$，则其质量为

$$\mathrm{d}M=\lambda\cdot\mathrm{d}l=\lambda\cdot R\mathrm{d}\theta.$$

线元 $\mathrm{d}M$ 和质点 m 间的引力势能为

$$\mathrm{d}E_p=-G\frac{m\mathrm{d}M}{R}=-Gm\lambda\mathrm{d}\theta.$$

圆环和质点 m 间的引力势能为

$$E_p=\int\mathrm{d}E_p=-\int_0^{2\pi}Gm\lambda\,\mathrm{d}\theta=-2\pi Gm\lambda.$$

如圆环的质量为 M，则可写成

$$E_p=-2\pi Gm\lambda=-\frac{GmM}{R}.$$

由圆环的对称性即可判定圆环和质点 m 间的引力为零.

四、质点系的动能定理与功能原理

质点系的动能定理和功能原理

设一质点系有 n 个质点，现考察第 i 个质点. 由 2.2 节知，i 质点所受合力为 $\boldsymbol{F}_{i外}+\sum\limits_{j=1,j\neq i}^{n}\boldsymbol{f}_{ji}$，则对 i 质点运用动能定理有

$$\int_1^2\boldsymbol{F}_{i外}\cdot\mathrm{d}\boldsymbol{r}_i+\int_1^2\sum_{j=1,j\neq i}^{n}\boldsymbol{f}_{ji}\cdot\mathrm{d}\boldsymbol{r}_i=\frac{1}{2}m_iv_{i2}^2-\frac{1}{2}m_iv_{i1}^2.$$

对所有质点求和可得

$$\sum_{i=1}^{n}\int_1^2\boldsymbol{F}_{i外}\cdot\mathrm{d}\boldsymbol{r}_i+\sum_{i=1}^{n}\int_1^2\sum_{j=1,j\neq i}^{n}\boldsymbol{f}_{ji}\cdot\mathrm{d}\boldsymbol{r}_i=\sum_{i=1}^{n}\frac{1}{2}m_iv_{i2}^2-\sum_{i=1}^{n}\frac{1}{2}m_iv_{i1}^2.\quad(2-33)$$

(2-33)式便是质点系的**动能定理**的数学表达式.

注意：在(2-33)式中，不能先求合力，再求合力的功，这是因为在质点系内各质点的位移 $\mathrm{d}\boldsymbol{r}_i$ 是不同的，不能作为公因子提到求和符号之外. 因此在计算质点系的功时，只能先求每个力的功，再对这些功求和.

在质点系内，内力总是成对出现的. 因此，可以把内力分为保守内力和非保守内力. 于是，内力的功可分为两部分，即内部保守力的功和内部非保守力的功，现分别用 $W_{内保}$ 和 $W_{内非}$ 表示. 如果再用 $W_{外}$ 表示质点系外力的功，用 E_k 表示质点系的总动能，则(2-33)式可表示为

$$W_{外}+W_{内非}+W_{内保}=E_{k2}-E_{k1}, \tag{2-34}$$

即质点系总动能的增量等于外力的功、质点系内保守力的功和质点系内非保守力的功三者之和，此为质点系的动能定理.

因为一对保守力做功之和等于相关势能增量的负值，即有$W_{内保}=-\Delta E_p=-(E_{p2}-E_{p1})$(式中，$E_p$ 表示系统内各种势能的总和)，则(2-34)式又可进一步表示成

$$W_{外}+W_{内非}=(E_{k2}-E_{k1})+(E_{p2}-E_{p1}). \tag{2-35}$$

如令

$$E=E_k+E_p \tag{2-36}$$

表示系统的**机械能**，则有

$$W_{外}+W_{内非}=E_2-E_1. \tag{2-37}$$

这就是质点系的**功能原理**的数学表达式. 即**系统机械能的增量等于外力的功与内部非保守力的功之和.**

顺便指出，由于势能的大小与零势能点的选择有关，因此在运用功能原理解题时，应先指明系统的范围，并确定势能零点.

例 2-11

一轻弹簧一端系于固定斜面的上端，另一端连着质量为 m 的物块，物块与斜面的摩擦系数为 μ，弹簧的刚度系数为 k，斜面倾角为 θ，现将物块由弹簧的自然长度拉伸 l 后由静止释放，物块第一次静止在什么位置上(见图 2-18)?

图 2-18　例 2-11 图

解　以弹簧、物块和地球为系统，取弹簧自然伸长处为原点，沿斜面向下为 x 轴正向，且以原点为弹性势能和重力势能零点. 由功能原理(2-37)式，在物块向上滑至 x 处时，有

$$\left(\frac{1}{2}mv^2+\frac{1}{2}kx^2-mgx\sin\theta\right)-\left(\frac{1}{2}kl^2-mgl\sin\theta\right)=-\mu mg\cos\theta(l-x).$$

物块静止位置与 $v=0$ 对应，故有

$$\frac{1}{2}kx^2-mgx(\sin\theta+\mu\cos\theta)+mgl(\sin\theta+\mu\cos\theta)-\frac{1}{2}kl^2=0.$$

解得

$$x=\frac{2mg(\sin\theta+\mu\cos\theta)}{k}-l,$$

另一根 $x=l$，即初始位置，舍去.

五、机械能守恒定律

由功能原理(2-37)式可得出以下结论.

若 $W_{外}+W_{内非}>0$，系统的机械能增大；

若 $W_{外}+W_{内非}<0$，系统的机械能减小；

若 $W_{外}+W_{内非}=0$，则系统的机械能保持不变.

现考虑一种情况，即 $W_{外}=0$.

若 $W_{内非}>0$，则系统的机械能增大. 如炸弹爆炸，人从静止开始走动，就属这种情形(这里伴随着其他能量形式转换为机械能的过程).

若 $W_{内非}<0$,则系统的机械能减小.如克服摩擦力做功,这样的非保守力常称为耗散力(这时伴随着机械能转换为其他形式能量的过程).

若 $W_{内非}=0$,则系统的机械能守恒.

从以上分析可知,当外力对系统所做的功和内部非保守力所做的功均为零时,系统的机械能保持不变.这就是机械能守恒定律.

当系统的机械能守恒时,有

$$E_{k1}+E_{p1}=E_{k2}+E_{p2} \tag{2-38}$$

或

$$E_{p2}-E_{p1}=-(E_{k2}-E_{k1}),\quad 即\ \Delta E_p=-\Delta E_k, \tag{2-39}$$

系统势能的增量等于系统动能增量的负值.

六、能量转换与守恒定律

上面的讨论已指出,当 $W_{外}=0,W_{内非}\neq 0$ 时,系统虽与外界无机械能的交换,但系统的机械能仍不守恒.那么,系统增加的(或减少)的机械能是从何处来的(或向何处去了)呢?现在讨论 $\sum \boldsymbol{F}_{i外}=0$ 的孤立系统情况.

大量事实证明,在孤立系统内,若系统的机械能发生了变化,必然伴随着等值的其他形式能量(如内能、电磁能、化学能、生物能及核能等)的增加或减少.这说明能量既不能消失也不会创生,只能从一种形式转换成另一种形式.也就是说,**在一个孤立系统内,不论发生何种变化过程,各种形式的能量之间无论怎样转换,但系统的总能量将保持不变.这就是能量转换与守恒定律.**

时空对称性和守恒定律

能量守恒定律是自然界中的普遍规律.它不仅适用于物质的机械运动、热运动、电磁运动、核子运动等物理运动形式,而且也适用于化学运动、生物运动等运动形式.由于运动是物质的存在形式,而能量又是物质运动的度量,因此,能量转换与守恒定律的深刻含义是,运动既不能消失也不能创造,它只能由一种形式转换为另一种形式.能量的守恒在数量上体现了运动的守恒.

例 2-12　两物块分别固定在一轻质弹簧两端并放置在光滑水平面上,如图 2-19 所示.先将两物块水平拉开,使弹簧伸长 l,然后无初速度释放.已知两物块质量分别为 m_1,m_2,弹簧的刚度系数为 k,求释放后两物块的最大相对速度.

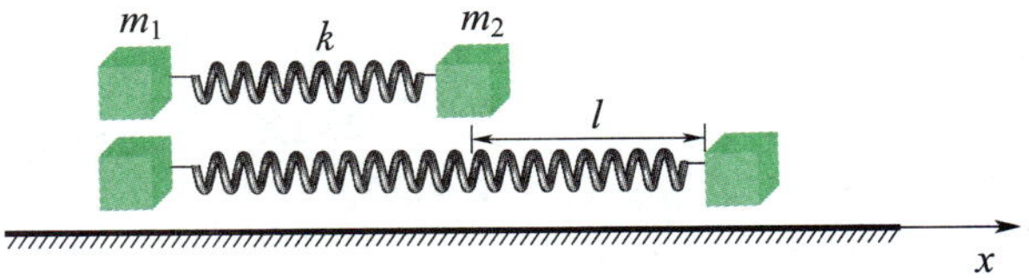

图 2-19　例 2-12 图

解　选地面为参考系,从物块被释放至两物块相对速度最大的过程,两物块和弹簧系统动量守恒.又因系统无非保守内力,故系统机械能守恒.设两物块相对速度最大时,两物块的速度分别为 v_1、v_2,则有

$$m_1v_1+m_2v_2=0. \quad ①$$

最大相对速度对应其初势能全部转化为动能的情况，于是有

$$\frac{1}{2}kl^2 = \frac{1}{2}m_1 v_1^2 + \frac{1}{2}m_2 v_2^2. \quad ②$$

联立①、②式可得

$$v_1 = \sqrt{\frac{m_2 kl^2}{m_1(m_1+m_2)}}, \quad v_2 = -\sqrt{\frac{m_1 kl^2}{m_2(m_1+m_2)}}.$$

两物块的最大相对速度的大小为

$$|v_1 - v_2| = \frac{m_1+m_2}{m_2}v_1 = \sqrt{\frac{(m_1+m_2)kl^2}{m_1 m_2}}.$$

§2.4 质点的角动量和角动量守恒定律

前面讨论质点运动时，用速度$\boldsymbol{v}$来描述质点的运动状态．当产生机械运动量的传递和转移时，又引进了动量 $\boldsymbol{p}$ 来描述质点的运动状态，并进而导出动量守恒定律．然而，讨论质点绕空间某定点转动时，仅仅用$\boldsymbol{v}$、$\boldsymbol{p}$ 来描述运动状态是不够的．本节将引进描述机械运动的又一个物理量——角动量．角动量是从动力学角度描述质点或质点系转动状态的物理量．和动量一样，角动量也是由于它的守恒性而被发现．例如，天文观察表明，地球围绕太阳转动的过程中，在近日点附近转动速度较快，而在远日点附近转动速度较慢．对于这一点，如果运用角动量概念及其守恒定律就容易说明．

为了研究质点绕空间固定点的转动问题，必须引入对固定点的力矩的概念．因此，首先介绍角动量和力矩的概念，然后进一步讨论质点的角动量定理和角动量守恒定律．

一、质点的角动量

与质点运动时的动量类似，角动量是物体"转动运动量"的量度，是与物体的一定转动状态相联系的物理量．这里先引入运动质点对某一固定点的角动量．

如图 2－20 所示，一个质量为 m 的质点，以速度$\boldsymbol{v}$ 运动，其相对于固定点 O 的矢径为 $\boldsymbol{r}$．**把质点相对于 O 点的矢径 $\boldsymbol{r}$ 与质点的动量 $m\boldsymbol{v}$ 的矢积定义为该时刻质点相对于 O 点的角动量，用 $\boldsymbol{L}$ 表示**，即

$$\boldsymbol{L} = \boldsymbol{r} \times m\boldsymbol{v}. \quad (2-40)$$

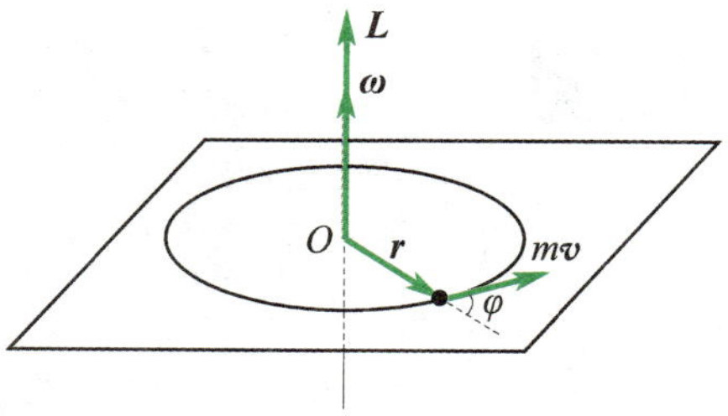

图 2－20　质点的角动量

角动量是矢量．由矢积的定义可知，角动量 $\boldsymbol{L}$ 的方向垂直于 $\boldsymbol{r}$ 和 $m\boldsymbol{v}$ 所决定的平面，其指向可用右手螺旋定则确定．$\boldsymbol{L}$ 的大小为

$$L = rmv\sin\varphi, \quad (2-41)$$

式中，φ 为 $\boldsymbol{r}$ 和 $m\boldsymbol{v}$ 间的夹角．当质点以角速度 ω 做圆周运动时，$\varphi=\frac{\pi}{2}$，这时质点对圆心 O 点的角动量大小为

$$L = rmv = mr^2\omega. \quad (2-42)$$

由(2－40)式可知，质点的角动量与质点对固定点 O 的矢径有关．同一质点对不同

的固定点的位矢不同，因而角动量也不同．因此，在讲质点的角动量时，必须指明是对哪一个给定点而言的．

在国际单位制中，角动量的单位是 $kg \cdot m^2 \cdot s^{-1}$．

二、质点的角动量定理

1. 力矩

为了定量地描述引起质点角动量变化的原因，必须引入力矩的概念．下面先引入力对某固定点的力矩．

质点的角动量及角动量守恒定律

如图 2－21 所示，力 $\boldsymbol{F}$ 对某固定点 O 的力矩的大小等于此力和力臂的乘积，即

$$M = Fr\sin\varphi, \tag{2-43}$$

式中，$\boldsymbol{r}$ 为由 O 点指向力 $\boldsymbol{F}$ 的作用点的矢径，φ 为 $\boldsymbol{r}$ 与 $\boldsymbol{F}$ 的夹角．力矩是矢量，定义为

$$\boldsymbol{M} = \boldsymbol{r} \times \boldsymbol{F}, \tag{2-44}$$

即 $\boldsymbol{M}$ 的方向垂直于 $\boldsymbol{r}$ 和 $\boldsymbol{F}$ 所决定的平面，其指向用右手螺旋定则确定．

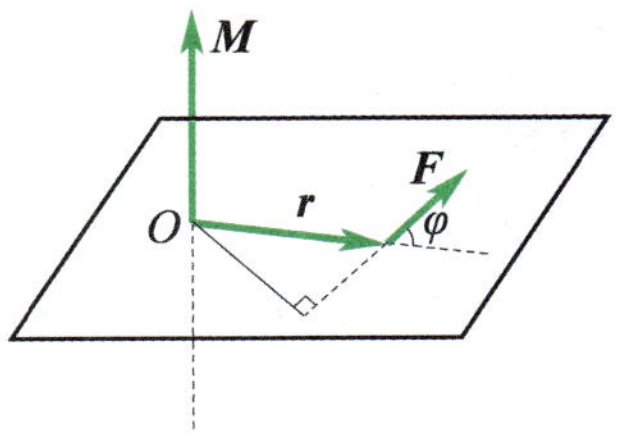

图 2－21　对固定点 O 的力矩

力矩为零有两种情况：一是力 $\boldsymbol{F}$ 等于零；二是力 $\boldsymbol{F}$ 的作用线与矢径 $\boldsymbol{r}$ 共线（即力 $\boldsymbol{F}$ 的作用线穿过 O 点），此时 $\sin\varphi=0$．如果一个物体所受的力始终指向（或背离）某一固定点，这种力称为**有心力**，该固定点称为**力心**．显然，有心力 $\boldsymbol{F}$ 与矢径 $\boldsymbol{r}$ 是共线的．因此，**有心力对力心的力矩恒为零**．

在国际单位制中，力矩的单位是 $N \cdot m$．

2. 质点的角动量定理

如果将质点对 O 点的角动量 $\boldsymbol{L}=\boldsymbol{r}\times m\boldsymbol{v}$ 对时间 t 求导，可得

$$\frac{d\boldsymbol{L}}{dt} = \frac{d}{dt}(\boldsymbol{r} \times m\boldsymbol{v}) = \boldsymbol{r} \times \frac{d(m\boldsymbol{v})}{dt} + \frac{d\boldsymbol{r}}{dt} \times m\boldsymbol{v}.$$

由于

$$\boldsymbol{F}=\frac{d(m\boldsymbol{v})}{dt}, \quad \boldsymbol{v}=\frac{d\boldsymbol{r}}{dt},$$

故上式可写为

$$\frac{d\boldsymbol{L}}{dt} = \boldsymbol{r} \times \boldsymbol{F} + \boldsymbol{v} \times m\boldsymbol{v}.$$

根据矢积性质知 $\boldsymbol{v} \times m\boldsymbol{v}$ 为 $\boldsymbol{0}$，而 $\boldsymbol{r}\times\boldsymbol{F}=\boldsymbol{M}$，于是有

$$\boldsymbol{M} = \frac{d\boldsymbol{L}}{dt}. \tag{2-45}$$

上式说明，**作用在质点上的力矩等于质点角动量对时间的变化率．这就是质点角动量定理的微分形式，其积分形式为**

$$\int_{t_0}^{t} \boldsymbol{M} dt = \boldsymbol{L} - \boldsymbol{L}_0. \tag{2-46}$$

定义 $\int_{t_0}^{t} \boldsymbol{M} dt$ 为质点的冲量矩，则冲量矩等于角动量的增量．在运用角动量定理时，一定要注意，等式两边的力矩和角动量必须都是对同一固定点而言的．

如果将质点对固定点的角动量（2－40）式和质点对固定点的力矩（2－44）式向

选定的坐标轴投影，就可以得到质点对轴的角动量和力对轴的力矩. 同理，质点对某固定点的角动量定理(2-45)式，在给定坐标轴上的分量式即为对轴的角动量定理.

三、质点角动量守恒定律

猫从高处落下后为什么不会受伤？

由(2-45)式可知，若 $\boldsymbol{M}=0$，则

$$\boldsymbol{L}=\boldsymbol{r}\times m\boldsymbol{v}=\text{常矢量}, \qquad (2-47)$$

即质点所受外力对某固定点的力矩为零，则质点对该固定点的角动量守恒，这就是质点的角动量守恒定律. 如果质点所受外力对某固定点的力矩不为零，但力矩在某一轴的分量为零(力的作用线与轴平行或与轴相交)，则质点对该轴的角动量守恒.

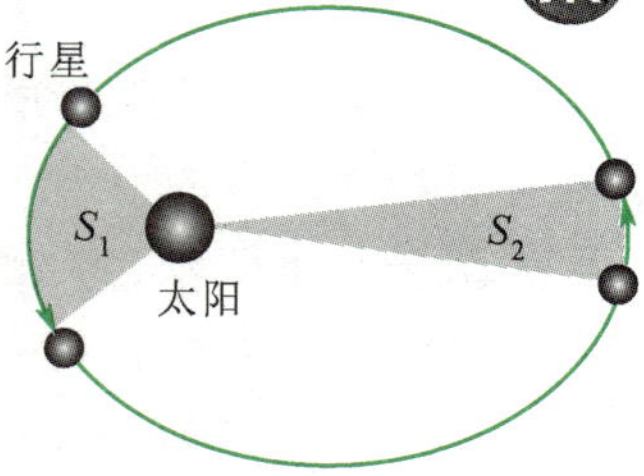

角动量守恒

在研究天体运动和微观粒子运动时，常遇到角动量守恒的问题. 例如，地球和其他行星绕太阳的转动，太阳可看作不动，而地球和行星所受太阳的引力是有心力(力心在太阳)，因此地球、行星对太阳的角动量守恒. 又如带电微观粒子射到质量较大的原子核附近时，粒子所受到的原子核的电场力就是有心力(力心在原子核心)，所以微观粒子在与原子核的碰撞过程中对力心的角动量守恒.

动量守恒定律、能量转换与守恒定律和角动量守恒定律是整个物理学大厦的基石. 它们不仅在低速、宏观领域中成立，而且在高速、微观领域中依然成立(虽然存在差异). 这些守恒定律是比牛顿运动定律更基本的规律.

例 2-13

如果质点在 $\boldsymbol{r}=-3.5\boldsymbol{i}+1.4\boldsymbol{j}$ (m)的位置时的速度为 $\boldsymbol{v}=-2.5\boldsymbol{i}-6.3\boldsymbol{j}$ $(\text{m}\cdot\text{s}^{-1})$，求此质点对坐标原点的角动量. 已知质点的质量为 4.0 kg.

解 根据对点的角动量的定义可得

$$\boldsymbol{L}=\boldsymbol{r}\times m\boldsymbol{v}$$

$$=(-3.5\boldsymbol{i}+1.4\boldsymbol{j})\times m(-2.5\boldsymbol{i}-6.3\boldsymbol{j})$$

$$=102.2\boldsymbol{k}(\text{kg}\cdot\text{m}^2\cdot\text{s}^{-1}).$$

例 2-14

质量为 m 的质点拴在一条细绳上，绳子通过一光滑的套管可以往下牵引，使 m 在光滑水平面内转动，如图 2-22 所示. 当绳长为 r_0 时，质点以速率 v_0 转动. 求把绳子缩到 r 时外界对物体所做的功.

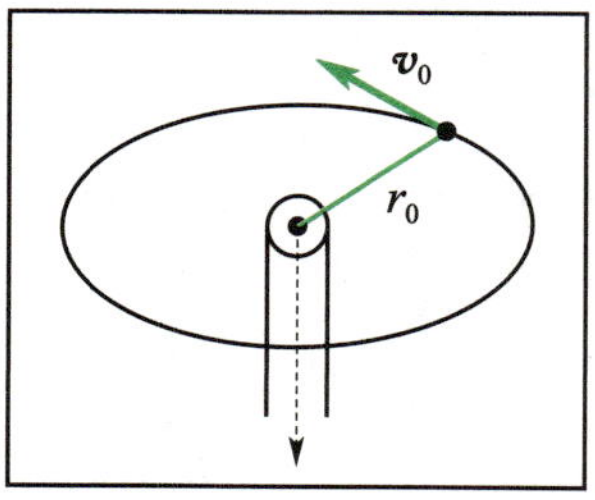

图 2-22 例 2-14 图

解 物体在水平方向上只受绳子的拉力，该力对圆心 O 的力矩为零. 所以物体对点 O 的角动量守恒，于是有

$$r_0mv_0=rmv,$$

即

$$v=\frac{r_0}{r}v_0.$$

在此过程中物体动能的增量为

$$\Delta E_k=\frac{1}{2}mv^2-\frac{1}{2}mv_0^2=\frac{1}{2}mv_0^2\left(\frac{r_0^2}{r^2}-1\right),$$

由动能定理可知，此即外界对物体所做的功.

§2.5　流体　伯努利方程

流体是指质量连续分布且具有流动性的质点系. 一般来说,流体不具备保持原来形状的弹性. 地面上的水顺沟槽弯弯曲曲地伸展并分成支流,绝无回到原来形状的可能,这就是流体的流动性. 连续性则是指系统由一个紧挨一个的无穷多个无穷小的流团所组成.

流体力学包含许多部分,如流体静力学、水力学、气体动力学、磁流体力学、高温流体动力学、湍流理论和相对论流体动力学等. 本节主要介绍流体静力学及伯努利方程.

一、流体静力学

1. 流体静压

流体静力学只讨论静止的流体问题. 与固体不同,静止的流体不能承受切向的力. 任何沿着器壁的施于流体表面的切应力都会使流体沿着器壁流动,既然流体是静止的,不可能出现这种流动,因而必然不会有沿着流体表面的切应力. 也就是说,器壁作用于流体上的力一定与流体表面正交,流体作用于器壁的反作用力也一定与器壁正交. 正是由于流体不能承受切应力,所以流体能任意改变形状,具有流动性.

在流体力学中,为了描述对流体的作用力,引入压强这一物理量. 压强 p 定义为单位面积所受法向力的大小. 压强可以传递到流体内的任一截面和作为边界面的固体表面,在这些面上各点的压强均与该面垂直. 某个面积上的平均压强为

$$p=\frac{\text{垂直面积上的作用力}}{\text{面积}}=\frac{F}{S}. \tag{2-48}$$

压强是标量. 在国际单位制中,压强的单位是 Pa(帕斯卡),$1\ \text{Pa}=1\ \text{N/m}^2$. 其他常用的压强单位有 dyn/cm^2(达因每平方厘米)、bar(巴)、atm(标准大气压)和 mmHg(毫米汞柱,也叫托,torr). 这些单位的换算关系是:$1\ \text{N/m}^2=10\ \text{dyn/cm}^2$;$1\ \text{bar}=10^5\ \text{N/m}^2$;$1\ \text{atm}=1.013\times10^5\ \text{Pa}=760\ \text{mmHg}$. 在气象学中广泛采用的是 bar 和 mbar,在医学和生理学中则用 torr 或 mmHg.

我们知道潜水时压强随着进入水面深度的增加而增大;登山时大气压随着高度的增大而减小. 潜水员和登山者所感知的压强通常叫流体静压,因为这些压强是由静态流体引起的. 下面推导流体静压随深度(高度)的变化关系.

在静止液体内,纵坐标为 y 处,取一圆形薄板状小体元,如图 2-23 所示. 设体元的厚度为 $\mathrm{d}y$,上下两面的面积均为 S ,流体的密度为 ρ ,作用于体元上下两面的力垂直于面积 S. 体元在铅直方向是静止的,所以它所受的铅直方向的合力为零. 令流体在 y 处的压强为 p ,在 $y+\mathrm{d}y$ 处的压强为 $p+\mathrm{d}p$. 体元除受上下流体的作用力外,还受一重力 $\mathrm{d}W=\rho gS\mathrm{d}y$,体元所受的向下的力等于体元所受的向上的力. 因此,可得

$$(p+\mathrm{d}p)S+\rho gS\mathrm{d}y=pS,$$

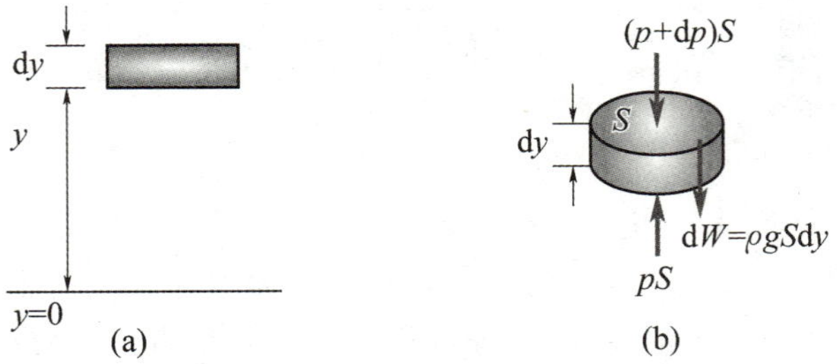

图 2-23 液体体元上下两面所受的力

于是

$$\frac{\mathrm{d}p}{\mathrm{d}y}=-\rho g. \tag{2-49}$$

此式表明流体中各点的压强随流体的高度变化. 设 p_1 是在高度 y_1 处的压强，p_2 是在高度 y_2 处的压强，两处的压强差可从(2-49)式得到

$$\int_{p_1}^{p_2}\mathrm{d}p=-\int_{y_1}^{y_2}\rho g\,\mathrm{d}y\,,\quad 即\ p_2-p_1=-\int_{y_1}^{y_2}\rho g\,\mathrm{d}y. \tag{2-50}$$

对于液体来说，ρ 可视为常数，因不随高度改变. 且高度相差不太大时，g 也可以视为常数. 既然 ρ 和 g 都为常数，由(2-50)式可得

$$p_2-p_1=-\rho g(y_2-y_1). \tag{2-51}$$

此式表明，在液体中高度大的地方压强小.

设液体有一自由表面如图 2-24 所示，其水平高度为 y_2，在表面上的压强为大气压强 p_0，则在液体内部高度 y_1 处的压强 p 可由(2-51)式给出：

$$p_0-p=-\rho g(y_2-y_1),$$

$$p=p_0+\rho gh. \tag{2-52}$$

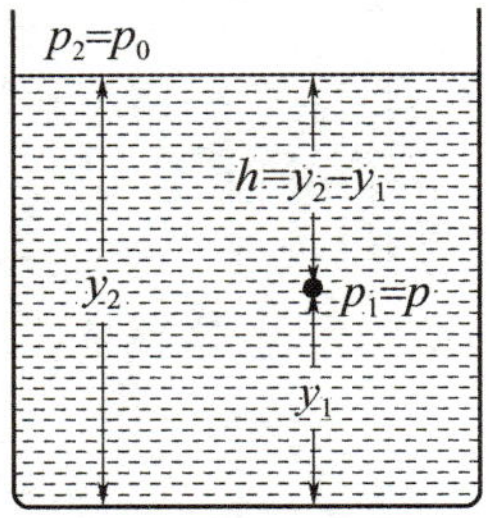

图 2-24 自由表面受大气压强时，液体内部的压强

这一结果表明：①在液面下所有相同深度的点压强相等，即等高点的压强相等；②液体的压强仅与密度和深度有关，而与液体的形状无关；③液体中高度差为 h 的两点压强差为 ρgh .

对于气体来说，密度 ρ 是很小的，高度差较小的两点的压强差可以忽略不计，所以容器中的气体可以认为各处压强一样. 但当两点高度差 y_2-y_1 很大时，大气的密度 ρ 将随高度变化，甚至 g 也随高度变化，即 ρ 和 g 都是 y 的函数，则只能利用(2-50)式进行计算.

2. 帕斯卡定律和水压机

帕斯卡定律(Pascal's law)：施加于密闭容器内流体的压强将大小不变地传递到流体的各个部分及容器的器壁.

上述结论建立在液体不可压缩的事实上. 这个定律是帕斯卡在 16 世纪中期提出的. 据说，帕斯卡还利用这一发现赢得了大量财富. 他曾与当地人打赌，他能向装有葡萄酒的酒桶中不断地倒入酒从而把酒桶压破. 当时没人相信，因而赌注很大.在约定的时间和地点,他把一根长而细的管子垂直插入一密封的酒桶,同时把葡萄酒倒入管中,直到酒桶被压破为止.帕斯卡知道,管子的高度能增加足够的压强而将酒桶压破.水压机就是利用帕斯卡定律制成的.如图 2-25 所示,水压机由两个连通并充满液体的圆筒构成,横截面积分别为 S_1 和 S_2,施加一个小的作用力就能产生一个大的输出力:

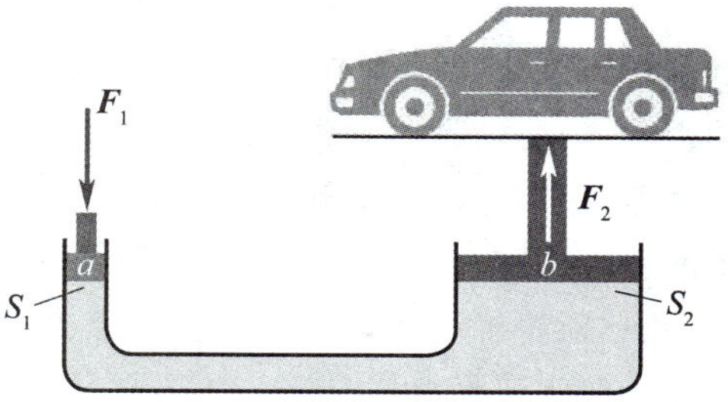

图 2-25　水压机示意图

$$F_2=\frac{S_2}{S_1}F_1.$$

例 2-15　如图 2-25 所示,在一个水压机中,小活塞的直径为 1.0 cm,大活塞的直径为 8.0 cm.将 50 N 的力加到小活塞上,求作用于大活塞的力.

解　由帕斯卡定律知,作用在两个活塞上的压强相等,即

$$\frac{F_2}{S_2}=\frac{F_1}{S_1},$$

所以

$$F_2=\frac{S_2}{S_1}F_1=\frac{4^2}{0.5^2}\times 50\ \text{N}=3\ 200\ \text{N}.$$

这就是汽车修理厂所用的液压千斤顶的基本工作原理;汽车的液压制动刹车装置也是根据这个原理工作的.

3. 阿基米德原理和鱼的浮力

阿基米德原理(Archimedes' principle):全部或部分浸入流体中的物体,受到一个向上的(浮)力的作用,其大小等于物体所排开的那部分流体的重力.用公式表示为

$$F_b=\rho V_f g. \tag{2-53}$$

式中,ρ 是流体的密度,V_f 为被排开流体的体积.

浮力的产生是由于存在深度差,物体底部受到的流体压强比顶部所受的压强大.具体推导如下:设想一柱形物体浸没于密度为 ρ 的流体中(见图 2-26).作用于顶面向下的力为

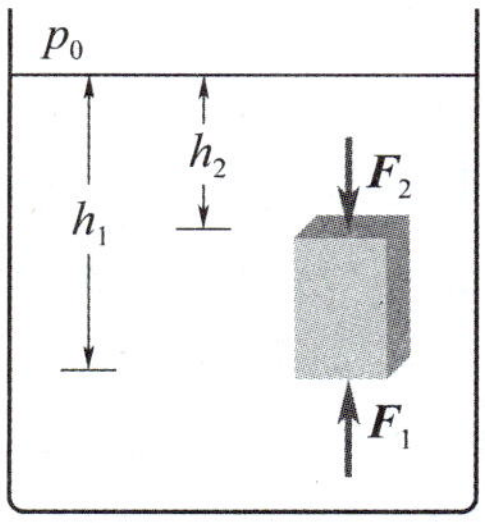

图 2-26　浮力等于物体排开流体的重力

$$F_2=p_2S=(p_0+\rho gh_2)S.$$

式中,h_2 是顶面的深度,S 是顶面和底面的面积.同样,作用于底面向上的力为

$$F_1=p_1S=(p_0+\rho gh_1)S.$$

式中,h_1 是底面的深度.所以流体作用于物体的净力是向上的,其大小为

$$F_1-F_2=\rho g(h_1-h_2)S.$$

因为 $(h_1-h_2)S$ 是物体的体积,即排开的流体的体积,而 ρg 是单位体积的流体的重力,所以 $\rho g(h_1-h_2)S$ 就是物体所排开流体的重力,(F_1-F_2) 就是物体所受的浮力.

一般地，鱼组织和鱼骨的密度大于海水的密度(生物组织密度较海水小的只有脂肪)，硬骨鱼生活在靠近水面的地方，因此需要减小它们的密度，以便与海水的密度协调. 这种协调作用是通过鱼鳔来实现的. 鳔位于鱼的体腔中，是一个柔软的容器. 鱼的总密度随鳔的大小而变化，鳔的大小由压强确定，而压强则由鱼在水中的深度确定. 当一条鱼游到较深处时，它的鳔的体积减小，其平均密度相应增加. 鱼总能将鳔的体积改变为一个合适的值，使鱼的密度恰好等于周围水的密度，不管是海水还是淡水.

例 2-16

水坝横截面如图 2-27 所示，坝长为 1 088 m，水深为 5 m，水的密度为 1.0×10^3 kg/m^3. 求水作用于坝身的水平推力.

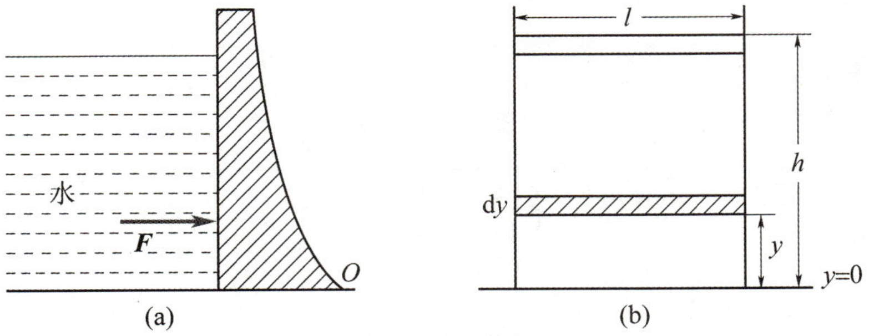

图 2-27 作用于水坝上的力

解 坝的两侧都受大气压强的作用，所以可不考虑大气压强. 因为水的压强随深度变化，所以水作用于坝上的力是不均匀的. 设 l 为水坝的宽度，作用于面积 $l\mathrm{d}y$ 上的力为

$$\mathrm{d}F=\rho g(h-y)l\mathrm{d}y,$$

水作用于坝上的水平合力为

$$F=\int_0^h \rho g(h-y)l\mathrm{d}y=\rho g l\,\frac{h^2}{2},$$

代入数值得

$$F=13.3\times10^7\ \mathrm{N}.$$

二、理想流体

无论气体还是液体都是可以压缩的. 在 500 个大气压下，每增加一个大气压，水的体积的减少量不到原体积的两万分之一，水银体积的减少量不到原体积的百万分之四. 所以通常不考虑液体的压缩性. 气体的可压缩性非常明显，譬如用不太大的力推动活塞即可使汽缸中的气体明显地压缩. 但由于其良好的流动性，在一定的条件下，气体也是不易压缩的. 例如，在一根光滑管中的气体，当流动速度不很大时，讨论因流动而引起的压缩时，管中气体的密度的变化非常微小. 反之，在打喷嚏或咳嗽的过程中，即气流可与声速相比时，则应计入可压缩性. 为此定义一个马赫数，M=流速/声速，若 $M^2\ll1$，则气体可视为不可压缩. 总之，在一些问题中，若可不考虑流体的压缩性，便可将它抽象为不可压缩流体的理想模型.

流体流动时，将表现出或多或少的黏性，即当流体运动时，层与层之间将出现阻碍相对运动的内摩擦力. 例如，河流中心的水流动较快，由于黏性，靠近岸边的水却几乎不动. 在某些问题中，若流体的流动性是主要的，黏性居于次要地位，则可以认为流体完全没有黏性，这样的理想流体模型叫作非黏性流体.

所谓理想流体,是指不可压缩的无黏性的流体.

三、不可压缩流体的连续性方程

1. 定常流、流线和流管

流体可视为由无穷多个流体微团组成的质点系. 显然,跟踪每个流体微团并求出它们各自的运动规律是非常困难的. 但是,如果把注意力移到各空间点,观察各流体微团经过这些空间点的流速,则比较方便. 这时空间的每一点均有一定的流速矢量与之对应,这样的空间区域称为**速度场**.

流体的运动在一般情况下,既与观察点的位置有关,又与观察时刻有关. 在同一时刻,不同的观察点看到的流体的情况不一样,这时描述流体运动的物理量,如速度,既是位置的函数,又是时间的函数,即

$$\boldsymbol{v}=\boldsymbol{v}(\boldsymbol{r},t).$$

但在流体运动中,有一种简单而重要的运动. 流体的速度仅为位置的函数而与时间无关,即$\boldsymbol{v}=\boldsymbol{v}(\boldsymbol{r})$,这种流动称为**定常流**,或称**稳定流动**. 例如,水龙头中的细流、水渠中的缓流、石油输送管中的石油流动,在不太长的时间内,均可看作定常流.

在定常流中,流体的运动速度只与其经过的空间位置有关而与具体的质点无关. 例如,在流体所流经的空间中取 1,2,3,…一些点,则不管流体的哪一部分体元流经 1,2,3,…位置时,都必定以$\boldsymbol{v}_1$,$\boldsymbol{v}_2$,$\boldsymbol{v}_3$,…的速度运动. 设 1,2,3,…是一些连续的点,当流体流出 1 点后,则必然顺次流经 2,3 等点,则这样的一些点的轨迹称为流线. **在速度场中,作一簇曲线,使曲线上每一点的切线方向都与流体流经该点时的流速矢量一致,这样的一簇曲线即称为流线.**

在定常流中,流线的形状是稳定不变的. 在稳定流动中,每一点的速度只可能有一个方向,故流线不能相交,如图 2-28(a)、(b)、(c)所示.

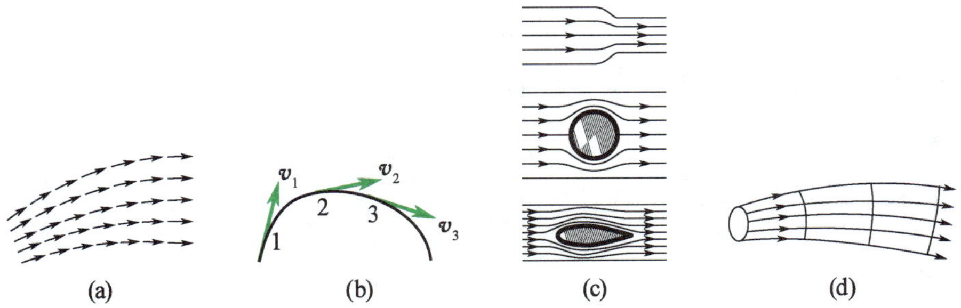

图 2-28　流线和流管

由于在流线上的每一点流体运动方向与流线相切,而在定常流中流线又不会相交,因此,可以选取一束流线围成一个管状,则管外的流体不会流入管内,而管内的流体也不会流出管外. 这种**用流线围成的管子称为流管**.

在定常流中,流管的形状与实际的管道非常相似,于是可以将管道内的流体划分为许多相邻的流管,那么研究了每个流管中流体运动的情况,就可以知道整个管道中全部流体运动的情况. 因此,流管就相当于流体力学中的隔离体,如图 2-28(d)所示.

2. 不可压缩流体的连续性方程

在流体中任取一流管，在流管中任取两点 1，2，过 1，2 两点作垂直流管的截面 ΔS_1，ΔS_2，并令 ΔS_1，ΔS_2 足够小，即使得 ΔS_1，ΔS_2 面上各点的流速分别为 1，2 两点的流速 v_1 和 v_2，如图 2－29 所示. 由于流体是不可压缩的，因此，在 Δt 时间内通过 ΔS_1 截面的流体的体积与通过 ΔS_2 截面的流体的体积应该相等，即有

$$v_1 \Delta t \Delta S_1 = v_2 \Delta t \Delta S_2,$$

则

$$v_1 \Delta S_1 = v_2 \Delta S_2.$$

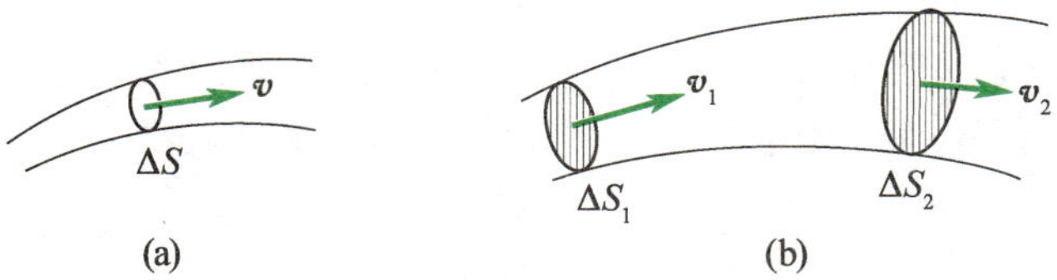

图 2－29　推导连续性方程示意图

由于 1，2 两点是在流管中任取的，因此上式对任何垂直流管的截面都是正确的，即

$$v\Delta S = \text{恒量}. \tag{2-54}$$

该式称为不可压缩流体的连续方程. 式中 $v\Delta S = Q$ 称为**流量**——单位时间内通过流管中某一截面的流体体积. 上式表明：**对于不可压缩的流体，通过流管各横截面的流量相等——这就是连续性原理.**

由连续性方程可以看出，同一流管中，截面积大的地方流速小，而截面积小的地方流速大. 例如，若把整个河道看成一个流管，则可知河道狭窄处，流水湍急，而河道宽阔处，流速缓慢. 由于流速与流线紧密相连，而流管中截面小处流速大. 同时，截面小的地方也正是流线密集之处. 由此可见，对于不可压缩的流体，流线密集处流速大，流线稀疏处流速小.

四、流体动力学的处理方法——伯努利方程

解决动力学问题有三种方法，一是突出过程的矢量性与瞬时性的牛顿运动定律；二是突出始、末状态的矢量关系的动量定理与角动量定理；三是突出始、末状态的标量关系的功能原理. 对于流体，由于它的流动性和连续性，过程中瞬时性和矢量性相当复杂，故在处理流体力学问题时，通常应用功能原理，而伯努利方程就是功能原理在理想流体定常流中的具体表达形式.

下面在惯性系中，讨论理想流体在重力作用下做定常流的情况. 如图 2－30 所示，在理想流体内某一细流管中任取**微团** ab，自位置 1 运动至位置 2. 因形状发生变化，在 1 和 2 处的长度分别为 Δl_1 和 Δl_2，底面积分别为 ΔS_1 和 ΔS_2. 由于不可压缩，密度 ρ 不变，微团 ab 的质量$m = \rho\Delta l_1 \Delta S_1 = \rho\Delta l_2 \Delta S_2$. 另外，微团 ab 的体积相对于流体流过的空间很小，微团范围内各点的压强和流速也可认为是均匀的，分别用 p_1 与 p_2，v_1 与 v_2 表示. 设微团始、末位置距重力势能零点的高度分别为 h_1 和 h_2. 正是由于考虑到微团 ab 本身的线度和它所经过的路径相比非常小，在应用动力学原理时可将它视为质点. 现应用质点系功能原理，有

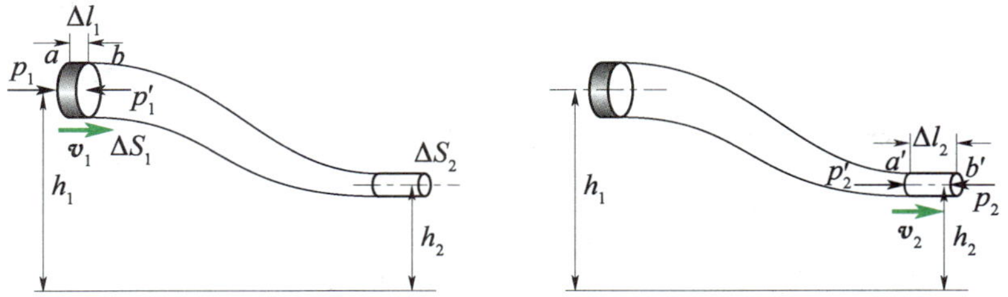

图 2－30　推导伯努利方程示意图

$$W_{外}+W_{内非}=(E_k+E_p)-(E_{k0}+E_{p0}),$$

微团动能增量

$$E_k-E_{k0}=\frac{1}{2}mv_2^2-\frac{1}{2}mv_1^2$$
$$=\frac{1}{2}\rho\Delta l_2\Delta S_2v_2^2-\frac{1}{2}\rho\Delta l_1\Delta S_1v_1^2,$$

微团势能增量

$$E_p-E_{p0}=mgh_2-mgh_1=\rho g\Delta l_2\Delta S_2h_2-\rho g\Delta l_1\Delta S_1h_1.$$

因为理想流体没有黏性(即没有切向力)，故不存在黏性力的功，只需考虑周围流体对微团压力所做的功，但压力总与所取截面垂直，因此作用于柱侧面上的压力不做功，只有作用于微团前后两底面的压力做功. 它包括两部分：作用于后底面的压力由 a 至 a' 做的正功及作用于前底面的压力由 b 至 b' 做的负功. 值得注意的是，前底和后底都经过路程 ba'. 因为是定常流，它们先后通过这段路程同一位置时的截面积相同，压强也相等，不同的只是一力做正功，另一力做负功，其和恰好为零. 所以，只包括压力推后底面由 a 至 b 做的正功及压力阻止前底面由 a' 至 b' 做的负功，即

$$W_{外}+W_{内非}=p_1\Delta S_1\Delta l_1-p_2\Delta S_2\Delta l_2,$$

代入功能原理，得

$$\frac{1}{2}\rho v_2^2\Delta l_2\Delta S_2+\rho gh_2\Delta l_2\Delta S_2-\frac{1}{2}\rho v_1^2\Delta l_1\Delta S_1-\rho gh_1\Delta l_1\Delta S_1$$
$$=p_1\Delta S_1\Delta l_1-p_2\Delta S_2\Delta l_2.$$

因理想流体不可压缩，根据**连续性原理**，得

$$\Delta l_1\Delta S_1=\Delta l_2\Delta S_2=\Delta V,$$

代入上式，并用 ΔV 除等式两端，得

$$\frac{1}{2}\rho v_1^2+\rho gh_1+p_1=\frac{1}{2}\rho v_2^2+\rho gh_2+p_2. \tag{2-55}$$

位置 1,2 是任意选定的，所以对同一**细流管**内各不同截面有

$$\frac{1}{2}\rho v^2+\rho gh+p=恒量. \tag{2-56}$$

(2－55)式和(2－56)式称为**伯努利方程**.

在推导中，选择一定流体微团并研究其沿细流管的运动，因此涉及的压强 p 和流速 v 实际指细流管横截面上的平均值. 可以在推导的最后阶段令 $\Delta S\to0$，于是流管演变为流线，而(2－55)式中各量则表示在同一流线上不同两点 1 和 2 的取值.于是得到下面的结论:**在惯性系中,当理想流体在重力作用下做定常流时,一定流线上(或细流管内)各点的量$\frac{1}{2}\rho v^2+\rho gh+p$为一恒量.**

一般来说,恒量$\frac{1}{2}\rho v^2+\rho gh+p$的数值因流线而异.但在特殊情况下,不同流线上的恒量相同.其中一种值得注意的情况是,在均匀流场中,即在某个空间中当各流团以相同的速度沿水平方向做匀速直线运动时,若在这个空间选取一个竖直方向的柱形隔离体,其上下底面包含A点、B点,此隔离体必将沿水平方向匀速运动,而在竖直方向无加速度.根据平衡条件可得出与静止流体中类似的公式

$$p_B=p_A+\rho gh, \tag{2-57}$$

h表示A、B两点高度差.以B点所在高度为重力势能零点,则A点所在流线上各点有

$$\frac{1}{2}\rho v^2+\rho gh+p_A=C_A, \tag{2-58}$$

C_A为恒量.在B点所在流线上各点有

$$\frac{1}{2}\rho v^2+p_B=C_B, \tag{2-59}$$

C_B亦为恒量.由(2-57)式至(2-59)式得$C_A=C_B$,故不同流线上伯努利方程中的恒量是相等的,图2-31中A点、B点、C点和D点等处伯努利方程中的守恒量都一样.上面仅论述流速沿水平方向的情况,不难证明,只要流线来自这样的空间,该处的流体微团均以相同速率沿同一方向做匀速运动,上面的结论总是正确的.现在来看另一种情况.在图2-31中,诸流线均来自彼此平行的空间,但流速不同.因在竖直方向仍可按平衡问题处理,(2-57)式仍成立.然而因(2-58)式和(2-59)式中的流速不同,故$C_A\neq C_B$.于是,伯努利方程仍需在一流线上成立.

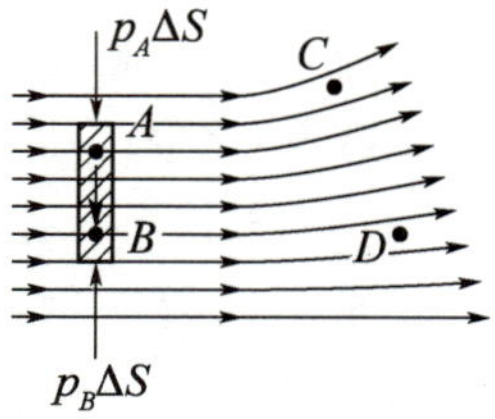

图2-31 各流线上伯努利方程中恒量取相同数值的特例

例2-17

文丘里(Venturi)流量计的原理.文丘里管常用于测量液体在管中的流量或流速.如图2-32所示,在变截面管的下方,装有U形管,内装水银.测量水平管道内的流速时,可将流量计串联于管道中,根据水银表面的高度差,即可求出流量或流速.

已知管道横截面积为S_1和S_2,水银与液体的密度分别为$\rho_{汞}$与ρ,水银面高度差为h,求液体流量.设管中为理想流体做定常流.

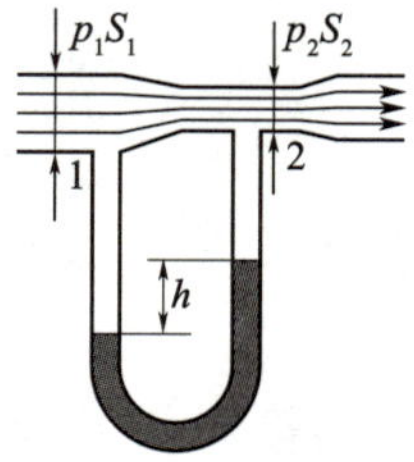

图2-32 文丘里管

解 在惯性系中,文丘里管内理想流体在重力作用下做定常流,可运用伯努利方程.根据伯努利方程的要求,在管道中心轴线处取细流线,对流线上1,2两点,有

$$\frac{1}{2}\rho v_1^2+p_1=\frac{1}{2}\rho v_2^2+p_2,$$

在1,2两点处与管道垂直的横截面的面积分别为S_1和S_2,根据连续性方程

$$v_1S_1=v_2S_2,$$

由于通过1和2处横截面的流线是平行的,横截面上压强随高度分布的规律与静止流体中相同(参考图2-31及有关论述),U形管内显然为静止流体.因此,自1点经U形管到2点,可运用不可压缩静止流体的压强公式,由此得出管道中心线上1点与2点的压强差为

$$p_1-p_2=(\rho_{汞}-\rho)gh.$$

将以上 3 式联立，可解得流量为

$$Q=v_1S_1=v_2S_2=\sqrt{\frac{2(\rho_{汞}-\rho)ghS_2^2S_1^2}{\rho(S_1^2-S_2^2)}},$$

等式右方除 h 外均为常数，因此可根据高度差求出流量.

例 2-18

皮托(Pitot)管原理. 皮托管常用来测量气体的流速. 如图 2-33 所示，开口 1 和 1′与气体流动的方向平行，开口 2 则垂直于气体流动的方向. 两开口分别通向 U 形管压强计的两端，根据液面的高度差便可求出气体的流速.

已知气体密度为 ρ，液体密度为 $\rho_{液}$，管内液面高度差为 h，求气体流速. 气流沿水平方向，皮托管亦水平放置. 空气视作理想流体，并做定常流.

解　因空气可视作理想流体，又知空气做定常流，并在惯性系内的重力场中，可应用伯努利方程.

用皮托管测流速，相当于在流体内放一障碍物，流体将被迫分成两路绕过此物体，在物体前方流体开始分开的地方，有流线流速等于零的点，称为驻点(如图 2-33 中的 2 点). 如图 2-33 所示，通过 1,2 各点的各流线均来自远处，在远处未受皮托管干扰的地方，流体内各部分均相对于仪器以相同的速度做匀速直线运动(例如，飞机在空中匀速直线飞行，远处空气相对于机身均以相同速度做匀速直线运动)，空间各点的 $\frac{1}{2}\rho v^2+\rho gh+p$ 为一恒量. 对于 1,2 两点，有

$$\frac{1}{2}\rho v_1^2+\rho gh_1+p_1=\rho gh_2+p_2,$$

h_1 和 h_2 表示 1,2 两点相对于势能零点的高度，这两点的高度差很小，可不予考虑，因此

$$\frac{1}{2}\rho v_1^2=p_2-p_1.$$

皮托管的大小和气体流动的范围相比是微乎其微的，仪器的放置对流速分布的影响不大，可近似认为 v_1 即为欲测流速，于是

$$v=\sqrt{\frac{2(p_2-p_1)}{\rho}}.$$

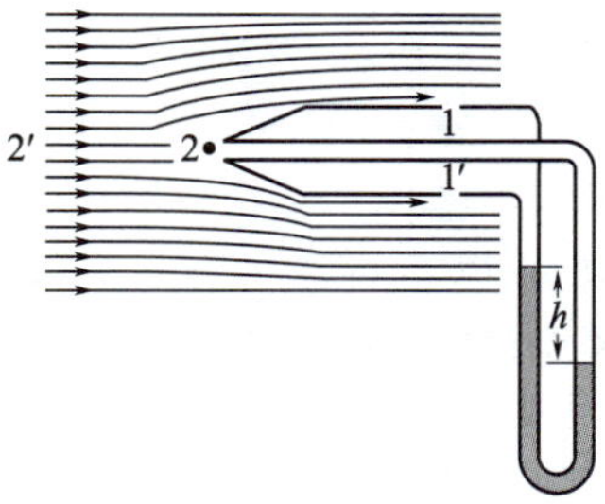

图 2-33　皮托管

又　$$p_2-p_1=\rho_{液}gh,$$

故流速　$$v=\sqrt{2\rho_{液}gh/\rho}.$$

这里介绍一下"驻点压强". 在图 2-33 中，流线 2′2，2′点压强为大气压 p_0，流速为 v，而 p_2 表示驻点压强，驻点处流速为零，则

$$p_2=p_0+\frac{1}{2}\rho v^2,$$

由于 $\frac{1}{2}\rho v^2>0$，所以 $p_2>p_0$，即驻点处有较高的压强.

将皮托管用在飞机上，可测飞机相对于空气的航速. 但飞机上不宜用 U 形管，而采用金属盒，其内外分别与图 2-33 中的 1 和 2 相通，通过金属盒因内外压强差发生变形以测航速.

例 2-19

水库放水、水塔经管道向城市输水以及挂瓶为病人输液等，其共同特点是液体自大容器经小孔流出. 由此得到下面研究的理想模型：大容器下部有一小孔，小孔的线度与容器内液体自由表面至小孔处的高度 h 相比很小. 液体视作理想流体. 求在重力场中液体从小孔流出的速度.

解　随着液面的下降，小孔处的流速也会逐渐降低，严格说来，并不是定常流．但因孔径极小，若观测时间较短，液面高度没有明显变化，仍然可以看作是定常流．选择小孔中心作为势能零点，并对从自由表面到小孔的流线运用伯努利方程．因可认为液体自由表面的流速为零，故

$$\rho gh+p_0=\frac{1}{2}\rho v^2+p_0.$$

式中，p_0 表示大气压，v 表示小孔处流速，ρ 表示液体密度．解得

$$v=\sqrt{2gh}.$$

结果表明，小孔处流速和物体自高度 h 处自由下落得到的速度是相同的．

如图 2－34(a)所示，若喷嘴与容器内壁的接合处呈圆滑曲线，则流束截面积将与孔口面积相同．如果是直壁孔口，如图 2－34(b)所示，情况就不同了．由于流体微团的惯性，沿壁面流出小孔的流体微团不可能突然改变自己的运动方向而必然沿着光滑的曲线运动．小孔外流管(又称流束)的直径比孔口直径小，叫作**流束收缩**．流束截面积与孔口面积之比叫作**收缩系数**，自薄壁圆孔出来的射流，收缩系数在 0.61～0.64 之间．

已知小孔流速，还可求出流量．若无流束收缩，又不计黏性影响，则流量 $Q=vS=S\sqrt{2gh}$，S 为孔口截面积．若有流束收缩，又考虑黏性，则应将上式加以修正，即 $Q=\mu S\sqrt{2gh}$．式中，$\mu<1$，称为流量系数，可由实验测出．根据理想模型推出公式，再根据实验加以修正，这是很常见的方法．

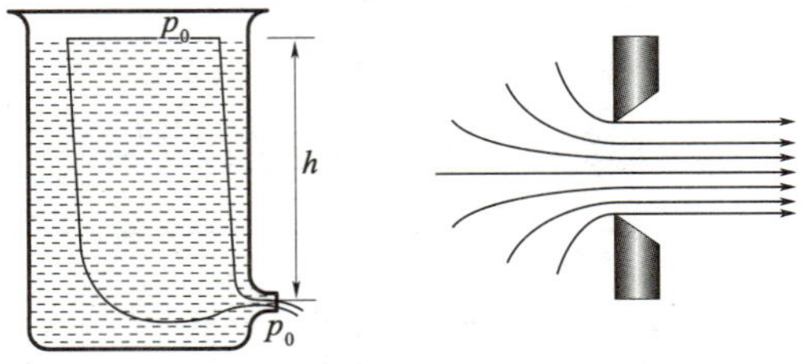

(a) 微孔流速问题的研究　　(b) 流束收缩

图 2－34　理想流体的小孔流束

若所研究问题中气体有明显的膨胀压缩而温度的变化必须考虑时，便不适用理想流体的理想模型，需要用其他方程描述流动，并得到与上述小孔流速不同的结论．图 2－35(a)表示高压气体自收缩的小孔喷出．按可压缩流体力学，喷出速度不会超过声速．当需产生超声速流动时，例如，研究超声速流，则需自喷气口引出膨胀管．进一步的理论可证明，超声速流线越稀疏流速越大，因而可在扩张处得超声速流．如图 2－35(b)所示，该装置称为拉瓦尔(Laval)喷管．

(a)　　(b)

图 2－35　非理想流体的小孔流束

液体的黏滞性　层流

习　题　2

习题参考答案

1. 选择题

(1)一质点做匀速率圆周运动时，(　　)．

(A)它的动量不变，对圆心的角动量也不变

(B)它的动量不变，对圆心的角动量不断改变

(C)它的动量不断改变，对圆心的角动量不变

(D)它的动量不断改变，对圆心的角动量也不断改变

(2)质点系的内力可以改变(　　)．

(A)系统的总质量　　(B)系统的总动量

(C)系统的总动能　　(D)系统的总角动量

(3)对功的概念有以下几种说法：

①保守力做正功时，系统内相应的势能增加.

②质点运动经一闭合路径，保守力对质点做的功为零.

③作用力与反作用力大小相等、方向相反，所以两者所做功的代数和必为零.

在上述说法中(　　).

(A)①、②是正确的　　(B)②、③是正确的

(C)只有②是正确的　　(D)只有③是正确的

(4)一质量为 M 的斜面原来静止于水平光滑平面上，将一质量为 m 的木块轻轻放于斜面上，如题 2.1(4)图所示. 如果此后木块能静止于斜面上，则斜面将(　　).

(A)保持静止　　(B)向右加速运动

(C)向右匀速运动　　(D)向左加速运动

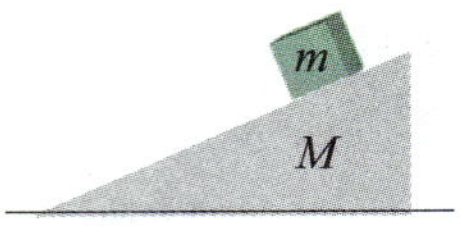

题 2.1(4)图

(5)质量分别为 m_1 和 m_2 的两滑块 A 和 B 通过一轻弹簧水平连接后置于水平桌面上，滑块与桌面间的摩擦系数均为 μ，系统在水平拉力 $\boldsymbol{F}$ 作用下匀速运动，如题 2.1(5)图所示. 如突然撤去拉力，则刚撤去拉力后的瞬间，二者的加速度 a_A 和 a_B 分别为(　　).

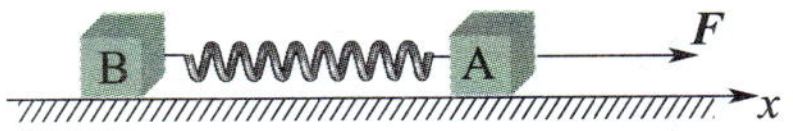

题 2.1(5)图

(A)$a_A=0, a_B=0$　　(B)$a_A>0, a_B<0$

(C)$a_A<0, a_B>0$　　(D)$a_A<0, a_B=0$

2. 填空题

(1)质量为 m 的小球，用轻绳 AB、BC 连接，如题 2.2(1)图所示，其中 AB 水平. 剪断绳 AB 前后的瞬间，绳 BC 中的张力比 $T:T'=$________.

(2)一物体质量为 10 kg，受到方向不变的力 $F=30+40t$ (SI)作用，在开始的 2 s 内，此力冲量的大小等于________；若物体的初速度大小为 $10\ \mathrm{m\cdot s^{-1}}$，方向与力 $\boldsymbol{F}$ 的方向相同，则在 2 s 末物体速度的大小等于________.

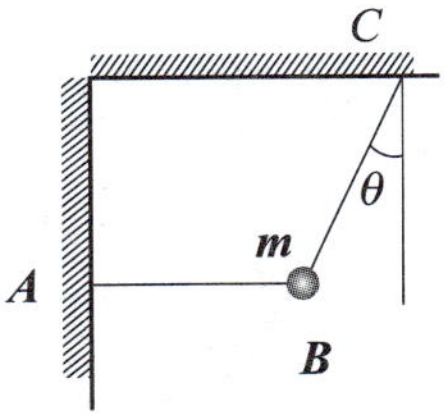

题 2.2(1)图

(3)某质点在力 $\boldsymbol{F}=(4+5x)\boldsymbol{i}$ (SI)的作用下沿 x 轴做直线运动. 在从 $x=0$ 处移动到 $x=10$ m 处的过程中，力 $\boldsymbol{F}$ 所做的功为________.

(4)质量为 m 的物体在水平面上做直线运动，当速度为 v 时仅在摩擦力作用下开始做匀减速运动，经过距离 s 后速度减为零. 则物体加速度的大小为________，物体与水平面间的摩擦系数为________.

(5)在光滑的水平面内有两个物体 A 和 B，已知 $m_A=2m_B$. ①物体 A 以一定的动能 E_k 与静止的物体 B 发生完全弹性碰撞，则碰撞后两物体的总动能为________；②物体 A 以一定的动能 E_k 与静止的物体 B 发生完全非弹性碰撞，则碰撞后两物体的总动能为________.

3. 解答题

2.3.1 质量为 m 的子弹以速度 $\boldsymbol{v}_0$ 水平射入沙土中，设子弹所受阻力与速度反向，大小与速度成正比，比例系数为 k，忽略子弹的重力，求：

(1)子弹射入沙土后，速度随时间变化的函数式；

(2)子弹进入沙土的最大深度.

2.3.2 一个质量为 m 的质点 P，在光滑的固定斜面(倾角为 α)上以初速度 $\boldsymbol{v}_0$ 运动，$\boldsymbol{v}_0$ 的方向与斜面底边的水平线 AB 平行，如题 2.3.2 图所示，求该质点的运动轨道.

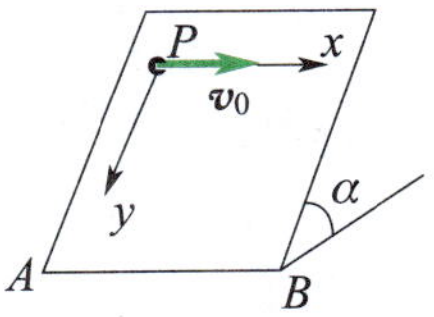

题 2.3.2 图

2.3.3 质量为 16 kg 的质点在 xOy 平面内运动，受一恒力作用，力的分量为 $f_x=6$ N，$f_y=-7$ N，当 $t=0$ 时，$x=y=0$，$v_x=-2\ \mathrm{m\cdot s^{-1}}$，$v_y=0$. 求当 $t=2$ s 时质点的速度和位矢.

2.3.4 一细绳跨过一定滑轮，绳的一边悬有一质量为 m_1 的物体，另一边穿在质量为 m_2 的圆柱体的竖直细孔中，圆柱可沿绳子滑动，如题 2.3.4 图所示. 今看到绳子从圆柱体的细孔中加速上升，圆柱体相对于绳子以加速度 a' 下滑，求 m_1，m_2 相对于地面的加速度、绳的张力及圆柱体与绳子间的摩擦力(绳轻且不可伸长，滑轮的质量及轮与轴间的摩擦忽略不计).

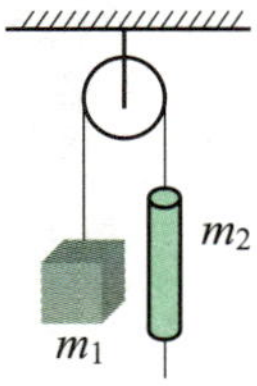

题 2.3.4 图

2.3.5 一质量为 m 的质点以与地的仰角 $\theta=30°$ 的初速度 $\boldsymbol{v}_0$ 从地面抛出，若忽略空气阻力，求质点落地时相对抛射时的动量的增量.

2.3.6 作用在质量为 10 kg 的物体上的力为 $\boldsymbol{F}=(10+2t)\boldsymbol{i}$ (N)，式中 t 的单位是 s. (1)求 4 s 后，该物体的动量和速度的变化，以及力对物体的冲量；(2)为了使该力的冲量为 200 N·s，该力应在此物体上作用多久？

2.3.7 一质量为 m 的质点在 xOy 平面上运动，其位置矢量为

$$\boldsymbol{r}=a\cos\omega t\boldsymbol{i}+b\sin\omega t\boldsymbol{j},$$

求 $t=0$ 到 $t=\frac{\pi}{2\omega}$ 时间内质点所受的合力的冲量.

2.3.8 一颗子弹由枪口射出时速率为 v_0，当子弹在枪筒内被加速时，它所受的合力为 $F=a-bt$ (N)(a，b 为常数)，其中 t 以 s 为单位. (1)假设子弹运行到枪口处合力刚好为零，试计算子弹通过枪筒全长所需时间；(2)求子弹所受的冲量；(3)求子弹的质量.

2.3.9 质量为 $M=1.5$ kg 的物体，用一根长为 $l=1.25$ m 的细绳悬挂在天花板上，如题 2.3.9 图所示. 现有一质量为 $m=10$ g 的子弹以 $v_0=500\ \mathrm{m\cdot s^{-1}}$ 的水平速度射穿物体，刚穿出物体时子弹的速度大小 $v=30\ \mathrm{m\cdot s^{-1}}$，设穿透时间极短. 求：

(1)子弹刚穿出时绳中张力的大小；

(2)子弹在穿透物体的过程中所受的冲量.

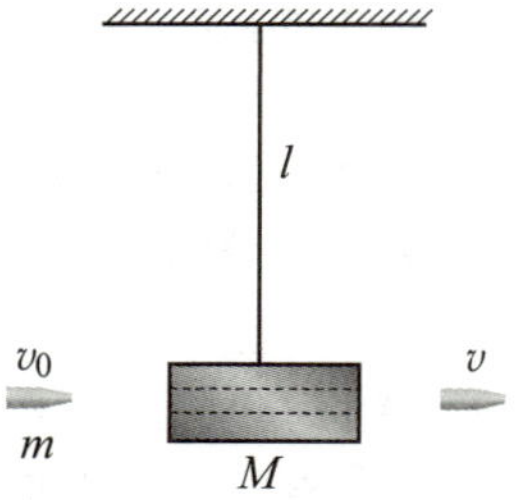

题 2.3.9 图

2.3.10 一只质量为 m 的狗站在一条质量为 M、静止在湖面的船上，船头垂直指向岸边，狗与岸边的距离为 s_0. 这只狗向着湖岸在船上走过 l 的距离停下来，求这时狗到湖岸的距离 s(忽略船与水的摩擦阻力).

2.3.11 设一质点所受合外力 $\boldsymbol{F}_{合}=7\boldsymbol{i}-6\boldsymbol{j}$ (N). (1)当质点从原点运动到 $\boldsymbol{r}=-3\boldsymbol{i}+4\boldsymbol{j}+16\boldsymbol{k}$ (m)时，求 $\boldsymbol{F}_{合}$ 所做的功；(2)如果质点运动到 r 处需 0.6 s，试求平均功率；(3)如果质点的质量为 1 kg，试求动能的变化量.

2.3.12 以铁锤将一铁钉击入木板，设木板对铁钉的阻力与铁钉进入木板内的深度成正比，在铁锤击打第一次时，能将小钉击入木板内 1 cm，问击打第二次时能击入多深？假定铁锤两次击打铁钉时的速度相同.

2.3.13 一根刚度系数为 k_1 的轻弹簧 A 的下端，挂一根刚度系数为 k_2 的轻弹簧 B，B 的下端又挂一重物 C，C 的质量为 M. 求这一系统静止时两弹簧的伸长量之比和弹性势能之比.

2.3.14 (1)试计算月球和地球对 m 物体的引力相抵消的一点 P，到月球表面的距离. 地球质量为 5.98×10^{24} kg，地球中心到月球中心的距离为 3.84×10^{8} m，月球质量为 7.35×10^{22} kg，月球半径为 1.74×10^{6} m. (2)如果一个 1 kg 的物体在距月球和地球均无限远处的势能为零，那么它在 P 点的势能为多少？

2.3.15 如题 2.3.15 图所示，一质量为 m 的物体 A 放在一与水平面成 θ 角的固定光滑斜面上，并系于一刚度系数为 k 的轻弹簧的一端，弹簧的另一端固定. 设物体沿斜面的运动过程中，在平衡位置处的初动能为 E_{k0}，以弹簧原长处为坐标原点，沿斜面向下为 x 轴正方向，试求：

(1)物体 A 处于平衡位置时的坐标 x_0；

(2)物体 A 在弹簧伸长 x 时动能的表达式.

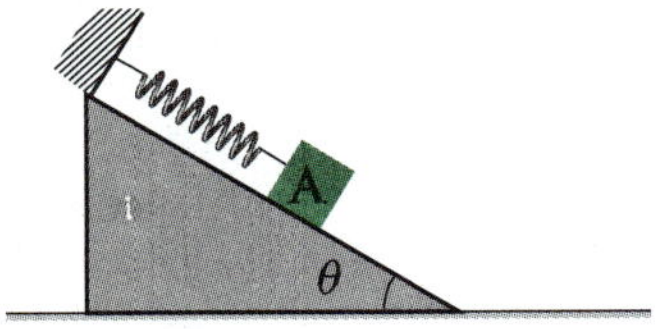

题 2.3.15 图

2.3.16 质量为 M 的大木块具有半径为 R 的四分之一弧形槽，如题 2.3.16 图所示. 质量为 m 的小球从曲面的顶端滑下，大木块放在光滑水平面上，二者都做无摩擦的运动，而且都从静止开始运动，求小球脱离大木块时的速度.

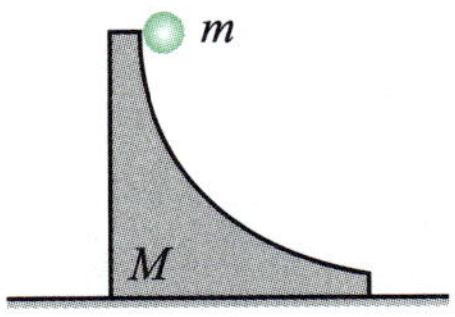

题 2.3.16 图

2.3.17 一质量为 m 的质点位于(x_1, y_1)处，速度为$\boldsymbol{v}=v_x\boldsymbol{i}+v_y\boldsymbol{j}$，质点受到一个沿 x 负方向的力 f 的作用，求相对于坐标原点的角动量以及作用于质点上的力的力矩.

2.3.18 物体质量为 3 kg，$t=0$ 时位矢为 $\boldsymbol{r}=4\boldsymbol{i}$ (m)，$\boldsymbol{v}=\boldsymbol{i}+6\boldsymbol{j}$ ($\mathrm{m\cdot s^{-1}}$)，如一恒力 $\boldsymbol{f}=5\boldsymbol{j}$ (N)作用在物体上，求 3 s 后，(1)物体动量的变化；(2)角动量的变化.

2.3.19 哈雷彗星绕太阳运动的轨道是一个椭圆. 它到太阳的最近距离为 $r_1=8.75\times10^{10}$ m，在此位置时，其速率是$v_1=5.46\times10^{4}$ $\mathrm{m\cdot s^{-1}}$，它离太阳最远时的速率是$v_2=9.08\times10^{2}$ $\mathrm{m\cdot s^{-1}}$，这时它到太阳的距离 r_2 是多少？（太阳位于椭圆的一个焦点）

2.3.20 平板中央开一小孔，质量为 m 的小球用细线系住，细线穿过小孔后挂一质量为 M_1 的重物. 小球做匀速圆周运动，当半径为 r_0 时重物达到平衡. 今在 M_1 的下方再挂一质量为 M_2 的物体，如题 2.3.20 图所示. 试问这时小球做匀速圆周运动的角速度 ω' 和半径 r' 分别为多少？

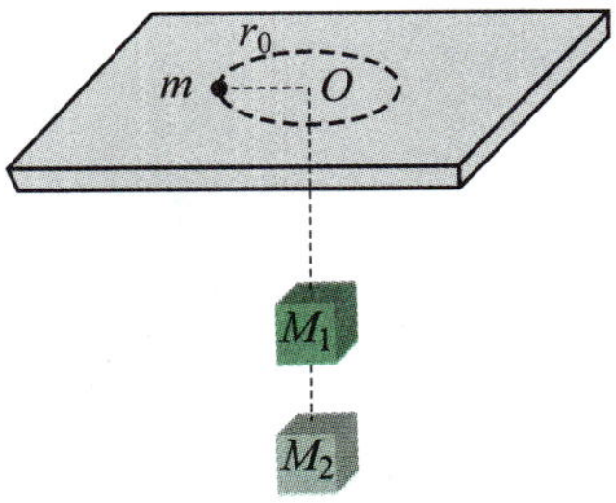

题 2.3.20 图

2.3.21 水在水平管中做定常流，流量为 $4\times10^{3}\ cm^{3}\cdot s^{-1}$，粗处截面积 $S_1=40\ cm^2$，细处截面积 $S_2=10\ cm^2$，试求：

(1)管中粗、细两处水的流速；

(2)若粗、细两处连接一 U 形水银压强计，试求 U 形管中水银面的高度差.

2.3.22 温度为 20 ℃时，油的密度为 $0.90\times10^{3}\ kg\cdot m^{-3}$. 在粗细均匀的供油管道中，1 处比 2 处高 5.0 m，而 1 处的压强比 2 处的压强低 1.2×10^{3} Pa. 试求 5.0 m^3 油从 1 处流至 2 处的过程中损耗的能量.

第3章 刚体力学基础

本章提要

前面已讨论了质点和质点系运动的一般规律，如牛顿运动定律、动量守恒定律、角动量守恒定律、机械能守恒定律等.上述定理和定律都是针对质点提出的，同时应用于质点和离散型质点系的情形.然而，在实际问题中，有许多情况下物体不能再看作质点，如要考察车轮滚动、电动机转子转动、炮弹自旋等问题时，物体的形状、大小就不能再忽略.此时，物体就只能看成是由无限多个连续质点（质元）组成的质点系.

本章将先介绍“刚体”这一特殊的质点系，然后从质点运动的知识出发，分析和介绍刚体转动规律，重点讨论刚体的定轴转动，包括刚体定轴转动的动力学方程和动能定理，刚体定轴转动的角动量定理及角动量守恒定律.从而为进一步研究更复杂的机械运动奠定基础.

§3.1 刚体 刚体定轴转动的描述

一、刚体

一般情况下，任何物体在受到外力或外界作用时，都会产生不同程度的形变. 但是许多常见的固态物体，在外力作用下其形变很小，完全可以忽略不计. 为了研究问题方便，可以认为该物体的大小、形状在外力作用下均没有变化. 在物理学中，把这种在任何情况下形状和大小都保持不变的物体称为**刚体**(rigid body). 刚体是实际物体(固体)的一种抽象，是一种理想的力学模型. 由于物体都是大量质点(**质元**)组成的质点系，因此刚体又可以定义为：各质点(质元)间的距离均保持不变的质点系.

二、刚体的基本运动

刚体的运动一般是比较复杂的，平动和转动是刚体最基本的两种运动方式，任何复杂的运动都可以看作是平动与转动的合成.

1. 刚体的平动

如图 3-1 所示，在运动过程中，若刚体内部任意两质元间的连线在各个时刻的位置都和初始时刻的位置保持平行，这样的运动称为刚体的**平动**. 不难证明，刚体在平动过程中的任意一段时间内，所有质元的运动轨迹和位移都是相同的，并且在任意时刻，各个质元均具有相同的速度和加速度. 所以，当刚体做平动时，可以选取刚体中任一质元的运动来表示出整个刚体的运动. 由此，平动的刚体可当成一个质点来处理.

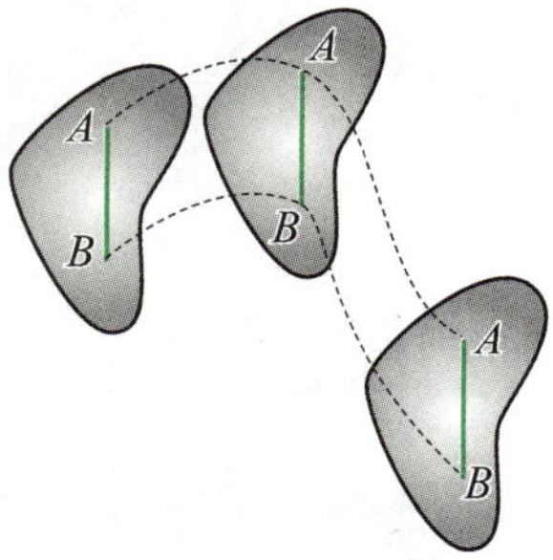

图 3-1 刚体的平动

2. 刚体的转动

若刚体上各个质元都绕同一直线做圆周运动，这样的运动称作刚体的转动(rotation)，这条直线称为**转轴**(这根轴可在刚体之内，也可在刚体之外). 在刚体转动过程中，若转轴的方向或位置随时间变化，这样的运动称为刚体的非定轴转动，该转轴称为转动瞬轴，如陀螺的旋进、车轮的滚动等. 若转轴固定不动，即既不改变方向又不发生平移，这样的转动称为刚体的**定轴转动**，该转轴称为**固定轴**，如门绕门轴的转动(见图 3-2)、电机转子的转动等. 本章主要介绍刚体定轴转动的一些基本规律.

图 3 - 2　门的转动

三、刚体定轴转动的描述

为了研究刚体的定轴转动，可定义：垂直于固定轴的平面为转动平面. 显然，转动平面不止一个，而有无数多个. 如果以某转动平面与转轴的交点为原点，则该转动平面上的所有质元都绕着这个原点做圆周运动. 下面就讨论怎样来描述刚体的定轴转动.

1. 角位移、角速度和角加速度

刚体定轴转动的基本特征是，轴上所有点都保持不动，轴外所有点在同一时间间隔内转过的角度都一样. 所以，可以采用类似质点做圆周运动时的角位移、角速度、角加速度的定义方法来定义绕定轴转动刚体的角位移、角速度、角加速度.

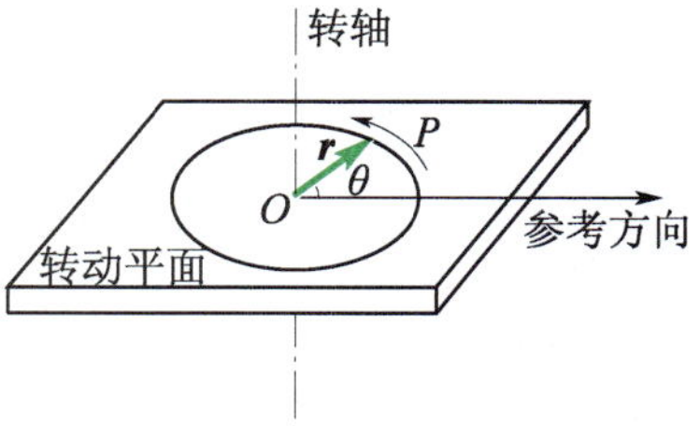

图 3 - 3　转动平面

在刚体上任取一个转动平面，以该转动平面与转轴的交点为原点，在该平面内作一射线作为参考方向（或称极轴），如图 3 - 3 所示，转动平面上任一质元对原点的位矢 $\boldsymbol{r}$ 与极轴的夹角称为**角位置** θ. 刚体在一段时间内转过的角度（即末时刻与初始时刻的角位置之差）$\Delta\theta=\theta_2-\theta_1$ 称为**角位移**.

在时刻 t 到 $t+\Delta t$ 时间内的角位移 $\Delta\theta$ 与 Δt 之比称为刚体的**平均角速度**，用 $\overline{\boldsymbol{\omega}}$ 表示，则其大小为

$$\overline{\omega}=\frac{\Delta\theta}{\Delta t}.$$

当 $\Delta t\to 0$ 时，平均角速度的极限称为**瞬时角速度**，简称**角速度**，用 $\boldsymbol{\omega}$ 表示，则其大小为

$$\omega=\lim_{\Delta t\to 0}\frac{\Delta\theta}{\Delta t}=\frac{d\theta}{dt}. \tag{3-1}$$

刚体的定轴转动有两种不同的转动方向，当顺着转轴观察时，刚体可以按顺时针方向转动，也可以按逆时针方向转动. 规定角速度矢量的正方向是沿转轴的，且和刚体的旋转方向具有右手螺旋关系. 这样，角速度的大小反映了定轴转动的

快慢，角速度的方向反映了定轴转动的方向. 角速度的单位是 $\mathrm{rad \cdot s^{-1}}$.

在 Δt 时间内，角速度的改变量 $\Delta \boldsymbol{\omega}$ 与 Δt 之比称为该段时间内刚体的**平均角加速度**，用 $\bar{\boldsymbol{\alpha}}$ 表示，则 $\bar{\boldsymbol{\alpha}}=\dfrac{\Delta \boldsymbol{\omega}}{\Delta t}$. 当 $\Delta t \to 0$ 时，平均角加速度的极限称为**瞬时角加速度**，简称**角加速度**，用 $\boldsymbol{\alpha}$ 表示，则

$$\boldsymbol{\alpha}=\lim_{\Delta t \to 0} \frac{\Delta \boldsymbol{\omega}}{\Delta t}=\frac{\mathrm{d} \boldsymbol{\omega}}{\mathrm{d} t}. \tag{3-2}$$

角加速度的单位是 $\mathrm{rad \cdot s^{-2}}$.

由以上讨论可知，刚体的定轴转动与质点的直线运动相似，只要在描写质点直线运动各物理量（位移、速度、加速度）前加一个“角”字，就成了描述刚体定轴转动的各相应物理量（角位移、角速度、角加速度），两者的运动学关系也相似.

2. 角量与线量的关系

当刚体绕固定轴转动时，尽管刚体上各质元的角位移、角速度和角加速度均相同，但由于各质元做圆周运动的半径不一定相同，因此各质元的速度和加速度大小也不一定相同.

由前面所学质点圆周运动的知识可知，刚体定轴转动的角速度和角加速度确定后，刚体内任一质元的速度和加速度也就可以完全确定. 若刚体上某质元 i 到转轴的距离为 r_i，则该质元的线速度为

$$v_i=\omega r_i. \tag{3-3}$$

切向加速度大小和法向加速度大小分别为

$$a_{\tau i}=\alpha r_i, \tag{3-4}$$

$$a_{\mathrm{n}i}=\omega^2 r_i. \tag{3-5}$$

由此可见，尽管刚体是一个复杂的质点系，但引入角量后，刚体定轴转动的描述就显得十分简单. 刚体上各质元的角量（即角位移、角速度、角加速度）相同，而各质元的线量（即线位移、线速度、线加速度）大小与质元到转轴的距离成正比.

§3.2 刚体定轴转动的转动定律

力是使物体平动状态发生改变的原因，而力矩是使物体转动状态发生改变的原因. 本节讨论刚体做定轴转动时的动力学规律.

一、刚体定轴转动的转动定律

理论与实践证明，当刚体绕固定轴转动时，作用在刚体上的力，若其作用线与转轴平行，或其作用线的延长线与转轴相交，则该力对转轴的力矩为零，即该力对转轴没有转动效应. 只有力的作用线在转动平面内而又不与轴相交的力才对转轴产生力矩，从而使刚体转动状态发生改变. 因此在研究引起定轴转动刚体转动状态发生改变的原因时，只需考虑外力在转动平面内的分量对转轴的力矩.

如图 3-4 所示，刚体绕定轴 z 转动. 在刚体上任取一质元 Δm_i，它绕 z 轴做圆

周运动的半径为 r_i，设它所受的合外力在转动平面内的分量为 $\boldsymbol{F}_i$，刚体内其他质元对 Δm_i 作用的合内力在转动平面内的分量为 $\boldsymbol{f}_i$，它们与矢径 $\boldsymbol{r}_i$ 的夹角分别为 φ_i 和 θ_i. 设刚体绕轴转动的角速度和角加速度分别为 $\boldsymbol{\omega}$ 和 $\boldsymbol{\alpha}$. 根据牛顿第二定律，采用自然坐标系，可得质元 Δm_i 的法向和切向方程，分别为

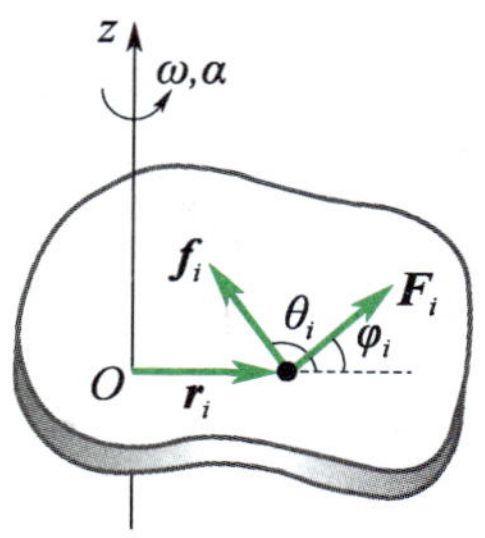

图 3-4　推导转动定律用图

$$-(F_i\cos\varphi_i + f_i\cos\theta_i) = \Delta m_i a_{ni} = \Delta m_i r_i \omega^2,$$

$$F_i\sin\varphi_i + f_i\sin\theta_i = \Delta m_i a_{\tau i} = \Delta m_i r_i \alpha.$$

式中，$a_{ni} = r_i\omega^2$，$a_{\tau i} = r_i\alpha$ 分别是质元的向心加速度大小和切向加速度大小. 由于向心力的作用线穿过转轴，其力矩为零，所以法向方程不予考虑，只讨论切向方程. 将切向方程的两边各乘以 r_i，可得

$$F_i r_i \sin\varphi_i + f_i r_i \sin\theta_i = \Delta m_i r_i^2 \alpha.$$

式中，第一项和第二项分别为外力和内力对转轴的力矩大小. 由于在定轴转动中，力矩的方向只可能沿转轴的正方向或负方向，因此，当有几个力同时作用在刚体上时，这些力对转轴的力矩的矢量和就可用代数和来计算. 把上式对刚体所有质元求和，并考虑到各质元角加速度相同，有

$$\sum_i F_i r_i \sin\varphi_i + \sum_i f_i r_i \sin\theta_i = \left(\sum_i \Delta m_i r_i^2\right)\alpha. \tag{3-6}$$

由于内力总是成对出现，且可以证明每对内力对同一轴的力矩之和必定为零，因此上式中第二项为零. 令 $M = \sum_i F_i r_i \sin\varphi_i$ 表示作用在刚体上的所有外力力矩的和，并称之为**合外力矩**. 上式右边 $\sum_i \Delta m_i r_i^2$ 与刚体的运动及所受的外力无关，仅由各质元相对于转轴的分布所决定. 因此，可用一个物理量来表示，如令

$$J = \sum_i \Delta m_i r_i^2. \tag{3-7}$$

则(3-6)式可表示为

$$\boldsymbol{M} = J\boldsymbol{\alpha}. \tag{3-8}$$

将(3-8)式与质点动力学中的牛顿第二定律 $\boldsymbol{F} = m\boldsymbol{a}$ 相比，可见 J 与 m 具有同等的地位. 由于 m 表示质点的平动惯性，那么 J 就表示**刚体的转动惯性**，称 J 为**转动惯量**. (3-7)式即为刚体转动惯量的定义式.

刚体定轴转动的转动惯量和转动定律

(3-8)式表示：刚体绕固定轴转动时，作用于刚体上的合外力矩等于刚体对转轴的转动惯量与角加速度的乘积. 或者说：**绕定轴转动的刚体的角加速度与作用于刚体上的合外力矩成正比，与刚体的转动惯量成反比. 这就是刚体定轴转动的转动定律.**

转动定律是力矩的瞬时作用规律. (3-8)式中各量均须对同一刚体、同一转轴而言. 它在定轴转动中的地位相当于牛顿第二定律在平动中的地位.

二、转动惯量

由(3-8)式可知，当用相同的外力矩作用于两个转动惯量大小不同的刚体时，转动惯量大的刚体获得的角加速度反而要小，这说明刚体转动惯量越大，其原有的转动状态越难改变，转动惯量是刚体转动时惯性大小的量度. 下面就来讨论

如何计算刚体的转动惯量.

根据转动惯量的定义式,可知刚体的转动惯量就是组成刚体的各质元的质量与其到转轴的距离的平方的乘积之和.

如果是单个质点绕某根轴转动,则其转动惯量为

$$J = mr^2.$$

如果是分立质点组成的质点系绕一根轴转动,其转动惯量为

$$J = \sum_i m_i r_i^2.$$

如果是质量连续分布的刚体绕一根轴转动,其转动惯量为

$$J = \int_M r^2 \mathrm{d}m. \tag{3-9}$$

以上各式中的 r 均应理解成质点(或质元)到转轴的距离.

转动惯量的单位是 kg·m².

例 3-1

如图 3-5 所示,求质量为 m,长为 l 的均匀细棒的转动惯量:(1)转轴通过棒的中心并与棒垂直;(2)转轴通过棒一端并与棒垂直.

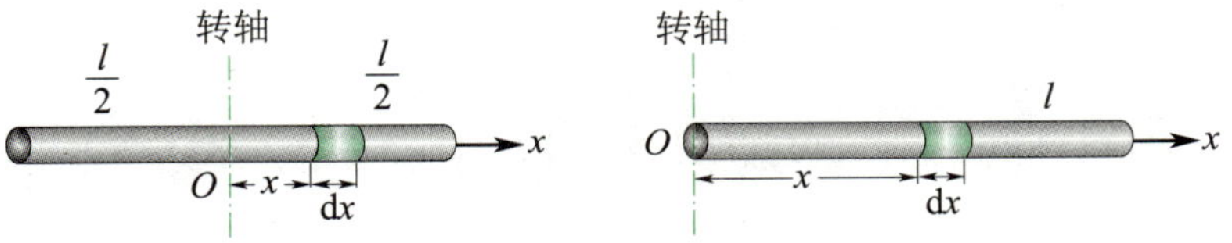

图 3-5　例 3-1 图

解　(1)转轴通过棒的中心并与棒垂直.

在棒上任取一质元,其长度为 $\mathrm{d}x$,到轴 O 的距离为 x,棒的线密度(即单位长度上的质量)为 $\lambda=\frac{m}{l}$,则该质元的质量 $\mathrm{d}m=\lambda\mathrm{d}x$. 该质元对中心轴的转动惯量为

$$\mathrm{d}J = x^2\mathrm{d}m = \lambda x^2\mathrm{d}x.$$

整个棒对中心轴的转动惯量为

$$J = \int \mathrm{d}J = \int_{-\frac{l}{2}}^{\frac{l}{2}} \lambda x^2 \mathrm{d}x = \frac{1}{12}ml^2.$$

(2)转轴通过棒一端并与棒垂直时,整个棒对该轴的转动惯量为

$$J = \int_0^l \lambda x^2\mathrm{d}x = \frac{1}{3}ml^2.$$

由此看出,同一均匀细棒,转轴位置不同,转动惯量也就不同.

进一步的计算表明,刚体转动惯量的大小与三个因素有关:

① 与刚体的总质量有关;

② 与刚体质量对轴的分布有关,质量分布离轴越远,转动惯量越大;

③ 与轴的位置有关,质量分布均匀的物体,其对中心轴的转动惯量最小.

上述的计算方法,只适用于有规则几何图形的刚体. 对于形状不规则的刚体则可用实验方法测定. 图 3-6 列出了几种质量分布均匀、具有简单几何形状的刚体对于不同轴的转动惯量.

最后必须指出,转动惯量具有可加性,即一个具有复杂形状的刚体,如果可以分割成若干个简单部分,则整个刚体对某一轴的转动惯量等于各个组成部分对同一轴转动惯量之和.

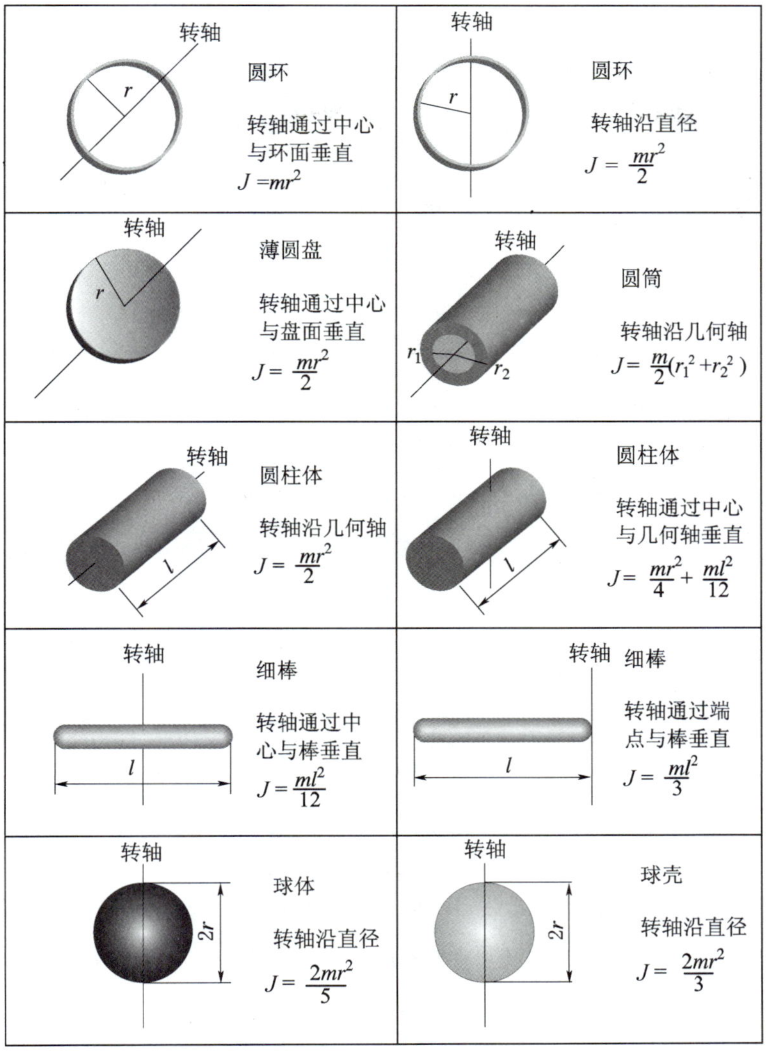

图 3-6　转动惯量

三、转动定律的应用

运用刚体的定轴转动定律结合牛顿运动定律，可以讨论许多有关转动的动力学问题. 值得注意的是，由于角加速度具有瞬时性，所以(3-8)式和牛顿第二定律一样都是瞬时方程，它只能确定某一时刻刚体所受力矩与其角加速度之间的关系. 因此，根据角加速度的定义，(3-8)式也可表示为

$$\boldsymbol{M}=J\boldsymbol{\alpha}=J\frac{\mathrm{d}\boldsymbol{\omega}}{\mathrm{d}t}. \tag{3-10}$$

例 3-2

质量为 m_1 和 m_2($m_1<m_2$)的两物体，通过一定滑轮用绳相连，已知绳与滑轮间无相对滑动，且定滑轮是半径为 R、质量为 m_3 的均质圆盘，如图 3-7(a)所示，忽略轴的摩擦. 求物体的加速度、滑轮的角加速度和绳中的张力的大小.(绳轻且不可伸长)

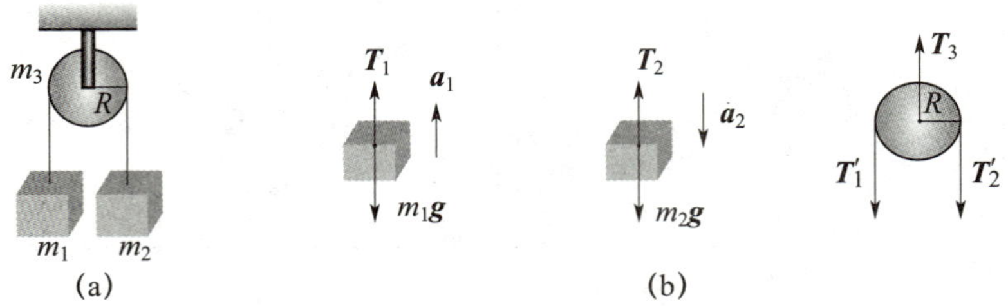

图 3-7 例 3-2 图

解 分别以 m_1、m_2 及定滑轮为研究对象，其受力如图 3-7(b)所示. 对于平动物体 m_1、m_2，分别由牛顿第二定律得

$$T_1 - m_1 g = m_1 a_1,$$

$$m_2 g - T_2 = m_2 a_2.$$

对定滑轮，由转动定律得

$$T_2' R - T_1' R = J\alpha,$$

其中，$T_1 = T_1'$，$T_2 = T_2'$，$J = \frac{1}{2} m_3 R^2$.

由于绳不可伸长，所以

$$a_1 = a_2 = a = R\alpha.$$

联立以上各式得

$$a = \frac{2(m_2 - m_1)}{2(m_1 + m_2) + m_3} g,$$

$$\alpha = \frac{2(m_2 - m_1)}{[2(m_1 + m_2) + m_3]R} g,$$

$$T_1 = \frac{4m_1 m_2 + m_1 m_3}{2(m_1 + m_2) + m_3} g,$$

$$T_2 = \frac{4m_1 m_2 + m_2 m_3}{2(m_1 + m_2) + m_3} g.$$

请注意该题与第 2 章的例 2-1 的不同之处. 该题中滑轮质量不可忽略，大小不可忽略，所以要用到转动定律. 由于绳与滑轮间无相对滑动，所以滑轮两边的张力不相等.

例 3-3 转动着的飞轮的转动惯量为 J，在 $t=0$ 时角速度为 ω_0，此后飞轮经历制动过程，阻力矩 $\boldsymbol{M}$ 的大小与角速度 ω 的平方成正比，比例系数为 k(k 为大于零的常数). 当 $\omega = \frac{1}{3}\omega_0$ 时，飞轮的角加速度是多少？从开始制动到该时刻经历的时间是多少？

解 (1)由题知 $M = -k\omega^2$，故由转动定律有

$$-k\omega^2 = J\alpha,$$

即

$$\alpha = -\frac{k\omega^2}{J}.$$

将 $\omega = \frac{1}{3}\omega_0$ 代入，求得这时飞轮的角加速度为

$$\alpha = -\frac{k\omega_0^2}{9J}.$$

(2)为求经历的时间 t，将转动定律写成微分方程的形式，即

$$M = J\alpha = J\frac{\mathrm{d}\omega}{\mathrm{d}t},$$

$$-k\omega^2 = J\frac{\mathrm{d}\omega}{\mathrm{d}t}.$$

分离变量，并考虑到 $t=0$ 时，$\omega = \omega_0$，两边积分

$$\int_{\omega_0}^{\frac{1}{3}\omega_0} \frac{\mathrm{d}\omega}{\omega^2} = -\int_0^t \frac{k}{J}\mathrm{d}t,$$

故当 $\omega = \frac{1}{3}\omega_0$ 时，制动经历的时间为 $t = \frac{2J}{k\omega_0}$.

§3.3 刚体定轴转动的动能定理

一、转动动能

刚体绕定轴转动时的动能，称为**转动动能**. 设刚体以角速度 ω 绕定轴转动，其中每一质元都在各自转动平面内以角速度 ω 做圆周运动. 设第 i 个质元的质量为 Δm_i，到轴的距离为 r_i，它的线速度为 $v_i=r_i\omega$，则 i 质元的动能为 $\frac{1}{2}\Delta m_i v_i^2=\frac{1}{2}\Delta m_i(r_i\omega)^2$，整个刚体的转动动能为

刚体定轴转动的功能推导

$$E_k=\sum_{i=1}^{n}\frac{1}{2}\Delta m_i r_i^2\omega^2$$

$$=\frac{1}{2}\left(\sum_{i=1}^{n}\Delta m_i r_i^2\right)\omega^2=\frac{1}{2}J\omega^2. \tag{3-11}$$

这说明：**刚体绕定轴转动时的转动动能等于刚体的转动惯量与角速度平方乘积的一半**. 与物体的平动动能（即质点的动能）$\frac{1}{2}mv^2$ 相比较，两者形式上十分相似. 其中转动惯量与质量相对应，角速度与线速度对应. 由于转动惯量与轴的位置有关，因此，转动动能也与轴的位置有关.

二、力矩的功

如图 3-8 所示，设在转动平面内的外力 $\boldsymbol{F}_i$ 作用于 P 点（注：此处之所以不考虑内力的功，是因为一对内力功之和仅与相对位移有关，而刚体各质元之间不存在相对位移，内力功之和始终为零），经 dt 时间后 P 点沿一圆周轨道移动 ds_i 弧长，矢径 $\boldsymbol{r}_i$ 扫过 $d\theta$ 角，并有 $|d\boldsymbol{r}_i|=ds_i=r_i d\theta$. 由(2-16)式可得元功

$$dW_i=\boldsymbol{F}_i\cdot d\boldsymbol{r}_i=F_i\cos\alpha_i\,|d\boldsymbol{r}_i|=F_{\tau i}ds_i=F_{\tau i}r_i d\theta=M_i d\theta.$$

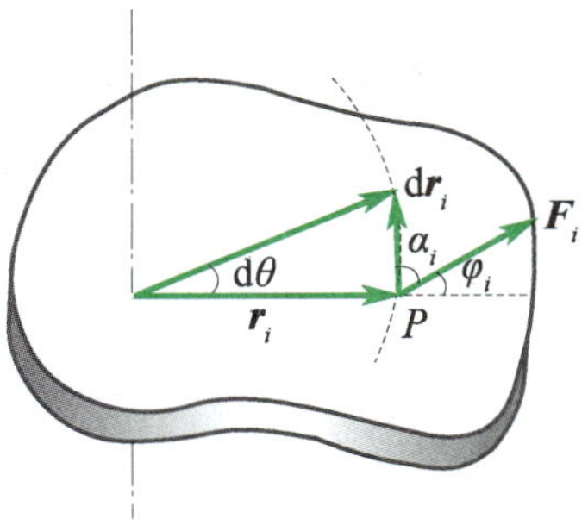

图 3-8　力矩的功

式中，$F_{\tau i}=F_i\cos\alpha_i$，$M_i=F_{\tau i}r_i$. 然后对 i 求和，得

$$dW=\left(\sum M_i\right)d\theta=Md\theta. \tag{3-12}$$

式中，M 为作用于刚体上外力矩之和.(3－12)式说明力矩所做元功等于力矩和角位移的乘积. 当刚体在力矩 M 作用下，由 θ_1 转到 θ_2 时，力矩的功为

$$W=\int_{\theta_1}^{\theta_2}M\mathrm{d}\theta. \tag{3－13}$$

力矩的功率是

$$P=\frac{\mathrm{d}W}{\mathrm{d}t}=M\frac{\mathrm{d}\theta}{\mathrm{d}t}=M\omega. \tag{3－14}$$

当输出功率一定时，力矩与角速度成反比.

三、刚体定轴转动的动能定理

如果将转动定律写成如下形式：

$$M=J\alpha=J\frac{\mathrm{d}\omega}{\mathrm{d}t}=J\frac{\mathrm{d}\omega}{\mathrm{d}\theta}\frac{\mathrm{d}\theta}{\mathrm{d}t}=J\omega\frac{\mathrm{d}\omega}{\mathrm{d}\theta},$$

分离变量并积分，又考虑到初态 $\theta=\theta_1$ 时，$\omega=\omega_1$；末态 $\theta=\theta_2$ 时，$\omega=\omega_2$，所以

$$\int_{\theta_1}^{\theta_2}M\mathrm{d}\theta=\int_{\omega_1}^{\omega_2}J\omega\mathrm{d}\omega,$$

于是可得

$$\int_{\theta_1}^{\theta_2}M\mathrm{d}\theta=\frac{1}{2}J\omega_2^2-\frac{1}{2}J\omega_1^2. \tag{3－15}$$

此式表明，**合外力矩对定轴转动刚体所做的功等于刚体转动动能的增量. 这就是刚体定轴转动时的动能定理.**

例 3－4

如图 3－9 所示，一根质量为 m，长为 l 的均匀细棒 OA，可绕固定点 O 在竖直平面内转动. 今使棒从水平位置开始自由下摆，求棒摆到与水平位置成 30°角时中心点 C 和端点 A 的速度.

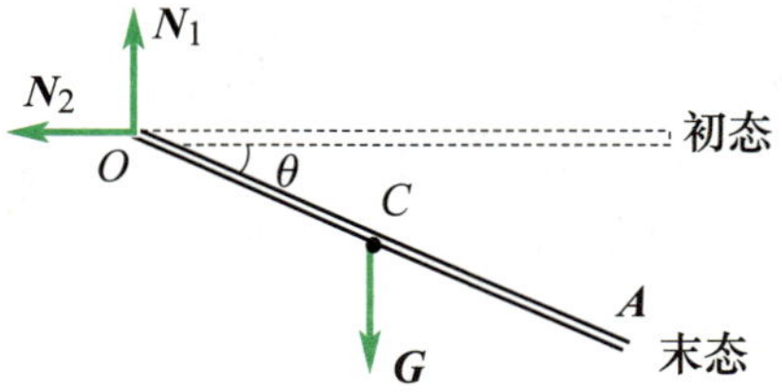

图 3－9　例 3－4 图

解　棒受力如图 3－9 所示，其中重力 G 对 O 轴的力矩大小等于 $mg\frac{l}{2}\cos\theta$，是 θ 的函数，轴的支持力对 O 轴的力矩为零. 由转动动能定理，有

$$\int_0^{\frac{\pi}{6}}mg\frac{l}{2}\cos\theta\mathrm{d}\theta=\frac{1}{2}J\omega^2-\frac{1}{2}J\omega_0^2=\frac{1}{2}J\omega^2, \quad ①$$

等式左边的积分为重力矩的功，即

$$W_G=\int_0^{\frac{\pi}{6}}mg\frac{l}{2}\cos\theta\mathrm{d}\theta=\frac{l}{4}mg.$$

将 $W_G=mg\frac{l}{4}$ 及 $J=\frac{1}{3}ml^2$ 代入①式，得

$$\omega=\sqrt{\frac{3g}{2l}},$$

则中心点 C 和端点 A 的速度分别为

$$v_C=\omega\frac{l}{2}=\frac{1}{4}\sqrt{6gl},$$

$$v_A=\omega l=\frac{1}{2}\sqrt{6gl}.$$

§ 3.4 刚体定轴转动的角动量定理和角动量守恒定律

在第 2 章中介绍了单个质点的角动量和角动量定理. 本节再来讨论刚体这一特殊质点系的角动量定理和角动量守恒定律.

一、刚体对轴的角动量

刚体定轴转动时对转轴的角动量就是刚体上各质元对该轴的角动量之和. 设刚体上某质元 P 的质量为 Δm_i，其到轴的距离为 r_i，转动的角速度为 ω，则该质元对转轴的角动量大小为

$$L_i=\Delta m_i r_i^2 \omega,$$

方向沿转轴方向. 由于刚体上各质元都在各自的转动平面内以相同的角速度做圆周运动，且各质元对转轴的角动量方向都相同，于是可把上式对组成刚体的所有质元求和，得

$$\boldsymbol{L}=\sum_i \boldsymbol{L}_i=\sum_i(\Delta m_i r_i^2 \boldsymbol{\omega})=(\sum_i \Delta m_i r_i^2)\boldsymbol{\omega}=J\boldsymbol{\omega}. \tag{3-16}$$

(3-16)式就是**刚体对轴的角动量，即刚体对某定轴的角动量等于刚体对该轴的转动惯量与角速度的乘积，方向沿该转动轴，并与转动的角速度方向相同.**

二、刚体定轴转动的角动量定理

在牛顿力学中，对于给定的转轴，刚体的转动惯量为常数. 由转动定律，有

$$\boldsymbol{M}=J\boldsymbol{\alpha}=J\frac{\mathrm{d}\boldsymbol{\omega}}{\mathrm{d}t}=\frac{\mathrm{d}(J\boldsymbol{\omega})}{\mathrm{d}t}=\frac{\mathrm{d}\boldsymbol{L}}{\mathrm{d}t},$$

即

$$\boldsymbol{M}=\frac{\mathrm{d}\boldsymbol{L}}{\mathrm{d}t}. \tag{3-17}$$

空中走钢丝为什么要拿一根长杆？

(3-17)式说明**定轴转动的刚体所受的合外力矩等于此时刚体角动量对时间的变化率. 这就是刚体定轴转动的角动量定理.**

设 $t=t_0$ 时，$\omega=\omega_0$，$L=L_0$，把(3-17)式分离变量并积分，可得

$$\int_{t_0}^{t}\boldsymbol{M}\mathrm{d}t=\int_{L_0}^{L}\mathrm{d}\boldsymbol{L}=\boldsymbol{L}-\boldsymbol{L}_0=J\boldsymbol{\omega}-J\boldsymbol{\omega}_0. \tag{3-18}$$

(3-18)式说明**定轴转动的刚体所受合外力矩的冲量矩等于刚体在这段时间内对该轴的角动量的增量**. 它是刚体定轴转动的角动量定理的积分形式.

三、刚体对轴的角动量守恒定律

在推导(3-17)式时，强调转动惯量在转动过程中是不变的. 但是，可以证明，当转动的物体不能视为刚体，即物体的转动惯量不是常数时，只要物体的各部分以同一角速度 ω 绕该轴转动，(3-17)式依然成立. 其积分式相应地变为

$$\int_{t_0}^{t}\boldsymbol{M}\mathrm{d}t=J\boldsymbol{\omega}-J_0\boldsymbol{\omega}_0. \tag{3-19}$$

刚体对轴的角动量守恒定律

若刚体所受合外力矩为零，即 $\boldsymbol{M}=\mathbf{0}$，则有

$$J\boldsymbol{\omega}=J_0\boldsymbol{\omega}_0.$$

也就是说，**若外力对某轴的力矩之和为零，则该物体对同一轴的角动量守恒. 这就是对轴的角动量守恒定律.**

对轴的角动量守恒定律在生产、生活和科技活动中应用极广. 现仅从两方面作一些原理上的说明.

(1)对于定轴转动的刚体，在转动过程中，若转动惯量 J 始终保持不变，只要满足合外力矩等于零，则刚体转动的角速度也就不变. 即原来静止的保持静止；原来做匀角速转动的仍做匀角速转动. 例如，在飞机、火箭、轮船上用作定向装置的回转仪就是利用这一原理制成的.

如图 3-10 所示，回转仪 D 是绕几何对称轴高速旋转的边缘厚重的转子. 为了使回转仪的转轴可取空间任何方位，设有对应三维空间坐标的三个支架 AA'，BB'，OO'. 三个支架的轴承处的摩擦极小. 当转子高速旋转时，由于摩擦力矩基本上可以忽略，因而在一个较长的时间内都可认为转子的角动量守恒. 由于转动惯量不变，因而角速度的大小、方向均不变，即 OO' 轴的方向保持不变. 这时无论怎样移动底座，也不会改变回转仪的自转方向，从而起到定向作用. 在航行时，只要将飞行方向与回转仪的自转轴方向核定，自动驾驶仪就会立即确定现在的航行方向与预定航行方向间的偏离角度，从而及时纠正航行方向.

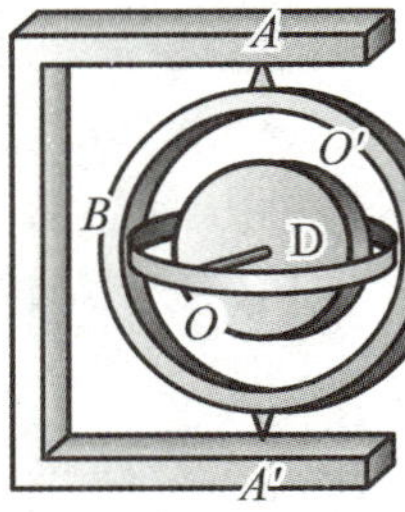

图 3-10　回转仪原理图

进动、岁差、章动

刚体和质点运动定理的比较

(2)对于定轴转动的非刚性物体，其上各质元对转轴的距离是可以改变的，即转动惯量 J 是可变的. 当满足合外力矩等于零时，物体对轴的角动量守恒，即 $J\boldsymbol{\omega}=$常矢量. 这时 ω 与 J 成反比，即 J 增加时，ω 就变小；J 减少时，ω 就增大. 例如，一人站在可绕竖直光滑轴转动的转台上，如图 3-11 所示，两手各握一个哑铃，两臂伸开时让他转动起来，然后他收拢双臂. 在此过程中，对竖直轴而言，没有外力矩作用，转台和人这一系统对竖直轴的角动量守恒. 所以，当双臂收拢后 J 变小了，旋转角速度就增大了. 如果将两臂伸开，J 增大了，旋转角速度又会减小. 同样，花样滑冰运动员、芭蕾舞演员在表演时，也是运用角动量守恒定律来增大或减小身体绕对称竖直轴转动的角速度，从而做出许多优美的舞姿.

图 3-11　角动量守恒定律的演示实验

为便于读者对刚体的定轴转动有一个较系统的理解，表 3-1 列出了质点平动和刚体定轴转动的一些重要公式.

表 3-1　质点平动和刚体定轴转动的动力学规律对照表

质点平动	刚体定轴转动
力 $\boldsymbol{F}$，质量 m	力矩 $\boldsymbol{M}=\boldsymbol{r}\times\boldsymbol{F}$，转动惯量 $J=\int r^2\,\mathrm{d}m$
牛顿第二定律 $\boldsymbol{F}=m\boldsymbol{a}$	转动定律 $\boldsymbol{M}=J\boldsymbol{\alpha}$
动量 $m\boldsymbol{v}$，冲量 $\int\boldsymbol{F}\mathrm{d}t$	角动量 $\boldsymbol{L}=J\boldsymbol{\omega}$，冲量矩 $\int\boldsymbol{M}\mathrm{d}t$
动量定理 $\int\boldsymbol{F}\mathrm{d}t=m\boldsymbol{v}-m\boldsymbol{v}_0$	角动量定理 $\int\boldsymbol{M}\mathrm{d}t=J\boldsymbol{\omega}-J_0\boldsymbol{\omega}_0$
动量守恒定律 $\sum\boldsymbol{F}_i=\boldsymbol{0}$，$\sum m_i\boldsymbol{v}_i=$ 常矢量	角动量守恒定律 $\boldsymbol{M}=\boldsymbol{0}$，$\sum J_i\boldsymbol{\omega}_i=$ 常矢量
平动动能 $\frac{1}{2}mv^2$	转动动能 $\frac{1}{2}J\omega^2$
力的功 $W=\int_a^b\boldsymbol{F}\cdot\mathrm{d}\boldsymbol{r}$	力矩的功 $W=\int_{\theta_0}^{\theta}M\mathrm{d}\theta$
动能定理 $W=\frac{1}{2}mv^2-\frac{1}{2}mv_0^2$	动能定理 $W=\frac{1}{2}J\omega^2-\frac{1}{2}J\omega_0^2$
功能原理 $W_{外力}+W_{非保守内力}=E_{末}-E_{初}$	功能原理 $W_{外力矩}+W_{非保守内力矩}=E_{末}-E_{初}$

例 3-5

在工程上，常用摩擦啮合器使两飞轮以相同的转速一起转动. 如图 3-12 所示，A 和 B 两飞轮的轴杆在同一中心线上. A 轮的转动惯量为 $J_A=10\ \mathrm{kg\cdot m^2}$，B 轮的转动惯量为 $J_B=20\ \mathrm{kg\cdot m^2}$. 开始时 A 轮每分钟的转速为 600 转，B 轮静止，C 为摩擦啮合器. 求两轮啮合后的转速. 在啮合过程中，两轮的机械能有何变化？

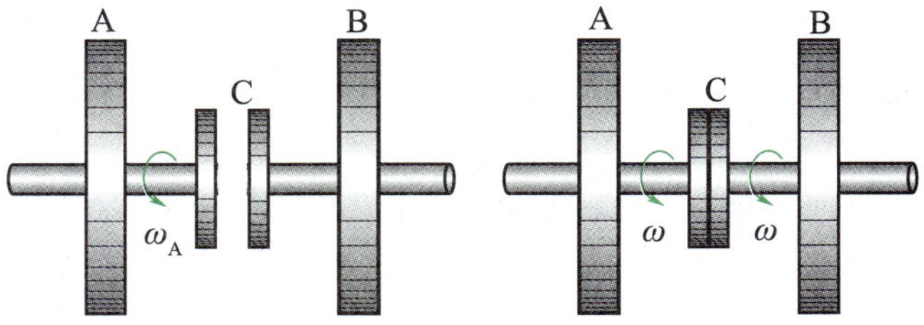

图 3-12　例 3-5 图

解　以飞轮 A，B 和啮合器 C 为系统. 在啮合过程中，系统受到轴向的正压力和啮合器之间的切向摩擦力. 前者对轴的力矩为零，后者对转轴有力矩，但为系统的内力矩. 系统所受合外力矩为零，所以系统的角动量守恒，即

$$J_A\omega_A=(J_A+J_B)\omega,$$

ω 为两轮啮合后的共同角速度，于是

$$\omega=\frac{J_A\omega_A}{J_A+J_B}.$$

把各量代入上式，得 $\omega\approx20.9\ \mathrm{rad\cdot s^{-1}}$，即转速为 $200\ \mathrm{r\cdot min^{-1}}$.

在啮合过程中，摩擦力矩做功，机械能不守恒，损失的机械能转化为内能. 损失的机械能为

$$\Delta E=\frac{1}{2}J_A\omega_A^2-\frac{1}{2}(J_A+J_B)\omega^2=1.32\times10^4\ \mathrm{J}.$$

例 3-6 如图 3-13 所示，质量为 M，长为 l 的均匀直棒，可绕垂直于棒一端的水平轴 O 无摩擦地转动，它原来静止在平衡位置上. 现有一质量为 m、速度为 v_0 的弹性小球飞来，正好在棒的下端与棒垂直地相撞. 设此碰撞为弹性碰撞，试计算碰撞后小球的速度和直棒获得的初角速度.

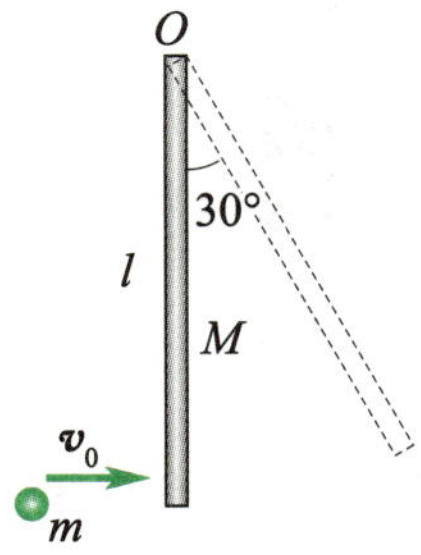

图 3-13 例 3-6 图

解 视小球与直棒为一系统，在碰撞过程中，沿转轴方向系统所受的合外力矩为零，故系统相对于转轴的角动量守恒.

设碰撞后小球的速度为 v，直棒获得的初角速度为 ω，则有

$$lmv_0=lmv+J\omega$$

由于碰撞为弹性碰撞，故系统的能量保持不变，有

$$\frac{1}{2}mv_0^2=\frac{1}{2}mv^2+\frac{1}{2}J\omega^2$$

联立以上两式，又由于 $J=\frac{1}{3}Ml^2$，解得

$$v=\frac{3m-M}{3m+M}v_0$$

$$\omega=\frac{6m}{(3m+M)l}v_0$$

习 题 3

习题参考答案

1. 选择题

(1)有两个力作用在一个有固定转轴的刚体上：

①这两个力都平行于轴作用时，它们对轴的合力矩一定是零；

②这两个力都垂直于轴作用时，它们对轴的合力矩可能是零；

③当这两个力的合力为零时，它们对轴的合力矩也一定是零；

④当这两个力对轴的合力矩为零时，它们的合力也一定是零.

在上述说法中，(　　).

(A)只有①是正确的

(B)①、②正确，③、④错误

(C)①、②、③都正确，④错误

(D)①、②、③、④都正确

(2)一轻绳绕在有水平轴的定滑轮上，滑轮的转动惯量为 J，绳下端挂一物体. 物体所受重力为 P，滑轮的角加速度为 α. 若将物体去掉而以与 P 相等的力直接向下拉绳子，滑轮的角加速度 α 将(　　).

(A)不变　　(B)变小

(C)变大　　(D)如何变化无法判断

(3)关于刚体的转动惯量，下列说法中正确的是(　　).

(A)只取决于刚体的质量，与质量的空间分布和轴的位置无关

(B)取决于刚体的质量和质量的空间分布，与轴的位置无关

(C)取决于刚体的质量、质量的空间分布和轴的位置

(D)只取决于轴的位置，与刚体的质量和质量的空间分布无关

(4)一人造地球卫星到地球中心 O 的最大距离和最小距离分别是 R_A 和 R_B，设卫星对应的角动量大

小分别是 L_A,L_B,动能分别是 E_{kA},E_{kB},则应有(　　).

(A)$L_B>L_A$,$E_{kA}>E_{kB}$

(B)$L_B>L_A$,$E_{kA}=E_{kB}$

(C)$L_B=L_A$,$E_{kA}=E_{kB}$

(D)$L_B<L_A$,$E_{kA}=E_{kB}$

(E)$L_B=L_A$,$E_{kA}<E_{kB}$

(5)一圆盘正绕垂直于盘面的水平光滑固定轴 O 转动,沿如题 3.1(5)图所示方向射来两颗质量相同、速度大小相同、方向相反并在一条直线上的子弹,子弹射入圆盘并且留在盘内,则子弹射入后的瞬间,圆盘的角速度 ω(　　).

(A)增大　　(B)不变

(C)减小　　(D)不能确定

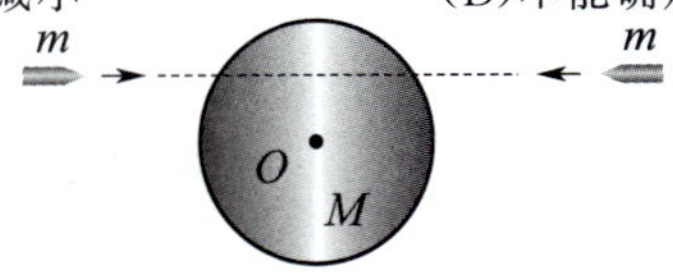

题 3.1(5)图

2. 填空题

(1)三个质量均为 m 的质点,分别位于边长为 a 的等边三角形的三个顶点上.此系统对通过三角形中心并垂直于三角形平面的轴的转动惯量 $J_0=$________,对通过三角形中心且平行于其一边的轴的转动惯量为 $J_A=$________,对通过三角形中心和一个顶点的轴的转动惯量为 $J_B=$________.

(2)两个质量分布均匀的圆盘 A 和 B 的密度分别为 ρ_A 和 ρ_B ($\rho_A>\rho_B$),且两圆盘的总质量和厚度均相同.设两圆盘对通过盘心且垂直于盘面的轴的转动惯量分别为 J_A 和 J_B,则有 J_A________J_B.(选填“>”“<”或“=”)

(3)一做定轴转动的物体,对转轴的转动惯量 $J=3.0\ \text{kg}\cdot\text{m}^2$,角速度 $\omega_0=6.0\ \text{rad}\cdot\text{s}^{-1}$.现对物体加一恒定的制动力矩 $M=-12\ \text{N}\cdot\text{m}$,当物体的角速度减慢到 $\omega=2.0\ \text{rad}\cdot\text{s}^{-1}$ 时,物体已转过的角度 $\Delta\theta=$________.

(4)两个滑冰运动员的质量均为 70 kg,均以 $6.5\ \text{m}\cdot\text{s}^{-1}$ 的速率沿相反的方向滑行,滑行路线间的垂直距离为 10 m,当彼此交错时,各抓住一 10 m 长的绳索的一端,然后相对旋转,则抓住绳索之后各自对绳中心的角动量大小 $L=$________;他们各自收拢绳索,到绳长为 5 m 时,各自的速率 $v=$________.

(5)如题 3.2(5)图所示,一匀质木球固定在一细棒下端,且可绕水平光滑固定轴 O 转动,今有一子弹沿着与水平面成一角度的方向击中木球而嵌于其中,则在此击中过程中,木球、子弹、细棒系统的________守恒,原因是________.木球被击中后棒和球升高的过程中,对木球、子弹、细棒、地球系统的________守恒.

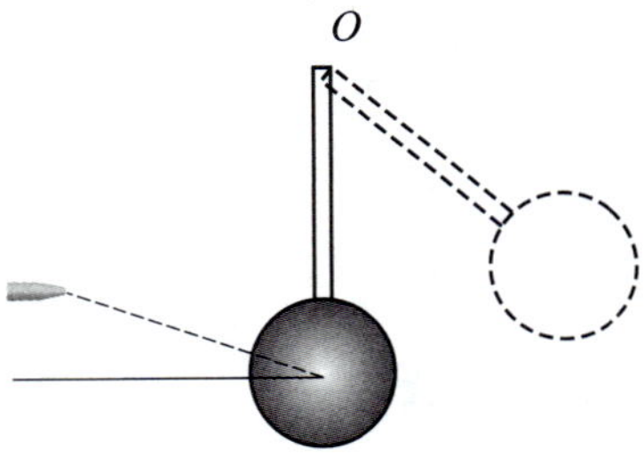

题 3.2(5)图

3. 解答题

3.3.1 半径为 30 cm 的飞轮,从静止开始以$0.5\ \text{rad}\cdot\text{s}^{-2}$的角加速度做匀角加速转动,则飞轮边缘上一点在飞轮转过 240°时的切向加速度和法向加速度分别为多少?

3.3.2 如题 3.3.2 图所示,一光滑的内表面半径为10 cm的半球形碗,以匀角速度 ω 绕其对称轴 OC 旋转,若放在碗内表面上的一个小球 P 相对于碗静止,其位置高于碗底4 cm,则碗旋转的角速度为多少?

3.3.3 质量 $m=1.1$ kg 的匀质圆盘,可以绕通过其中心且垂直盘面的水平光滑固定轴转动,对轴的转动惯量 $J=\dfrac{1}{2}mr^2$(r 为盘的半径).圆盘边缘绕有绳子,绳子下端挂一质量$m_1=1.0$ kg 的物体,如题3.3.3图所示.起初在圆盘上加一恒力矩使物体以速率 $v_0=0.6\ \text{m}\cdot\text{s}^{-1}$ 匀速上升,如撤去所加力矩,问经历多少时间圆盘开始做反方向转动?

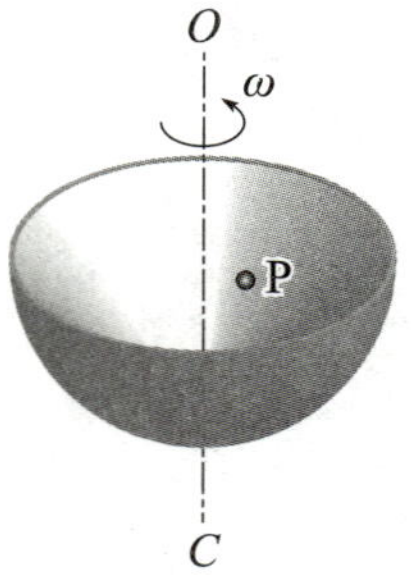

题 3.3.2 图

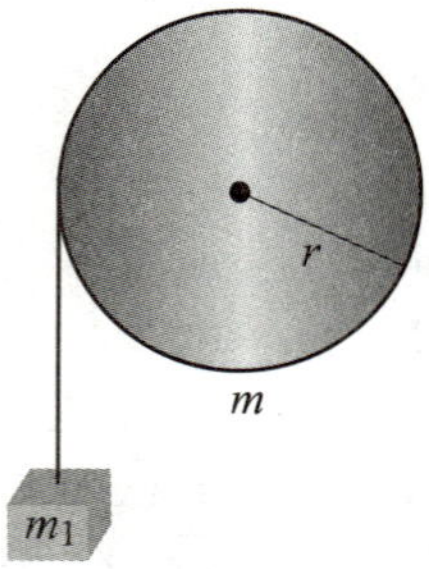

题 3.3.3 图

3.3.4 有一半径为 R 的水平圆转台，可绕通过其中心的竖直固定光滑轴转动，转动惯量为 J，开始时转台以匀角速度 ω_0 转动，此时有一质量为 m 的人站在转台中心，随后人沿半径向外跑去，当人到达转台边缘时，转台的角速度为多少？

3.3.5 飞轮的质量 $m=60$ kg，半径 $R=0.25$ m，绕其水平中心轴 O 转动，转速为 900 r · min^{-1}. 现利用一制动的闸杆，在闸杆的一端加一竖直方向的制动力 $\boldsymbol{F}$，可使飞轮减速. 已知闸杆的尺寸如题3.3.5 图所示，闸瓦与飞轮之间的摩擦系数 $\mu=0.4$，飞轮的转动惯量可按匀质圆盘计算. 试求：

(1)设 $F=100$ N，问可使飞轮在多长时间内停止转动？在这段时间里飞轮转了几转？

(2)如果在 2 s 内飞轮转速减少一半，需加多大的力 F？

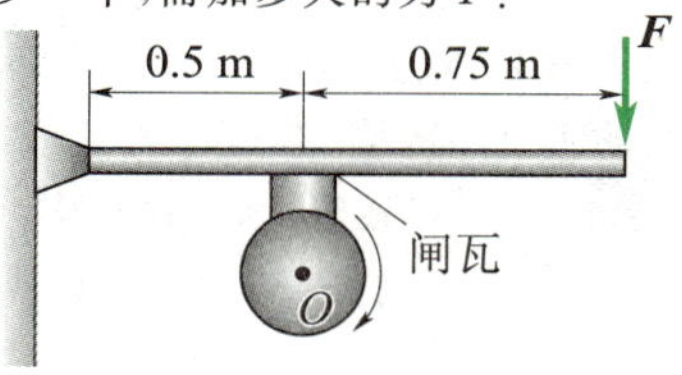

题 3.3.5 图

3.3.6 固定在一起的两个同轴均匀圆柱体可绕其光滑的水平对称轴 OO' 转动. 设大小圆柱体的半径分别为 R 和 r，质量分别为 M 和 m. 绕在两柱体上的细绳分别与物体 m_1 和 m_2 相连，m_1 和 m_2 则挂在圆柱体的两侧，如题 3.3.6 图所示. 设 $R=0.20$ m，$r=0.10$ m，$m=4$ kg，$M=10$ kg，$m_1=m_2=2$ kg，且开始时 m_1，m_2 离地均为 $h=2$ m. 求：

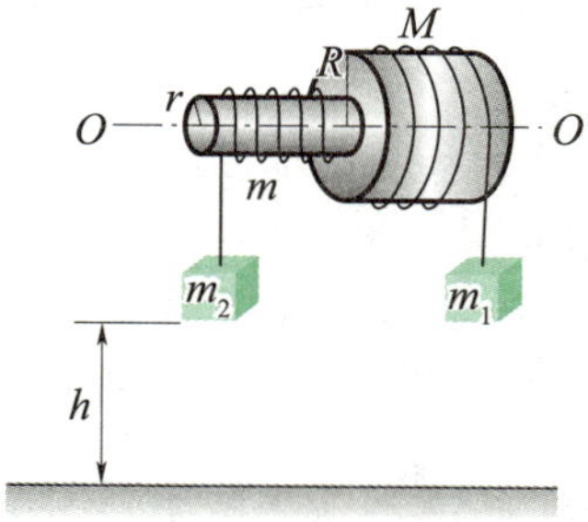

题 3.3.6 图

(1)柱体转动时的角加速度；

(2)两侧细绳的张力.

3.3.7 计算如题 3.3.7 图所示系统中物体的加速度.设滑轮为质量均匀分布的圆柱体,其质量为 M,半径为 r,在绳与轮缘的摩擦力作用下旋转,忽略桌面与物体间的摩擦,设 $m_1=50$ kg,$m_2=200$ kg,$M=15$ kg,$r=0.1$ m.

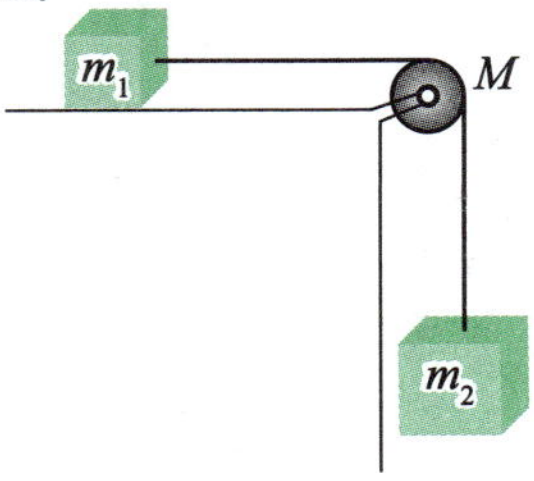

题 3.3.7 图

3.3.8 如题 3.3.8 图所示,一匀质细杆质量为 m,长为 l,可绕过一端 O 的水平轴自由转动,杆于水平位置由静止开始摆下.求:

(1)初始时刻的角加速度;

(2)杆转过 θ 角时的角速度.

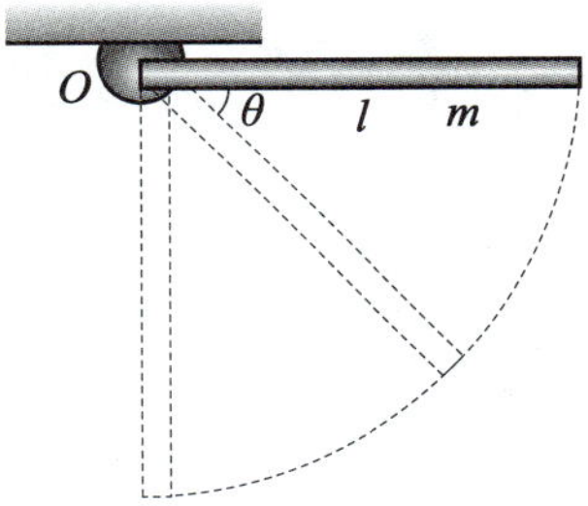

题 3.3.8 图

3.3.9 如题 3.3.9 图所示,一质点 m 被一长为 l 的轻线悬于天花板上的 B 点,质点 m 在水平面内做角速度为 ω 的圆周运动,设圆轨道的半径为 r.(1)求质点 m 对圆心 O 和悬点 B 的角动量 $\boldsymbol{L}_O$ 和 $\boldsymbol{L}_B$;(2)求作用在质点 m 上的重力 $m\boldsymbol{g}$ 及张力 $\boldsymbol{T}$ 对圆心 O 和悬点 B 的力矩 $\boldsymbol{M}_O$ 和 $\boldsymbol{M}_B$;(3)讨论 m 对 O 点或 B 点的角动量是否守恒.

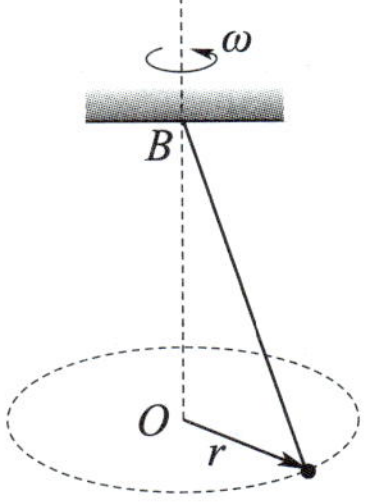

题 3.3.9 图

3.3.10 一个质量为 M、半径为 R 并以角速度 ω 转动着的飞轮(可看作匀质圆盘),在某一瞬时突然有一片质量为 m 的碎片从轮的边缘上飞出,如题 3.3.10 图所示.假定碎片脱离飞轮时的瞬时速度方向正好竖直向上.

(1)问它能升高多少?

(2)求余下部分的角速度、角动量和转动动能.

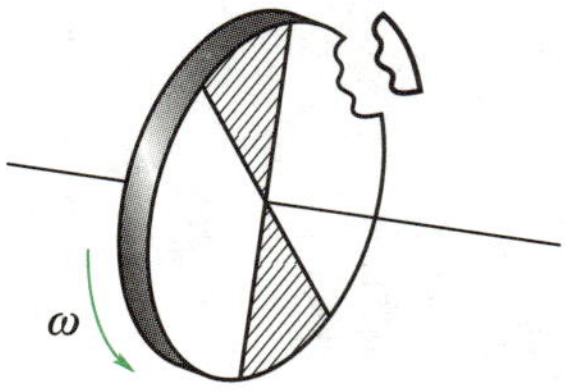

题 3.3.10 图

3.3.11 一质量为 m、半径为 R 的车轮,假定质量均匀分布在轮缘上,可绕轴自由转动.另一质量为 m_0 的子弹以速度 $\boldsymbol{v}_0$ 射入轮缘(如题 3.3.11 图所示方向).

(1)开始时车轮是静止的,在子弹打入后其角速度为何值?

(2)用 m,m_0 和 θ 表示系统(包括车轮和子弹)最后动能和初始动能之比.

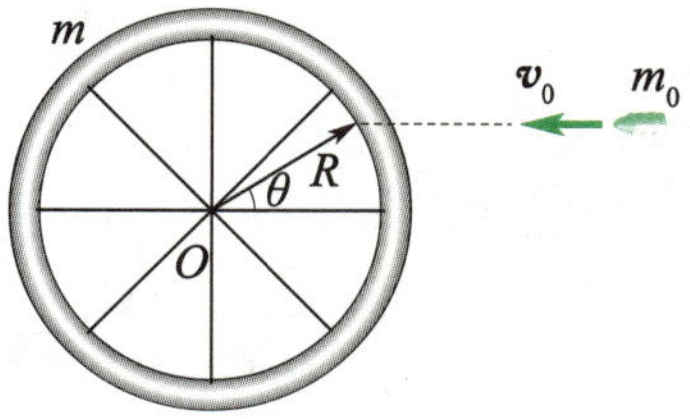

题 3.3.11 图

3.3.12 弹簧、定滑轮和物体的连接如题3.3.12 图所示,弹簧的刚度系数为 2.0 $\mathrm{N\cdot m^{-1}}$;定滑轮可以绕轴自由转动,其转动惯量是 0.5 $\mathrm{kg\cdot m^2}$,半径为 0.30 m.问当质量为 6.0 kg 的物体落下 0.40 m 时,它的速率为多大?假设开始时物体静止而弹簧无伸长.

题 3.3.12 图

第4章 机械振动与机械波

本章提要

非线性振动简介

物质运动的形式多种多样，本章学习另一种常见的机械运动——机械振动，以及机械振动在介质中的传播形式——机械波.

任何具有时间周期性的运动都称为振动，如日常生活中钟摆的摆动、心脏的跳动、原子内的振动以及一切发声物体内部的运动等. 而振动在空间中的传播过程称为波动，因此振动和波动是紧密相连的两种物质运动形式. 如声波、超声波、地震波等机械波，都是机械振动在弹性介质中传播形成的.

在科学技术领域内，振动和波动的理论是声学、光学、电磁学及近代物理学等学科的基础. 本章以机械振动中最基本、最简单的简谐振动和机械波为主要内容，介绍机械振动和机械波的一些现象、特征和规律，其主要的概念和规律对电磁振荡、电磁波及物质波也是适用的.

§4.1 简谐振动的动力学特征

简谐振动的特征

机械振动是指物体在一定的位置附近做周期性的往复运动.除机械振动外,自然界还存在着各种各样的振动.广义地说,凡描述物质运动状态的物理量,在某一数值附近作周期性的变化,都称为振动.例如,交流电路中的电流、电压,振荡电路中的电场强度和磁感应强度等均随时间作周期性的变化,都可以称为振动.

在不同的振动现象中,最简单、最基本的振动是**简谐振动**.事实上,任何一个复杂的振动都可以看成是若干个或无限多个简谐振动的合成.

一个做往复运动的物体,如果其偏离平衡位置的位移 x(或角位移 θ)随时间 t 按余弦(或正弦)规律变化,即

$$x = A\cos(\omega t + \varphi_0), \tag{4-1}$$

则这种振动称为简谐振动.

研究表明,做简谐振动的物体(或系统),尽管描述它们偏离平衡位置位移的物理量千差万别,但描述它们动力学特征的运动微分方程则完全相同.

一、弹簧振子模型

将轻弹簧(质量可忽略不计)一端固定,另一端与质量为 m 的物体(可视为质点)相连,若该系统在振动过程中,弹簧的形变较小(形变弹簧作用于物体的力总是满足胡克定律),那么,这样的弹簧与物体所组成的系统称为**弹簧振子**.

如图 4-1 所示,将弹簧振子水平放置,使振子在水平光滑的支撑面上振动.以弹簧处于自然状态(弹簧既未伸长也未压缩的状态)的稳定平衡位置为坐标原点,当振子偏离平衡位置的位移为 x 时,其受到的弹力作用为

$$F = -kx, \tag{4-2}$$

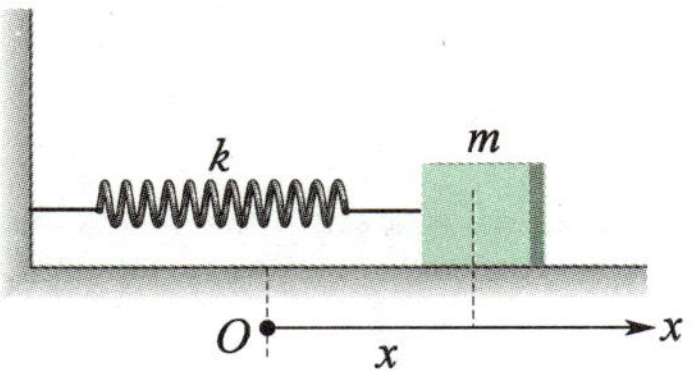

图 4-1 弹簧振子

式中,k 为弹簧的刚度系数,负号表示弹力的方向与振子的位移方向相反.即振子在运动过程中受到的力总是指向平衡位置,且力的大小与振子偏离平衡位置的位移大小成正比,这种力称为**线性回复力**.

如果不计阻力(如振子与支撑面的摩擦力,在空气中运动时受到的介质阻力及其他能量损耗),根据牛顿第二定律,则振子的运动微分方程为

$$-kx = m\frac{\mathrm{d}^2x}{\mathrm{d}t^2}. \tag{4-3}$$

令

$$\omega^2 = \frac{k}{m},$$

则有

$$\frac{\mathrm{d}^2x}{\mathrm{d}t^2} + \omega^2 x = 0. \tag{4-4}$$

(4-4)式的解就是(4-1)式①，由此可知(4-4)式就是描述简谐振动的微分方程. 由此，我们可给出简谐振动的一种普遍定义：如某力学系统的动力学方程可归结为(4-4)式的形式，且其中常量 ω 仅取决于振动系统本身的性质，则该系统的运动即为简谐振动. 能满足(4-4)式的系统，又称为**谐振子系统**.

二、微振动的简谐近似

上述弹簧振子(谐振子)是一个理想模型. 实际发生的振动大多较为复杂，一方面回复力可能不是弹力，而是重力、浮力或其他的力；另一方面回复力可能是非线性的，只能在一定条件下才可近似当作线性回复力，如单摆、复摆、扭摆等.

一端固定且不可伸长的细线与可视为质点的物体相连，当它在竖直平面内做小角度($\theta \leqslant 5°$)摆动时，该系统称为单摆，如图4-2所示.

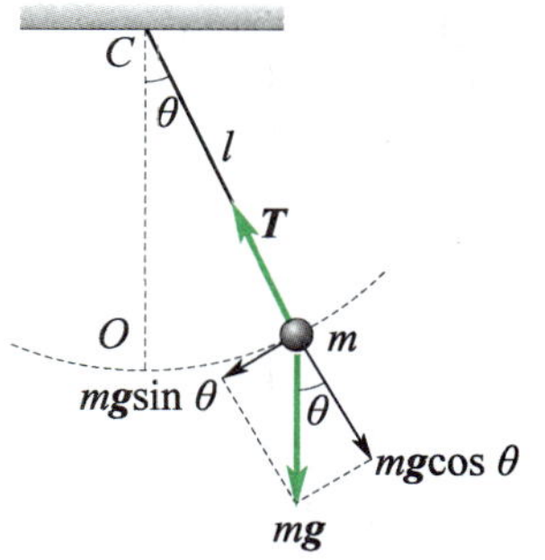

图 4-2　单摆

以摆球为研究对象，单摆的运动可看作绕过 C 点的水平轴转动. 显然，摆球在铅直方向 CO 处为平衡位置(回复力为零的位置)，当摆线偏离铅直方向 θ 角(θ 又称角位移)时，摆球受到重力 $m\boldsymbol{g}$ 与绳拉力 $\boldsymbol{T}$ 的合力，对过 C 点水平轴的力矩为

$$M=-mgl\sin\theta. \tag{4-5}$$

式中，负号表示力矩的方向总是与角位移的方向相反.

将 θ 值用弧度表示，在 $\theta \leqslant 5°$时，则有 $\sin\theta=\theta-\dfrac{\theta^3}{3!}+\dfrac{\theta^5}{5!}-\cdots$，略去高阶无穷小，(4-5)式可近似简化为

$$M=-mgl\theta. \tag{4-6}$$

此时的回复力矩与角位移成正比且反向.

若不计阻力，由转动定律可写出摆球的动力学方程为

$$-gml\theta=ml^2\frac{\mathrm{d}^2\theta}{\mathrm{d}t^2}. \tag{4-7}$$

令

$$\omega^2=\frac{g}{l},$$

则有

$$\frac{\mathrm{d}^2\theta}{\mathrm{d}t^2}+\omega^2\theta=0, \tag{4-8}$$

即单摆的小角度摆动是简谐振动.

由上述讨论可知，单摆在小角度摆动情况下，经过近似处理，其运动方程与弹簧振子的运动方程具有完全相同的数学形式，即(4-4)式和(4-8)式. 进一步研究表明，任何一个物理量(如长度、角度、电流、电压以及化学反应中某种化学组分的浓度等)的变化规律只要满足(4-4)式，且常量 ω 仅取决于系统本身的性质，则该物理量做简谐振动.

① 根据微分方程理论，(4-4)式的通解为 $x=A\mathrm{e}^{\mathrm{i}(\omega t+\varphi_0)}=A\cos(\omega t+\varphi_0)+\mathrm{i}A\sin(\omega t+\varphi_0)$. 在经典物理中我们只用实数部分表示物理量，描述机械振动通常用余弦函数，所以(4-4)式的解就是(4-1)式.

例 4-1

一质量为 m 的物体悬挂于轻弹簧下端，不计空气阻力，试证其在平衡位置附近的振动是简谐振动.

证 如图 4-3 所示，以平衡位置 A 为原点，向下为 x 轴正向，设某一瞬时振子的坐标为 x，根据牛顿第二定律，物体在振动过程中的运动方程为

$$m\frac{d^2x}{dt^2}=-k(x+l)+mg,$$

式中，l 是弹簧挂上重物后的静伸长量. 因为 $mg=kl$，所以上式为

$$m\frac{d^2x}{dt^2}=-kx,$$

即为
$$\frac{d^2x}{dt^2}+\omega^2x=0\left(式中\ \omega^2=\frac{k}{m}\right).$$

于是该系统做简谐振动.

上例说明：若一个谐振子系统受到一个恒力（以使系统中不出现非线性因素为限）作用，只要将其坐标原点移至恒力作用下新的平衡位置，则该系统仍是一个与原系统动力学特征相同的谐振子系统. 此时的回复力 $-k(x+l)+mg$ 称为准弹性力.

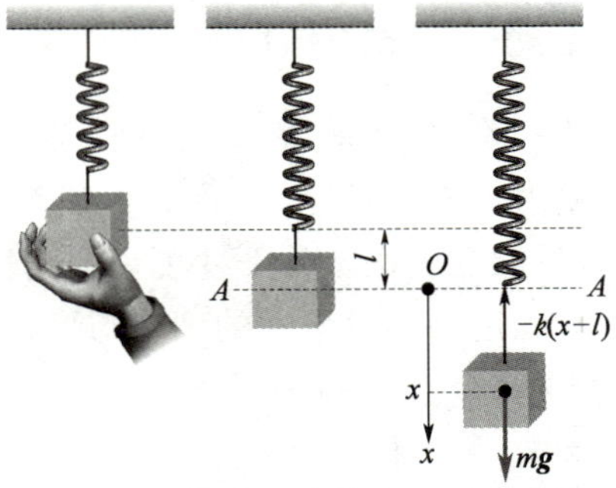

(a)自由状态（弹簧未形变） (b)平衡位置 (c)任一位置

图 4-3 例 4-1 图

§4.2 简谐振动的运动学

一、简谐振动的运动学方程

如前所述，微分方程

$$\frac{d^2x}{dt^2}+\omega^2x=0$$

的解可写作

$$x=A\cos(\omega t+\varphi_0). \tag{4-9}$$

式中，A 和 φ_0 是由初始条件确定的两个积分常数. (4-9)式称为**简谐振动的运动学方程**.

由于

$$\cos(\omega t+\varphi_0)=\sin\left(\omega t+\varphi_0+\frac{\pi}{2}\right),$$

令

$$\varphi'=\varphi_0+\frac{\pi}{2},$$

则(4-9)式亦可写成

$$x=A\sin(\omega t+\varphi').$$

可见简谐振动的运动规律也可用正弦函数表示. 本教材对机械振动统一用**余弦函数**表示.

二、描述简谐振动的三个重要参量

1. 振幅 A

按简谐振动运动学方程，物体的最大位移不能超过 A，物体偏离平衡位置的最大位移(或角位移)的绝对值叫作**振幅**. 显然，振幅 A 是由初始条件决定的.

将简谐振动的运动学方程对时间求一阶导数，可得简谐振动的速度方程，故

$$\begin{cases} x = A\cos(\omega t + \varphi_0), \\ v = -\omega A\sin(\omega t + \varphi_0). \end{cases} \tag{4-10}$$

将初始条件 $t=0$，$x=x_0$，$v=v_0$ 代入，得

$$\begin{cases} x_0 = A\cos\varphi_0, \\ -\dfrac{v_0}{\omega} = A\sin\varphi_0. \end{cases} \tag{4-11}$$

取两式平方和，可求出振幅

$$A = \sqrt{x_0^2 + \left(\frac{v_0}{\omega}\right)^2}. \tag{4-12}$$

例如，当 $t=0$ 时，物体位移大小为 x_0，而振速为零，此时的 $|x_0|$ 即为振幅. 又 $t=0$ 时，物体在平衡位置，而初速率为 v_0，则 $A=\left|\dfrac{v_0}{\omega}\right|$. 可见此时初速率越大，振幅越大.

2. 周期、频率、圆频率

物体做简谐振动时，周而复始完成一次全振动所需的时间叫作简谐振动的**周期**，用 T 表示. 由周期函数的性质，有

$$A\cos(\omega t + \varphi_0) = A\cos[\omega(t+T) + \varphi_0] = A\cos(\omega t + \varphi_0 + 2\pi).$$

由此可知

$$T = \frac{2\pi}{\omega}. \tag{4-13}$$

和周期密切相关的另一物理量是**频率**，即单位时间内系统所完成的全振动的次数，用 ν 表示，即

$$\nu = \frac{1}{T} = \frac{\omega}{2\pi}. \tag{4-14}$$

在国际单位制中，ν 的单位是赫兹，符号是 Hz.

由(4-14)式，有

$$\omega = \frac{2\pi}{T} = 2\pi\nu. \tag{4-15}$$

ω 表示系统在 2π s 内完成的全振动的次数，称为**圆频率**(又称角频率). 由上节讨论可知，简谐振动的圆频率 ω 是由系统的力学性质决定的，故又称为**固有(本征)圆频率**. 如

弹簧振子 $\omega=\sqrt{\dfrac{k}{m}}$；

单摆 $\omega=\sqrt{\dfrac{g}{l}}$；

由此确定的振动周期称为**固有(本征)周期**. 如

弹簧振子 $$T=2\pi\sqrt{\frac{m}{k}};\tag{4-16}$$

单摆 $$T=2\pi\sqrt{\frac{l}{g}};\tag{4-17}$$

3. 相位和初相位

简谐振动的振幅确定了振动的范围，频率或周期则反映了振动的快慢.不过仅有参量 A 和 ω 还不能确定振动系统在任意时刻的运动状态.(4－10)式表明，只有在 A,ω,φ_0 为已知时，系统的振动状态才能完全确定.我们把能确定系统任意时刻振动状态的物理量

$$\varphi=\omega t+\varphi_0\tag{4-18}$$

叫作简谐振动的**相位**(或称**周相**).例如，由(4－10)式可知，当相位 $(\omega t_1+\varphi_0)=\frac{\pi}{2}$ 时，有 $x=0,v=-\omega A$，其表明系统此时的振动状态是：振子处于平衡位置并以速率 ωA 向 x 轴负方向运动；当相位 $(\omega t_2+\varphi_0)=3\pi/2$ 时，有 $x=0,v=\omega A$，此时系统的振动状态为：振子处于平衡位置并以速率 ωA 向 x 轴正方向运动.可见，在 t_1 和 t_2 时刻，振动相位不同，系统的振动状态就不相同.反之，系统的一个确定的振动状态必与一个确定的振动相位对应.例如，若某时刻系统的位移为 $x=A/2$，而速度 $v>0$(向正最大位移方向移动)，则由(4－10)式可推知，与此运动状态对应的振动相位为 $\varphi=-\pi/3$(或 $5\pi/3$).

两简谐振动相位之差 $\Delta\varphi=\varphi_2-\varphi_1$ 称作**相位差**.若相位差等于零或 2π 的整数倍，则称两简谐振动同步，如果两简谐振动的振幅和频率也相同，则表明此时它们的振动状态相同；若 $\Delta\varphi=(2k+1)\pi$，则两简谐振动的相位相反，表明它们的运动状态相反；若 $0<\Delta\varphi<\pi$，则称 φ_2 超前于 φ_1，或说 φ_1 滞后于 φ_2.总之，相位差的不同，反映了两个简谐振动不同程度的参差错落.

用相位表征简谐振动的运动状态还能充分地反映简谐振动的周期性.简谐振动在一个周期内所经历的运动状态每时每刻都不相同，从相位来理解，这相当于相位经历了从0到 2π 的变化过程.因此，对于一个以某个振幅和频率振动的系统，若它们的运动状态相同，则它们所对应的相位差必定为 2π 或 2π 的整数倍.

$t=0$ 时的相位叫**初相位**.由(4－11)式可得

$$\tan\varphi_0=-\frac{v_0}{\omega x_0}.\tag{4-19}$$

可见，初相位也是由初始条件确定的.

例 4－2

一个理想的弹簧振子，弹簧的刚度系数 $k=0.72\ \mathrm{N\cdot m^{-1}}$，振子的质量为 0.02 kg，$t=0$时，振子在$x_0=0.05$ m 处，初速度 $v_0=0.30\ \mathrm{m\cdot s^{-1}}$，且沿 x 轴正向运动，求：

(1)振子的运动方程；

(2)振子在 $t=\frac{\pi}{4}$ s 时的速度和加速度.

解　(1)因为振子做简谐振动,所以可设它的运动方程为

$$x=A\cos(\omega t+\varphi_0).$$

根据振动系统的固有条件,可求出角频率

$$\omega=\sqrt{\frac{k}{m}}=6.0\ \mathrm{rad\cdot s^{-1}}.$$

由振动系统初始条件及(4-12)式可求出振幅

$$A=\sqrt{x_0^2+\left(\frac{v_0}{\omega}\right)^2}=0.07\ \mathrm{m}.$$

由 $\tan\varphi_0=-\frac{v_0}{\omega x_0}$,可得

$$\varphi_0=-\frac{\pi}{4}\text{或}\frac{3}{4}\pi.$$

由于初相位只能是$[0,2\pi)$或$[-\pi,\pi)$中唯一的值,再由 $v=-\omega A\sin(\omega t+\varphi_0)$,当 $t=0$ 时,$v>0$,则 $\sin\varphi_0<0$,因而 $\varphi_0=-\frac{\pi}{4}$满足要求.所求振动方程是

$$x=0.07\cos\left(6t-\frac{\pi}{4}\right)\ \mathrm{m}.$$

(2)当 $t=\frac{\pi}{4}$ s 时,代入速度和加速度表达式,有

$$\begin{aligned}v&=-A\omega\sin(\omega t+\varphi_0)\\&=-0.07\times6\times\sin\left(6\times\frac{\pi}{4}-\frac{\pi}{4}\right)\ \mathrm{m\cdot s^{-1}}\\&=0.297\ \mathrm{m\cdot s^{-1}}.\\a&=-A\omega^2\cos(\omega t+\varphi_0)\\&=-0.07\times6^2\times\cos\left(6\times\frac{\pi}{4}-\frac{\pi}{4}\right)\ \mathrm{m\cdot s^{-2}}\\&=1.78\ \mathrm{m\cdot s^{-2}}.\end{aligned}$$

三、旋转矢量法

为了直观地领会简谐振动的运动规律,常采用一种较为直观的几何描述方法——**旋转矢量法**.

如图 4-4 所示,从坐标原点 O(平衡位置)画一矢量 $\boldsymbol{A}$,使它的模等于简谐振动的振幅 A,并令 $t=0$ 时 $\boldsymbol{A}$ 与 x 轴的夹角等于简谐振动的初相位 φ_0,然后使 $\boldsymbol{A}$ 以等于角频率 ω 的角速度在平面上绕 O 点做逆时针匀角速转动,这样作出的矢量称为**旋转矢量**.显然,旋转矢量 $\boldsymbol{A}$ 任一时刻在 x 轴上的投影 $x=A\cos(\omega t+\varphi_0)$就描述了一个简谐振动,矢端沿圆周运动的速度大小等于ωA,其方向与 x 轴的夹角等于$\omega t+\varphi_0+\frac{\pi}{2}$,在 x 轴上的投影为$\omega A\cos\left(\omega t+\varphi_0+\frac{\pi}{2}\right)=-\omega A\sin(\omega t+\varphi_0)$,这就是简谐振动的速度方程;矢端做圆周运动的加速度大小为 $a_n=\omega^2A$,它与 x 轴的夹角为 $\omega t+\varphi_0+\pi$,所以加速度在 x 轴上的投影为

$$\omega^2A\cos(\omega t+\varphi_0+\pi)=-\omega^2A\cos(\omega t+\varphi_0)=-\omega^2x. \tag{4-20}$$

旋转矢量法

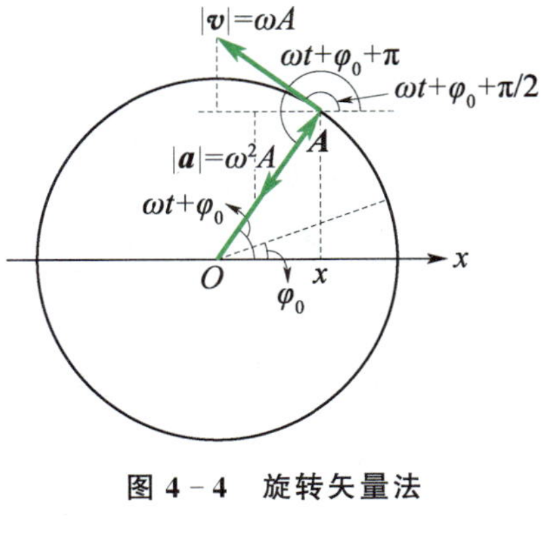

图 4-4　旋转矢量法

以上讨论表明简谐振动速度的相位比位移的相位超前$\frac{\pi}{2}$，加速度的相位比速度的相位超前$\frac{\pi}{2}$，比位移的相位超前 π.

例 4－3 已知某简谐振动的振动曲线如图 4－5 所示，试写出振动方程.

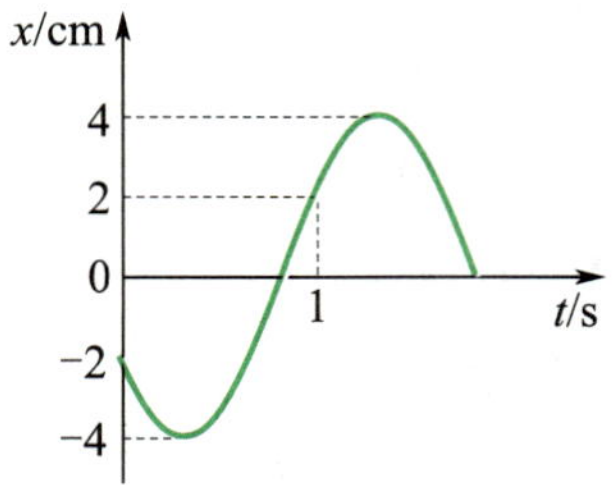

图 4－5 简谐振动曲线

解 本题是已知振动曲线，求振动方程. 因此，可采用两种方法求解.

方法一：定义法.

设简谐振动方程为

$$x = A\cos(\omega t + \varphi_0).$$

从图中曲线最大幅度可知振幅 $A=4$ cm，下面只要求出 φ_0 和 ω 即可. 由于 $t=0$ 时，$x_0=-2$ cm，且 $v_0=\frac{dx}{dt}<0$（由曲线的斜率决定），代入振动方程有

$$-2 = 4\cos\varphi_0.$$

故 $\varphi_0=\pm\frac{2}{3}\pi$，又由 $v_0=-\omega A\sin\varphi_0<0$，得 $\sin\varphi_0>0$，因此只能取 $\varphi_0=\frac{2}{3}\pi$.

再从图中可得，$t=1$ s 时，$x=2$ cm，$v>0$，代入振动方程有

$$2 = 4\cos(\omega+\varphi_0) = 4\cos\left(\omega+\frac{2}{3}\pi\right),$$

即

$$\cos\left(\omega+\frac{2}{3}\pi\right) = \frac{1}{2}.$$

所以 $\omega+\frac{2}{3}\pi=\frac{5}{3}\pi$ 或 $\frac{7}{3}\pi$$\left(\text{应注意这里不能取}\pm\frac{\pi}{3}\right)$.

同时因要满足 $v=-\omega A\sin\left(\omega+\frac{2}{3}\pi\right)>0$，即 $\sin\left(\omega+\frac{2}{3}\pi\right)<0$，故应取 $\omega+\frac{2}{3}\pi=\frac{5}{3}\pi$，即 $\omega=\pi$，所求振动方程为

$$x = 4\cos\left(\pi t+\frac{2}{3}\pi\right)\ \text{cm}.$$

方法二：旋转矢量法.

如图 4－6 所示，右图是原简谐振动曲线，则在 $x-t$ 曲线的左侧作 Ox 轴与位移坐标轴平行，由振动曲线可知，a，b 两点分别对应于 $t=0$，1 s 时刻的振动状态，可确定这两个时刻旋转矢量的位置分别为$\overrightarrow{Oa}$和$\overrightarrow{Ob}$. 下面作详细说明：由 a 向 Ox 轴作垂线，其交点就是 $t=0$ 时刻旋转矢量端点的投影点. 已知该处 $x_0=-2$ cm，且此时刻$v_0<0$，故旋转矢量应在 Ox 轴左侧，它与 Ox 轴正向的夹角 $\varphi_0=\frac{2}{3}\pi$，就是 $t=0$时刻的简谐振动相位，即初相位；又由 $x-t$ 曲线中 b 点向 Ox 轴作垂线，其交点就是 $t=1$ s 时刻旋转矢量端点的投影点，该处 $x=2$ cm 且 $v>0$，故此时刻旋转矢量应在 Ox 轴的右侧，它与 Ox 轴的夹角 $\varphi=\frac{5}{3}\pi$ 就是该时刻的简谐振动相位，即 $\omega t+\frac{2}{3}\pi=\frac{5}{3}\pi$，解得 $\omega=\pi$. 由于圆半径是 4 cm，故简谐振动的振幅是 4 cm，则所求振动方程是

$$x=4\cos\left(\pi t+\frac{2}{3}\pi\right)\ \text{cm}.$$

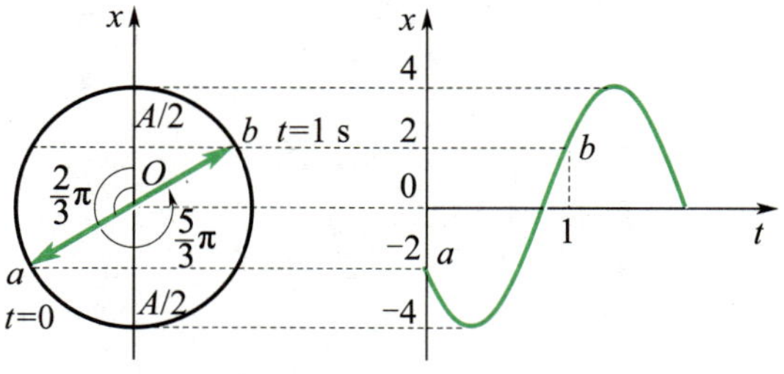

图 4－6 例 4－3 方法二图

§4.3 简谐振动的能量及其合成

简谐振动的能量

一、简谐振动的能量

以弹簧振子为例来说明简谐振动的能量.

设振子质量为 m，弹簧的刚度系数为 k，在某一时刻的位移为 x，速率为 v，即

$$x = A\cos(\omega t + \varphi_0),$$
$$v = -\omega A\sin(\omega t + \varphi_0).$$

于是振子所具有的振动动能和振动势能分别为

$$E_k = \frac{1}{2}mv^2 = \frac{1}{2}m\omega^2 A^2 \sin^2(\omega t + \varphi_0)$$
$$= \frac{1}{2}kA^2 \sin^2(\omega t + \varphi_0), \tag{4-21}$$

$$E_p = \frac{1}{2}kx^2 = \frac{1}{2}kA^2 \cos^2(\omega t + \varphi_0). \tag{4-22}$$

这说明弹簧振子的动能和势能是按余弦或正弦函数的平方随时间变化的. 如图 4－7 所示为初相位 $\varphi_0 = 0$ 时，动能、势能和总能量随时间变化的曲线. 显然，动能最大时，势能最小，而动能最小时，势能最大. 简谐振动的过程正是动能和势能相互转换的过程.

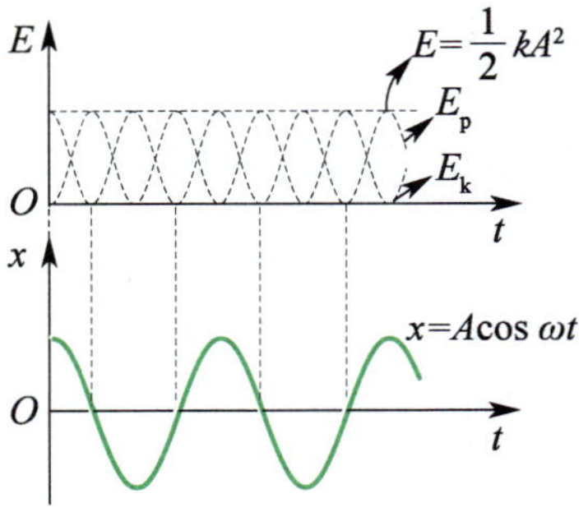

图 4－7　简谐振子的动能、势能和总能量随时间的变化曲线

将(4－21)式和(4－22)式两式相加，即得简谐振动的总能量为

$$E = \frac{1}{2}kA^2 = \frac{1}{2}m\omega^2 A^2 = \frac{1}{2}mv_m^2. \tag{4-23}$$

即简谐振动系统在振动过程中机械能守恒. 从力学观点看，这是因为做简谐振动的系统都是孤立的保守系统. 此外，(4－23)式还说明简谐振动的能量正比于振幅的平方、正比于系统固有角频率的平方. 简谐振动是等幅振动.

动能和势能在一个周期内的平均值为

$$\overline{E_k} = \frac{1}{T}\int_0^T E_k(t)\,dt = \frac{1}{T}\int_0^T \frac{1}{2}kA^2 \sin^2(\omega t + \varphi_0)\,dt = \frac{1}{4}kA^2.$$

同理，有

$$\overline{E_p} = \frac{1}{4}kA^2,$$

即

$$\overline{E_k} = \overline{E_p} = \frac{1}{4}kA^2 = \frac{1}{2}E. \tag{4-24}$$

动能和势能在一个周期内的平均值相等，且均等于总能量的一半.

上述结论虽是从弹簧振子这一特例推出，但具有普遍意义，适用于任何一个简谐振动系统.

例 4-4

质量为 0.10 kg 的物体，以振幅 1.0×10^{-2} m 做简谐振动，其最大加速度为 $4.0\ \mathrm{m\cdot s^{-2}}$，求：

(1)振动的周期；

(2)通过平衡位置时的动能；

(3)总能量；

(4)物体在何处的动能和势能相等？

解 (1)因为 $a_{max}=A\omega^2$，

故

$$\omega=\sqrt{\frac{a_{max}}{A}}=\sqrt{\frac{4.0}{1.0\times10^{-2}}}\ \mathrm{rad\cdot s^{-1}}=20\ \mathrm{rad\cdot s^{-1}},$$

得

$$T=\frac{2\pi}{\omega}=0.314\ \mathrm{s}.$$

(2)因通过平衡位置时的速度最大，故

$$E_{k,max}=\frac{1}{2}mv_{max}^2=\frac{1}{2}m\omega^2A^2=2.0\times10^{-3}\ \mathrm{J}.$$

(3)总能量

$$E=E_{k,max}=2.0\times10^{-3}\ \mathrm{J}.$$

(4)由 $E_k=E_p$，$E=E_k+E_p$，得

$$E_p=\frac{1}{2}E,$$

又因为

$$E=\frac{1}{2}kA^2,\quad E_p=\frac{1}{2}kx^2,$$

故

$$x=\pm\frac{\sqrt{2}}{2}A=0.707\times10^{-2}\ \mathrm{m}.$$

二、同方向、同频率的简谐振动的合成

简谐振动的合成

在实际问题中，常常遇到一个物体同时参与两个或更多个振动的情况. 在一定条件下，合振动的位移等于各个分振动位移的矢量和. 一般振动的合成比较复杂，在此只研究简单的**同方向、同频率的简谐振动的合成**.

设质点在一直线上同时参与两个同方向、同频率的简谐振动

$$x_1=A_1\cos(\omega t+\varphi_{10}),$$

$$x_2=A_2\cos(\omega t+\varphi_{20}).$$

因两分振动在同一方向上进行，故质点的合位移等于两个分振动的位移的代数和，即

$$x=x_1+x_2=A_1\cos(\omega t+\varphi_{10})+A_2\cos(\omega t+\varphi_{20}).\tag{4-25}$$

利用三角恒等式，上式可化为

$$x=A\cos(\omega t+\varphi_0),\tag{4-26}$$

式中，合振动的振幅 A 和初相位 φ_0 分别为

$$A=\sqrt{A_1^2+A_2^2+2A_1A_2\cos(\varphi_{20}-\varphi_{10})},\tag{4-27}$$

$$\tan\varphi_0=\frac{A_1\sin\varphi_{10}+A_2\sin\varphi_{20}}{A_1\cos\varphi_{10}+A_2\cos\varphi_{20}}.\tag{4-28}$$

由此可见，同方向、同频率的两个简谐振动合成后仍为一简谐振动，其频率与分振动频率相同，合振动的振幅、相位由两分振动的振幅 A_1，A_2 及初相位 φ_{10}，φ_{20} 决定.

共振的应用与危害

利用旋转矢量法讨论上述问题则更为简洁直观. 如图 4-8 所示，取坐标轴 Ox，画出两分振动的旋转矢量 $\boldsymbol{A}_1$ 和 $\boldsymbol{A}_2$，它们与 x 轴的夹角分别为 φ_{10}，φ_{20}，并以相同角速度 ω 沿逆时针方向旋转. 因两分矢量 $\boldsymbol{A}_1$ 和 $\boldsymbol{A}_2$ 的夹角恒定不变，所以合矢

量 **A** 的模保持不变，而且同样以角速度 ω 旋转. 图中矢量 **A** 即为 $t=0$ 时的合振动矢量，任一时刻合振动的位移等于该时刻 **A** 在 x 轴上的投影，即

$$x = A\cos(\omega t + \varphi_0).$$

可见合振动是振幅为 A、初相位为 φ_0 的简谐振动，其圆频率与两分振动相同，和前文结论一致. 利用图中几何关系，可求得合振动的振幅 A、初相位 φ_0 分别为(4-27)式和(4-28)式.

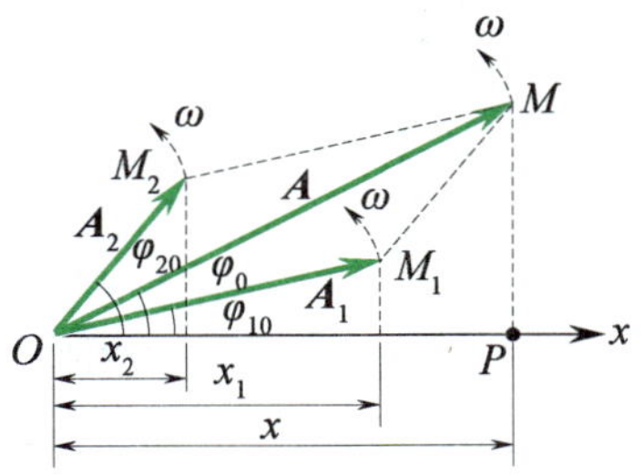

图 4-8　旋转矢量法表示同一直线两简谐振动的合成

现进一步讨论合振动的振幅与两分振动相位差之间的关系. 由(4-27)式可得以下结论.

(1) 当相位差 $\varphi_{20}-\varphi_{10}=\pm 2k\pi(k=0,1,2,\cdots)$ 时，

$$A = \sqrt{A_1^2 + A_2^2 + 2A_1A_2} = A_1 + A_2. \tag{4-29}$$

即两分振动相位相同时，合振幅等于两分振动振幅之和，合振幅最大.

(2) 相位差 $\varphi_{20}-\varphi_{10}=\pm(2k+1)\pi(k=0,1,2,\cdots)$ 时，

$$A = \sqrt{A_1^2 + A_2^2 - 2A_1A_2} = |A_1 - A_2|. \tag{4-30}$$

即两分振动相位相反时，合振幅等于两分振幅之差的绝对值，合振幅最小.

一般情况下，两分振动既不同相亦非反相，合振幅在 A_1+A_2 与 $|A_1-A_2|$ 之间.

同方向、同频率简谐振动的合成原理，在讨论声波、光波及电磁辐射的干涉和衍射时经常用到.

例 4-5

设两简谐振动的振动方程分别为

$$x_1 = 3\cos\left(10\pi t + \frac{\pi}{6}\right)\ \text{cm},$$

$$x_2 = 4\cos\left(10\pi t + \frac{2}{3}\pi\right)\ \text{cm},$$

求它们的合振动.

解　方法一：公式法.

利用(4-27)式和(4-28)式求出合振动的振幅 A 和初相位 φ_0.

$$A = \sqrt{A_1^2 + A_2^2 + 2A_1A_2\cos\Delta\varphi}.$$

因 $\Delta\varphi = \varphi_{20}-\varphi_{10} = \frac{2}{3}\pi - \frac{\pi}{6} = \frac{\pi}{2}$，则

$$A = \sqrt{A_1^2 + A_2^2} = \sqrt{3^2 + 4^2}\ \text{cm} = 5\ \text{cm}$$

$$\tan\varphi_0 = \frac{A_1\sin\varphi_{10} + A_2\sin\varphi_{20}}{A_1\cos\varphi_{10} + A_2\cos\varphi_{20}} = \frac{3\sin\frac{\pi}{6} + 4\sin\frac{2}{3}\pi}{3\cos\frac{\pi}{6} + 4\cos\frac{2}{3}\pi}$$

$$= \frac{3+4\sqrt{3}}{3\sqrt{3}-4},$$

则合振动为

$$x = 5\cos\left(10\pi t + \arctan\frac{3+4\sqrt{3}}{3\sqrt{3}-4}\right)\ \text{cm}$$

$=5\cos(10\pi t+83.13°)$ cm.

方法二：旋转矢量法.

如图 4-9 所示，作振动方程 x_1 的旋转矢量 $\boldsymbol{A}_1$，振幅是$A_1=3$ cm，与 x 轴夹角是$\frac{\pi}{6}$. 作振动方程 x_2 的旋转矢量 $\boldsymbol{A}_2$，振幅是 $A_2=4$ cm，与 x 轴夹角是$\frac{2}{3}\pi$. 故这两个简谐振动的相位差是$\frac{\pi}{2}$. 合振动为

$$
\begin{aligned}
x&=A\cos(\omega t+\varphi_0)\\
&=5\cos\left(10\pi t+\frac{\pi}{6}+\arctan\frac{4}{3}\right)\ \text{cm}\\
&=5\cos(10\pi t+83.13°)\ \text{cm}.
\end{aligned}
$$

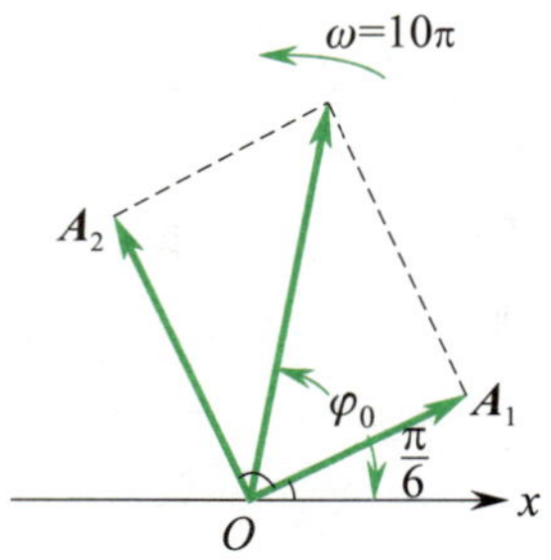

图 4-9 旋转矢量法求解

§4.4 机械波的形成和传播

前面研究了振动，振动在空间中的传播，会出现波动. 波动也是一种常见的物质运动形式. 例如，机械振动在连续介质内的传播叫作**机械波**；电磁振动在真空或介质中的传播叫作**电磁波**. 近代物理指出，微观粒子以至任何物体都具有波动性，这种波叫作**物质波**. 不同性质的波动虽然机制各不相同，但它们在空间的传播规律却具有共性. 本教材仅以机械波为例，讨论波动的运动规律.

一、机械波产生的条件

将石子投入平静的水池中，投石处的水质元会发生振动，振动向四周水面传播而泛起的涟漪即为水面波. 音叉振动时，引起周围空气的振动，此振动在空气中传播，形成声波. 可见，机械波的产生必须具备两个条件：①有做机械振动的物体，谓之**波源**；②**有连续的介质**（从宏观来看，气体、液体、固体均可视作连续的介质）.

如果波动中使介质各部分振动的回复力是弹性力，则称为弹性波. 例如，声波即为弹性波. 机械波不一定都是弹性波，如水面波就不是弹性波. 水面波中的回复力是水质元所受的重力和表面张力，它们都不是弹性力. 下面只讨论弹性波.

二、横波和纵波

按振动方向与波传播方向之间的关系，波可分为横波与纵波. 振动方向与传播方向垂直的波叫作**横波**；而振动方向与传播方向平行的波称为**纵波**.

如图 4-10 所示是横波在一根弦线上传播的示意图. 将弦线分成许许多多可视为质点的小段，质点之间以弹性力相联系. 设 $t=0$ 时，质点都在各自的平衡位置，此时质点 1 在外界作用下由平衡位置向上运动. 由于弹性力的作用，质点 1 即带动质点 2 向上运动. 继而质点 2 又带动质点 3…… 于是各质点就先后上、下振动起来. 图中画出了不同时刻各质点的振动状态. 设波源的振动周期为 T. 由图可知，$t=T/4$ 时，质点 1 的初始振动状态传到了质点 4；$t=T/2$ 时，质点 1 的初始振动状

态传到了质点 7；$t=T$ 时，质点 1 完成了自己的一次全振动，其初始振动状态传到了质点 13. 此时，质点 1 至质点 13 之间各点偏离各自平衡位置的矢端曲线就构成了一个完整的波形. 在以后的过程中，每经过一个周期，就向右传出一个完整波形. 可见**沿着波的传播方向向前看去，前面各质点的振动相位都依次落后于波源的振动相位**.

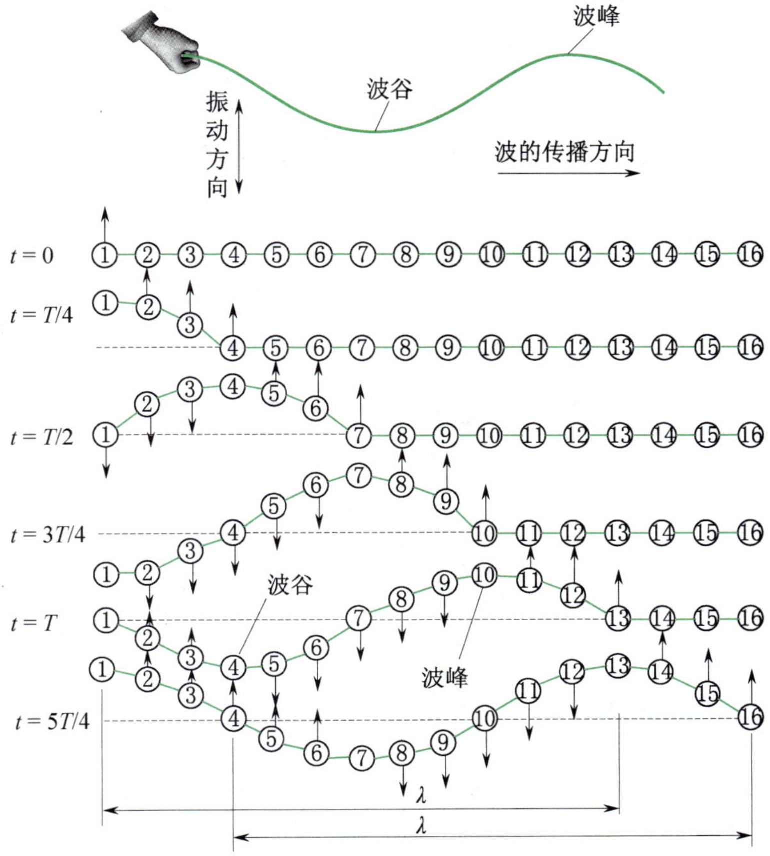

图 4－10　横波传播示意图

横波的振动方向与传播方向垂直. 说明当横波在介质中传播时，介质中层与层之间将发生相对位错，即产生切变. 只有固体能承受切变，因此横波只能在固体中传播.

如图 4－11 所示是纵波在一根弹簧中传播的示意图. 在纵波中，质点的振动方向与波的传播方向平行，因此在介质中就形成稠密和稀疏的区域，故又称为**疏密波**. 纵波可引起介质产生容变. 固体、液体、气体都能承受容变，因此纵波能在所有物质中传播. 纵波传播的其他规律与横波相同.

在液面上因有表面张力，故能承受切变. 所以液面波是纵波与横波的合成波. 此时，组成液体的微元在自己的平衡位置附近做椭圆运动.

综上所述，机械波向外传播的是**波源(及各质点)的振动状态和能量**.

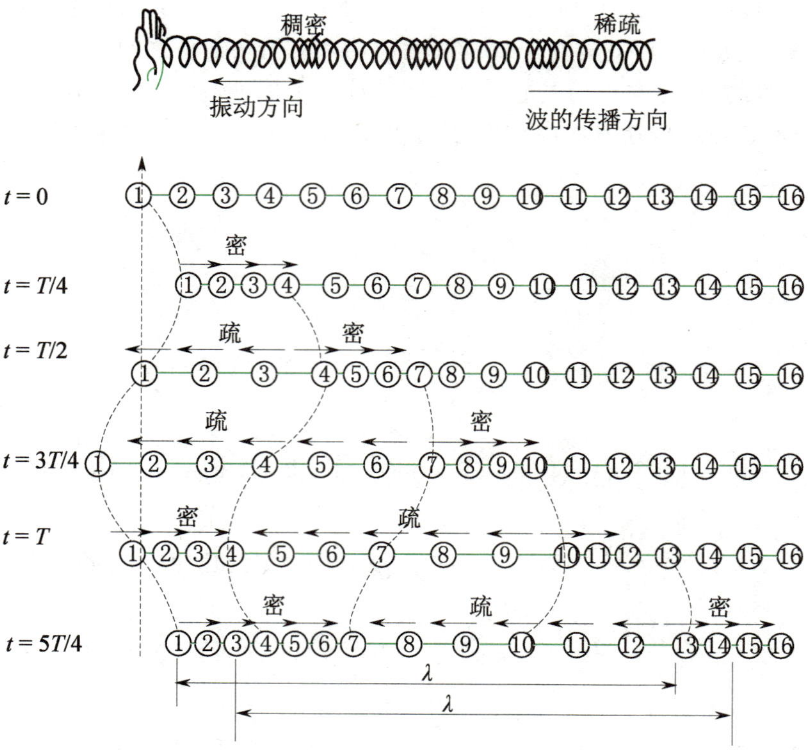

图 4-11 纵波传播示意图

三、波线和波面

为了形象地描述波在空间中的传播，可以从几何角度引入波线、波面、波前等几个概念.

波传播到的空间称为**波场**. 在波场中，代表波的传播方向的射线，称为**波射线**，简称**波线**. 如图 4-12 中有箭头的线即为波线. 波面是指波传播过程中介质中振动相位(振动状态)相同的点构成的曲面，也称为波阵面或同相面，简称**波面**. 在任一时刻，波面可以有任意多个(但相位不一定相同)，如图 4-12 所标出的波面. **波前**是指波传播过程中，某一时刻最前面的波面. 波前只有一个，随着时间推移，波前以波速向前传播，如图 4-12 所示，在各向同性介质中，波线与波面之间处处正交. 根据波面的形状，波可分为平面波、球面波和柱面波等.

图 4-12 波线和波面

四、简谐波

一般说来，波动中各质点的振动是复杂的. 最简单而又最基本的波动是**简谐波**，即波源以及介质中各质点的振动都是简谐振动. 这种情况只能发生在各向同性、均匀、无限大、无吸收的连续弹性介质中. 以下提到的介质都是这种理想化的介质. 由于任何复杂的波都可以看成由若干个简谐波叠加而成，因此，研究简谐波具有特别重要的意义.

五、描述波动的三个物理量

1. 波速 u

波动是振动状态（相位）的传播，振动状态在单位时间内传播的距离叫作**波速**，因此波速又称**相速**，用 u 表示. 对于机械波，波速通常由介质的性质决定. 可以证明，对于简谐波，在固体中传播的横波和纵波的波速分别为

$$u_{\perp}=\sqrt{\frac{G}{\rho}},\tag{4-31}$$

$$u_{/\!/}=\sqrt{\frac{E}{\rho}}.\tag{4-32}$$

式中，G 和 E 分别是介质的切变模量和弹性模量，ρ 为介质的密度. 对于同一固体介质，一般有 $E>G$，所以 $u_{/\!/}>u_{\perp}$.

在弦中传播的横波波速为

$$u_{\perp}=\sqrt{\frac{T}{\mu}},\tag{4-33}$$

式中，T 是弦中张力，μ 为弦的线密度.

在液体或气体中只能传递纵波，其波速为

$$u_{/\!/}=\sqrt{\frac{B}{\rho}},\tag{4-34}$$

式中，B 为介质的容变弹性模量. 对于理想气体，若把波的传播过程视为绝热过程，则由分子动理论及热力学方程可导出理想气体中的声速公式为

$$u=\sqrt{\frac{\gamma p}{\rho}}=\sqrt{\frac{\gamma RT}{M_{\mathrm{mol}}}}.\tag{4-35}$$

式中，γ 为气体的摩尔热容比，p 为气体的压强，ρ 为气体的密度，T 是气体的热力学温度，R 是普适气体常量，M_{mol} 是气体的摩尔质量.

2. 波动周期和频率

波动过程也具有时间上的周期性. **波动周期**是指一个完整波形通过介质中某固定点所需的时间，用 T 表示. 周期的倒数叫作**频率**，波动频率即为单位时间内通过介质中某固定点完整波的数目，用 ν 表示. 由于波源每完成一次全振动，就有一个完整的波形传播出去，由此可知，**当波源相对于介质静止时，波动周期即为波源的振动周期，波动频率即为波源的振动频率**. 波动周期 T 与频率 ν 之间亦有

$$T=\frac{2\pi}{\omega}=\frac{1}{\nu}.\tag{4-36}$$

3. 波长 λ

如前所述，同一时刻沿波线上各质点的振动相位是依次落后的，同一波线上相邻的相位差为 2π 的两质点之间的距离叫作**波长**，用 λ 表示. 当波源做一次全振动后，波传播的距离就等于一个波长，如图 4 - 10 所示，因此波长反映了波的空间周期性. 显然，波长与波速、周期和频率的关系为

$$\lambda = uT = \frac{u}{\nu}. \tag{4-37}$$

此式不仅适用于机械波，也适用于电磁波.

由于机械波的波速仅由介质的力学性质决定，因此，不同频率的波在同一介质中传播时都具有相同的波速，而同一频率的波在不同介质中传播时其波长不同.

值得注意的是，只有当波源和观察者相对于介质都静止时，观察者接收到的波的频率才与波源的振动频率相等. 但是，在日常生活和科学技术中，经常会遇到波源或观察者，或者这两者同时相对于介质运动的情况. 例如，站在站台上，当一列火车迎面飞驰而来时，我们听到它的汽笛声高昂，而当火车从我们身边疾驰而去时，却听到它的汽笛声变得低沉. 实际上，火车鸣笛的音调并未改变(波源的振动频率未变)，而火车接近和驶离我们时，人耳接收到的频率却不同. 这些现象表明：当波源或观察者，或者两者同时相对于介质有相对运动时，观察者接收到的波的频率与波源的振动频率不同，这类现象是由多普勒(Doppler)于 1842 年发现并提出的，故称为多普勒效应或多普勒频移.

多普勒

§4.5 平面简谐波的波函数　波的能量

平面简谐波在介质中传播，虽然各质点都按余弦(或正弦)规律运动，但同一时刻各质点的运动状态却不尽相同. 只有定量地描述出每个质点的运动状态，才算解决了平面简谐波的运动学问题.

平面简谐波的波函数

在平面简谐波中，波线是一组垂直于波面的平行射线，因此可选用其中一根波线为代表来研究平面波的传播规律. 也就是说，我们所需求的平面简谐波的波动表达式，就是任一波线上任一点的振动方程的通式.

一、平面简谐波的波函数

设有一平面简谐波，在理想介质中沿 x 轴正向传播，x 轴即为某一波线，在此波线上任取一点为坐标原点，并在原点振动相位为零时开始计时，则原点的振动方程为

$$y_0 = A\cos\omega t. \tag{4-38}$$

设 P 为 x 轴上任一点，其坐标为 x，而用 y 表示该处质点偏离平衡位置的位移，如图 4 - 13 所示，现求 P 点的振动方程.

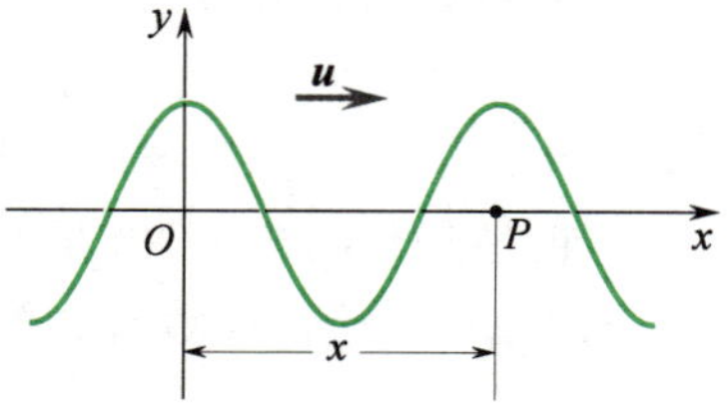

图 4 - 13　波动方程的推导

设波动在介质中的传播速度为 u，则原点的

振动状态传到 P 点所需要的时间为 $\Delta t=\frac{x}{u}$. 因此，P 点在 t 时刻将重复原点在 $t-\frac{x}{u}$ 时刻的振动状态，即 P 点在 t 时刻的振动方程为

$$y = A\cos\omega\left(t-\frac{x}{u}\right). \tag{4-39}$$

(4-39)式就是**沿 x 轴正向传播的平面简谐波的波函数**(或称波动表达式，有时也称波动方程).

如 4.4 节所述，当一列波在介质中传播时，沿着波的传播方向看去，前方各质点的振动状态要依次落后于波源的振动状态. 因此，(4-39)式中 $-\frac{x}{u}$ 也可理解为 P 点的振动落后于原点振动的时间. 显然，这列波若沿 x 轴负方向传播，则 P 点的振动状态超前于原点的振动状态，超前的时间为 $+\frac{x}{u}$，此时 P 点的振动方程为

$$y = A\cos\omega\left(t+\frac{x}{u}\right). \tag{4-40}$$

这就是**沿 x 轴负向传播的平面简谐波的波函数**.

若波源(原点)的振动初相位在开始计时时不为零，即

$$y_0 = A\cos(\omega t+\varphi_0), \tag{4-41}$$

由于波源的初相位对波传播过程的贡献是固定的，与波的传播方向、时间及距离无关，因此波函数为

$$y = A\cos\left[\omega\left(t\mp\frac{x}{u}\right)+\varphi_0\right]. \tag{4-42}$$

将 $\omega=2\pi\nu=\frac{2\pi}{T}$，$u=\frac{\lambda}{T}=\frac{\omega}{2\pi}\lambda$ 代入(4-42)式，经整理，可得到如下几种常用的波动函数表达式

$$y = A\cos\left[2\pi\left(\frac{t}{T}\mp\frac{x}{\lambda}\right)+\varphi_0\right], \tag{4-43}$$

$$y = A\cos\left(2\pi\nu t\mp\frac{2\pi x}{\lambda}+\varphi_0\right), \tag{4-44}$$

$$\begin{aligned} y &= A\cos\left[\frac{2\pi}{\lambda}(ut\mp x)+\varphi_0\right] \\ &= A\cos[k(ut\mp x)+\varphi_0]. \end{aligned} \tag{4-45}$$

(4-45)式中 $k=\frac{2\pi}{\lambda}$，称为**波数**，它表示在 2π 的长度内所具有的完整波的数目.

以上所讨论的仅仅是已知点的振动(波源)在坐标原点的情况. 如果已知点的振动不在坐标原点，应按照前面推导波动方程的思路，先写出坐标原点的振动方程，而后再按上面的原则写出波动方程.

二、波函数的物理意义

下面以沿 x 轴正方向传播的波为例，分几种情况进行讨论.

(1) 如果 $x=x_0$ 为给定值，则位移 y 仅是时间 t 的函数，即 $y=y(t)$，波函数改写为

$$y(t) = A\cos\left(\omega t-\frac{\omega x_0}{u}+\varphi_0\right)$$

波函数的物理意义

$$= A\cos\left(\omega t - 2\pi\frac{x_0}{\lambda} + \varphi_0\right). \tag{4-46}$$

这就是波线上 x_0 处质点在任意时刻离开自己平衡位置的位移.(4-46)式即为 x_0 处质点的振动方程,表明任意坐标 x_0 处质点均在做简谐振动,相应可作出其振动曲线如图 4-14 所示.

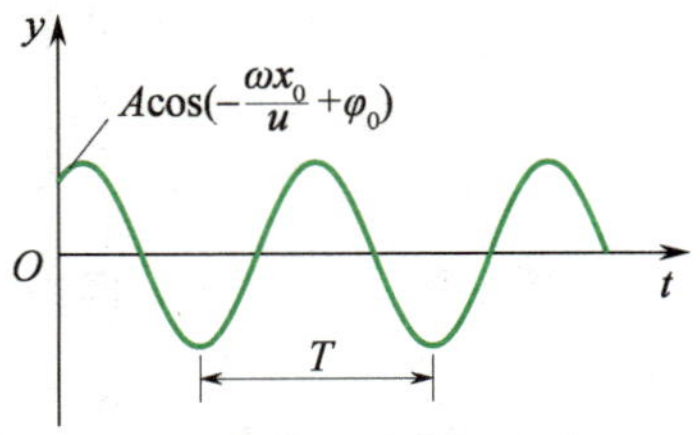

图 4-14 波线上任意坐标 x_0 处质点的振动曲线

由(4-46)式可知,x_0 处质点在 $t=0$ 时刻的位移为

$$y(0,x_0) = A\cos\left(-\frac{\omega x_0}{u} + \varphi_0\right)$$
$$= A\cos\left(-2\pi\frac{x_0}{\lambda} + \varphi_0\right).$$

该处质点的振动初相位为 $\varphi' = -\frac{\omega x_0}{u} + \varphi_0 = -2\pi\frac{x_0}{\lambda} + \varphi_0$. 显然 x_0 处质点的振动相位比坐标原点 O 处质点的振动相位始终落后一个值$\frac{\omega x_0}{u}$或 $2\pi\frac{x_0}{\lambda}$. x_0 越大,相位落后越多,因此,沿着波的传播方向,各质点的振动相位依次落后. $x_0=\lambda, 2\lambda, 3\lambda, \cdots$ 各处质点的振动相位依次为 $\varphi' = -2\pi+\varphi_0, -4\pi+\varphi_0, -6\pi+\varphi_0, \cdots$ 这正好表明波线上每隔一个波长的距离,质点的振动曲线就重复一次,波长的确代表了波的空间周期性.

同时可以导出同一质点在相邻两个时刻的振动相位差为

$$\Delta\varphi = \omega(t_2 - t_1) = 2\pi\frac{t_2 - t_1}{T}. \tag{4-47}$$

这说明波动周期反映了波动在时间上的周期性.

(2)如果 $t=t_0$ 为给定值,则位移 y 只是坐标 x 的函数,即 $y=y(x)$,波函数变为

$$y = A\cos\left[\omega\left(t_0 - \frac{x}{u}\right) + \varphi_0\right]. \tag{4-48}$$

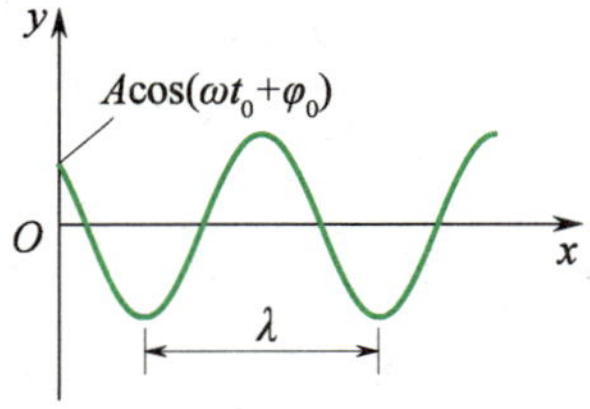

图 4-15 $t=t_0$ 时刻的波形曲线

此方程给出了在 t_0 时刻波线上各质点离开各自平衡位置的位移分布情况,称为 t_0 时刻的**波形方程**. t_0 时刻的波形曲线如图 4-15 所示,它是一条简谐函数曲线,正好说明它是一列简谐波. 应该注意的是,对于横波,t_0 时刻的 y-x 曲线实际上就是该时刻波线上所有质点的分布图形;而对于纵波,波形曲线并不反映真实的质点分布情况,而只是反映该时刻所有质点的位移分布.

由上面的讨论,读者自己可以导出同一波线上两质点之间的相位差为

$$\Delta\varphi = -\frac{2\pi}{\lambda}(x_2 - x_1). \tag{4-49}$$

(3)如果 t, x 都在变化,波函数

$$y(t,x) = A\cos\left[\omega\left(t - \frac{x}{u}\right) + \varphi_0\right]$$

给出了波线上各个不同质点在不同时刻的位移,或者说它包括了各个不同时刻的波形,也反映了波不断向前推进时波动传播的全过程.

进一步分析波函数便可更深入了解波动的本质.

根据波函数可知，t 时刻的波形方程为

$$y(x)=A\cos\left[\omega\left(t-\frac{x}{u}\right)+\varphi_0\right].$$

而 $t+\Delta t$ 时刻的波形方程为

$$y(x)=A\cos\left[\omega\left(t+\Delta t-\frac{x+u\Delta t}{u}\right)+\varphi_0\right].$$

分别用实线和虚线表示 t 时刻和 $t+\Delta t$ 时刻两条波形曲线，如图 4－16 所示，便可形象地看出波形向前传播的图像，波形向前传播的速度就等于波速 u.

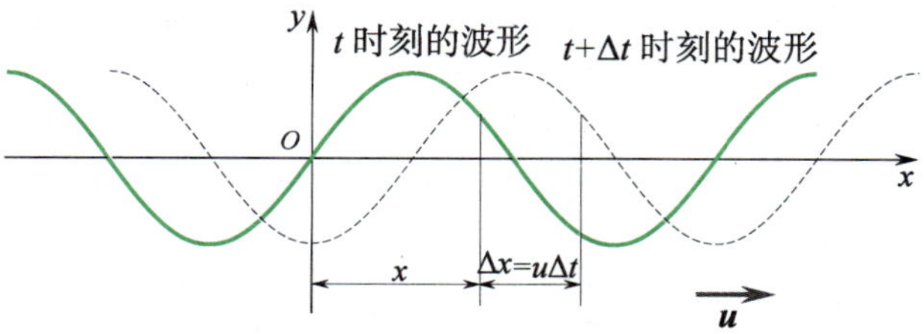

图 4－16　波形的传播

设 t 时刻、x 处的某个振动状态经过时间 Δt，传播了 $\Delta x=u\Delta t$ 的距离，用波函数表示即为

$$A\cos\left[\omega\left(t+\Delta t-\frac{x+u\Delta t}{u}\right)+\varphi_0\right]=A\cos\left[\omega\left(t-\frac{x}{u}\right)+\varphi_0\right],$$

亦即

$$y(t+\Delta t,x+\Delta x)=y(t,x).\qquad(4-50)$$

这就是说，想获取 $t+\Delta t$ 时刻的波形，只要将 t 时刻的波形沿波的前进方向移动 $\Delta x(\Delta x=u\Delta t)$ 距离即可得到. 故(4－50)式描述的波称为**行波**.

例 4－6

已知波函数为 $y=0.1\cos\frac{\pi}{10}(25t-x)$，其中 x,y 的单位为 m，t 的单位为 s，求：(1)振幅、波长、周期和波速；(2)距原点 8 m 和 10 m 的两点处质点振动的相位差；(3)波线上某质点在 0.2 s 内的相位差.

解　(1)用比较法，将题给的波函数改写成如下形式

$$y=0.1\cos\frac{25}{10}\pi\left(t-\frac{x}{25}\right).$$

与波函数的标准形式 $y=A\cos\left[\omega\left(t-\frac{x}{u}\right)+\varphi_0\right]$ 比较，即可得

$$A=0.1\text{ m},\quad \omega=\frac{25}{10}\pi\text{ rad}\cdot\text{s}^{-1},$$

$$u=25\text{ m}\cdot\text{s}^{-1},\quad \varphi_0=0.$$

所以　$T=\frac{2\pi}{\omega}=0.8\text{ s},\quad \lambda=uT=20\text{ m}.$

(2)同一时刻波线上坐标为 x_1 和 x_2 的两点处质点振动的相位差为

$$\Delta\varphi=-\frac{2\pi}{\lambda}(x_2-x_1)=-2\pi\frac{\delta}{\lambda}.$$

$\delta=x_2-x_1$ 是波动传播到 x_1 和 x_2 处的波程差，上式就是同一时刻波线上任意两点间相位差与波程差的

关系.

当 $\delta = x_2 - x_1 = 10\ \text{m} - 8\ \text{m} = 2\ \text{m}$ 时，有

$$\Delta\varphi = -2\pi\frac{\delta}{\lambda} = -\frac{\pi}{5},$$

负号表示 x_2 处的振动相位落后于 x_1 处的振动相位.

(3)对于波线上任意一个给定点(x 一定)，在时间间隔 Δt 内的相位差为

$$\Delta\varphi = \omega(t_2 - t_1) = \omega\Delta t,$$

由于

$$\Delta t = 0.2\ \text{s},$$

故

$$\Delta\varphi = \frac{\pi}{2}.$$

例 4－7

一平面简谐横波以 $u=400\ \text{m}\cdot\text{s}^{-1}$ 的波速在均匀介质中沿 x 轴正向传播. 位于坐标原点 O 的质点的振动周期为 0.01 s，振幅为 0.1 m，取原点处的质点经过平衡位置且向正方向运动时作为计时起点. (1)写出波函数；(2)写出距原点 2 m 处的质点 P 的振动方程；(3)画出 $t=0.005$ s 和 0.007 5 s 时的波形图.

解 (1)由题意知，当坐标原点 O 处质点的振动初始条件为 $t=0$ 时，$y_0=0$，$v_0>0$. 设坐标原点 O 处质点的振动方程为 $y_0=A\cos(\omega t+\varphi_0)$，由题意知，$A=0.1\ \text{m}$，$\omega=\frac{2\pi}{T}=\frac{2\pi}{0.01}=200\pi\ \text{s}^{-1}$. 又由 $t=0$ 时，$y_0=0$ 且 $v_0>0$，则 $A\cos\varphi_0=0$，若要满足 $v_0>0$，只有 $\varphi_0=\frac{3}{2}\pi$，所以坐标原点 O 处的振动方程是

$$y_0 = 0.1\cos\left(200\pi t + \frac{3}{2}\pi\right)\ \text{m}.$$

由于波沿 x 轴正方向传播，故波函数为

$$y = 0.1\cos\left[200\pi\left(t-\frac{x}{400}\right)+\frac{3}{2}\pi\right]\ \text{m}.$$

(2)将 $x_P=2$ m 代入波函数，即得质点 P 的振动方程为

$$y_P = 0.1\cos\left[200\pi\left(t-\frac{2}{400}\right)+\frac{3}{2}\pi\right] = 0.1\cos\left(200\pi t+\frac{\pi}{2}\right)\ \text{m}.$$

(3)将 $t_1=0.005$ s 代入波函数，得此时刻的波形方程为

$$y = 0.1\cos\left[200\pi\left(0.005-\frac{x}{400}\right)+\frac{3}{2}\pi\right] = 0.1\cos\left(\frac{\pi}{2}-\frac{\pi}{2}x\right)\ \text{m}.$$

画出对应的波形曲线如图 4－17 中实线所示. 因为 $T=0.01$ s，故从 $t_1=0.005$ s 到 $t_2=0.007\,5$ s 经历了 $\Delta t=t_2-t_1=0.002\,5\ \text{s}=\frac{1}{4}T$，故 $t_2=0.007\,5$ s 时刻的波形图只需将 $t_1=0.005$ s 时刻的波形曲线沿着波的传播方向平移 $\frac{1}{4}\lambda=\frac{1}{4}uT=1$ m 即可得到，如图 4－17 中的虚线所示.

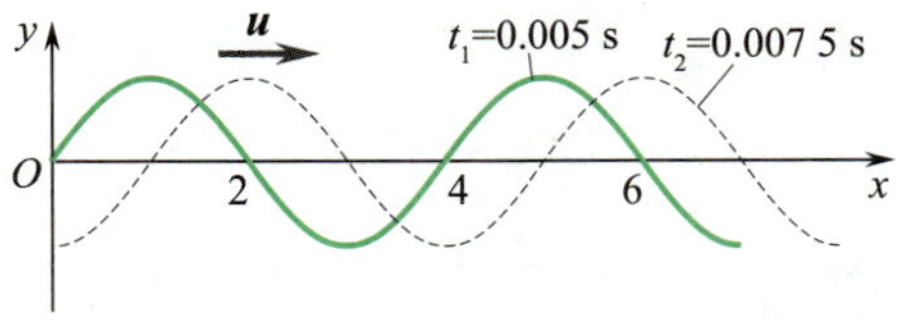

图 4－17 $t_1=0.005$ s(实线)和 $t_2=0.007\,5$ s(虚线)时的波形图

三、波的能量和能量密度

在波的传播过程中，载波的介质并不随波向前移动，波源的振动能量则通过介质间的相互作用进行传递. 介质中各质点都在各自的平衡位置附近振动，因而具有动能；同时，介质因形变而具有弹性势能. 下面以介质中任意一体积元 $\mathrm{d}V$ 为例来讨论波的能量.

设有一平面简谐波在密度为 ρ 的弹性介质中沿 x 轴正向传播，其波函数为

$$y = A\cos\left[\omega\left(t-\frac{x}{u}\right)+\varphi_0\right].$$

在坐标 x 处取一体积元 $\mathrm{d}V$，其质量为 $\mathrm{d}m=\rho\mathrm{d}V$，视该体积元为质点，当波传播到该体积元时，其振动速度为

$$v=\frac{\partial y}{\partial t}=-A\omega\sin\left[\omega\left(t-\frac{x}{u}\right)+\varphi_0\right].$$

则该体积元的动能为

$$\mathrm{d}E_{\mathrm{k}}=\frac{1}{2}(\mathrm{d}m)v^2=\frac{1}{2}\rho\mathrm{d}VA^2\omega^2\sin^2\left[\omega\left(t-\frac{x}{u}\right)+\varphi_0\right]. \tag{4-51}$$

同时，该体积元因形变而具有弹性势能，可以证明该体积元的弹性势能与动能具有相同的表达式，即

$$\mathrm{d}E_{\mathrm{p}}=\frac{1}{2}\rho\mathrm{d}VA^2\omega^2\sin^2\left[\omega\left(t-\frac{x}{u}\right)+\varphi_0\right]. \tag{4-52}$$

于是该体积元内总的波动能量为

$$\mathrm{d}E=\mathrm{d}E_{\mathrm{k}}+\mathrm{d}E_{\mathrm{p}}=\rho\mathrm{d}VA^2\omega^2\sin^2\left[\omega\left(t-\frac{x}{u}\right)+\varphi_0\right]. \tag{4-53}$$

(4-53)式表明，波动在介质中传播时，介质中任意一体积元的总能量随时间作周期性变化. 这说明该体积元和相邻的介质之间有能量交换. 体积元的能量增加时，它从相邻介质中吸收能量；体积元的能量减少时，它向相邻介质释放能量. 这样，能量不断地从介质中的一部分传递到另一部分. 所以，波动过程也就是能量传递的过程.

应当注意，波动的能量和简谐振动的能量有着明显的区别. 在一个孤立的简谐振动系统中，它和外界没有能量交换，所以机械能守恒且动能和势能在不断地相互转换，当动能为极大值时势能为极小值，当动能为极小值时势能为极大值. 而在波动中，体积元内总能量不守恒，且同一体积元内的动能和势能是同步变化的，即动能为极大值时势能也为极大值，反之亦然. 如图 4-18 所示，横波在绳上传播时，平衡位置 Q 处体积元的速度最大，因而动能最大，此时 Q 处体积元的相对形变量也最大，因此弹性势能也最大；在振动位移最大的 P 处，体积元的振动速度为零，动能等于零，而此处体积元的相对形变量为最小值即为零 $\left(\left.\frac{\partial y}{\partial x}\right|_P=0\right)$，其弹性势能亦为零.

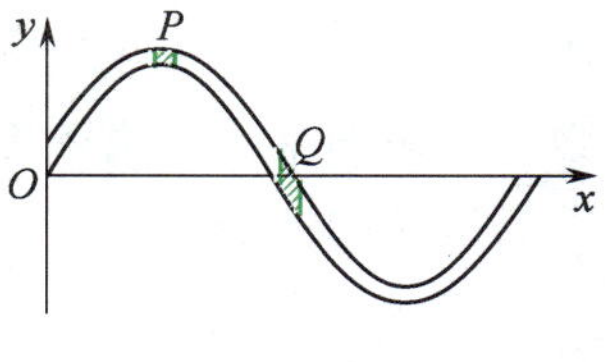

图 4-18　体积元在平衡位置时，相对形变量最大；体积元在最大位移处时，相对形变量为零

单位体积介质中所具有的波的能量，称为**能量密度**，用 w 表示，由(4-53)式有

$$w=\frac{\mathrm{d}E}{\mathrm{d}V}=\rho A^2\omega^2\sin^2\left[\omega\left(t-\frac{x}{u}\right)+\varphi_0\right]. \tag{4-54}$$

可见能量密度 w 随时间作周期性变化，实际应用中取其平均值. 能量密度在一个周期内的平均值称为**平均能量密度**，用 $\overline{w}$ 表示，则对平面简谐波有

$$\begin{aligned}\overline{w}&=\frac{1}{T}\int_0^T w\mathrm{d}t=\frac{1}{T}\int_0^T\rho A^2\omega^2\sin^2\left[\omega\left(t-\frac{x}{u}\right)+\varphi_0\right]\mathrm{d}t\\&=\frac{1}{2}\rho A^2\omega^2.\end{aligned} \tag{4-55}$$

由(4－55)式可知，**平均能量密度与波振幅的平方、角频率的平方及介质密度成正比**. 此公式适用于各种弹性波.

四、波的能流和能流密度

为了描述波动过程中能量的传播，还需引入能流和能流密度的概念.

所谓**能流**，即单位时间内通过某一截面的能量. 如图4－19所示，设想在介质中作一个垂直于波速的截面积为 ΔS、长度为 u 的长方体，则在单位时间内，体积为 $u\Delta S$ 的长方体内的波动能量都要通过该截面，因此通过面积 ΔS 的能流为 $p=wu\Delta S$，将平均能量密度 $\overline{w}$ 代替能量密度 w，可得

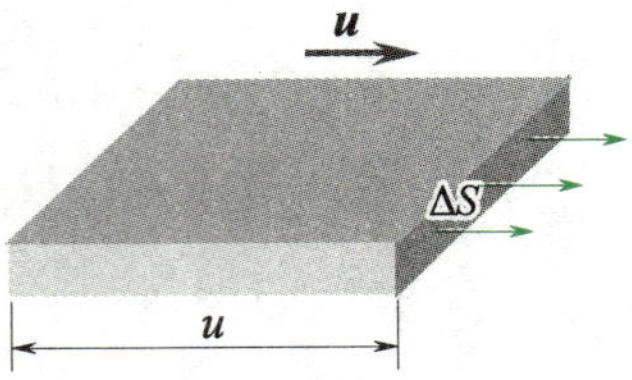

图 4－19 通过 ΔS 面的平均能流

$$\overline{p}=\overline{w}u\Delta S, \tag{4-56}$$

式中，$\overline{p}$ 称为**平均能流**.

显然，平均能流 $\overline{p}$ 与截面积 ΔS 有关. 与波的传播方向垂直的单位面积的平均能流称为**能流密度或波的强度**，简称**波强**，用 I 表示，则有

$$I=\frac{\overline{p}}{\Delta S}=\overline{w}u. \tag{4-57}$$

能流密度是一个矢量，在各向同性介质中，其方向与波速方向相同，矢量式为

$$\boldsymbol{I}=\overline{w}\boldsymbol{u}.$$

波强等于波的平均能量密度与波速的乘积.

简谐波的波强大小为

$$I=\frac{1}{2}\rho A^2\omega^2 u, \tag{4-58}$$

即波强与波振幅的平方、角频率的平方成正比. (4－58)式只对弹性波成立.

波强的单位是 $\mathrm{W\cdot m^{-2}}$.

若平面简谐波在各向同性、均匀、无吸收的理想介质中传播，可以证明其波振幅在传播的过程中将保持不变.

设一平面波的传播方向如图 4－20 所示，在垂直于传播方向上取两个面积分别为 S_1 和 $S_2(S_1=S_2)$ 的平行平面，其平均能流分别为 $\overline{p}_1$ 和 $\overline{p}_2$，因能量无损失，应有

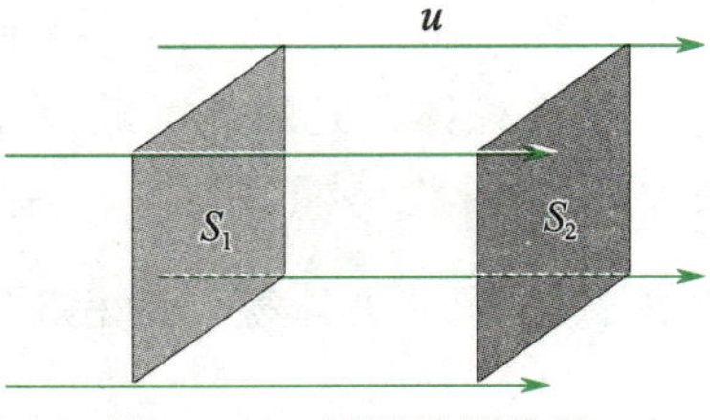

图 4－20 平面波的传播

$$\overline{p}_1=\overline{p}_2,$$

即

$$I_1S_1=I_2S_2.$$

由(4－58)式，有

$$\frac{1}{2}\rho\omega^2A_1^2uS_1=\frac{1}{2}\rho\omega^2A_2^2uS_2.$$

于是有

$$A_1=A_2.$$

用同样的方法，读者自己可以证明，在理想介质中传播的球面波的振幅随着到波源距离的增加成反比减小.

*五、波的吸收

波在实际介质中传播时，由于波动能量总有一部分会被介质吸收，所以波的机械能会不断地减小，波强亦逐渐减弱，这种现象称为波的吸收.

设波通过厚度为 $\mathrm{d}x$ 的介质薄层后，其振幅衰减量为 $-\mathrm{d}A$，实验指出

$$-\mathrm{d}A = \alpha A\,\mathrm{d}x,$$

经积分得

$$A = A_0 \mathrm{e}^{-\alpha x}, \tag{4-59}$$

式中，A_0 和 A 分别是 $x=0$ 和 $x=x$ 处的波振幅；α 是常量，称为介质的吸收系数.

由于波强与波振幅的平方成正比，所以波强的衰减规律为

$$I = I_0 \mathrm{e}^{-2\alpha x}, \tag{4-60}$$

式中，I_0 和 I 分别是 $x=0$ 和 $x=x$ 处的波强.

§4.6　惠更斯原理　波的叠加和干涉

现在讨论几列波同时在介质中传播并相遇时，介质中质点的运动情况及波的传播规律.

惠更斯

一、惠更斯原理

当波在弹性介质中传播时，由于介质质点间的弹性力作用，介质中任意一点的振动都会引起邻近各质点的振动，因此，波动到达的任意一点都可看作是新的波源. 例如，水面波的传播，如图 4-21 所示，当一块开有小孔的隔板挡在波的前面时，不论原来的波面是什么形状，只要小孔的线度远小于波长，都可以看到穿过小孔的波是圆形波，就好像是以小孔为波源发出的一样. 这说明小孔可以看作新的波源，其发出的波称为**次波(子波)**.

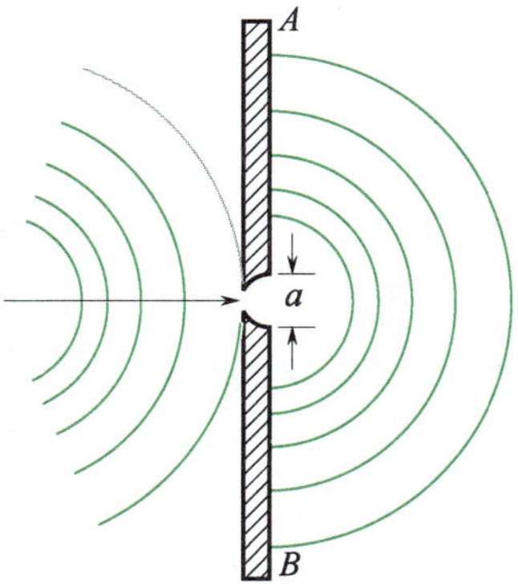

图 4-21　障碍物上的小孔成为新波源

荷兰物理学家惠更斯观察和研究了大量类似的现象，于 1690 年提出了一条描述波传播特性的重要原理：**介质中波阵面(波前)上的各点都可以看作是发射子波的新波源，其后任意一时刻这些子波的包迹就是新的波阵面**. 这就是惠更斯原理.

惠更斯原理不仅适用于机械波，也适用于电磁波. 而且不论波动经过的介质是均匀的，还是非均匀的，是各向同性的还是各向异性的，只要知道了某一时刻的波阵面，就可以根据这一原理，利用几何作图法来确定以后任意一时刻的波阵面，进而确定波的传播方向. 此外，根据惠更斯原理，还可以很简单地说明波在传播过程中发生的反射和折射等现象. 下面以平面波和球面波为例，说明惠更斯原理的应用.

如图 4-22(a)所示，点波源 O 在各向同性的均匀介质中以波速 u 发出球面

波，已知在 t 时刻的波阵面是半径为 R_1 的球面 S_1. 根据惠更斯原理，S_1 上的各点都可以看作是发射子波的新波源，经过 Δt 时间，各子波波阵面是以 S_1 球面上各点为球心，以 $r=u\Delta t$ 为半径的许多球面，这些子波波阵面的包迹面 S_2 就是球面波在 $t+\Delta t$ 时刻的新的波阵面. 显然，S_2 是一个仍以点波源 O 为球心，以 $R_2=R_1+u\Delta t$ 为半径的球面.

平面波可近似地看作是半径很大的球形波阵面上的一小部分. 例如，从太阳射出的球面光波，到达地面上时，就可看作是平面波. 如图 4－22(b)所示，若已知在各向同性均匀介质中传播的平面波在某时刻 t 的波阵面 S_1，用惠更斯原理就可以求出以后任意一时刻 $t+\Delta t$ 的新的波阵面 S_2，它是一个与 S_1 相距 $u\Delta t$，且与 S_1 平行的平面.

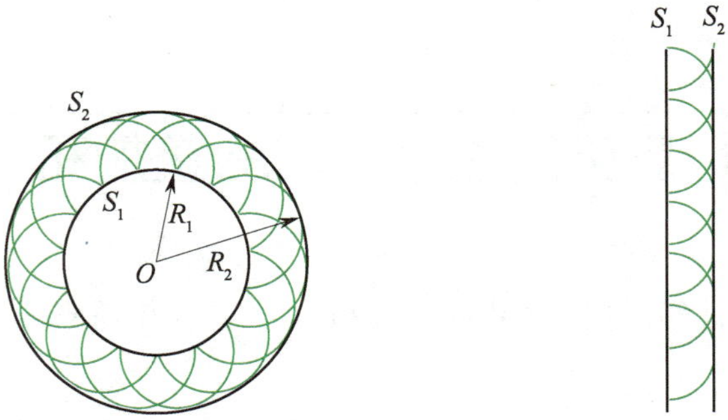

(a) 球面波　　(b) 平面波

图 4－22　用惠更斯原理求新的波阵面

从以上讨论可以看出，当波在各向同性的均匀介质中传播时，波阵面的几何形状总是保持不变，即波线方向或者波的传播方向保持不变. 当波在不均匀介质或各向异性介质中传播时，同样可以根据惠更斯原理用作图法求出新的波阵面，只是波阵面的形状和波的传播方向都可能发生变化.

二、波的叠加原理

当由 n 个波源激发的波在同一介质中相遇时，观察和实验表明：各列波在相遇前和相遇后都保持原来的特性（频率、波长、振动方向、传播方向等）不变，与各波单独传播时一样；而在相遇处各质点的振动则是各列波在该处激起的振动的合成. 这就是波传播的**独立性原理**与波的**叠加原理**. 例如，把两个石块同时投入静止的水中，两个振源所激起的水波可以互相贯穿地传播. 又如，在嘈杂的公共场所中，各种声音都传到人的耳朵，但人仍能将它们区分开来；天空中同时有许多不同频率的无线电波在传播，人们却能随意地选取某一电台的广播收听. 这些实例都反映了波传播的独立性. 如图 4－23 所示是波叠加原理的示意图.

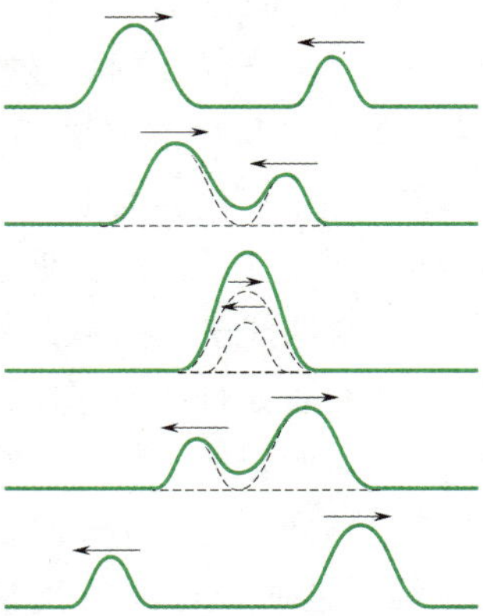

图 4－23　波叠加原理示意图

波的叠加与振动的叠加是不完全相同的.

振动的叠加仅发生在单一质点上，而波的叠加则发生在两列波相遇范围内的许多质元上，这就构成了波的叠加所特有的现象，如下面将要介绍的波的干涉现象. 此外，正如任何复杂的振动可以分解为不同频率的许多简谐振动的叠加一样，任何复杂的波也都可以分解为频率或波长不同的许多平面简谐波的叠加.

三、波的干涉

波的干涉

在一般情况下，n 列波的合成波既复杂又不稳定，没有实际意义. 但满足下述条件的两列波在介质中相遇时，则可形成一种稳定的叠加图样，即出现所谓的干涉现象.

两列波若**频率相同、振动方向相同、在相遇点的相位相同或相位差恒定，则在合成波场中会出现某些点的振动始终加强，另一些点的振动始终减弱（或完全抵消），这种现象称为波的干涉**. 满足上述条件的波源叫作**相干波源**，相干波源发出的波称为**相干波**.

由以上讨论可知，定量分析波的干涉的出发点仍然是求相干区域内各质元的同频率、同方向简谐振动的合振动.

设 S_1 和 S_2 为两相干波源，它们的振动方程分别为

$$\begin{cases} y_{10} = A_1\cos(\omega t + \varphi_{10}), \\ y_{20} = A_2\cos(\omega t + \varphi_{20}). \end{cases} \tag{4-61}$$

式中，ω 为角频率；A_1，A_2 为两波源的振幅；φ_{10}，φ_{20} 分别为两波源的振动初相位. 设由这两个波源发出的两列波在同一理想介质中传播后相遇，现在分析相遇区域中任意一点 P 的振动合成结果.

两列波各自单独传播到点 P 时，在点 P 引起的振动方程分别为

$$y_1 = A_1\cos\left(\omega t - \frac{2\pi r_1}{\lambda} + \varphi_{10}\right),$$

$$y_2 = A_2\cos\left(\omega t - \frac{2\pi r_2}{\lambda} + \varphi_{20}\right).$$

式中，r_1 和 r_2 分别为 S_1 和 S_2 到点 P 的距离，如图 4-24 所示，λ 是波长. 点 P 同时参与了这两个同频率、同方向的简谐振动. 从上式容易看出，这两个分振动的初相位分别为 $\left(-\frac{2\pi r_1}{\lambda} + \varphi_{10}\right)$ 和 $\left(-\frac{2\pi r_2}{\lambda} + \varphi_{20}\right)$. 根据 4.3 节中两个同方向、同频率简谐振动的合成结论，点 P 的合振动也是简谐振动，合振动方程为

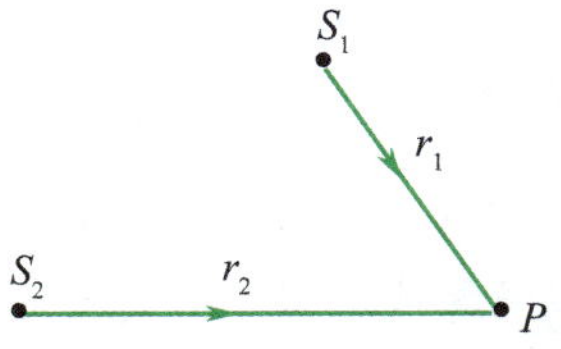

图 4-24　两列相干波的叠加

$$y = y_1 + y_2 = A\cos(\omega t + \varphi_0). \tag{4-62}$$

而点 P 处合振动的初相位 φ_0 和振幅 A 分别由下面两式给出

$$\tan\varphi_0 = \frac{A_1\sin\left(\varphi_{10} - \frac{2\pi r_1}{\lambda}\right) + A_2\sin\left(\varphi_{20} - \frac{2\pi r_2}{\lambda}\right)}{A_1\cos\left(\varphi_{10} - \frac{2\pi r_1}{\lambda}\right) + A_2\cos\left(\varphi_{20} - \frac{2\pi r_2}{\lambda}\right)}, \tag{4-63}$$

$$A^2 = A_1^2 + A_2^2 + 2A_1A_2\cos\Delta\varphi. \tag{4-64}$$

由于波强正比于振幅的平方，若以 I_1，I_2 和 I 分别表示两个分振动和合振动

的强度，则(4－64)式可写成

$$I = I_1 + I_2 + 2\sqrt{I_1 I_2}\cos\Delta\varphi. \tag{4-65}$$

式中，$\Delta\varphi$ 是点 P 处两个分振动的相位差，则

$$\Delta\varphi = (\varphi_{20} - \varphi_{10}) - 2\pi\frac{r_2 - r_1}{\lambda}. \tag{4-66}$$

$(\varphi_{20}-\varphi_{10})$是两个相干波源的相位差，为一常量；$(r_2-r_1)$是两个波源发出的波传到点 P 的**几何路程之差**，称为**波程差**；$2\pi\frac{r_2-r_1}{\lambda}$是两列波之间因波程差而产生的相位差，对于空间任意一给定的点 P，它也是常量. 因此，两列相干波在空间任意一给定点所引起的两个分振动的相位差 $\Delta\varphi$ 也是恒定的，因而合振幅 A 或强度 I 也是一定的. 但对于空间中不同点处，波程差(r_2-r_1)不同，故相位差也不同，因而不同点有不同的、恒定的合振幅或强度. 所以，在两列相干波相遇的区域会呈现出振幅或强度分布不均匀而又相对稳定的干涉图样. 具体讨论如下.

对于满足

$$\Delta\varphi = (\varphi_{20} - \varphi_{10}) - 2\pi\frac{r_2 - r_1}{\lambda} = \pm 2k\pi \quad (k = 0,1,2,\cdots) \tag{4-67}$$

的空间各点，$A=A_1+A_2=A_{max}$，$I=I_1+I_2+2\sqrt{I_1 I_2}=I_{max}$，合振幅和强度最大，这些点处的振动始终加强，称为**干涉加强**或**干涉相长**.

对于满足

$$\Delta\varphi = (\varphi_{20} - \varphi_{10}) - 2\pi\frac{r_2 - r_1}{\lambda} = \pm(2k+1)\pi \quad (k = 0,1,2,\cdots) \tag{4-68}$$

的空间各点，$A=|A_1-A_2|=A_{min}$，$I=I_1+I_2-2\sqrt{I_1 I_2}=I_{min}$，合振幅和强度最小，这些点处的合振动始终减弱，称为**干涉减弱**或**干涉相消**.

进一步地讲，如果 $\varphi_{10}=\varphi_{20}$，即对于振动初相位相同的两个相干波源，上述干涉加强或干涉减弱的条件可简化为

夜间声音为什么会比白天传得远？

$$\begin{cases} \delta = r_2 - r_1 = \pm 2k\dfrac{\lambda}{2}, \text{干涉加强} \quad (k = 0,1,2,\cdots), & (4-69) \\ \delta = r_2 - r_1 = \pm(2k+1)\dfrac{\lambda}{2}, \text{干涉减弱} \quad (k = 0,1,2,\cdots). & (4-70) \end{cases}$$

以上两式表明，**当两个相干波源同相位时，在两列波的叠加区域内，波程差 δ 等于零或半波长偶数倍的各点，振幅和强度最大；波程差 δ 等于半波长奇数倍的各点，振幅和强度最小.**

从以上讨论可知，当两列相干波叠加时，空间各处的强度并不简单地等于两列波的强度之和，也反映出能量在空间的重新分布，但这种能量的重新分布在时间上是稳定的，在空间上又是强弱相间且具有周期性. 两列不满足相干条件的波相遇叠加称为**波的非相干叠加**，这时空间任意一点合成波的强度就等于两列波强度的代数和，即

非线性波、弧波

$$I = I_1 + I_2. \tag{4-71}$$

干涉现象是波动所独具的基本特征之一，只有线性波动的叠加，才可能产生干涉现象. 干涉现象在光学、声学中都非常重要，对近代物理学的发展也起着重大作用.

例 4-8　如图 4-25 所示，B，C 为同一介质中的两个相干波源，相距 30 m，它们产生的相干波频率为 $\nu=100\ \mathrm{Hz}$，波速为 $u=400\ \mathrm{m\cdot s^{-1}}$，且振幅都相同. 已知 B 点为波峰时，C 点恰为波谷. 求 B，C 连线上因干涉而静止的各点的位置.

图 4-25　例 4-8 图

解　由题意知，两波源 B，C 的振动相位正好相反，即 $\varphi_{C_0}-\varphi_{B_0}=\pi$，而 $\lambda=\dfrac{u}{\nu}=\dfrac{400}{100}\ \mathrm{m}=4\ \mathrm{m}$. 设 B，C 连线上的任意一点 P 与两个波源的距离分别为 $\overline{BP}=r_B$，$\overline{CP}=r_C$，要使两列波传到点 P 叠加干涉而使点 P 静止，则两列波传到点 P 的相位差必须满足

$$\Delta\varphi=\left(-\frac{2\pi r_C}{\lambda}+\varphi_{C_0}\right)-\left(-\frac{2\pi r_B}{\lambda}+\varphi_{B_0}\right)$$
$$=\pm(2k+1)\pi,$$

可得　$r_B-r_C=\pm k\lambda\quad(k=0,1,2,\cdots).$　①

现在进一步作具体讨论.

(1)若点 P 在 B 的左侧，如图 4-26(a)所示，则 $r_B-r_C=r_B-(r_B+\overline{BC})=-30\ \mathrm{m}$，它不可能为 $\lambda=4\ \mathrm{m}$ 的整数倍，即不满足①式要求，故在 B 的左侧不存在因干涉而静止的点.

(2)若点 P 在 C 的右侧，如图 4-26(b)所示，通过与上面类似的讨论可知，C 的右侧也不存在因干涉而静止的点.

(3)若点 P 在 B，C 两波源之间，如图 4-26(c)所示，则 $r_B-r_C=2r_B-(r_B+r_C)=2r_B-\overline{BC}$，由①式可得

$$2r_B-\overline{BC}=\pm k\lambda,$$

即　$2r_B-30=\pm k\lambda\quad(k=0,1,2,\cdots).$

所以在 B，C 之间且与波源 B 相距 $r_B=15\pm 2k=1\ \mathrm{m},3\ \mathrm{m},5\ \mathrm{m},\cdots,29\ \mathrm{m}$ 的各点会因干涉而静止.

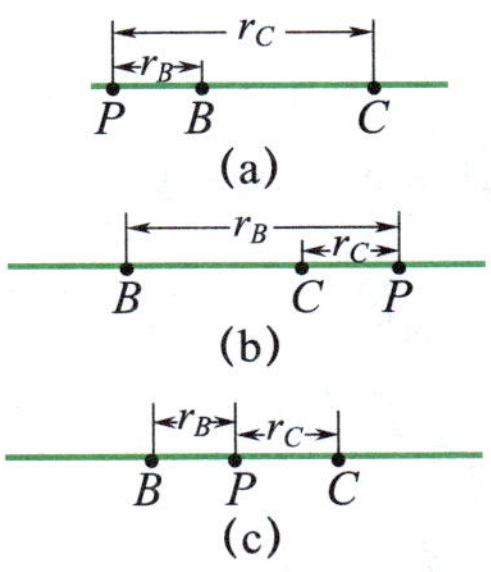

图 4-26　讨论所求点的位置

习　题　4

习题参考答案

1. 选择题

(1)一质点做简谐振动，振幅为 A，在起始时刻质点的位移为 $-\dfrac{A}{2}$，且向 x 轴正方向运动，代表此简谐振动的旋转矢量图为(　　).

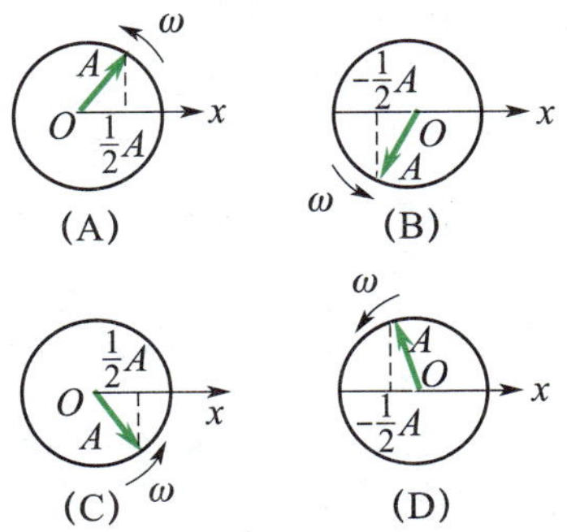

题 4.1(1)图

(2)两个同周期简谐振动曲线如题 4.1(2)图所示，振动曲线(1)的相位比振动曲线(2)的相位(　　).

(A)落后 $\dfrac{\pi}{2}$　　(B)超前 $\dfrac{\pi}{2}$

(C)落后 π　　(D)超前 π

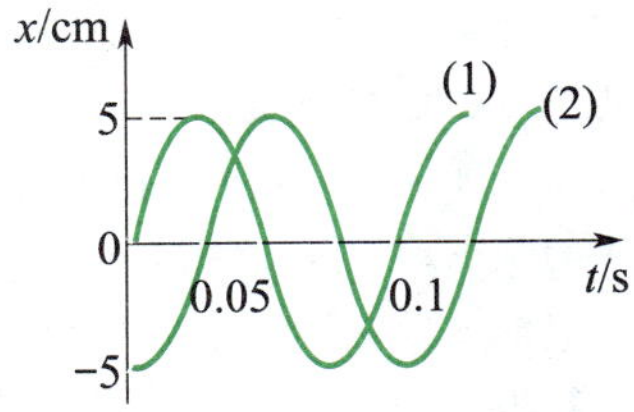

题 4.1(2)图

(3)一质点做简谐振动的周期是 T，当由平衡位

置向 x 轴正方向运动时，从最大位移的 $\frac{1}{2}$ 处运动到最大位移处的这段路程所需的时间为(　　).

(A) $T/12$　　(B) $T/8$

(C) $T/6$　　(D) $T/4$

(4)当质点以频率 ν 做简谐振动时，它的动能的变化频率为(　　).

(A) $\nu/2$　　(B) ν

(C) 2ν　　(D) 4ν

(5)在简谐振动过程中，动能和势能相等的位置的位移等于(　　).

(A) $\pm\frac{A}{4}$　　(B) $\pm\frac{A}{2}$

(C) $\pm\frac{\sqrt{3}A}{2}$　　(D) $\pm\frac{\sqrt{2}A}{2}$

(6)弹簧振子的振幅增大到原振幅的两倍时，其振动周期、振动能量、最大速度和最大加速度等物理量的变化为(　　).

(A)其振动周期不变，振动能量为原来的 2 倍，最大速度为原来的 2 倍，最大加速度为原来的 2 倍

(B)其振动周期为原来的 2 倍，振动能量为原来的 4 倍，最大速度为原来的 2 倍，最大加速度为原来的 2 倍

(C)其振动周期不变，振动能量为原来的 4 倍，最大速度为原来的 2 倍，最大加速度为原来的 2 倍

(D)其振动周期、振动能量、最大速度和最大加速度均不变

(7)机械波的波函数表达式是 $y=0.05\cos(6\pi t+0.06\pi x)$，式中 y 和 x 的单位是 m，t 的单位是 s，则(　　).

(A)波长为 5 m

(B)波速为 10 $\mathrm{m\cdot s^{-1}}$

(C)周期为 $\frac{1}{3}$ s

(D)波沿 x 轴正方向传播

(8)如题 4.1(8)图所示，两列波长为 λ 的相干波在点 P 相遇. 波在点 S_1 的振动初相位是 φ_1，点 S_1 到点 P 的距离是 r_1. 波在点 S_2 的振动初相位是 φ_2，点 S_2 到点 P 的距离是 r_2. 以 k 代表零或正、负整数，则点 P 是干涉极大的条件为(　　).

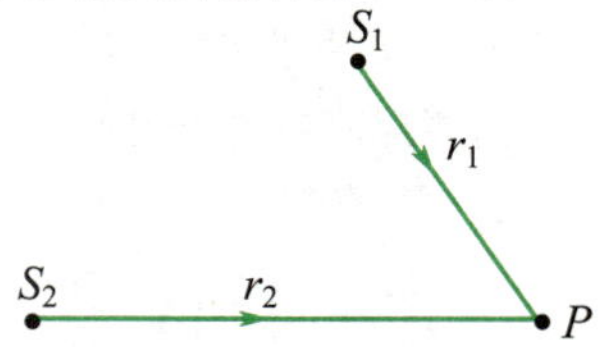

题 4.1(8)图

(A) $r_2-r_1=k\pi$

(B) $\varphi_2-\varphi_1=2k\pi$

(C) $\varphi_2-\varphi_1+2\pi(r_2-r_1)/\lambda=2k\pi$

(D) $\varphi_2-\varphi_1+2\pi(r_1-r_2)/\lambda=2k\pi$

(9)一平面简谐波在弹性介质中传播，在介质质元从平衡位置运动到最大位移处的过程中(　　).

(A)它的动能转化为势能

(B)它的势能转化为动能

(C)它从相邻的一段质元获得能量，其能量逐渐增大

(D)它把自己的能量传给相邻的一段质元，其能量逐渐减小

2. 填空题

(1)一质点在 x 轴上做简谐振动，振幅 $A=4$ cm，周期 $T=2$ s，其平衡位置为坐标原点. 若 $t=0$ 时质点第一次通过 $x=-2$ cm 处且向 x 轴负方向运动，则质点第二次通过 $x=-2$ cm 处的时刻为________ s.

(2)一水平弹簧简谐振子的振动曲线如题 4.2(2)图所示. 振子在位移为零、速度为 $-\omega A$、加速度为零和弹性力为零的状态，对应于曲线上的________点. 振子处在位移的绝对值为 A、速度为零、加速度为 $-\omega^2 A$ 和弹性力为 $-kA$ 的状态，则对应曲线上的________点.

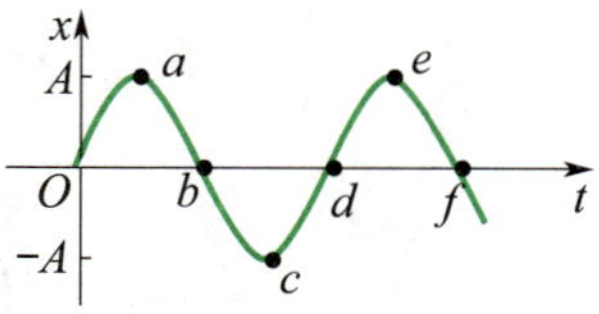

题 4.2(2)图

(3)一质点沿 x 轴做简谐振动，振动范围的中心点为 x 轴的原点，已知周期为 T，振幅为 A.

(a)若 $t=0$ 时质点过 $x=0$ 处且朝 x 轴正方向运动，则振动方程为 $x=$________；

(b)若 $t=0$ 时质点过 $x=A/2$ 处且朝 x 轴负方向运动，则振动方程为 $x=$________.

(4)频率为 100 Hz,传播速度为 300 $m \cdot s^{-1}$ 的平面简谐波,波线上两点振动的相位差为 $\pi/3$,则此两点相距________ m.

(5)一横波的波动方程是 $y=0.02\sin 2\pi(100t-0.4x)$(SI),则振幅是________,波长是________,频率是________,波的传播速度是________.

(6)产生机械波的条件是________________________和________________________.

(7)两列波叠加产生干涉现象必须满足的条件是________________________,________________________和________________________.

3. 解答题

4.3.1 由质量为 10×10^{-3} kg 的小球与轻弹簧组成的系统,按 $x=0.1\cos\left(8\pi t+\dfrac{2\pi}{3}\right)$(SI)的规律做简谐振动,求:

(1)振动的周期、振幅和初相位及速度与加速度的最大值;

(2)最大的回复力、振动能量、平均动能和平均势能,在哪些位置上动能与势能相等;

(3)$t_2=5$ s 与 $t_1=1$ s 两个时刻的相位差.

4.3.2 一个沿 x 轴做简谐振动的弹簧振子,振幅为 A,周期为 T,其振动方程用余弦函数表示.如果 $t=0$ 时质点的状态分别是

(1)$x_0=-A$;

(2)过平衡位置向正向运动;

(3)过 $x=\dfrac{A}{2}$ 处向负向运动;

(4)过 $x=-\dfrac{A}{\sqrt{2}}$ 处向正向运动.

试求出相应的初相位,并写出振动方程.

4.3.3 一质量为 1.0×10^{-2} kg 的物体做简谐振动,振幅为 24 cm,周期为 4.0 s,当 $t=0$ 时位移为 +24 cm.求:

(1)$t=0.5$ s 时,物体所在的位置及此时所受力的大小和方向;

(2)由起始位置运动到 $x=12$ cm 处所需的最短时间;

(3)在 $x=12$ cm 处物体的总能量.

4.3.4 有一轻弹簧,下面悬挂质量为 1.0 g 的物体时,伸长量为 4.9 cm.用这个弹簧和一个质量为 8.0 g 的小球构成弹簧振子,将小球由平衡位置向下拉开 1.0 cm后,给予向上的初速度 $v_0=5.0$ $cm \cdot s^{-1}$,求振动周期和振动方程.

4.3.5 若题 4.3.5 图为两个简谐振动的 x-t 曲线,试分别写出其简谐振动方程.

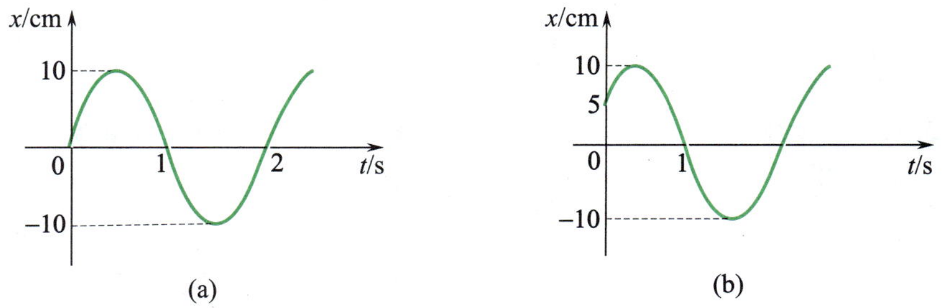

题 4.3.5 图

4.3.6 有两个同方向、同频率的简谐振动，其合振动的振幅为 0.20 m，相位与第一个振动的相位差为$\frac{\pi}{6}$，已知第一个振动的振幅为 0.173 m，求第二个振动的振幅以及第一个、第二个两振动的相位差.

4.3.7 试用最简单的方法求出下列两组简谐振动合成后所得合振动的振幅：

(1) $\begin{cases} x_1=5\cos\left(3t+\frac{\pi}{3}\right)\ \text{cm} \\ x_2=5\cos\left(3t+\frac{7\pi}{3}\right)\ \text{cm} \end{cases}$

(2) $\begin{cases} x_1=5\cos\left(3t+\frac{\pi}{3}\right)\ \text{cm} \\ x_2=5\cos\left(3t+\frac{4\pi}{3}\right)\ \text{cm} \end{cases}$

4.3.8 一质点同时参与两个在同一直线上的简谐振动，振动方程为

$$\begin{cases} x_1=0.4\cos\left(2t+\frac{\pi}{6}\right)\ \text{m} \\ x_2=0.3\cos\left(2t-\frac{5}{6}\pi\right)\ \text{m} \end{cases}$$

试求合振动的振幅和初相位，并写出简谐振动方程.

4.3.9 已知波源在原点的一列平面简谐波，波动方程为 $y=A\cos(Bt-Cx)$，其中 A,B,C 为正值恒量. 求：

(1)波的振幅、波速、频率、周期与波长；

(2)写出传播方向上距离波源为 l 处一点的振动方程；

(3)任意一时刻，在波的传播方向上相距 d 的两点的相位差.

4.3.10 沿绳子传播的平面简谐波的波动方程为$y=0.05\cos(10\pi t-4\pi x)$，式中 x，y 以 m 计，t 以 s 计. 求：

(1)绳子上各质点振动时的最大速度和最大加速度；

(2)求 $x=0.2$ m 处质点在 $t=1$ s 时的相位，它是原点在哪一时刻的相位？这一相位所代表的运动状态在 $t=1.25$ s 时到达哪一点？

4.3.11 如题 4.3.11 图所示为沿 x 轴传播的平面余弦波在 t 时刻的波形曲线. (1)若波沿 x 轴正方向传播，该时刻 O,A,B,C 各点的振动相位是多少？(2)若波沿 x 轴负方向传播，上述各点的振动相位又是多少？

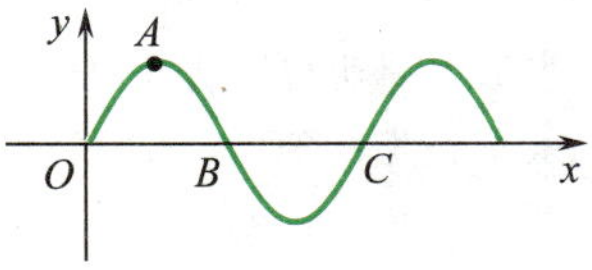

题 4.3.11 图

4.3.12 一列平面余弦波沿 x 轴正向传播，波速为 5 m·s^{-1}，波长为 2 m，原点处质点的振动曲线如题4.3.12图所示.

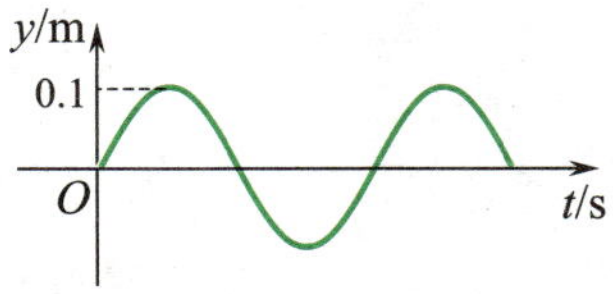

题 4.3.12 图

(1)写出波动方程；

(2)作出 $t=0$ 时的波形曲线及距离波源 0.5 m 处质点的振动曲线.

4.3.13 如题 4.3.13 图所示，已知 $t=0$ 时和 $t=0.5$ s 时的波形曲线分别为图中曲线(a)和曲线(b)，波沿 x 轴正向传播，试根据图中绘出的条件求：

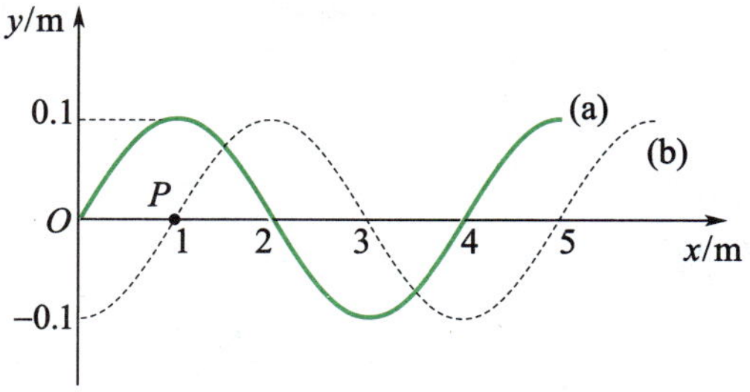

题 4.3.13 图

(1)波动方程；

(2)P 点的振动方程.

4.3.14 一列机械波沿 x 轴正向传播，$t=0$ 时的波形如题 4.3.14 图所示，已知波速为 $10\ \text{m}\cdot\text{s}^{-1}$，波长为2 m，求：

(1)波动方程；

(2)P 点的振动方程，并绘出其振动曲线；

(3)P 点的坐标；

(4)P 点回到平衡位置所需的最短时间.

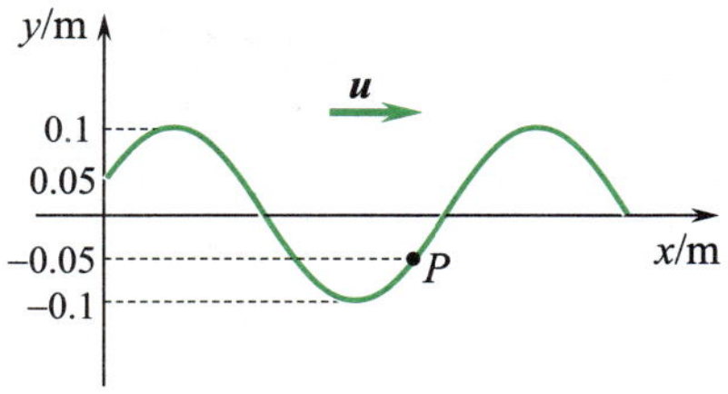

题 4.3.14 图

4.3.15 如题 4.3.15 图所示，有一平面简谐波在空间传播，已知 P 点的振动方程为 $y_P=A\cos(\omega t+\varphi_0)$.

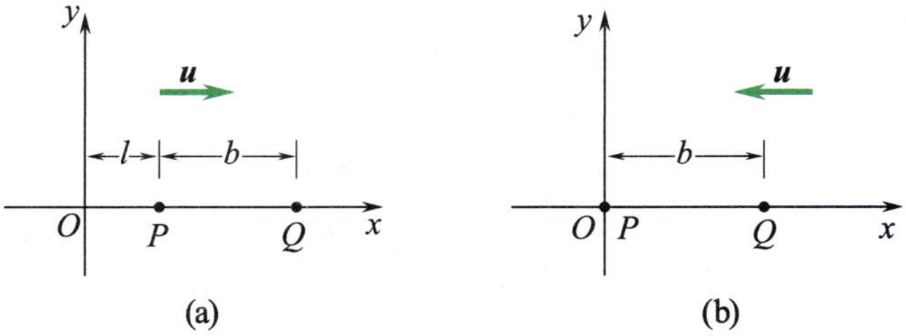

题 4.3.15 图

(1)分别就图中给出的两种坐标写出其波动方程；

(2)写出到 P 点距离为 b 的 Q 点的振动方程.

4.3.16 已知平面简谐波的波动方程为 $y=A\cos\pi(4t+2x)$(SI).

(1)写出 $t=4.2$ s时各波峰位置的坐标式,并求此时离原点最近的波峰的位置,该波峰何时通过原点?

(2)画出 $t=4.2$ s时的波形曲线.

4.3.17 如题4.3.17图所示,S_1 和 S_2 为两相干波源,振幅均为 A_1,相距 $\frac{\lambda}{4}$,S_1 较 S_2 相位超前 $\frac{\pi}{2}$,求:

(1)S_1 外侧各点的合振幅和波强;

(2)S_2 外侧各点的合振幅和波强.

题 4.3.17 图

4.3.18 如题4.3.18图所示,设 B 点发出的平面横波沿 BP 方向传播,它在 B 点的振动方程为 $y_1=2\times10^{-3}\cos 2\pi t$;$C$ 点发出的平面横波沿 CP 方向传播,它在 C 点的振动方程为 $y_2=2\times10^{-3}\cos(2\pi t+\pi)$,本题中 y 以 m 计,t 以 s 计. 设 $BP=0.4$ m,$CP=0.5$ m,波速 $u=0.2\ \mathrm{m\cdot s^{-1}}$,求:

(1)两波传到 P 点时的相位差;

(2)当这两列波的振动方向相同时,P 点处合振动的振幅.

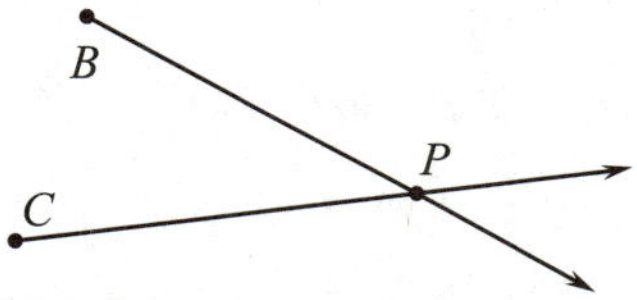

题 4.3.18 图

第 5 章 气体动理论

本章提要

物质的运动形式多种多样，在力学中已研究了物质最简单的运动形式——机械运动，并采用了牛顿力学中的确定论的研究方法. 在这一章和下一章中，将研究物质的热运动. 而研究热运动的规律有宏观热力学和微观统计力学两种方法. 微观统计力学方法是从宏观物质由大量微观粒子（原子，分子等）构成，粒子又不停地做热运动的观点出发，运用概率论研究大量微观粒子的热运动规律. 本章将讨论这方面的问题. 宏观热力学方法是从能量的观点出发，以大量实验观测为基础，来研究物质热现象的客观基本规律及其应用，这将在下一章讨论. 热力学和气体动理论是从不同的角度研究物质热运动的规律，它们是相辅相成的.

本章主要内容有：平衡态，热力学第零定律，理想气体分子模型，理想气体的压强和温度的微观本质，能量均分定理，以及分子的速率分布定律，分子平均碰撞频率和平均自由程等.

§5.1 平衡态 温度 理想气体状态方程

一、平衡态

热学的研究对象是大量微观粒子(分子、原子等微观粒子)组成的宏观物体,通常称为热力学系统,简称系统.在研究一个热力学系统的热现象规律时,不仅要注意系统内部的各种因素,同时也要注意外部环境对系统的影响.研究对象以外的物体称为系统的外界(或环境).一般情况,系统与外界之间既有能量交换(如做功、传递热量),又有物质交换(如蒸发、凝结、扩散、泄漏).根据系统与外界交换的特点,通常把系统分为三种.第一种是不受外界影响的系统,称为**孤立系统**.孤立系统是一个与外界既无能量交换,又无物质交换的理想系统.第二种是**封闭系统**,与外界只有能量交换,而无物质交换.第三种是**开放系统**,与外界既有能量交换,又有物质交换.

热力学系统按所处的状态不同,可以区分为平衡态系统和非平衡态系统.对于一个不受外界影响的系统,不论其初始状态如何,经过足够长的时间后,必将达到一个宏观性质不再随时间变化的稳定状态,这样的一个状态称为**平衡态**.

在此我们必须注意,平衡态的条件是"一个不受外界影响的系统",若系统受到外界的影响,如把一金属棒的一端置入沸水中,另一端放入冰水中,在这样的两个恒定热源之间,经过长时间后,金属棒也达到一个稳定的状态,称为定态,但不是平衡态.因为在外界影响下,不断地有热量从金属棒高温热源端传递到低温热源端.因此,系统处于平衡态时,必须同时满足两个条件:**一是系统与外界在宏观上无能量和物质的交换;二是系统的宏观性质不随时间发生变化**.换言之,系统处于平衡态时,系统内部任意一体元均处于力学平衡、热平衡(温度处处相同)、相平衡(无物态变化)和化学平衡(无单方向化学反应)之中.孤立系统的定态就是平衡态.

需要注意的是:①平衡态仅指系统的宏观性质不随时间发生变化.从微观的角度看,在平衡态下,组成系统的大量粒子仍在不停地、无规则地运动着,只是大量粒子运动的平均效果不变,这在宏观上表现为系统达到平衡.因此,这种平衡态又称热动平衡态.②热动平衡态是一种理想状态.实际中并不存在孤立系统,但当系统受到的外界影响可以略去,宏观性质只有很小的变化时,系统的状态就可以近似地看作平衡态.

反之,如果系统不具备两个平衡条件的任意一条件的状态,都叫非平衡态.如存在未被平衡的力,则会出现物质流动;如果存在冷热不一致(温差),则会出现热量流动;如果存在未被平衡的相(物态),则会出现相变(物态变化);如果存在单方向化学反应,则会出现成分的变化(新物质增加,旧物质减少).也就是说系统中存在任意一种流或变化时(宏观过程),系统的状态都不是平衡态.

如何描述一个热力学系统的平衡态呢?系统在平衡态下,拥有各种不同的宏观属性,如几何的(体积)、力学的(压强)、热学的(温度)、电磁的(磁感应强度、电场强度)和化学的(物质的量)等. 热力学中用一些可以直接测量的量来描述系统的宏观属性,这些用来表征系统宏观属性的物理量叫**宏观量**. 实验表明,这些宏观量在平衡态下,它们各有确定的值,且不随时间发生变化. 从诸多宏观量中选出一组相互独立的量来描述系统的平衡态,这些宏观量叫系统的**状态参量**. 对于给定的气体、液体和固体,常用体积(V)、压强(p)和温度(T)等作为状态参量.

统计物理学是从物质的微观结构和微观运动来研究物质的宏观属性,而每一个运动着的微观粒子(原子、分子等)都有其大小、质量、速度、能量等. 这些用来描述单个微观粒子运动状态的物理量称为**微观量**. 微观量一般只能间接测量. 微观量与宏观量有一定的内在联系,气体动理论的任务之一就是要揭示气体宏观量的微观本质,即建立宏观量与微观量统计平均值之间的关系.

在国际单位制中,压强的单位是帕斯卡,简称帕(Pa),它与大气压(atm)及毫米汞柱(mmHg)的关系为

$$1\ \mathrm{atm} = 760\ \mathrm{mmHg} = 1.013 \times 10^5\ \mathrm{Pa}$$

体积的单位为 m^3(立方米),它与 L(升)的关系是

$$1\ \mathrm{m}^3 = 10^3\ \mathrm{L}$$

二、热力学第零定律 温度

温度用来表征物体的冷热程度. 冷热是人们对自然界的一种体验,对物质世界的直接感觉. 但是单凭人的感觉,认为热的系统温度高,冷的系统温度低,这不但不能定量表示出系统的温度,有时甚至会得出错误的结论. 因此,要定量表示出系统的温度,必须给温度一个严格而科学的定义.

温度概念的建立是以热力学第零定律为基础. 假设不受外界影响的 A,B 两个系统,各自处在一定的平衡态.

如果使 A,B 两系统相互接触,让两系统之间发生传热,一般地,两系统的状态都会发生变化. 经过一段时间后,两个相互接触系统的冷热程度变得一致,状态也不再随时间发生变化,这时两系统就处在一个新的共同的平衡态,则两系统彼此处于热平衡. 再考虑由 A,B,C 表示的三个系统,A,B 两系统分别与 C 系统进行热接触,经过一段时间后,A 系统与 C 系统处于热平衡,B 系统与 C 系统也处于热平衡,然后将 A,B 两系统与 C 系统隔离开,让 A,B 两系统进行热接触. 实验表明,A,B 两系统的平衡状态不会发生变化,彼此也处于热平衡.

低温技术的发展

实验结果表明:**如果两个系统分别与第三个系统的同一平衡态达到热平衡,那么,这两个系统彼此也处于热平衡**. 这个结论称为**热力学第零定律**.

热力学第零定律说明,处在相互热平衡状态的系统必定拥有某一个共同的宏观物理性质. 当两个系统的这一共同性质相同时,两系统进行热接触,系统之间不会有热传导,彼此处于热平衡状态;当两系统的这一共同性质不相同时,两系统进行热接触时就会有热传递,彼此的热平衡态将会发生变化. 我们把决定系统热平衡的这一共同的宏观性质称为系统的**温度**. 也就是说,温度是决定一个系统是否与其他系统处于热平衡的宏观性质. A,B 两系统进行热接触时,如果彼此处于平衡态,则两系统温度相同;如果发生 A 系统到 B 系统的热传导,则 A 系统的温度比 B 系统的温度高. 一切互为热平衡的系统具有相同的温度.

奇妙的低温世界

温度的数值表示称为温标.常用的摄氏温标是由摄尔修斯(A. Celsius)建立的,用液体(酒精或水银)作测温物质,用液柱高度随温度的变化关系作测温特性.规定纯水的冰点为 0 ℃,沸点为 100 ℃,并认定液柱高度(体积)随温度呈线性变化.在0 ℃到 100 ℃之间等分分度,一分度表示 1 ℃.另一种温标是开尔文在热力学第二定律的基础上建立的,这种温标称为热力学温标.用 T 表示热力学温度,单位为开(K),是国际单位制中七个基本单位之一.规定水的三相点(水、冰和水蒸气共存的状态)为 273.16 K.由热力学温度可导出摄氏温度

$$t = T - 273.15, \tag{5-1}$$

即规定热力学温标的 273.15 K 为摄氏温标的 0 ℃.

三、理想气体状态方程

肥皂泡为什么总是先上升后下降?

当系统处于平衡态时,描写该状态的各状态参量之间存在一定的函数关系,平衡态下各状态参量之间的关系式叫作系统的状态方程.状态方程的具体形式是由实验确定的.

大量的实验结果表明,在压强不太大(与大气压强相比)、温度不太低(与室温相比)的条件下,各种气体都遵守三大实验定律,即玻意耳(Boyle)定律、查理(Charles)定律、盖-吕萨克(Gay-Lussac)定律.在任何情况下,都能严格遵守上述三个实验定律的气体称为理想气体.

从气体的三个实验定律可得到一定质量的理想气体的状态方程为

$$pV = \frac{M}{M_{\mathrm{mol}}}RT. \tag{5-2}$$

式中,p,V,T 为理想气体在某一平衡态下的三个状态参量;M_{mol} 为气体的摩尔质量;M 为气体的质量;R 为普适气体常量,国际单位制中 $R=8.31\ \mathrm{J\cdot mol^{-1}\cdot K^{-1}}$;$p$ 为气体压强;T 为气体的热力学温度;V 为气体分子的活动空间.在常温常压下,实际气体都可近似地被当作理想气体来处理.

平衡态除了由一组状态参量来表述之外,还常用状态图中的一个点来表示.例如,对给定的理想气体,其一个平衡态可由 $p-V$ 图中对应的一个点来代表(或 $p-T$ 图、$V-T$ 图中的一个点),不同的平衡态对应不同的点.一条连续曲线代表一个由平衡态组成的变化过程,曲线上的箭头表示过程进行的方向,不同曲线代表不同的过程,如图 5-1 所示.

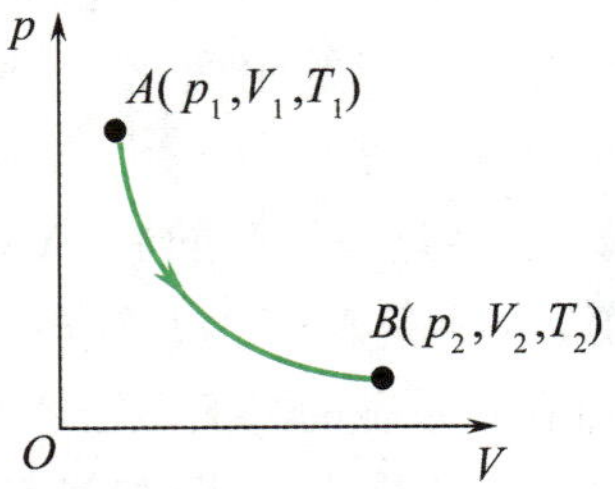

图 5-1 平衡状态示意图

§5.2 理想气体的压强和温度

热力学系统是由大量分子、原子等无规则运动的微观粒子组成的,若要从微观上讨论理想气体的性质,了解其宏观状态参量(如温度、压强等)与微观粒子的运动之间的关系,首先应明确平衡态下理想气体分子的微观模型和性质.

一、理想气体分子模型和统计假设

从分子运动和分子相互作用来看，理想气体的分子模型具有以下特点.

1. 分子可以看作质点

在标准状态下，气体分子间的平均距离约为分子有效直径的 50 倍. 气体越稀薄，分子间距比其有效直径越大. 所以，一般情况下，气体分子可视为质点.

2. 除碰撞外，分子力可以略去不计

由于气体分子间距很大，除碰撞瞬间有力的作用外，分子间的相互作用力可以忽略. 因此，在两次碰撞之间，分子做匀速直线运动，即自由运动.

3. 分子间的碰撞是完全弹性的

由于处于平衡态下气体的宏观性质不变，这表明系统的能量不因碰撞而损失. 因此分子间及分子与器壁之间的碰撞是完全弹性碰撞.

综上所述，理想气体的分子模型是弹性的自由运动的质点.

在含有大量分子的理想气体中，由于频繁的碰撞，一个分子的运动状态是极大复杂和难以预测的，而大量分子的整体却呈现确定的规律性，这是统计平均的效果. 在平衡态时，理想气体分子的统计假设如下.

(1)在无外场作用时，气体分子在各处出现的概率相同.

平均而言，分子的数密度 n 处处相同，沿各个方向运动的分子数相同.

(2)分子可以有各种不同的速度，速度取向在各方向等概率.

在平衡态时，气体的性质与方向无关，分子速度按方向的分布是完全相同的，各个方向上速率的各种平均值相等，如

$$\bar{v}_x = \bar{v}_y = \bar{v}_z, \quad \overline{v_x^2} = \overline{v_y^2} = \overline{v_z^2} = \frac{1}{3}\overline{v^2}.$$

二、理想气体的压强公式

从微观上看，单个分子对器壁的碰撞是间断的、随机的；而大量分子对器壁的碰撞是连续的、恒定的，也就是说气体对器壁的压强应该是大量分子对容器不断碰撞的统计平均结果. 同时注意到，平衡态时，气体内任意一截面和容器壁上的压强都相同.

因此，不妨假设有一边长分别为 l_1、l_2 和 l_3 的长方体容器，储有 N 个质量为 m 的同类气体分子，如图 5－2 所示，在平衡状态下器壁各处压强相同，任选器壁的一个面，如选择与 x 轴垂直的 A_1 面，计算其所受压强.

在大量分子中，任选一个分子 i，设其速度为

$$\boldsymbol{v} = v_{ix}\boldsymbol{i} + v_{iy}\boldsymbol{j} + v_{iz}\boldsymbol{k}.$$

当分子 i 与器壁 A_1 碰撞时，由于碰撞是完全弹性的，故该分子在 x 轴方向的速度分量由 v_{ix} 变为 $-v_{ix}$，所以在碰撞过程中该分子的 x 轴方向的动量增量为

$$(-mv_{ix}) - mv_{ix} = -2mv_{ix}.$$

由动量定理知，它等于器壁施于该分子的冲量，又由牛顿第三定律知，分子 i 在每次碰撞时对器壁的冲量为 $2mv_{ix}$.

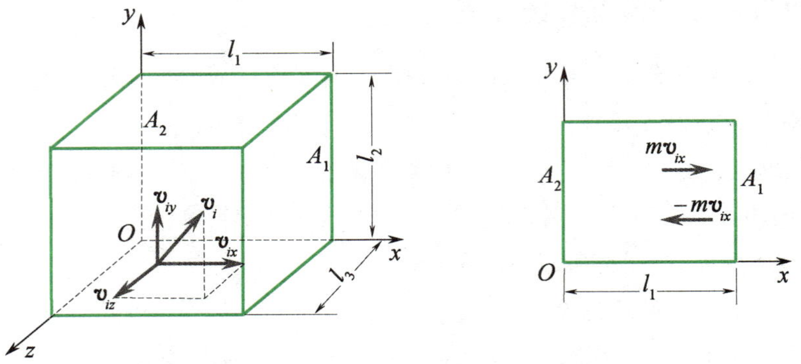

图 5-2 理想气体压强公式的推导图

分子 i 在与 A_1 面碰撞后弹回做匀速直线运动，并与其他分子相碰，由于两个质量相等的弹性质点发生完全弹性碰撞时交换速度，故可看作分子 i 直接飞向 A_2，与 A_2 面碰撞后又回到 A_1 面再做碰撞，分子 i 在相继两次与 A_1 面碰撞过程中，在 x 轴上移动的距离为 $2l_1$，因此分子 i 相继两次与 A_1 面碰撞的时间间隔为 $\Delta t=2l_1/v_{ix}$. 那么，单位时间内分子 i 对 A_1 面的碰撞次数为 $Z=1/\Delta t=v_{ix}/2l_1$. 所以，在单位时间内分子 i 对 A_1 面的冲量为 $2mv_{ix}\cdot\dfrac{v_{ix}}{2l_1}$. 根据动量定理，该冲量就是分子 i 对 A_1 面的平均冲力($\bar{F}_{ix}$)，即

$$\bar{F}_{ix}=2mv_{ix}\frac{v_{ix}}{2l_1}.$$

所有分子对 A_1 面的平均作用力为上式对所有分子求和，即

$$\bar{F}_x=\sum_{i=1}^{N}\bar{F}_{ix}=\frac{m}{l_1}\sum_{i=1}^{N}v_{ix}^2.$$

由压强定义有

$$p=\frac{\bar{F}_x}{l_2l_3}=\frac{m}{l_1l_2l_3}\sum_{i=1}^{N}v_{ix}^2=\frac{mN}{Nl_1l_2l_3}\sum_{i=1}^{N}v_{ix}^2.$$

分子数密度 $n=\dfrac{N}{l_1l_2l_3}$，x 轴方向速度平方的平均值 $\overline{v_x^2}=\dfrac{1}{N}\sum\limits_{i=1}^{N}v_{ix}^2$，有

$$p=nm\overline{v_x^2}.$$

又平衡态下有

$$\overline{v_x^2}=\overline{v_y^2}=\overline{v_z^2},$$

及

$$\overline{v^2}=\overline{v_x^2}+\overline{v_y^2}+\overline{v_z^2},$$

所以有

$$\overline{v_x^2}=\frac{1}{3}\overline{v^2},$$

$$p=\frac{1}{3}nm\overline{v^2}=\frac{2}{3}n\left(\frac{1}{2}m\overline{v^2}\right).$$

令

$$\bar{w}=\frac{1}{2}m\overline{v^2},$$

$\bar{w}$ 表示分子的平动动能的平均值，简称分子的平均平动动能，则

$$p=\frac{2}{3}n\overline{w}. \tag{5-3}$$

(5－3)式称为**理想气体的压强公式**,它表明气体作用于器壁的压强正比于单位体积内的分子数 n 和分子平均平动动能 $\overline{w}$. 分子数密度越大,压强越大;分子的平均平动动能越大,压强也越大.

压强公式建立了宏观量 p 与微观量的统计平均值 $\overline{w}$ 和 n 之间的相互关系,表明了压强是个统计量. 由于单个分子对器壁的碰撞是不连续的,产生的压力起伏不定. 只有在气体分子数足够多时,器壁所受到的压力才有确定的统计平均值. 因此,讨论个别或少量分子的压强是无意义的.

三、温度的统计解释

理想气体的温度和统计解释

温度是热学中特有的一个物理量,它在宏观上表征了物质冷热状态的程度. 那么温度的微观本质是什么呢?

可将理想气体状态方程(5－2)式变为

$$p=\frac{M}{M_{\mathrm{mol}}}\frac{R}{V}T=\frac{N}{V}\cdot\frac{R}{N_{\mathrm{A}}}T=n\frac{R}{N_{\mathrm{A}}}T.$$

式中,$N_{\mathrm{A}}=6.022\times10^{23}\ \mathrm{mol^{-1}}$为阿伏伽德罗常量. 令 $k=\frac{R}{N_{\mathrm{A}}}=1.38\times10^{-23}\ \mathrm{J\cdot K^{-1}}$,$k$ 为玻尔兹曼常量,于是理想气体状态方程改写为

$$p=nkT. \tag{5-4}$$

现将压强公式(5－3)式与(5－4)式比较,可得

$$\overline{w}=\frac{3}{2}kT. \tag{5-5}$$

(5－5)式给出了宏观量温度 T 与微观量的统计平均值 $\overline{w}=\frac{1}{2}m\overline{v^2}$之间的关系,揭示了温度的微观本质,即**温度是气体分子平均平动动能的量度**. 分子的平均平动能越大,也就是分子的热运动越剧烈,则温度越高. 分子的平均平动动能是大量分子的统计结果,是集体表现,对于个别或少量分子,说它们的温度是无意义的.

由(5－5)式可知,如果各种气体有相同的温度,则它们的分子平均平动动能均相等;如果一种气体的温度高些,则这一种气体分子的平均平动动能要大些. 按照这个观点,热力学温度的零度将是理想气体分子热运动停止时的温度,然而实际上分子运动是永远不会停息的,热力学温度的零度也是永远不可能达到的. 而且近代量子理论证实,即使在热力学温度的零度时,组成固体点阵的粒子也还保持着某种振动的能量,称为零点能量. 至于(实际)气体,则在温度未达到热力学温度的零度以前,已变成液体或固体,(5－5)式也早就不能适用.

例 5－1

容积 $V=1\ \mathrm{m^3}$ 的容器内混有 $N_1=1.0\times10^{25}$个氢气分子和 $N_2=4.0\times10^{25}$个氧气分子,混合气体的温度为 400 K,求:(1)气体分子的平动动能总和;(2)混合气体的压强.

解　(1)由(5－5)式可知,分子的平均平动动能 $\overline{w}$ 与分子的种类性质无关,因混合气体的温度相同,则分子的平均平动动能都为

$$\overline{w}=\frac{3}{2}kT=\frac{3}{2}\times1.38\times10^{-23}\times400\ \mathrm{J}=8.28\times10^{-21}\ \mathrm{J}$$

故平动动能总和为

$$E_k = N\overline{w} = (N_1 + N_2)\frac{3}{2}kT = 4.14\times10^5\ \mathrm{J}$$

(2)处于平衡态时，混合气体单位体积内分子数为

$$n = \frac{N_1 + N_2}{V}$$

由理想气体状态方程 $p = nkT$ 得混合气体的压强

$$p = \frac{N_1 + N_2}{V}kT = 2.76\times10^5\ \mathrm{Pa}$$

§5.3 能量均分定理　理想气体的内能

前面讨论分子热运动时，把分子视为质点，只考虑分子的平动.然而，气体的热运动能量与组成气体的分子结构有关，除了单原子分子可看作质点(只有平动)，一般由两个以上原子组成的分子不仅有平动，而且还有转动和分子内原子间的振动，其相应能量不能忽略，如图 5-3 所示.为此，需要引用力学中有关自由度的概念来描述分子结构.

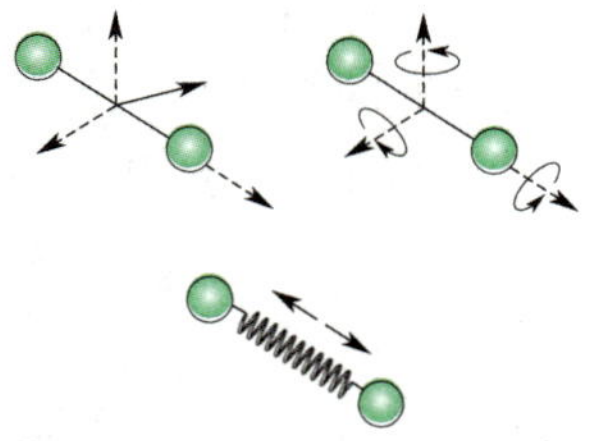

图 5-3　分子结构与能量

一、自由度

气体分子能量按自由度均分定理

决定一个物体的空间位置所需要的独立坐标数，称为物体的**自由度**.

气体分子按其结构可分为单原子分子(如 He，Ne 等)、双原子分子(如 H_2，O_2 等)和多原子分子(由 3 个或 3 个以上原子组成的分子，如 H_2O，NH_3 等)，其结构如图 5-4 所示.当分子内原子间距离保持不变(不振动)时，这种分子称为刚性分子，否则称为非刚性分子.

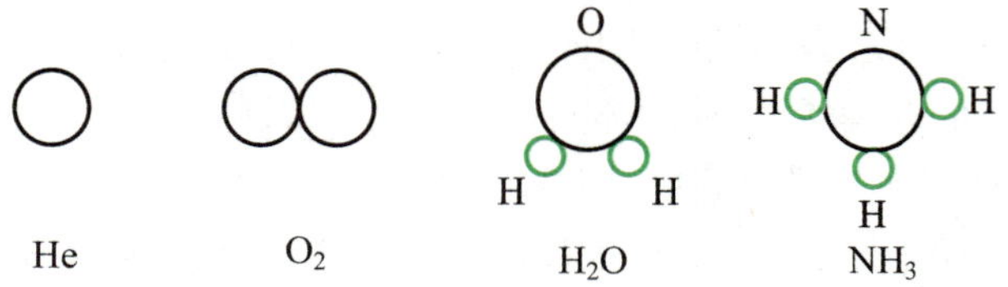

图 5-4　气体分子模型

如图 5-5(a)所示，单原子分子可视为质点，因此，在空间一个自由的单原子分子，只有 3 个平动自由度.如果这类分子被限制在平面或曲面上运动，则自由度降为 2；如果限制在直线或曲线上运动，则自由度降为 1.

刚性双原子分子可用两个质点通过一个刚性键连结的模型(哑铃型)来表示，确定其质量中心在空间的位置要由 3 个坐标(x，y，z)来表示，故有 3 个平动自由度，另外还要用两个方位角 β，γ 来决定其键连(连接两原子的轴)的方位(由于 3 个方位角 α，β，γ 满足 $\cos^2\alpha + \cos^2\beta + \cos^2\gamma = 1$，故只有两个是独立的).由于两个原子均视为质点，故绕轴的转动不存在，如图 5-5(b)所示.因此，刚性双原子分子有 3 个平动自由度和 2 个转动自由度，共有 5 个自由度.

刚性多原子分子除了具有双原子的 3 个质量中心平动自由度和 2 个转动自由度外，还有一个绕轴自转的自由度，常用转角 φ(相对于所选参考方位)表示，如图 5－5(c)所示. 因此刚性多原子分子有 3 个平动自由度、3 个转动自由度，共有 6 个自由度. 设用 i 表示刚性分子的自由度，t 表示平动自由度，r 表示转动自由度，则

$$i=t+r.$$

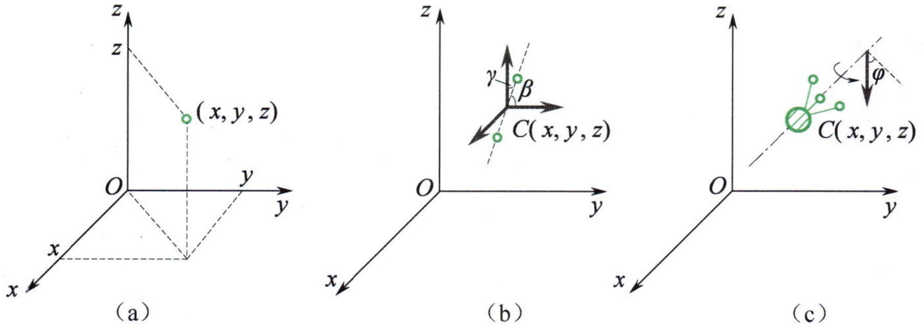

图 5－5　刚性分子的自由度

在常温下，大多数气体分子属于刚性分子. 在高温下，气体分子的原子间会发生振动，则应视为非刚性分子. 如非刚性双原子分子，两原子之间还有相对微振动，则还需要用一个坐标来确定两原子间的相对距离，这时需要 1 个振动自由度 s，因此，有 $i=t+r+s=3+2+1=6$ 个自由度. 一般说来，一个由 $n(n>2)$ 个原子组成的非刚性多原子分子，自由度数最多只能有 $i=3n$ 个，其中平动自由度 $t=3$，转动自由度 $r=3$，振动自由度 $s=3n-6$.

二、能量均分定理

理想气体做无规则热运动的平均平动动能，按自由度分配的统计平均值有什么规律呢？

在平衡态下，理想气体分子的平均平动动能

$$\overline{w}=\frac{1}{2}m\overline{v^2}=\frac{3}{2}kT.$$

又 $\overline{v^2}=\overline{v_x^2}+\overline{v_y^2}+\overline{v_z^2}$ 及 $\overline{v_x^2}=\overline{v_y^2}=\overline{v_z^2}=\frac{1}{3}\overline{v^2}$，代入后可得

$$\frac{1}{2}m\overline{v_x^2}=\frac{1}{2}m\overline{v_y^2}=\frac{1}{2}m\overline{v_z^2}=\frac{1}{2}kT.$$

对于 3 个平动自由度而言，在平衡态下，分子每一个平动自由度具有相同的平均动能，且大小均等于 $\frac{1}{2}kT$.

在平衡态下，气体分子做无规则热运动，任何一种运动形式都应是机会均等的，即没有哪一种运动形式比其他运动形式占优势. 因此，我们可以把平动动能的统计规律推广到其他运动形式上去. 即一般说来，不论平动、转动或振动，在平衡态下，对应于每一个平动自由度、转动自由度或振动自由度，其平均动能都应等于 $\frac{1}{2}kT$. 简言之，**气体处于平衡态时，分子的任何一个自由度的平均动能都相等，均**

为 $\frac{1}{2}kT$，**这就是能量均分定理**. 按照这个定理，如果气体分子有 i 个自由度，则分子的平均动能为

$$\overline{\varepsilon_k} = \frac{i}{2}kT. \qquad (5-6)$$

能量均分定理是关于分子热运动动能的统计规律，是对大量分子统计平均所得的结果. 对个别分子而言，它的动能随时间而变，并不等于 $\frac{i}{2}kT$，而且它的各种形式的动能也不按自由度均分. 但对大量分子整体而言，由于分子的无规则热运动及频繁的碰撞，能量可以从一个分子转到另一个分子，从一种自由度的能量转化成另一种自由度的能量. 这样，在平衡态时，就形成能量按自由度均匀分配的统计规律.

三、理想气体的内能

组成物体的分子或原子除了具有热运动的动能外，还应有分子与分子间及分子内原子与原子间相互作用产生的势能；这两部分的和称为分子势能. 通常把物体中所有分子的热运动动能与分子势能的总和，称为物体的**内能**.

对于刚性分子理想气体，分子势能可忽略不计. 因此，理想气体的内能仅是其所有分子热运动动能的总和.

由(5－6)式知，每一个分子的平均动能为 $\frac{i}{2}kT$，则 1 mol 理想气体的内能为

$$E_0 = N_A\left(\frac{i}{2}kT\right) = \frac{i}{2}RT. \qquad (5-7)$$

因此，质量为 M 的理想气体的内能为

$$E = \frac{M}{M_{mol}}E_0 = \frac{M}{M_{mol}}\frac{i}{2}RT. \qquad (5-8)$$

式中，M_{mol} 为气体的摩尔质量. 由(5－8)式可知，对给定的理想气体而言，其内能仅与温度有关，而与体积、压强无关，且是温度的单值函数. 当温度改变 ΔT 时，相应内能的改变量为

$$\Delta E = \frac{M}{M_{mol}}\frac{i}{2}R\Delta T. \qquad (5-9)$$

(5－9)式表明，一定量的某种理想气体在状态变化过程中，内能的改变量只取决于初态和终态的温度，而与具体过程无关.

例 5－2

一容积为 10 cm³ 的电子管，当温度为 300 K 时，用真空泵把管内空气抽成压强为 5×10^{-6} mmHg 的高真空，空气分子可认为是刚性双原子分子. (1)此时管内有多少个空气分子？(2)平均转动动能的总和是多少？(3)平均动能的总和是多少？

解 设管内总分子数为 N.

(1)首先需把压强单位换算成国际单位.

高真空压强

$$p=\frac{5\times10^{-6}}{760}\times1.013\times10^5\ \text{Pa}=6.66\times10^{-4}\ \text{Pa}.$$

由 $p=nkT$ 得管内空气分子数为

$$N=\frac{pV}{kT}=\frac{6.66\times10^{-4}\times10^{-5}}{1.38\times10^{-23}\times300}\text{个}=1.61\times10^{12}\text{个}.$$

虽然是高真空，但电子管中分子数密度达到了约 10^{17} 的数量级，这些分子仍应遵循统计规律.

(2)刚性空气双原子分子转动自由度 $r=2$，由能量均分定理得，平均转动动能的总和为

$$E_1=N\times\frac{2}{2}kT=1.61\times10^{12}\times\frac{2}{2}\times300\times1.38\times10^{-23}\ \text{J}$$
$$=6.67\times10^{-9}\ \text{J}.$$

(3)刚性空气双原子分子自由度 $i=5$，平均动能的总和

$$E_2=N\times\frac{5}{2}kT=1.61\times10^{12}\times\frac{5}{2}\times300\times1.38\times10^{-23}\ \text{J}$$
$$=1.67\times10^{-8}\ \text{J}.$$

例 5-3

容积为 0.02 m^3 的瓶子以速率 $v=200\ \text{m}\cdot\text{s}^{-1}$ 匀速运动，瓶子中充有质量为 0.10 kg 的氦气. 设瓶子突然停止，且气体的 70% 的定向运动动能转化为气体分子热运动的动能，瓶子与外界没有热量交换，求平衡后氦气的温度、压强各增加了多少.

解　温度是大量分子热运动平均平动动能的量度，热运动是无规则运动，而氦气瓶做定向运动，是在气体分子无规则运动上叠加的有序运动，有序运动不会改变气体的温度. 但通过分子与瓶子的相互碰撞，有序定向运动转化为分子的无规则热运动时，气体的温度会升高.

氦气分子是单原子分子，自由度 $i=3$，则氦气的内能为

$$E=\frac{M}{M_{\text{mol}}}\frac{i}{2}RT=\frac{M}{M_{\text{mol}}}\frac{3}{2}RT.$$

因瓶子是绝热的，氦气定向运动的动能 $\frac{1}{2}Mv^2$ 的 70% 转化为内能，故

$$\frac{M}{M_{\text{mol}}}\frac{3}{2}R\Delta T=\frac{1}{2}Mv^2\times70\%.$$

温度增加量为

$$\Delta T=\frac{M_{\text{mol}}}{3R}v^2\times70\%=\frac{4.00\times10^{-3}}{3\times8.31}\times200^2\times70\%\ \text{K}$$
$$=4.49\ \text{K}.$$

瓶内氦气是等容变化，平衡态时，由 $pV=\frac{M}{M_{\text{mol}}}RT$，得压强增加量为

$$\Delta p=\frac{M}{M_{\text{mol}}V}R\Delta T=\frac{0.10}{4.00\times10^{-3}\times0.02}\times8.31\times4.49\ \text{Pa}$$
$$=4.66\times10^4\ \text{Pa}.$$

*§5.4　麦克斯韦速率分布律

大量分子的频繁碰撞，使得每个分子的速度大小和方向时刻不停地变化，具有偶然性，但大量分子的速度整体上遵循统计分布规律. 1859 年，麦克斯韦用概率论证明了在平衡态下，理想气体分子速度分布是有规律的，这个规律叫麦克斯韦速度分布律. 若不考虑分子速度的方向，则叫麦克斯韦速率分布律.

一、气体分子的速率分布　分布函数

当气体处于平衡状态时，容器中的大量分子各以不同的速率沿各个方向运动着，有的分子速率较大，有的较小. 由于分子间不断地相互碰撞，对个别分子来说，速度大小和方向因碰撞而不断改变，这种改变完全带有偶然性和不可预言性. 然而，从大量分子的整体来看，在平衡态下，分子的速率却都遵循着一个完全确定的且是必然的统计分布规律. 研究这个规律，对于进一步理解分子运动的性质是很重要的. 其中有关的概念和方法，在科学技术中经常遇到，具有普遍意义，这里只作初步介绍.

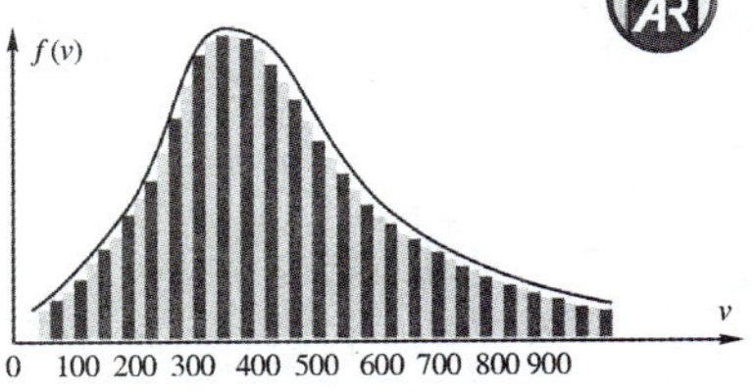

麦克斯韦速率分布律

麦克斯韦

麦克斯韦速率分布律

研究气体分子速率的分布情况，与研究一般的分布问题相似，需要把速率分成若干相等的区间.

例如，0～100 m·s^{-1}为一个区间，100～200 m·s^{-1}为下一区间，200～300 m·s^{-1}为又一区间，等等. 所谓研究分子速率的分布情况，就是要知道，气体在平衡状态下，分布在各个速率区间 Δv 之内的分子数 ΔN，各占气体分子总数 N 的百分比（分子速率位于该速率区间的概率），以及大部分分子分布在哪一个区间之内等问题. 为了便于比较，特地把各速率区间取得相等，从而突出分布的意义，所取区间越小，有关分布的知识就越详细，对分布情况的描述也越精确.

描写速率分布的方法有3种：(1)根据实验数据列表——分布表；(2)作出曲线——分布曲线；(3)找出函数关系——分布函数.

如表5-1所示数据为实验测定值，它表示在0 ℃时氧气分子速率的分布情况. 从表中可以看出低速或高速运动的分子数目较少（如速率在100 m·s^{-1}以下的分子数只占总数的1.4%，速率在800 m·s^{-1}以上的分子数只占总数的2.9%），速率在300～400 m·s^{-1}之间的分子数量最多，占总数的21.4%，比这一速率大或小的相应的分子数都依次递减. 在大量分子的热运动中，像上述这样的低速或高速运动的分子较少，而多数分子以中等速率运动的分布情况，对于任何温度下的任意一种气体来说，大体上都是如此. 这就是气体分子速率分布的规律性.

表5-1　在0 ℃时氧气分子速率的分布情况

速率区间/(m·s^{-1})	分子数的百分率$\left(\frac{\Delta N}{N}\right)$/%
100以下	1.4
100～200	8.1
200～300	16.5
300～400	21.4
400～500	20.6
500～600	15.1
600～700	9.2
700～800	4.8
800～900	2.0
900以上	0.9

若以速率 v 为横坐标，以$\frac{\Delta N}{N\Delta v}$（单位速率区间分子的比率）为纵坐标，则表5-1给出的速率分布可以表示成如图5-6(a)所示图形. 为了把速率分布的真实情况更细致地反映出来，则把速率区间取得更小，如图5-6(b)所示.

若要将气体分子按速率分布准确描述，则需把速率区间尽可能取小，当 $\Delta v\to 0$ 时，即取 dv 为分子速率区间，其相应分子数为 dN，这时纵坐标为$\frac{dN}{N dv}$，横坐标为 v，所得速率分布曲线为一条平滑的曲线，如图5-6(c)所示.

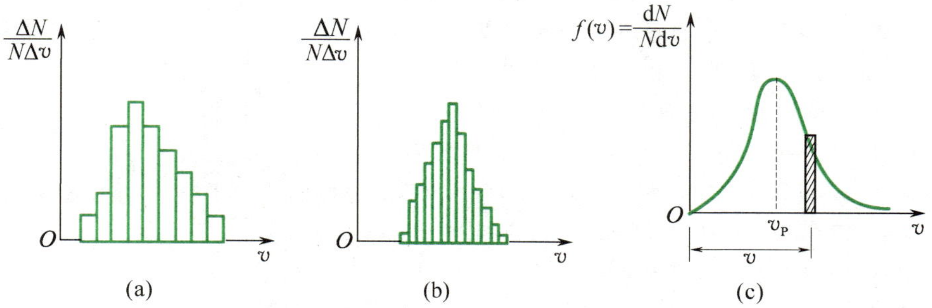

图5-6　气体分子速率分布曲线

我们把速率 v 附近 Δv 区间内分子数占总分子数的比率的极限

$$f(v)=\lim_{\Delta v\to 0}\frac{\Delta N}{N\Delta v}=\frac{1}{N}\frac{\mathrm{d}N}{\mathrm{d}v} \tag{5-10}$$

称为**分子的速率分布函数**.它表示速率 v 附近的单位速率区间内的分子数占总分子数的百分比(比率),$f(v)$-v 曲线叫作气体分子的速率分布曲线,如图 5-6(c)所示.由上可知 $f(v)\mathrm{d}v=\frac{\mathrm{d}N}{N}$ 表示速率在 v 附近 $\mathrm{d}v$ 区间内的分子数占总分子数的百分比.速率介于 v_1 与 v_2 之间的分子数占总分子数的比率为 $\int_{v_1}^{v_2}f(v)\mathrm{d}v=\frac{\Delta N}{N}$.如上所述,分布曲线下的总面积表示速率介于零到无穷大的整个区间内的分子数占总分子数的百分比,或者说整个区间内百分比之和应为 1,即

$$\int_0^{\infty}f(v)\mathrm{d}v=1. \tag{5-11}$$

这就是分布函数必须满足的**归一化条件**.

分布函数还可用概率表述.设想我们"追踪测量"某一个分子的速率,共测量了 N 次,其中 $\mathrm{d}N$ 次测得的速率量值在 $v\sim v+\mathrm{d}v$ 区间内,则 $f(v)$ 的物理意义为某一分子在速率 v 附近的单位速率区间内出现的概率,$f(v)$ 也称为**概率密度**.而 $f(v)\mathrm{d}v=\frac{\mathrm{d}N}{N}$ 则为分子速率出现在 $v\sim v-\mathrm{d}v$ 区间内的概率.

必须指出,实际存在于 $\mathrm{d}v$ 之间的分子数与统计平均值总有偏差,即总存在涨落,所以 $\mathrm{d}v$ 不能视为数学上的无限小,必须满足宏观小、微观大的条件,即物理上的无限小.从宏观上看,$\mathrm{d}v$ 足够小,以致在该速率间隔中的分子可近似地看成具有相同的速率;但从微观上看,这个速率间隔包含的分子数仍然很大.

二、麦克斯韦速率分布规律

理想气体处于平衡态且无外力场作用时,气体分子按速率分布的分布函数 $f(v)$ 由麦克斯韦于 1860 年从理论上导出,即

$$f(v)=4\pi\cdot\left(\frac{m}{2\pi kT}\right)^{3/2}\cdot \mathrm{e}^{-\frac{mv^2}{2kT}}\cdot v^2. \tag{5-12}$$

式中,T 为气体的热力学温度;m 为分子的质量;k 为玻尔兹曼常量.由(5-12)式可得到一个分子在 $v\sim v+\mathrm{d}v$ 区间内的概率为

$$\frac{\mathrm{d}N}{N}=4\pi\cdot\left(\frac{m}{2\pi kT}\right)^{3/2}\cdot \mathrm{e}^{-\frac{mv^2}{2kT}}\cdot v^2\mathrm{d}v. \tag{5-13}$$

分布函数 $f(v)$ 或比率 $f(v)\mathrm{d}v$ 具有(5-12)式或(5-13)式所示的表达式的分布称为**麦克斯韦速率分布**,(5-13)式叫作**麦克斯韦速率分布定律**.(5-13)式的分布曲线与实验曲线相符.要强调的是,麦克斯韦速率分布律只适用于处在平衡态的热力学系统.对于少量分子组成的系统不适用.

三、分子速率的三个统计值

在分子动理论中,常用到以下三种速率.

1. 最概然速率 v_P

气体分子速率分布曲线有个极大值,与这个极大值对应的速率叫作气体分子的最概然速率,常用 v_P 表示,如图 5-7 所示.它的物理意义是:对所有的相同速率区间而言,在含有速率 v_P 的那个区间内的分子数占总分子数的百分比最大.按概率表述为:对所有相同的速率区间而言,某一分子的速率取含有 v_P 的那个速率区间内的值的概率最大.由极值条件

$$\frac{\mathrm{d}f(v)}{\mathrm{d}v}=0,$$

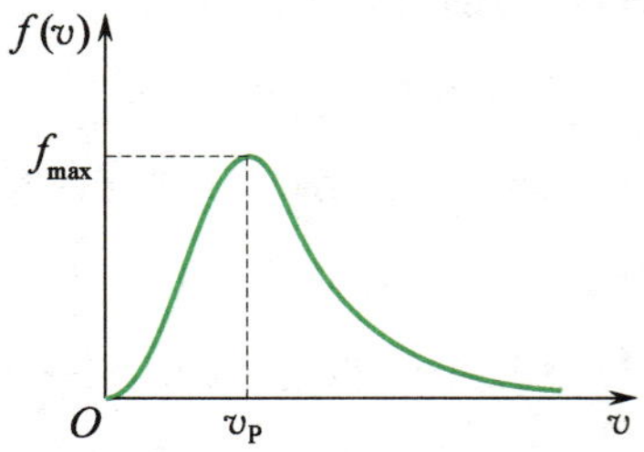

图 5－7　最概然速率

可求得满足麦克斯韦速率分布律的平衡态下气体分子的最概然速率为

$$v_{\mathrm{P}}=\sqrt{\frac{2kT}{m}}=\sqrt{\frac{2RT}{M_{\mathrm{mol}}}}\approx 1.41\sqrt{\frac{RT}{M_{\mathrm{mol}}}} \tag{5-14}$$

2. 平均速率$\bar{v}$

$\bar{v}$为大量分子速率的统计平均值，根据求平均值的定义有

$$\bar{v}=\frac{\sum v_i\Delta N_i}{N}.$$

对于连续分布，上式可写为

$$\bar{v}=\frac{\int_0^{\infty}v\mathrm{d}N}{N}=\int_0^{\infty}vf(v)\mathrm{d}v.$$

将麦克斯韦速率分布函数 $f(v)$代入，可得理想气体速率从 0 到∞整个区间内的平均速率为

$$\bar{v}=\sqrt{\frac{8kT}{\pi m}}=\sqrt{\frac{8RT}{\pi M_{\mathrm{mol}}}}\approx 1.60\sqrt{\frac{RT}{M_{\mathrm{mol}}}}. \tag{5-15}$$

空气中为什么氮气多而其他气体少？

3. 方均根速率$\sqrt{\overline{v^2}}$

$\sqrt{\overline{v^2}}$为大量分子速率的平方平均值的平方根. 根据求平均值的定义有

$$\overline{v^2}=\frac{\sum v_i^2\Delta N_i}{N},$$

及

$$\overline{v^2}=\frac{\int_0^{\infty}v^2\mathrm{d}N}{N}=\int_0^{\infty}v^2f(v)\mathrm{d}v.$$

将麦克斯韦速率分布函数 $f(v)$代入，可得理想气体分子的方均根速率为

$$\sqrt{\overline{v^2}}=\sqrt{\frac{3kT}{m}}=\sqrt{\frac{3RT}{M_{\mathrm{mol}}}}\approx 1.73\sqrt{\frac{RT}{M_{\mathrm{mol}}}}. \tag{5-16}$$

上式也可根据气体分子平均平动动能与温度的关系式(5－5)求得.

以上三种速率各有不同的含义，也各有不同的用处. 最概然速率 v_{P}表征了气体分子按速率分布的特征；平均速率 $\bar{v}$适用于气体分子的碰撞过程；方均根速率$\sqrt{\overline{v^2}}$ 用于计算分子的平均平动动能.

四、麦克斯韦速率分布曲线的性质

当温度升高时，气体分子的速率普遍增大，速率分布曲线中的最概然速率 v_{P}向量值增大的方向迁移. 但归一化条件要求曲线下总面积不变，因此，分布曲线宽度增大，高度降低，整个曲线变得较平坦，如图 5－8所示.

在相同温度下，对不同种类的气体，分子质量大的，速率分布曲线中的最概然速率 v_{P}向量值减小的方向迁移. 因总面积不变，所以分布曲线宽度变窄，高度增大，整个曲线比质量小的显得陡些，即曲线随分子质量变大而左移，如图 5－9 所示.

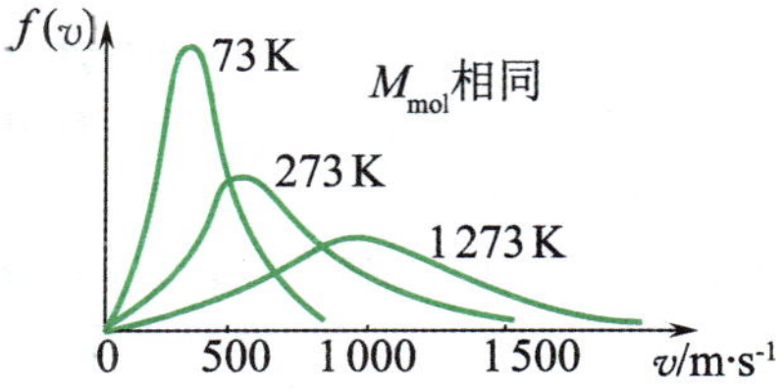

图 5－8　不同温度下分子速率分布

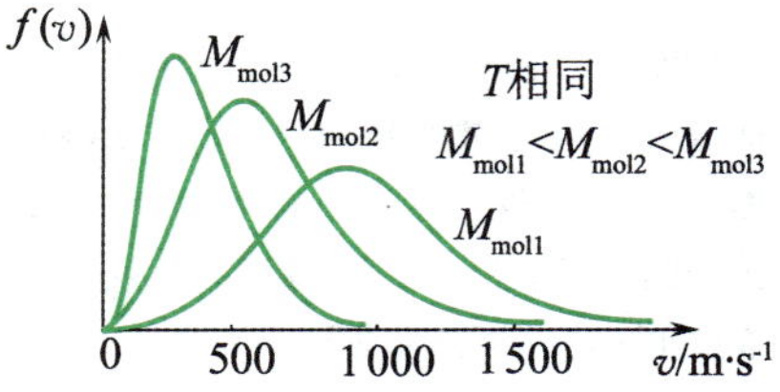

图 5－9　不同质量的分子速率分布

例 5－4

计算氮气(N_2)在 300 K 时的最概然速率、平均速率、方均根速率. 并定性画出 300 K 时，氮气和氦气(He)分子热运动的速率分布曲线.

解　氮气分子在 300 K 时

最概然速率：$v_P=\sqrt{\dfrac{2RT}{M_{mol}}}=\sqrt{\dfrac{2\times8.31\times300}{28\times10^{-3}}}\approx$ 422 m·s^{-1}

平均速率：$\bar{v}=\sqrt{\dfrac{8RT}{\pi M_{mol}}}=\sqrt{\dfrac{8\times8.31\times300}{3.14\times28\times10^{-3}}}\approx$ 476 m·s^{-1}

方均根速率：$\sqrt{\overline{v^2}}=\sqrt{\dfrac{3RT}{M_{mol}}}=\sqrt{\dfrac{3\times8.31\times300}{28\times10^{-3}}}\approx$ 517 m·s^{-1}

由于氦气和氮气的温度相同，则

$$\frac{v_{PHe}}{v_{PN_2}}=\sqrt{\frac{M_{molN_2}}{M_{molHe}}}=\sqrt{7}$$

定性画出氦气和氮气的速率分布曲线，如图 5－10 所示.

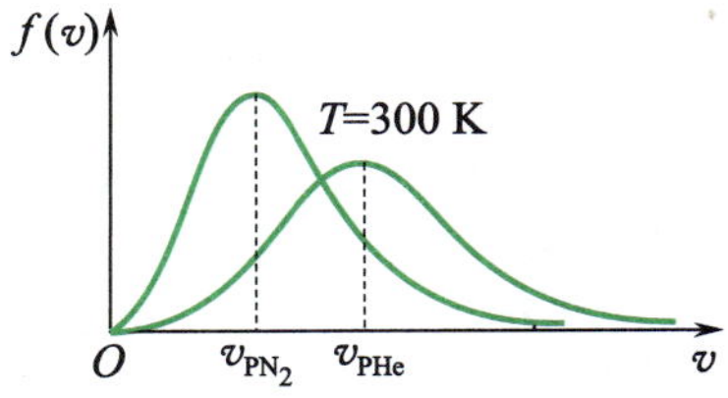

图 5－10　氦气和氮气的速率分布曲线

*§ 5.5　分子平均碰撞频率和平均自由程

由气体分子平均速率公式 $\bar{v}=1.60\sqrt{\dfrac{RT}{M_{mol}}}$ 可计算出氮气分子的平均速率在 27 ℃时的值为 $\bar{v}\approx476$ m·s^{-1}. 这引起 19 世纪末物理学家们的怀疑：既然气体分子速率极高，为什么气体的扩散进行得相当缓慢呢？例如，打开一瓶香水后，香味要经过几秒到十几秒才能传过几米的距离. 气体分子的热运动速率高，扩散速度小的矛盾如何理解？这个矛盾首先是克劳修斯解决的. 由于常温常压下气体分子数密度达 $10^{23}\sim10^{25}$ m^{-3} 数量级，因此，一个分子以每秒几百米的速率在如此密集的分子中运动，必然要与其他分子做频繁的碰撞，而每碰撞一次，分子运动方向就发生改变. 如图 5－11 所示为一个香水分子(灰黑点)在空气分子中不断碰撞而迂回曲折前进的示意图. 设该香水分子 t 时刻在 A 处发生碰撞后，经过 Δt 时间后到达 B 处. 显然，在相同的 Δt 时间内，由 A 到

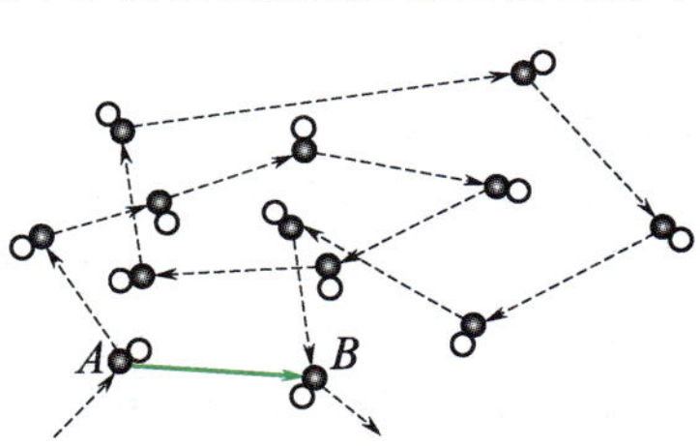

图 5－11　分子碰撞示意图

B 的位移(实线长度)大小比它的路程(折线长度)小得多. 因此,气体分子的扩散速率较之分子的平均速率小得多.

分子在任意两次连续碰撞之间自由通过的路程叫作分子的**自由程**. 单位时间内一个分子与其他分子碰撞的次数称为分子的**碰撞频率**. 由图 5-11 可知,分子的自由程有长有短,任意两次碰撞所需时间多少也具有偶然性. 自由程和碰撞频率的大小是随机变化的,但是大量分子无规则热运动的结果,使分子的自由程与碰撞频率服从一定的统计规律. 我们可采用统计平均的方法分别计算出**平均碰撞频率和平均自由程**.

一、平均碰撞频率 $\overline{Z}$

分子的碰撞是由于分子间有相对运动,两个相碰的分子以相对速度 $\boldsymbol{u}$ 运动,其平均相对速率 $\overline{u}$ 稍微不同于分子的平均速率 $\overline{v}$. 为了使问题简化,假定每个分子都是有效直径为 d 的弹性小球,且只有某一个分子 A 以平均相对速率 $\overline{u}$ 运动,而其余分子都相对静止不动. 在分子 A 的运动过程中,分子 A 的球心轨迹是一条折线. 设想以分子 A 的中心所经过的轨迹为轴,以分子的有效直径 d 为半径作一圆柱体,如图 5-12 所示. 显然,凡是球心位于该圆柱体内的分子都将和分子 A 相碰. $\sigma=\pi d^2$ 称为**碰撞截面**. 球心在圆柱体外的分子就不会与它相碰.

分子的平均自由程

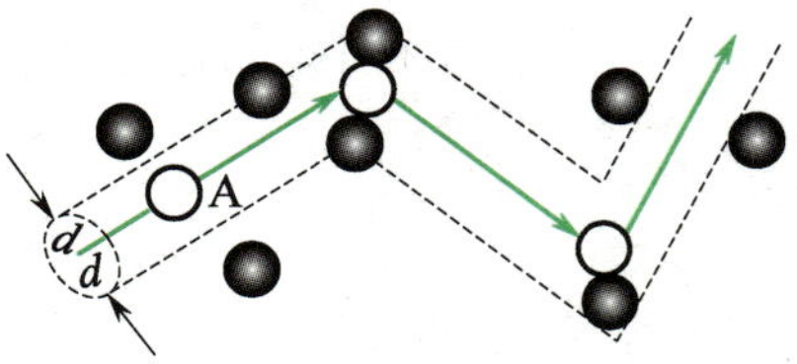

图 5-12　碰撞区域示意图

设分子数密度为 n,因为在单位时间内,分子 A 平均经过的路程为 $\overline{u}$,相应的圆柱体体积为 $\pi d^2\overline{u}$,平均而言圆柱体内的分子数为 $\pi d^2\overline{u}n$. 显然,这就是分子 A 在 1 s 内和其他分子发生碰撞的平均碰撞频率 $\overline{Z}$,所以

$$\overline{Z}=\pi d^2\overline{u}n$$

这是假定一个分子运动而其他分子都静止所得的结果. 实际上,一切分子都在运动着. 因此,考虑所有分子都在运动,必须对上式加以修正. 麦克斯韦从理论上得出

$$\overline{u}=\sqrt{2}\,\overline{v}, \tag{5-17}$$

修正后的碰撞频率为

$$\overline{Z}=\sqrt{2}\pi d^2\,\overline{v}n \tag{5-18}$$

二、平均自由程 $\overline{\lambda}$

由于 1 s 内分子平均走过的路程为 $\overline{v}$,一个分子与其他分子的平均碰撞频率为 $\overline{Z}$,因此,平均自由程 $\overline{\lambda}$ 为

$$\overline{\lambda}=\frac{\overline{v}}{\overline{Z}}=\frac{1}{\sqrt{2}\pi d^2 n}. \tag{5-19}$$

从(5-19)式可知分子的平均自由程与分子的有效直径的平方和分子数密度成反比.

又因为 $p=nkT$,所以上式可改写为

$$\overline{\lambda}=\frac{kT}{\sqrt{2}\pi d^2 p}. \tag{5-20}$$

(5-20)式表明,当温度恒定时,平均自由程与气体的压强成反比,压强越小(空气越稀薄),平均自由程越长.

在标准状态下,$\overline{v}$ 的数量级为 $10^2\ \mathrm{m\cdot s^{-1}}$,$\overline{\lambda}$ 的数量级为 10^{-7} m,则平均碰撞频率 $\overline{Z}$ 的数量

级为 $10^9\ s^{-1}$，即在 1 s 内，1 个分子与其他分子平均要碰撞几十亿次. 从这一估算中可见分子热运动的极大无规则性，频繁的碰撞正是大量分子整体出现统计规律的基础.

例 5－5

试计算氧气在标准状态下的分子平均碰撞频率和平均自由程. 已知氧分子的有效直径为 0.35 nm.

解 氧气分子的平均速率

$$\bar{v}=1.60\sqrt{\frac{RT}{M_{mol}}}=1.6\sqrt{\frac{8.31\times273}{32\times10^{-3}}}\ m\cdot s^{-1}$$

$$=426\ m\cdot s^{-1},$$

$$n=\frac{p}{kT}=\frac{1.013\times10^5}{1.38\times10^{-23}\times273}\ m^{-3}$$

$$=2.69\times10^{25}\ m^{-3}.$$

根据 $\bar{Z}=\sqrt{2}\pi d^2\bar{v}n$ 得

$$\bar{Z}=\sqrt{2}\times3.14\times(3.5\times10^{-10})^2\times2.69\times10^{25}\times426\ s^{-1}$$

$$=6.24\times10^9\ s^{-1}.$$

又 $\bar{\lambda}=\frac{\bar{v}}{\bar{Z}}=\frac{426}{6.24\times10^9}\ m=6.83\times10^{-8}\ m,$

由此可见，氧气分子平均每秒碰撞达 60 亿次之多，平均自由程仅有亿分之几米.

例 5－6

试估算空气分子在 0 ℃时不同压强下的平均自由程. 已知空气分子的有效直径为 0.31 nm.

(1) $p_1=1.013\times10^5$ Pa;

(2) $p_2=1.33\times10^{-3}$ Pa.

解 (1)

$$\bar{\lambda}=\frac{kT}{\sqrt{2}\pi d^2p_1}$$

$$=\frac{1.38\times10^{-23}\times273}{\sqrt{2}\times3.14\times(3.1\times10^{-10})^2\times1.013\times10^5}\ m$$

$$=8.71\times10^{-8}\ m;$$

(2)

$$\bar{\lambda}=\frac{kT}{\sqrt{2}\pi d^2p_2}$$

$$=\frac{1.38\times10^{-23}\times273}{\sqrt{2}\times3.14\times(3.1\times10^{-10})^2\times1.33\times10^{-3}}\ m$$

$$=6.64\ m.$$

可见，在低气压下，平均自由程较大. 上面的计算结果为 $\bar{\lambda}=6.64$ m，这个值很大. 也就是说，在此低气压下，通常容器中分子间几乎不发生碰撞. 由此可见，在真空时，可以得到较大的平均自由程，这种估算对电真空容器及传热器均有实际应用.

习 题 5

习题参考答案

1. 选择题

(1) 一定量的理想气体储于某一容器中，温度为 T，气体分子的质量为 m. 根据理想气体的分子模型和统计假设，分子速度在 x 轴方向的分量平方的平均值为（ ）.

(A) $\overline{v_x^2}=\sqrt{\frac{3kT}{m}}$　　(B) $\overline{v_x^2}=\frac{1}{3}\sqrt{\frac{3kT}{m}}$

(C) $\overline{v_x^2}=3kT/m$　　(D) $\overline{v_x^2}=kT/m$

(2) 一个容器内储有 1 mol 氢气和 1 mol 氦气，若两种气体各自对器壁产生的压强分别为 p_1 和 p_2，则两者的大小关系是（ ）.

(A) $p_1>p_2$　　(B) $p_1<p_2$

(C) $p_1=p_2$　　(D) 不确定的

(3)关于温度的意义,有下列几种说法:

①气体的温度是分子平均平动动能的量度.

②气体的温度是大量气体分子热运动的集体表现,具有统计意义.

③温度的高低反映物质内部分子运动剧烈程度的不同.

④从微观上看,气体的温度表示每个气体分子的冷热程度.

这些说法中正确的是(　　).

(A)①、②、④　　(B)①、②、③

(C)②、③、④　　(D)①、③、④

(4)温度、压强相同的氦气和氧气,它们分子的平均动能 $\bar{\varepsilon}_k$ 和平均平动动能 $\bar{w}$ 的关系为(　　).

(A)$\bar{\varepsilon}_k$ 和 $\bar{w}$ 都相等

(B)$\bar{\varepsilon}_k$ 相等,而 $\bar{w}$ 不相等

(C)$\bar{w}$ 相等,而 $\bar{\varepsilon}_k$ 不相等

(D)$\bar{\varepsilon}_k$ 和 $\bar{w}$ 都不相等

(5)1 mol 刚性双原子分子理想气体,当温度为 T 时,其内能为(　　).

(A)$\frac{3}{2}RT$　　(B)$\frac{3}{2}kT$

(C)$\frac{5}{2}RT$　　(D)$\frac{5}{2}kT$

(6)设 $\bar{v}$ 代表气体分子运动的平均速率,v_P 代表气体分子运动的最概然速率,$(\overline{v^2})^{1/2}$ 代表气体分子运动的方均根速率.处于平衡状态的理想气体,三种速率关系为(　　).

(A)$(\overline{v^2})^{1/2}=\bar{v}=v_P$　　(B)$\bar{v}=v_P<(\overline{v^2})^{1/2}$

(C)$v_P<\bar{v}<(\overline{v^2})^{1/2}$　　(D)$v_P>\bar{v}>(\overline{v^2})^{1/2}$

(7)麦克斯韦速率分布曲线如题 5.1(7)图所示,图中 A、B 两部分面积相等,则该图表示(　　).

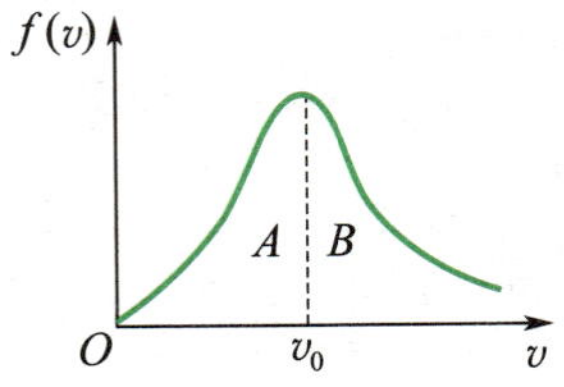

题 5.1(7)图

(A)v_0 为最概然速率

(B)v_0 为平均速率

(C)v_0 为方均根速率

(D)速率大于和小于 v_0 的分子数各占一半

(8)速率分布函数 $f(v)$ 的物理意义为(　　).

(A)具有速率 v 的分子占总分子数的百分比

(B)速率分布在 v 附近的单位速率间隔中的分子数占总分子数的百分比

(C)具有速率 v 的分子数

(D)速率分布在 v 附近的单位速率间隔中的分子数

(9)一定量的理想气体,在温度不变的条件下,当压强降低时,分子的平均碰撞频率 $\bar{Z}$ 和平均自由程 $\bar{\lambda}$ 的变化情况是(　　).

(A)$\bar{Z}$ 和 $\bar{\lambda}$ 都增大　　(B)$\bar{Z}$ 和 $\bar{\lambda}$ 都减小

(C)$\bar{Z}$ 增大而 $\bar{\lambda}$ 减小　　(D)$\bar{Z}$ 减小而 $\bar{\lambda}$ 增大

2. 填空题

(1)有一个电子管,其真空度(电子管内气体压强)为 1.0×10^{-5} mmHg,则 27 ℃时管内单位体积的分子数为________.

(2)在容积为 10^{-2} m^3 的容器中,装有质量为 100 g 的气体,若气体分子的方均根速率为 200 $m\cdot s^{-1}$,则气体的压强为________.

(3)在温度为 127 ℃时,1 mol 氧气(其分子可视为刚性分子)的内能为________ J,其中分子转动的总动能为________ J.

(4) 现有两条气体分子速率分布曲线(1)和(2),如题 5.2(4)图所示.

若两条曲线分别表示同一种气体处于不同的温度下的速率分布,则曲线________表示气体的温度较高.

若两条曲线分别表示同一温度下的氢气和氧气的速率分布,则曲线________表示的是氧气的速率分布.

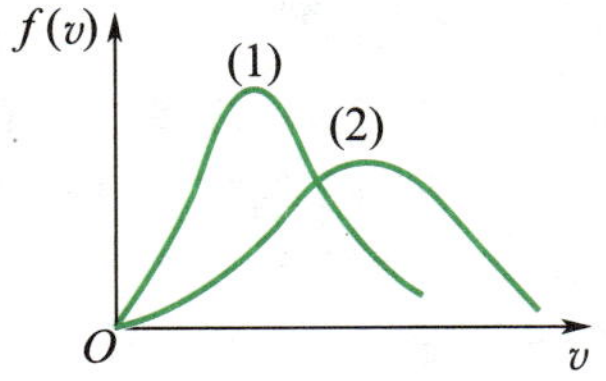

题 5.2(4)图

(5)一定量的某种理想气体,先经过等体过程使其热力学温度升高为原来的 2 倍;再经过等压过程使其体积膨胀为原来的 2 倍,则分子的平均自由程变为原来的________倍.

3. 解答题

5.3.1 容器中储有氧气，其压强为 $p=0.1$ MPa(1 atm)，温度为 27 ℃，求：(1) 单位体积中的分子数 n；(2)氧分子的质量 m；(3)气体的密度 ρ.

5.3.2 有一水银气压计，当水银柱为 0.76 m 高时，管顶到水银柱液面的距离为 0.12 m，管的截面积为2.0×10^{-4} m^2，当有少量氦气(He)混入水银管内顶部时，水银柱高下降为 0.6 m，此时温度为 27 ℃. 试计算有多少质量的氦气在管顶(He 的摩尔质量为0.004 kg/mol).

5.3.3 已知某理想气体分子的方均根速率为400 m·s^{-1}. 当其压强为 1 atm 时，求气体的密度 ρ.

5.3.4 一瓶氢气和一瓶氧气温度相同. 若氢气分子的平均平动动能为 $\overline{w}=6.21\times10^{-21}$ J，试求：

(1)氧气分子的平均平动动能和方均根速率；

(2) 氧气的温度.

5.3.5 在外太空中每立方厘米中差不多有一个氢原子. 太空中温度为 3.5 K. 求这些分子的方均根速率以及它们产生的压强.

5.3.6 容积 $V=1$ m^3 的容器内混有 $N_1=1.0\times10^{25}$ 个氢气分子和 $N_2=4.0\times10^{25}$ 个氧气分子，混合气体的温度为 400 K，求：

(1)气体分子的平动动能总和；

(2)混合气体的压强.

5.3.7 试说明下列各量的物理意义.

(1)$\frac{1}{2}kT$；　(2)$\frac{3}{2}kT$；　(3)$\frac{i}{2}kT$；

(4)$\frac{M}{M_{mol}}\frac{i}{2}RT$；　(5)$\frac{i}{2}RT$；　(6)$\frac{3}{2}RT$.

5.3.8 容器内有 11 kg 二氧化碳和 2 kg 氢气(两种气体均视为刚性分子的理想气体)，已知混合气体的内能是 8.1×10^6 J. 求：

(1)混合气体的温度；

(2)两种气体分子的平均动能.(二氧化碳的摩尔质量$M_{mol}=44\times10^{-3}$ kg·mol^{-1})

5.3.9 在温度为 27 ℃时，1 mol 氢气的平动动能、转动动能和内能各是多少？

5.3.10 速率分布函数 $f(v)$的物理意义是什么？试说明下列各量的物理意义(n 为分子数密度，N 为系统总分子数).

(1)$f(v)\mathrm{d}v$；　(2)$nf(v)\mathrm{d}v$；　(3)$Nf(v)\mathrm{d}v$；

(4) $\int_0^v f(v)\mathrm{d}v$；　(5) $\int_0^\infty f(v)\mathrm{d}v$；

(6) $\int_{v_1}^{v_2} Nf(v)\mathrm{d}v$.

5.3.11 质量 $m=6.2\times10^{-17}$ g 的微粒悬浮在27 ℃的液体中，观察到悬浮粒子的方均根速率为 1.4 cm·s^{-1}. 假设粒子速率服从麦克斯韦速率分布，求阿伏伽德罗常量.

5.3.12 现有一瓶氧气，一瓶氢气，在等压、等温条件下，氧气体积是氢气的 2 倍，求：(1)氧气和氢气分子的数密度之比；(2)氧分子和氢分子的平均速率之比.

5.3.13 设有 N 个粒子的系统，其速率分布如题5.3.13 图所示. 求

(1)分布函数 $f(v)$的表达式；

(2)a 与 v_0之间的关系；

(3)速度在 $1.5v_0$ 到 $2.0v_0$ 之间的粒子数.

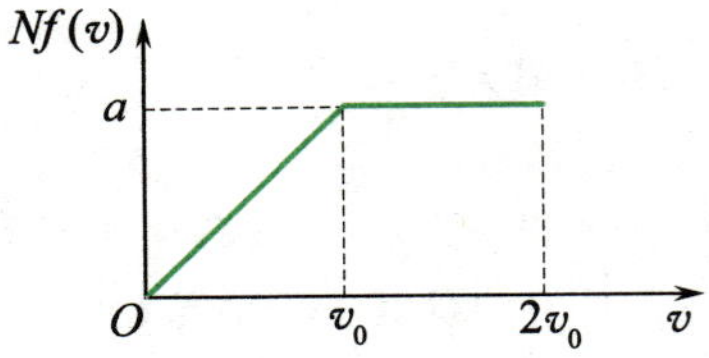

题 5.3.13 图

5.3.14 一真空管的真空度约为 1.38×10^{-3} Pa,试求在 27 ℃时单位体积中的分子数及分子的平均自由程(设分子的有效直径 $d=3\times10^{-10}$ m).

5.3.15 计算在标准状态下氢气分子的平均自由程和平均碰撞频率(氢分子的有效直径 $d=2.30\times10^{-10}$ m).

第6章 热力学基础

本章提要

上一章从气体分子热运动的观点出发，运用统计力学的方法研究了热运动的规律及理想气体的一些热力学性质. 本章则是从能量的观点出发，以大量实验观测为基础，研究物质热现象的宏观基本规律及其应用.

本章主要内容有：准静态过程、热量、功、内能等基本概念，热力学第一定律及对理想气体各等值过程的应用，理想气体的摩尔热容，循环过程及其效率，卡诺循环，热力学第二定律，熵和熵增加原理以及热力学第二定律的统计意义等.

§6.1 热力学第一定律

一、准静态过程

一个热力学系统，在外界的影响(做功或传热)下，其状态将发生变化. 系统从一个状态变化到另一个状态的过程称为**热力学过程**，简称**过程**. 状态变化过程中的任意一时刻，系统的状态并非平衡态，但为了能利用平衡态的性质，研究热力学过程，需引入准静态过程的概念.

系统从某一平衡态开始，经过一系列变化后到达另一平衡态，如果此过程中所经历的状态全都可以近似地看作平衡态，则这样的过程叫作**准静态过程**(或平衡过程). 如果中间状态为非平衡态(系统无确定的 p,V,T 值)，则这样的过程叫作**非静态过程**(或非平衡过程).

一系统从某一平衡态变到相邻平衡态时，通常是原来的平衡态遭到破坏，出现非平衡态，经过一定时间后达到一个新的平衡态，系统从一个平衡态变到相邻平衡态所经过的时间叫作系统的**弛豫时间**. 或者说，一个系统由最初的非平衡态过渡到平衡态所经历的时间叫作弛豫时间. 在实际问题中，一个过程能否看作准静态过程，需由具体情况来定. 如果系统的外界条件(如压强、容积或温度等)发生一微小变化所经历的时间比系统的弛豫时间长得多，那么在外界条件的变化过程中，系统有充分的时间达到平衡态，因此，这样的过程可以视为准静态过程. 例如，内燃机汽缸中的燃气，在实际过程中，压缩气体的时间约为 10^{-2} s，而该燃气的弛豫时间只有 10^{-3} s，所以，内燃机中燃气状态的变化过程可视为准静态过程.

$p-V$ 图上一个点代表一个平衡态，一条连续曲线代表一个准静态过程. 如图 6-1 所示的曲线表示由初态Ⅰ到末态Ⅱ的准静态过程，其中箭头方向为过程进行的方向. 这条曲线叫作过程曲线，表示这条曲线的方程叫作**过程方程**.

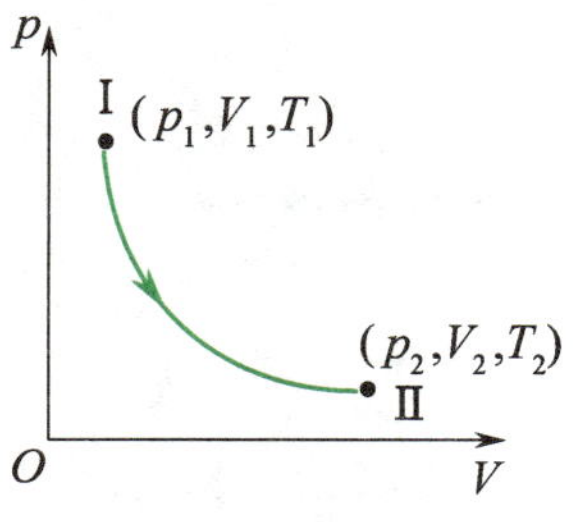

图 6-1 准静态过程

准静态过程是实际过程的近似，实际中并不存在. 因为系统从一个平衡态变到相邻平衡态，总是要经过一些时间的，而在实际过程中，常常是在还未到达新的平衡态的情况下又进入了下一状态的变化. 因此，准静态过程实际上是一个理想化的过程. 但是它在热力学理论研究和对实际应用的指导上均有重要意义. 例如，当汽缸中的气体在外界作用下做无摩擦准静态压缩时，为了维持气体的准静态，外界的压强必须等于气体的压强，外界压强的变化就可用气体的压强变化来表示. 在后面研究可逆过程时，准静态过程具有重要意义. 以后，如不特别指明，所讨论的过程均视为准静态过程.

二、准静态过程的功与热量

从力学中知道，若外界对物体做功，则外界与物体之间有能量交换，物体的能量和运动状态都将发生变化. 同样地，外界对热力学系统做功，也可以改变系统内的能量和系统热力学状态.

在非准静态过程中，由于状态参量 p,V,T 不确定，力学平衡条件不成立，外界物体对系统所做的功只能根据外力引起的外压 p_e 来计算，或用实验测定. 而在准静态过程中，外界对系统做功可以用平衡态状态参量表示，从而进行定量计算. 外界通过系统体积的变化而做的功简称**体积功**.

以汽缸内气体体积变化时的做功为例，设汽缸中气体的压强为 p，活塞的面积为 S，活塞与汽缸壁的摩擦不计，如图 6－2 所示.

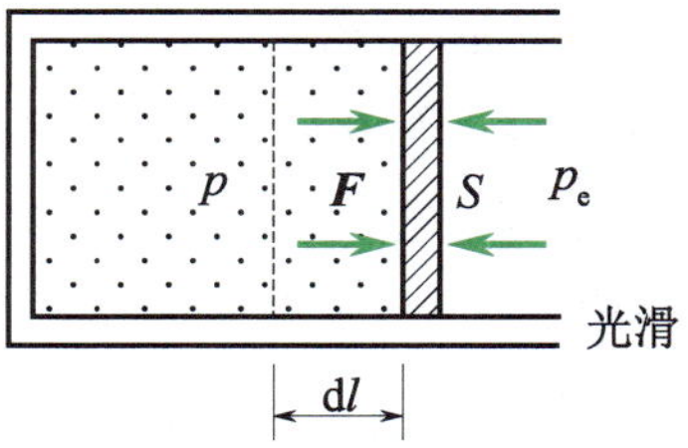

图 6－2　气体膨胀过程

取气体为系统，汽缸、活塞及大气均为外界. 当气体做微小膨胀时，系统对外界做的功为

$$dW = Fdl = pSdl = pdV \qquad (6-1)$$

若系统从初态 Ⅰ 经过一个准静态过程变化到末态 Ⅱ，则系统对外界做的总功为

$$W = \int_{\mathrm{I}}^{\mathrm{II}} dW = \int_{V_1}^{V_2} pdV \qquad (6-2)$$

对应地，外界对系统做的功为

$$dW_{外} = -p_e Sdl = -p_e dV$$

因为在无摩擦准静态过程中有 $p_e = p$，代入上式并积分得

$$W_{外} = -\int_{V_1}^{V_2} pdV$$

式中，V_1 与 V_2 分别表示系统在初态和末态的体积；p 为系统压强的绝对值；dV 为代数值. 系统膨胀时 $dV>0$，$dW>0$，即外界对系统做负功；系统被压缩时 $dV<0$，$dW<0$，即外界对系统做正功. 总之，在同一个准静态过程中，系统对外界做的功与外界对系统做的功，总是大小相等，符号相反. 若系统体积不变，则 $dV=0$，$dW=0$，即外界或系统均不做功.

系统在一个准静态过程中做的体积功，可以在 $p-V$ 图上直观地表示出来. 在微小过程中，元功 dW 的大小为图 6－3 中 $V \sim V+dV$ 之间曲线下斜线所示窄条面积. 整个过程中系统做功的大小，如 Ⅰ→a→Ⅱ 过程中功的大小，可用过程曲线 Ⅰ→a→Ⅱ 下、横坐标 V_1 到 V_2 之间的面积表示. 如果系统的初态与末态仍为 Ⅰ、Ⅱ，但所经历的过程不同，如 Ⅰ→b→Ⅱ 过程，显然，沿 Ⅰ→b→Ⅱ 过程系统做的功大于沿 Ⅰ→a→Ⅱ 过程的功. 这表明，系统由一个状态变化到另一个状态时，系统对外所做功的大小与系统经历的过程有关. 即功不是状态量，而是一个与过程有关的量，也就是说功是过程量.

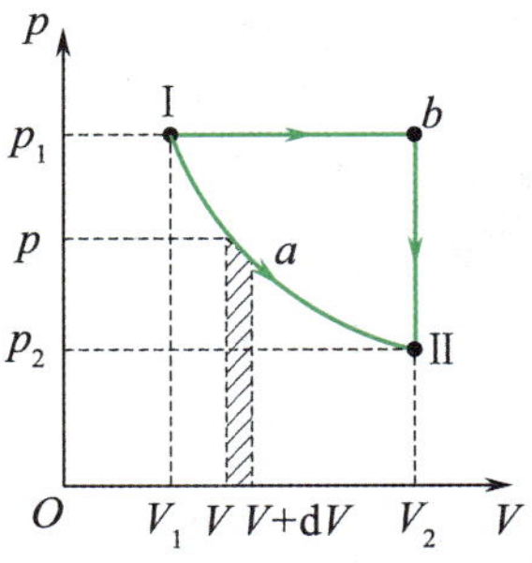

图 6－3　功的示图

除了做功，通过热传递方式也能使系统的能量和状态发生变化. 将一定质量的气体装在体积不变的刚性壁容器里，让其与温度不同的外界热接触，这时气体的温度和压强都将发生变化. 而在这个过程中，气体体积并没有变化，外界不对系统做功，系统状态的变化是系统与外界之间存在温差，从而发生传热造成的. 由于温差引起的系统状态变化的过程叫作**热传递过程**. 于是，人们引进热量的概念，认为在热传递过程中有热量从高温物体传给低温物体. 热传递过程中，当外界温度比系统温度高时，外界向系统放热；当外界温度比系统温度低时，从系统吸热.

焦耳(Joule)从 1840 年起就开始通过实验探求机械生热法、电的热效应等. 焦耳实验表明，一定的热量的产生或消失，总是伴随着其他某种形式的能量(如机械能、电能等)的消失或产生，并在相互转化中守恒. **热量**是由于温差而引起的被传递或转移的能量.

国际单位制中，能量、功和热量的单位均为焦耳(J). 历史上热量还有一个单位，叫卡(cal)，根据焦耳的热功当量实验得出

$$1\ \text{cal}=4.18\ \text{J}.$$

做功与热量传递对能量的改变具有等效性，但做功与热量传递也有很大的区别，在外界对系统或系统对外界做功时，系统和外界在力的作用下发生相对位移，做功可以说是能量传递的宏观形式；而在系统与外界进行热交换时，两者之间不出现宏观相对位移，其能量的交换必须通过分子间碰撞或热辐射来完成，因此热交换与物质的微观运动有密切的联系.

准静态过程中热量的计算有两种方法. 其一，为热容量法，$\mathrm{d}Q=\dfrac{M}{M_{\text{mol}}}C_{\text{m}}\mathrm{d}T$ 和 $Q=\dfrac{M}{M_{\text{mol}}}C_{\text{m}}(T-T_0)$，式中，$C_{\text{m}}$ 为物质在某过程中的摩尔热容，即 1 mol 的物质温度升高(或降低)1 K 所吸收(或放出)的热量，其值由物质和过程确定；$\mathrm{d}T$ 为系统温度的改变量. 其二，通过热力学第一定律计算过程中的热量，这将在后面讨论.

三、内能

将焦耳实验的研究结论——热功当量应用于循环过程，即系统经历一系列过程后又回到初始出发的状态，这时系统的状态和能量都没有改变，如图 6-4 所示，那么，循环过程中做功所传递的这部分能量必然是通过系统与外界的热交换进入或传出了系统. 因此，在循环过程中，热功当量结论可写成表达式

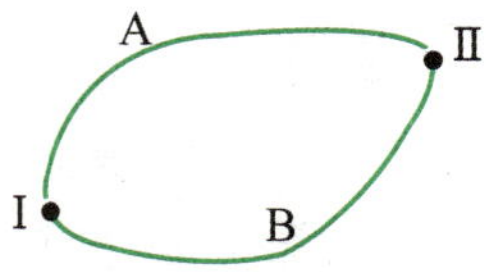

图 6-4 热力学循环过程

$$\oint \mathrm{d}Q=\oint \mathrm{d}W. \tag{6-3}$$

$\oint \mathrm{d}Q$ 和 $\oint \mathrm{d}W$ 分别表示循环过程中系统吸收的热量和对外所做的功，表达式中热量和功的单位都是 J(焦耳). 上式改写成

$$\oint(\mathrm{d}Q-\mathrm{d}W)=0$$

或
$$\int_{\mathrm{I}}^{\mathrm{II}}(\mathrm{d}Q-\mathrm{d}W)_A=\int_{\mathrm{I}}^{\mathrm{II}}(\mathrm{d}Q-\mathrm{d}W)_B.$$

$\int_{\mathrm{I}}^{\mathrm{II}}(\mathrm{d}Q-\mathrm{d}W)$ 的值只与初态Ⅰ和末态Ⅱ有关，而与Ⅰ和Ⅱ之间的路径无关. 因此，引进一个态函数，这个态函数称为**内能**，用 E 表示，有

$$\Delta E=\int_{\mathrm{I}}^{\mathrm{II}}(\mathrm{d}Q-\mathrm{d}W)=Q-W. \tag{6-4}$$

内能就是系统内的能量. 实践表明，要改变一个热力学系统的状态，也即改变其内能，如前述一样，有两种方式：一是外界对系统做功（做机械功或电磁功）；二是向系统传递热量. 例如，一杯水，可以通过加热，即热传递方法，从某一温度升到另一温度；也可用搅拌做功的方法，使该杯水的温度升高到同一温度. 两者虽然方式不同，但导致系统增加相同的内能. 这表明做功和传递热量是等效的，因此，做功和传递热量均可作为内能变化的量度.

从微观上看，热力学系统由大量的分子、原子或其他粒子组成，这些粒子都处在不停的无规则的运动状态，并且粒子之间有相互作用，那么组成热力学系统的微观粒子具有动能和相互作用的势能两种能量形式. 这两种能量的总和就是热力学系统的内能. 对于理想气体，不考虑相互作用的势能，则气体的内能为

$$E=\frac{M}{M_{\mathrm{mol}}}\frac{i}{2}RT.$$

可知，对给定的理想气体，它的内能仅是温度的单值函数，即 $E=E(T)$. 对于确定的平衡态，其温度 T 唯一确定，所以，内能是状态的单值函数，对于实际气体也是如此. 只是当实际气体压强较大时，气体的内能中还包括分子间的势能，该势能与气体体积有关. 所以，一般来讲实际气体的内能是温度 T 和体积 V 的单值函数. 顺便指出，反之并不成立，即状态不是内能的单值函数，一个内能对应的状态可以是多个.

做功与热量传递对内能的改变具有等效性，但它们在本质上存在差异. "做功"改变内能，是外界有序运动的能量与系统分子无序热运动的能量之间的转换；"热量传递"改变内能，是外界分子无序运动的能量与系统内分子的无序热运动的能量之间的传递.

四、热力学第一定律

根据能量转换和守恒定律，在系统状态变化时，系统能量的改变量等于系统与外界交换的能量. 在准静态过程中，系统改变的仅为内能，一般情况下与外界可能同时有功和热量的交换，这就是(6-4)式所表达的含义，也可写成

$$\Delta E=Q+(-W)$$

或
$$Q=\Delta E+W. \tag{6-5}$$

(6-5)式表示**系统吸收的热量，一部分转化成系统的内能；另一部分转化为系统对外所做的功**. 这就是**热力学第一定律**的数学表达式. 显然，热力学第一定律就是包括热现象在内的能量转换与守恒定律，适用于任何系统的任何过程.

在(6-5)式中，规定系统从外界吸热时，Q 为正，向外界放热时，Q 为负；系统对外做功时，W 为正，外界对系统做功时，W 为负.

如果系统经历一微小变化，即所谓微过程，则热力学第一定律为

$$dQ = dE + dW. \tag{6-6}$$

(6－5)式与(6－6)式对准静态过程普遍成立，对非静态过程，则仅当初态和末态为平衡态时才适用. 如果系统是通过体积变化来做功，则(6－6)式与(6－5)式可以分别表示为

$$dQ = dE + p dV, \tag{6-7}$$

$$Q = \Delta E + \int_{V_1}^{V_2} p dV. \tag{6-8}$$

热力学第一定律在等值过程中的应用

由热力学第一定律可知，要使系统对外做功，可以消耗系统的内能，也可以吸收外界的热量，或者两者兼有. 历史上曾有人试图制造一种能对外不断自动做功，而不需要消耗任何燃料，也不需要提供其他能量的机器，人们称这样的机器为**第一类永动机**. 然而，由于违反热力学第一定律均告失败. 因此，热力学第一定律又可表述为：**制造第一类永动机是不可能的**.

顺便指出，根据热力学第一定律可知，既然功是过程量，那么热量也是过程量.

§ 6.2 理想气体等值过程和绝热过程

一、等容过程　定容摩尔热容

等容过程可以这样实现：设封闭汽缸内有一定质量的理想气体，活塞保持固定不动，把汽缸连续地与一系列有微小温差的恒温热源接触，让汽缸中气体经历一个准静态升温过程，此过程中压强增大，但体积不变，如图 6－5 所示. 这就是一个准静态的等容过程.

等容过程在 $p-V$ 图上为一条平行于 p 轴的直线段，叫等容线(见图 6－6). 理想气体等容过程有 $\frac{p}{T}$＝恒量.

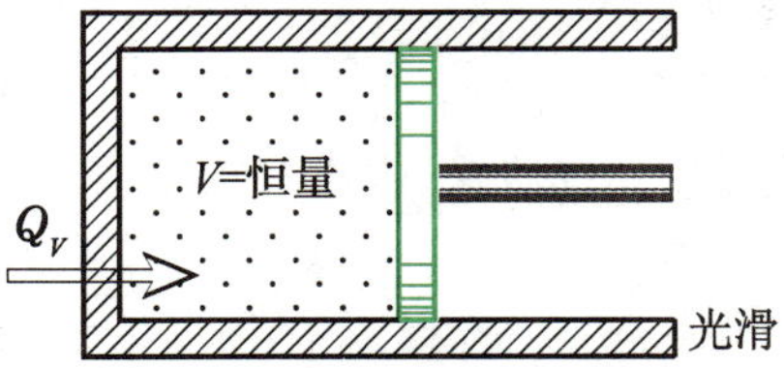

图 6－5　气体的等容过程

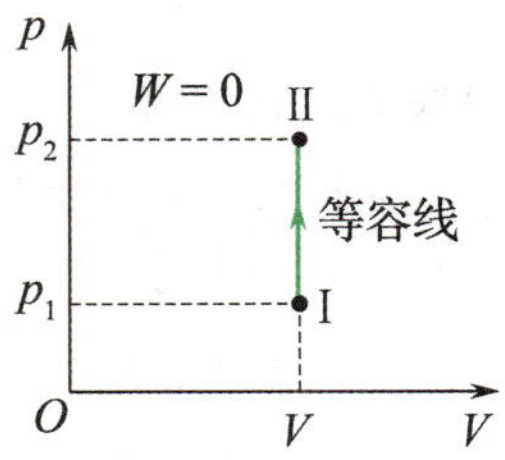

图 6－6　等容过程不做功

由于等容过程 $dV=0$，所以系统做功 $dW=pdV=0$. 根据热力学第一定律，过程中的能量关系为

$$dQ_V = dE$$

或

$$Q_V = \Delta E = E_2 - E_1. \tag{6-9}$$

上面两式中的脚标 V 表示体积不变.(6－9)式表明,在等容过程中,外界传给气体的热量全部用来增加气体的内能,系统对外不做功.

系统在某一无限小过程中吸收的热量 $\mathrm{d}Q$ 与温度变化量 $\mathrm{d}T$ 的比值称为系统在该过程的**热容量**(C),即

$$C=\frac{\mathrm{d}Q}{\mathrm{d}T}. \tag{6-10}$$

它表示在该过程中,温度升高 1 K 时系统所吸收的热量,单位是$\mathrm{J\cdot K^{-1}}$.其值由物质和过程决定,对于给定的系统(物质),进行的过程不同,其热容量也不同.

若系统物质的量是 1 mol,则 1 mol 物质的热容量叫摩尔热容(C_{m}),单位为 $\mathrm{J\cdot mol^{-1}\cdot K^{-1}}$.热容量与摩尔热容的关系为 $C=\frac{M}{M_{\mathrm{mol}}}C_{\mathrm{m}}$,式中 M 为物质的质量,M_{mol} 为物质的摩尔质量.

1 mol 理想气体,在等容过程中吸收的热量 $\mathrm{d}Q_V$ 与温度的变化量 $\mathrm{d}T$ 之比为**定容摩尔热容**,即

$$C_{V,\mathrm{m}}=\left(\frac{\mathrm{d}Q}{\mathrm{d}T}\right)_V.$$

由等容过程知 $\mathrm{d}Q_V=\mathrm{d}E$,所以有

$$C_{V,\mathrm{m}}=\left(\frac{\mathrm{d}E}{\mathrm{d}T}\right)_V. \tag{6-11}$$

对于理想气体有 $\mathrm{d}E=\frac{i}{2}R\mathrm{d}T$,代入上式得理想气体定容摩尔热容为

$$C_{V,\mathrm{m}}=\frac{i}{2}R. \tag{6-12}$$

式中,i 为分子自由度;R 为普适气体常量.因此理想气体定容摩尔热容只与分子自由度有关,而与气体的状态(p,T)无关.对于单原子理想气体,$i=3$,$C_{V,\mathrm{m}}=\frac{3}{2}R$;对于刚性双原子气体,$i=5$,$C_{V,\mathrm{m}}=\frac{5}{2}R$;对于刚性多原子气体,$i=6$,$C_{V,\mathrm{m}}=3R$.

因此,由(6－10)式可得

$$Q_V=\frac{M}{M_{\mathrm{mol}}}C_{V,\mathrm{m}}\Delta T.$$

由(6－12)式,理想气体内能表达式又可以写为

$$E=\frac{M}{M_{\mathrm{mol}}}C_{V,\mathrm{m}}T. \tag{6-13}$$

(6－13)式对理想气体都成立.因此,理想气体的各种过程都有

$$\Delta E=\frac{M}{M_{\mathrm{mol}}}C_{V,\mathrm{m}}\Delta T.$$

二、等压过程 定压摩尔热容

设想一个装有一定质量理想气体的封闭汽缸,与一系列恒温热源连续接触,热源的温度依次较前一个热源高,但温度相差极微;接触过程中活塞上所加外力保持不变,有微小的热量传给气体,使气体温度升高,压强也随之增加一微小量,于是推动活塞对外做功,体积随之膨胀.体积膨胀反过来使气体压强降低,从而保

证汽缸内外的压强随时保持不变.此时系统经历的就是一个准静态等压过程,如图 6 - 7 所示.

等压过程在 $p-V$ 图上为一条平行于 V 轴的直线段,叫等压线,如图 6 - 8 所示.理想气体等压过程有 $\frac{V}{T}=$恒量.

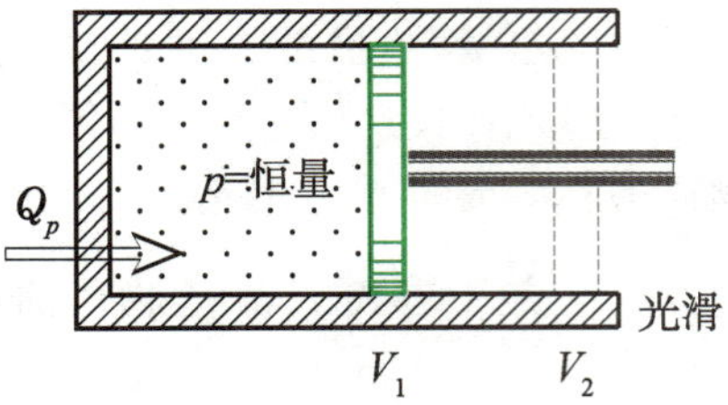

图 6 - 7　气体的等压过程

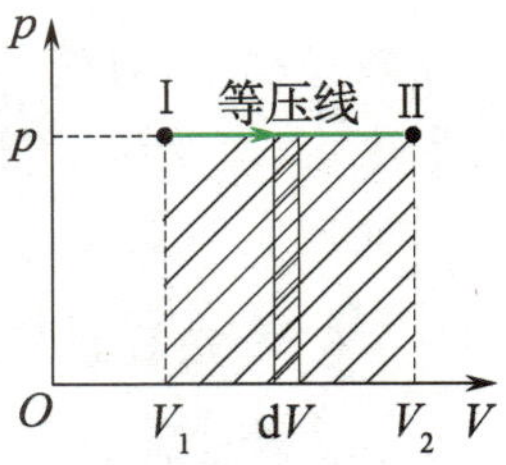

图 6 - 8　等压过程的功

等压过程的特征是系统的压强保持不变,即 $p=$恒量,$\mathrm{d}p=0$.

因此,当气体体积从 V_1 扩大到 V_2 时,系统对外做功为

$$W_p=\int_{V_1}^{V_2}p\mathrm{d}V=p(V_2-V_1). \qquad (6-14)$$

根据理想气体的状态方程,可将上式改写成

$$W_p=p(V_2-V_1)=\frac{M}{M_{\mathrm{mol}}}R(T_2-T_1).$$

所以,根据热力学第一定律,在整个等压过程中系统所吸收的热量为

$$Q_p=\Delta E+p(V_2-V_1)$$

或

$$Q_p=E_2-E_1+\frac{M}{M_{\mathrm{mol}}}R(T_2-T_1). \qquad (6-15)$$

(6 - 15)式表明,等压过程中系统所吸收的热量,一部分用来增加系统的内能,另一部分用来对外做功.

1 mol 气体在等压过程中吸收的热量 $\mathrm{d}Q_p$ 与温度的变化量 $\mathrm{d}T$ 之比叫作气体**定压摩尔热容**,即

$$C_{p,\mathrm{m}}=\left(\frac{\mathrm{d}Q}{\mathrm{d}T}\right)_p.$$

由定压过程可知 $\mathrm{d}Q_p=\mathrm{d}E+p\mathrm{d}V$,所以

$$C_{p,\mathrm{m}}=\frac{\mathrm{d}E}{\mathrm{d}T}+p\frac{\mathrm{d}V}{\mathrm{d}T}.$$

对于 1 mol 理想气体,因 $\mathrm{d}E=C_{V,\mathrm{m}}\mathrm{d}T$,以及定压过程 $p\mathrm{d}V=R\mathrm{d}T$,所以有

$$C_{p,\mathrm{m}}=C_{V,\mathrm{m}}+R. \qquad (6-16)$$

(6 - 16)式叫作**迈耶**(Mayer)**公式**,表示 1 mol 理想气体的定压摩尔热容比定容摩尔热容大一个恒量 R.也就是说,在等压过程中,温度升高 1 K 时,1 mol 理想气体比在等容过程中多吸收 8.31 J 热量,用来转换为膨胀时对外做的功.

系统的定压摩尔热容 $C_{p,\mathrm{m}}$ 与定容摩尔热容 $C_{V,\mathrm{m}}$ 的比值,称为系统的**比热容比**,以 γ 表示.工程上称它为**绝热系数**,即

$$\gamma=\frac{C_{p,\mathrm{m}}}{C_{V,\mathrm{m}}}.$$

由于 $C_{p,m}>C_{V,m}$，所以 $\gamma>1$.

对于理想气体，$C_{p,m}=C_{V,m}+R$，$C_{V,m}=\frac{i}{2}R$，所以有

$$\gamma=\frac{C_{V,m}+R}{C_{V,m}}=\frac{\frac{i}{2}R+R}{\frac{i}{2}R}=\frac{i+2}{i} \tag{6-17}$$

(6-17)式说明，理想气体的比热容比只与分子的自由度有关，而与气体状态无关. 对于单原子气体，$\gamma=5/3=1.67$；对于双原子(刚性)气体，$\gamma=7/5=1.40$；对于多原子(刚性)气体，$\gamma=8/6=1.33$.

从表 6-1 中可以看出：①各种气体的 $C_{p,m}-C_{V,m}$ 值都接近于 R 值；②室温下单原子及双原子气体的 $C_{p,m}$，$C_{V,m}$，γ 的实验数据与理论值相近. 这说明经典热容理论近似地反映了客观事实. 但是，对于分子结构较为复杂的气体，如 3 原子及以上的多原子气体，理论值与实验数据显然不等，而且从表 6-2 可见，$C_{V,m}$ 是温度的函数而不是定值. 这是因为经典理论只是近似理论，要用量子理论才能正确解决问题，在此不作深入讨论.

表 6-1 气体摩尔热容的实验数据(室温)($C_{p,m}$，$C_{V,m}$ 的单位为 $J\cdot mol^{-1}\cdot K^{-1}$)

原子数	气体种类	$C_{p,m}$	$C_{V,m}$	$C_{p,m}-C_{V,m}$	$\gamma=\frac{C_{p,m}}{C_{V,m}}$
单原子	氦	20.9	12.5	8.4	1.67
	氩	21.2	12.5	8.7	1.65
双原子	氢	28.8	20.4	8.4	1.41
	氮	28.6	20.4	8.2	1.40
	一氧化碳	29.0	20.7	8.1	1.40
	氧	29.4	21.0	7.9	1.40
多原子	水蒸气	36.2	27.8	8.4	1.31
	甲烷	35.6	27.2	8.4	1.31
	氯仿	72.0	63.7	8.3	1.13
	乙醇	87.5	79.2	8.3	1.10

表 6-2 气体定容摩尔热容实验数据($C_{V,m}$ 的单位为 $J\cdot mol^{-1}\cdot K^{-1}$)

气　体	273 K	373 K	473 K	773 K	1 473 K	2 273 K
N_2，O_2，HCl，CO	20.3	20.3	21.0	22.4	24.1	26.0
H_2	50 K		500 K		2 500 K	
	12.5		21.0		29.3	

三、等温过程

设想一汽缸，其四壁和活塞是绝对不导热的，而底部是绝对导热的，如图 6-9

所示.今将汽缸底部与一恒温热源相接触,当活塞上的外界压强无限缓慢地降低时,缸内气体随之逐渐膨胀,对外做功,气体内能缓慢减小,温度随之微微降低.此时,由于汽缸底部与恒温热源相接触,当气体温度比恒温热源温度略低时,就有微小的热量传给气体,使气体的温度维持原值不变.气体经历一个准静态等温过程.

理想气体等温过程有 $pV=$常数,它在 $p-V$ 图上为双曲线的一支,称为**等温线**,如图 6-10中 Ⅰ→Ⅱ 曲线所示.等温线把$p-V$图分为两个区域,等温线以上区域气体的温度大于 T,等温线以下的区域气体的温度小于 T.

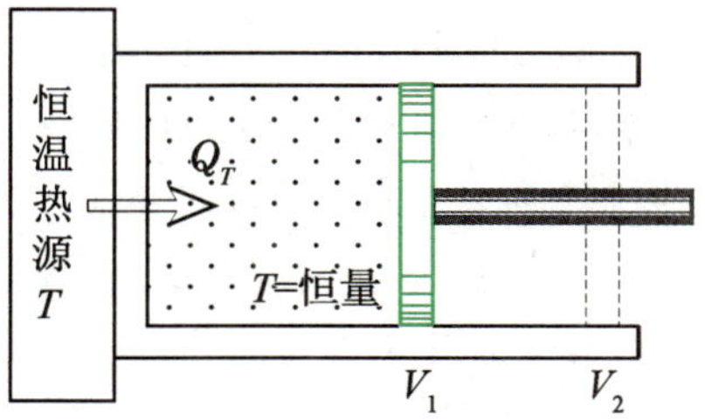

图 6-9 等温过程

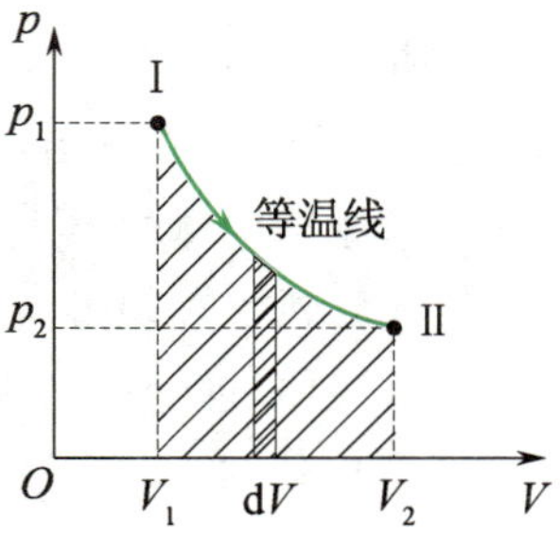

图 6-10 等温过程的功

对于理想气体,根据其内能表达式,在等温过程中,因为$dT=0$,所以 $dE=0$,这表明等温过程中理想气体的内能保持不变.

等温过程中理想气体做的功,在体积发生微小变化时有

$$dW_T = p dV,$$

又由于 $pV=\frac{M}{M_{mol}}RT$.因此,$dW_T=\frac{M}{M_{mol}}RT\frac{dV}{V}$,

等温过程中的热量关系由热力学第一定律得

$$dQ_T = dW_T = \frac{M}{M_{mol}}RT\frac{dV}{V}. \qquad (6-18)$$

理想气体在等温过程中由体积 V_1 膨胀到 V_2 时,气体对外做的功为

$$W_T = \int_{V_1}^{V_2} p dV = \frac{M}{M_{mol}}RT\int_{V_1}^{V_2}\frac{dV}{V},$$

$$W_T = \frac{M}{M_{mol}}RT\ln\frac{V_2}{V_1}. \qquad (6-19)$$

由热力学第一定律,可得 $Q_T=W_T$,即

$$Q_T = \frac{M}{M_{mol}}RT\ln\frac{V_2}{V_1} = \frac{M}{M_{mol}}RT\ln\frac{p_1}{p_2}. \qquad (6-20)$$

(6-20)式表明,在等温过程中,理想气体所吸收的热量全部用来对外界做功,系统内能保持不变.

四、绝热过程

在一个被良好的绝热材料包围的系统中进行的过程,或由于进行得很快,系统来不及和外界交换热量的过程,如内燃机中的爆炸过程等,都可近似地看作准静态绝热过程.在系统不与外界交换热量的条件下,系统的状态变化过程叫作**绝热过程**.

绝热过程的特征是在任意微小过程中有 $dQ=0$. 所以根据热力学第一定律，系统对外界做功为

$$p\mathrm{d}V=-\mathrm{d}E.$$

由此可见，绝热过程中系统对外做功全部是以系统内能减少为代价的.

利用(6-13)式，上式可以写为

$$p\mathrm{d}V=-\frac{M}{M_{\mathrm{mol}}}C_{V,\mathrm{m}}\mathrm{d}T.$$

当气体绝热膨胀对外做功时，气体内能减少，温度要降低，而压强也在减小，所以绝热过程中，气体的温度、压强、体积三个参量都同时改变.

将理想气体状态方程 $pV=\frac{M}{M_{\mathrm{mol}}}RT$ 两边取微分，有

$$p\mathrm{d}V+V\mathrm{d}p=\frac{M}{M_{\mathrm{mol}}}R\mathrm{d}T.$$

将上述两个方程联立并消去 $\frac{M}{M_{\mathrm{mol}}}\mathrm{d}T$，得

$$(C_{V,\mathrm{m}}+R)p\mathrm{d}V=-C_{V,\mathrm{m}}V\mathrm{d}p.$$

因 $C_{p,\mathrm{m}}=C_{V,\mathrm{m}}+R$，$\gamma=C_{p,\mathrm{m}}/C_{V,\mathrm{m}}$，则有

$$\frac{\mathrm{d}p}{p}+\gamma\frac{\mathrm{d}V}{V}=0.$$

将上式两边积分，得

$$\ln p+\gamma\ln V=\text{恒量},$$

$$pV^{\gamma}=\text{恒量}. \tag{6-21}$$

应用 $pV=\frac{M}{M_{\mathrm{mol}}}RT$ 和上式分别消去 p 或 V 可得

$$V^{\gamma-1}T=\text{恒量}, \tag{6-22}$$

$$p^{\gamma-1}T^{-\gamma}=\text{恒量}. \tag{6-23}$$

(6-21)式、(6-22)式和(6-23)式均称为**绝热过程方程**，简称**绝热方程**. 式中，指数 γ 为理想气体的比热容比($C_{p,\mathrm{m}}/C_{V,\mathrm{m}}$)，这也是工程上将 γ 称为绝热系数的原因. 三个方程中的各恒量均不相同，使用时可根据实际情况任取一个公式来应用.

在 $p-V$ 图上的绝热曲线是根据绝热方程 $pV^{\gamma}=$恒量作出的. 如图 6-11 所示，实线为绝热线，虚线为过 A 点的同一气体的等温线. 由图 6-11 中可以看出，通过同一点的绝热线比等温线陡. 下面通过对两条曲线交点 A 处斜率的计算，证实这一点.

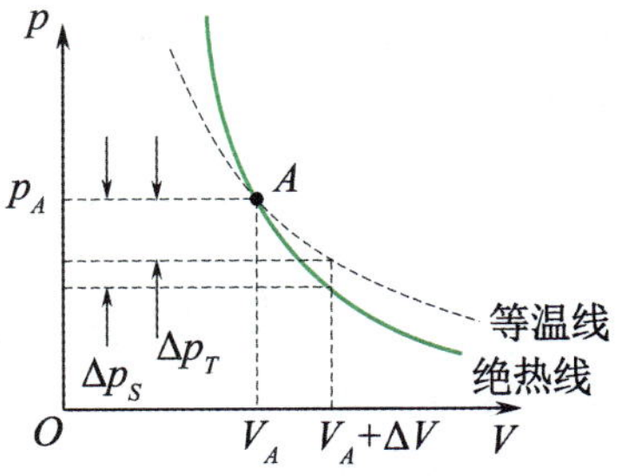

图 6-11　绝热线比等温线陡

等温线：由 $pV=C$，两边微分，整理后得斜率为

$$\frac{\mathrm{d}p}{\mathrm{d}V_T}=-\frac{p}{V},$$

则 A 处的斜率为　$$\frac{\mathrm{d}p}{\mathrm{d}V_T}=-\frac{p_A}{V_A}.$$

绝热线：由 $pV^{\gamma}=C$，两边微分，整理后得斜率为

$$\frac{\mathrm{d}p}{\mathrm{d}V_S}=-\gamma\frac{p}{V},$$

则 A 处的斜率为

$$\frac{\mathrm{d}p}{\mathrm{d}V_S}=-\gamma\frac{p_A}{V_A}.$$

由于 $\gamma>1$，比较两式，可知绝热线比等温线陡. 究其物理原因，等温过程中压强减小 $(\Delta p)_T$，仅是由体积增大所致，而在绝热过程中压强减小 $(\Delta p)_S$，是由体积增大和温度降低这两个原因所致，所以 $(\Delta p)_S$ 的值比 $(\Delta p)_T$ 的值大.

系统在绝热条件下，从状态 (p_1,V_1) 变化到 (p_2,V_2) 时，有

$$p_1V_1^\gamma=p_2V_2^\gamma=pV^\gamma.$$

气体对外做的功为

$$W=\int_{V_1}^{V_2}p\mathrm{d}V=\int_{V_1}^{V_2}\frac{p_1V_1^\gamma}{V^\gamma}\mathrm{d}V=p_1V_1^\gamma\int_{V_1}^{V_2}\frac{\mathrm{d}V}{V^\gamma}$$

$$=-\frac{p_1V_1^\gamma}{\gamma-1}\left(\frac{1}{V_2^{\gamma-1}}-\frac{1}{V_1^{\gamma-1}}\right),$$

$$W=\frac{p_2V_2-p_1V_1}{1-\gamma}. \tag{6-24}$$

例 6-1

有 2 mol 氦气，由初始状态 $a(T_1,V_1)$ 等压加热至体积增大 1 倍，再经绝热膨胀，使其温度降至初始温度，如图 6-12 所示. 把氦气视为理想气体，试求：

(1) 整个过程氦气吸收的热量；

(2) 氦气所做的总功.

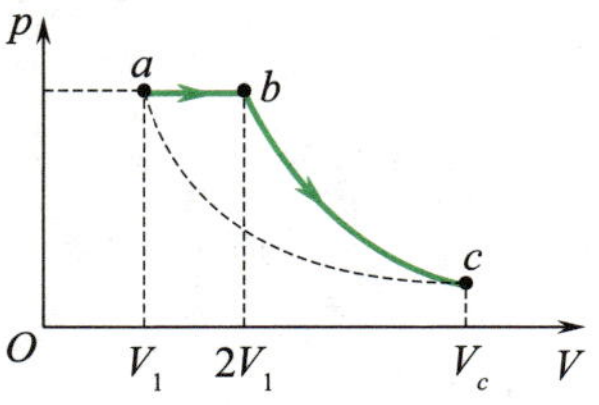

图 6-12 例 6-1 图

解 (1) 根据状态方程有

$$\frac{V_1}{T_a}=\frac{V_2}{T_b},$$

$$T_b=\frac{2V_1}{V_1}T_1=2T_1.$$

各过程吸收的热量为

$$Q_{ab}=\nu C_{p,\mathrm{m}}(T_b-T_a)=2\times\frac{5}{2}R(2T_1-T_1)=5RT_1$$

$$Q_{bc}=0$$

整个过程吸收的总热量

$$Q=Q_{ab}+Q_{bc}=5RT_1.$$

(2) 对整个过程应用热力学第一定律：

$$Q=\Delta E+W,$$

依题意，$T_a=T_c$，故 $\Delta E=0$，总功为

$$W=Q=5RT_1$$

例 6-2

1 mol 双原子分子理想气体的 $p-V$ 关系如图 6-13 所示，由初态 $A(p_1,V_1)$ 经准静态过程直线变到终态 $B(p_2,V_2)$. 试求该理想气体在 $A\rightarrow B$ 过程中：

(1) 内能增量；

(2) 对外界所做的功；

(3) 吸收的热量；

(4) 摩尔热容.

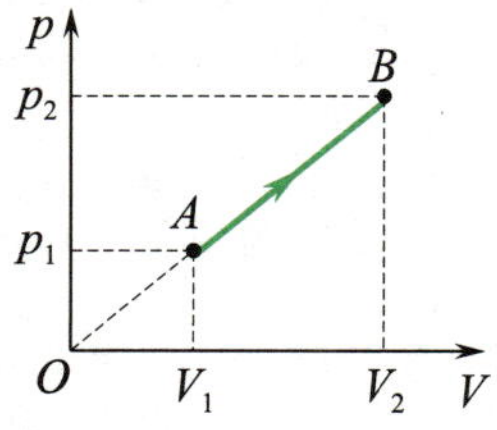

图 6-13 例 6-2 图

解　(1)内能增量

$$\Delta E=C_{V,m}(T_2-T_1)=\frac{5}{2}(p_2V_2-p_1V_1).$$

(2)$A\to B$ 过程所做的功为曲线下梯形的面积，其大小等于$\triangle OBV_2$ 与$\triangle OAV_1$ 的面积之差，故

$$W=\frac{1}{2}(p_2V_2-p_1V_1).$$

(3)由热力学第一定律，吸收的热量为

$$Q=\Delta E+W=3(p_2V_2-p_1V_1).$$

(4)根据状态方程，热量可写成

$$Q=3R(T_2-T_1),$$

对于 $A\to B$ 过程中，任意一微小状态变化均应有

$$dQ=3RdT,$$

由摩尔热容定义 $C_m=\frac{dQ}{dT}$，得

$$C_m=3R.$$

§6.3　循环过程

在生产技术上需要将热与功之间的转换持续下去，这就需要利用循环过程. 系统从某一状态出发，经过一系列状态变化过程以后，又回到原来出发时的状态，这样的过程叫作**循环过程**，简称**循环**. 循环工作的物质系统叫作**工作物质**，简称**工质**.

由于工质的内能是状态的单值函数，工质经历一个循环过程回到原来出发时的状态时，内能没有改变，所以**循环过程的重要特征是** $\Delta E=0$. 如果工质所经历的循环过程中各分过程都是准静态过程，则整个过程就是准静态循环过程. 在 $p-V$ 图上即为一条闭合曲线. 如图 6-14 所示，曲线 $abcd$ 就表示了一个循环过程，其中箭头的方向表示过程进行的方向.

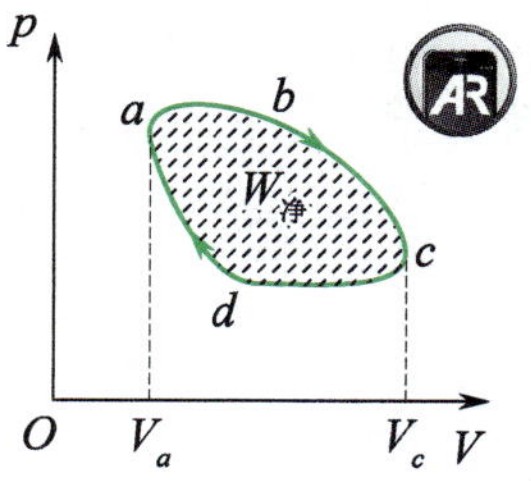

图 6-14　正循环

在 $p-V$ 图上，如果循环是沿顺时针方向进行的，则称为**正循环**. 如果循环是沿逆时针方向进行的，则称为**逆循环**.

一、循环效率

对于正循环，如图 6-14 所示，在过程 abc 中，工质膨胀对外做正功，其数值等于 $abcV_cV_aa$ 所围面积；在 cda 过程中，系统对外界做负功，其数值等于 $cdaV_aV_cc$ 所围面积. 因此，在一次正循环过程中，系统对外做的净功(或叫总功)$W_净$，其数值为循环过程中系统所做正负功的代数和，即封闭曲线 $abcd$ 所包围的面积. 设整个循环过程中，工质从外界吸收的热量总和为 Q_1，释放给外界的热量总和为 Q_2，由于一次循环过程中 $\Delta E=0$，将热力学第一定律应用于一次循环，可得 $Q_1-Q_2=W_净$，且 $W_净>0$，则 $Q_1>Q_2$. 这表示，正循环过程中的能量转换关系是将吸收的热量 Q_1 中一部分转化为有用功 $W_净$，另一部分 Q_2 放回给外界. 可见，正循环是一种通过工质使热量不断转换为功的循环.

能完成正循环的装置均叫**热机**，或把通过工质使热量不断转换为功的机器叫

空调是如何工作的

热机.例如,蒸汽机、内燃机、汽轮机等都是常用的热机.衡量一台热机的效率的标准是,热机把吸收来的热量中的多少转化为有用功.为此,定义热机效率为

$$\eta = \frac{W_{净}}{Q_1} = 1 - \frac{Q_2}{Q_1}. \qquad (6-25)$$

式中,Q_1 为整个循环过程中吸收热量的总和,Q_2 为放出热量总和的绝对值,即式中 Q_1,Q_2 均为绝对值.

对于逆循环,如图 6-15 所示,沿 $adcba$ 进行,其最终结果是系统经一次循环后内能不变,工质对外做负功,$W_{净}<0$(外界对工质做了净功),其大小等于逆循环曲线所包围的面积.

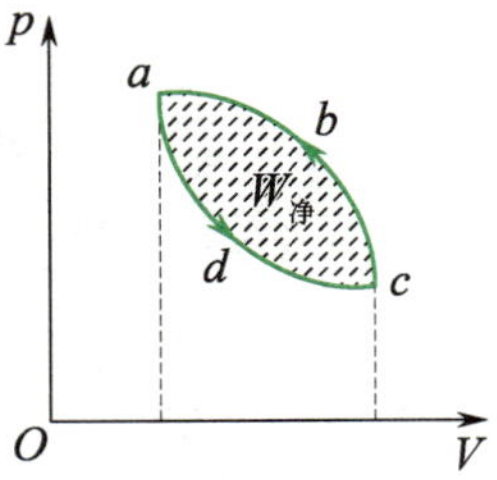

图 6-15 逆过程

设整个循环过程中工质从低温热源处吸收的热量为 Q_2,向高温热源处放出的热量为 Q_1.将热力学第一定律用于整个循环过程,注意到 $\Delta E=0$,可得

$$Q_2 - Q_1 = W_{净}$$

或

$$Q_1 = Q_2 + (-W_{净}).$$

由此可见,逆循环过程中向高温热源放出的热量大小等于工质从低温热源中提取的热量 Q_2 和外界对工质做的功($-W_{净}$)之和.也就是说,逆循环是在外界对工质做功的条件下,工质才能从低温热源吸收热量,从而使低温热源温度降低.这就是制冷机的工作原理.

由于制冷机的目的是从低温热源吸收热量,实现该目的是以外界对工质(俗称为制冷剂)做功为代价的,所以衡量制冷机的效率的标准是外界对制冷机做了功($-W_{净}$),能从低温热源吸收多大的热量 Q_2.因此,制冷系数定义为

$$e = \frac{Q_2}{|W_{净}|} = \frac{Q_2}{Q_1 - Q_2}, \qquad (6-26)$$

式中,Q_1,Q_2 均为绝对值.显然,如果从低温热源处吸收的热量 Q_2 越大,而对工质所做的功 W 越小,则制冷系数 e 就越大,制冷机的制冷效率就越高.

例 6-3

内燃机的一种循环叫作奥托(Otto)循环,其工质为燃料与空气的混合物,利用燃料的燃烧热产生巨大压力而做功.如图 6-16 所示为一内燃机结构示意图和它做四冲程循环的 $p-V$ 图.其中:(1)ab 为绝热压缩过程;(2)bc 为电火花引起燃料爆炸瞬间的等容过程;(3)cd 为绝热膨胀对外做功过程;(4)da 为打开排气阀瞬间的等容过程.在 bc 过程中,工质吸收燃料的燃烧热 Q_1,da 过程排出废气带走了热量 Q_2,奥托循环的效率决定于汽缸活塞的压缩比 V_2/V_1,试计算其热机效率.

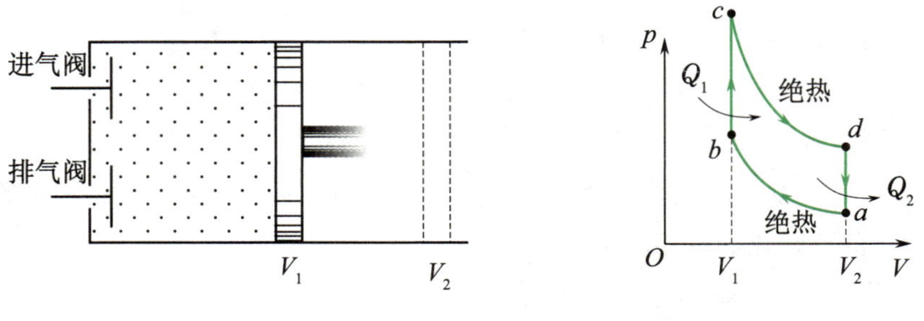

图 6-16 内燃机的奥托循环

解　在奥托循环中，气体主要在等容升压过程 bc 中吸热 Q_1，而在等容降压过程 da 中放热 Q_2，Q_1 和 Q_2 大小分别为

$$Q_1=\frac{M}{M_{\mathrm{mol}}}C_{V,\mathrm{m}}(T_c-T_b),$$

$$Q_2=\frac{M}{M_{\mathrm{mol}}}C_{V,\mathrm{m}}(T_d-T_a).$$

所以这一循环的热机效率为

$$\eta=1-\frac{Q_2}{Q_1}=1-\frac{T_d-T_a}{T_c-T_b}.$$

因为 cd 和 ab 均为绝热过程，其过程方程分别为

$$T_cV_1^{\gamma-1}=T_dV_2^{\gamma-1},$$

$$T_bV_1^{\gamma-1}=T_aV_2^{\gamma-1}.$$

两式相减，得　$(T_c-T_b)V_1^{\gamma-1}=(T_d-T_a)V_2^{\gamma-1}$，

即　$$\frac{T_c-T_b}{T_d-T_a}=\left(\frac{V_2}{V_1}\right)^{\gamma-1},$$

于是得　$$\eta=1-\frac{1}{\left(\frac{V_2}{V_1}\right)^{\gamma-1}}.$$

令 $\varepsilon=\frac{V_2}{V_1}$（称为压缩比），则有

$$\eta=1-\frac{1}{\varepsilon^{\gamma-1}}.$$

由此可见，奥托循环的效率完全由压缩比 ε 决定，并随着 ε 的增大而增大，故提高压缩比是提高内燃机效率的重要途径. 但压缩比太高会产生爆震而使内燃机不能平稳工作，且增大磨损，一般压缩比取 5～7. 设 $\varepsilon=7$，$\gamma=1.4$，可得效率为

$$\eta=1-\frac{1}{7^{0.4}}\approx 54\%.$$

实际上汽油机的效率只有 25%左右，柴油机的压缩比能做到 $\varepsilon=12\sim20$，实际效率可达 40%左右. 由于压缩比很大，柴油机的汽缸活塞杆等都做得很笨重，噪声也大. 故小型汽车、摩托车、飞机、快艇都装置汽油机，只有拖拉机、船舶才装置柴油机.

二、卡诺循环

19 世纪初，蒸汽机在工业上的应用越来越广泛，但当时蒸汽机的效率很低，只有 3%～5%. 因此，如何提高热机的效率，便成为当时科学家和工程师研究的重要课题. 那时人们从实践中已认识到，要使热机有效地工作，必须具备至少两个温度不同的热源. 那么，在两个温度一定的热源之间工作的热机所能达到的最大效率是多少呢？

卡诺热机的效率

1824 年，年仅 28 岁的法国青年工程师卡诺(S. Carnot)发表了《关于火力动力的见解》这篇著名的论文，从理论上回答了上述问题. 他提出了一种理想的热机循环：假设工质只与两个恒温热源交换热量，在一温度为 T_1 的高温热源处吸热，在另一温度为 T_2 的低温热源处放热，并假定所有过程都是准静态的. 所以与两个恒温热源交换热量的过程必定是等温过程；又因为只与两个热源交换热量，所以工质从热源温度 T_1 变到冷源温度 T_2，或者相反的过程，只能是绝热过程. 因此，这种由两个准静态等温过程和两个准静态绝热过程所组成的循环，就称为**卡诺循环**. 完成卡诺正循环的热机叫**卡诺热机**，卡诺热机的工质可以是固体、液体或气体.

下面，我们分析以理想气体为工质的卡诺正循环，并求出其效率. 卡诺循环在 $p-V$ 图上是分别由温度为 T_1 和 T_2 的两条等温线和两条绝热线组成的封闭曲线. 如图 6－17 所示，其各个分过程如下.

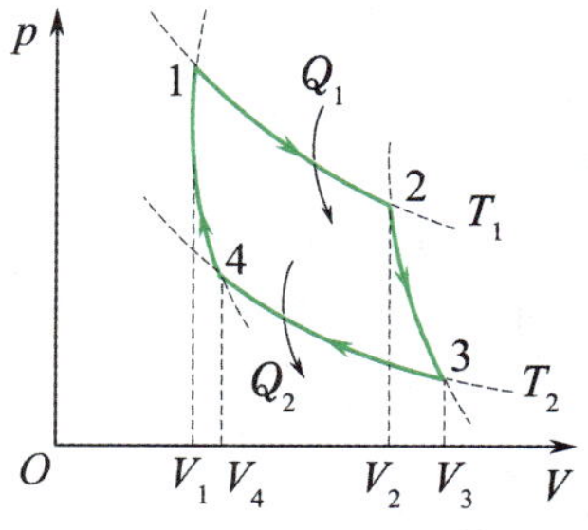

图 6－17　卡诺正循环

1→2：气体与温度为 T_1 的高温热源接触做等温膨胀，体积由 V_1 增大到 V_2，它从高温热源吸收的热

量为

$$Q_1 = \frac{M}{M_{\text{mol}}} RT_1 \ln \frac{V_2}{V_1}.$$

2→3:气体和高温热源分开,做绝热膨胀,温度降到 T_2,体积增大到 V_3,过程中无热量交换,但对外界做功.

3→4:气体与低温热源接触做等温压缩,体积缩小到一适当值,使状态 4 和状态 1 位于同一条绝热线上. 过程中外界对气体做功,气体向温度为 T_2 的低温热源放热 Q_2,其大小为

$$Q_2 = \frac{M}{M_{\text{mol}}} RT_2 \ln \frac{V_3}{V_4}.$$

4→1:气体和低温热源分开,经绝热压缩,回到原来状态 1,完成一次循环. 过程中无热量交换,但外界对气体做功.

根据循环效率定义,可得以理想气体为工质的卡诺循环的效率

$$\eta_{\text{卡}} = 1 - \frac{Q_2}{Q_1} = 1 - \frac{T_2 \ln \dfrac{V_3}{V_4}}{T_1 \ln \dfrac{V_2}{V_1}}.$$

对绝热过程 2→3 和 4→1 分别应用绝热方程,有

$$T_1 V_2^{\gamma-1} = T_2 V_3^{\gamma-1},$$

$$T_1 V_1^{\gamma-1} = T_2 V_4^{\gamma-1}.$$

两式相比,则有

$$\frac{V_2}{V_1} = \frac{V_3}{V_4}.$$

代入效率式后,可得

$$\eta_{\text{卡}} = 1 - \frac{T_2}{T_1} = \frac{T_1 - T_2}{T_1}. \qquad (6-27)$$

综上所述,可得以下结论.

①要完成一次卡诺循环必须有两个温度一定的高温热源和低温热源(也称为温度一定的热源和冷源),如图 6-18 所示.

②卡诺循环的效率只与两个热源温度有关,高温热源温度越高,低温热源温度越低,卡诺循环的效率越高.

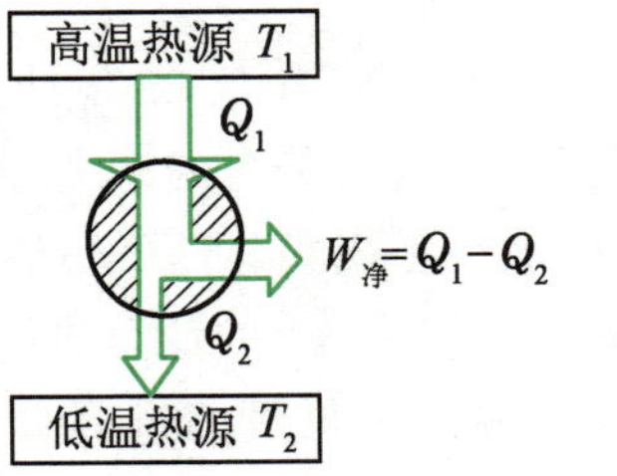

图 6-18　卡诺热机能流示意图

③由于不能实现 $T_1 = \infty$ 或 $T_2 = 0$(热力学第三定律),因此,卡诺循环的效率总是小于 1.

④在相同高温热源和低温热源之间工作的一切热机中,卡诺热机的效率最高.

若卡诺循环按逆时针方向进行,则构成卡诺制冷机,其 $p-V$ 图和能量转换关系如图6-19所示. 气体和低温热源接触,从低温热源中吸收的热量

$$Q_2 = \frac{M}{M_{\text{mol}}} RT_2 \ln \frac{V_3}{V_4}.$$

气体向高温热源放出的热量

$$Q_1=\frac{M}{M_{mol}}RT_1\ln\frac{V_2}{V_1}.$$

一次循环中的净功
$$W_净=Q_2-Q_1.$$

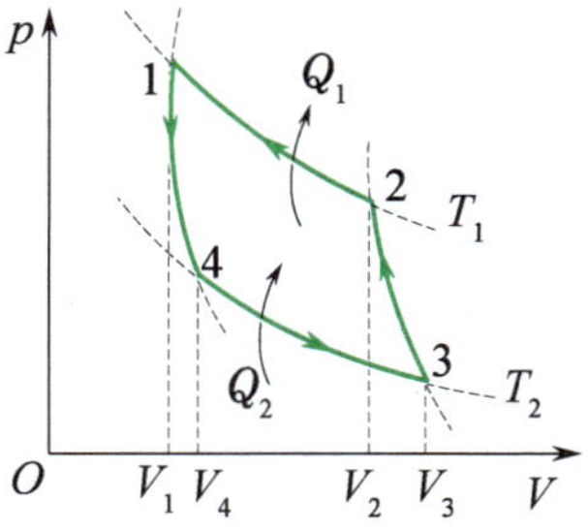

(a) 卡诺逆循环

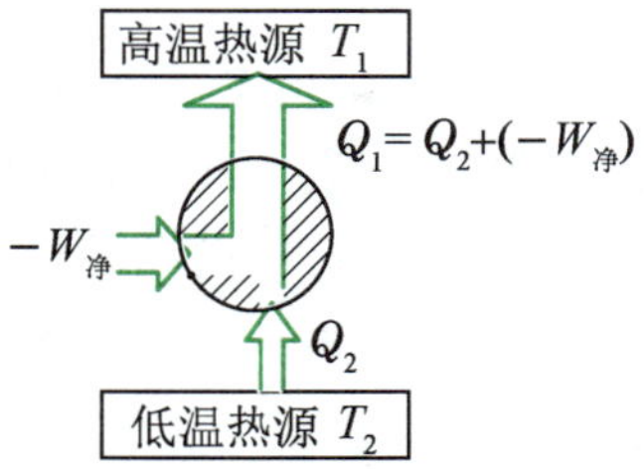

(b) 卡诺制冷机能流示意图

图 6－19　卡诺制冷机

所以卡诺制冷机的制冷系数

$$e_卡=\frac{Q_2}{|W_净|}=\frac{Q_2}{Q_1-Q_2}=\frac{\frac{M}{M_{mol}}RT_2\ln\frac{V_3}{V_4}}{\frac{M}{M_{mol}}RT_1\ln\frac{V_2}{V_1}-\frac{M}{M_{mol}}RT_2\ln\frac{V_3}{V_4}}.$$

同理，利用关系$\frac{V_2}{V_1}=\frac{V_3}{V_4}$，可得

$$e_卡=\frac{T_2}{T_1-T_2}. \tag{6－28}$$

可见，卡诺制冷机的制冷系数也只与两个热源的温度有关．与热机效率不同的是，高温热源温度越高，低温热源温度越低，则制冷系数越小，意味着从温度越低的冷源中吸收相同的热量 Q_2，外界需要消耗更多的功 $|W_净|$．制冷系数可以大于 1．如一台1.5 kW，12 566 J 的空调，其制冷系数约为 2.3．

例 6－4

一卡诺制冷机从温度为－10 ℃的冷库中吸收热量，释放到温度为 27 ℃的室外空气中，若制冷机消耗的功率是 1.5 kW，求：(1)每分钟从冷库中吸收的热量；(2)每分钟向室外空气中释放的热量．

解　(1)根据卡诺制冷系数有

$$e_卡=\frac{T_2}{T_1-T_2}=\frac{263\ K}{300\ K-263\ K}=7.1.$$

所以，从冷库中吸收的热量为

$$Q_2=e_卡|W_净|=7.1\times1.5\times10^3\times60\ J$$
$$=6.39\times10^5\ J.$$

(2)释放到室外的热量为

$$Q_1=|W_净|+Q_2=1.5\times10^3\times60\ J+6.39\times10^5\ J$$
$$=7.29\times10^5\ J.$$

根据制冷机的制冷原理制成的供热机叫热泵．在严寒的冬天，把空调机的冷冻器放在室外，而散热器放在室内，开动空调机，经电力做功，通过冷冻器从室外吸收热量，通过散热器向室内放热达到供热取暖作用．热泵供热获得的热量大于消耗的电功，此例中消耗的电功为

$$|W_净|=1.5\times10^3\times60\ J=9.0\times10^4\ J.$$

提供的热量为

$$Q_1=7.29\times10^5\ J.$$

$Q_1>|W_净|$，这是最经济的供热方式．在酷热的夏天，只需将冷冻器与散热器位置互换，经空调机做功，将吸收室内热量，向室外释放热量，即达到室内降温的目的．可见制冷机可以制冷，也可以供热，供热时即为热泵．

§6.4 热力学第二定律

热力学第一定律指出了热力学过程中的能量守恒关系.然而,人们在研究热机工作原理时发现,满足能量守恒的热力学过程不一定都能进行.实际的热力学过程都只能按一定的方向进行,而热力学第一定律并没有阐述系统变化进行的方向.热力学第二定律是关于自然过程方向性的规律.

一、热力学第二定律

1. 开尔文表述

热力学第一定律表明,违背能量守恒定律的第一类永动机不可能制成.那么如何在不违背热力学第一定律的条件下,尽可能地提高热机效率呢?分析热机循环效率公式 $\eta=1-\frac{Q_2}{Q_1}$,显然,如果向低温热源放出的热量 Q_2 越少,效率 η 就越大,当 $Q_2=0$ 时,即不需要低温热源,只存在一个单一温度的热源,其效率就可以达到100%.这就是说,如果在一个循环中,只从单一热源吸收热量使之全部变为功(这不违反能量守恒定律),循环效率就可达到100%,这个结论是非常引人关注的.有人曾作过估算,如果这种单一热源热机可以实现,则只要使海水温度降低0.01 K,就能使全世界所有的机器工作1 000多年!

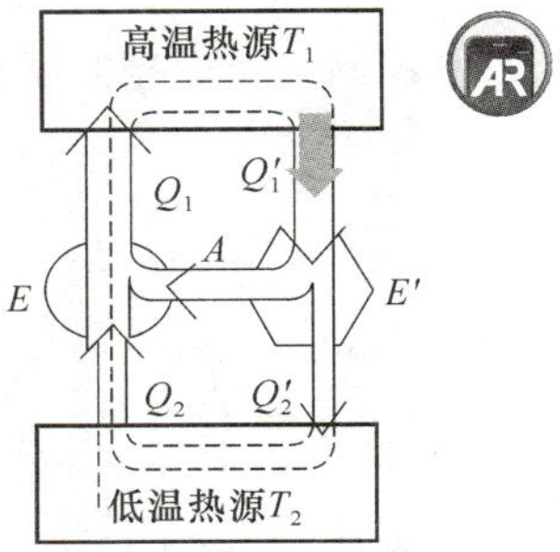

热力学第二定律

然而长期的实践表明,循环效率达100%的热机是无法实现的.在这个基础上,开尔文在1851年提出了一条重要规律,称为**热力学第二定律**.这一定律表述为:**不可能制成一种循环动作的热机,它只从单一热源吸收热量,并使其全部变为有用功,而不引起其他变化**.这就是热力学第二定律的开尔文表述.

在开尔文表述中,“循环动作”“单一热源”“不引起其他变化”是三个关键条件.理想气体等温膨胀过程,固然能把吸收的热量完全变为功,但它不是循环动作的热机,而且又产生了其他变化(如气体膨胀、活塞位置变动),并未回到初始状态.如果热源系统内部温度不均,有高、低温部分,就有放热出现,这与放热为零的要求不符,且相当于多个热源.

从单一热源吸热并全部变为功的热机通常称为第二类永动机,所以热力学第二定律亦可表述为:**第二类永动机是不可能实现的**.

根据热力学第二定律的开尔文表述,各个工作热机必然会排出余热,同时排出废水、废气,形成所谓的热污染,这给环境保护带来威胁.因此,怎样在热力学第二定律允许范围内提高热机效率,减少热机释放的余热,不仅能使有限的能源得到更充分的利用,同时对环保也具有重大的意义.目前,热机的效率最高只能达到近50%(见表6-3),离热力学第二定律规定的极限相差甚远.为此,在热能工程领域工作的现代科技人员，仍十分关注提高热机效率问题，已形成一门独立的学科分支——热力经济学.

表 6-3　几种热机的效率

热　机	效　率	热　机	效　率
液流涡轮机	48%	内燃机	37%
蒸汽涡轮机	46%	蒸汽机	8%

2. 克劳修斯表述

开尔文表述从正循环的热机效率极限问题出发，总结出热力学第二定律. 还可以从逆循环制冷机角度分析制冷系数极限，从而导出热力学第二定律的另一种等价表述. 由制冷系数 $e=\dfrac{Q_2}{|W_{净}|}$ 可以看出，在 Q_2 一定的情况下，外界对系统做功越少，制冷系数越高. 取极限的情况是 $W_{净}\to 0$，$e\to\infty$，即外界不对系统做功，热量可以不断地从低温热源传到高温热源，这是否可能呢？1850 年，德国物理学家克劳修斯在总结前人大量观察和实验的基础上提出：**热量不可能自动地由低温物体传向高温物体**. 这就是热力学第二定律的**克劳修斯表述**. 在克劳修斯表述中，“自动地”是一个关键词，意思是，不需消耗外界能量，热量可直接从低温物体传向高温物体. 但这是不可能的，制冷机中是通过外力做功才迫使热量从低温物体传向高温物体的.

克劳修斯

热力学第二定律的这两种表述，表面上看来各自独立，然而由于其内在实质的同一性，两种表述是等价的. 我们可以采用反证法来证实，即如果两种表述之一不成立，则另一表述亦不成立.

先证违反开尔文表述，必然违反克劳修斯表述. 假如开尔文表述不对，即可以从单一热源吸收热量 Q，并把它完全变为功 W，而不引起其他变化，则我们可用这个功去推动一台制冷机，如图6-20(a)所示. 现在两台机组合成一台机，其最终效果是不需消耗任何外界的功，热量 Q_2 自动地由低温热源流向高温热源，这等于说克劳修斯表述也不对. 即违反开尔文表述，必然导致也违反克劳修斯表述.

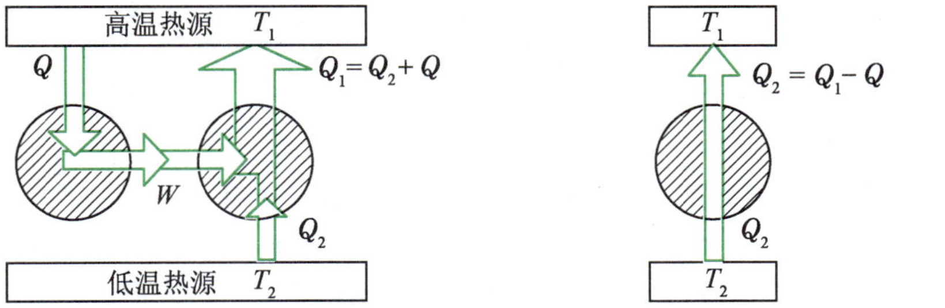

(a) 违反开尔文表述的机器和致冷机　　(b) 违反克劳修斯表述的机器

图 6-20　违反开尔文表述，也必然违反克劳修斯表述

再证违反克劳修斯表述，也必然违反开尔文表述. 假如克劳修斯表述不对，即热量能自动地由低温热源流向高温热源，而不引起其他变化. 我们把违反克劳修斯表述的机器与一台热机组成复合机，并让热机放给低温热源的热量，自动流回高温热源，则最终效果为从单一高温热源吸收的热量 Q_1-Q_2，完全变为 W，而不引起其他变化，即开尔文表述也不对. 这就是说违反克劳修斯表述，必然导致也违反开尔文表述，如图6－21 所示.

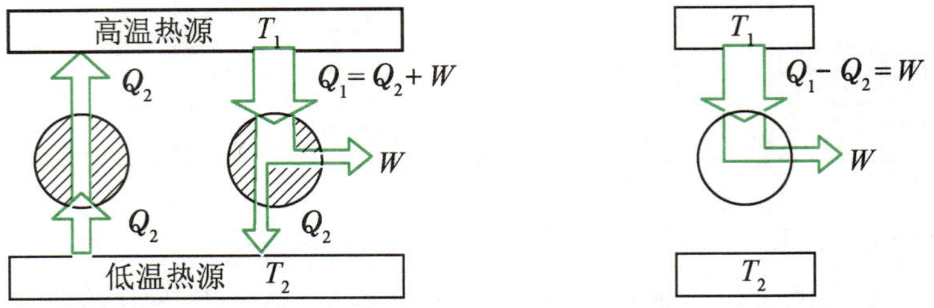

(a) 违反克劳修斯表述的机器和热机　　(b) 违反开尔文表述的机器

图 6－21　违反克劳修斯表述，也必然违反开尔文表述

至此，我们证明了热力学第二定律的两种表述是等价的.

二、可逆过程与不可逆过程

如果我们进一步考查，可以发现，开尔文表述实际上就是说通过循环过程，功可以全部变为热能，而热能不能全部变为功，即本质不同的两种形式的能量，它们间的转换具有方向性. 克劳修斯表述实际上是说热传导具有方向性. 不仅如此，自然过程都具有确定的方向性.

对于孤立系统，从非平衡态向平衡态过渡是自动进行的，这样的过程叫**自然过程**. 与其相反的过程是不自动的，除非有外界的帮助. 也就是说，自然过程具有确定的方向性.

例如，单摆在摆动过程中，由于空气阻力及悬点处摩擦力的作用，振幅逐渐减小，直到静止. 过程中功转变为热量，机械能全部转化为内能，功变热是自动进行的. 但热变功的逆向转换却不会自动发生，虽然逆向转换不违反热力学第一定律. 此例表明功、热转换的过程是有方向性的，这与开尔文表述一致.

两个温度不同的物体相互接触时，热量总是自动地从高温物体传到低温物体，而不会自动地从低温物体传到高温物体，使高温物体的温度越来越高，低温物体温度越来越低. 虽然热量从低温物体传到高温物体的过程也不违反热力学第一定律，但是这个过程是不会自动发生的. 这个事实说明热传导过程也具有方向性，和克劳修斯表述一致.

将盛有气体的绝热容器与一真空绝热容器接通时气体会自动地向真空中膨胀，但是已经膨胀到真空中的气体，不会自动退回到膨胀前的容器中. 这可用开尔文表述来解释：若气体自动收缩，回到膨胀前的容器中，可将该系统作为一热机，从单一热源吸热膨胀对外做功，然后又自动收缩，再吸热膨胀做功. 如此反复，系统只从单一温度的热源吸收热量，并使其全部变为有用功，而不引起其他变化，这是违反开尔文表述的. 因此，气体向真空中绝热自由膨胀的过程具有方向性.

关于自然过程具有方向性的例子还有很多，如两种不同气体放在一个容器里，它们能自发地混合，却不能自发地再度分离成两种气体；一滴墨水滴入水中，墨水会自动进行扩散，直至达到均匀分布，但已经分布均匀的墨水，不会自动地浓缩回它扩散前的状态;等等.

热力学第二定律不仅指出了自然过程具有方向性,而且进一步指明了非孤立系统中,一切实际的宏观热力学过程都是不可逆的.一个系统可以从某一初态自动地过渡到某一末态,但逆向过渡不一定能自动进行.我们把热力学过程按其逆过程的性质分为可逆过程和不可逆过程.

设一个系统,由某一状态出发,经过一过程达到另一状态,如果存在一个逆过程,该逆过程能使系统和外界同时完全复原(系统回到原来状态,同时消除了原来过程对外界引起的一切影响),则原来的过程称为**可逆过程**;反之,如果逆过程不具有上述性质,也就是用任何方法都不可能使系统和外界同时完全复原,则原来的过程称为**不可逆过程**.

分析自然界中各种不可逆过程,人们发现,不可逆过程产生的原因是:①系统内部出现了非平衡因素,如有限的压强差、有限的密度差、有限的温度差等,使平衡态遭到破坏;②存在耗散效应,如摩擦、黏滞性、非弹性、电阻等.因此,若一个过程是可逆过程,它必须具有下面两个特征:首先,过程中不出现非平衡因素,即过程必须是准静态的无限缓慢的过程,以保证每一中间状态均是平衡态;其次,过程中无耗散效应.可逆的热力学过程只是一种理想模型.尽管如此,仍有研究可逆过程的必要.因为实际过程在一定条件下可以近似地作为可逆过程处理;同时还可以通过可逆过程的研究去寻找实际过程的规律.

各种不可逆过程是互相联系的.热力学第二定律的开尔文表述是关于功热转换的不可逆性,克劳修斯表述是关于热传递的不可逆性.前面我们已经证明了开尔文表述和克劳修斯表述是等价的,这表明功、热转换的不可逆性是与热传递的不可逆性互相联系的.事实上自然界中的不可逆过程多种多样,但所有不可逆过程都是互相关联的,总可以把两个不可逆过程联系起来,由一个过程的不可逆性推断出另一个过程的不可逆性.

过程不可逆性指过程进行具有方向性.**热力学第二定律表明一切实际的自然过程都是不可逆的**,这是关于过程进行方向的热力学定律.由于不可逆过程的多样性,各种不可逆过程又相互联系,因此热力学第二定律可以有各种不同的表述.

§6.5 熵 熵增加原理

实际热力学过程的不可逆性说明自发进行的过程都将使系统的状态发生显著的变化,以致系统无法通过自身的力量回到初始状态;要使系统复原,必须依靠外界的作用,但这时又给外界造成无法消除的影响.这表明不可逆过程的初态和末态之间存在着重大差异,正是这种差异决定了过程的方向,能不能找到一个描述这种差异的态函数,并根据其大小来判断过程的方向呢?克劳修斯通过卡诺定理找到了这个态函数,于 1865 年命名为entropy,中文译作熵.

一、卡诺定理

若组成循环的每一个过程都是可逆过程,则称该循环为可逆循环.做可逆循环的热机或制冷机分别称为可逆热机或可逆制冷机，否则称为不可逆机.

为了提高热机效率，卡诺从理论上进行了研究，提出了热机理论中非常重要的**卡诺定理**，它的具体内容如下.

(1)在相同的高温热源和相同的低温热源之间工作的一切可逆热机，其效率都相等，与工质无关.

(2)在相同的高温热源和相同的低温热源之间工作的一切不可逆热机，其效率都不可能大于可逆热机的效率.

根据内容(1)可知，工作在高、低温热源 T_1、T_2 之间的可逆热机有

$$\eta_{可逆}=1-\frac{Q_2}{Q_1}=1-\frac{T_2}{T_1}.$$

由内容(2)可知对于不可逆热机有

$$\eta_{不可逆}=1-\frac{Q_2}{Q_1}<1-\frac{T_2}{T_1}.$$

顺便指出，由卡诺定理可知，若要提高热机效率，应该提高高温热源的温度，降低低温热源的温度(如果要获取低于室温的低温热源，就必须用制冷机，但这是不经济的，所以实际上，只有从提高高温热源温度着手. 例如，蒸汽机锅炉的温度约为 320 ℃，内燃机中汽油爆炸的温度约为 1 530 ℃).

二、克劳修斯不等式

克劳修斯把卡诺定理推广，应用于一个任意的循环过程，得到一个能分别描述可逆循环和不可逆循环特征的表达式，叫克劳修斯不等式.

依卡诺定理可知，工作在高、低温热源 T_1，T_2 之间的卡诺热机效率为

$$\eta_{卡}\leqslant 1-\frac{T_2}{T_1}.$$

式中等号对应于可逆卡诺热机，不等号对应于不可逆卡诺热机.

无论循环是否可逆，其效率均为

$$\eta_{卡}=1-\frac{Q_2}{Q_1},$$

代入上式，可得

$$1-\frac{Q_2}{Q_1}\leqslant 1-\frac{T_2}{T_1}.$$

显然有

$$\frac{Q_2}{T_2}\geqslant\frac{Q_1}{T_1}\quad 或\quad \frac{Q_1}{T_1}-\frac{Q_2}{T_2}\leqslant 0.$$

式中，热量 Q_1 和 Q_2 都是正值，是工质所吸收和放出热量的绝对值. 如果采用热力学第一定律中对热量正负的规定，则上式应改写为

$$\frac{Q_1}{T_1}+\frac{Q_2}{T_2}\leqslant 0. \tag{6-29}$$

式中，热量 Q_1 和 Q_2 均为代数值；$\frac{Q}{T}$ 称为**热温比**，又称**热温商**，它是系统从某一热源吸收的热量 Q 和该热源的温度 T 之比. (6-29)式表示，在卡诺循环中，系统热温比的总和总是小于或等于零.

如图 6－22 所示，任意一个循环过程可看成由一系列微小卡诺循环组成，当每一个卡诺循环趋于无限小时，由无数条等温线和绝热线组成的折线就趋于循环曲线. 如果 AⅠBⅡA 是可逆循环，所有微小循环均为可逆卡诺循环. 即 AⅠBⅡA 循环可等价于沿所有微小卡诺循环的总和(相邻两个卡诺循环中的绝热线都沿相反方向各经历一次，因而相互抵消). 因为对每一个卡诺循环，(6－29)式总是成立的，所以对于任意循环 AⅠBⅡA 应有

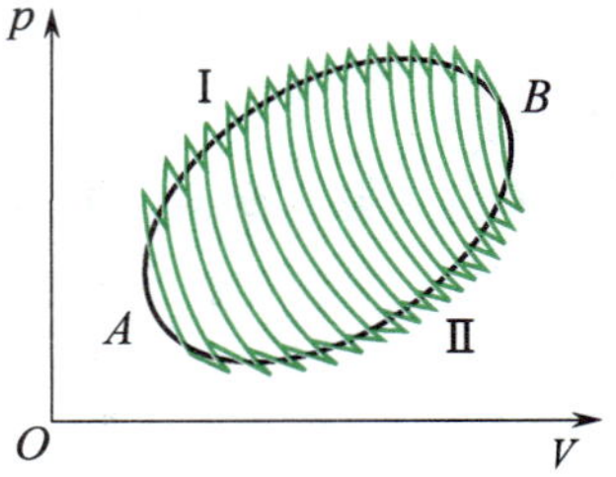

图 6－22　一个循环过程可看成由一系列微小卡诺循环组成

$$\sum_{i=1}^{n}\frac{Q_i}{T_i}\leqslant 0.$$

式中，Q_i 为系统从温度为 T_i 的热源吸收的热量(代数值)；n 为热源的个数. 当 $n\to\infty$ 时，每个卡诺循环趋于无穷小，上式用积分表示，即

$$\oint\frac{\mathrm{d}Q}{T}\leqslant 0. \tag{6-30}$$

式中，$\oint$ 表示沿循环曲线积分一周；$\mathrm{d}Q$ 为系统从温度为 T 的热源吸收的热量(代数值)；等号对应可逆循环，小于号对应不可逆循环. (6－30)式称为**克劳修斯不等式**. 因此，系统经历一个可逆循环过程，它的热温比总和等于零；系统经历一个不可逆循环过程，它的热温比总和小于零. 显然，(6－30)式就是循环的可逆性和不可逆性的判别式.

三、克劳修斯熵

克劳修斯不等式指出了可逆过程和不可逆过程的特点，对于任意一个可逆循环过程，由(6－30)式，可知

$$\oint_{可逆}\frac{\mathrm{d}Q}{T}=0. \tag{6-31}$$

设系统由平衡状态 A 经可逆过程Ⅰ变到平衡状态 B，又由状态 B 沿任意可逆过程Ⅱ回到原状态 A，构成一个可逆循环，如图6－23所示. 对此可逆循环，(6－31)式可写成

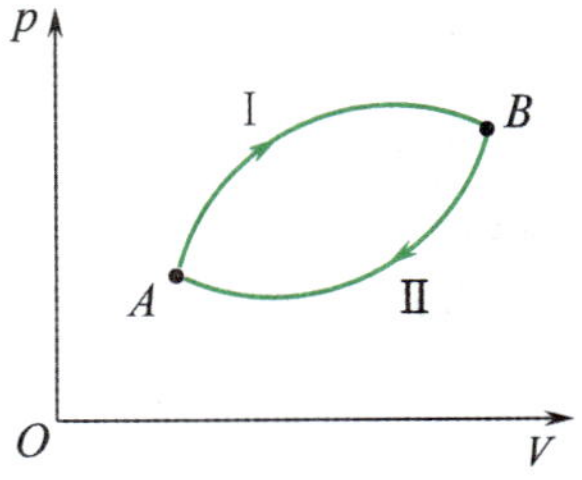

图 6－23　熵

熵的理解和应用

$$\int_{A\,\mathrm{I}}^{B}\frac{\mathrm{d}Q_{可逆}}{T}+\int_{B\,\mathrm{II}}^{A}\frac{\mathrm{d}Q_{可逆}}{T}=0.$$

由于过程是可逆的，则有

$$\int_{A\,\mathrm{I}}^{B}\frac{\mathrm{d}Q_{可逆}}{T}+\int_{B\,\mathrm{II}}^{A}\frac{\mathrm{d}Q_{可逆}}{T}=\int_{A\,\mathrm{I}}^{B}\frac{\mathrm{d}Q_{可逆}}{T}-\int_{A\,\mathrm{II}}^{B}\frac{\mathrm{d}Q_{可逆}}{T}=0,$$

即

$$\int_{A\,\mathrm{I}}^{B}\frac{\mathrm{d}Q_{可逆}}{T}=\int_{A\,\mathrm{II}}^{B}\frac{\mathrm{d}Q_{可逆}}{T}. \tag{6-32}$$

由 (6－32) 式可见，由状态 A 沿不同的可逆过程变到同一状态 B 的热温比的积分值 $\int_{A}^{B}\frac{\mathrm{d}Q_{可逆}}{T}$ 不变. 这就是说，热温比的积分只取决于初、末态，与过程无关. 在力学中，保守力做功只取决于初、末位置而与其通过的具体路径无关，从而引入势能这一态函数. 现在，$\oint_{可逆}\frac{\mathrm{d}Q}{T}=0$，与引入势能情况相似，克劳修斯引入一个状态函数 S，称

为系统的“熵”. 当系统由平衡态 A 变到平衡态 B 时，这个态函数就从 S_A 变到 S_B，即

$$S_B - S_A = \int_A^B \mathrm{d}S = \int_A^B \frac{\mathrm{d}Q_{可逆}}{T}. \qquad (6-33)$$

(6－33)式就是著名的**克劳修斯熵公式**.

对于一个微小的可逆过程有

$$\mathrm{d}S = \frac{\mathrm{d}Q_{可逆}}{T}. \qquad (6-34)$$

(6－34)式表明，在可逆过程中，系统熵的微小变化等于这一微过程的“热温之商”，这也是态函数之所以取名为熵的缘由.

综上所述，可得以下结论.

(1)熵是一个反映热力学系统宏观状态的态函数，这种方法引入的熵叫作热力学熵.

(2)某一状态的熵值只有相对意义，与熵的零点选择有关.

(3)如果过程的始、末两态均为平衡态，则系统的熵变只取决于始态和末态，与过程是否可逆无关. 但是应该强调的是，(6－34)式中的积分必须沿可逆过程进行. 因此，当始、末两态间经历一个不可逆过程时，可以设计一个可逆过程将始、末两态连接起来，然后沿此可逆过程用(6－34)式计算熵变.

(4)熵值具有可加性，因此大系统的熵变等于组成它的各个子系统的熵变之和，全过程的熵变等于组成它的各子过程的熵变之和.

克劳修斯熵只对系统的平衡态有意义，是系统平衡态的函数.

四、熵增加原理

当引入态函数熵 S 后，热力学第二定律可以用熵增加原理来描述.

如图 6－24 所示，设Ⅰ是不可逆过程，Ⅱ是可逆过程，这两个过程构成一不可逆循环. 根据克劳修斯不等式 $\oint \frac{\mathrm{d}Q}{T} \leqslant 0$，有

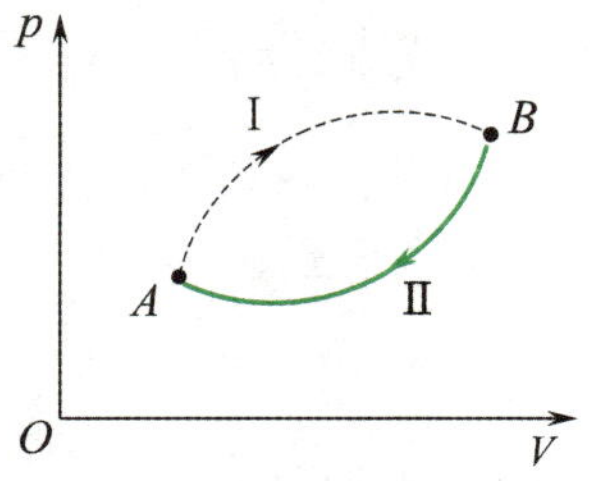

图 6－24 不可逆过程熵变

$$\oint \frac{\mathrm{d}Q}{T} = \int_A^B \frac{\mathrm{d}Q_{\mathrm{I}}}{T} + \int_B^A \frac{\mathrm{d}Q_{\mathrm{II}}}{T} = \int_A^B \frac{\mathrm{d}Q_{\mathrm{I}}}{T} - \int_A^B \frac{\mathrm{d}Q_{\mathrm{II}}}{T} < 0,$$

$$\int_A^B \frac{\mathrm{d}Q_{\mathrm{I}}}{T} < \int_A^B \frac{\mathrm{d}Q_{\mathrm{II}}}{T}.$$

$A\,\mathrm{II}\,B$ 是可逆过程，可积分得熵增

$$S_B - S_A = \int_A^B \frac{\mathrm{d}Q_{\mathrm{II}}}{T},$$

因此

$$S_B - S_A > \int_A^B \frac{\mathrm{d}Q_{\mathrm{I}}}{T}. \qquad (6-35)$$

对于孤立系统(绝热系统)，系统与外界无热量交换，在任意一微小过程中 $\mathrm{d}Q=0$，因此

$$\int_A^B \frac{\mathrm{d}Q_{\mathrm{I}}}{T} = 0,$$

则

$$S_B - S_A > 0. \qquad (6-36)$$

(6－36)式表明孤立系统中的不可逆过程，其熵要增加.

对于孤立系统中的可逆过程，则取等式有

$$S_B - S_A = \int_A^B \frac{\mathrm{d}Q_{\text{Ⅱ}}}{T} = 0. \tag{6-37}$$

综合(6－36)式和(6－37)式可知，对于孤立系统中的任意一热力学过程，总是有

$$S_B - S_A \geqslant 0. \tag{6-38}$$

(6－38)式就是热力学第二定律的数学表达式，表明**孤立系统中所发生的一切不可逆过程的熵总是增加，可逆过程的熵不变，这就是熵增加原理.**

因为自然界实际发生的过程都是不可逆的，故根据熵增加原理可知：孤立系统内发生的一切实际过程都会使系统的熵增加. 这就是说，在孤立系统中，一切实际过程只能朝熵增加的方向进行，直到熵达到最大值为止.

熵增加原理初看起来是对孤立系统来说的，实际上，这是一个十分普遍的规律. 因为任何一个热力学过程，只要把过程所涉及的物体都看作系统的一部分，那么，此系统对于该过程来说就变成了孤立系统，过程中此系统的熵变就一定满足熵增加原理. 例如，温度不同的 A，B 两物体，温度分别为 T_1 和 T_2($T_1>T_2$)，相互接触后发生热量从物体 A 流向物体 B 的热传导过程. 如果单把物体 A(或物体 B)看成所讨论的系统，则系统是非孤立系统. 比如物体 B，因为吸收热量，它的熵增加；而物体 A，因为放热，它的熵减少. 但是如果把物体 A，B 合起来作为讨论的系统，这就成了孤立系统，对此孤立系统来说，热传导过程一定使该系统的熵增加. 因此，熵增加原理中的熵增加是指组成孤立系统的所有物体的熵之和的增加. 而对于孤立系统内的个别物体来说，在热力学过程中它的熵增加或者减少都是可能的.

耗散结构

由于熵增加原理与热力学第二定律都是表述热力学过程自发进行的方向和条件，所以，熵增加原理是热力学第二定律的数学表达式. 它为我们提供了判别一切过程向什么方向进行的准则.

例 6－5

1 mol 某种理想气体，从状态 $a(p_a, V_a, T_a)$ 变到状态 $b(p_b, V_b, T_b)$. 求克劳修斯熵变 $S_b - S_a$，假如状态变化沿两条不同可逆路径，一条是等温线；另一条由等容线和等压线组成(见图 6－25).

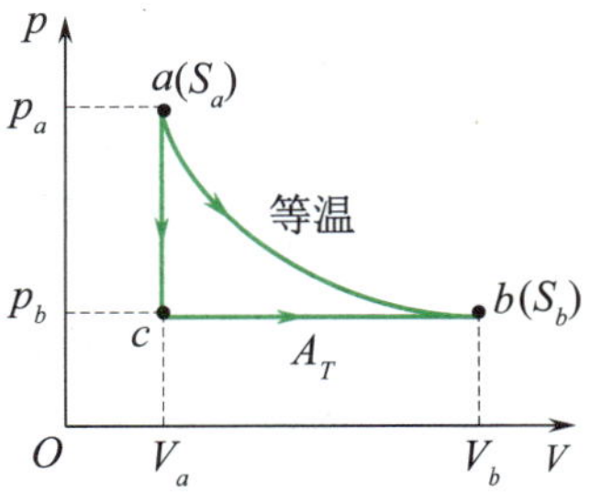

图 6－25　例 6－5 图

解　沿等温线 ab 有

$$S_b - S_a = \int_a^b \frac{\mathrm{d}Q}{T},$$

$$S_b - S_a = \int_a^b \frac{p\,\mathrm{d}V}{T} = \frac{1}{T_a} R T_a \ln\frac{V_b}{V_a} = R\ln\frac{V_b}{V_a}.$$

沿 acb 路径有

$$S_b - S_a = \int_a^c \frac{\mathrm{d}Q}{T} + \int_c^b \frac{\mathrm{d}Q}{T} = \int_a^c C_{V,\mathrm{m}}\frac{\mathrm{d}T}{T} + \int_c^b C_{p,\mathrm{m}}\frac{\mathrm{d}T}{T}$$

$$= C_{V,\mathrm{m}}\ln\frac{T_c}{T_a} + C_{p,\mathrm{m}}\ln\frac{T_b}{T_c}$$

$$= C_{V,\mathrm{m}}\ln\frac{T_c}{T_a} + (C_{V,\mathrm{m}} + R)\ln\frac{T_b}{T_c}$$

$$= R\ln\frac{T_b}{T_c}.$$

又因为等压过程有　$\dfrac{T_b}{T_c} = \dfrac{V_b}{V_a}$，

所以　$$S_b - S_a = R\ln\frac{V_b}{V_a}.$$

这证实了熵变取决于始、末两态，与过程无关.

*§ 6.6 热力学第二定律的统计意义 玻尔兹曼熵

如何从粒子的微观运动来认识自然过程的方向性呢？1877 年，玻尔兹曼从统计理论给出了一个状态函数熵，用数学形式来表示热力学第二定律的微观本质.

玻尔兹曼

一、热力学第二定律的统计意义

玻尔兹曼提出，物体的任何一种宏观状态（不论是不是平衡态），包含了多个可能出现的微观状态，一种宏观状态是一组微观状态的集合. 玻尔兹曼把一种宏观状态包含的微观状态数叫作**热力学概率**.

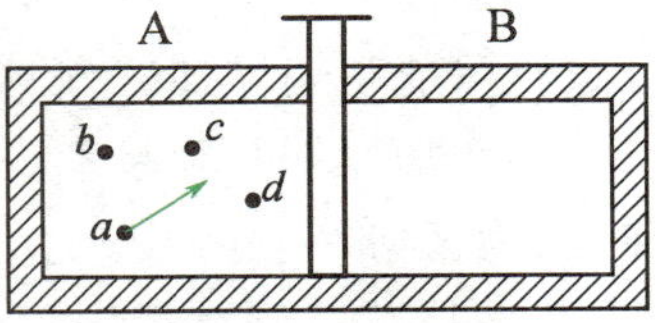

图 6－26 气体向真空中的自由膨胀

为简单起见，我们以单原子理想气体为例说明. 如图 6－26 所示，用隔板将容器分成容积相等的 A，B 两室，给 A 室充以某种气体，B 室为真空. 设容器内只有 a, b, c, d 4 个分子，在抽掉隔板气体自由膨胀后，A，B 中可能的分子分布情况如表 6－4 所示. 对于气体的宏观热力学性质，并不需要确定每一个分子所处的微观位置和速度，只需要确定气体分子数的分布就行了. 例如，A 室中有 3 个分子，B 室中有 1 个分子的分布，就属于一种宏观态. 因此，把 A，B 两室中分子数的不同分布称为一种宏观态. 表 6－4 中第一行表示有 5 种宏观态（此例只考虑分子位置，未考虑不同分子速度形成的微观态）. 而对于气体的每一确定的微观态，必须指出每个分子所处的具体微观位置. 对应于每一个宏观态，由于分子的微观组合不同，还可能包含若干种微观态. 例如，宏观态 A3B1 包含 4 种微观态.

表 6－4 4 个分子的可能宏观态及相应的微观态

宏观态		A 4 B 0	A 3 B 1				A 2 B 2						A 1 B 3				A 0 B 4
微观态	A	*a b c d*	*a b c*	*b c d*	*c d a*	*d a b*	*a c*	*a b*	*a d*	*b c*	*b d*	*c d*	*a*	*b*	*c*	*d*	
	B		*d*	*a*	*b*	*c*	*b d*	*c d*	*b c*	*a d*	*a c*	*a b*	*b c d*	*c d a*	*d a b*	*a b c*	*a b c d*
宏观态包含的微观态数 Ω		1	4				6						4				1

统计理论假设：对于孤立系统，各微观态出现的概率是相同的，即等概率. 在给定的宏观条件下，系统存在大量各种不同的微观态，而每一种宏观态可以包含许多种微观态，宏观态所对应的微观态数叫作该宏观态的**热力学概率**，用 Ω 表示. 各宏观态所包容的微观态数是不相等的，因而各宏观态的出现就不是等概率的. 由表 6－4 可知微观态数总共有 $16=2^4$ 个. 如分子全都集中在 A 室的宏观态，只含一个微观态，出现概率最小，为 $\frac{1}{16}=\frac{1}{2^4}$；而两室内分子均匀分布的

A2B2 宏观态，所含微观态数最多，为 6 个，出现概率最大，为$\frac{6}{16}=\frac{6}{2^4}$.

由于一般热力学系统所包含的分子数目十分巨大，例如，1 mol 气体的分子数 $N=6.023\times10^{23}$，如果同样分成 A，B 两室，可以推论，其总微观态数应为 2^N 个，所以气体自由膨胀后，全部分子退回到 A 室的概率为$\frac{1}{2^{6.023\times10^{23}}}$，这个概率如此之小，实际上根本观察不到，而 A 室和 B 室中分子各半的均匀分布的平衡态以及附近的宏观态出现的概率最大，接近 100%，而其他宏观态的热力学概率几乎可以忽略.

孤立系统总是从非平衡态向平衡态过渡，也就是说，宏观自然过程总是由热力学概率小的宏观态向热力学概率大的宏观态进行，这就是热力学第二定律的统计意义. 需要注意的是，热力学第二定律是一个统计规律，只适用于由大量分子构成的孤立系统.

二、玻尔兹曼熵

一般情况下，热力学概率 Ω 是非常大的，为了便于理论上处理，玻尔兹曼引入一个态函数熵，用 S 表示，其与热力学概率 Ω 的关系为

$$S=k\ln\Omega, \tag{6-39}$$

称为**玻尔兹曼熵**，k 为玻尔兹曼常量，熵的单位是 $\mathrm{J\cdot K^{-1}}$.

对于热力学系统的每一个宏观状态，就有一个热力学概率 Ω 值与之对应，也就有一个熵值 S 与之对应，故熵是系统的状态函数.

按照热力学概率与宏观状态出现概率的对应关系，在孤立系统中所进行的自然过程总是沿着熵增大的方向进行，平衡态对应于熵最大的状态，而对于在孤立系统中所进行的可逆过程，系统总是处于平衡态，Ω 为最大值，熵值不变. 因此，在孤立系统中有

$$\Delta S\geqslant0.$$

熵与信息

克劳修斯熵只对系统的平衡态有意义，是系统平衡态的函数. 而玻尔兹曼熵对非平衡态也有意义，因为对非平衡态也有微观状态数与之对应，因而也有熵值与之对应，从这个意义上说玻尔兹曼熵更具普遍性. 由于平衡态是对应于热力学概率最大（$\Omega_{\max}$）的状态，可以说，克劳修斯熵是玻尔兹曼熵的最大值.

习　题　6

习题参考答案

1. 选择题

（1）置于容器内的气体，如果气体内各处压强相等，或气体内各处温度相同，则这两种情况下气体的状态（　　）.

（A）一定都是平衡态

（B）不一定都是平衡态

（C）前者一定是平衡态，后者一定不是平衡态

（D）后者一定是平衡态，前者一定不是平衡态

（2）当用公式 $\Delta E=\nu C_{V,\mathrm{m}}\Delta T$（式中，$C_{V,\mathrm{m}}$ 为定容摩尔热容，视为常量；ν 为气体物质的量）计算理想气体内能增量时，此式（　　）.

（A）只适用于准静态的等容过程

（B）只适用于一切等容过程

（C）只适用于一切准静态过程

（D）适用于一切始、末态为平衡态的过程

（3）一定量的理想气体，经历某过程后，温度升高了，则根据热力学定律可以断定：

①该理想气体系统在此过程中吸了热.

②在此过程中外界对该理想气体系统做了正功.

③该理想气体系统的内能增加了.

④在此过程中理想气体系统既从外界吸了热，又对外做了正功.

以上正确的断言是(　　).

(A)①、③　　(B)②、③　　(C)③

(D)③、④　　(E)④

(4)如题6.1(4)图所示，理想气体经历 abc 准静态过程，设系统对外做功 W，从外界吸收的热量为 Q，内能的增量为 ΔE，则这3个量的正负情况是(　　).

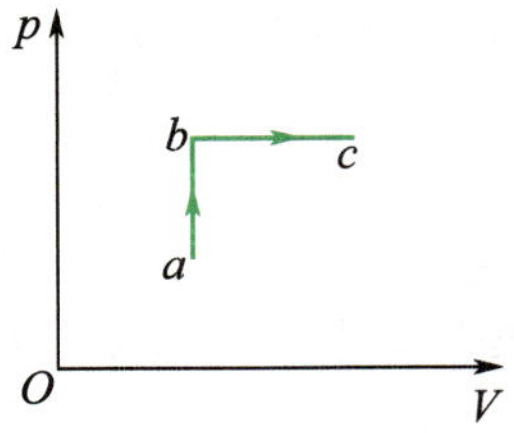

题6.1(4)图

(A) $\Delta E>0, Q>0, W<0$

(B) $\Delta E>0, Q>0, W>0$

(C) $\Delta E>0, Q<0, W<0$

(D) $\Delta E<0, Q<0, W<0$

(5)有人设计了一台卡诺热机(可逆的)，每循环一次可从400 K的高温热源吸热1 800 J，向300 K的低温热源放热800 J，同时对外做功1 000 J，这样的设计是(　　).

(A)可以的，符合热力学第一定律

(B)可以的，符合热力学第二定律

(C)不行的，卡诺循环所做的功不能大于向低温热源放出的热量

(D)不行的，这个热机的效率超过理论值

(6)一定量的某种理想气体起始温度为 T，体积为 V，该气体在循环过程中经过三个平衡过程：(1)绝热膨胀到体积为 $2V$；(2)等容变化使温度恢复为 T；(3)等温压缩到原来体积 V. 则整个循环过程中(　　).

(A)气体向外界放热　　(B)气体对外界做正功

(C)气体内能增加　　(D)气体内能减少

(7)关于可逆过程和不可逆过程的判断：

①可逆热力学过程一定是准静态过程.

②准静态过程一定是可逆过程.

③不可逆过程就是不能向相反方向进行的过程.

④凡有摩擦的过程，一定是不可逆过程.

以上4种判断中正确的是(　　).

(A)①、②、③　　(B)①、②、④

(C)②、④　　(D)①、④

(8)热力学第二定律表明(　　).

(A)不可能从单一热源吸收热量使之全部变为有用功

(B)在一个可逆过程中，工质净吸热等于对外做的功

(C)摩擦生热的过程是不可逆的

(D)热量不可能从温度低的物体传到温度高的物体

(9)如题6.1(9)图所示，一绝热容器被隔板分成两半，一半是真空，另一半是理想气体. 若把隔板抽出，气体将进行自由膨胀，达到平衡后(　　).

(A)温度不变，熵增加

(B)温度升高，熵增加

(C)温度降低，熵增加

(D)温度不变，熵不变

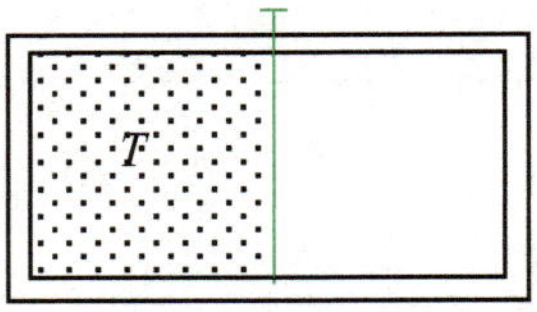

题6.1(9)图

2. 填空题

(1)某理想气体等温压缩到给定体积时，外界对气体做功 $|W_1|$，又经绝热膨胀返回到原来体积时气体对外做功 $|W_2|$，则整个过程中气体：

①从外界吸收的热量 $Q=$________.

②内能增加量 $\Delta E=$________.

(2)一定量的理想气体，从 A 状态 $(2p_1, V_1)$ 经历如题6.2(2)图所示的直线过程变到 B 状态 $(p_1, 2V_1)$，则 $A\to B$ 过程中系统做功 $W=$________；内能改变量 $\Delta E=$________.

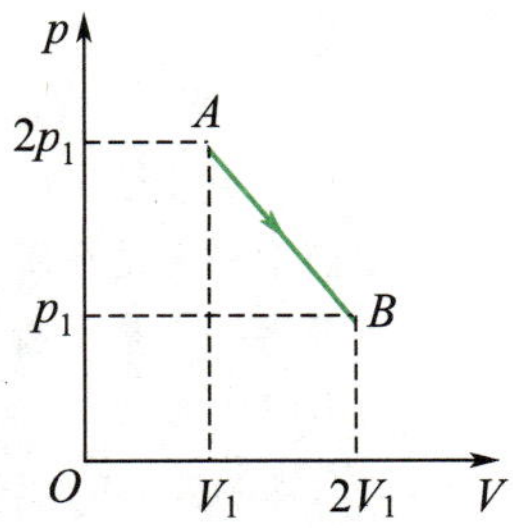

题6.2(2)图

(3)一汽缸内储有10 mol的单原子分子理想气体，在压缩过程中外界做功

209 J,气体升温 1 K,此过程中气体内能增量为________,外界传给气体的热量为________.

(4)一定量的某种理想气体在等压过程中对外做功 200 J.若此种气体为单原子分子气体,则该过程中需吸热________ J;若为双原子分子气体,则需吸热________ J.

(5)给定的理想气体(比热容比 γ 为已知),从标准状态(p_0、V_0、T_0)开始,做绝热膨胀,体积增大到原来的 3 倍,膨胀后的温度 $T=$________,压强 $p=$________.

(6)有一卡诺热机,用 290 g 空气为工质,工作在 27 ℃的高温热源与 −73 ℃的低温热源之间,此热机的效率 $\eta=$________.若在等温膨胀的过程中汽缸体积增大到 2.718 倍,则此热机每一循环所做的功为________.(空气的摩尔质量为 29×10^{-3} kg/mol)

3. 解答题

6.3.1 如题 6.3.1 图所示,一系统由状态 a 沿 acb 到达状态 b 的过程中,有 350 J 热量传入系统,而系统做功 126 J.

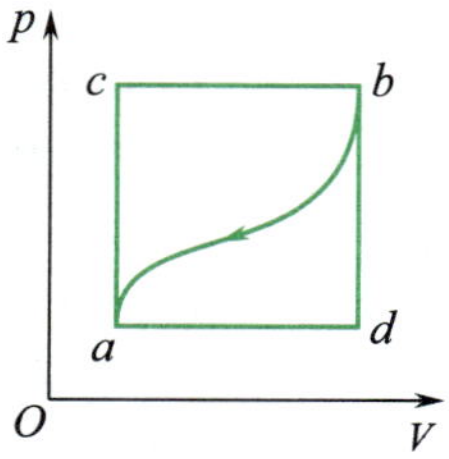

题 6.3.1 图

(1)若沿 adb 时,系统做功 42 J,则有多少热量传入系统?

(2)若系统由状态 b 沿曲线 ba 返回状态 a 时,外界对系统做功 84 J,则系统是吸热还是放热?热量传递了多少?

6.3.2 用桨叶搅动盛在容器内的液体,若桨叶的功率为 2.24 kW,容器以 0.586 kW 的功率放热,将容器和液体视为一个系统,求系统在单位时间内内能的改变量.

6.3.3 1 mol 单原子理想气体从 300 K 加热到350 K,在下列两个过程中吸收了多少热量?增加了多少内能?对外做了多少功?

(1)容积保持不变;

(2)压力保持不变.

6.3.4 将 1 mol 理想气体等压加热,使其温度升高 72 K,传给它的热量等于 1.60×10^3 J,求:

(1)气体所做的功 W;

(2)气体内能的增量 ΔE;

(3)比热容比 γ.

6.3.5 有 1 mol 刚性多原子分子的理想气体,原来的压强为 1.0 atm,温度为 27 ℃,若经过一绝热过程,使其压强增加到 16 atm.求:

(1)气体内能的增量;

(2)在该过程中气体所做的功;

(3)终态时,气体的分子数密度.

6.3.6 某理想气体的过程方程为 $Vp^{1/2}=a$,a 为常数,气体从 V_1 膨胀到 V_2.求其所做的功.

6.3.7 一台类卡诺热机工作在 480 K 和300 K 的热源之间.假设热机每吸收 1 kcal 的热量后实际产生的机械能为 1.2 kJ,比较此热机的实际效率与理论上最大的效率.

6.3.8 一台制冷系数为 5 的冰箱,外界对它做功 3.6 MJ(1 kW · h)后,能将多少千克 0 ℃的水变成 0 ℃的冰?(1 kg 0 ℃的水变成 0 ℃的冰放热80 kcal)

6.3.9 如题 6.3.9 图所示是一理想气体所经历的循环过程，其中 AB 和 CD 是等压过程，BC 和 DA 为绝热过程，已知 B 点和 C 点的温度分别为 T_2 和 T_3. 求此循环效率. 这是卡诺循环吗？

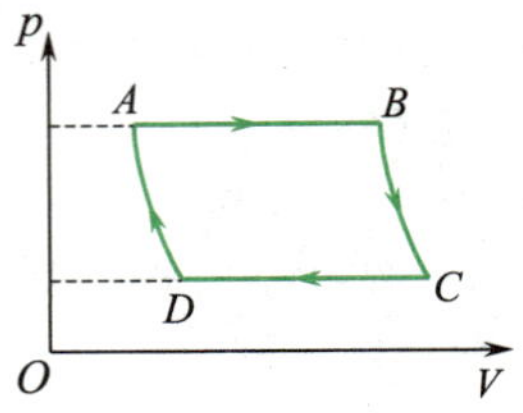

题 6.3.9 图

6.3.10 (1)用一卡诺循环的制冷机从 7 ℃的热源中提取 1 000 J 的热量传向 27 ℃的热源，需要多少功？从 −173 ℃传向 27 ℃呢？

(2)一可逆的卡诺机，作热机使用时，如果工作的两热源的温度差越大，则对于做功就越有利. 当作制冷机使用时，如果两热源的温度差越大，对于制冷是否也越有利？为什么？

6.3.11 用热力学第一定律和第二定律分别证明，如题 6.3.11 图所示，在 p-V 图上一绝热线与一等温线不能有两个交点.

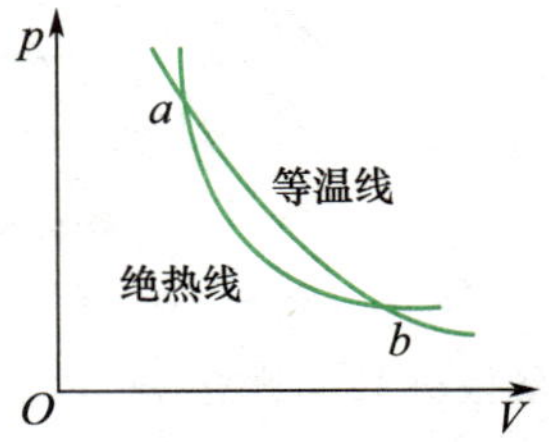

题 6.3.11 图

6.3.12 1 mol 单原子分子的理想气体，在恒定压强下经一准静态过程从 0 ℃加热到 100 ℃，求气体的熵的改变量.(普适气体常量 $R=8.31\ \mathrm{J\cdot mol^{-1}\cdot K^{-1}}$)

6.3.13 把 0 ℃的 0.5 kg 的冰块加热到全部熔化成 0 ℃的水，问：

(1)水的熵变如何？

(2)若热源是温度为 20 ℃的庞大物体，那么热源的熵变化多大？

(3)水和热源的总熵变为多大？增加还是减少？(水的熔解热 $\lambda=334\ \mathrm{J\cdot g^{-1}}$)

第7章 静 电 场

本章提要

前面介绍了经典力学、热学现象中的基本性质和基本规律. 下面介绍经典电磁学的内容. 电磁学是研究电磁现象的产生、运动及其规律的学科，即研究电荷、电场与磁场的基本性质和基本规律及其相互联系的科学. 它主要包括电现象和静电场，磁现象和稳恒磁场及变化的电场与变化的磁场间相互作用的电磁感应与电磁波三部分内容.

相对于观察者静止的电荷称为静电荷，由静电荷产生的场称为静电场，静电荷之间的相互作用是通过静电场来传递的. 本章将介绍静电荷间的相互作用和静电场的基本性质.

§7.1 电场 电场强度

一、电荷

天气干燥的时候，用塑料梳子梳头，头发会随着梳子的移动飘起来；有时用两种不同质料的物体，如丝绸与玻璃棒相互摩擦后，它们都能吸引小纸片等轻微物体. 这时，我们说梳子、头发、丝绸和玻璃棒处于带电状态，分别带有电荷. 可见，电荷是物体状态的一种属性. 宏观物体或微观粒子处于带电状态就说它们带有电荷. 电荷与质量一样，同物质是不可分的.

库仑

物体或微观粒子所带的电荷有两种，分别称为正电荷和负电荷. 实验证明，带同种电荷的物体(简称同号电荷)互相排斥，带异种电荷的物体(简称异号电荷)互相吸引. 静止电荷之间的相互作用力称为静电力. 根据带电体之间相互作用力的大小能够确定物体所带电荷的多少. 表示电荷多少的量叫作电量. 在国际单位制(SI)中，电量的单位是库仑，符号为 C.

现代物理实验证实，电子的电荷集中在半径小于 10^{-18} m 的区域内. 因此，常把电子看成一个无内部结构而有有限质量和电量的"点". 质子只有正电荷，都集中在半径约为10^{-15} m的区域内. 中子内部也有电荷，靠近中心是正电荷，靠外为负电荷；正、负电荷的电量相等，所以对外不显电性.

由物质的分子结构知识可知，在正常状态下，物体内部的正电荷和负电荷的量值相等，物体处于中性状态. 使物体带电的过程就是使它获得或失去电子的过程. 在一孤立系统内，无论发生怎样的物理过程，该系统电荷的代数和保持不变，这就是**电荷守恒定律**. 在粒子的相互作用过程中，电荷是可以产生和消失的. 例如，一个高能光子与一个重原子核作用时，该光子可以转化为一个正电子和一个负电子(这叫电子对的"产生")；而一个正电子和一个负电子在一定条件下相遇，又会同时消失而产生两个或三个光子(这叫电子对的"湮灭"). 在已观察到的各种过程中，正、负电荷总是成对出现或成对消失. 由于光子不带电，正、负电子又各带有等量异号电荷，所以这种电荷的产生和消失并不改变系统中电荷的代数和，电荷守恒定律仍然有效.

迄今为止，所有实验表明，任何带电体所带电量都是基本电量 $e=1.602\times10^{-19}$ C 的整数倍. 这种电量只能取分立的、不连续的量值的性质称为**电荷的量子化**. 在研究宏观电磁现象时，所涉及的电荷通常是 e 的许多倍，从而忽略了电荷的量子性. 因此常把带电体当作电荷连续分布的带电体来处理，并认为电荷的变化是连续的. 近代物理从理论上预言，基本粒子由若干种电量为 $\pm\frac{1}{3}e$，$\pm\frac{2}{3}e$的夸克或反夸克组成. 然而单独存在的夸克尚未在实验中发现.

实验还证明，一个电荷的电量与它的运动状态无关. 例如，加速器将电子或质子加速时，粒子速度发生变化，但电量没有任何变化. 再如，氢分子和氦原子都有两个电子，它们在核外的运动状态差别不大，电子的电量相同．但是氢分子中的两个质子是作为两个原子核在保持相对距离约为 0.07 nm 的情况下转动的；氦原子中的两个质子却紧密地束缚在一起运动．氦原子中的两个质子的能量比氢分子中的两个质子的能量约大一百万倍，因而两者的运动状态有显著差别．如果电荷的电量与运动状态有关，氢分子中质子的电量就应该和氦原子中质子的电量不同，但两者的电子电量是相同的，因此两者就不可能都是电中性的．但是实验证实，氢分子和氦原子都精确地是电中性的．这就说明，质子的电量也是与其运动状态无关的．大量事实证明，电荷的电量是与其运动状态无关的．所以，在不同的参考系中观察，同一带电粒子的电量不变．电荷的这一性质叫作**电荷的相对论不变性**．

二、库仑定律

两个静止带电体之间的作用力（通常简称为两个静止电荷之间的作用力）即静电力，不仅与它们所带电量及它们之间的距离有关，而且与它们的大小、形状及电荷分布情况有关．当带电体本身的线度与它们之间的距离相比足够小时，可以忽略带电体的形状、大小而把它看成点电荷．

真空中两个静止点电荷之间相互作用力的大小与这两个点电荷所带电量 q_1 和 q_2 的乘积成正比，与它们之间的距离 r 的平方成反比．作用力的方向沿着两个点电荷的连线，同号电荷相互排斥、异号电荷相互吸引．这就是**库仑定律**．它是 1785 年由法国物理学家库仑首先提出的．相互作用力 $\boldsymbol{F}$ 的大小可表示为

$$F=k\frac{q_1q_2}{r^2}, \tag{7-1}$$

式中，k 为比例系数，其数值和单位取决于各量所采用的单位．在国际单位制(SI)中，$k=8.988\ 0\times10^9\ \mathrm{N\cdot m^2\cdot C^{-2}}\approx9.0\times10^9\ \mathrm{N\cdot m^2\cdot C^{-2}}$．

为了简化由库仑定律推导出的一些常用公式，引入新的常数 ε_0 来代替 k，两者的关系为

$$\varepsilon_0=\frac{1}{4\pi k}=8.85\times10^{-12}\ \mathrm{C^2\cdot N^{-1}\cdot m^{-2}}, \tag{7-2}$$

ε_0 称为真空中的电容率．把 ε_0 代入(7－1)式得

$$F=\frac{1}{4\pi\varepsilon_0}\frac{q_1q_2}{r^2}. \tag{7-3}$$

为了表示力的方向，可采用矢量式表示为

$$\boldsymbol{F}=\frac{1}{4\pi\varepsilon_0}\frac{q_1q_2}{r^2}\boldsymbol{r}_0, \tag{7-4}$$

式中，$\boldsymbol{r}_0$ 是沿由施力电荷指向受力电荷的矢径方向的单位矢量．近代物理实验表明，当两个点电荷之间的距离在 $10^{-17}\sim10^7$ m 范围内时，库仑定律是极其准确的．

库仑定律只适用于两个点电荷之间的作用．当空间中同时存在几个点电荷时，它们共同作用于某一点电荷的静电力等于其他各点电荷单独存在时作用在该点电荷上的静电力的矢量和．这就是**静电力的叠加原理**．

三、电场强度

实验表明，任何带电体周围空间中都存在一种特殊的物质，这种特殊的物质

叫作电场.电荷和电荷之间是通过电场这种物质传递相互作用的,这种作用可以表示为

$$电荷 \rightleftarrows 电场 \rightleftarrows 电荷,$$

近代物理证实这种说法是正确的.同时还证实电场和一切实物一样,也具有能量、动量和质量等重要性质.因此,电场也是一种物质.但电场与其他实物不同,几个电场可以同时占有同一空间,所以电场是一种特殊形式的物质.

相对于观察者静止的带电体周围存在的电场称为**静电场**.静电场对外界的作用主要表现为以下两点.

(1)处于电场中的任何带电体都受到电场所作用的力.

(2)当带电体在电场中移动时,电场所作用的力对带电体做功.

电场中任意一点处电场的性质,可根据电荷在电场中受力的特点来定量描述.用电量很小的点电荷 q_0 作为试验电荷,当将试验电荷 q_0 放在电场中一给定点处时,它所受到的电场力的大小和方向是一定的;当将试验电荷放在电场中的不同点处时,其受到的电场力的大小和方向一般是不相同的.将试验电荷 q_0 放在电场中一固定点处,当 q_0 的电量改变时,它所受的力的方向不变,但力的大小将随电量的改变而改变,然而始终保持力 $\boldsymbol{F}$ 和 q_0 的比值 $\dfrac{\boldsymbol{F}}{q_0}$ 为一恒矢量.因此,$\dfrac{\boldsymbol{F}}{q_0}$ 反映了 q_0 所在处电场的性质,称为**电场强度**,简称场强,用 $\boldsymbol{E}$ 表示,即

$$\boldsymbol{E}=\frac{\boldsymbol{F}}{q_0}. \tag{7-5}$$

当 q_0 为一个单位正电荷时,$\boldsymbol{E}=\boldsymbol{F}$,即电场中任意一点的电场强度等于单位正电荷在该点所受的电场力.在国际单位制(SI)中,电场强度 $\boldsymbol{E}$ 的单位是 $\mathrm{N \cdot C^{-1}}$,也可以写成 $\mathrm{V \cdot m^{-1}}$.

电场中的每一个点都有一个确定的电场强度矢量,电场中的不同点的电场强度的大小和方向一般是不相同的.要完整地描述整个电场,必须知道空间各点的电场强度分布,即求出矢量场函数 $\boldsymbol{E}=\boldsymbol{E}(\boldsymbol{r})$.

四、电场强度的叠加原理

将试验电荷 q_0 放在点电荷系 $q_1, q_2, \cdots, q_n$ 所产生的电场中时,q_0 受到各点电荷静电力的作用.由静电力的叠加原理知,q_0 受到的总静电力为

$$\boldsymbol{F}=\boldsymbol{F}_1+\boldsymbol{F}_2+\cdots+\boldsymbol{F}_n,$$

两边除以 q_0,得

$$\frac{\boldsymbol{F}}{q_0}=\frac{\boldsymbol{F}_1}{q_0}+\frac{\boldsymbol{F}_2}{q_0}+\cdots+\frac{\boldsymbol{F}_n}{q_0}.$$

按电场强度的定义 $\boldsymbol{E}=\dfrac{\boldsymbol{F}}{q_0}$,有

$$\boldsymbol{E}=\boldsymbol{E}_1+\boldsymbol{E}_2+\cdots+\boldsymbol{E}_n=\sum_{i=1}^{n}\boldsymbol{E}_i. \tag{7-6}$$

上式表明,**电场中任意一点处的总电场强度等于各个点电荷单独存在时在该点各自产生的电场强度的矢量和**.这就是**电场强度的叠加原理**.任何带电体都可以看作许多点电荷的集合,由该原理可计算任意带电体产生的电场强度.

五、电场强度的计算

如果场源电荷的分布状况已知,那么电场强度就是唯一确定的,这种性质称为**静电场的唯一性**.根据电场强度的叠加原理,原则上可以求得电场分布.

1. 点电荷的电场

设真空中有一点电荷 q,P 为空间一点(称为场点).$\boldsymbol{r}$ 为从 q 到 P 点的矢径.当将试验电荷 q_0 放在 P 点时,q_0 所受的电场力为

$$\boldsymbol{F}=\frac{1}{4\pi\varepsilon_0}\frac{q_0 q}{r^2}\boldsymbol{r}_0,$$

式中,$\boldsymbol{r}_0$ 为沿矢径 $\boldsymbol{r}$ 方向的单位矢量.则 P 点的电场强度为

$$\boldsymbol{E}=\frac{\boldsymbol{F}}{q_0}=\frac{1}{4\pi\varepsilon_0}\frac{q}{r^2}\boldsymbol{r}_0. \tag{7-7}$$

q 为正电荷时,$\boldsymbol{E}$ 与 $\boldsymbol{r}$ 同方向;q 为负电荷时,$\boldsymbol{E}$ 与 $\boldsymbol{r}$ 反方向.(7-7)式表明,点电荷的电场具有球对称性:在以 q 为中心的每一个球面上,各点电场强度的大小相等;正点电荷的电场强度的方向垂直于球面向外,负点电荷的电场强度的方向垂直于球面向里.

2. 点电荷系的电场

设真空中有点电荷系 $q_1, q_2, \cdots, q_n$,用 $\boldsymbol{r}_{i0}$ 表示沿第 i 个点电荷 q_i 到任意场点 P 的矢径 $\boldsymbol{r}_i$ 方向的单位矢量,$\boldsymbol{E}_i$ 为 q_i 单独存在时在 P 点产生的电场强度,则

$$\boldsymbol{E}_i=\frac{1}{4\pi\varepsilon_0}\frac{q_i}{r_i^2}\boldsymbol{r}_{i0}.$$

根据电场强度的叠加原理,可得 P 点的总电场强度为

$$\boldsymbol{E}=\sum_{i=1}^{n}\boldsymbol{E}_i=\sum_{i=1}^{n}\frac{1}{4\pi\varepsilon_0}\frac{q_i}{r_i^2}\boldsymbol{r}_{i0}. \tag{7-8}$$

在直角坐标系中,(7-8)式的分量式分别为

$$E_x=\sum_{i=1}^{n}E_{ix};$$

$$E_y=\sum_{i=1}^{n}E_{iy};$$

$$E_z=\sum_{i=1}^{n}E_{iz}.$$

例 7-1

两个等值异号的点电荷 $+q$ 和 $-q$ 组成一点电荷系,当它们之间的距离 l 比起所讨论问题中涉及的距离 r 小得多时,这一点电荷系称为**电偶极子**.由负电荷 $-q$ 指向正电荷 $+q$ 的矢径 $\boldsymbol{l}$ 称为电偶极子的轴.$q\boldsymbol{l}$ 称为**电偶极矩**,简称**电矩**,用 $\boldsymbol{p}$ 表示,即 $\boldsymbol{p}=q\boldsymbol{l}$.试计算电偶极子的轴线延长线上的一点 A 和轴的中垂面上的一点 B 的电场强度.

解 选取如图 7-1 所示的坐标系,O 为电偶极子的轴的中点.点电荷 $+q$ 和 $-q$ 在 A 点产生的电场强度的大小为

$$E_{A+}=\frac{1}{4\pi\varepsilon_0}\frac{q}{\left(r-\frac{l}{2}\right)^2},$$

$$E_{A-}=\frac{1}{4\pi\varepsilon_0}\frac{q}{\left(r+\frac{l}{2}\right)^2},$$

E_{A+} 沿 x 轴正方向,E_{A-} 沿 x 轴负方向.所以 A 点的总电场强度的大小为

$$
\begin{aligned}
E_A &= E_{A+} - E_{A-} \\
&= \frac{q}{4\pi\varepsilon_0}\left[\frac{1}{\left(r-\frac{l}{2}\right)^2} - \frac{1}{\left(r+\frac{l}{2}\right)^2}\right] \\
&= \frac{q \cdot 2lr}{4\pi\varepsilon_0\left[\left(r-\frac{l}{2}\right)\left(r+\frac{l}{2}\right)\right]^2}.
\end{aligned}
$$

因为 $r \gg l$,故

$$E_A \approx \frac{2ql}{4\pi\varepsilon_0 r^3} = \frac{2p}{4\pi\varepsilon_0 r^3},$$

沿 x 轴正方向,与电矩 $\boldsymbol{p}$ 同方向,所以

$$\boldsymbol{E}_A \approx \frac{2\boldsymbol{p}}{4\pi\varepsilon_0 r^3}. \qquad (7-9)$$

类似可算得

$$
\begin{aligned}
E_{Bx} &= -(E_{B+}\cos\theta + E_{B-}\cos\theta) \\
&= -2E_{B+}\cos\theta \\
&= -2 \cdot \frac{q}{4\pi\varepsilon_0\left(r^2+\frac{l^2}{4}\right)} \cdot \frac{\frac{l}{2}}{\sqrt{r^2+\frac{l^2}{4}}} \\
&= \frac{-ql}{4\pi\varepsilon_0\left(r^2+\frac{l^2}{4}\right)^{\frac{3}{2}}} \\
&\approx \frac{-ql}{4\pi\varepsilon_0 r^3} = \frac{-p}{4\pi\varepsilon_0 r^3},
\end{aligned}
$$

$$E_{By} = 0,$$

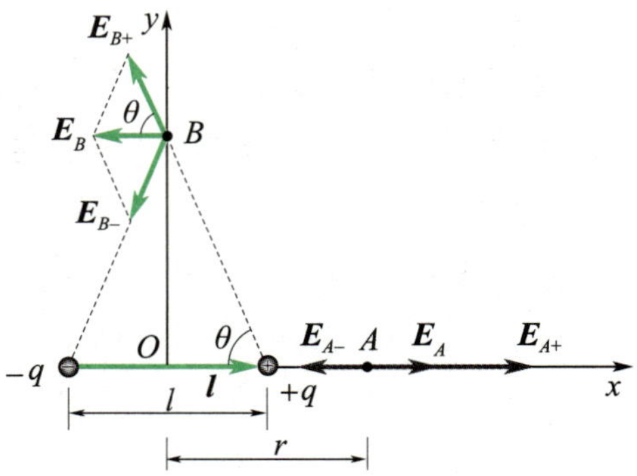

图 7-1 电偶极子的电场强度

$\boldsymbol{E}_B$ 沿 x 轴负方向,与电矩 $\boldsymbol{p}$ 的方向相反. 所以

$$\boldsymbol{E}_B \approx -\frac{\boldsymbol{p}}{4\pi\varepsilon_0 r^3}. \qquad (7-10)$$

对于 $r \gg l$ 的其他场点的电场强度,可以把电偶极矩 $\boldsymbol{p}$ 分解为沿 $\boldsymbol{r}$ 方向和垂直于 $\boldsymbol{r}$ 方向的两个分量,利用(7-9)式和(7-10)式来叠加.

电偶极子的物理模型在研究电介质的极化及电磁波的辐射时都会用到.

3. 电荷连续分布的带电体的电场

电荷连续分布的带电体电场的计算

把带电体分割成无限多个电荷元 $\mathrm{d}q$. $\mathrm{d}q$ 在场点 P 产生的电场强度 $\mathrm{d}\boldsymbol{E}$ 与点电荷的电场强度相同,由(7-7)式知

$$\mathrm{d}\boldsymbol{E} = \frac{\mathrm{d}q}{4\pi\varepsilon_0 r^2}\boldsymbol{r}_0,$$

$\boldsymbol{r}_0$ 为沿电荷元 $\mathrm{d}q$ 到 P 点的矢径 $\boldsymbol{r}$ 方向的单位矢量. 根据电场强度的叠加原理,带电体在 P 点的总电场强度为

$$\boldsymbol{E} = \int_V \mathrm{d}\boldsymbol{E} = \int_V \frac{1}{4\pi\varepsilon_0}\frac{\mathrm{d}q}{r^2}\boldsymbol{r}_0. \qquad (7-11)$$

若电荷连续分布在一体积内,用 ρ 表示体电荷密度,则(7-11)式中 $\mathrm{d}q=\rho\mathrm{d}V$;若电荷连续分布在一曲面或平面上,用 σ 表示面电荷密度,则 $\mathrm{d}q=\sigma\mathrm{d}S$;若电荷连续分布在一曲线或直线上,用 λ 表示线电荷密度,则 $\mathrm{d}q=\lambda\mathrm{d}l$. 相应地,计算 $\boldsymbol{E}$ 的积分分别为体积分、面积分和线积分. 具体计算时,更多的是进行分量的积分而求出 $\boldsymbol{E}$ 的各个分量.

例 7-2

真空中有一均匀带电直线,其长为 L,总电量为 q,试求直线的延长线上距离带电直线端点为 a 的 P 点的电场强度.

解　如图 7-2 所示，取 Ox 轴正向. P 点到带电直线右端的距离为 a，在 x 处取 $\mathrm{d}x$，则 $\mathrm{d}q=\lambda\mathrm{d}x=\frac{q}{L}\mathrm{d}x$. $\mathrm{d}q$ 在 P 点产生的电场强度 $\mathrm{d}\boldsymbol{E}$ 的方向沿 x 轴正方向，大小为 $\mathrm{d}E=\frac{\lambda\mathrm{d}x}{4\pi\varepsilon_0(L+a-x)^2}$，则

$$E=\int_0^L\frac{\lambda\mathrm{d}x}{4\pi\varepsilon_0(L+a-x)^2}=\frac{\lambda}{4\pi\varepsilon_0}\left[\frac{1}{L+a-x}\right]_0^L$$

$$=\frac{q}{4\pi\varepsilon_0 a(L+a)}. \qquad (7-12)$$

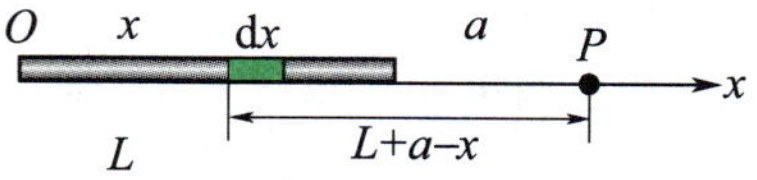

图7-2　均匀带电直线外任意一点的电场强度

考虑到方向，有 $\boldsymbol{E}=\frac{q}{4\pi\varepsilon_0 a(L+a)}\boldsymbol{i}$，$\boldsymbol{i}$ 是沿 x 轴正方向的单位矢量.

例 7-3

真空中有一均匀带电圆环，圆环的半径为 R，带电量为 q，试计算圆环轴线上任一点 P 的电场强度.

解　取圆环的轴线为 x 轴，轴上 P 点与环心的距离为 x. 在圆环上取线元 $\mathrm{d}l$，它与 P 点的距离为 r，如图 7-3 所示，则

$$\mathrm{d}q=\lambda\mathrm{d}l=\frac{q}{2\pi R}\mathrm{d}l.$$

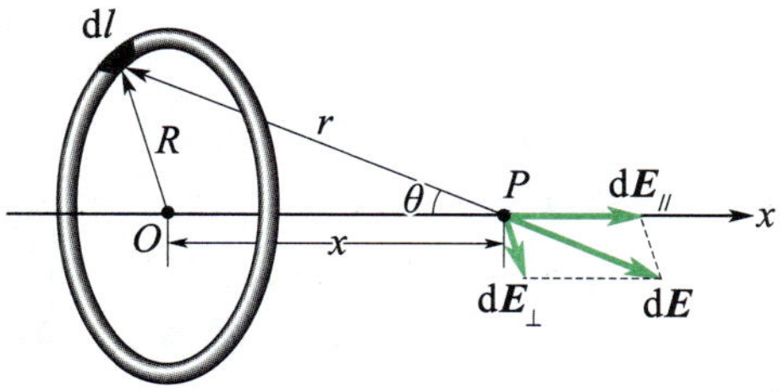

图 7-3　均匀带电圆环轴线上一点的电场强度

$\mathrm{d}q$ 在 P 点产生的电场强度 $\mathrm{d}\boldsymbol{E}$ 的方向如图 7-3 所示，大小为

$$\mathrm{d}E=\frac{\lambda\mathrm{d}l}{4\pi\varepsilon_0 r^2}.$$

$\mathrm{d}\boldsymbol{E}$ 的与 x 轴平行的分量为

$$\mathrm{d}E_{/\!/}=\frac{\lambda\mathrm{d}l}{4\pi\varepsilon_0 r^2}\cos\theta;$$

$\mathrm{d}\boldsymbol{E}$ 的与 x 轴垂直的分量为

$$\mathrm{d}E_{\perp}=\frac{\lambda\mathrm{d}l}{4\pi\varepsilon_0 r^2}\sin\theta.$$

根据对称性，带电圆环上在同一直径两端取相等的电荷元，在 P 点产生的电场强度在垂直于 x 轴方向的分量互相抵消. 所以，P 点的总电场强度的方向一定沿 x 轴，即

$$E=\int_L\mathrm{d}E_{/\!/}=\int_L\frac{\lambda\mathrm{d}l}{4\pi\varepsilon_0 r^2}\cos\theta=\int_L\frac{\lambda\mathrm{d}l}{4\pi\varepsilon_0 r^2}\frac{x}{r}$$

$$=\frac{x}{4\pi\varepsilon_0 r^3}\int_0^{2\pi R}\lambda\mathrm{d}l=\frac{qx}{4\pi\varepsilon_0(R^2+x^2)^{3/2}}. \qquad (7-13)$$

当 $q>0$ 时，$\boldsymbol{E}$ 沿 x 轴离开原点 O 的方向；当 $q<0$ 时，$\boldsymbol{E}$ 沿 x 轴指向原点 O 的方向. 在环心处，$\boldsymbol{E}=0$；当 $x\gg R$ 时，$E\approx\frac{q}{4\pi\varepsilon_0 x^2}$，此时带电圆环近似为一点电荷.

六、带电体在外电场中所受的作用

点电荷 q 放在电场强度为 $\boldsymbol{E}$ 的外电场中某一点时，电荷所受的静电力为

$$\boldsymbol{F}=q\boldsymbol{E}. \qquad (7-14)$$

要计算一个带电体在电场中所受的力和力矩，一般要把带电体划分为许多电荷元，先计算每个电荷元所受的作用力，然后用积分求带电体所受的合力和合力矩.

例 7-4

计算电偶极子 $\boldsymbol{p}=q\boldsymbol{l}$ 在均匀外电场 $\boldsymbol{E}$ 中所受的合力和合力矩.

解 如图 7-4 所示，电矩 $\boldsymbol{p}$ 的方向与 $\boldsymbol{E}$ 的方向之间的夹角为 θ，则正、负点电荷受力分别为

$$\boldsymbol{F}_+=q\boldsymbol{E},$$
$$\boldsymbol{F}_-=-q\boldsymbol{E}.$$

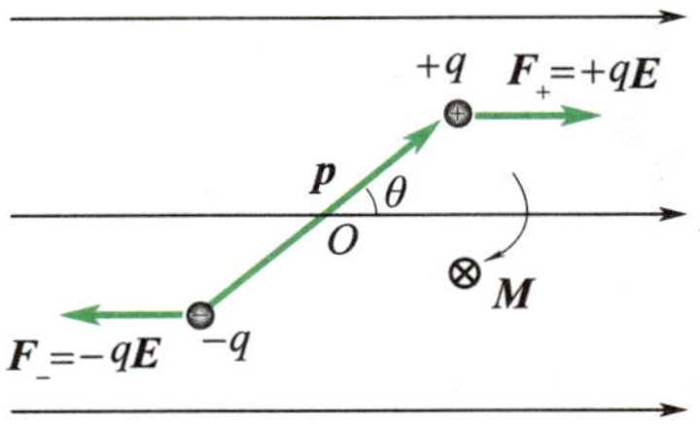

图 7-4 电偶极子在外电场中所受的力和力矩

所以合力为 $\boldsymbol{F}_++\boldsymbol{F}_-=\boldsymbol{0}$，但 $\boldsymbol{F}_+$ 与 $\boldsymbol{F}_-$ 不在同一直线上，形成力偶. 力偶矩的大小为

$$M=F_+\frac{l}{2}\sin\theta+F_-\frac{l}{2}\sin\theta=Fl\sin\theta$$
$$=qEl\sin\theta=pE\sin\theta.$$

考虑到力矩 $\boldsymbol{M}$ 的方向，上式写成矢量式，为

$$\boldsymbol{M}=\boldsymbol{p}\times\boldsymbol{E}. \tag{7-15}$$

所以电偶极子在电场的作用下总要使电矩 $\boldsymbol{p}$ 转到 $\boldsymbol{E}$ 的方向上，达到稳定平衡状态.

§7.2 电通量 高斯定理

一、电场的图示法 电场线

电场中每一点的电场强度 $\boldsymbol{E}$ 都有一定的方向. 我们可以在电场中描绘一系列的曲线，使这些曲线上每一点的切线方向都与该点电场强度 $\boldsymbol{E}$ 的方向一致，这些曲线叫作**电场线**. 为了使电场线不仅表示出电场中电场强度的方向，而且还表示电场强度的大小，我们规定，在电场中任一点处，通过垂直于 $\boldsymbol{E}$ 方向的单位面积的电场线的数目等于该点处 $\boldsymbol{E}$ 的量值. 因此，电场线稀疏的地方，电场强度小；电场线密集的地方，电场强度大. 电场线虽然是假设的，但可以通过实验方法模拟出来. 图 7-5 是几种常见电场的电场线图.

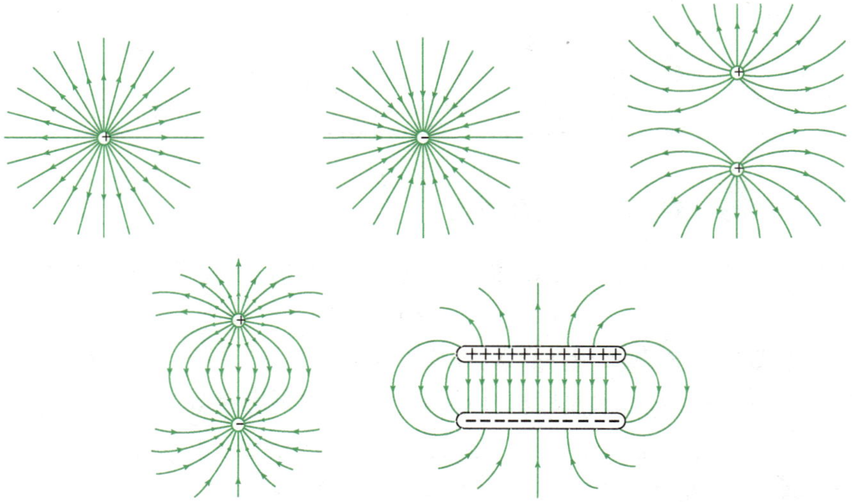

图 7-5 几种常见电场的电场线图

静电场的电场线有以下性质.

(1)既不形成闭合回线,也不中断,而是起自正电荷(或无穷远处)、止于负电荷(或无穷远处).

(2)任何两条电场线不相交.说明静电场中每一点的电场强度是唯一的.

二、电通量

通过电场中任一给定面的电场线的条数称为通过该面的**电通量**,用符号 Φ_e 表示.

在均匀电场 $\boldsymbol{E}$ 中,通过与 $\boldsymbol{E}$ 方向垂直的平面 S 的电通量为

$$\Phi_e = ES,$$

如图 7-6(a)所示.若平面 S 的法线方向与 $\boldsymbol{E}$ 方向的夹角为 θ,则平面 S 在垂直于 $\boldsymbol{E}$ 的方向上的投影面积为 $S'=S\cos\theta$,通过平面 S 的电通量等于通过面积 S' 的电通量,即

$$\Phi_e = ES' = ES\cos\theta = \boldsymbol{E}\cdot\boldsymbol{S}.$$

式中,面积矢量 $\boldsymbol{S}=S\boldsymbol{n}_0$,$\boldsymbol{n}_0$ 为沿 S 法线方向的单位矢量,如图 7-6(b)所示.计算非均匀电场中通过任一曲面 S 的电通量时,要把该曲面划分为无限多个面元.一个无限小的面元矢量 $\mathrm{d}\boldsymbol{S}$ 的方向(法线方向)与电场强度 $\boldsymbol{E}$ 的夹角为 θ,如图 7-6(c)所示,则通过面元 $\mathrm{d}\boldsymbol{S}$ 的电通量为 $\mathrm{d}\Phi_e=\boldsymbol{E}\cdot\mathrm{d}\boldsymbol{S}$.通过曲面 S 的总电通量等于通过各面元的电通量的总和,即

$$\Phi_e = \int_S \mathrm{d}\Phi_e = \int_S \boldsymbol{E}\cdot\mathrm{d}\boldsymbol{S}. \tag{7-16}$$

当曲面 S 为闭合曲面时,上式写成

$$\Phi_e = \oint_S \boldsymbol{E}\cdot\mathrm{d}\boldsymbol{S}. \tag{7-17}$$

这时规定,面元矢量 $\mathrm{d}\boldsymbol{S}$ 的正方向为法线方向,并指向闭合曲面的外侧.因此,电场线从曲面上穿出,电通量为正值;电场线穿入曲面,电通量为负值.

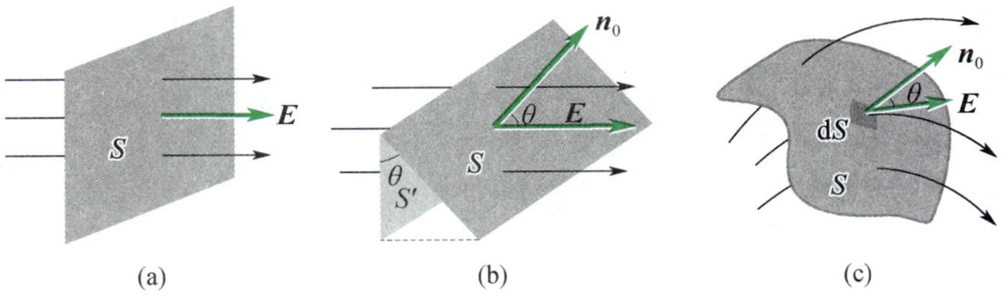

图 7-6　电通量

三、高斯定理

高斯定理是静电场的一条基本原理,它给出了静电场中通过任一闭合曲面的电通量与该闭合曲面内所包围的电荷之间的量值关系,可以通过库仑定律和电场强度的叠加原理推导.

先讨论点电荷电场的情况.以点电荷 q 为中心,取任意长度 r 为半径作闭合球

面 S 包围点电荷，如图 7－7(a)所示．在 S 上取面元 $\mathrm{d}\boldsymbol{S}$，其方向与面元处的电场强度 $\boldsymbol{E}$ 的方向相同．所以，通过 $\mathrm{d}\boldsymbol{S}$ 的电通量为

$$\mathrm{d}\Phi_{\mathrm{e}}=E\cos 0^{\circ}\mathrm{d}S=\frac{1}{4\pi\varepsilon_0}\frac{q}{r^2}\mathrm{d}S.$$

通过整个闭合球面 S 的电通量为

$$\Phi_{\mathrm{e}}=\oint_S \boldsymbol{E}\cdot\mathrm{d}\boldsymbol{S}=\oint_S\frac{q}{4\pi\varepsilon_0 r^2}\mathrm{d}S=\frac{q}{4\pi\varepsilon_0 r^2}\oint_S\mathrm{d}S=\frac{q}{\varepsilon_0},$$

即通过闭合球面的电通量 Φ_{e} 与半径 r 无关，只与被球面所包围的电量 q 有关．这也反映出电场线的基本性质．当 q 是正电荷时，$\Phi_{\mathrm{e}}>0$，表示电场线从正电荷发出且穿出球面；当 q 是负电荷时，$\Phi_{\mathrm{e}}<0$，表示电场线穿入球面且止于负电荷．

高斯

如果包围点电荷 q 的曲面是任意闭合曲面 S'，如图 7－7(b)所示，可以在曲面 S'外再作一个以 q 为中心的球面 S，由于 S 与 S'之间没有其他电荷，从 q 发出的电场线不会中断，所以穿过 S'的电场线的条数与穿过 S 的电场线的条数相等，即通过包围点电荷 q 的任意闭合曲面的电通量仍为

$$\Phi_{\mathrm{e}}=\oint_{S'}\boldsymbol{E}\cdot\mathrm{d}\boldsymbol{S}=\frac{q}{\varepsilon_0}.$$

电场的高斯定理

(a) 从q发出的电场线穿出球面　　(b) 从q发出的电场线穿出任意闭合曲面

图 7－7　说明高斯定理图一

高斯定理的理解及应用

下面讨论点电荷 q 在闭合曲面 S 之外的情况，如图7－8所示．因为只有与闭合曲面 S 相切的锥体范围内的电场线才通过闭合曲面 S，由电场线的连续性知，每一条电场线从某处穿入必从另一处穿出，一进一出，正负抵消，所以在闭合曲面 S 外的电荷对通过闭合曲面的电通量没有贡献，即通过不包围电荷 q 的闭合曲面 S 的电通量为零，即

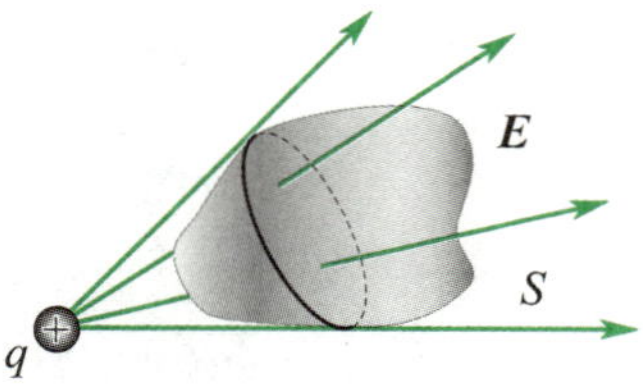

图 7－8　说明高斯定理图二

$$\oint_S\boldsymbol{E}\cdot\mathrm{d}\boldsymbol{S}=0.$$

综上所述，**通过真空中的静电场中任一闭合曲面的电通量 Φ_{e} 等于包围在该闭合曲面内的电荷代数和 $\sum q_i$ 的 $\frac{1}{\varepsilon_0}$ 倍**．这就是静电场的**高斯定理**．数学表达式为

$$\oint_S\boldsymbol{E}\cdot\mathrm{d}\boldsymbol{S}=\frac{\sum q_i}{\varepsilon_0}.\tag{7-18}$$

容易证明：**高斯定理对任意静电场成立．**

应当指出，高斯定理说明通过闭合曲面的电通量只与该闭合曲面所包围的电荷有关，但电场中任一点的电场强度是由所有场源电荷，即闭合曲面内、外所有电荷共同产生的.

四、高斯定理的应用

如果带电体的电荷分布已知，根据高斯定理很容易求得任意闭合曲面的电通量，但不一定能确定面上各点的电场强度. 当电荷分布具有某些对称性并取合适的闭合曲面时，利用高斯定理能够很方便地求出电场强度.

例 7-5　如图 7-9 所示，求均匀带电球面的电场强度分布. 已知球面半径为 R，带电量为 q.

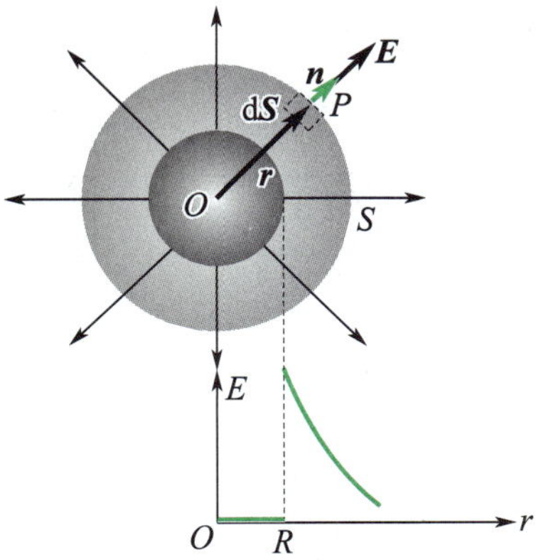

图 7-9　均匀带电球面的电场强度

解　由于电荷分布具有球对称性，可判断出空间电场强度分布必然具有球对称性，即与球心 O 距离相等的球面上各点的电场强度大小相等，方向沿半径呈辐射状.

设空间某点 P 到球心的距离为 r，取以球心为中心、r 为半径的闭合球面 S 为高斯面，则 S 上的面元 $\mathrm{d}\boldsymbol{S}$ 的法线 $\boldsymbol{n}$ 与面元处电场强度 $\boldsymbol{E}$ 的方向相同，且高斯面上各点电场强度大小相等，所以

$$\oint_S \boldsymbol{E}\cdot\mathrm{d}\boldsymbol{S}=\oint_S E\,\mathrm{d}S=E\oint_S \mathrm{d}S=4\pi E r^2.$$

当 P 点在带电球面内时 $(r<R)$，

$$\sum q_i=0,$$

因此　$\boldsymbol{E}=\boldsymbol{0}.$

当 P 点在带电球面外时 $(r>R)$，

$$\sum q_i=q.$$

所以　$$\boldsymbol{E}=\frac{q}{4\pi\varepsilon_0 r^2}\boldsymbol{r}_0,$$

其中 $\boldsymbol{r}_0$ 为沿 P 点矢径 $\boldsymbol{r}$ 方向的单位矢量. $q>0$ 时，$\boldsymbol{E}$ 呈辐射状向外；$q<0$ 时，$\boldsymbol{E}$ 呈辐射状向里. 从图 7-9 中可以看出球面处的电场强度最大.

利用类似的方法，可求得半径为 R，总电量为 q 的均匀带电球体(带电的介质球)在空间的电场强度分布为

$$\boldsymbol{E}=\begin{cases}\dfrac{q\boldsymbol{r}}{4\pi\varepsilon_0 R^3}\ (r\leqslant R),\\[2mm]\dfrac{q\boldsymbol{r}_0}{4\pi\varepsilon_0 r^2}\ (r\geqslant R).\end{cases}$$

通过结论发现，均匀带电球面和球体在外部空间激发的电场，与全部电荷集中在球心时作为点电荷激发的电场一样.

例 7-6　一厚度为 d 的无限大平板均匀带电，体电荷密度 $\rho>0$. 设板内、外的电容率均为 ε_0. 求平板内、外电场强度分布.

解　如图 7-10 所示，OO' 为平板截面的轴线. 由对称性可知，位于 OO' 两侧与 OO' 等距的 $\pm x$ 处的电场强度大小相等，方向垂直于 OO' 轴且指向两侧. 在平板内作一个被平板的中间面垂直平分的闭合圆柱面 S_1 为高斯面. S_1 的底面积为 ΔS，底面与 OO' 轴的垂直距离为 x. 则

$$\oint_{S_1}\boldsymbol{E}\cdot\mathrm{d}\boldsymbol{S}=2E\Delta S,$$

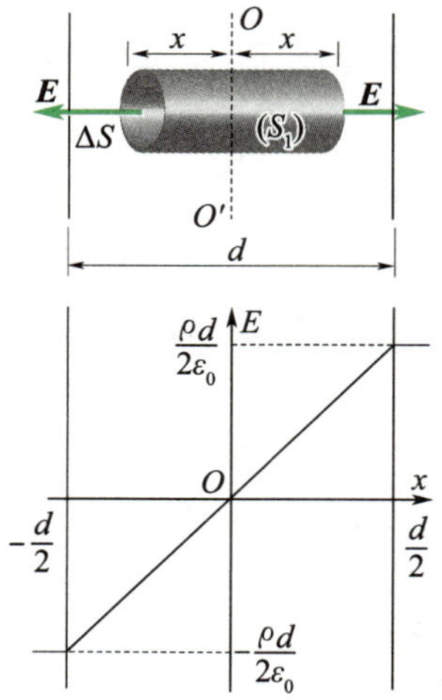

图 7-10　无限大均匀带电平板的电场强度分布

$$\sum q = 2x\Delta S\rho,$$

所以 $E=\frac{\rho x}{\varepsilon_0}\left(|x|\leqslant\frac{d}{2}\right)$.

同理可得平板外一点的电场强度大小 $E=\frac{\rho d}{2\varepsilon_0}$ $\left(|x|\geqslant\frac{d}{2}\right)$. $\boldsymbol{E}$ 的方向垂直于平板，$\rho>0$ 时向外，$\rho<0$ 时向内.

因为 ρd 表示单位面积上的电荷即面电荷密度，所以当 $d\to0$ 时，上述平板就是无限大均匀带电平面. 为保证 $\sigma=\rho d$ 为有限值，当 $d\to0$ 时，$\rho\to\infty$. 由上可得无限大均匀带电平面外一点的电场强度大小为 $\frac{\sigma}{2\varepsilon_0}$，其方向垂直于板面.

例 7-7

试求半径为 R，面电荷密度为 σ 的无限长均匀带电圆柱面的电场强度.

解　如图 7-11 所示，由电荷分布的轴对称性，可以确定带电圆柱面产生的电场也具有轴对称性，即离圆柱面轴线的垂直距离相等的各点的电场强度大小相等，方向都垂直于圆柱面. 取过场点 P 的一同轴圆柱面为高斯面，圆柱面的高为 l，底面半径为 $r(r>R)$，则通过高斯面底面的电通量为零，而通过高斯面侧面的电通量为 $2\pi rlE$，即

$$\oint_S \boldsymbol{E}\cdot d\boldsymbol{S} = 2\pi rlE.$$

而 $\sum q_i = \sigma 2\pi Rl$，可得 $E=\frac{R\sigma}{\varepsilon_0 r}(r>R)$. 若令 λ 表示圆柱面上单位长度的电量，即 $\lambda=2\pi R\sigma$，则有

$$E=\frac{\lambda}{2\pi\varepsilon_0 r},$$

E 的方向垂直于圆柱面.

显然，上式也是无限长均匀带电直线产生的电场强度.

同理可得圆柱面内任意一点的电场强度为

$$E=0.$$

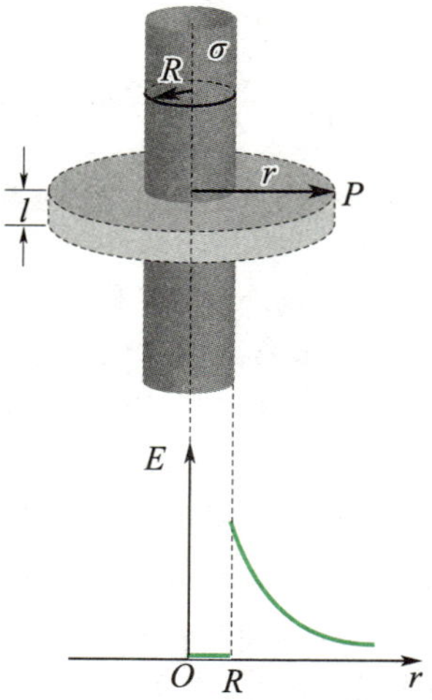

图 7-11　无限长均匀带电圆柱面的电场强度

§7.3 电场力的功 电势

一、电场力的功

本节研究电荷在电场中移动时电场力做的功和电场的能量及电势.

在点电荷 q 的电场中,试验电荷 q_0 从 a 点经任意路径 acb 移动到 b 点时,电场力对电荷 q_0 做功.

如图 7-12 所示,在路径中任一点 c 附近取一元位移 $\mathrm{d}\boldsymbol{l}$,q_0 在 $\mathrm{d}\boldsymbol{l}$ 上受的电场力 $\boldsymbol{F}=q_0\boldsymbol{E}$,$\boldsymbol{F}$ 与 $\mathrm{d}\boldsymbol{l}$ 的夹角为 θ,则电场力在 $\mathrm{d}\boldsymbol{l}$ 上对 q_0 做的功为

$$\mathrm{d}W=\boldsymbol{F}\cdot\mathrm{d}\boldsymbol{l}=q_0\boldsymbol{E}\cdot\mathrm{d}\boldsymbol{l}=q_0E\cos\theta\mathrm{d}l.$$

因为 $\mathrm{d}l\cos\theta=r'-r=\mathrm{d}r$,为位矢模的增量,所以

$$\mathrm{d}W=q_0E\cos\theta\mathrm{d}l=q_0E\mathrm{d}r=\frac{1}{4\pi\varepsilon_0}\frac{q_0q}{r^2}\mathrm{d}r.$$

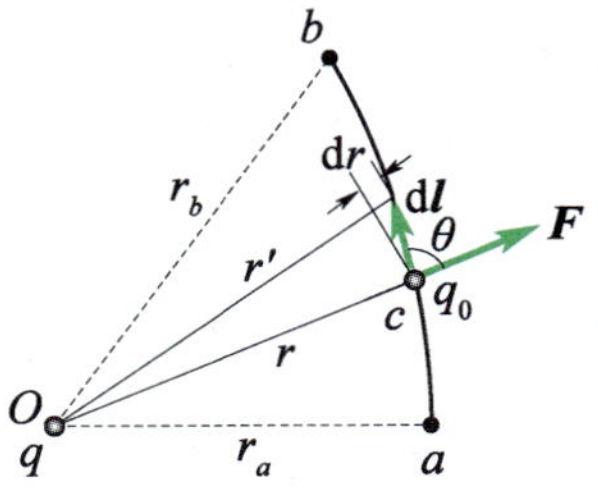

图 7-12 电场力做功

当 q_0 从 a 点移动到 b 点时,电场力做的功为

$$W_{ab}=\int_a^b\mathrm{d}W=\int_{r_a}^{r_b}\frac{1}{4\pi\varepsilon_0}\frac{q_0q}{r^2}\mathrm{d}r=\frac{q_0q}{4\pi\varepsilon_0}\left(\frac{1}{r_a}-\frac{1}{r_b}\right).\tag{7-19}$$

式中,r_a,r_b 分别表示路径的起点和终点到点电荷 q 的距离.可见,在点电荷 q 的电场中,电场力对 q_0 做的功只取决于移动路径的起点 a 和终点 b 的位置,而与路径无关.

上述结论可以推广到任意带电体的电场.任何一个带电体可以看成是许多点电荷的集合,总电场 $\boldsymbol{E}$ 等于各点电荷电场强度的矢量和.所以可得出结论:试验电荷在任何静电场中移动时,静电场力所做的功,只与电场的性质、试验电荷的电量大小及路径起点和终点的位置有关,而与路径无关.这说明静电场力是保守力,静电场是保守场.

二、静电场的环流定理

静电场力做功与路径无关的特性还可以用另一种形式来表达.设试验电荷 q_0 从电场中的 a 点经任意路径 acb 到达 b 点,再从 b 点经另一路径 bda 回到 a 点,则电场力在整个闭合路径 $acbda$ 上做的功为

$$\begin{aligned}W&=\oint_l q_0\boldsymbol{E}\cdot\mathrm{d}\boldsymbol{l}=\int_{acb}q_0\boldsymbol{E}\cdot\mathrm{d}\boldsymbol{l}+\int_{bda}q_0\boldsymbol{E}\cdot\mathrm{d}\boldsymbol{l}\\&=\int_{acb}q_0\boldsymbol{E}\cdot\mathrm{d}\boldsymbol{l}-\int_{adb}q_0\boldsymbol{E}\cdot\mathrm{d}\boldsymbol{l}=0.\end{aligned}$$

由于 $q_0\neq0$,所以

$$\oint_l\boldsymbol{E}\cdot\mathrm{d}\boldsymbol{l}=0.\tag{7-20}$$

(7-20)式左边是电场强度 $\boldsymbol{E}$ 沿闭合路径的积分,称为静电场的电场强度 $\boldsymbol{E}$ 的环流.它表明,**在静电场中,电场强度 $\boldsymbol{E}$ 的环流恒等于零**,这一结论称为**静电场的环流定理**,它是静电场为保守场的数学表述.由于这一性质,我们才能引进电势能和电势的概念.

三、电势能

在力学中已经指出，任何保守场都可以引入势能概念. 静电场是保守场，相应地，可以引入电势能的概念，即认为试验电荷 q_0 在静电场中某一位置具有一定的电势能，用 W_p 表示. 当试验电荷 q_0 从电场中的 a 点移动到 b 点时，电场力对它做的功等于相应电势能增量的负值，即

$$W_{ab} = \int_a^b q_0 \boldsymbol{E} \cdot \mathrm{d}\boldsymbol{l} = -(W_{pb} - W_{pa}) = W_{pa} - W_{pb}, \tag{7-21}$$

式中 W_{pa}，W_{pb} 是试验电荷在 a 点和 b 点的电势能. 电场力做正功时，$W_{ab}>0$，即 $W_{pa}>W_{pb}$，电势能减少；电场力做负功时，$W_{ab}<0$，即 $W_{pa}<W_{pb}$，电势能增大.

与其他形式的势能一样，电势能也是相对量. 只有先选定一个电势能为零的参考点，才能确定电荷在某一点的电势能的量值. 电势能零点可以任意选择，如选择电荷在 b 点的电势能为零，即选定 $W_{pb}=0$，则由(7-21)式可得 a 点的电势能为

$$W_{pa} = W_{ab} = \int_a^b q_0 \boldsymbol{E} \cdot \mathrm{d}\boldsymbol{l}.$$

一般而言，如果取电场中某点 P_0 为电势能零点，则任一点 a 的电势能为 $W_{pa} = \int_a^{P_0} q_0 \boldsymbol{E} \cdot \mathrm{d}\boldsymbol{l}$. 它表明，试验电荷 q_0 在电场中任意一点 a 的电势能在数值上等于把 q_0 由该点移到电势能零点 P_0 处时电场力所做的功. 当场源电荷局限在有限大小的空间内时，为了方便，常把电势能零点选在无穷远处，即规定 $W_{p\infty}=0$，则 q_0 在 a 点的电势能为

$$W_{pa} = \int_a^{\infty} q_0 \boldsymbol{E} \cdot \mathrm{d}\boldsymbol{l}, \tag{7-22}$$

即在规定无穷远处电势能为零时，试验电荷 q_0 在电场中任一点 a 的电势能在数值上等于把 q_0 由 a 点移到无穷远处时电场力所做的功.

应该指出，与任何形式的势能相同，电势能是试验电荷和电场的相互作用能，它属于试验电荷和电场组成的系统.

四、电势　电势差

(7-22)式表示电势能 W_{pa} 不仅与电场的性质及 a 点的位置有关，而且还与试验电荷 q_0 有关，而比值 $\frac{W_{pa}}{q_0}$ 则与 q_0 无关，仅由电场的性质和 a 点的位置决定. 因此，$\frac{W_{pa}}{q_0}$ 是描述电场中任意一点 a 的电场性质的一个基本物理量，称为 a 点的**电势**，用 U 表示，即

$$U_a = \frac{W_{pa}}{q_0} = \frac{W_{a\infty}}{q_0} = \int_a^{\infty} \boldsymbol{E} \cdot \mathrm{d}\boldsymbol{l}. \tag{7-23}$$

(7-23)式表明，**若规定无穷远处为电势零点，则电场中某点 a 的电势在数值上等于把单位正电荷从该点沿任意路径移到无穷远处时电场力所做的功.**

电势是标量. 在国际单位制中，电势的单位是伏特，符号为 V.

静电场中任意两点 a 和 b 的电势之差称为 a，b 两点的电势差，也称为电压，用 U_{ab} 表示，即

$$U_{ab} = U_a - U_b = \int_a^{\infty} \boldsymbol{E} \cdot \mathrm{d}\boldsymbol{l} - \int_b^{\infty} \boldsymbol{E} \cdot \mathrm{d}\boldsymbol{l} = \int_a^b \boldsymbol{E} \cdot \mathrm{d}\boldsymbol{l}.$$

上式表明，静电场中 a，b 两点的电势差等于单位正电荷从 a 点移到 b 点时电场力所做的功. 据此，当任一电荷 q_0 从 a 点移到 b 点时，电场力做的功为

$$W_{ab}=q_0(U_a-U_b). \quad (7-24)$$

电势零点的选择也是任意的.通常当场源电荷分布在有限空间内时，取无穷远处为电势零点.但当场源电荷的分布广延到无穷远处时，不能再取无穷远处为电势零点，因为会遇到积分不收敛的困难而无法确定电势.这时可以在电场内另选任一合适的电势零点.在许多实际问题中，也常常选取地球为电势零点.

五、电势的计算

1. 点电荷电场的电势

电势的计算

在点电荷电场中，电场强度$\boldsymbol{E}$为

$$\boldsymbol{E}=\frac{q}{4\pi\varepsilon_0}\frac{\boldsymbol{r}_0}{r^2}.$$

根据电势的定义(7－23)式，在选取无穷远处为电势零点时，电场中任一点 P 的电势为

$$U_P=\int_P^{\infty}\boldsymbol{E}\cdot \mathrm{d}\boldsymbol{l}=\int_r^{\infty}\frac{1}{4\pi\varepsilon_0}\frac{q}{r^2}\mathrm{d}r=\frac{q}{4\pi\varepsilon_0 r}. \quad (7-25)$$

2. 点电荷系电场的电势

若是点电荷系电场，在取 $U_\infty=0$ 时，电场中任意一点 P 的电势为

$$U_P=\int_P^{\infty}\boldsymbol{E}\cdot\mathrm{d}\boldsymbol{l}=\int_{r_i}^{\infty}\left(\sum_{i=1}^{n}\frac{1}{4\pi\varepsilon_0}\frac{q_i}{r_i^2}\boldsymbol{r}_{i0}\right)\cdot\mathrm{d}\boldsymbol{l}$$

$$=\sum_{i=1}^{n}\int_{r_i}^{\infty}\frac{q_i}{4\pi\varepsilon_0}\frac{\boldsymbol{r}_{i0}}{r_i^2}\cdot\mathrm{d}\boldsymbol{r}_i=\sum_{i=1}^{n}\frac{q_i}{4\pi\varepsilon_0 r_i}.$$

由此可见，点电荷系电场的电势等于各点电荷电场的电势之和，这就是电势叠加原理.

压电体

对于电荷连续分布的有限大小带电体的电场，可以看成是许多电荷元 $\mathrm{d}q$ 产生的电场.把每一个电荷元看成一个点电荷并取 $U_\infty=0$，总电场的电势就等于无限多个电荷元电场的电势之和，即

$$U=\int_V \mathrm{d}U=\int_V\frac{\mathrm{d}q}{4\pi\varepsilon_0 r}.$$

式中，r 是电荷元 $\mathrm{d}q$ 到场点的距离，V 是电荷连续分布的带电体的体积.

例 7－8　求电偶极子电场中任一点的电势.电偶极子的电矩 $\boldsymbol{p}=q\boldsymbol{l}$.

解　如图 7－13 所示，取 $U_\infty=0$，则对任一场点 P，其电势为

$$U=\frac{q}{4\pi\varepsilon_0 r_+}-\frac{q}{4\pi\varepsilon_0 r_-}=\frac{q}{4\pi\varepsilon_0}\frac{r_--r_+}{r_+r_-}.$$

因为 $r\gg l$，所以

$$r_-\approx r+\frac{l}{2}\cos\theta,\quad r_+\approx r-\frac{l}{2}\cos\theta,$$

$$r_--r_+\approx l\cos\theta,\quad r_+r_-\approx r^2,$$

得

$$U\approx\frac{ql\cos\theta}{4\pi\varepsilon_0 r^2}=\frac{p\cos\theta}{4\pi\varepsilon_0 r^2},$$

式中，θ 为电偶极子中心 O 与场点 P 的连线和电偶极子轴的夹角.

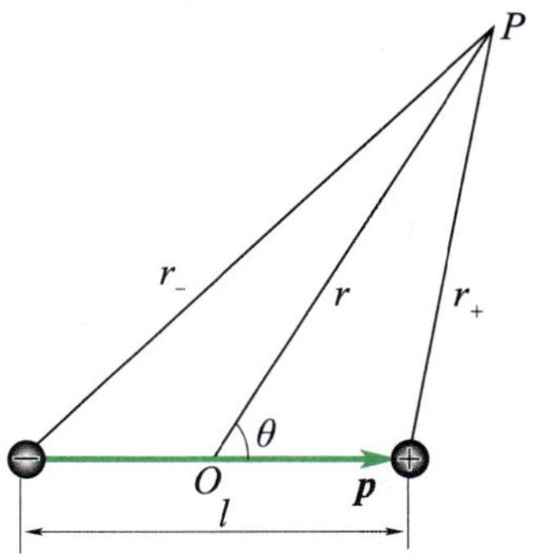

图 7－13　电偶极子电场的电势

例 7-9 求均匀带电球面的电场中电势的分布. 设球面半径为 R,总电量为 q.

解 用电势的定义求解,由高斯定理已求得均匀带电球面电场强度的大小分布为

$$E=\begin{cases}0 & (r<R),\\ \dfrac{q}{4\pi\varepsilon_0 r^2} & (r>R).\end{cases} \tag{7-26}$$

球面外,$\boldsymbol{E}$ 沿球面的半径方向,所以球面外一点的电势为

$$U=\int_r^{\infty}\frac{q}{4\pi\varepsilon_0 r^2}\mathrm{d}r=\frac{q}{4\pi\varepsilon_0 r}\quad (r>R).$$

球面内一点的电势为

$$U=\int_r^R 0\mathrm{d}r+\int_R^{\infty}\frac{q}{4\pi\varepsilon_0 r^2}\mathrm{d}r=\frac{q}{4\pi\varepsilon_0 R}\quad (r<R).$$

可见,均匀带电球面外各点的电势与全部电荷集中在球心时的点电荷的电势相同;球面内任一点的电势都相等,且等于球面上的电势.

例 7-10 如图 7-14 所示,有半径分别为 R_A 和 R_B 的两个同心均匀带电球面 A 和 B,内球面 A 带正电荷 $+q$,外球面 B 带负电荷 $-q$,求 A,B 两球面的电势差.

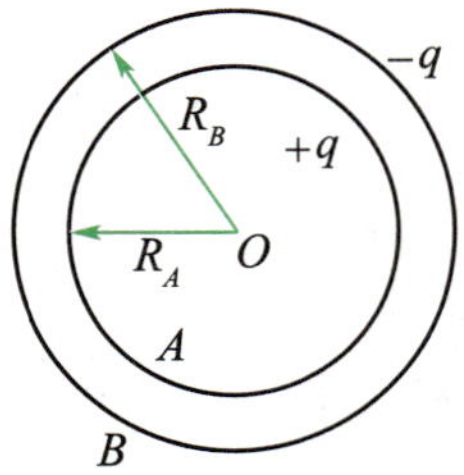

图 7-14 同心均匀带电球面的电势差

解 方法一:可用电势差的定义式计算,请读者自己完成.

方法二:利用电势的叠加原理计算.

根据例 7-9 的结论,球面 A 上的电荷 $+q$ 在 A,B 球面上各点产生的电势分别为

$$U_A'=\frac{q}{4\pi\varepsilon_0 R_A},$$

$$U_B'=\frac{q}{4\pi\varepsilon_0 R_B}.$$

而球面 B 上的电荷 $-q$ 在 A,B 球面上各点产生的电势分别为

$$U_A''=\frac{-q}{4\pi\varepsilon_0 R_B},\quad U_B''=\frac{-q}{4\pi\varepsilon_0 R_B}.$$

所以 A 球面的总电势为

$$U_A=U_A'+U_A''=\frac{q}{4\pi\varepsilon_0}\left(\frac{1}{R_A}-\frac{1}{R_B}\right).$$

同理,B 球面的总电势为

$$U_B=U_B'+U_B''=0.$$

A,B 两球面的电势差为

$$U_{AB}=U_A-U_B=\frac{q}{4\pi\varepsilon_0}\left(\frac{1}{R_A}-\frac{1}{R_B}\right).$$

六、等势面

电势是标量. 一般来说,静电场中各点的电势是逐点变化的,但是总有某些电势相等的点. 由电势相等的各点所构成的曲面叫作**等势面**. 如点电荷电场中,电势 $U=\dfrac{q}{4\pi\varepsilon_0 r}$,说明其等势面是球面. 而点电荷电场的电场线沿着半径方向,所以电场线与等势面处处正交.

实际上不仅是点电荷的电场,在任意静电场中,等势面与电场线总是处处正交. 证明如下.

设在任意静电场中,电荷 q_0 沿着等势面上一位移元 $\mathrm{d}\boldsymbol{l}$ 从 a 点移到 b 点,则电场力做的功为

$$\mathrm{d}W = q_0 \boldsymbol{E} \cdot \mathrm{d}\boldsymbol{l} = q_0 E\cos\theta \mathrm{d}l = q_0 (U_a - U_b) = 0.$$

因为上式中的 q_0，E，$\mathrm{d}l$ 均不等于零，所以

$$\cos\theta = 0, \quad \theta = \frac{\pi}{2}.$$

说明 $\boldsymbol{E}$ 与 $\mathrm{d}\boldsymbol{l}$ 垂直，即电场线与等势面正交.

如果让正电荷 q_0 沿任意静电场的电场线上的位移元 $\mathrm{d}\boldsymbol{l}'$ 从 a 点移到 b' 点，则电场力做的功为

$$\mathrm{d}W' = q_0 \boldsymbol{E} \cdot \mathrm{d}\boldsymbol{l}' = q_0 E\mathrm{d}l' \cos 0° = q_0 E\mathrm{d}l' > 0.$$

另外，又有

$$\mathrm{d}W' = q_0 (U_a - U_{b'}).$$

所以 $U_a - U_{b'} > 0$，即 $U_a > U_{b'}$，电场线总是指向电势降落的方向.

为了使等势面能反映电场的强弱，在画等势面时，规定电场中任意两相邻等势面间的电势差都相等，则电场强度较大的区域，等势面较密；电场强度较小的区域，等势面较疏.

图 7－15 给出几种常见电场的等势面和电场线.

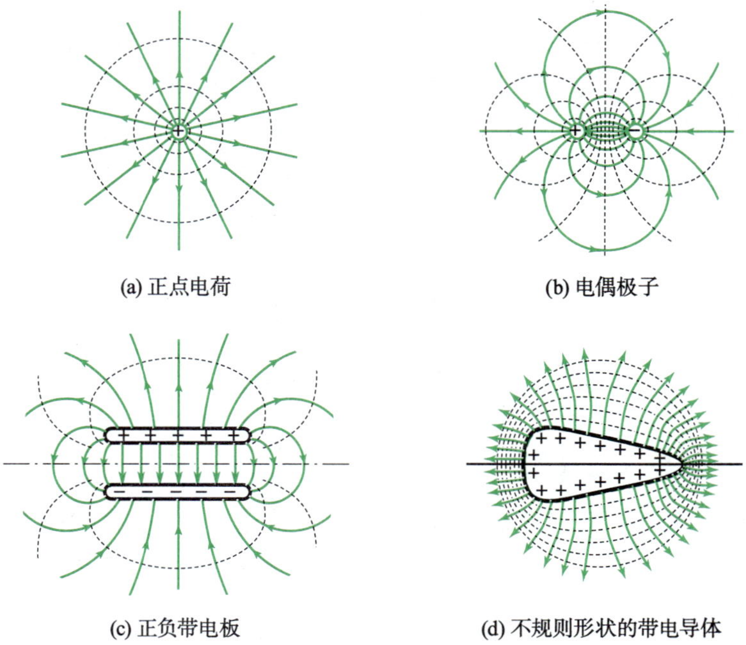

图 7－15　几种常见电场的等势面和电场线图

（各图中，虚线表示等势面，实线表示电场线）

利用等势面研究电场是一种非常有效的方法. 在实际工作中经常通过测量绘出带电体周围电场的等势面，然后推知电场的分布.

电场强度与电势是静电场的两个基本物理量. 电势的定义式 $U = \int_r^\infty \boldsymbol{E} \cdot \mathrm{d}\boldsymbol{l}$ 反映了静电场中电势与电场强度的积分关系. 另外，电场强度与电势还有微分关系，详情从略.

§7.4 静电场中的导体和电介质

一、导体的静电平衡

导体的特点是导体内存在大量的自由电荷，对金属导体而言，就是自由电子. 一个不带电的中性导体在电场力的作用下，其自由电子会做定向运动而改变导体上的电荷分布，使导体处于带电状态，这就是**静电感应**. 导体由于静电感应而带的电荷叫作**感应电荷**. 同时，感应电荷又会影响电场分布. 因此，当电场中有导体存在时，电荷分布和电场分布相互影响、相互制约. 当导体中的自由电子没有定向运动时，称导体处于**静电平衡状态**. 导体达到静电平衡状态所满足的条件叫静电平衡条件.

显然，**导体的静电平衡条件是：导体内部的电场强度为零，在导体表面附近，电场强度沿表面的法线方向**. 这里所说的电场强度，指的是外加的静电场强度 $\boldsymbol{E}_0$ 和感应电荷产生的附加电场强度 $\boldsymbol{E}'$ 叠加后的总电场强度，即 $\boldsymbol{E}=\boldsymbol{E}_0+\boldsymbol{E}'$. 可以设想，如果导体内电场强度 $\boldsymbol{E}$ 不是处处为零，则在 $\boldsymbol{E}$ 不为零的地方，自由电子将做定向运动；如果导体表面附近的电场有切线方向的分量，则导体表面层的电子将沿表面做定向运动，这都不是静电平衡状态（表面层的电子受表面偶极层的约束不会沿法线方向做定向运动）. 这就证明了上述的静电平衡条件是导体静电平衡的必要条件. 如果进一步运用静电场边值问题的唯一性定理，即一定的边界条件可将空间静电场分布唯一地确定下来，则可以证明上述条件也是导体静电平衡的充分条件. 限于课程性质，后一点不加详述.

导体静电平衡时电荷分布的特点

处于静电平衡状态的导体，除电场强度满足上述的静电平衡条件外，还具有以下性质.

（1）导体是等势体，导体表面是等势面.

导体内任意两点 P 和 Q 之间的电势差 $U_{PQ}=\int_P^Q \boldsymbol{E}\cdot \mathrm{d}\boldsymbol{l}=0$，所以导体是等势体，其表面是等势面. 另外，由电场强度的方向与等势面正交的性质也可以判定导体表面是等势面.

（2）导体内部处处没有未被抵消的净电荷，净电荷只分布在导体的表面上.

导体静电平衡时的计算分析

（3）导体以外，靠近导体表面附近处的电场强度大小与导体表面在该处的面电荷密度 σ 的关系为

$$E=\frac{\sigma}{\varepsilon_0}. \qquad (7-27)$$

如图 7－16 所示，设 P 是导体外紧靠表面处的任意一点，在 P 点邻近的导体表面取一面元 ΔS，作扁圆柱形闭合高斯面，使其上底面 ΔS_1 通过 P 点、下底面 ΔS_2 在导体内部，两底面均与导体表面的面元 ΔS 平

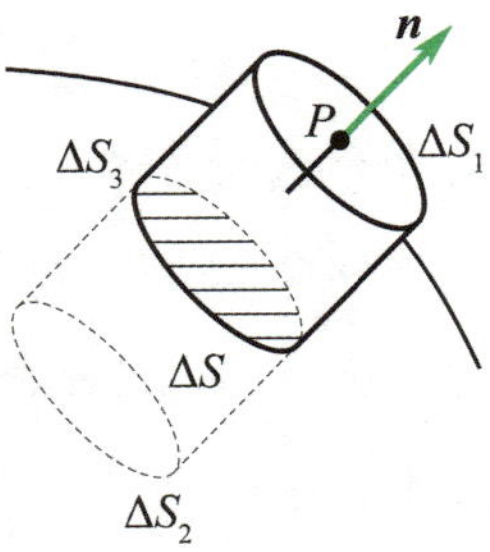

图 7－16　导体表面的电场强度

行且无限靠近 ΔS，$\Delta S_1 = \Delta S_2 = \Delta S$. 侧面 ΔS_3 与 ΔS 垂直，则通过该闭合高斯面的电通量为

$$\Phi_e = \oint_S \boldsymbol{E} \cdot \mathrm{d}\boldsymbol{S} = \int_{\Delta S_1} \boldsymbol{E} \cdot \mathrm{d}\boldsymbol{S} + \int_{\Delta S_2} \boldsymbol{E} \cdot \mathrm{d}\boldsymbol{S} + \int_{\Delta S_3} \boldsymbol{E} \cdot \mathrm{d}\boldsymbol{S}.$$

因为 ΔS_2 上各点的电场强度为零，ΔS_3 上各点的电场强度与 $\mathrm{d}\boldsymbol{S}$ 垂直，所以

$$\Phi_e = \oint_{S} \boldsymbol{E} \cdot \mathrm{d}\boldsymbol{S} = \int_{\Delta S_1} \boldsymbol{E} \cdot \mathrm{d}\boldsymbol{S} = E\Delta S.$$

而闭合高斯面内包围的净电荷为 $\sigma\Delta S$，所以

$$E = \frac{\sigma}{\varepsilon_0}.$$

当 $\sigma > 0$ 时，$\boldsymbol{E}$ 垂直于表面向外；当 $\sigma < 0$ 时，$\boldsymbol{E}$ 垂直于表面向内. (7－27)式给出了导体表面每一点面电荷密度与其附近电场强度之间的对应关系. 当电荷分布或电场强度分布改变时，σ 和 E 都会改变，但 σ 与 E 的关系 $E = \dfrac{\sigma}{\varepsilon_0}$ 不变.

那么导体表面上的电荷究竟是怎样分布的呢？这个问题的定量研究比较复杂. 它不仅与导体的形状有关，还与导体附近有什么样的物体（带电的或不带电的）有关. 对于孤立的带电导体来说，面电荷密度 σ 与表面曲率之间一般并不存在单一的函数关系. 大致来说，导体表面凸出而尖锐处的曲率较大，σ 也较大；导体表面较平坦处的曲率较小，σ 也较小；导体表面凹陷处的曲率为负值，σ 则更小. 由(7－27)式知，导体表面的电场强度分布也与 σ 分布相似，即尖端处电场强度大，平坦处电场强度次之，凹陷处电场强度最弱.

闪电为什么是弯弯曲曲的？

导体表面尖端处的电场特别强，会导致一个重要结果，即尖端放电. 这类放电只发生在靠近导体表面很薄的一层空气里. 空气中少量残留的带电离子在强电场的作用下激烈运动，当它与空气分子碰撞时会使空气分子电离，产生大量新的离子，使原先不导电的空气变得易于导电. 与导体尖端电荷异号的离子受到吸引而趋向尖端，与导体尖端电荷同号的离子受到排斥而加速离开尖端，形成高速离子流，即通常所说的“电风”. 尖端附近的空气电离时，在黑暗中可以看到尖端附近隐隐地笼罩着一层光晕，叫作电晕. 高压输电线附近的电晕效应会浪费大量电能. 为避免这种现象，高压输电线的表面应做得极为光滑，且截面半径也不能过小. 此外，一些高压设备的电极也常常做成光滑的球面，以避免放电，维持高电压. 而避雷针则是利用尖端放电原理来防止雷击对建筑物的破坏，但避雷针必须保持良好接地；否则，效果适得其反.

金属表面为什么容易反射电磁波？

二、导体壳和静电屏蔽

1. 腔内无带电体的情况

当导体壳腔内没有其他带电体时，在静电平衡条件下，导体壳内表面处处没有电荷. 电荷只分布在导体壳的外表面上，而且空腔内没有电场，或者说，空腔内的电势处处相等. 在导体壳的内、外表面之间取一闭合曲面 S，将空腔包围起来，如图 7－17(a)所示. 即由于 S 完全处于导体的内部，根据静电平衡条件，S 面上电场强度处处为零. 由高斯定理可推知，在 S 面内的电荷代数和为零. 因为腔内无带电体，所以空腔内表面的电荷代数和也为零. 进一步利用反证法可证明，达到静电平

衡时，导体壳内表面上的面电荷密度 σ 必定处处为零.

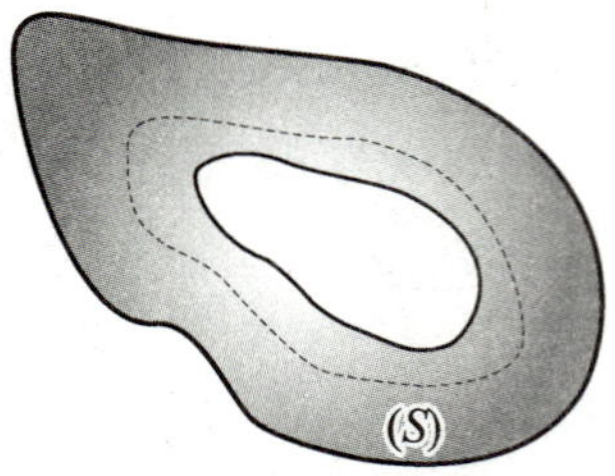

(a) 腔内无带电体的情况

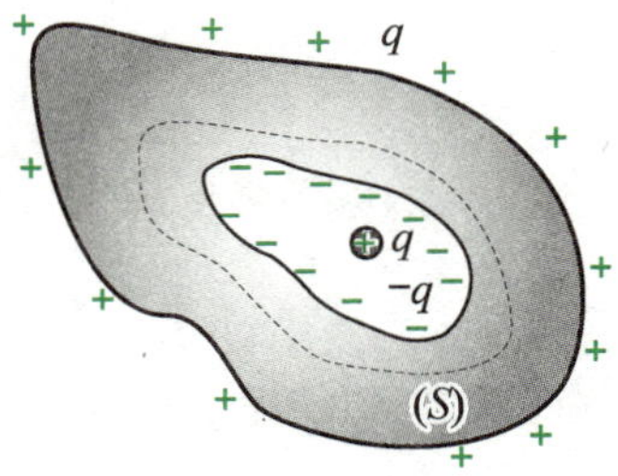

(b) 腔内有带电体的情况

图 7-17 导体壳

2. 腔内有带电体的情况

当导体壳腔内有其他带电体时，如图 7-17(b)所示，即在腔内放一带电体 $+q$. 同样可以在导体壳内、外表面间作一闭合曲面 S. 由静电平衡条件和高斯定理不难求出 S 面内的电荷代数和为零. 所以导体壳内表面上要感应出电荷 $-q$，即导体内表面所带电荷与空腔内带电体的电荷等量异号. 腔内电场线起自带电体 $+q$ 而止于内表面上的感应电荷 $-q$，腔内的电场强度不为零，带电体与导体壳之间有电势差. 同时，外表面相应地感应出电荷 $+q$. 如果空腔导体壳本身不带电，此时导体壳外表面只有感应电荷 $+q$；如果空腔导体本身带电量为 Q，则导体壳外表面所带电荷为 $(Q+q)$.

3. 静电屏蔽

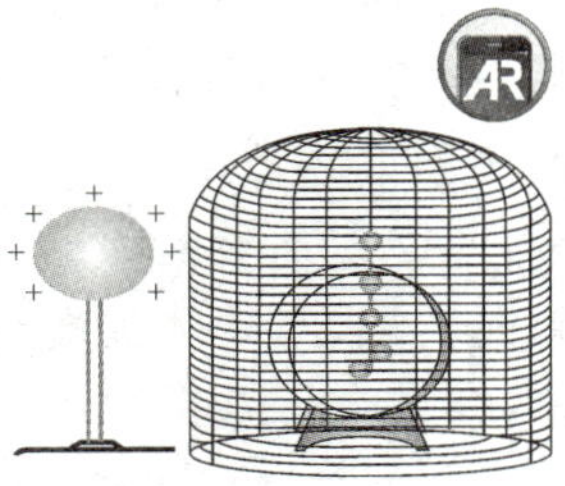
静电屏蔽

如前所述，在静电平衡条件下，不论导体壳本身带电还是导体壳处于外界电场中，腔内无其他带电体的导体壳内部均没有电场. 这样，导体壳的表面就“保护”了它所包围的区域，使之不受导体壳外表面的电荷或外界电场的影响. 而接地良好的导体壳还可以把腔内带电体对外界的影响全部消除(即上述导体壳的外表面所带感应电荷 $+q$ 全部入地). 总之，导体壳内部电场不受壳外电荷的影响，接地导体壳使得外部电场不受壳内电荷的影响. 这种现象称为**静电屏蔽**.

静电屏蔽原理在多个领域中有重要的应用. 例如，一些电子仪器常采用金属外壳以使内部电路不受外界电场的干扰；传递电信号的电缆线常用金属丝网罩作为屏蔽层；在高压设备的外面罩上接地的金属网栅，以使高压带电体不致影响外界；等等.

三、有导体存在的静电场的电场强度与电势的计算

在计算有导体存在时的静电场分布时，首先要根据静电平衡条件和电荷守恒定律，确定导体上新的电荷分布，然后由新的电荷分布求电场的分布.

例 7-11

有一块大金属板 A，其面积为 S，带有电荷 Q_A. 今把另一带电荷为 Q_B 的相同的金属板 B 平行地放在 A 板的右侧(板的面积远大于板的厚度). 试求 A，B 两板上的电荷分布及空间电场强度分布.

解　如图 7-18 所示，静电平衡时电荷只分布在板的表面上. 忽略边缘效应，可以认为 A，B 板的四个平行的表面上的电荷是均匀分布的. 设四个面上的面电荷密度分别为 σ_1，σ_2，σ_3 和 σ_4. 由电荷守恒定律可得

$$\sigma_1 S+\sigma_2 S=Q_A,$$

$$\sigma_3 S+\sigma_4 S=Q_B.$$

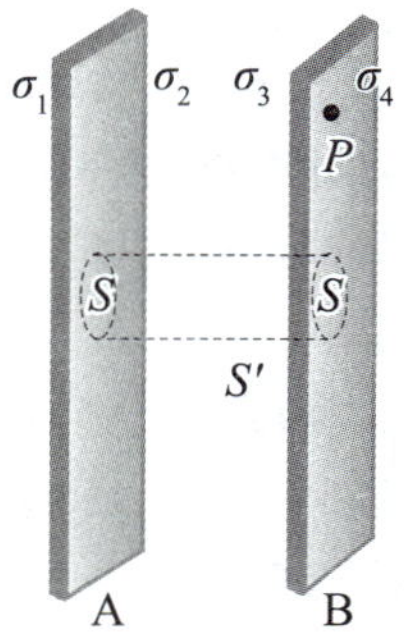

图 7-18　平行带电导体板

作如图 7-18 所示的圆柱形高斯面，高斯面的两底面分别在两金属板内，侧面垂直于板面. 由于金属板内电场强度为零，两板间的电场垂直于板面，所以通过高斯面的电通量 $\oint_{S'} \boldsymbol{E}\cdot \mathrm{d}\boldsymbol{S}=0$，由此可知

$$\sigma_2+\sigma_3=0.$$

另外，由电场强度叠加原理可知，在金属板内任一点 P 的电场强度应是四个表面上的电荷在该点产生的电场强度的叠加，而且 P 点的总电场强度为零. 所以

$$\frac{\sigma_1}{2\varepsilon_0}+\frac{\sigma_2}{2\varepsilon_0}+\frac{\sigma_3}{2\varepsilon_0}-\frac{\sigma_4}{2\varepsilon_0}=0.$$

联立求解以上 4 式可得

$$\sigma_1=\sigma_4=\frac{Q_A+Q_B}{2S},$$

$$\sigma_2=-\sigma_3=\frac{Q_A-Q_B}{2S}.$$

根据电场强度的叠加原理，可求得各区域的电场强度.

A 板左侧　$E_1=\dfrac{\sigma_1}{2\varepsilon_0}+\dfrac{\sigma_4}{2\varepsilon_0}=\dfrac{Q_A+Q_B}{2\varepsilon_0 S}$，

当 $Q_A+Q_B>0$ 时，$\boldsymbol{E}_1$ 向左；当 $Q_A+Q_B<0$ 时，$\boldsymbol{E}_1$ 向右.

两板之间　$E_2=\dfrac{\sigma_2}{2\varepsilon_0}-\dfrac{\sigma_3}{2\varepsilon_0}=\dfrac{Q_A-Q_B}{2\varepsilon_0 S}$，

当 $Q_A-Q_B>0$ 时，$\boldsymbol{E}_2$ 向右；当 $Q_A-Q_B<0$ 时，$\boldsymbol{E}_2$ 向左.

B 板右侧　$E_3=\dfrac{\sigma_1}{2\varepsilon_0}+\dfrac{\sigma_4}{2\varepsilon_0}=\dfrac{Q_A+Q_B}{2\varepsilon_0 S}$，

当 $Q_A+Q_B>0$ 时，$\boldsymbol{E}_3$ 向右；当 $Q_A+Q_B<0$ 时，$\boldsymbol{E}_3$ 向左.

以上结果适于 Q_A，Q_B 为任何极性、任意大小的带电情况.

例 7-12

如图 7-19 所示，在一个接地的导体球附近有一个电量为 q 的点电荷. 已知球的半径为 R，点电荷到球心的距离为 l. 求导体球表面感应电荷的总电量 q'.

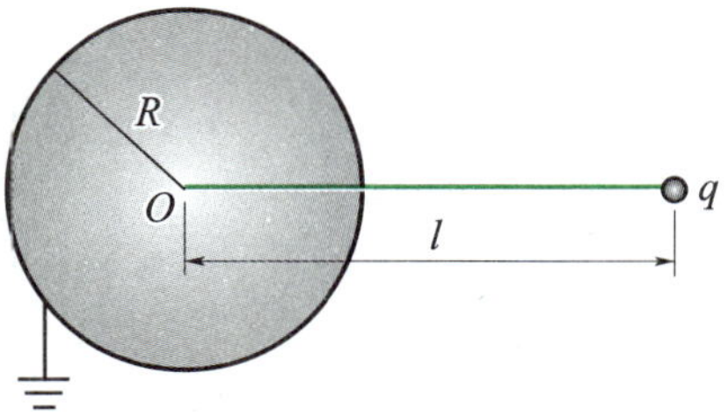

图 7-19　例 7-12 图

解　球心 O 点的电势是由点电荷 q 和球面上的感应电荷 q' 共同产生的.

前者　$U_{O1}=\dfrac{q}{4\pi\varepsilon_0 l}$，

后者　$U_{O2}=\oint_S\dfrac{\sigma'\mathrm{d}S}{4\pi\varepsilon_0 R}=\dfrac{1}{4\pi\varepsilon_0 R}\oint_S\sigma'\mathrm{d}S=\dfrac{q'}{4\pi\varepsilon_0 R}$.

所以，球心 O 点的电势为

$$U_O=U_{O1}+U_{O2}=\frac{q}{4\pi\varepsilon_0 l}+\frac{q'}{4\pi\varepsilon_0 R},$$

由于导体球接地，电势为零，故球心 O 点的电势 $U_O=0$，可得

$$q'=-\frac{R}{l}q.$$

四、电介质的极化

电介质通常是指不导电的绝缘介质. 在电介质内没有可以自由移动的电荷(自由电子). 但是,在外电场作用下,电介质内的正、负电荷仍可做微观的相对移动,使得电介质呈现带电状态. 这种电介质在外电场的作用下出现的带电现象称为**电介质的极化**. 电介质极化所出现的电荷,称为**极化电荷**,该电荷也会激发电场,削弱外电场.

一般地,介质分子中的正、负电荷都不集中在一点. 但是,在远大于分子线度的距离处观察,分子的全部负电荷产生的影响将与一个单独的负电荷等效,这个等效负电荷的位置称为分子的负电荷中心. 同理,每个分子的全部正电荷也有一个相应的正电荷等效中心. 若分子的正、负电荷的等效中心不重合,则这样一对距离极近的等值异号的正、负点电荷称为分子的等效电偶极子. 像 HCl,H_2O,CO 等介质分子就有这种分子电偶极子,因而这一类介质叫作**有极分子电介质**. 还有如 He,H_2,N_2,CO_2 等另一类电介质,其分子正、负电荷等效中心重合,没有分子电偶极子,叫作**无极分子电介质**.

电极化强度

无极分子电介质在外电场的作用下,正、负电荷中心发生相对位移,形成电偶极子. 这些电偶极子的方向都沿着外电场的方向,因此在电介质的表面将出现正、负极化电荷,如图 7-20(a)所示. 这类极化叫作**位移极化**.

有极分子电介质虽然有分子电偶极子,但在没有外电场存在时,由于分子的热运动,各个分子电偶极矩的排列十分纷乱,电介质宏观不显电性. 当电介质处于外电场中时,每个分子电偶极矩都受到电场力的作用,分子电偶极矩产生转向外电场方向的取向作用使介质带电,这种极化叫作**取向极化**,如图 7-20(b)所示. 应该指出,有极分子电介质也存在位移极化,只是位移极化比取向极化弱得多.

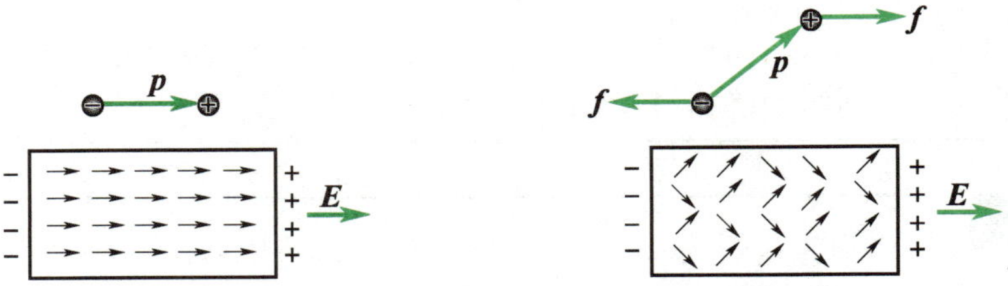

(a) 位移极化　　(b) 取向极化

图 7-20　电介质的极化

这两类电介质极化的微观机制虽有不同,但宏观结果都是一样的,所以在作宏观描述时,不必加以区别.

*五、极化强度和极化电荷

当电介质处于极化状态时,电介质内任一宏观小、微观大的体积元 ΔV 内,分子电偶极矩的矢量和不会互相抵消,即 $\sum \boldsymbol{p}_{ei} \neq \boldsymbol{0}$. 我们定义介质中单位体积内分子电偶极矩的矢量和为**极化强度矢量 $\boldsymbol{P}$**,即

$$\boldsymbol{P} = \frac{\sum \boldsymbol{p}_{ei}}{\Delta V}. \tag{7-28}$$

式中，$\boldsymbol{p}_{ei}$ 是分子电偶极矩. 极化强度 $\boldsymbol{P}$ 是表征电介质极化程度的物理量. 在国际单位制(SI)中，$\boldsymbol{P}$ 的单位是 $\mathrm{C \cdot m^{-2}}$. 如果介质中各点的极化强度相同，则称介质是均匀极化的.

实验表明，在各向同性电介质中的任一点，极化强度 $\boldsymbol{P}$ 与 $\boldsymbol{E}$ 的大小成正比且方向相同，即

$$\boldsymbol{P}=\varepsilon_0 \chi \boldsymbol{E}, \tag{7-29}$$

式中，$\boldsymbol{E}$ 是自由电荷的电场强度 $\boldsymbol{E}_0$ 和极化电荷的电场强度 $\boldsymbol{E}'$ 之和，χ 是介质的**极化率**. 所谓各向同性电介质，就是 $\boldsymbol{P}$ 与 $\boldsymbol{E}$ 的关系和 $\boldsymbol{E}$ 的方向无关. 对同一点，χ 是一个常数. 但不同点 χ 的值可以不同. 如果电介质中各点的 χ 值相同，则电介质为均匀电介质.

极化电荷与自由电荷的关系

六、有电介质时的高斯定理

有电介质时，总电场强度 $\boldsymbol{E}$ 包括自由电荷产生的电场强度 $\boldsymbol{E}_0$ 和极化电荷产生的附加电场强度 $\boldsymbol{E}'$，即 $\boldsymbol{E}=\boldsymbol{E}_0+\boldsymbol{E}'$. 所以有电介质时需引入辅助矢量 $\boldsymbol{D}$，称为**电位移**，即

$$\boldsymbol{D}=\varepsilon_0\varepsilon_r \boldsymbol{E}=\varepsilon \boldsymbol{E}, \tag{7-30}$$

怎么看心电图

式中，ε_r 为电介质的相对电容率，ε 为电介质的电容率. 在没有介质时，$\boldsymbol{E}_0=\dfrac{\boldsymbol{D}}{\varepsilon_0}$，它表明了真空或空气中电场强度与电位移的关系. 而在有介质时，$\boldsymbol{E}=\dfrac{\boldsymbol{D}}{\varepsilon_0\varepsilon_r}$，因为 $\varepsilon_r>1$，所以 $E<E_0$，即介质中的电场强度小于真空中的电场强度. 这是因为介质上的极化电荷在介质中产生的附加电场 $\boldsymbol{E}'$ 与 $\boldsymbol{E}_0$ 的方向相反，从而减弱了外电场.

与电通量的定义 $\Phi_e=\int_S \boldsymbol{E}\cdot d\boldsymbol{S}$ 类似，定义 $\Phi_{eD}=\int_S \boldsymbol{D}\cdot d\boldsymbol{S}$ 为通过曲面 S 的电位移通量.

有电介质时的高斯定理

可以证明，有电介质时的高斯定理为

$$\oint_S \boldsymbol{D}\cdot d\boldsymbol{S}=\sum q_i, \tag{7-31}$$

因此，有电介质时的高斯定理可表述为：**在静电场中通过任意闭合曲面的电位移通量等于闭合曲面内自由电荷的代数和.**

§7.5 电容 电容器

一、孤立导体的电容

理论和实验都表明，附近没有其他导体和带电体的孤立导体，它所带的电量与它的电势 U 成正比，即

$$q \propto U,$$

写成等式为

$$\frac{q}{U}=C. \tag{7-32}$$

超级电容器

比例系数 C 称为**孤立导体的电容**，如孤立导体球的电容 $C=4\pi\varepsilon_0 R$. 它与导体的尺

寸和形状有关，而与 q 和 U 无关. 从(7-32)式可看出，电容 C 是使导体升高单位电势所需要的电量，反映了导体储存电荷和电能的能力.

在国际单位制中，电容的单位是法拉，符号为 F. 在实际应用中法拉单位太大，常见的电容以微法(μF)、皮法(pF)为单位，它们之间的关系为 1 F=10^6 μF=10^{12} pF.

电鳗为什么能放电？

二、电容器及其电容

当导体 A 附近有其他导体存在时，该导体的电势不仅与它本身所带的电量有关，而且与其他导体的形状及位置有关. 为了消除周围其他导体的影响，可用一个封闭的导体壳 B 将 A 屏蔽起来，如图7-21 所示. 可以证明，导体 A 和导体 B 之间的电势差 U_A-U_B 与导体 A 所带的电量成正比，且不受外界影响. 我们把导体壳 B 与其腔内的导体 A 所组成的导体系叫作**电容器**，其电容为

$$C=\frac{q}{U_A-U_B}=\frac{q}{U_{AB}}. \qquad (7-33)$$

电容器的电容 C 与两导体的尺寸、形状及其相对位置有关. 组成电容器的两导体叫作电容器的极板. 在实际应用的电容器中，对其屏蔽性的要求并不很高，只要求从一个极板发出的电场线都终止在另一个极板上即可.

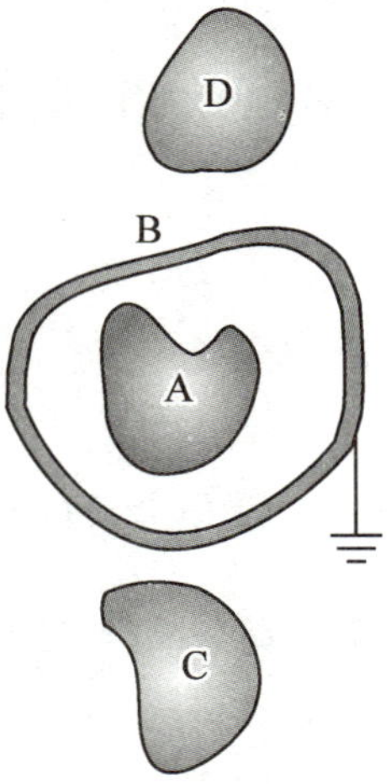

图 7-21　屏蔽的电容器

设电容器的两极板分别带等量异号电荷，通过计算两极板间的电场强度与电势差，依据(7-33)式可以方便地计算几类电容器的电容. 对于真空中极板面积为 S，两极板间距离为 d，且满足 $\sqrt{S}\gg d$ 的平行板电容器，$C=\frac{\varepsilon_0 S}{d}$；对于真空中内、外球面半径为 R_A，R_B 的同心球形电容器，$C=\frac{4\pi\varepsilon_0 R_A R_B}{R_B-R_A}$ $(R_B>R_A)$. 以上两类电容器的电容公式请读者自己推导. 对长度为 l，且 l 远比半径之差(R_B-R_A)大，两导体之间充满电容率为 ε 的均匀电介质的同轴圆柱形电容器，$C=\frac{2\pi\varepsilon l}{\ln(R_B/R_A)}$ $(R_B>R_A)$. 推导如下：如图 7-22 所示，设内导体 A 单位长度的带电量为 λ，则外导体 B 单位长度的带电量为 $-\lambda$，在 A，B 之间的电介质中作横截面半径为 r(r 为场点到圆柱形轴线的距离)、轴向长度为 l 的同轴圆柱形高斯面 S，则只有圆柱侧面上有电位移通量. 根据高斯定理有

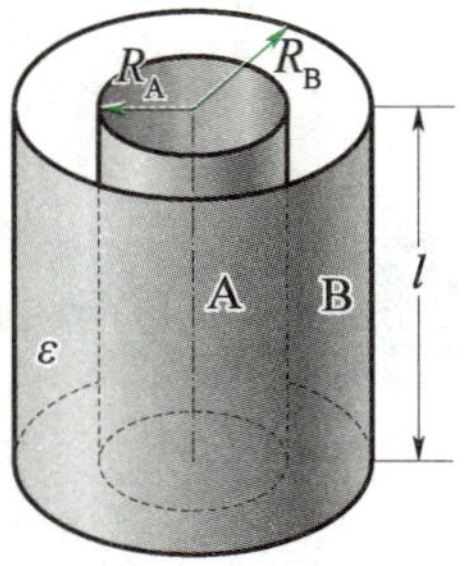

图 7-22　圆柱形电容器

$$\oint_S \boldsymbol{D}\cdot \mathrm{d}\boldsymbol{S}=D\cdot 2\pi r l=\lambda l,$$

可得 $\boldsymbol{D}$ 的大小 $D=\frac{\lambda}{2\pi r}$，电场强度大小 $E=\frac{D}{\varepsilon}=\frac{\lambda}{2\pi\varepsilon r}$，两者的方向均沿横截面半径从 A 指向 B，则 A，B 两导体的电势差为

$$U_{AB}=\int_{R_A}^{R_B}\frac{\lambda}{2\pi\varepsilon r}\mathrm{d}r=\frac{\lambda}{2\pi\varepsilon}\ln\frac{R_B}{R_A}.$$

根据(7－33)式,得长度为 l 的电容器的电容为

$$C=\frac{q}{U_{AB}}=\frac{\lambda l}{U_{AB}}=2\pi\varepsilon l\Big/\ln\frac{R_B}{R_A}.$$

三、电容器的连接

电容器的性能指标中有两个是非常重要的,一个是电容值,另一个是耐压值.使用电容器时,两极板上的电压不能超过所规定的耐压值.当单独一个电容器的电容值或耐压值不能满足实际需求时,可把几个电容器连接起来使用,电容器的基本连接方式有串、并联两种.

电容器串联时,串联的每一个电容器都带有相同的电量 q,而电压与电容成反比地分配在各个电容器上.因此整个串联电容器系统的总电容 C 的倒数为

$$\frac{1}{C}=\frac{U}{q}=\frac{U_1+U_2+\cdots+U_n}{q}=\frac{1}{C_1}+\frac{1}{C_2}+\cdots+\frac{1}{C_n}. \tag{7-34}$$

电容器并联时,加在各电容器上的电压是相同的,电量与电容成正比地分配在各个电容器上.因此整个并联电容器系统的总电容为

$$C=\frac{q}{U}=\frac{q_1+q_2+\cdots+q_n}{U}=\frac{U(C_1+C_2+\cdots+C_n)}{U}=C_1+C_2+\cdots+C_n. \tag{7-35}$$

§7.6 电场的能量

一、带电系统的能量

静电场的能量

对于电量为 Q 的带电体 A,可以设想是在不断地把微小电量 dq 从无穷远处移到 A 上的过程中,外界克服电场力做的功增加了带电体 A 的能量,即

$$dW_e=u dq.$$

所以带电体 A 从不带电到带有电量 Q 的整个过程积蓄的能量为

$$W_e=\int dW_e=\int_0^Q u dq. \tag{7-36}$$

实际上,电容器充电的过程就是在电源的作用下不断地将原来中性的极板 B 上的正电荷转移到极板 A 上的过程,所以当电容为 C 的电容器两极板分别带有电量 $+Q$、$-Q$,且两极板的电势差为 U 时,电容器具有的能量为

$$W_e=\int_0^Q u dq=\int_0^Q\frac{q}{C}dq=\frac{1}{2}\frac{Q^2}{C}. \tag{7-37}$$

(7－37)式也可表示为 $W_e=\frac{1}{2}CU^2=\frac{1}{2}UQ$.无论电容器的结构如何,这一结果都正确.

二、电场能量

在不随时间变化的静电场中,电荷和电场总是同时存在的.我们无法分辨电能是与电荷相关联还是与电场相关联.以后我们将看到,随时间迅速变化的电场和磁场将以电磁波的形式在空间传播,电场可以脱离电荷而传播到很远的地方.实际上,电磁波携带能量已经是人所共知的事实.大量事实证明,能量确实是存在于电场中的.

既然能量是定域在(或者说是分布在)电场中的,我们就可以把带电系统的能量公式用描述电场的物理量 $\boldsymbol{E}$ 和 $\boldsymbol{D}$ 来表示. 为简单起见,考虑一个理想的平行板电容器,它的极板面积为 S,极板间电场占空间体积 $V=Sd$,极板上的自由电荷为 Q,极板间的电压为 U,则该电容器储存的能量为 $W_e=\frac{1}{2}QU$. 因为极板的面电荷密度 $\sigma=\frac{Q}{S}=D$,$U=Ed$,所以

$$W_e=\frac{1}{2}QU=\frac{1}{2}\sigma SU=\frac{1}{2}DSEd=\frac{1}{2}DEV.$$

故电场中单位体积的能量,即**电场能量体密度**为

$$w_e=\frac{W_e}{V}=\frac{1}{2}DE. \tag{7-38}$$

可以证明,电场能量体密度的公式适用于任何电场. 在电场不均匀时,总电场能量等于 w_e 在电场强度不为零的空间 V 中的体积分,即

$$W_e=\int_V \mathrm{d}W_e=\int_V \frac{1}{2}DE\,\mathrm{d}V. \tag{7-39}$$

在真空中,$\boldsymbol{D}=\varepsilon_0\boldsymbol{E}$,则

$$W_e=\int_V \mathrm{d}W_e=\int_V \frac{1}{2}\varepsilon_0 E^2\,\mathrm{d}V. \tag{7-40}$$

在各向异性的电介质中,$\boldsymbol{D}$ 与 $\boldsymbol{E}$ 的方向不同,(7-39)式应写成

$$W_e=\int_V \frac{1}{2}\boldsymbol{D}\cdot\boldsymbol{E}\mathrm{d}V.$$

例 7-13

计算均匀带电球面的静电场能. 球的半径为 R,带电量为 Q. 设球内、外介质均为真空.

解 均匀带电球面的电场分布已在例 7-5 中求出,$\boldsymbol{E}$ 沿着球的半径方向,大小为

$$E=\begin{cases}0 & (r<R),\\ \dfrac{Q}{4\pi\varepsilon_0 r^2} & (r>R).\end{cases}$$

于是,利用(7-40)式可得静电场能量为

$$W_e=\int_V \frac{1}{2}\varepsilon_0 E^2\,\mathrm{d}V=\frac{\varepsilon_0}{2}\int_R^\infty\left(\frac{Q}{4\pi\varepsilon_0 r^2}\right)^2 4\pi r^2\,\mathrm{d}r$$
$$=\frac{Q^2}{8\pi\varepsilon_0}\int_R^\infty\frac{\mathrm{d}r}{r^2}=\frac{Q^2}{8\pi\varepsilon_0 R}.$$

习 题 7

习题参考答案

1. 选择题

(1)下列说法中正确的是(   ).

(A)若高斯面上的电场强度处处为零,则该面内必无电荷

(B)若高斯面内无电荷,则高斯面上的电场强度处处为零

(C)若高斯面上的电场强度处处不为零,则高斯面内必定有电荷

(D)若高斯面内有净电荷,则通过高斯面的电通量必不为零

(2)点电荷 Q 被曲面 S 所包围,从无穷远处引入另一点电荷 q 至曲面外一点,如题 7.1(2)图所示,则引入前后(   ).

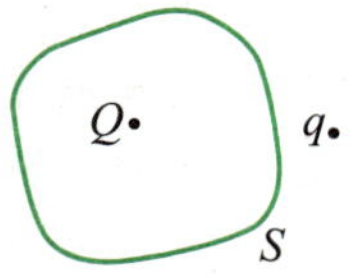

题 7.1(2)图

(A)曲面 S 的电场强度通量

不变，曲面上各点的电场强度不变

(B)曲面 S 的电场强度通量变化，曲面上各点的电场强度不变

(C)曲面 S 的电场强度通量变化，曲面上各点的电场强度变化

(D)曲面 S 的电场强度通量不变，曲面上各点的电场强度变化

(3)在电场中的导体内部的(　　).

(A)电场强度和电势均为零

(B)电场强度不为零，电势均为零

(C)电势和表面电势相等

(D)电势低于表面电势

(4)两个同心均匀带电球面，半径分别为 R_a 和 $R_b(R_a<R_b)$，所带电荷分别为 Q_a 和 Q_b. 设某点与球心相距 r，当 $R_a<r<R_b$ 时，该点的电场强度的大小为(　　).

(A) $\frac{1}{4\pi\varepsilon_0}\cdot\frac{Q_a+Q_b}{r^2}$　　(B) $\frac{1}{4\pi\varepsilon_0}\cdot\frac{Q_a-Q_b}{r^2}$

(C) $\frac{1}{4\pi\varepsilon_0}\cdot\left(\frac{Q_a}{r^2}+\frac{Q_b}{R_b^2}\right)$　　(D) $\frac{1}{4\pi\varepsilon_0}\cdot\frac{Q_a}{r^2}$

(5)如果某带电体其电荷分布的体密度增大为原来的 2 倍，则其电场的能量变为原来的(　　).

(A)2 倍　　(B)1/2 倍

(C)4 倍　　(D)1/4 倍

2. 填空题

(1)在静电场中，电势不变的区域，电场强度必定________.

(2)将一个点电荷 q 放在立方体中心，则穿过某一表面的电通量为________，若将点电荷由中心向外移动至无限远，则总的电通量将________.

(3)有一个球形的橡皮膜气球，电荷 q 均匀地分布在表面上，在此气球被吹大的过程中，被气球表面掠过的点(该点与球中心的距离为 r)，其电场强度的大小将由________变为________.

(4)一导体外充满相对介电常量为 ε_r 的均匀电介质，若测得导体表面附近的电场强度大小为 E，则导体球面上的自由电荷的面密度为________.

(5)一平板电容器，两板间充满各向同性均匀电介质，已知相对介电常量为 ε_r. 若极板上的自由电荷的面密度为 σ，则介质中电位移的大小 $D=$________，电场强度的大小 $E=$________.

3. 解答题

7.3.1 电量都是 q 的三个点电荷，分别放在正三角形的三个顶点. 试问：(1)在此三角形的中心放一个什么样的电荷，就可以使这四个电荷都达到平衡(即每个电荷受其他三个电荷的库仑力之和都为零)？(2)这种平衡与三角形的边长有无关系？

7.3.2 在真空中有 A，B 两平行板，它们的相对距离为 d，板面积为 S，其带电量分别为 $+q$ 和 $-q$，则这两板之间有相互作用力 f，有人说 $f=\frac{q^2}{4\pi\varepsilon_0 d^2}$，又有人说，因为 $f=qE$，$E=\frac{q}{\varepsilon_0 S}$，所以 $f=\frac{q^2}{\varepsilon_0 S}$. 试问这两种说法对吗？为什么？$f$ 到底应等于多少？

7.3.3 两小球的质量都是 m，都用长为 l 的细绳挂在同一点，它们带有相同电量，静止时两线的夹角为 2θ，如题 7.3.3 图所示. 设小球的半径和线的质量都可以忽略不计，求每个小球所带的电量.

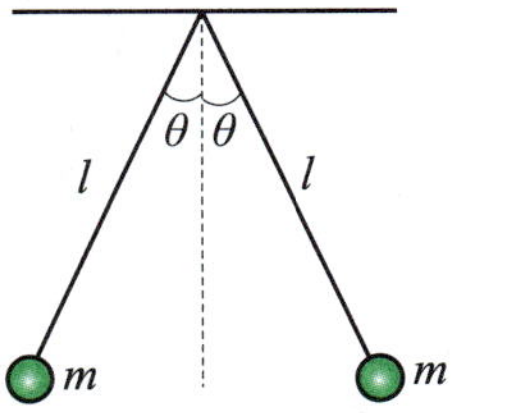

题 7.3.3 图

7.3.4 长 $l=15.0$ cm 的直导线 AB 上均匀地分布着线密度 $\lambda=5.0\times10^{-9}$ C·m^{-1} 的正电荷．试求：(1)在导线的延长线上与导线 B 端相距 $d_1=5.0$ cm 处的 P 点的电场强度；(2)在导线的垂直平分线上与导线中点相距 $d_2=5.0$ cm 处的 Q 点的电场强度．

7.3.5 (1)点电荷 q 位于一边长为 a 的立方体中心，试求在该点电荷电场中穿过立方体的一个面的电通量；(2)如果将该场源点电荷移动到该立方体的一个顶点上，这时穿过立方体各面的电通量是多少？

7.3.6 均匀带电球壳的内径为 6 cm，外径为 10 cm，体电荷密度为 2×10^{-5} C·m^{-3}．试求距球心 5 cm，8 cm 及 12 cm 的各点的电场强度．

7.3.7 半径为 R_1 和 R_2($R_2>R_1$)的两无限长同轴圆柱面，单位长度上分别带有电量 λ 和 $-\lambda$，试求：(1)$r<R_1$；(2)$R_1<r<R_2$；(3)$r>R_2$ 处各点的电场强度．

7.3.8 两个无限大的平行平面都均匀带电，电荷的面密度分别为 σ 和 $-\sigma$，试求空间各处的电场强度．

7.3.9 电荷 q 均匀分布在长为 $2L$ 的细杆上，求在杆外延长线上与杆端距离为 a 的 P 点的电势(设无穷远处为电势零点)．

7.3.10 如题 7.3.10 图所示，四个点电荷 $q_1=q_2=q_3=q_4=1.25\times10^{-8}$ C，分别放置在正方形的四个顶点上，各顶点到正方形中心 O 点的距离为 $r=5\times10^{-2}$ m．

求：(1)中心 O 点的电势；

(2)把试验电荷 $q=1.0\times10^{-9}$ C 从无穷远处移到中心 O 点，电场力做的功．

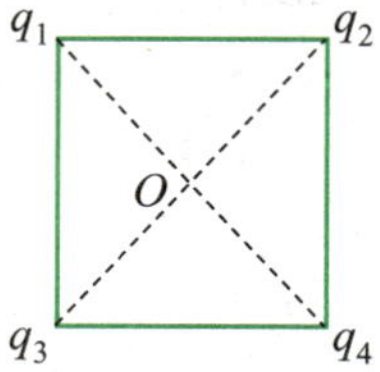

题 7.3.10 图

7.3.11 如题 7.3.11 图所示，在 A，B 两点处放有电量分别为 $+q$，$-q$ 的点电荷，A，B 间的距离为 $2R$，现将另一正试验点电荷 q_0 从 O 点经过半圆弧移到 C 点，求移动过程中电场力做的功．

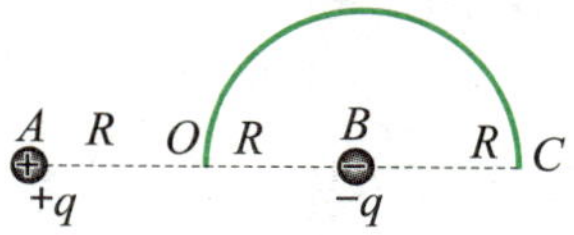

题 7.3.11 图

7.3.12 如题 7.3.12 图所示，绝缘细线上均匀分布着线密度为 λ 的正电荷，两段直导线的长度和半圆环的半径都等于 R．试求环中心 O 点处的电场强度和电势．

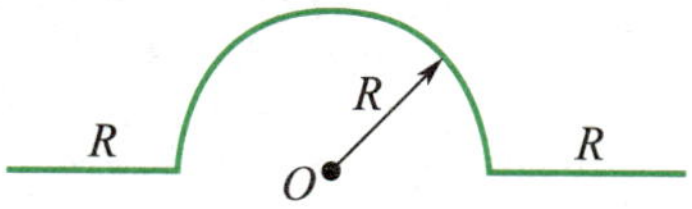

题 7.3.12 图

7.3.13 两个平行金属板 A,B 的面积为200 cm^2,A 和 B 之间的距离为2 cm,B 板接地,如题 7.3.13 图所示.如果使 A 板带上正电 7.08×10^{-7} C,略去边缘效应,问:以地的电势为零,则 A 板的电势是多少?

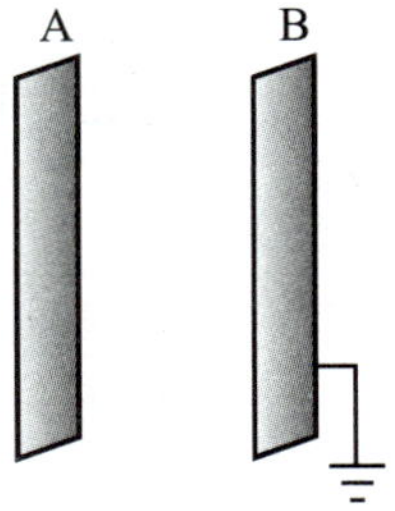

题 7.3.13 图

7.3.14 两个半径分别为 R_1 和 R_2($R_1<R_2$)的同心薄金属球壳,现给内球壳带电 $+q$,试计算:

(1)外球壳上的电荷分布及电势大小;

(2)先把外球壳接地,然后断开接地线重新绝缘,此时外球壳的电荷分布及电势.

7.3.15 在半径为 R_1 的金属球之外包有一层外半径为 R_2 的均匀电介质球壳,介质相对电容率为 ε_r,金属球带电 Q.试求:

(1)电介质内、外的电场强度;

(2)电介质层内、外的电势;

(3)金属球的电势.

7.3.16 计算球形电容器的电容和能量.已知球形电容器的内、外径分别为 R_1 和 R_2,带电量分别为 Q 和 $-Q$.为简单起见,设球内、外介质的电容率均为 ε_0.

第8章 稳恒磁场

本章提要

在第7章中，重点研究了静止电荷产生的静电场的性质和规律. 如果电荷相对于观察者运动，那么观察者测得在它周围的空间中不仅存在电场，也存在磁场. 两运动电荷间的相互作用力不仅有电场力还有磁场力，而磁场力是通过磁场传递的，运动电荷、传导电流和变化的电场等都是产生磁场的源头. 本章重点研究稳恒电流产生的磁砀，它不随时间变化，称为稳恒磁场. 本章的主要内容有：磁场的产生，磁场的基本规律，磁场与介质的相互作用.

§8.1　电流　电动势

一、电流密度

大量电荷有规则地定向运动形成电流.

导体中的电流用电流强度(符号为 I)来描述,其定义为单位时间内通过导体任一横截面的电荷量.规定正电荷运动的方向为电流强度的方向.电流强度的单位名称为安培,符号为 A,$1\ \text{A}=1\ \text{C}\cdot\text{s}^{-1}$.

电流强度只能从整体上反映导体内电流的大小.当遇到电流在粗细不均匀的导线或大块导体中流动的情况时,导体的不同部分电流的大小和方向都可能不一样,如图 8-1 所示.

这时需引入电流密度矢量 $\boldsymbol{j}$,规定

$$\boldsymbol{j}=\frac{\mathrm{d}I}{\mathrm{d}S_{\perp}}\boldsymbol{n}_0,$$

式中,$\boldsymbol{n}_0$ 是沿与电场方向垂直的面积 $\mathrm{d}S_{\perp}$ 的法线方向的单位矢量,它与电场 $\boldsymbol{E}$ 的方向相同.电流密度矢量 $\boldsymbol{j}$ 的单位为 $\text{A}\cdot\text{m}^{-2}$.上式表明**电流密度矢量 $\boldsymbol{j}$ 的方向沿该点电场 $\boldsymbol{E}$ 的方向,大小等于通过与该点电场强度方向垂直的单位面积的电流强度**,如图 8-2 所示.

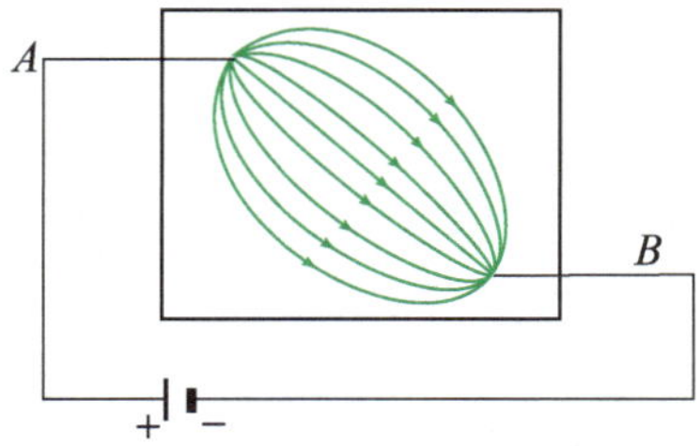

图 8-1　电流在大块金属中的分布

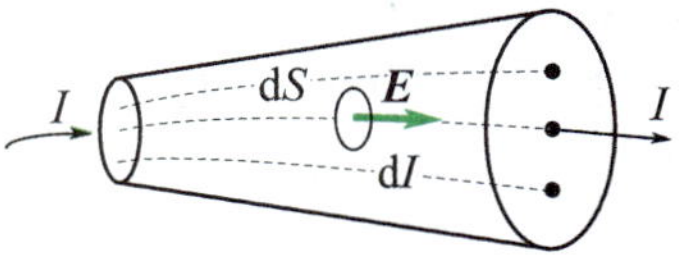

图 8-2　电流密度矢量的引出

如果面元 $\mathrm{d}\boldsymbol{S}$ 的法线方向与导体内某点处 $\boldsymbol{j}$ 的方向成 θ 角,$\mathrm{d}\boldsymbol{S}$ 在垂直于 $\boldsymbol{j}$ 的方向上的投影面积为 $\mathrm{d}\boldsymbol{S}_{\perp}$,如图 8-3 所示,则 $\mathrm{d}S_{\perp}=\mathrm{d}S\cos\theta$,通过 $\mathrm{d}\boldsymbol{S}$ 的电流 $\mathrm{d}I=j\cos\theta\mathrm{d}S=\boldsymbol{j}\cdot\mathrm{d}\boldsymbol{S}$.而通过导体中任一面积的电流强度

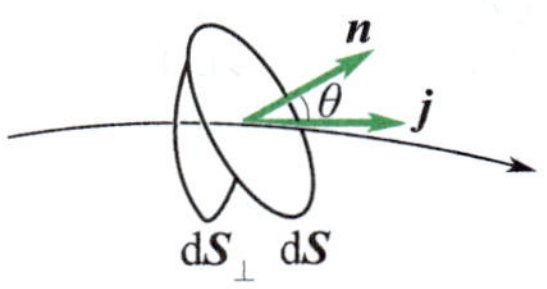

图 8-3　说明电流密度的矢量性

$$I=\int_S j\cos\theta\mathrm{d}S=\int_S \boldsymbol{j}\cdot\mathrm{d}\boldsymbol{S}.\qquad(8-1)$$

二、电动势

要在导体中维持稳恒电流,必须在其两端维持恒定不变的电势差.这一条件是怎样满足的呢?我们以带电的电容器放电时产生的电流为例来讨论.

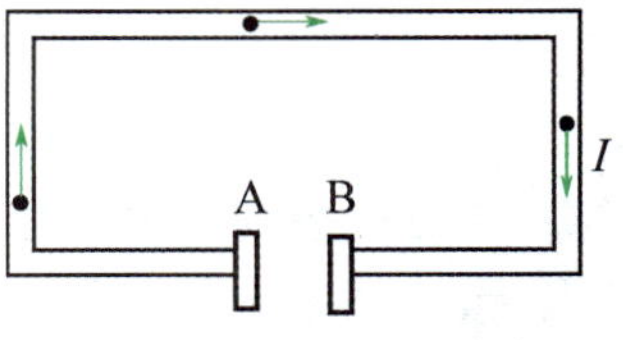

图 8-4　电容器的放电

如图 8-4 所示,当用导线把带电的电容器两极

板 A,B 连接起来时,就有电流从 A 板通过导线流向 B 板,但此电流不是稳定的,因为两个极板上的正、负电荷会逐渐中和而减少,导致极板间的电势差也逐渐减小而直至为零,电流也就没有了.因此,单纯依靠静电力的作用,在导体两端不可能维持恒定的电势差,也就不可能获得稳恒电流.

为了获得稳恒电流,必须有一种本质上完全不同于静电力的力把图 8-4 中由 A 板经导线流向 B 板的正电荷再送回到 A 板,从而使两极板间保持恒定的电势差,以此来维持由 A 到 B 的稳恒电流,如图 8-5 所示.**能把正电荷从电势较低的点(如电源负极板)送到电势较高的点(如电源正极板)的作用力称为非静电力**,记作 $\boldsymbol{F}_k$.提供非静电力的装置叫作**电源**.

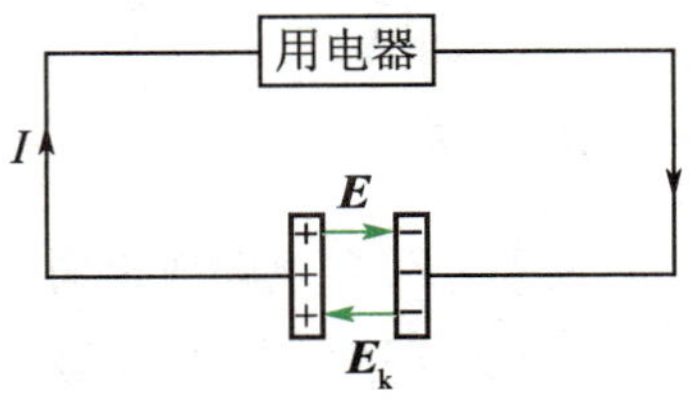

图 8-5 电源

作用在单位正电荷上的非静电力称为**非静电场电场强度**,记作 $\boldsymbol{E}_k$,即

$$\boldsymbol{E}_k=\frac{\boldsymbol{F}_k}{q}.$$

一个电源的**电动势** $\mathscr{E}$ 定义为**把单位正电荷从负极通过电源内部移到正极时,电源中的非静电力所做的功**,即

$$\mathscr{E}=\int_{-}^{+}\boldsymbol{E}_k\cdot\mathrm{d}\boldsymbol{l}. \qquad (8-2)$$

电动势与电势一样,也是标量.规定**自负极经电源内部到正极的方向为电动势的正方向**.由于电源外部 $\boldsymbol{E}_k$ 为零,所以**电源电动势**又可定义为**把单位正电荷绕闭合回路一周时,电源中非静电力所做的功**,即

$$\mathscr{E}=\oint_L\boldsymbol{E}_k\cdot\mathrm{d}\boldsymbol{l}. \qquad (8-3)$$

此定义对非静电力作用在整个回路上的情况(如电磁感应)也适用,这时电动势 $\mathscr{E}$ 的方向与回路中电流的方向一致.

§8.2 磁场 磁感应强度

一、基本磁现象

磁单极子

我国是世界上最早认识磁性和应用磁性的国家,早在战国时期(公元前 300 年),就已发现磁石吸铁的现象.11 世纪(北宋)时,我国科学家沈括创制了航海用的指南针,并发现了地磁偏角.地球的 N 极在地理南极附近,S 极在地理北极附近.

天然磁铁和人造磁铁都称为永磁铁.永磁铁不存在单一的磁极.磁铁的两个磁极,不可能分割成独立存在的 N 极和 S 极.但我们知道,有独立存在的正电荷或负电荷,这是磁极和电荷的基本区别.

历史上很长一段时期，人们对磁现象和电现象的研究都是彼此独立进行的. 1820 年，丹麦物理学家奥斯特发现，放在通有电流的导线周围的磁针，会受到力的作用而发生偏转，如图 8－6 所示. 其转动方向与导线中电流的方向有关. 这就是历史上著名的奥斯特实验，它第一次指出了磁现象与电现象之间的联系. 同年，法国科学家安培发现，放在磁铁附近的载流导线及载流线圈，也会受到力的作用而发生运动，如图 8－7 所示. 其后实验还发现，载流导线之间或载流线圈之间也有相互作用力. 例如，把两个线圈面对面挂在一起，当两线圈中的电流的流向相同时，两线圈相互吸引，如图 8－8(a)所示；当两线圈中的电流的流向相反时，两线圈相互排斥，如图8－8(b)所示.

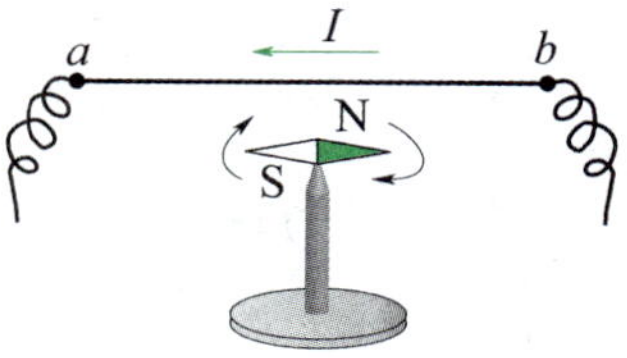

图 8－6　奥斯特实验

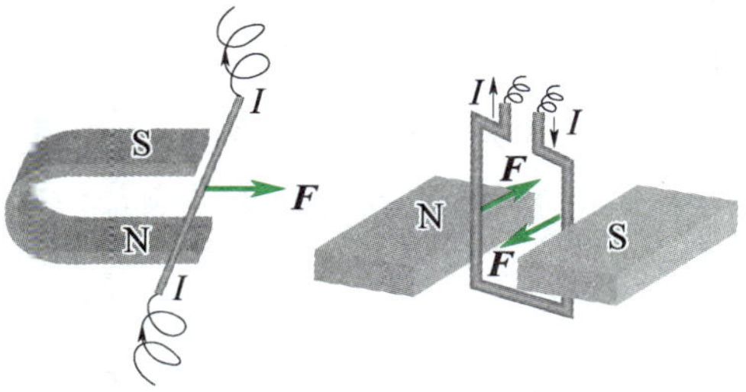

图 8－7　磁场对电流的作用

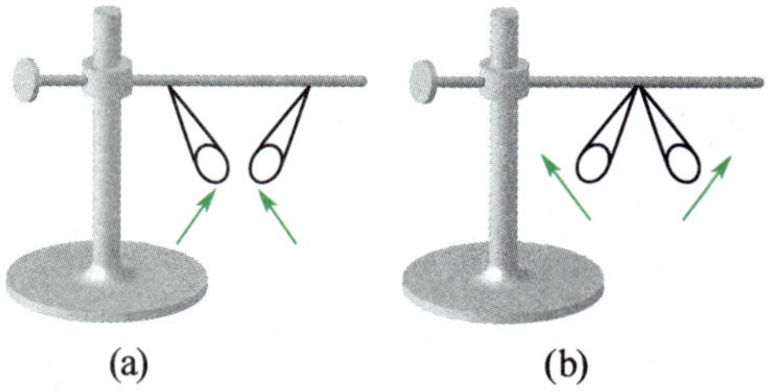

图 8－8　载流线圈间的相互作用

电子射线束在磁场中路径发生偏转的实验，进一步说明了通过磁场区域时运动电荷要受到力的作用，如图 8－9 所示.

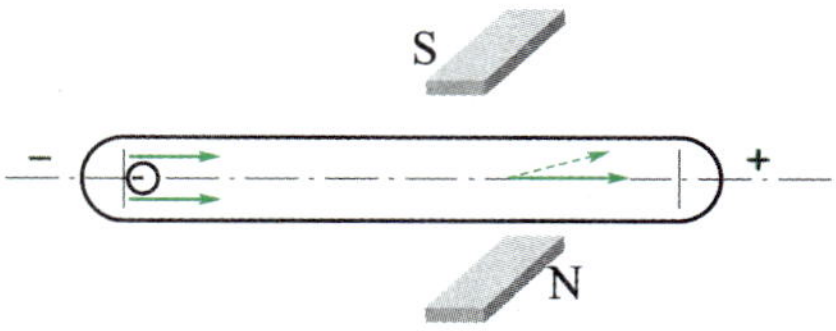

图 8－9　电子射线束在磁场中改变方向

上述各种实验现象，启发人们去探寻磁现象的本质. 1822 年，安培提出了有关物质磁性本质的假说，他认为一切磁现象的根源是电流. 任何物质的分子中都存在圆形电流，称为分子电流. 分子电流相当于一个基元磁铁. 当物体不显示磁性时，各分子电流无规则地排列，它们对外界所产生的磁效应互相抵消. 在外磁场的作用下，与分子电流相当的基元磁铁将趋向于沿外磁场方向取向，从而使整个物体对外显示磁性. 根据安培的物质磁性假说，也很容易说明两种磁极不能单独存在的原因. 因为基元磁铁的两个磁极对应于分子回路电流的正反两个面，这两个面显然是无法单独存在的. 安培的假说与现代对物质磁性的理解是相符合的. 因为原子是由带正电的原子核和绕核旋转的电子所组成的，原子、分子内电子的这些运动形成环形电流. 电子和核还有自旋，自旋也引起磁性. 原子、分子等微观粒子内的这些运动就构成了等效的**分子电流**.

二、磁感应强度

电流与电流之间、电流与磁铁之间，以及磁铁与磁铁之间的相互作用是通过什么来传递的呢？它是通过一种叫作磁场的特殊物质来传递的，这种关系可简单表示为

电流(或磁铁)⇆磁场⇆电流(或磁铁).

磁场和电场一样,是客观存在的特殊形态的物质.磁场对外界的重要表现如下.

(1)磁场对进入场中的运动电荷或载流导体有磁力的作用.

(2)载流导体在磁场中移动时,磁场的作用力对载流导体做功,表明磁场具有能量.

在静电学中,我们引入电场强度矢量 $\boldsymbol{E}$ 来描述电场的强弱和方向.同样,我们引入磁感应强度矢量 $\boldsymbol{B}$ 来描述磁场的强弱和方向.

用磁场对载流线圈的作用来定量地描述磁场的性质.取一载流平面线圈,要求线圈的线度必须很小,则线圈所在范围内的磁场性质处处相同.同时,还要求通过线圈的电流也必须很小,以使线圈的引入不影响原有磁场的性质.这样的平面载流线圈称为试验线圈.

设试验线圈的面积为 ΔS,线圈中的电流为 I_0,则定义试验线圈的**磁矩**为

$$\boldsymbol{P}_{\mathrm{m}}=I_0\Delta S\boldsymbol{n}_0. \tag{8-4}$$

极光为什么在两极出现而不在赤道出现?

磁矩 $\boldsymbol{P}_{\mathrm{m}}$ 是矢量,其方向与线圈的法线方向一致,$\boldsymbol{n}_0$ 表示沿法线方向的单位矢量.法线与电流流向成右手螺旋关系,如图 8-10 所示.显然,线圈的磁矩是表征线圈本身特性的物理量.

把试验线圈悬在磁场某点处,并忽略线圈悬线的扭力矩.实验指出,线圈受到磁场作用的力矩(称为磁力矩)使试验线圈转到一定的位置而稳定平衡.在平衡位置时,线圈所受的磁力矩为零,此时线圈正法线所指的方向,定义为线圈所在处的磁场方向,如图 8-11 中实线所示.

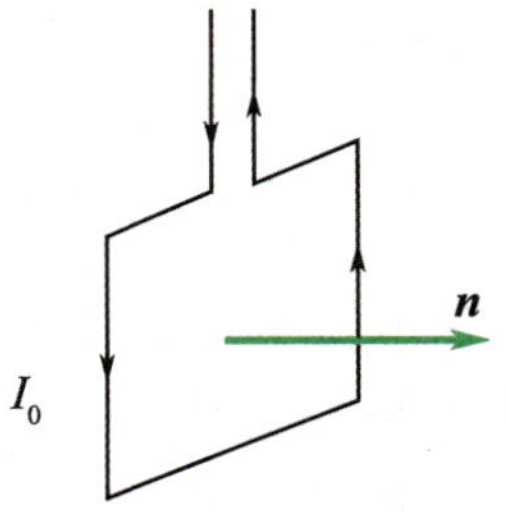

图 8-10 载流平面线圈法线方向的规定

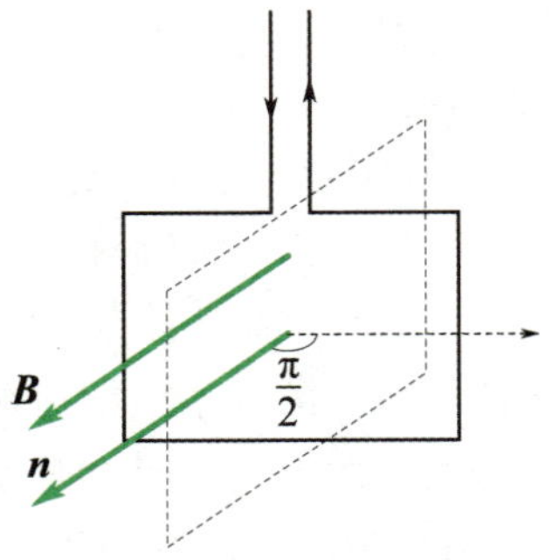

图 8-11 利用试验线圈定义 $\boldsymbol{B}$ 的图示

如果转动试验线圈,只要线圈稍偏离平衡位置,线圈所受的磁力矩就不为零.当试验线圈从平衡位置转过 90°时,线圈所受磁力矩为最大,如图 8-11 虚线所示,记为 $M_{\max}$.实验指出,在磁场中给定点处

$$M_{\max}\propto P_{\mathrm{m}}.$$

实验还表明,比值$\dfrac{M_{\max}}{P_{\mathrm{m}}}$仅与试验线圈所在位置有关,即只与试验线圈所在处的磁场性质有关.显然,比值$\dfrac{M_{\max}}{P_{\mathrm{m}}}$的大小反映各点处磁场的强弱.我们规定磁感应强度矢量 $\boldsymbol{B}$ 的大小为

$$B\propto\frac{M_{\max}}{P_{\mathrm{m}}}. \tag{8-5}$$

综上所述，**磁场中某点处磁感应强度的方向与该点处试验线圈在稳定平衡位置时的法线方向相同；磁感应强度的量值等于具有单位磁矩的试验线圈所受到的最大磁力矩.**

在国际单位制中，磁感应强度 $\boldsymbol{B}$ 的单位为特斯拉，简称特(T). 工程上还常用高斯作为磁感应强度的单位，1 T=10^4 Gs(高斯). 地磁场的磁感应强度约为 10^{-5} T，一般永久磁铁的磁场的磁感应强度约为0.1 T.

三、磁通量　磁场中的高斯定理

磁场中的高斯定理

1. 磁感线

类似于用电场线形象地描述静电场，也可以用磁感线来形象地描述磁场. 在磁场中作一系列曲线，使曲线上每一点的切线方向都和该点的磁场方向一致. 同时，为了用磁感线的疏密来表示所在空间各点磁场的强弱，还规定：通过磁场中某点处垂直于 $\boldsymbol{B}$ 矢量的单位面积的磁感线条数，等于该点 $\boldsymbol{B}$ 矢量的量值. 这样，磁场较强的地方，磁感线较密；反之，磁感线较疏.

同电场线一样，磁感线也可以通过实验方法模拟出来.

几种不同形状的电流所产生的磁场的磁感线分布如图 8－12 所示. 从磁感线的图示中，可以得出磁感线的特性如下.

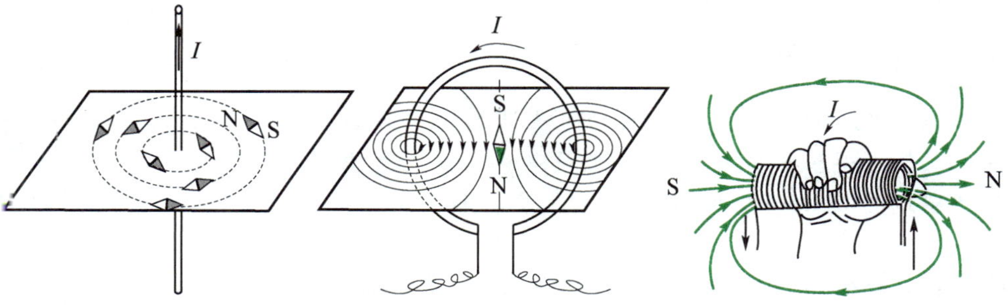

(a) 直电流的磁感线　(b) 圆电流的磁感线　(c) 螺线管电流的磁感线

图 8－12　几种电流周围磁场的磁感线

(1)磁场中每一条磁感线都是环绕电流的闭合曲线，而且每条闭合磁感线都与闭合电路互相套合.

(2)任何两条磁感线在空间不相交，这是因为磁场中任一点的磁场方向都是唯一确定的.

(3)磁感线的环绕方向与电流方向之间可以分别用右手螺旋定则表示. 若拇指指向电流方向，则四指方向即为磁感线方向，如图 8－12(a)所示；若四指方向为电流方向，则拇指方向为磁感线方向，如图 8－12(b)和图 8－12(c)所示.

2. 磁通量

穿过磁场中某一曲面的磁感线总数，称为穿过该曲面的**磁通量**，用符号 Φ_m 表示.

在非均匀磁场中，要通过积分计算穿过任一曲面 S 的磁通量，可在曲面 S 上取一面元 d$\boldsymbol{S}$，d$\boldsymbol{S}$ 上的磁感应强度可视为均匀的，面元 d$\boldsymbol{S}$ 可视为平面，若其法线方

向的单位矢量 $\boldsymbol{n}_0$ 与该处的磁感应强度 $\boldsymbol{B}$ 成 θ 角，则通过 $\mathrm{d}\boldsymbol{S}$ 的磁通量为

$$\mathrm{d}\Phi_{\mathrm{m}}=B\cos\theta\mathrm{d}S=\boldsymbol{B}\cdot\mathrm{d}\boldsymbol{S}.$$

而通过曲面 $\boldsymbol{S}$ 的磁通量为

$$\Phi_{\mathrm{m}}=\int_S\boldsymbol{B}\cdot\mathrm{d}\boldsymbol{S}. \tag{8-6}$$

在国际单位制中，磁通量的单位为韦伯，符号为 Wb，1 Wb=1 T·m^2.

四、磁场中的高斯定理

对闭合曲面 S 来说，通常取向外的指向为该面元法线的正方向. 因此，从闭合曲面穿出的磁通量为正，穿入闭合曲面的磁通量为负. 由于磁感线是无头无尾的闭合曲线，所以穿过任意闭合曲面的总磁通量必为零，即

$$\oint_S\boldsymbol{B}\cdot\mathrm{d}\boldsymbol{S}=0. \tag{8-7}$$

(8－7)式称为**磁场中的高斯定理**. 此式与静电场中的高斯定理 $\oint_S\boldsymbol{E}\cdot\mathrm{d}\boldsymbol{S}=\frac{1}{\varepsilon_0}\sum q_i$ 在形式上相似，但两者所反映的场在性质上却有本质的差别. 由于自然界有单独存在的自由正电荷或自由负电荷，因此通过闭合曲面的电通量可以不等于零；但在自然界中至今尚未发现有单独磁极存在，所以通过任意闭合曲面的磁通量必为零. 实验表明，这一定理对稳恒磁场和非稳恒磁场都成立.

五、毕奥-萨伐尔定律

毕奥-萨伐尔定律的计算

19 世纪 20 年代，法国科学家毕奥、萨伐尔两人研究和分析了很多实验资料，最后概括出一条有关电流产生磁场的基本定律，称为**毕奥-萨伐尔定律**，现陈述如下.

任一电流元 $I\mathrm{d}l$[①] 在给定点 P 所产生的磁感应强度 $\mathrm{d}\boldsymbol{B}$ 的大小与电流元的大小成正比，与电流元和由电流元到 P 点的矢径 $\boldsymbol{r}$ 间的夹角的正弦成正比，而与电流元到 P 点的距离 r 的平方成反比. $\mathrm{d}\boldsymbol{B}$ 的方向垂直于 $\mathrm{d}\boldsymbol{l}$ 和 $\boldsymbol{r}$ 所确定的平面，指向为由 $I\mathrm{d}\boldsymbol{l}$ 经小于 180°的角转向 $\boldsymbol{r}$ 时右螺旋前进的方向，如图 8－13 所示. 其数学表达式为

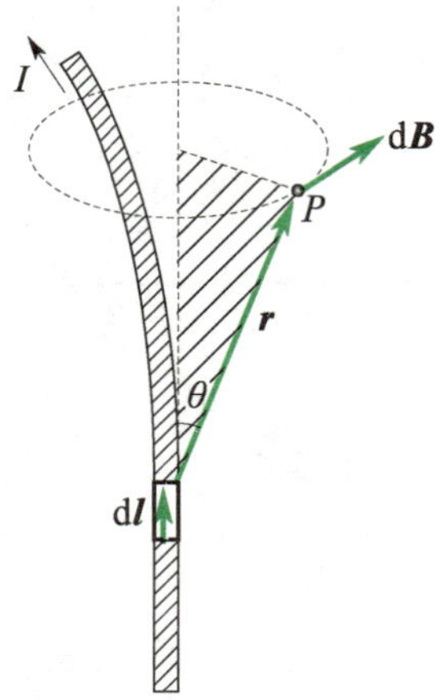

图 8－13 毕奥-萨伐尔定律

$$\mathrm{d}B=k\frac{I\mathrm{d}l\sin(I\mathrm{d}\boldsymbol{l},\boldsymbol{r})}{r^2};$$

矢量式为

$$\mathrm{d}\boldsymbol{B}=k\frac{I\mathrm{d}\boldsymbol{l}\times\boldsymbol{r}}{r^3}. \tag{8-8}$$

式中，k 为比例系数，它与磁场中的磁介质和单位制的选取有关. 对于真空中的磁

① 载流导线的各个微小线元称为电流元. 电流元常用矢量 $I\mathrm{d}\boldsymbol{l}$ 表示. $\mathrm{d}\boldsymbol{l}$ 是矢量，表示在载流导线上沿电流方向所取的线元，I 为导线中的电流强度.

场，如式中各量用国际单位制，则比例系数 $k=\frac{\mu_0}{4\pi}$，μ_0 称为**真空的磁导率**.

$$\mu_0=4\pi\times10^{-7}\ \mathrm{T\cdot m\cdot A^{-1}}(\text{或}\ \mathrm{H\cdot m^{-1}}).$$

因此，在国际单位制中，真空中的毕奥–萨伐尔定律可表达为

$$\mathrm{d}B=\frac{\mu_0 I\mathrm{d}l\sin(I\mathrm{d}\boldsymbol{l},\boldsymbol{r})}{4\pi r^2} \tag{8-9}$$

或

$$\mathrm{d}\boldsymbol{B}=\frac{\mu_0}{4\pi}\frac{I\mathrm{d}\boldsymbol{l}\times\boldsymbol{r}}{r^3}. \tag{8-10}$$

由叠加原理得知，任意形状的载流导线在给定点 P 产生的磁场，等于各段电流元在该点产生的磁场的矢量和，即

$$\boldsymbol{B}=\int_L \mathrm{d}\boldsymbol{B}=\frac{\mu_0}{4\pi}\int_L\frac{I\mathrm{d}\boldsymbol{l}\times\boldsymbol{r}}{r^3}. \tag{8-11}$$

积分号下的 L 表示对整个载流导线 L 进行积分. 需指出，单独的电流元不可能得到，所以(8－8)式不可能直接由实验验证. 但是，由毕奥–萨伐尔定律计算出的通电导线在场点产生的磁场和实验测量的结果符合得很好，从而间接地证实了定律的正确性.

按照经典电子理论，导体中的电流就是大量带电粒子的定向运动. 由此可知，电流产生的磁场实际上就是运动电荷产生磁场的宏观表现.

研究运动电荷的磁场，在理论上就是研究毕奥–萨伐尔定律的微观意义. 那么，一个带电量为 q，速度为 $\boldsymbol{v}$ 的带电粒子在其周围空间产生的磁场分布是怎样的呢？我们可以从毕奥–萨伐尔定律导出.

设在导体的单位体积内有 n 个带电粒子，每个粒子带有电量 q，以速度 $\boldsymbol{v}$ 沿电流元 $I\mathrm{d}\boldsymbol{l}$ 的方向做匀速运动而形成导体中的电流，如图 8－14 所示. 如果电流元的横截面为 S，那么单位时间内通过横截面 S 的电量，即电流强度 I 为

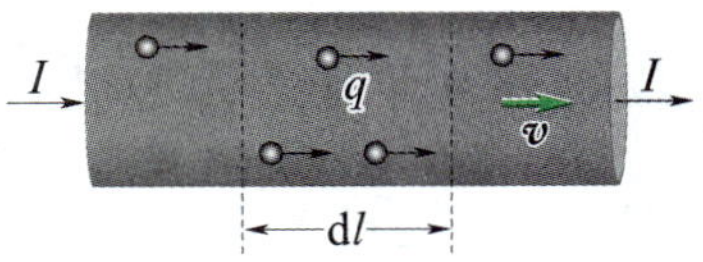

图 8－14　研究运动电荷的磁场

$$I=qnvS.$$

将上式代入毕奥–萨伐尔定律，即(8－9)式，并注意到 $I\mathrm{d}\boldsymbol{l}$ 与 $\boldsymbol{v}$ 的方向相同，则

$$\mathrm{d}B=\frac{\mu_0}{4\pi}\frac{qnvS\mathrm{d}l\sin(\boldsymbol{v},\boldsymbol{r})}{r^2}.$$

在电流元 $I\mathrm{d}\boldsymbol{l}$ 内，有 $\mathrm{d}N=nS\mathrm{d}l$ 个带电粒子，因此，从微观意义上说，电流元 $I\mathrm{d}\boldsymbol{l}$ 产生的磁感应强度 $\mathrm{d}\boldsymbol{B}$ 就是 $\mathrm{d}N$ 个运动电荷所产生的. 这样，就可以得到以速度 $\boldsymbol{v}$ 运动的带电量为 q 的粒子所产生的磁感应强度 $\boldsymbol{B}$ 的大小为

$$B=\frac{\mathrm{d}B}{\mathrm{d}N}=\frac{\mu_0}{4\pi}\frac{qv\sin(\boldsymbol{v},\boldsymbol{r})}{r^2}.$$

$\boldsymbol{B}$ 的方向垂直于 $\boldsymbol{v}$ 和电荷 q 到场点的矢径 $\boldsymbol{r}$ 所确定的平面，而且 $\boldsymbol{B}$、$\boldsymbol{v}$ 和 $\boldsymbol{r}$ 三者的指向符合右手螺旋定则. 如果运动电荷带负电，则 $\boldsymbol{B}$ 的方向与正电荷运动时相反，如图 8－15 所示.

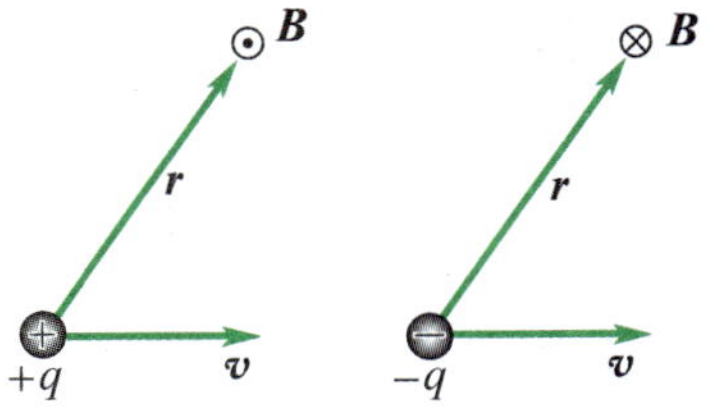

图 8－15　正、负运动电荷产生的磁场方向

用矢量式表示，运动电荷所产生的磁感应强

度 $\boldsymbol{B}$ 为

$$\boldsymbol{B}=\frac{\mu_0}{4\pi}\frac{q\boldsymbol{v}\times\boldsymbol{r}}{r^3} \tag{8-12}$$

六、毕奥–萨伐尔定律的应用

下面应用毕奥–萨伐尔定律和磁场叠加原理计算几种载流导线所产生的磁场的磁感应强度.

1. 载流直导线的磁场

科研设备介绍

稳态强磁场实验装置

如图 8-16 所示，设在真空中有一长为 L 的载流直导线，导线中的电流强度为 I，现计算与导线的垂直距离为 a 的场点 P 处的磁感应强度.

在载流直导线上任取一电流元 $Id\boldsymbol{l}$，电流元在给定点 P 处所产生的磁感应强度 $d\boldsymbol{B}$ 的大小为

$$dB=\frac{\mu_0}{4\pi}\frac{Idl\sin\alpha}{r^2}.$$

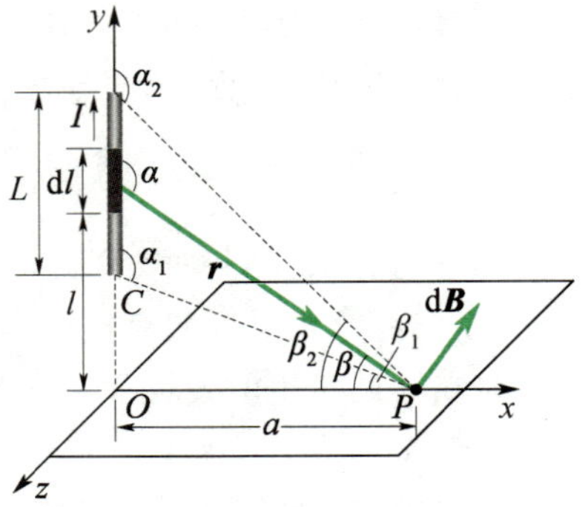

图 8-16 直电流磁场的计算

$d\boldsymbol{B}$ 的方向垂直于电流元 $Id\boldsymbol{l}$ 与矢径 $\boldsymbol{r}$ 所确定的平面，即垂直于 xOy 平面，指向如图 8-16 所示. 由于直导线上各电流元在 P 点所产生的磁感应强度的方向一致，故载流直导线在 P 点所产生的总磁感应强度为

$$B=\int_L dB=\int_L\frac{\mu_0}{4\pi}\frac{Idl\sin\alpha}{r^2}.$$

取 $\overrightarrow{OP}$ 与 $\boldsymbol{r}$ 的夹角 β 为自变量，从图中可以看出

$$\sin\alpha=\cos\beta,\quad r=a\sec\beta,\quad l=a\tan\beta.$$

对最后一式进行微分，得

$$dl=a\sec^2\beta d\beta.$$

把以上各式代入积分式内，并按图 8-16 中所示取积分下限为 β_1、上限为 β_2，得

$$B=\frac{\mu_0 I}{4\pi a}\int_{\beta_1}^{\beta_2}\cos\beta d\beta=\frac{\mu_0 I}{4\pi a}(\sin\beta_2-\sin\beta_1)$$

或

$$B=\frac{\mu_0 I}{4\pi a}(\cos\alpha_1-\cos\alpha_2).$$

式中，β_1，β_2 分别为载流直导线两端到场点 P 的连线与 $\overrightarrow{OP}$ 间的夹角. 当角 β 的旋转方向（以垂线 $\overrightarrow{OP}$ 为始线）与电流流向相同时，β 取正值；当角 β 的旋转方向与电流流向相反时，β 取负值. 显然，在图 8-16 中，β_1，β_2 均取正值.

如果载流直导线为“无限长”，即导线的长度 L 比垂距 a 大得多（$L\gg a$），那么 $\beta_1\to-\frac{\pi}{2}$，$\beta_2\to+\frac{\pi}{2}$，得

$$B=\frac{\mu_0 I}{2\pi a}. \tag{8-13}$$

2. 圆弧形电流在圆心产生的磁场

在真空中有一半径为 R、圆心角为 θ 的圆弧形载流导线，通有电流 I. 现计算在圆心 O 点的磁感应强度.

如图 8-17 所示，电流元 $I\mathrm{d}\boldsymbol{l}$ 在 O 点所产生的磁感应强度 $\mathrm{d}\boldsymbol{B}$ 的值为

$$\mathrm{d}B=\frac{\mu_0 I\mathrm{d}l\sin(I\mathrm{d}\boldsymbol{l},\boldsymbol{r})}{4\pi R^2}=\frac{\mu_0}{4\pi}\frac{I\mathrm{d}l}{R^2}=\frac{\mu_0 IR\mathrm{d}\theta}{4\pi R^2}=\frac{\mu_0 I\mathrm{d}\theta}{4\pi R}.$$

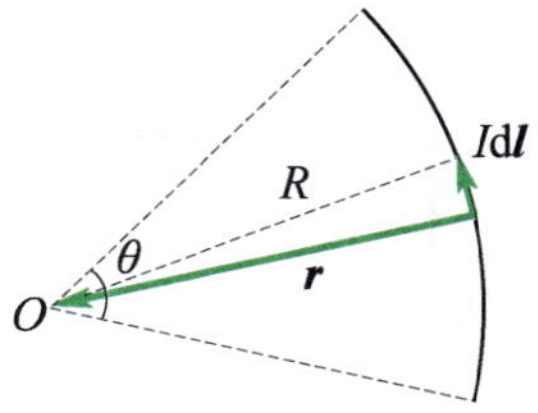

图 8-17 圆弧形电流在圆心产生的磁场

$\mathrm{d}\boldsymbol{B}$ 的方向垂直于纸面向外，并且各电流元在 O 点所产生的 $\mathrm{d}\boldsymbol{B}$ 的方向相同. 因此，O 点的总磁感应强度 $\boldsymbol{B}$ 的方向垂直于纸面向外，大小为

$$B=\int_0^\theta \mathrm{d}B=\int_0^\theta \frac{\mu_0 I\mathrm{d}\theta}{4\pi R}=\frac{\mu_0 I\theta}{4\pi R}.$$

如果是载流圆周，则圆心点的磁感应强度大小为

$$B=\frac{\mu_0 I}{2R}. \qquad (8-14)$$

§8.3 安培环路定理

在静电场中，电场强度 $\boldsymbol{E}$ 的环流等于零，即 $\oint_L \boldsymbol{E}\cdot\mathrm{d}\boldsymbol{l}=0$，说明静电场是保守场. 现在，我们研究稳恒电流的磁场，磁感应强度 $\boldsymbol{B}$ 的环流 $\oint_L \boldsymbol{B}\cdot\mathrm{d}\boldsymbol{l}$ 等于多少呢？

安培

一、安培环路定理

如图 8-18 所示，在无限长直载流导线中的电流产生的磁场中，取与电流垂直的平面上的任一包围载流导线的闭合曲线 L，曲线上任一点 P 的磁感应强度 $\boldsymbol{B}$ 的大小为

$$B=\frac{\mu_0 I}{2\pi r}.$$

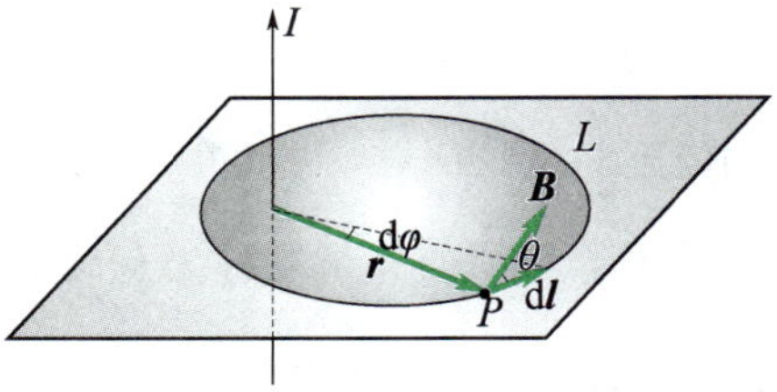

图 8-18 安培环路定理

式中，I 为载流直导线中的电流强度，r 为 P 点到导线的垂直距离. $\boldsymbol{B}$ 的方向与闭合曲线在同一平面上且与矢径 $\boldsymbol{r}$ 垂直. 由图 8-18 可知

$$\mathrm{d}l\cos\theta=r\mathrm{d}\varphi,$$

磁场中的安培环路定理

故磁感应强度 $\boldsymbol{B}$ 沿闭合曲线 L 的线积分

$$\oint_L \boldsymbol{B}\cdot\mathrm{d}\boldsymbol{l}=\oint_L B\cos\theta\mathrm{d}l=\oint Br\mathrm{d}\varphi=\frac{\mu_0 I}{2\pi}\int_0^{2\pi}\mathrm{d}\varphi=\mu_0 I.$$

如果使线积分的绕行方向反过来（或在图中，积分绕行的方向不变，而使电流方向反过来），则上述积分将变为负值，即

$$\oint_L \boldsymbol{B}\cdot\mathrm{d}\boldsymbol{l}=-\mu_0 I.$$

如果闭合回路不包围载流导线,上述积分将等于零,即

$$\oint_L \boldsymbol{B} \cdot \mathrm{d}\boldsymbol{l} = 0.$$

如果闭合曲线 L 不在一个平面内,可以用通过 L 上各点且垂直于导线的各个平面作参考,分别把每一段积分元 $\mathrm{d}\boldsymbol{l}$ 分解为在该平面内的分矢量 $\mathrm{d}\boldsymbol{l}_{/\!/}$ 及垂直于该平面的分矢量 $\mathrm{d}\boldsymbol{l}_{\perp}$,则

$$\begin{aligned}\boldsymbol{B} \cdot \mathrm{d}\boldsymbol{l} &= \boldsymbol{B} \cdot (\mathrm{d}\boldsymbol{l}_{\perp} + \mathrm{d}\boldsymbol{l}_{/\!/}) = B\cos 90^{\circ}\mathrm{d}l_{\perp} + B\cos\theta\mathrm{d}l_{/\!/} \\ &= 0 \pm \frac{\mu_0 I}{2\pi r} r\mathrm{d}\varphi = \pm \frac{\mu_0 I}{2\pi}\mathrm{d}\varphi.\end{aligned}$$

式中,"±"号取决于积分回路的绕行方向与电流方向的关系,则积分结果仍为

$$\oint_L \boldsymbol{B} \cdot \mathrm{d}\boldsymbol{l} = \mu_0 I.$$

以上讨论虽然是对长直载流导线而言,但其结论具有普遍性.这一普遍规律性的关系式称为**安培环路定理**,可表述如下.

在真空中的稳恒电流磁场中,磁感应强度 $\boldsymbol{B}$ 沿任意闭合曲线 L 的线积分(也称 $\boldsymbol{B}$ 矢量的环流),等于穿过这个闭合曲线的所有电流强度(即穿过以闭合曲线为边界的任意曲面的电流强度)的代数和的 μ_0 倍.其数学表达式为

$$\oint_L \boldsymbol{B} \cdot \mathrm{d}\boldsymbol{l} = \mu_0 \sum I_i. \tag{8-15}$$

式中,对于 L 内的电流的正负,我们作这样的规定:当穿过回路 L 的电流方向与回路 L 的绕行方向符合右手螺旋定则时,I_i 为正;反之,I_i 为负.如果 I_i 不穿过回路 L,则对磁感应强度 $\boldsymbol{B}$ 沿回路 L 的环流无贡献,对回路 L 上各点的磁感应强度 $\boldsymbol{B}$ 有贡献.如果 $\oint_L \boldsymbol{B} \cdot \mathrm{d}\boldsymbol{l} = 0$,它只说明回路 L 所包围的电流强度的代数和 $\sum I_i$ 以及磁感应强度沿回路 L 的环流为零,而不能说明闭合回路 L 上各点的磁感应强度 $\boldsymbol{B}$ 一定为零.

安培环路定理反映了稳恒电流的磁场与静电场的一个截然不同的性质:静电场的环流 $\oint_L \boldsymbol{E} \cdot \mathrm{d}\boldsymbol{l} = 0$,说明静电场是保守场;但对于稳恒磁场,一般情况下 $\oint_L \boldsymbol{B} \cdot \mathrm{d}\boldsymbol{l} \neq 0$,环流不等于零的矢量场称为有旋场,故磁场是有旋场(或涡旋场),是非保守场.

二、安培环路定理的应用

应用安培环路定理可较为简便地计算某些具有特定对称性的载流导线的磁场分布,下面讨论几个简单的应用.

1. 长直载流螺线管内的磁场分布

设有一长直螺线管,每单位长度上密绕 n 匝线圈,通过每匝线圈的电流强度为 I,求螺线管内某点 P 的磁感应强度.可以证明:由于螺线管相当长,管内中央部分的磁场是均匀的,方向与螺线管的轴线平行,管外侧的磁场与管内磁场相比很微弱,可忽略不计.

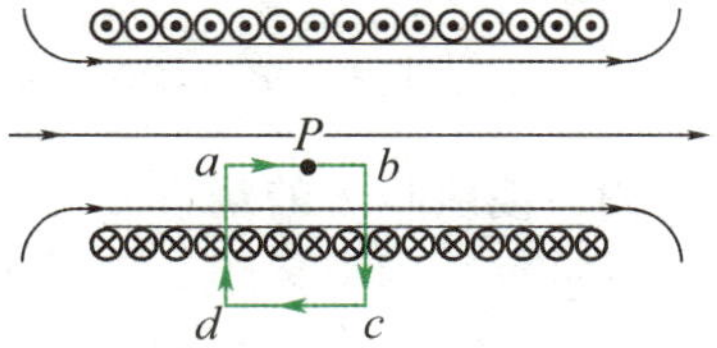

图 8-19 长直载流螺线管内的磁场

为了计算管内某点 P 的磁感应强度,过 P 点作一矩形回路 $abcda$,如图 8-19所示,则磁

感应强度沿此闭合回路的环流为

$$\oint_L \boldsymbol{B}\cdot \mathrm{d}\boldsymbol{l}=\int_a^b \boldsymbol{B}\cdot \mathrm{d}\boldsymbol{l}+\int_b^c \boldsymbol{B}\cdot \mathrm{d}\boldsymbol{l}+\int_c^d \boldsymbol{B}\cdot \mathrm{d}\boldsymbol{l}+\int_d^a \boldsymbol{B}\cdot \mathrm{d}\boldsymbol{l}.$$

因为管外侧的磁场忽略不计，管内磁场沿着轴线方向，所以

$$\oint_L \boldsymbol{B}\cdot \mathrm{d}\boldsymbol{l}=\int_{ab} \boldsymbol{B}\cdot \mathrm{d}\boldsymbol{l}=B\overline{ab}.$$

闭合回路 $abcda$ 所包围的电流强度的代数和为$\overline{ab}nI$，根据安培环路定理，得

$$B\overline{ab}=\mu_0\overline{ab}nI,$$

故

$$B=\mu_0 nI. \tag{8-16}$$

2. 环形载流螺线管内的磁场分布

均匀密绕在环形管上的线圈形成环形螺线管，称为螺绕环，如图 8－20 所示．当线圈密绕时，可认为磁场几乎全部集中在管内，管内的磁感线都是同心圆．在同一条磁感线上，$\boldsymbol{B}$ 的大小相等，方向就是该圆形磁感线的切线方向．

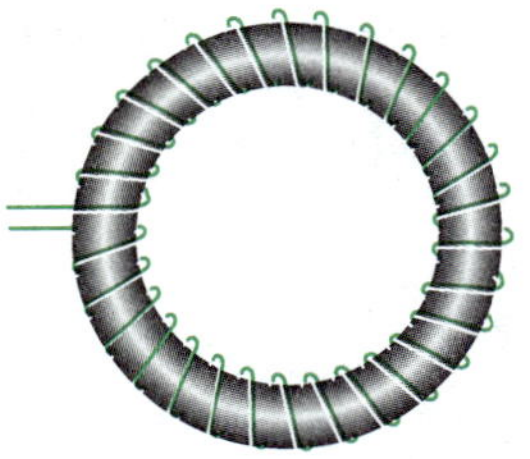
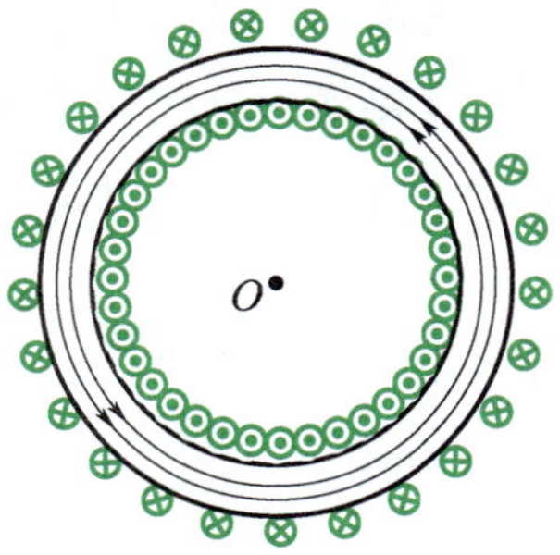

图 8－20　环形载流螺线管内的磁场

现在计算管内任一点 P 的磁感应强度．在环形螺线管内取过 P 点的磁感线 L 作为闭合回路，则有

$$\oint_L \boldsymbol{B}\cdot \mathrm{d}\boldsymbol{l}=B\oint_L \mathrm{d}l=BL,$$

式中，L 是闭合回路的长度．

设环形螺线管共有 N 匝线圈，每匝线圈的电流为 I，则闭合回路 L 所包围的电流强度的代数和为 NI．由安培环路定理，得

$$\oint_L \boldsymbol{B}\cdot \mathrm{d}\boldsymbol{l}=BL=\mu_0 NI,$$

即

$$B=\mu_0\frac{N}{L}I. \tag{8-17}$$

当环形螺线管截面的直径比闭合回路 L 的长度小很多时，管内的磁场可近似地认为是均匀的，L 可认为是环形螺线管的平均长度．所以 $\frac{N}{L}=n$ 即为单位长度上的线圈匝数，因此

$$B=\mu_0 nI.$$

3.“无限长”载流圆柱导体内外磁场的分布

设载流导体为一“无限长”直圆柱形导体，半径为 R，电流 I 均匀地分布在导体的横截面上，如图 8－21(a)所示. 显然，场源电流对中心轴线分布对称，因此，其产生的磁场对柱体中心轴线也有对称性，磁感线是一组分布在垂直于轴线的平面上并以轴线为中心的同心圆. 与圆柱轴线等距离处的磁感应强度 $\boldsymbol{B}$ 的大小相等，方向与电流构成右手螺旋关系.

现在计算圆柱体外任一点 P 的磁感应强度. 设点 P 与轴线的距离为 r，过 P 点沿磁感线方向作圆形回路 L，则 $\boldsymbol{B}$ 沿此回路的环流为

$$\oint_L \boldsymbol{B}\cdot \mathrm{d}\boldsymbol{l}=\oint_L B\,\mathrm{d}l=B\oint_L \mathrm{d}l=2\pi rB.$$

再应用安培环路定理得

$$2\pi rB=\mu_0 I,$$

$$B=\frac{\mu_0 I}{2\pi r}\qquad (r>R).\qquad (8-18)$$

显然，这也是“无限长”载流直导线产生的磁场.

再计算圆柱体内任一点 Q 的磁场. 取过点 Q 的磁感线为积分回路，包围在这一回路之内的电流为 $\frac{I}{\pi R^2}\pi r^2$，所以

$$\oint_L \boldsymbol{B}\cdot \mathrm{d}\boldsymbol{l}=2\pi rB=\mu_0\frac{I}{\pi R^2}\pi r^2,$$

$$B=\frac{\mu_0 Ir}{2\pi R^2}\qquad (r<R).\qquad (8-19)$$

可见，在圆柱体内，磁感应强度 $\boldsymbol{B}$ 的大小与到轴线的距离 r 成正比；而在圆柱体外，$\boldsymbol{B}$ 的大小与到轴线的距离 r 成反比. 如图 8－21(b)所示为 B-r 曲线，反映了上述关系.

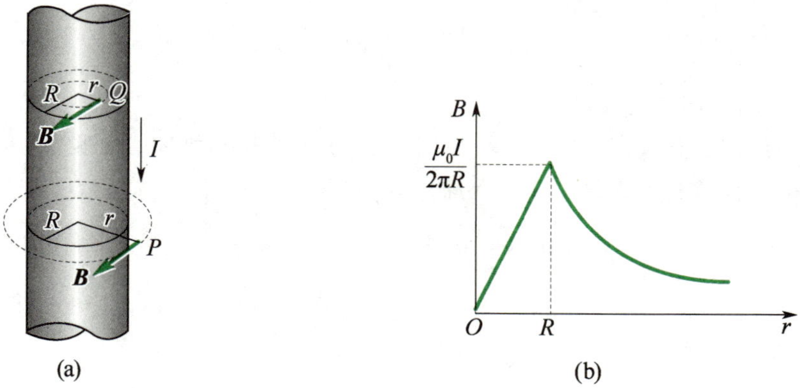

图 8－21 “无限长”圆柱电流的磁场

§8.4 磁场对载流导线的作用

一、安培定律

磁场对载流导线的作用力即**磁力**，也称为安培力. 其基本规律是安培由大量实验结果总结出来的，故称为**安培定律**. 内容如下.

位于磁场中某点处的电流元 $I\mathrm{d}\boldsymbol{l}$ 将受到磁场的作用力 $\mathrm{d}\boldsymbol{F}$. $\mathrm{d}\boldsymbol{F}$ 的大小与电流强度 I，电流元的长度 $\mathrm{d}l$，磁感应强度 $\boldsymbol{B}$ 的大小以及 $I\mathrm{d}\boldsymbol{l}$ 与 $\boldsymbol{B}$ 的夹角的正弦成正比，即

$$\mathrm{d}\boldsymbol{F}=kBI\mathrm{d}l\sin(I\mathrm{d}\boldsymbol{l},\boldsymbol{B}).$$

$\mathrm{d}\boldsymbol{F}$ 的方向垂直于 $I\mathrm{d}\boldsymbol{l}$ 与 $\boldsymbol{B}$ 所确定的平面，指向根据右手螺旋定则确定，如图 8－22 所示. 式中，k 为比例系数，取决于各量所用的单位. 若各量均用国际单位，则 $k=1$，上式写成

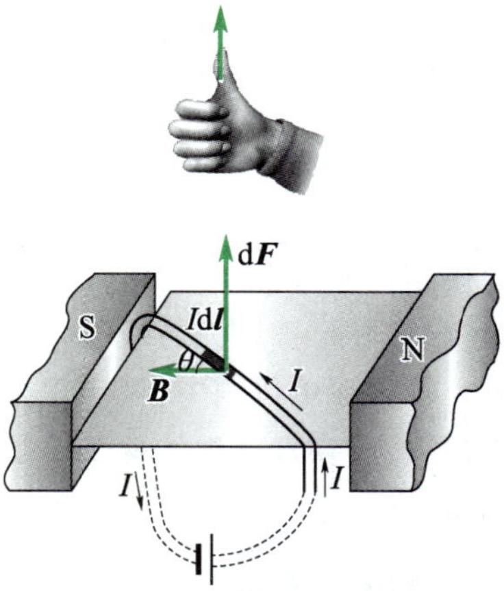

图 8－22　电流元在磁场中所受的磁力

$$\mathrm{d}F=BI\mathrm{d}l\sin(I\mathrm{d}\boldsymbol{l},\boldsymbol{B}). \tag{8-20}$$

写成矢量式为

$$\mathrm{d}\boldsymbol{F}=I\mathrm{d}\boldsymbol{l}\times\boldsymbol{B}. \tag{8-21}$$

计算一给定载流导线在磁场中所受到的磁力时，必须对各个电流元所受的力 $\mathrm{d}\boldsymbol{F}$ 求矢量和，即

$$\boldsymbol{F}=\int_L \mathrm{d}\boldsymbol{F}=\int_L I\mathrm{d}\boldsymbol{l}\times\boldsymbol{B}. \tag{8-22}$$

由于不能获取单独的电流元，因此无法用实验直接证明安培定律. 但是用(8－22)式，可以计算各种形状的载流导线在磁场中所受的磁力，结果都与实验相符合.

二、无限长两平行载流直导线间的相互作用力　电流单位“安培”的定义

设有两根相距 a 的无限长平行直导线，分别通有同方向的电流 I_1 和 I_2，现在计算两根导线每单位长度所受的磁力. 如图 8－23 所示，在导线 2 上取一电流元 $I_2\mathrm{d}\boldsymbol{l}_2$，由毕奥－萨伐尔定律可知，载流导线 1 在 $I_2\mathrm{d}\boldsymbol{l}_2$ 处产生的磁感应强度 $\boldsymbol{B}_1$ 的大小为

$$B_1=\frac{\mu_0 I_1}{2\pi a}.$$

$\boldsymbol{B}_1$ 的方向如图 8－23 所示，垂直于两导线所在的平面. 由安培定律得，电流元 $I_2\mathrm{d}\boldsymbol{l}_2$ 所受磁力大小为

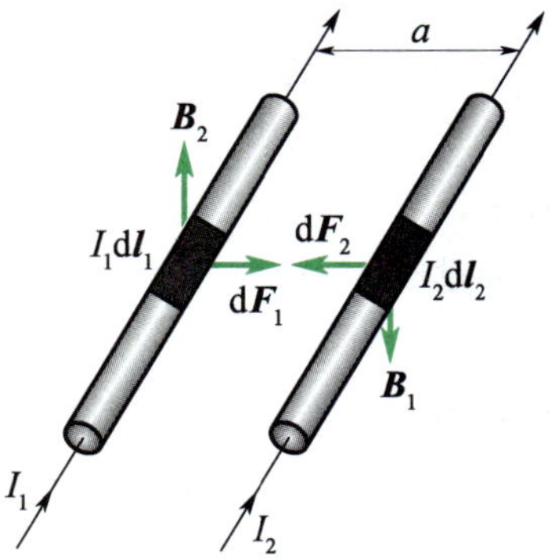

图 8－23　平行载流直导线间的相互作用

$$dF_2=B_1I_2dl_2\sin(I_2d\boldsymbol{l}_2,\boldsymbol{B}_1)=B_1I_2dl_2=\frac{\mu_0I_1I_2}{2\pi a}dl_2.$$

$d\boldsymbol{F}_2$ 的方向在平行两导线所在的平面内，垂直于导线 2，并指向导线 1. 所以，载流导线 2 每单位长度所受磁力大小为

$$\frac{dF_2}{dl_2}=\frac{\mu_0I_1I_2}{2\pi a}. \tag{8-23}$$

同理可得载流导线 1 每单位长度所受的磁力大小为

$$\frac{dF_1}{dl_1}=\frac{\mu_0I_1I_2}{2\pi a},$$

方向指向导线 2. 由此可知，两平行直导线中的电流流向相同时，两导线通过磁场的作用而相互吸引；两平行直导线中的电流流向相反时，两导线通过磁场的作用而相互排斥. 排斥力与吸引力大小相等.

在国际单位制中，规定电流强度的基本单位为安培. 由(8-23)式，安培的定义如下：**放在真空中的两条无限长平行直导线，各通有相等的稳恒电流，当两导线相距 1 m，每一导线每米长度上受力为 2×10^{-7} N 时，各导线中的电流强度为 1 A.**

三、均匀磁场对载流线圈的作用

设在磁感应强度为 $\boldsymbol{B}$ 的均匀磁场中，有一刚性矩形载流线圈，线圈的边长分别为 l_1，l_2，电流强度为 I，如图 8-24(a)所示. 当线圈磁矩的方向与磁感应强度 $\boldsymbol{B}$ 的方向成 φ 角(线圈平面与磁场的方向成 θ 角，$\varphi+\theta=\frac{\pi}{2}$)时，由安培定律，导线 bc 和 da 所受的磁力分别为

$$F_1'=BIl_1\sin\theta,$$

$$F_1=BIl_1\sin(\pi-\theta)=BIl_1\sin\theta.$$

这两个力在同一直线上，大小相等而方向相反，其合力为零. 而导线 ab 和 cd 都与磁场垂直，它们所受的磁力分别为 $\boldsymbol{F}_2$ 和 $\boldsymbol{F}_2'$，其大小为

$$F_2=F_2'=BIl_2.$$

如图 8-24(b)所示，$\boldsymbol{F}_2$ 和 $\boldsymbol{F}_2'$ 大小相等，方向相反，但不在同一直线上，形成一力偶. 因此，载流线圈所受的磁力矩为

$$M=F_2\frac{l_1}{2}\cos\theta+F_2'\frac{l_1}{2}\cos\theta=BIl_1l_2\cos\theta=BIS\cos\theta=BIS\sin\varphi,$$

式中，$S=l_1l_2$ 表示线圈平面的面积. 如果线圈有 N 匝，那么线圈所受磁力矩的大小为

$$M=NBIS\sin\varphi=P_mB\sin\varphi, \tag{8-24}$$

式中，$P_m=NIS$ 就是线圈磁矩的大小. 磁矩是矢量，用 $\boldsymbol{P}_m$ 表示，所以(8-24)式写成矢量式为

$$\boldsymbol{M}=\boldsymbol{P}_m\times\boldsymbol{B}, \tag{8-25}$$

$\boldsymbol{M}$ 的方向与 $\boldsymbol{P}_m\times\boldsymbol{B}$ 的方向一致.

(8-24)式和(8-25)式不仅对矩形载流线圈成立，对于在均匀磁场中任意形状的平面载流线圈也同样成立. 甚至，由于带电粒子沿闭合回路的运动以及带电粒子的自旋所具有的磁矩，使带电粒子在磁场中所受的磁力矩作用，均可用(8-25)式来描述.

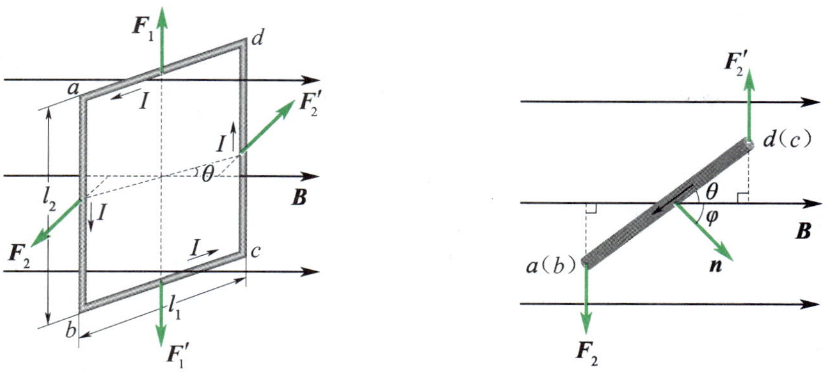

图 8－24　矩形载流线圈在均匀磁场中所受的力矩

下面讨论几种特殊情况.

(1) 当 $\varphi=\frac{\pi}{2}$ 时,线圈平面与 $\boldsymbol{B}$ 平行,$\boldsymbol{P}_m$ 与 $\boldsymbol{B}$ 垂直,线圈所受的磁力矩最大,其值为 $M=NBIS$,这时磁力矩有使 φ 减小的趋势.

(2) 当 $\varphi=0$ 时,线圈平面与 $\boldsymbol{B}$ 垂直,$\boldsymbol{P}_m$ 与 $\boldsymbol{B}$ 同方向,线圈所受磁力矩为零,此时线圈处于稳定平衡状态.

(3) 当 $\varphi=\pi$ 时,线圈平面与 $\boldsymbol{B}$ 垂直,但 $\boldsymbol{P}_m$ 与 $\boldsymbol{B}$ 反向,线圈所受磁力矩也为零,这时线圈处于非稳定平衡位置. 因一旦外界扰动使线圈稍稍偏离这一平衡位置,磁场对线圈的磁力矩作用就将使线圈继续偏离,直到 $\boldsymbol{P}_m$ 与 $\boldsymbol{B}$ 同方向(即线圈达到稳定平衡状态)时为止.

从上面的讨论可知,刚性平面载流线圈在均匀磁场中,由于只受磁力矩作用,因此只发生转动,而不会发生整个线圈的平动.

磁场对载流线圈作用力矩的规律是制成各种电动机和电流计的基本原理.

四、磁力的功

载流导线或载流线圈在磁场中运动时,其所受的磁力或磁力矩将对它们做功.

1. 载流导线在磁场中运动时磁力所做的功

设在磁感应强度为 $\boldsymbol{B}$ 的均匀磁场中,有一载流的闭合回路 $abcda$,电流强度 I 保持不变,电路中 ab 的长为 l,ab 可沿 da 和 cb 滑动,如图 8－25 所示. 由安培定律,ab 所受的磁力 $\boldsymbol{F}$ 的大小为

$$F=BIl,$$

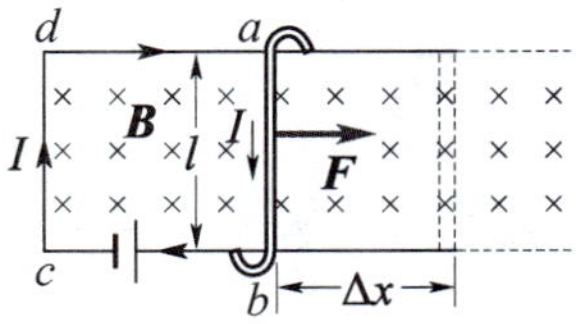

图 8－25　磁力所做的功

$\boldsymbol{F}$ 的方向如图 8－25 所示. 在 ab 从初始位置向右位移 Δx 距离过程中,磁力 $\boldsymbol{F}$ 所做的功为

$$W=F\Delta x=BIl\Delta x=BI\Delta S=I\Delta\Phi_m. \tag{8-26}$$

上式说明，当载流导线在磁场中运动时，如果电流保持不变，磁力所做的功等于电流强度乘以通过回路所环绕的面积内磁通量的增量.

2. 载流线圈在磁场中转动时磁力矩所做的功

设一面积为 S，通有电流强度为 I 的线圈，处于磁感应强度为 $\boldsymbol{B}$ 的匀强磁场中. 现在我们来计算线圈转动时，磁力矩所做的功.

如图 8－26 所示，设线圈转过极小的角度 $\mathrm{d}\varphi$，使 $\boldsymbol{n}(\boldsymbol{P}_\mathrm{m})$ 与 $\boldsymbol{B}$ 之间的夹角从 φ 增为 $\varphi+\mathrm{d}\varphi$，在此转动过程中，磁力矩做负功（磁力矩总是力图使 $\boldsymbol{P}_\mathrm{m}$ 转向 $\boldsymbol{B}$），因此

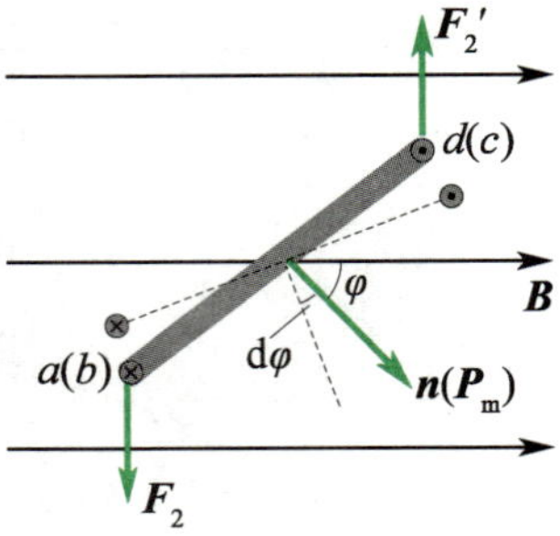

图 8－26　磁力矩所做的功

$$\begin{aligned}\mathrm{d}W &= -M\mathrm{d}\varphi = -BIS\sin\varphi\mathrm{d}\varphi = BIS\mathrm{d}(\cos\varphi)\\ &= I\mathrm{d}(BS\cos\varphi) = I\mathrm{d}\Phi_\mathrm{m}.\end{aligned} \tag{8-27}$$

在上述线圈从 φ_1 转到 φ_2 的过程中，维持线圈内电流不变，则磁力矩所做的总功为

$$W = \int_{\Phi_{\mathrm{m}1}}^{\Phi_{\mathrm{m}2}} I\mathrm{d}\Phi_\mathrm{m} = I(\Phi_{\mathrm{m}2} - \Phi_{\mathrm{m}1}) = I\Delta\Phi_\mathrm{m}. \tag{8-28}$$

式中，$\Phi_{\mathrm{m}1}$ 和 $\Phi_{\mathrm{m}2}$ 分别表示线圈在 φ_1 和 φ_2 位置时，通过线圈的磁通量.

可以证明，一个任意的闭合回路在磁场中改变位置或改变形状时，如果维持线圈上电流不变，则磁力或磁力矩所做的功都可按 $W=I\Delta\Phi_\mathrm{m}$ 计算，亦即磁力或磁力矩所做的功等于电流强度乘以通过载流线圈的磁通量的增量.

如果电流随时间而改变，这时磁力所做的总功要用积分计算

$$W = \int_{\Phi_{\mathrm{m}1}}^{\Phi_{\mathrm{m}2}} I\mathrm{d}\Phi_\mathrm{m}, \tag{8-29}$$

这是计算磁力做功的一般公式.

例 8－1

载有电流 I 的半圆形闭合线圈，半径为 R，放在均匀的外磁场 $\boldsymbol{B}$ 中，$\boldsymbol{B}$ 的方向与线圈平面平行，如图 8－27 所示.（1）求此时线圈所受磁力矩的大小和方向；（2）求在此力矩作用下，当线圈平面转到与磁场 $\boldsymbol{B}$ 垂直的位置时，磁力矩所做的功.

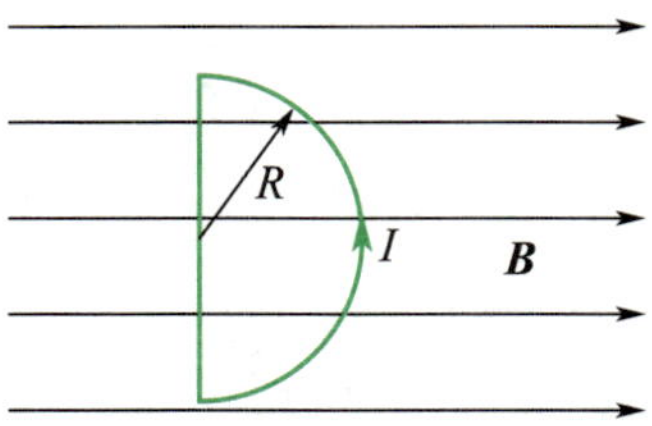

图 8－27　例 8－1 图

解　（1）线圈的磁矩

$$\boldsymbol{P}_\mathrm{m} = IS\boldsymbol{n}_0 = I\frac{\pi}{2}R^2\boldsymbol{n}_0.$$

在图示位置时，线圈磁矩 $\boldsymbol{P}_\mathrm{m}$ 的方向与 $\boldsymbol{B}$ 垂直.

由于 $\boldsymbol{M}=\boldsymbol{P}_\mathrm{m}\times\boldsymbol{B}$，故图示位置线圈所受磁力矩的大小为

$$M = P_\mathrm{m}B\sin\frac{\pi}{2} = \frac{1}{2}\pi IBR^2.$$

磁力矩 $\boldsymbol{M}$ 的方向由 $\boldsymbol{P}_\mathrm{m}\times\boldsymbol{B}$ 确定，为垂直于 $\boldsymbol{B}$ 的方向向上.

（2）计算磁力矩所做的功. 根据（8－28）式有

$$\begin{aligned}W &= I\Delta\Phi_\mathrm{m} = I(\Phi_{\mathrm{m}2} - \Phi_{\mathrm{m}1})\\ &= I\left(B\frac{1}{2}\pi R^2 - 0\right)\\ &= \frac{1}{2}\pi IBR^2.\end{aligned}$$

§8.5　磁场对运动电荷的作用

本节将研究磁场对运动电荷的磁场力作用和带电粒子在磁场中的运动规律，以及霍尔效应等实际应用的例子.

洛伦兹

一、洛伦兹力

从安培定律可以推算出每一个运动着的带电粒子在磁场中所受到的力. 由安培定律得，任一电流元 $I\mathrm{d}\boldsymbol{l}$ 在磁感应强度为 $\boldsymbol{B}$ 的磁场中，所受到的磁力 $\mathrm{d}\boldsymbol{F}$ 的大小为

$$\mathrm{d}F=BI\mathrm{d}l\sin(I\mathrm{d}\boldsymbol{l},\boldsymbol{B}).$$

因为电流强度可写成

$$I=qnvS,$$

式中，S 为电流元的截面积，v 为带电粒子的定向运动速率，q 为带电粒子的电量，n 为导体内带电粒子的数密度，则上式可写成

$$\mathrm{d}F=qvnSB\,\mathrm{d}l\sin(\boldsymbol{v},\boldsymbol{B}).$$

由于电流元 $I\mathrm{d}\boldsymbol{l}$ 的方向与带电粒子 q 定向运动方向一致，故上式中的 $\sin(\boldsymbol{v},\boldsymbol{B})=\sin(I\mathrm{d}\boldsymbol{l},\boldsymbol{B})$. 而在线元 $\mathrm{d}l$ 这一段导体内定向运动的带电粒子数 $\mathrm{d}N=nS\mathrm{d}l$，每一个带电粒子受到的磁场作用力，通过粒子与导线的碰撞产生磁场对载流导线的作用力 $\mathrm{d}\boldsymbol{F}$，因此每一个定向运动的带电粒子所受到的磁力 $\boldsymbol{f}$ 的大小为

$$f=\frac{\mathrm{d}F}{\mathrm{d}N}=qvB\sin(\boldsymbol{v},\boldsymbol{B}).\tag{8-30}$$

磁场对运动电荷作用的力 $\boldsymbol{f}$ 称为洛伦兹力. 如果带电粒子带正电荷，则它所受的洛伦兹力 $\boldsymbol{f}$ 的方向与 $\boldsymbol{v}\times\boldsymbol{B}$ 的方向一致. 如果带电粒子带负电荷，则它所受的洛伦兹力 $\boldsymbol{f}$ 的方向与带正电荷时的情形相反，如图 8-28 所示.

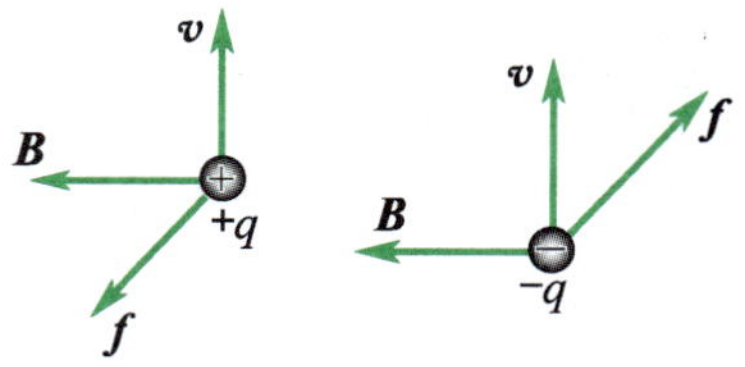

图 8-28　洛伦兹力的方向

洛伦兹力的矢量表达式为

$$\boldsymbol{f}=q\boldsymbol{v}\times\boldsymbol{B},\tag{8-31}$$

式中，q 的正负取决于粒子所带电荷的正负. 由(8-31)式可以看出，洛伦兹力 $\boldsymbol{f}$ 总是与带电粒子运动速度 $\boldsymbol{v}$ 的方向垂直，即有 $\boldsymbol{f}\cdot\boldsymbol{v}=0$，因此洛伦兹力不能改变运动电荷速度的大小(即洛伦兹力对运动电荷不做功)，只能改变速度的方向，使带电粒子的运动路径弯曲.

如果带电粒子在同时存在电场和磁场的空间运动，则其所受合力为

$$\boldsymbol{F}=q(\boldsymbol{E}+\boldsymbol{v}\times\boldsymbol{B}).\tag{8-32}$$

它包含电场力 $q\boldsymbol{E}$ 与磁场力(洛伦兹力)$q\boldsymbol{v}\times\boldsymbol{B}$ 两部分.

二、带电粒子在均匀磁场中的运动

设有一均匀磁场，磁感应强度为 $\boldsymbol{B}$，一电量为 q，质量为 m 的粒子以速度 $\boldsymbol{v}$ 进

入磁场. 在磁场中粒子受到洛伦兹力,其动力学方程为

$$\boldsymbol{f}=q\boldsymbol{v}\times\boldsymbol{B}=m\frac{\mathrm{d}\boldsymbol{v}}{\mathrm{d}t}. \tag{8-33}$$

科研设备介绍

北京正负电子对撞机

下面分三种情况进行讨论.

(1)$\boldsymbol{v}$ 与 $\boldsymbol{B}$ 平行或反平行.

当带电粒子的运动速度 $\boldsymbol{v}$ 与 $\boldsymbol{B}$ 同向或反向时,作用于带电粒子的洛伦兹力等于零. 由(8-33)式可知,$\boldsymbol{v}$ 为恒矢量. 故带电粒子仍做匀速直线运动,不受磁场的影响.

(2)$\boldsymbol{v}$ 与 $\boldsymbol{B}$ 垂直.

当带电粒子以速度 $\boldsymbol{v}$ 沿垂直于磁场的方向进入一均匀磁场 $\boldsymbol{B}$ 中时,如图 8-29 所示,洛伦兹力 $\boldsymbol{f}$ 的方向始终与速度 $\boldsymbol{v}$ 垂直,故带电粒子将在 $\boldsymbol{f}$ 与 $\boldsymbol{v}$ 所决定的平面内做匀速圆周运动. 洛伦兹力即为向心力,其动力学方程为

$$qvB=m\frac{v^2}{R}.$$

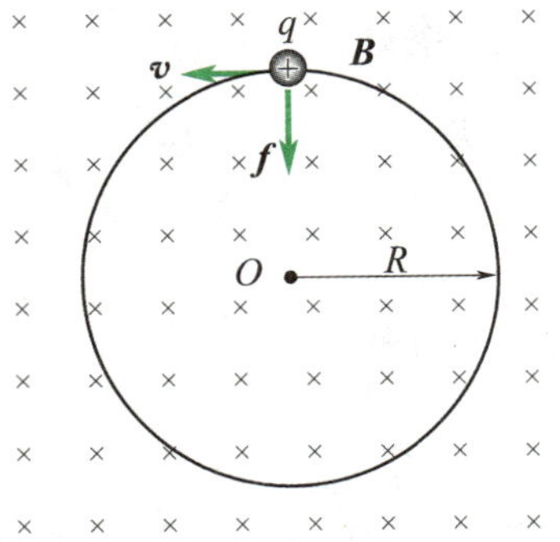

图 8-29　$\boldsymbol{v}\perp\boldsymbol{B}$ 时带电粒子的运动

可求得轨道半径(又称回旋半径)

$$R=\frac{mv}{qB}. \tag{8-34}$$

由上式可知,对于一定的带电粒子(即 $\frac{q}{m}$ 一定),当它在均匀磁场中运动时,其轨道半径 R 与带电粒子的速度大小成正比.

由(8-34)式还可求得粒子在圆周轨道上绕行一周所需的时间(即周期)为

$$T=\frac{2\pi R}{v}=\frac{2\pi m}{qB}. \tag{8-35}$$

T 的倒数即粒子在单位时间内绕圆周轨道转过的圈数,称为带电粒子的回旋频率,用 ν 表示,则

$$\nu=\frac{1}{T}=\frac{qB}{2\pi m}. \tag{8-36}$$

以上两式表明,带电粒子在垂直于磁场方向的平面内做圆周运动时,其周期 T 和回旋频率 ν 只与磁感应强度 $\boldsymbol{B}$ 及粒子本身的质量 m 和所带的电量 q 有关,而与粒子的速率及回旋半径无关. 也就是说,同种粒子在同样的磁场中运动时,快速粒子在半径大的圆周上运动,慢速粒子在半径小的圆周上运动,但它们绕行一周所需的时间都相同. 这是带电粒子在磁场中做圆周运动的一个显著特征. 回旋加速器就是根据这一特征设计制造的.

(3)$\boldsymbol{v}$ 与 $\boldsymbol{B}$ 斜交成 θ 角.

当带电粒子的运动速度 $\boldsymbol{v}$ 与磁感应强度 $\boldsymbol{B}$ 成 θ 角时,可将 $\boldsymbol{v}$ 分解为与 $\boldsymbol{B}$ 垂直的速度分量 $v_{\perp}=v\sin\theta$ 和与 $\boldsymbol{B}$ 平行的速度分量 $v_{/\!/}=v\cos\theta$. 根据上面的讨论可知,在垂直于磁场的方向上,由于具有分速度 $v_{\perp}$,磁场力将使粒子在垂直于 $\boldsymbol{B}$ 的平面内做匀速圆周运动. 在平行于磁场的方向上,磁场对粒子没有作用力,粒子以速度分量 $v_{/\!/}$ 做匀速直线运动. 这两种运动合成的结果,使带电粒子在均匀磁场中做等螺

距的螺旋运动，如图8－30所示．此时螺旋线的半径为

$$R=\frac{mv_{\perp}}{qB}=\frac{mv\sin\theta}{qB};$$

螺旋周期为

$$T=\frac{2\pi R}{v_{\perp}}=\frac{2\pi m}{qB};\tag{8-37}$$

螺距为

$$h=v_{/\!/}T=v\cos\theta T=\frac{2\pi mv\cos\theta}{qB}.\tag{8-38}$$

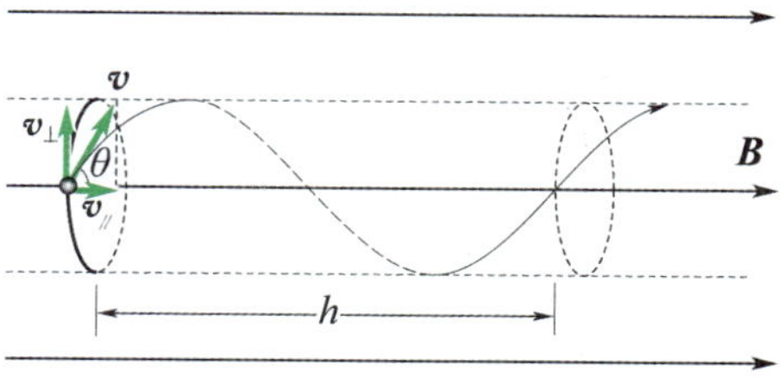

图 8－30　**v** 与 **B** 斜交时带电粒子的运动

带电粒子在磁场中的螺旋线运动，被广泛地应用于“磁聚焦”技术．

科研设备介绍

兰州重离子研究装置

三、霍尔效应

将一导体板放在垂直于板面的磁场中，如图 8－31(a)所示．当有电流 I 沿着垂直于磁感应强度 $\boldsymbol{B}$ 的方向通过导体时，在金属板上、下两表面 M，N 之间就会出现横向电势差 U_{H}．这种现象是美国物理学家霍尔在 1879 年首先发现的，称为**霍尔效应**．电势差 U_{H} 称为霍尔电势差(或称为霍尔电压)．实验表明，霍尔电势差 U_{H} 与电流强度 I 及磁感应强度 $\boldsymbol{B}$ 的大小成正比，与导体板的厚度 d 成反比，即

$$U_{\mathrm{H}}=R_{\mathrm{H}}\frac{IB}{d}.\tag{8-39}$$

式中，R_{H} 是仅与导体材料有关的常数，称为**霍尔系数**．

霍尔电势差的产生是由于运动电荷在磁场中受洛伦兹力作用的结果．因为导体中的电流是载流子定向运动形成的，如果做定向运动的带电粒子是负电荷，则它所受的洛伦兹力 f_{m} 的方向如图 8－31(b)所示，结果使导体的上表面 M 聚集负电荷，下表面 N 聚集正电荷，在 M，N 两表面间产生方向向上的电场；如果做定向运动的带电粒子是正电荷，则它所受的洛伦兹力 f_{m} 的方向如图8－31(c)所示，在这个力的作用下，导体的上表面 M 聚集正电荷，下表面 N 聚集负电荷，在 M，N 两

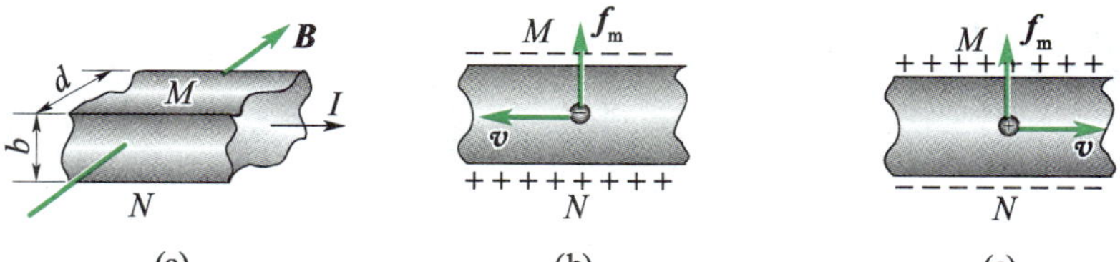

图 8－31　霍尔效应

表面间产生方向向下的电场.当这个电场对带电粒子的电场力 $\boldsymbol{f}_e$ 正好与磁场对带电粒子的洛伦兹力 $\boldsymbol{f}_m$ 相平衡时,达到稳定状态,此时导体上、下两表面的电势差 U_M-U_N 就是霍尔电势差 U_H.

设在导体内载流子的电量为 q,平均定向运动速度为 $\boldsymbol{v}$,它在磁场中所受的洛伦兹力大小为

$$f_m=qvB.$$

如果导体板的宽度为 b,当导体上、下两表面间的电势差为 U_M-U_N 时,带电粒子所受的电场力大小为

$$f_e=qE=q\frac{U_M-U_N}{b},$$

由平衡条件有

$$qvB=q\frac{U_M-U_N}{b},$$

则导体上、下两表面间的电势差为

$$U_H=U_M-U_N=bvB.$$

设导体内载流子数密度为 n,于是 $I=nqvbd$,代入上式可得

$$U_H=\frac{1}{nq}\frac{IB}{d}. \qquad (8-40)$$

将上式与(8-39)式比较,得霍尔系数

$$R_H=\frac{1}{nq}. \qquad (8-41)$$

等离子体及其磁约束

上式表明,霍尔系数的数值取决于每个载流子所带的电量 q 和载流子的浓度 n,其正负取决于载流子所带电荷的正负.若 q 为正,则 $R_H>0$,$U_M-U_N>0$;若 q 为负,则 $R_H<0$,$U_M-U_N<0$.由实验测定霍尔电势差或霍尔系数后,就可判定载流子带的是正电荷还是负电荷.此外,根据霍尔系数的大小,还可测定载流子的浓度.

一般金属导体中的载流子就是自由电子,其浓度很大,所以金属材料的霍尔系数很小,相应的霍尔电压也很弱.但在半导体材料中,载流子浓度很小,因而半导体材料的霍尔系数与霍尔电压比金属的大得多,故实用中大多采用半导体霍尔效应.

磁流体发电机

近年来,霍尔效应已在测量技术、电子技术、自动化技术、计算技术等各个领域中得到越来越普遍的应用.例如,我国已制造出多种半导体材料的霍尔元件,可以用来测量磁感应强度、电流、压力、转速等,还可以用于放大、振荡、调制、检波等方面,也可以用于电子计算机中的计算元件等.

§8.6 磁 介 质

一、磁介质的分类

实际的磁场中大多存在着各种各样的物质,这些物质因受磁场的作用而处于

一种特殊的状态，称为磁化状态. 磁化后的物质反过来又对磁场产生影响，我们称能够影响磁场的物质为**磁介质**.

实验表明，不同的磁介质对磁场的影响差异很大. 假设均匀磁介质处于磁感应强度为 $\boldsymbol{B}_0$ 的外磁场中，如果磁介质因磁化而产生的附加磁场的磁感应强度为 $\boldsymbol{B}'$，那么磁介质中的总磁感应强度 $\boldsymbol{B}$ 是 $\boldsymbol{B}_0$ 和 $\boldsymbol{B}_0'$ 的矢量和，即

$$\boldsymbol{B}=\boldsymbol{B}_0+\boldsymbol{B}'. \tag{8-42}$$

实验表明，$\boldsymbol{B}'$ 的大小和方向随磁介质的不同而展现出很大的差异. 有一些磁介质，其附加磁场的磁感应强度 $\boldsymbol{B}'$ 与 $\boldsymbol{B}_0$ 方向相反，使得总磁感应强度的大小 B 小于 B_0，这类磁介质叫作**抗磁质**，如汞、铜、铅、锌、氢等. 还有一些磁介质，其附加磁场的磁感应强度 $\boldsymbol{B}'$ 与 $\boldsymbol{B}_0$ 方向相同，使得总磁感应强度的大小 B' 大于 B_0，这类磁介质叫作**顺磁质**，如铝、锰、铬、铂、氧等. 无论是顺磁质还是抗磁质，其附加磁感应强度的大小 B' 远小于外磁场 B_0（约为 B_0 的几万分之一或几十万分之一），它对外磁场的影响极为微弱，统称为弱磁质. 另外，还有一类磁介质，其附加磁感应强度 $\boldsymbol{B}'$ 的方向虽然与顺磁质一样，是与外磁场方向相同的，但其大小 B' 要远大于 B_0（为 B_0 的 $10^2 \sim 10^4$ 倍），即 $B' \gg B_0$. 这类磁介质具有很强的磁性，能显著增强磁场，称为**铁磁质**，如铁、钴、镍及其合金等.

磁介质车票

二、抗磁质与顺磁质的磁化

下面从物质的电结构来说明物质的磁性. 在无外磁场作用时，分子中任何一个电子，都同时参与两种运动，即环绕原子核的轨道运动和电子本身的自旋. 这两种运动都能产生磁效应. 把分子看成一个整体，分子中各个电子对外界所产生的磁效应的总和可用一个等效的圆电流表示，称为分子电流. 这种分子电流具有的磁矩称为分子固有磁矩或**分子磁矩**，用 $\boldsymbol{P}_m$ 表示.

当没有外磁场作用时，抗磁质分子的固有磁矩 $\boldsymbol{P}_m=\boldsymbol{0}$，从而整块磁介质有 $\sum \boldsymbol{P}_{mi}=\boldsymbol{0}$，介质不显磁性；而顺磁质分子的固有磁矩 $\boldsymbol{P}_m \neq \boldsymbol{0}$，但由于排列杂乱无章，整块磁介质仍有 $\sum \boldsymbol{P}_{mi}=\boldsymbol{0}$，因此介质也不显磁性.

无外磁场时，抗磁质分子的固有磁矩 $\boldsymbol{P}_m=\boldsymbol{0}$，这是由于分子中各电子的轨道运动磁矩和自旋磁矩的矢量和为零. 就每个电子而言，无论是轨道运动还是自旋都产生磁矩. 当有外磁场作用时，将引起分子磁矩的变化，在分子上产生附加磁矩 $\Delta\boldsymbol{P}_m$. 下面分析附加磁矩 $\Delta\boldsymbol{P}_m$ 及由此产生的附加磁场 $\boldsymbol{B}'$ 的方向.

附加磁矩 $\Delta\boldsymbol{P}_m$ 是由电子的进动产生的. 具体分析如下.

(1) 绕核轨道运动、磁矩为 $\boldsymbol{P}_{m,e}$ 的电子的进动：设电子绕核轨道运动的磁矩为 $\boldsymbol{P}_{m,e}$，因为电子带负电，所以电子绕核轨道运动的角动量 $\boldsymbol{P}_e$ 与磁矩 $\boldsymbol{P}_{m,e}$ 反方向（见图 8-32）. 在外磁场作用下，电子所受的磁力矩

$$\boldsymbol{M}=\boldsymbol{P}_{m,e}\times\boldsymbol{B}_0.$$

根据角动量定理 $\boldsymbol{M}=\dfrac{\mathrm{d}\boldsymbol{P}_e}{\mathrm{d}t}$，电子绕核轨道运动角动量 $\boldsymbol{P}_e$ 的改变量 $\mathrm{d}\boldsymbol{P}_e$ 与 $\boldsymbol{M}$ 同方向，即顺着 $\boldsymbol{B}_0$ 方向看去，电子绕核轨道运动的角动量 $\boldsymbol{P}_e$ 绕 $\boldsymbol{B}_0$ 以顺时针方向转动. 因此，电子在绕核轨道运动的同时还以外磁场 $\boldsymbol{B}_0$ 的方向为轴线转动. 电子的这种运动就叫电子的进动，进动角速度为 Ω. 而且，不论电子原来绕核轨道运动角动量的方向如何，即电子

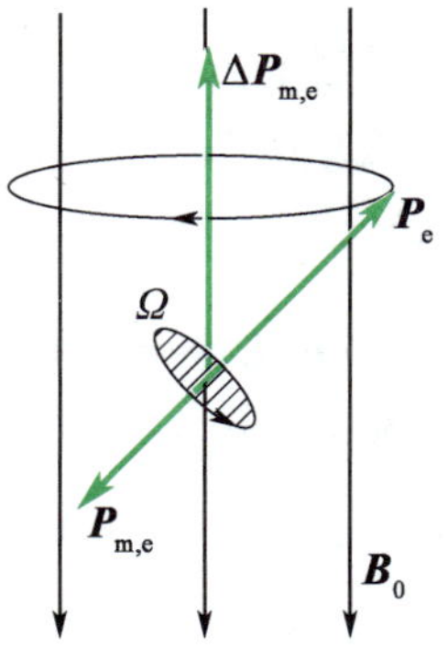

图 8-32　电子的进动

磁矩 $\boldsymbol{P}_{m,e}$ 与 $\boldsymbol{B}_0$ 的夹角大于或小于 $\frac{\pi}{2}$，由电子进动产生的附加磁矩 $\Delta\boldsymbol{P}_{m,e}$ 总是与外磁场 $\boldsymbol{B}_0$ 的方向相反，如图 8-32 所示.

(2) 分子的附加磁矩 $\Delta\boldsymbol{P}_m$：因为电子的附加磁矩 $\Delta\boldsymbol{P}_{m,e}$ 总是与 $\boldsymbol{B}_0$ 反方向，所以电子附加磁矩 $\Delta\boldsymbol{P}_{m,e}$ 的总和即分子的附加磁矩 $\Delta\boldsymbol{P}_m$ 总是与 $\boldsymbol{B}_0$ 反向. 它将产生一个与 $\boldsymbol{B}_0$ 反方向的 $\boldsymbol{B}'$，这就是抗磁效应.

在顺磁质分子中，即使在没有外磁场时，各个电子的磁效应也不会抵消，故顺磁质分子的固有磁矩 $\boldsymbol{P}_m$ 不等于零. 当存在外磁场时，外磁场在电子上也引起附加磁矩. 但分子磁矩 $\boldsymbol{P}_m$ 比分子中电子附加磁矩的总和大得多，以致 $\Delta\boldsymbol{P}_m$ 可以忽略不计. 这样，顺磁性物质中的分子电流由于外磁场的作用，它们的磁矩将转向外磁场方向，于是 $\sum\boldsymbol{P}_{mi}\neq\boldsymbol{0}$，产生与外磁场同方向的附加磁场 $\boldsymbol{B}'$，故顺磁质内的磁感应强度的大小为 $B=B_0+B'$. 这就是顺磁性物质磁效应的成因.

*三、磁化强度

与在电介质中引入极化强度 $\boldsymbol{P}$ 来描述电介质的极化程度类似，在磁介质中引入磁化强度 $\boldsymbol{M}$ 来描述磁介质的磁化程度.

对于顺磁质，我们将**磁介质内某点处单位体积内分子磁矩的矢量和定义为该点的磁化强度**，即

$$\boldsymbol{M}=\frac{\sum\boldsymbol{P}_{mi}}{\Delta V}. \tag{8-43}$$

顺磁质中 $\boldsymbol{M}$ 的方向与外磁场 $\boldsymbol{B}_0$ 的方向一致.

对于抗磁质，磁化的主要原因是抗磁质分子在外磁场中所产生附加磁矩 $\Delta\boldsymbol{P}_m$，$\Delta\boldsymbol{P}_m$ 与 $\boldsymbol{B}_0$ 的方向相反，大小与 B_0 成正比. **抗磁质的磁化强度为**

$$\boldsymbol{M}=\frac{\sum\Delta\boldsymbol{P}_{mi}}{\Delta V}, \tag{8-44}$$

抗磁质中 $\boldsymbol{M}$ 的方向与外磁场 $\boldsymbol{B}_0$ 的方向相反.

在国际单位制中，M 的单位为 $\mathrm{A\cdot m^{-1}}$.

类似于电介质被极化激发出极化电荷，磁介质被磁化也会产生磁化电流 I_S（也叫分子电流）. 可以证明，磁化强度 $\boldsymbol{M}$ 沿闭合回路的线积分等于穿过回路所围面积的磁化电流 I_S，即

$$\oint_L \boldsymbol{M}\cdot\mathrm{d}\boldsymbol{l}=I_S. \tag{8-45}$$

四、磁介质中的安培环路定理

磁介质中的安培环路定理

当电流的磁场中有磁介质时，由于介质的磁化，要产生磁化电流 I_S（也叫分子电流）. 如果考虑到磁化电流对磁场的贡献，则安培环路定理应写成

$$\oint_L \boldsymbol{B}\cdot\mathrm{d}\boldsymbol{l}=\mu_0\left(\sum I_i+I_S\right). \tag{8-46}$$

式中，$\boldsymbol{B}$ 为磁介质中的总磁感应强度，等式右边的两项电流分别是穿过回路所围面积的传导电流 $\sum I_i$ 和磁化电流 I_S.

将(8-45)式代入上式，则

$$\oint_L \boldsymbol{B}\cdot\mathrm{d}\boldsymbol{l}=\mu_0\left(\sum I_i+\oint_L \boldsymbol{M}\cdot\mathrm{d}\boldsymbol{l}\right)$$

或

$$\oint_L \left(\frac{\boldsymbol{B}}{\mu_0}-\boldsymbol{M}\right)\cdot \mathrm{d}\boldsymbol{l}=\sum I_i. \tag{8-47}$$

和在电介质中引进电位移矢量 D 类似，现引进一辅助矢量 $\boldsymbol{H}$，令

$$\boldsymbol{H}=\frac{\boldsymbol{B}}{\mu_0}-\boldsymbol{M}, \tag{8-48}$$

于是有磁介质时的安培环路定理可写成

$$\oint_L \boldsymbol{H}\cdot \mathrm{d}\boldsymbol{l}=\sum I_i, \tag{8-49}$$

矢量 $\boldsymbol{H}$ **称为磁场强度矢量**. 上式就是**有磁介质时普遍形式的安培环路定理**. 如果回路 L 所包围的传导电流是以电流密度 $\boldsymbol{j}$ 连续分布的，则安培环路定理又可以写成

$$\oint_L \boldsymbol{H}\cdot \mathrm{d}\boldsymbol{l}=\int_S \boldsymbol{j}\cdot \mathrm{d}\boldsymbol{S},$$

式中，S 是以闭合回路 L 为周界的任意曲面.

从(8－49)式可知，**在稳恒磁场中，磁场强度矢量 $\boldsymbol{H}$ 沿任一闭合路径的线积分(即 $\boldsymbol{H}$ 的环流)等于包围在环路内各传导电流的代数和，而与磁化电流无关.** 从理论上可以证明该式是普遍适用的.

五、B 与 H 的关系

实验表明，对于各向同性的均匀磁介质，介质内任一点的磁化强度 $\boldsymbol{M}$ 与该点的磁场强度 $\boldsymbol{H}$ 成正比. 比例系数 χ_m 是恒量，称为磁介质的**磁化率**，即

$$\boldsymbol{M}=\chi_m \boldsymbol{H}, \tag{8-50}$$

而

$$\boldsymbol{B}=\mu_0(1+\chi_m)\boldsymbol{H}. \tag{8-51}$$

如果引入一个物理量 μ_r，令

$$\mu_r=1+\chi_m, \tag{8-52}$$

则 μ_r 称为磁介质的**相对磁导率**. 于是(8－51)式变为

$$\boldsymbol{B}=\mu_0\mu_r\boldsymbol{H}=\mu\boldsymbol{H}. \tag{8-53}$$

对于真空，$\chi_m=0$，$\mu_r=1$，$\mu=\mu_0$，因此，$\boldsymbol{B}=\mu_0\boldsymbol{H}$.

对于各向同性的均匀磁介质，χ_m 是恒量，μ_r 也是恒量，且都是纯数，$\mu_r=1+\chi_m$. 对于顺磁质，$\chi_m>0$，故 $\mu_r>1$；对于抗磁质，$\chi_m<0$，故 $\mu_r<1$.

通过以上的讨论可知，当均匀磁介质充满整个磁场，且磁场分布又具有某种对称性时，可用有磁介质的安培环路定理先求出磁场强度 $\boldsymbol{H}$ 的分布，再根据 $\boldsymbol{B}=\mu\boldsymbol{H}$ 得出介质中磁场的磁感应强度的分布. 下面举例说明.

例 8－2

一根"无限长"的直圆柱形铜导线，外包一层相对磁导率为 μ_r 的圆筒形磁介质，导线半径为 R_1，磁介质的外半径为 R_2，导线内有电流 I 通过，电流均匀分布在横截面上，如图 8－33 所示. 求：

(1)介质内外的磁场强度分布，并画出 H-r 图，加以说明(r 是磁场中某点到圆柱轴线的距离)；

(2)介质内外的磁感应强度分布，并画出 B-r 图，加以说明.

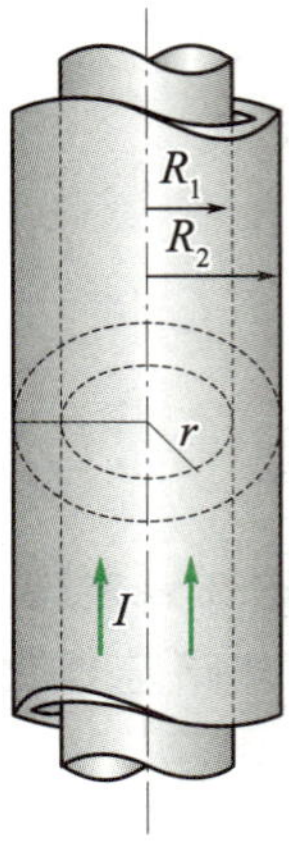

图 8-33 例 8-2 图

解 (1)求 H-r 关系. 由于电流分布具有轴对称性,因而磁场分布也具有轴对称性,因此可用安培环路定理求解. 在垂直于轴线的平面上,选择积分回路 L 为以圆柱轴线为圆心、r 为半径的圆周,由(8-49)式可得

$$\oint_L \boldsymbol{H} \cdot \mathrm{d}\boldsymbol{l} = 2\pi r H = \sum I_i,$$

$$H = \frac{1}{2\pi r}\sum I_i.$$

当 $r \leqslant R_1$ 时,$H_1 = \frac{1}{2\pi r}\frac{I}{\pi R_1^2}\pi r^2 = \frac{I}{2\pi R_1^2}r$;

当 $R_1 < r < R_2$ 时,$H_2 = \frac{I}{2\pi r}$;

当 $r > R_2$ 时,$H_3 = \frac{I}{2\pi r}$.

画出 H-r 曲线,如图 8-34(a)所示.

(2)求 B-r 关系. 由已求出的介质内外的磁场强度分布,再根据 $\boldsymbol{B} = \mu\boldsymbol{H} = \mu_0\mu_r\boldsymbol{H}$ 确定介质内外的磁感应强度分布.

当 $r < R_1$ 时,该区域在金属导体内,可作为真空处理,$\mu_r = 1$,故 $B_1 = \mu_0 H_1 = \frac{\mu_0 I}{2\pi R_1^2}r$.

当 $R_1 < r < R_2$ 时,该区域在相对磁导率为 μ_r 的磁介质内,故 $B_2 = \mu H_2 = \mu_0\mu_r \frac{I}{2\pi r}$.

当 $r > R_2$ 时,该区域为真空,故 $B_3 = \mu_0 H_3 = \frac{\mu_0 I}{2\pi r}$.

画出 B-r 曲线,如图 8-34(b)所示. 可见,在边界 $r = R_1$ 和 $r = R_2$ 处,磁感应强度 $\boldsymbol{B}$ 不连续.

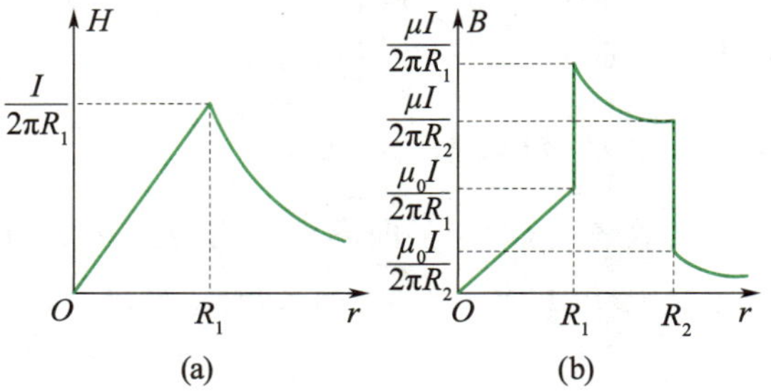

图 8-34 H-r 和 B-r 曲线

六、铁磁质

铁磁质是一类特殊的磁介质,也是最有用的磁介质. 铁、镍、钴和它们的一些合金均属于铁磁质.

1. 磁化曲线

在实验室中,常用图 8-35 所示的电路来研究铁磁质的磁化特性. 以铁磁质作芯的环形螺线管和电源及可变电阻串联成一电路,设螺线管每单位长度的匝数为 n,当线圈中通有强度为 I 的电流时,螺线环内的磁场强度为

$$H = nI,$$

与 H 相应的磁感应强度 B 可通过图中的磁通计来测量.

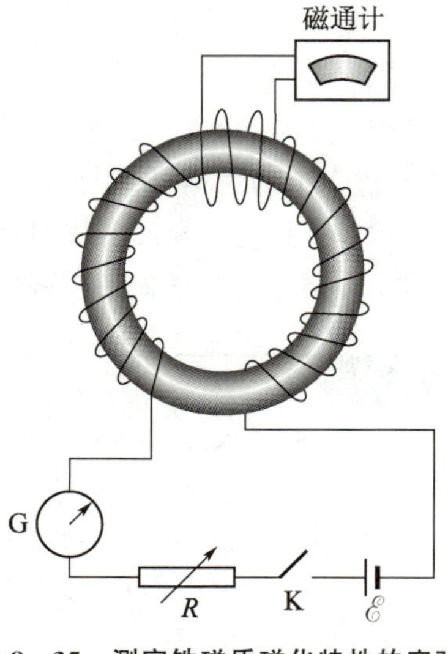

图 8-35 测定铁磁质磁化特性的实验

实验结果:测得铁磁质内的磁感应强度

B 和磁场强度 H 之间的关系，不再是顺磁质和抗磁质内那种简单的正比关系，而是较复杂的函数关系，如图 8－36 所示. 开始时 $H=0, B=0$，磁介质处于未磁化状态. 当逐渐增大线圈中的电流时，H 逐渐增大，B 也逐渐增大，相当于曲线中的 0～1 段；当 H 继续增大时，B 急剧增大，相当于曲线中的1～2 段；H 再继续增大，B 值开始缓慢增大，相当于曲线中的 $2\sim a$ 段；到达 a 点后，磁场强度 H 再增大时，铁磁质内的磁感应强度 B 不再增大了，达到磁化饱和状态. 这时的磁感应强度 B_m 叫作**饱和磁感应强度**. 这条曲线叫作**起始磁化曲线**，简称**磁化曲线**.

由图 8－36 可以看出，对于铁磁质，B 和 H 之间不是线性关系，故曲线上各点的斜率即磁导率 μ 是不同的. 也就是说，铁磁质的 μ 不再是常数，而是磁场强度 H 的函数，这个函数关系可用图 8－37 所示的曲线来表示. 由于铁磁质具有很大的磁导率，即 $\mu_r \gg 1$，故在外磁场的作用下，铁磁质中将产生与外磁场同方向、量值很大的磁感应强度. 并且在外磁场撤除后，介质的磁化状态并不恢复到原来的起点，而是保留部分磁性.

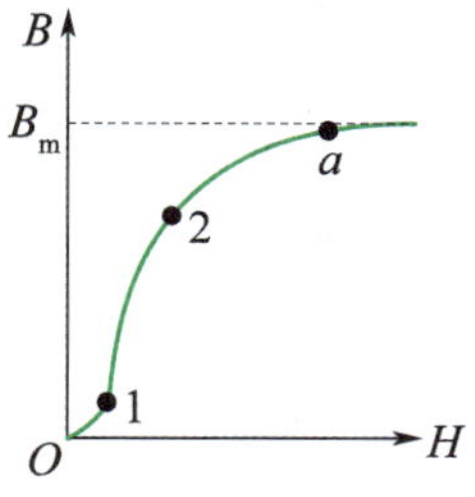

图 8－36　铁磁质的起始磁化曲线

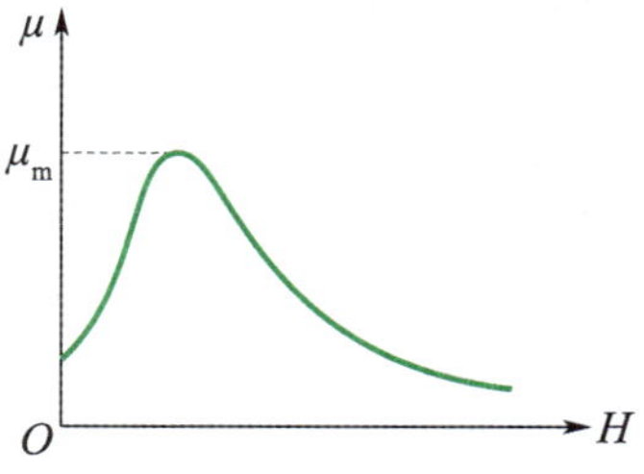

图 8－37　铁磁质的 μ-H 曲线

2. 磁滞回线

铁磁质的磁化在达到饱和状态以后，如果使 H 减小，实验发现，此时 B 值也将减小，但 B 值并不沿原来的起始磁化曲线（Oa 曲线）下降，而是沿着另一曲线 ab 下降，如图 8－38 所示. 到 $H=0$ 时，B 没有回到零，磁介质中还保留一定的磁感应强度 B_r，B_r 称为**剩余磁感应强度**，简称**剩磁**. 到达 a 点以后，按下列顺序，继续改变磁化场的磁场强度 H：$0\to -H_c$，$-H_c\to -H_s$，$-H_s\to 0$，$0\to +H_c$，$+H_c\to +H_s$；相应的磁感应强度 B 将分别沿着下面的曲线变化：$b\to c$，$c\to a'$，$a'\to b'$，$b'\to c'$，$c'\to a$. 从上述变化过程可以看出，磁感应强度 B 的变化总是滞后于磁场强度 H 的变化，这种现象称为**磁滞现象**，是铁磁质的重要特性之一. 图 8－38 中的闭合曲线 $abca'b'c'a$ 称为**磁滞回线**. 如果在还未到达饱和状态以前，就把 H 减小，B 将沿另一较小的磁滞回线变化.

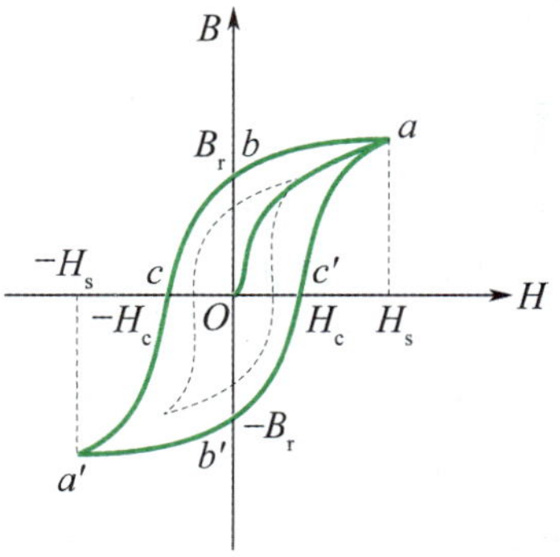

图 8－38　磁滞回线

磁滞回线

从上述实验结果可知，对铁磁质而言，B 不是 H 的单值函数. 对同一磁场强度（如 $H=0$），磁感应强度可能有不同的量值（$B=Ob, Ob', \cdots, 0$），这取决于铁磁质的磁化历史.

若要完全消除铁磁质内的剩磁(称作完全退磁),需要加上反向磁场.使铁磁质完全退磁所需的反向磁场强度 H_c 的量值叫作**矫顽力**.实用上通常不采用加恒定的反向电流消除剩磁的方法,而是施加一个由强变弱的交变磁场,使铁磁质的剩磁逐渐减弱到零.例如,手表、录音机和录像机的磁头、磁带等的退磁大都采用这一方法.

实验指出,铁磁质反复磁化时会发热,这种耗散为热量的能量损失称为**磁滞损耗**.这是因为铁磁质在反复磁化时,分子的振动加剧,使分子振动加剧的能量是由产生磁化场的电流所供给的.可以证明,反复磁化一次的磁滞损耗与 B-H 磁滞回线所包围的面积成正比,而磁滞损耗的功率与反复磁化的频率成正比.因此,对一具有铁芯的线圈来说,线圈中所通的交流电频率越高,磁滞回线面积越大,磁滞损耗的功率也越大.

铁磁性不能用一般顺磁质的磁化理论来解释.因为铁磁质的单个原子或分子并不具有任何特殊的磁性.如铁原子和铬原子的结构大致相同,原子的磁矩也相同,但铁是典型的铁磁质,而铬是普通的顺磁质.可见,铁磁质并不是与原子或分子有关的性质,而是和物质的固体结构有关的性质.铁磁性只能用建立在量子论基础上的磁畴理论才能解释.

居里(P. Curie)曾发现:对任何铁磁质来说,各有一特定的温度,当铁磁质的温度高于这一温度时,铁磁性完全消失而成为普通的顺磁质.这个温度叫作居里点.铁、镍、钴的居里点分别为 770 ℃,358.6 ℃,1 115.9 ℃.

习　题　8

习题参考答案

1. 选择题

(1)在真空中有一根半径为 R 的半圆形细导线,流过的电流为 I,则圆心处的磁感应强度为(　　).

(A)$\frac{\mu_0}{4\pi}\frac{I}{R}$　　(B)$\frac{\mu_0}{2\pi}\frac{I}{R}$

(C)0　　(D)$\frac{\mu_0}{4}\frac{I}{R}$

(2)对于安培环路定理的理解,正确的是(　　).

(A)若环流等于零,则在回路 L 上必定 H 处处为零

(B)若环流等于零,则在回路 L 上必定不包围电流

(C)若环流等于零,则在回路 L 所包围传导电流的代数和为零

(D)回路 L 上各点的 H 仅与回路 L 包围的电流有关

(3)磁场由沿空心长圆筒形导体的均匀分布的电流产生,圆筒半径为 R,x 坐标轴垂直圆筒轴线,原点在中心轴线上[见题 8.1(3)图].下列选项中表示 B-x 的关系的是(　　).

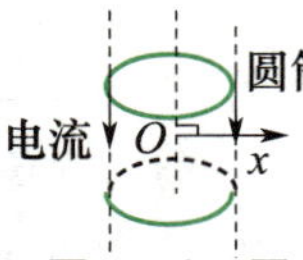

题 8.1(3)图

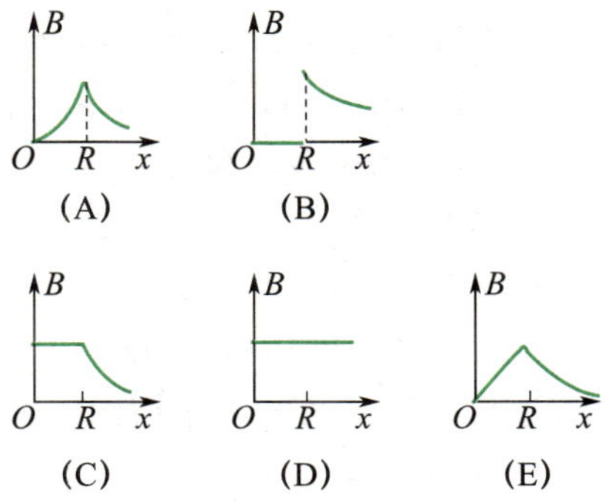

(4)设半径为 R 载流为 I 的无限长直圆柱体，距轴线 r 处的磁感应强度为 B，则下列说法正确的是(　　).

(A)内外部磁感应强度 B 都与 r 成正比

(B)内部磁感应强度 B 与 r 成正比，外部磁感应强度 B 与 r 成反比

(C)内外部磁感应强度 B 都与 r 成反比

(D)内部磁感应强度 B 与 r 成反比，外部磁感应强度 B 与 r 成正比

(5)在匀强磁场中，有两个平面线圈，其面积 $A_1=2A_2$，通有电流 $I_1=2I_2$，它们所受的最大磁力矩之比 M_1/M_2 等于(　　).

(A)1　　(B)2　　(C)4　　(D)1/4

(6)一个 100 匝的圆形线圈，半径为 5 cm，通过电流为 0.1 A，当线圈在 1.5 T 的磁场中从 $\theta=0$ 的位置转到 180°(θ 为磁场方向和线圈磁矩方向的夹角)时磁场力做功为(　　).

(A)0.24 J　(B)2.4 J　(C)0.14 J　(D)14 J

(7)质量为 m，电量为 q 的粒子，以速率 v 与均匀磁场的磁感应强度 B 成 θ 角射入磁场，轨迹为一螺旋线，若要增大螺距则应(　　).

(A)增大磁感应强度 B　(B)减小磁感应强度 B

(C)增大 θ 角　(D)减小速率 v

(8)磁介质有三种，用相对磁导率 μ_r 表征它们各自的特性时(　　).

(A)顺磁质 $\mu_r>0$，抗磁质 $\mu_r<0$，铁磁质 $\mu_r\gg1$

(B)顺磁质 $\mu_r>1$，抗磁质 $\mu_r=1$，铁磁质 $\mu_r\gg1$

(C)顺磁质 $\mu_r>1$，抗磁质 $\mu_r<1$，铁磁质 $\mu_r\gg1$

(D)顺磁质 $\mu_r<0$，抗磁质 $\mu_r<1$，铁磁质 $\mu_r>0$

2. 填空题

(1)计算有限长的直线电流产生的磁场的磁感应强度，________用毕奥—萨伐尔定律，而________用安培环路定理求解(选填“能”或“不能”).

(2)两个大小相同的螺线管，一个有铁心，一个没有铁心. 当给两个螺线管通以相等的电流时，管内的磁场强度 H 分布________，当把两螺线管放在同一介质中时，管内的磁场强度 H 分布将________(选填“相同”或“不相同”).

(3)一质点带有电荷 $q=8.0\times10^{-9}$ C，以速率 $v=3.0\times10^{-5}\ \text{m}\cdot\text{s}^{-1}$，在半径为 $R=6.0\times10^{-8}$ m 的圆周上做圆周运动. 该带电质点在轨道中心所产生的磁感应强度 $B=$________，该带电质点绕轨道运动的磁矩 $P_m=$________.

(4)氢原子中，电子绕原子核沿半径为 r 的圆周运动，它等效于一个圆形电流. 如果外加一个磁感应强度为 B 的磁场，其磁感线与轨道平面平行，那么这个圆电流所受的磁力矩的大小 $M=$________.(设电子质量为 m_e，电子所带电量的绝对值为 e)

(5)一正方形线圈，由细导线做成，边长为 a，共有 N 匝，可以绕通过其相对两边中点的一个竖直轴自由转动. 现在线圈中通有电流 I，并把线圈放在均匀的水平外磁场 $\boldsymbol{B}$ 中，线圈对其转轴的转动惯量为 J. 线圈磁矩与磁场 $\boldsymbol{B}$ 的夹角为 θ 时，线圈受到的转动力矩为________.

(6)一个单位长度上密绕有 n 匝线圈的长直螺线管，每匝线圈中通有强度为 I 的电流，管内充满相对磁导率为 μ_r 的磁介质，则管内中部附近磁感应强度 $B=$________，磁场强度 $H=$________.

(7)当质量为 m 的带电粒子的运动速度 v 与磁感应强度 B 成 θ 角时，带电粒子在均匀磁场中做等螺距的螺旋运动，此时的螺旋线的半径为________，螺旋周期为________，螺距为________.

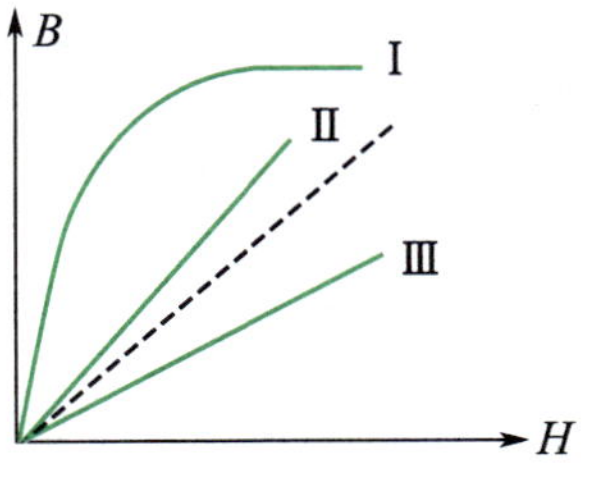

题 8.2(8)图

(8)题 8.2(8)图中的三条线表示三种不同磁介质的 B-H 关系曲线，虚线是 $B=\mu_0 H$ 关系的曲线，则曲线________表示顺磁质，曲线________表示抗磁质，曲线________表示铁磁质.

3. 解答题

8.3.1 在同一磁感线上，各点磁感应强度 $\boldsymbol{B}$ 的数值是否都相等？为何不把作用于运动电荷的磁力方向定义为磁感应强度 $\boldsymbol{B}$ 的方向？

8.3.2 用安培环路定理能否求一段有限长载流直导线周围的磁场？

8.3.3 已知磁感应强度 $B=2.0$ T 的均匀磁场，方向沿 x 轴正方向，如题 8.3.3 图所示. 试求：(1)通过图中 $abcd$ 面的磁通量；(2)通过图中 $befc$ 面的磁通量；(3)通过图中 $aefd$ 面的磁通量.

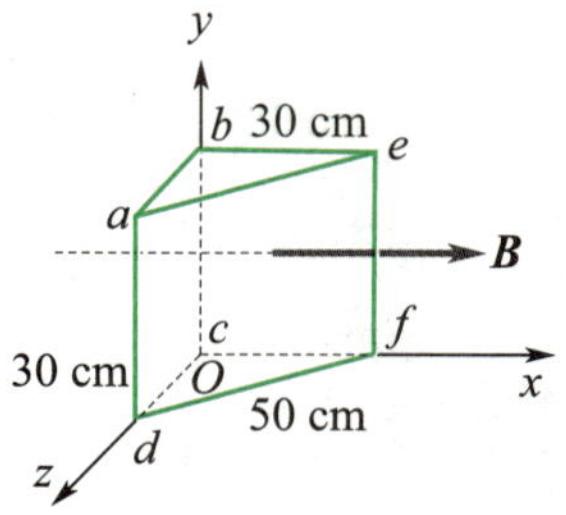

题 8.3.3 图

8.3.4 如题 8.3.4 图所示，AB、CD 为长直导线，BC 为圆心在 O 点的一段圆弧形导线，其半径为 R. 若通以电流 I，求 O 点的磁感应强度.

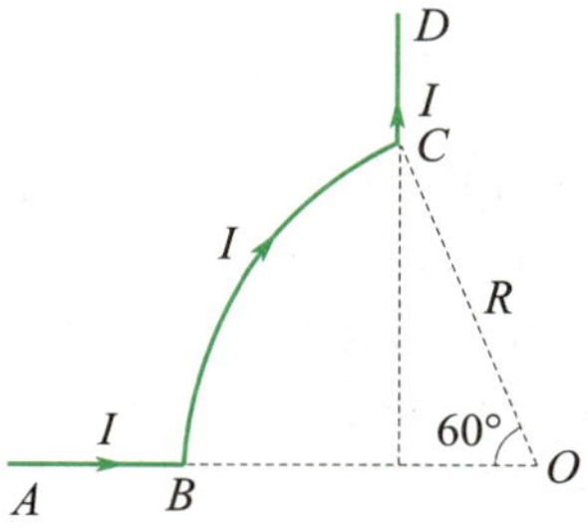

题 8.3.4 图

8.3.5 在真空中，有两根互相平行的无限长直导线 L_1 和 L_2，相距 0.10 m，通有方向相反的电流，$I_1=20$ A，$I_2=10$ A，如题 8.3.5 图所示. A，B 两点与导线在同一平面内，这两点与导线 L_2 的距离均为 5.0 cm. 试求 A，B 两点处的磁感应强度，以及磁感应强度为零的点的位置.

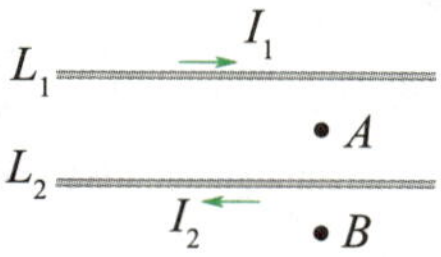

题 8.3.5 图

8.3.6 如题 8.3.6 图所示，两根导线沿半径方向引向铁环上的 A，B 两点，并在很远处与电源相连. 已知圆环的粗细均匀，求环中心 O 点的磁感应强度.

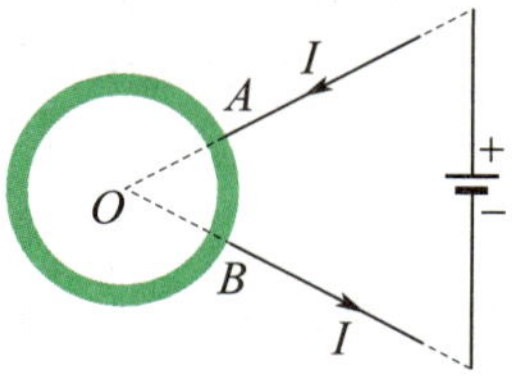

题 8.3.6 图

8.3.7 设题8.3.7图中两导线中的电流均为8 A，对图示的三条闭合曲线 a,b,c，分别写出安培环路定理等式右边电流的代数和. 并讨论：

(1)在各条闭合曲线上，各点的磁感应强度 $\boldsymbol{B}$ 的大小是否相等？

(2)在闭合曲线 c 上各点的磁感应强度 $\boldsymbol{B}$ 是否为零？为什么？

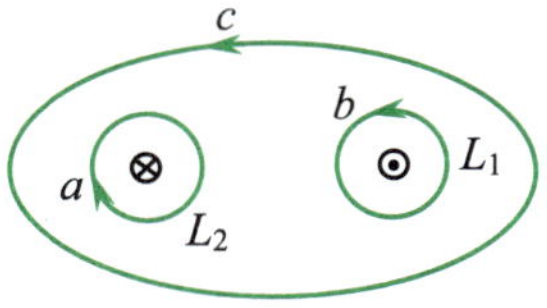

题8.3.7图

8.3.8 如题8.3.8图所示是一根很长的长直圆管形导体的横截面，内、外半径分别为 a,b，导体内载有沿轴线方向的电流 I，且 I 均匀地分布在管的横截面上，设导体的磁导率 $\mu=\mu_0$，试证明导体内部各点($a<r<b$)的磁感应强度的大小由下式给出：

$$B=\frac{\mu_0 I}{2\pi(b^2-a^2)}\frac{r^2-a^2}{r}$$

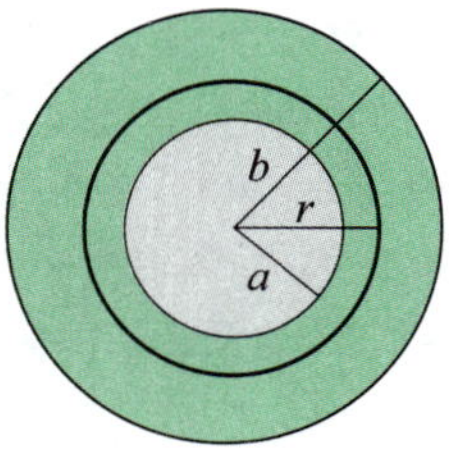

题8.3.8图

8.3.9 一根很长的同轴电缆，由一导体圆柱(半径为 a)和一同轴的导体圆管(内、外半径分别为 b，c)构成，如题8.3.9图所示. 使用时，电流 I 从一导体流去，从另一导体流回. 设电流都是均匀地分布在导体的横截面上，求：(1)导体圆柱内($r<a$)，(2)两导体之间($a<r<b$)，(3)导体圆筒内($b<r<c$)，(4)电缆外($r>c$)各点处磁感应强度的大小.

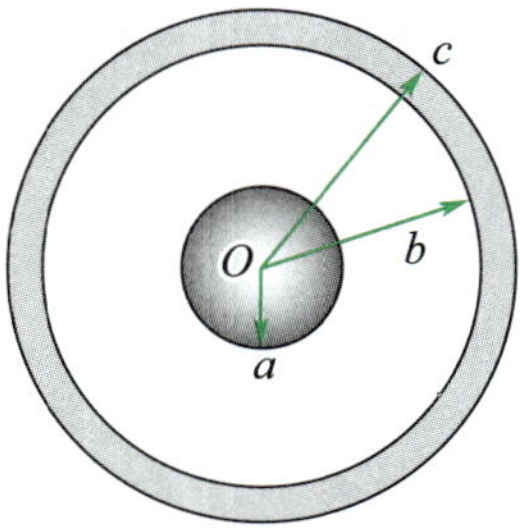

题8.3.9图

8.3.10 在磁感应强度为 $\boldsymbol{B}$ 的均匀磁场中，垂直于磁场方向的平面内有一段载流弯曲导线，电流为 I，如题8.3.10图所示. 求其所受的磁力.

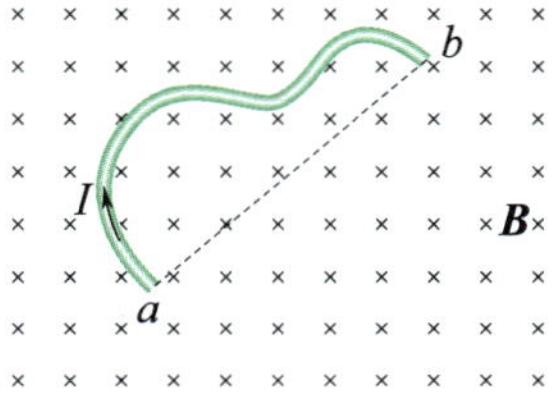

题8.3.10图

8.3.11 如题 8.3.11 图所示，在长直导线 AB 内通以电流 $I_1=20$ A，在矩形线圈 $CDEF$ 中通有电流 $I_2=10$ A，AB 与线圈共面，且 CD，EF 都与 AB 平行. 已知 $a=9.0$ cm，$b=20.0$ cm，$d=1.0$ cm，求：

(1)导线 AB 的磁场对矩形线圈每边所作用的力；

(2)矩形线圈所受合力和合力矩.

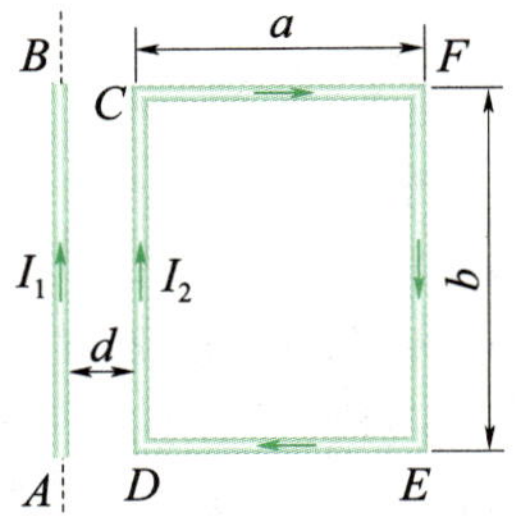

题 8.3.11 图

8.3.12 一铜片厚为 $d=1.0$ mm，放在 $B=1.5$ T 的均匀磁场中，磁场方向与铜片表面垂直. 已知铜片内每立方厘米中有 8.4×10^{22} 个自由电子，每个电子的电荷为 $-e=-1.6\times10^{-19}$ C，当铜片中垂直于磁场方向通有 $I=200$ A 的电流时，求铜片两侧的霍尔电势差.

8.3.13 一长直导线通有电流 $I_1=20$ A，旁边放一导线 ab，其中通有电流 $I_2=10$ A，且两者共面，如题8.3.13 图所示. 求导线 ab 所受作用力对 O 点的力矩.

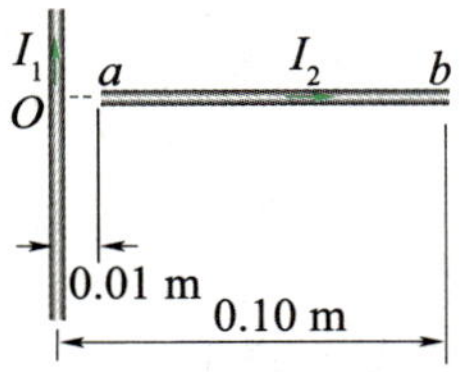

题 8.3.13 图

8.3.14 电子在 $B=70\times10^{-4}$ T 的均匀磁场中做圆周运动，圆周半径 $r=3.0$ cm. 已知 $\boldsymbol{B}$ 垂直于纸面向外，某时刻电子在 A 点，速度 $\boldsymbol{v}$ 向上，如题8.3.14 图所示.

(1)试画出这电子运动的轨道；

(2)求该电子速度 $\boldsymbol{v}$ 的大小；

(3)求该电子的动能 E_k.

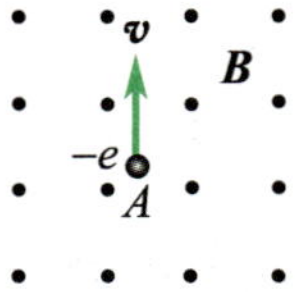

题 8.3.14 图

8.3.15 一电子在磁感应强度 $B=20\times10^{-4}$ T 的磁场中沿半径为 $R=2.0$ cm 的螺旋线运动，螺距 $h=5.0$ cm，如题8.3.15 图所示.

(1)求该电子的速度；

(2)磁感应强度 $\boldsymbol{B}$ 的方向如何？

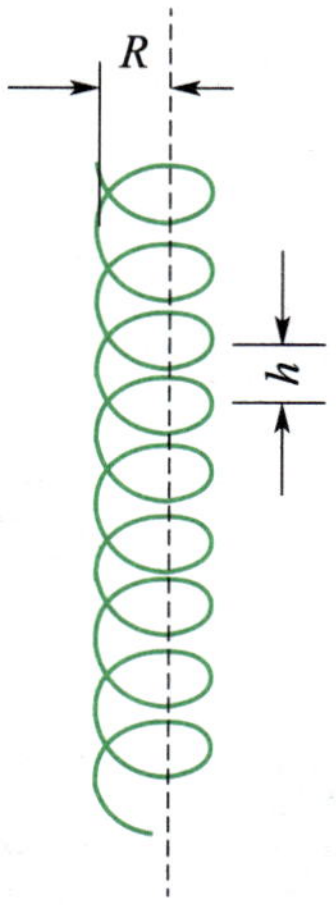

题 8.3.15 图

8.3.16 螺绕环中心周长 $L=10\ \mathrm{cm}$，环上线圈匝数 $N=200$，线圈中通有电流 $I=100\ \mathrm{mA}$.

(1)当管内是真空时，求管中心的磁场强度 $\boldsymbol{H}$ 和磁感应强度 $\boldsymbol{B}_0$；

(2)若环内充满相对磁导率 $\mu_r=4\ 200$ 的磁性物质，则管内的 $\boldsymbol{B}$ 和 $\boldsymbol{H}$ 各是多少？

第9章 变化的电磁场

本章提要

电和磁既有区别，又相互联系在一起.前面已经介绍电流能激发磁场，那能否利用磁场产生电流呢？自1820年奥斯特发现了电流的磁效应以后，许多人一直探索利用磁场产生电流的问题.经过10年的努力，终于在1831年英国物理学家法拉第发现了电磁感应现象及其基本规律.电磁感应现象的发现，深刻地揭示了电和磁之间的内在联系，推动了电磁学理论的发展.1861—1864年，麦克斯韦在总结前人成果的基础上，极富创造性地提出了感应电场和位移电流的概念，用优美的数字形式建立了完整的电磁场方程组，概括了所有宏观电磁现象的规律，同时预言了电磁波的存在，并揭示出光的电磁本质.

本章首先介绍电磁感应现象的基本规律——法拉第电磁感应定律，讨论产生感应电动势的两种情况——动生电动势和感生电动势，接着讨论工程技术中常见的自感和互感现象及其规律，讲解磁场的能量；最后介绍位移电流的概念及麦克斯韦的电磁场方程组.

§ 9.1 电磁感应定律

电磁感应定律的发现是电磁学领域中的重大成就之一. 在理论上,它揭示了电与磁的相互联系和转化的规律,推动了电磁理论的建立. 同时,在实践上也为电工学和电子技术奠定了基础.

一、法拉第电磁感应定律

基本的电磁感应现象可以归纳如下.

(1)当磁棒移近并插入线圈时,与线圈串联的电流计上有电流通过;磁棒拔出时,电流计上的电流方向相反. 磁棒相对线圈的速度越快,线圈中产生的电流越大.

(2)用一通有电流的线圈代替上述磁棒时,结果相同.

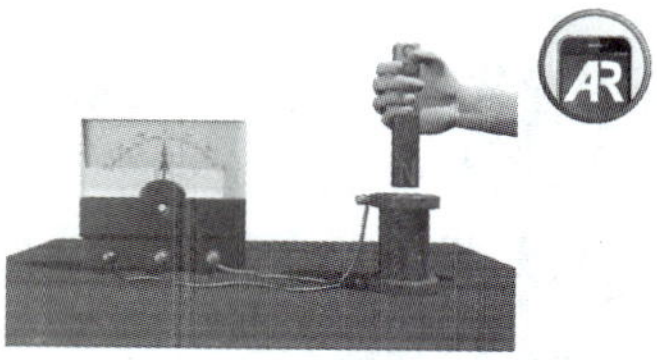

电磁感应

法拉第

(3)如果两个靠近的线圈相对位置固定,当与电源相连的原线圈中电流发生变化时(接通或断开开关,改变电阻大小),也会在另一线圈(叫副线圈)内产生电流. 若线圈中有铁磁性介质棒时,效果更明显.

(4)把接有电流计的、一边可滑动的导线框放在均匀的恒定磁场中,可滑动的一边运动时线框中有电流.

以上事实的共同特点是:当穿过闭合回路的磁通量(磁感应强度 $\boldsymbol{B}$ 的通量)发生变化时,回路中将产生感应电动势. 法拉第提出的**电磁感应定律为:不论何种原因使通过回路面积的磁通量发生变化时,回路中产生的感应电动势与磁通量对时间的变化率成正比**,即

$$\mathscr{E}_i = -K\frac{d\Phi_m}{dt},$$

式中,K 为比例系数,其值取决于式中各量所采用的单位. 在国际单位制中,$\mathscr{E}_i$ 以伏特(V)计,Φ_m 以韦伯(Wb)计,t 以秒(s)计,则 $K=1$,所以

$$\mathscr{E}_i = -\frac{d\Phi_m}{dt}. \qquad (9-1)$$

若线圈密绕 N 匝,则

$$\mathscr{E}_i = -N\frac{d\Phi_m}{dt} = -\frac{d\Psi_m}{dt},$$

式中,$\Psi_m = N\Phi_m$ 叫**磁通链**.

(9-1)式中的负号反映了感应电动势的方向. 使用该式时,先在闭合回路上任意规定一个正绕向,并用右手螺旋定则确定回路所包围的面积的正法线 $\boldsymbol{n}$ 的方向. 于是磁通量 Φ_m、磁通量变化率 $\frac{d\Phi_m}{dt}$ 和感应电动势 $\mathscr{E}_i$ 的正负均可确定. 例如,磁

场方向与 $\boldsymbol{n}$ 方向相同即磁通量为正值，此时若磁通量增加，则 $\frac{\mathrm{d}\Phi_m}{\mathrm{d}t}>0$，$\mathscr{E}_i<0$，表示感应电动势 $\mathscr{E}_i$ 的方向与规定的正绕向相反；若此时磁通量减少，则 $\frac{\mathrm{d}\Phi_m}{\mathrm{d}t}<0$，$\mathscr{E}_i>0$，表示感应电动势 $\mathscr{E}_i$ 的方向与规定的正绕向相同. 磁通量的其他变化情况可类似分析.

对于只有电阻 R 的回路，感应电流

$$I=\frac{\mathscr{E}_i}{R}=-\frac{1}{R}\frac{\mathrm{d}\Phi_m}{\mathrm{d}t}.$$

在 t_1 到 t_2 的一段时间内通过回路导线中任一截面的感应电量为

$$q=\int_{t_1}^{t_2}I\mathrm{d}t=-\frac{1}{R}\int_{\Phi_{m1}}^{\Phi_{m2}}\mathrm{d}\Phi_m=\frac{1}{R}(\Phi_{m1}-\Phi_{m2}),$$

式中，Φ_{m1} 和 Φ_{m2} 分别是时刻 t_1 和 t_2 通过回路的磁通量. 上式表明，在一段时间内通过导线任一截面的电量与这段时间内导线所包围的面积的磁通量的变化量成正比，而与磁通量变化的快慢无关. 常用的测量磁感应强度的磁通计（又称高斯计）就是根据这个原理制成的.

二、楞次定律

楞次定律可以表述为：**闭合回路中感应电流的方向，总是使它所激发的磁场阻止引起感应电流的磁通量的变化**. 或者，也可以表述为：**感应电流的效果，总是反抗引起感应电流的原因.**

楞次定律

楞次定律是能量守恒定律在电磁感应现象上的具体体现. 如把磁棒 N 极插入闭合线圈时，线圈中因有感应电流流过，也相当于一根磁棒. 由楞次定律知，线圈的 N 极应与磁棒的 N 极相对. 这样，插入磁棒时外力必须克服两个 N 极的斥力做机械功. 正是此机械功转化为感应电流的焦耳热.

在不要求具体确定感应电流方向、只要求判断感应电流引起的机械效果时，采用楞次定律的后一种表述分析问题更为方便. 如图 9-1 所示，导体 ab 和 cd 在均匀磁场中可在两根平行的金属导轨上自由滑动. 问当 ab 向右移动时，cd 如何移动？这个问题只要求判断由电磁感应引起的机械效果，可采用楞次定律的后一种表述来分析. 因为引起感应电流的原因是 ab 相对于 cd 有向右的运动，所以感应电流的效果应当是反抗 ab 相对于 cd 的运动，即 ab 向右移动时，cd 也得向右移动. 整个分析过程不必指出感应电流的方向和导体 cd 所受磁力的方向，显然比较方便. 实际上，这就是电磁驱动的原理.

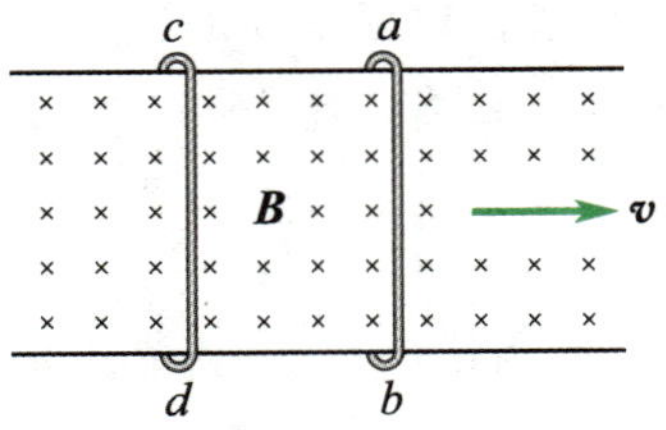

图 9-1 楞次定律后一种表述的应用

例 9-1

如图 9-2 所示，空间分布着均匀磁场 $B=B_0\sin\omega t$. 一旋转半径为 r、长为 l 的矩形导体线圈以匀角速度 ω 绕与磁场垂直的轴 OO' 旋转，$t=0$ 时，线圈的法向量 $\boldsymbol{n}$ 与 $\boldsymbol{B}$ 之间夹角 $\varphi_0=0$. 求线圈中的感应电动势.

解　设 φ 为 t 时刻 $\boldsymbol{n}$ 与 $\boldsymbol{B}$ 之间的夹角，则

$$\varphi=\omega t+\varphi_0=\omega t.$$

所以，t 时刻通过矩形导体线圈的磁通量

$$\Phi_m=\boldsymbol{B}\cdot\boldsymbol{S}=BS\cos\omega t=B_0\cdot 2rl\sin\omega t\cos\omega t=B_0rl\sin 2\omega t.$$

线圈中的感应电动势

$$\mathscr{E}_i=-\frac{d\Phi_m}{dt}=-2\omega B_0rl\cos 2\omega t.$$

可见，$\mathscr{E}_i$ 是随时间作周期性变化的. 当 $\mathscr{E}_i>0$ 时，感应电动势的方向与 $\boldsymbol{n}$ 构成右手螺旋关系；当 $\mathscr{E}_i<0$ 时，$\mathscr{E}_i$ 的方向与 $\boldsymbol{n}$ 构成左手螺旋关系. 另外，当 $\boldsymbol{B}$ 是不随时间变化的稳恒磁场时，本例就是交流发电机的基本原理，产生的是交变电动势.

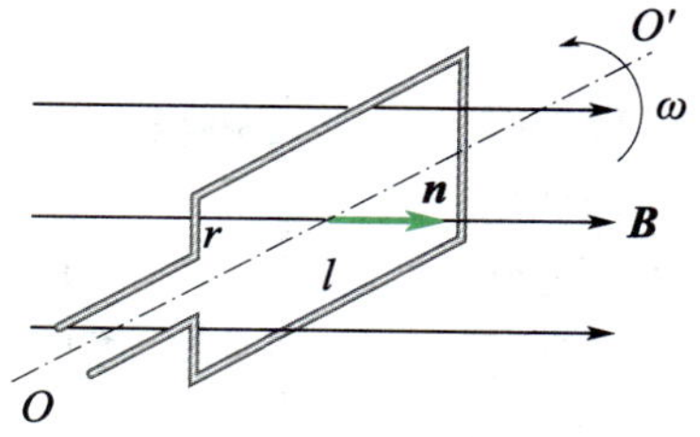

图 9-2　旋转线圈中的感应电动势

例 9-2　一根无限长的直导线载有交流电流 $i=I_0\sin\omega t$. 旁边有一共面矩形线圈 $abcd$，如图9-3所示. $ab=l_1$，$bc=l_2$，ab 与直导线平行且相距 d. 求线圈中的感应电动势.

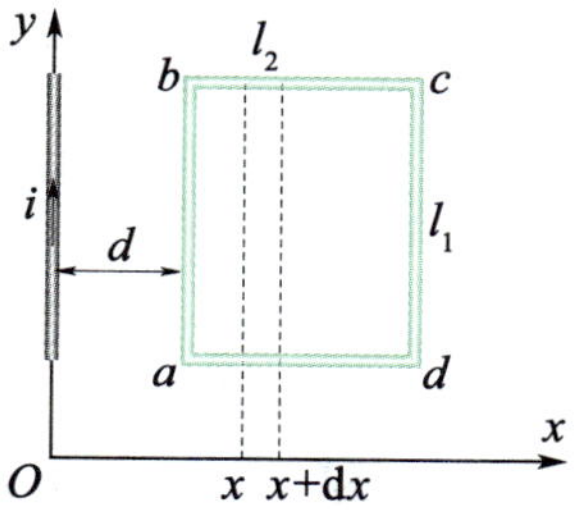

图 9-3　矩形线圈中的感应电动势

解　取顺时针方向 $abcda$ 为回路正绕向，则

$$\Phi_m=\int_S\boldsymbol{B}\cdot d\boldsymbol{S}=\int_d^{d+l_2}\frac{\mu_0 i}{2\pi x}l_1\,dx=\frac{\mu_0 il_1}{2\pi}\ln\frac{d+l_2}{d}.$$

所以，线圈中感应电动势

$$\mathscr{E}_i=-\frac{d\Phi_m}{dt}=-\frac{\mu_0 l_1\omega}{2\pi}I_0\ln\frac{d+l_2}{d}\cos\omega t.$$

可见，$\mathscr{E}_i$ 也是随时间作周期性变化的，$\mathscr{E}_i>0$ 表示矩形线圈中感应电动势沿顺时针方向，$\mathscr{E}_i<0$ 表示它沿逆时针方向.

§ 9.2　动生电动势与感生电动势

法拉第电磁感应定律说明，不论什么原因，只要穿过回路的磁通量发生了变化，回路中就有感应电动势产生. 事实上，磁通量的变化不外乎两种原因：一种是回路或其一部分在磁场中有相对磁场的运动，这样产生的感应电动势称为动生电动势；另一种是回路不动，因磁场的变化而产生感应电动势，称为感生电动势.

一、动生电动势

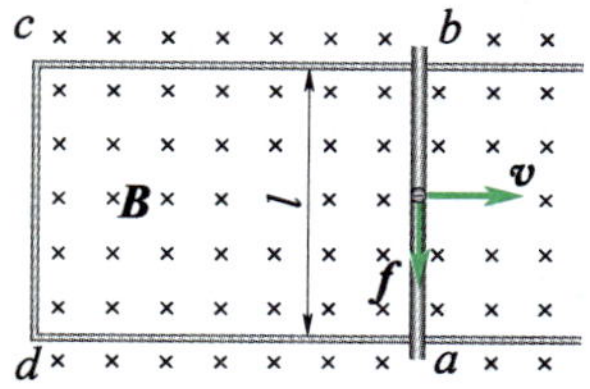

图 9-4　动生电动势

动生电动势是由作用在运动电荷上的磁场力引起的，可以用洛伦兹力来解释. 如图 9-4 所示，长为 l 的导体棒与导轨所构成的矩形回路 $abcd$ 平放在纸面内，均匀磁场 $\boldsymbol{B}$ 垂直向里. 当导体 ab 以速度 $\boldsymbol{v}$ 沿导轨向右

运动时，导体棒内的自由电子也以速度$\boldsymbol{v}$随之向右运动. 电子受到的洛伦兹力为

$$\boldsymbol{f}=(-e)\boldsymbol{v}\times\boldsymbol{B}.$$

$\boldsymbol{f}$ 的方向从 b 指向 a. 在洛伦兹力作用下，自由电子有向下的定向漂移运动. 如果导轨是导体，在回路中将产生沿 $abcd$ 方向的电流；如果导轨是绝缘体，则洛伦兹力将使自由电子在 a 端积累，使 a 端带负电而 b 端带正电. 在 ab 棒上产生自上而下的静电场. 静电场对电子的作用力从 a 指向 b，与电子所受洛伦兹力方向相反. 当静电力与洛伦兹力达到平衡时，ab 间的电势差达到稳定值，b 端电势比 a 端电势高. 由此可见，这段运动导体棒相当于一个电源，它的非静电力就是洛伦兹力.

我们已经知道，电动势定义为把单位正电荷从负极通过电源内部移到正极的过程中，非静电力做的功. 在动生电动势的情形中，作用在单位正电荷上的非静电力是洛伦兹力，则

$$\boldsymbol{E}_{\mathrm{k}}=\frac{\boldsymbol{f}}{-e}=\boldsymbol{v}\times\boldsymbol{B}.$$

所以，动生电动势

$$\mathscr{E}_{\mathrm{i}ab}=\int_{-}^{+}\boldsymbol{E}_{\mathrm{k}}\cdot\mathrm{d}\boldsymbol{l}=\int_{a}^{b}(\boldsymbol{v}\times\boldsymbol{B})\cdot\mathrm{d}\boldsymbol{l}. \qquad (9-2)$$

一般而言，在任意的稳恒磁场中，一个任意形状的导线 L（闭合的或不闭合的）在运动或发生形变时，各个线元 $\mathrm{d}\boldsymbol{l}$ 的速度$\boldsymbol{v}$ 的大小和方向都可能不同. 这时，在整个线圈 L 中所产生的动生电动势为

$$\mathscr{E}_{\mathrm{i}}=\int_{L}(\boldsymbol{v}\times\boldsymbol{B})\cdot\mathrm{d}\boldsymbol{l}. \qquad (9-3)$$

我们知道，洛伦兹力总是垂直于电荷的运动速度，即 $\boldsymbol{f}\perp\boldsymbol{v}$，因此洛伦兹力对电荷不做功.

例 9-3

如图 9-5 所示，长度为 L 的铜棒在磁感应强度为 $\boldsymbol{B}$ 的均匀磁场中以角速度 ω 绕过 O 点的轴沿逆时针方向转动. 求：(1) 棒中感应电动势的大小和方向；(2) 直径为 OA 的半圆弧导体 $\widehat{OCA}$ 以同样的角速度 ω 绕 O 轴转动时，导体 $\widehat{OCA}$ 上的感应电动势.

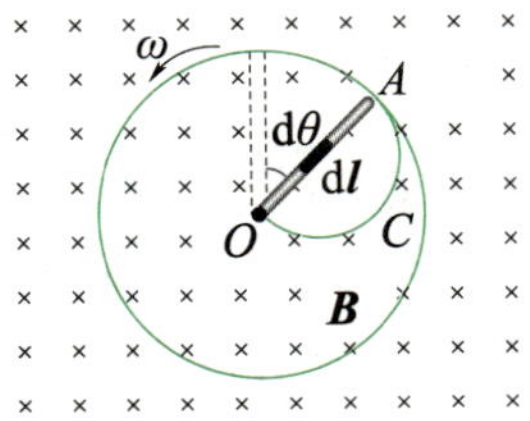

图 9-5　例 9-3 图

解　(1) 方法一：用 $\mathscr{E}_{\mathrm{i}OA}=\int_{O}^{A}(\boldsymbol{v}\times\boldsymbol{B})\cdot\mathrm{d}\boldsymbol{l}$ 求解.

在 OA 上取 $\mathrm{d}\boldsymbol{l}$ 距轴为 l，其速度$\boldsymbol{v}$ 与 $\boldsymbol{B}$ 垂直且$\boldsymbol{v}\times\boldsymbol{B}$ 与 $\mathrm{d}\boldsymbol{l}$ 方向相反，故

$$(\boldsymbol{v}\times\boldsymbol{B})\cdot\mathrm{d}\boldsymbol{l}=vB\mathrm{d}l\cos\pi=-\omega Bl\mathrm{d}l,$$

$$\mathscr{E}_{\mathrm{i}OA}=\int_{O}^{A}(\boldsymbol{v}\times\boldsymbol{B})\cdot\mathrm{d}\boldsymbol{l}=\int_{0}^{L}-\omega Bl\,\mathrm{d}l=-\frac{1}{2}\omega BL^{2}.$$

感应电动势 $\mathscr{E}_{\mathrm{i}}$ 的实际方向从 A 指向 O.

方法二：用法拉第电磁感应定律求解.

设 OA 在 $\mathrm{d}t$ 时间内转了 $\mathrm{d}\theta$ 角，则 OA 扫过的面积 $\mathrm{d}S=\frac{1}{2}L^{2}\mathrm{d}\theta$，穿过 $\mathrm{d}S$ 的磁通量为

$$\mathrm{d}\Phi_{\mathrm{m}}=B\mathrm{d}S=\frac{1}{2}BL^{2}\mathrm{d}\theta.$$

由法拉第电磁感应定律，面积为 $\mathrm{d}S$ 的回路中，只有半径 OA 在切割磁感线，所以 OA 上的感应电动势大小为

$$|\mathscr{E}_{iOA}|=\left|\frac{\mathrm{d}\Phi_m}{\mathrm{d}t}\right|=\frac{1}{2}BL^2\frac{\mathrm{d}\theta}{\mathrm{d}t}=\frac{1}{2}B\omega L^2,$$

$\mathscr{E}_i$ 的方向仍可用洛伦兹力判断. 所得结果与第一种方法相同.

(2)因为由半径 OA 和半圆弧 $\widehat{ACO}$ 组成的闭合导体回路在磁场中以角速度 ω 旋转时穿过回路的磁通量不变，所以整个半圆形回路的感应电动势 $\mathscr{E}_i=0$. 又因为

$$\mathscr{E}_i=\mathscr{E}_{iOA}+\mathscr{E}_{i\widehat{ACO}},$$

所以
$$\mathscr{E}_{i\widehat{OCA}}=\mathscr{E}_{iOA}=-\frac{1}{2}\omega BL^2.$$

$\mathscr{E}_i$ 的实际方向由 A 点沿半圆弧指向 O 点.

二、感生电动势

如上所述，导体在磁场中运动产生动生电动势，其非静电力是洛伦兹力. 在因磁场变化而产生感生电动势的情况下，导体回路不动，其非静电力不可能是洛伦兹力. 然而人们发现，不论回路的形状以及导体的性质和温度如何，只要磁场变化导致穿过回路的磁通量发生了变化，就会有数值等于 $\frac{\mathrm{d}\Phi_m}{\mathrm{d}t}$ 的感生电动势在回路上产生. 这说明感生电动势的产生只是变化的磁场本身引起的. 在分析电磁感应现象的基础上，麦克斯韦提出：变化的磁场在其周围空间激发一种新的电场，这种电场称为**感生电场**或**涡旋电场**，用 $\boldsymbol{E}_r$ 表示.

涡旋电场与静电场的区别

涡旋电场与静电场的共同之处在于，它们都是一种客观存在的物质，它们对电荷都有作用力. 涡旋电场与静电场的不同之处在于，涡旋电场不是由电荷激发的，而是由变化的磁场激发的. 它的电场线是闭合的，即 $\oint_L \boldsymbol{E}_r\cdot\mathrm{d}\boldsymbol{l}\neq 0$. 涡旋电场不是保守场，而在回路中产生感生电动势的非静电力正是这一涡旋电场力. 根据法拉第电磁感应定律可以导出变化磁场和所产生的涡旋电场之间的关系，即

$$\mathscr{E}_i=\oint_L \boldsymbol{E}_r\cdot\mathrm{d}\boldsymbol{l}=-\frac{\mathrm{d}\Phi_m}{\mathrm{d}t}.$$

因为穿过 L 围成的面积 S 的磁通量

$$\Phi_m=\int_S \boldsymbol{B}\cdot\mathrm{d}\boldsymbol{S},$$

所以感生电动势可表示为

$$\mathscr{E}_i=\oint_L \boldsymbol{E}_r\cdot\mathrm{d}\boldsymbol{l}=-\frac{\mathrm{d}}{\mathrm{d}t}\int_S \boldsymbol{B}\cdot\mathrm{d}\boldsymbol{S}.$$

当闭合回路 L 不动时，可以把对时间的微商和对曲面 S 的积分两个运算的顺序交换，得

$$\oint_L \boldsymbol{E}_r\cdot\mathrm{d}\boldsymbol{l}=-\int_S \frac{\partial \boldsymbol{B}}{\partial t}\cdot\mathrm{d}\boldsymbol{S}, \qquad (9-4)$$

这就是法拉第电磁感应定律的积分形式. (9－4)式中的负号表示 $\boldsymbol{E}_r$ 与 $\frac{\partial \boldsymbol{B}}{\partial t}$ 构成左手螺旋关系，是楞次定律的数学表示.

如果同时存在静电场 $\boldsymbol{E}_e$，则总电场 $\boldsymbol{E}$ 等于涡旋电场 $\boldsymbol{E}_r$ 与静电场 $\boldsymbol{E}_e$ 的矢量和，并且有静电场环流定理 $\oint_L \boldsymbol{E}_e\cdot\mathrm{d}\boldsymbol{l}=0$，所以不难得到，对总电场 $\boldsymbol{E}=\boldsymbol{E}_r+\boldsymbol{E}_e$ 而言，有

$$\oint_L \boldsymbol{E} \cdot \mathrm{d}\boldsymbol{l} = -\int_S \frac{\partial \boldsymbol{B}}{\partial t} \cdot \mathrm{d}\boldsymbol{S},$$

式中，$\frac{\partial \boldsymbol{B}}{\partial t}$表示某一给定点的 $\boldsymbol{B}$ 随时间 t 的变化率.

§9.3 自感与互感

一、自感

自感

电流流过线圈时，其磁感线将穿过线圈本身，因而给线圈提供了磁通量. 如果电流随时间而变化，线圈中就会因磁通量变化而产生感生电动势，这种现象叫**自感现象**.

自感现象可用图 9－6 所示的实验来演示. 图 9－6(a)中 A_1、A_2 是两个相同的小灯泡，L 是带铁芯的多匝线圈，R 是电阻，其阻值与 L 的阻值相等. 接通开关 K，灯泡 A_1 立即变亮，而灯泡 A_2 逐渐变亮，最后与 A_1 亮度相同. 这说明，由于 L 中存在自感电动势，电流的增大是比较迟缓的. 自感的这种作用称为“电磁惯性”.

而在图 9－6(b)中，开关 K 断开时，可以看到灯泡 A 不会立即熄灭，而是猛然一亮，然后逐渐熄灭. 这是因为断开开关时，线圈 L 与电源脱离，L 上的电流从有变无，是一个减小的过程. 线圈 L 上的自感电动势将阻碍电流的减小，所以线圈上电流不会立即减为零. 但此时开关 K 已切断，线圈 L 上的电流会通过灯泡 A，因此灯泡 A 不会立即熄灭. 实验中线圈 L 的电阻远小于灯泡 A 的电阻. 在开关 K 连通、电路处于稳定状态时，流过线圈的电流远大于流过灯泡的电流. 在切断开关的瞬间，流过线圈的电流就流过灯泡，使灯泡猛然一亮. 但由于线圈与灯泡均已脱离了电源，所以电流必将逐渐减小为零，因而灯泡逐渐熄灭.

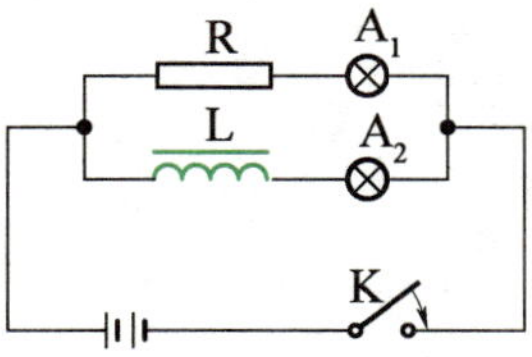

(a) 电流增大时的自感现象

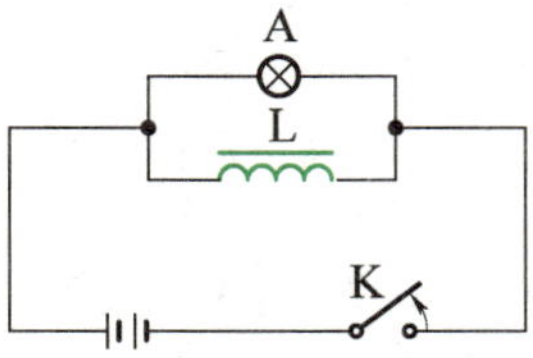

(b) 电流减小时的自感现象

图 9－6 自感现象

不同线圈产生自感现象的能力不同. 一个密绕的 N 匝线圈，每一匝可近似看成一条闭合曲线. 线圈中电流激发的穿过每匝线圈的磁通量近似相等，叫自感磁通，记作 $\Phi_{\mathrm{m自}}$. 因为整个线圈是 N 匝相同的线圈串联，所以整个线圈的自感电动势为

$$\mathscr{E}_{自} = -N\frac{\mathrm{d}\Phi_{\mathrm{m自}}}{\mathrm{d}t} = -\frac{\mathrm{d}(N\Phi_{\mathrm{m自}})}{\mathrm{d}t}.$$

令 $\Psi_{\text{m自}}=N\Phi_{\text{m自}}$，称为线圈的自感磁链，则

$$\mathscr{E}_{自}=-\frac{\mathrm{d}\Psi_{\text{m自}}}{\mathrm{d}t}.$$

根据毕奥–萨伐尔定律，电流在空间各点激发的磁感应强度 $\boldsymbol{B}$ 的大小都与电流 I 成正比（有铁芯的线圈除外），而对同一个线圈，$\Phi_{\text{m自}}$ 又与 B 成正比，故 $\Psi_{\text{m自}}$ 与 I 成正比，即

$$\Psi_{\text{m自}}\propto I,$$

写成等式为

$$\Psi_{\text{m自}}=LI,$$

式中，比例系数 L 称为线圈的**自感系数**，简称**自感**. 它只依赖于线圈本身的形状、大小及介质的磁导率，而与电流无关（有铁芯的线圈除外）. 引入自感后自感电动势为

$$\mathscr{E}_{自}=-L\frac{\mathrm{d}I}{\mathrm{d}t}, \tag{9-5}$$

式中，规定 $\mathscr{E}_{自}$ 与 I 的正向相同. 在国际单位制中，L 的单位是亨利（H），1 H＝1 Wb・A^{-1}. 在实际工作中，还经常采用较小的单位毫亨（mH）和微亨（μH）.

对于真空中长直密绕螺线管，容易计算其自感 $L=\mu_0 n^2 V$. 其中，n 是单位长度匝数，V 为螺线管内部空间的体积. 任意形状线圈的自感系数不易计算，多由测量得到.

自感现象在电工、电子技术中有广泛的应用. 日光灯镇流器是自感现象应用在电工技术中最简单的例子. 在电子电路中也广泛应用自感现象，如自感元件与电容组成的谐振电路和滤波器等. 在供电系统中切断载有强大电流的电路时，由于电路中自感元件的作用，开关触头处会出现强烈的电弧，容易危及设备与人身安全. 为避免事故，必须使用带有灭弧结构的特殊开关，如油开关等.

二、互感

如图 9－7 所示，两个邻近的线圈（1）和线圈（2）分别通有电流 I_1 和 I_2. 当其中一个线圈的电流发生变化时，在另一个线圈中会产生感生电动势. 这种因两个载流线圈中的电流变化而相互在对方线圈中激起感生电动势的现象叫**互感现象**.

互感

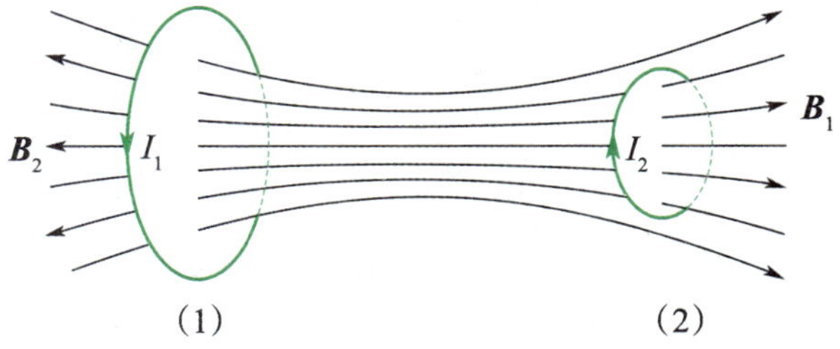

图 9－7　互感现象

互感系数的计算

在两线圈的形状、相互位置保持不变时，根据毕奥–萨伐尔定律，由电流 I_1 产生的空间各点磁感应强度 $\boldsymbol{B}_1$ 均与 I_1 成正比. 因而 $\boldsymbol{B}_1$ 穿过另一线圈（2）的磁通链 Ψ_{m21} 也与电流 I_1 成正比，即

$$\Psi_{m21}=M_{21}I_1.$$

同理

$$\Psi_{m12}=M_{12}I_2,$$

式中，M_{21} 和 M_{12} 是两个比例系数. 实验与理论均证明 $M_{21}=M_{12}$，故用 M 表示，称为两线圈的**互感系数**，简称**互感**. 根据法拉第电磁感应定律，电流 I_1 的变化在线圈(2)中产生的互感电动势

$$\mathscr{E}_{21}=-M\frac{\mathrm{d}I_1}{\mathrm{d}t}. \tag{9-6a}$$

同理，电流 I_2 的变化在线圈(1)中产生的互感电动势

$$\mathscr{E}_{12}=-M\frac{\mathrm{d}I_2}{\mathrm{d}t}. \tag{9-6b}$$

互感系数的单位与自感系数相同. 互感系数也不易计算，一般也常由实验测定.

互感现象被广泛应用于无线电技术和电磁测量中. 通过互感线圈能够使能量或信号由一个线圈传递到另一个线圈. 各种电源变压器、中周变压器、输入输出变压器、电压互感器、电流互感器等都是利用互感原理制成的. 但是，电路之间的互感也会引起相互干扰，必须采用磁屏蔽的方法来减小这种干扰.

§9.4 磁场能量

一、自感磁能

自感为 L 的线圈与电源接通，线圈中的电流 i 将由零增大至恒定值 I. 这一电流变化在线圈中所产生的自感电动势与电流的方向相反，起着阻碍电流增大的作用. 因此自感电动势 $\mathscr{E}=-L\dfrac{\mathrm{d}i}{\mathrm{d}t}$ 做负功. 在建立电流 I 的整个过程中，外电源不仅要供给电路中产生焦耳热的能量，而且还要反抗自感电动势做功 W，即

$$W=\int \mathrm{d}W=\int_0^{\infty}(-\mathscr{E})i\,\mathrm{d}t=\int_0^{\infty}L\frac{\mathrm{d}i}{\mathrm{d}t}i\,\mathrm{d}t=\int_0^{I}Li\,\mathrm{d}i=\frac{1}{2}LI^2.$$

电源反抗自感电动势所做的功 W 转化为储存在线圈中的能量，称为自感磁能，即

$$W_m=\frac{1}{2}LI^2. \tag{9-7}$$

在图 9-6(b)中，切断开关后，灯泡 A 不立即熄灭而是猛然一亮，然后逐渐熄灭，就是因为线圈中所储存的磁能通过自感电动势做功全部释放出来，变成灯泡 A 在很短时间内所发的光能与热能.

二、磁场能量

磁场能量

与电场一样，磁能是定域在磁场中的. 我们可以从通电自感线圈储存自感磁能的公式导出磁场的能量密度公式，下面以螺线管为例. 长直密绕螺线管的自感

$L=\mu_0 n^2 V$，如果管内充满均匀磁介质（非铁磁质），则 $L=\mu n^2 V$，μ 为磁介质的磁导率. 当螺线管通以电流 I 时，它所储存的磁能为

$$W_m=\frac{1}{2}LI^2=\frac{1}{2}\mu n^2 VI^2,$$

因为长直螺线管内 $H=nI$，$B=\mu nI$，所以

$$W_m=\frac{1}{2}BHV,$$

式中，V 是螺线管内部空间体积，也就是磁场存在的空间体积，并且螺线管内部是均匀磁场. 所以

遥感技术

$$w_m=\frac{W_m}{V}=\frac{1}{2}BH, \tag{9-8}$$

w_m 表示磁场中单位体积空间的能量，叫作**磁场能量密度**.

虽然(9-8)式是从一个特例推导得出的，但可以证明在磁场非均匀的情况下仍成立.

对于一个载流线圈有

$$\frac{1}{2}LI^2=\int_V \frac{1}{2}\boldsymbol{B}\cdot\boldsymbol{H}\mathrm{d}V=W_m,$$

上式不仅为自感 L 提供了另一种计算方法，而且对于有限横截面积的导体来说（导线的横截面积不能忽略时），它还为自感提供了基本的定义，即磁能法定义自感 $L=\frac{2W_m}{I^2}$.

例 9-4　求无限长圆柱形同轴电缆长为 l 的一段中磁场的能量及自感. 设内、外导体的截面半径分别为 R_1，R_2（$R_2>R_1$），电缆通有电流 I，两导体之间磁介质的磁导率设为 μ.

解　作为传输超高频信号（如微波）的同轴电缆如图 9-8 所示，由于趋肤效应，磁场只存在于两导体之间，即$R_1<r<R_2$ 的空间内. 利用安培环路定理不难求得磁场分布为

$$H=\frac{I}{2\pi r},\quad B=\mu H=\frac{\mu I}{2\pi r}.$$

所以磁场能量密度

$$w_m=\frac{1}{2}BH=\frac{\mu I^2}{8\pi^2 r^2}.$$

在长为 l 的一段同轴电缆内总的磁场能量为

$$W_m=\int_V w_m\mathrm{d}V=\int_{R_1}^{R_2}\frac{\mu I^2}{8\pi^2 r^2}\cdot l2\pi r\mathrm{d}r=\frac{\mu I^2 l}{4\pi}\ln\frac{R_2}{R_1},$$

所以自感为

$$L=\frac{2W_m}{I^2}=\frac{\mu l}{2\pi}\ln\frac{R_2}{R_1}.$$

而单位长度的圆柱形同轴电缆的自感为

$$L_0=\frac{\mu}{2\pi}\ln\frac{R_2}{R_1}.$$

其只与电缆的结构及介质情况有关.

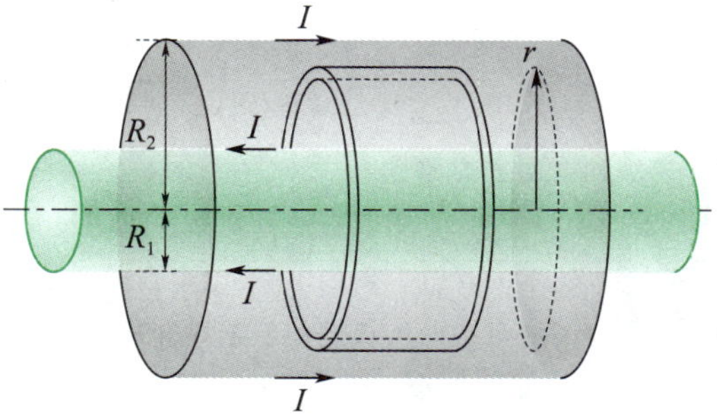

图 9-8　例 9-4 图

*§9.5 位移电流　麦克斯韦方程组

一、位移电流

1. 电磁场的基本规律

位移电流

对于静电场，由库仑定律和电场强度叠加原理，可以导出描述电场性质的高斯定理和静电场环流定理，即

$$\oint_S \boldsymbol{D} \cdot \mathrm{d}\boldsymbol{S} = \sum q_i, \tag{9-9}$$

$$\oint_L \boldsymbol{E} \cdot \mathrm{d}\boldsymbol{l} = 0. \tag{9-10}$$

对于稳恒磁场，由毕奥—萨伐尔定律和磁感应强度叠加原理，可以导出描述稳恒磁场性质的高斯定理和安培环路定理，即

$$\oint_S \boldsymbol{B} \cdot \mathrm{d}\boldsymbol{S} = 0, \tag{9-11}$$

$$\oint_L \boldsymbol{H} \cdot \mathrm{d}\boldsymbol{l} = \sum I_i. \tag{9-12}$$

对于变化的磁场，麦克斯韦提出，感生电动势现象预示着变化的磁场周围产生了涡旋电场. 于是，法拉第电磁感应定律就表明了，在普遍（非稳恒）情况下电场的环流定理应是

$$\oint_L \boldsymbol{E} \cdot \mathrm{d}\boldsymbol{l} = -\int_S \frac{\partial \boldsymbol{B}}{\partial t} \cdot \mathrm{d}\boldsymbol{S}. \tag{9-13}$$

注意：(9－13)式中的电场 $\boldsymbol{E}$ 包括静电场和非稳恒电场的总和，而静电场的环流定理(9－10)式只是它的一个特例.

从当时的实验资料和理论分析，都没有发现电场的高斯定理和磁场的高斯定理在非稳恒条件下有什么不合理的地方. 麦克斯韦假定它们在普遍（非稳恒）情况下仍应成立. 然而，麦克斯韦在分析安培环路定理时发现，将它应用到非稳恒磁场时遇到了困难.

2. 位移电流

在稳恒条件下，无论载流回路周围是真空还是磁介质，安培环路定理都可以写成

$$\oint_L \boldsymbol{H} \cdot \mathrm{d}\boldsymbol{l} = \sum I_i = \int_S \boldsymbol{j}_0 \cdot \mathrm{d}\boldsymbol{S}, \tag{9-14}$$

式中，$\sum I_i$ 是穿过以闭合回路 L 为边界的任意曲面 S 的传导电流，等于传导电流密度 $\boldsymbol{j}_0$ 在 S 面上的通量.

科研设备介绍

500 米口径球面射电望远镜

为了考察在非稳恒条件下，安培环路定理(9－12)式是否仍然成立，我们分析如图 9－9 所示的含电容器的电路. 电容器的充放电过程显然是非稳恒过程，导线中的电流是随时间变化的，并且在两极板之间的绝缘介质中没有传导电流. 如果围绕导线取一闭合回路 l，并以 l 为边界作两个曲面 S_1 和 S_2，其中 S_1 与导线相交，而 S_2 穿过两极板之间的绝缘介质，则有

$$\int_{S_1} \boldsymbol{j}_0 \cdot \mathrm{d}\boldsymbol{S} = I_0, \tag{9-15a}$$

$$\int_{S_2} \boldsymbol{j}_0 \cdot \mathrm{d}\boldsymbol{S} = 0. \tag{9-15b}$$

也就是说，电容器的存在破坏了电路中传导电流的连续性，使得以同一闭合回路 l 所作的不同曲面 S_1 和 S_2 上穿过的电流不同，从而(9－12)式失去了意义. 因此，在非稳恒磁场中安培环路

定理(9－12)式不再适用,必须以新的规律来代替它.

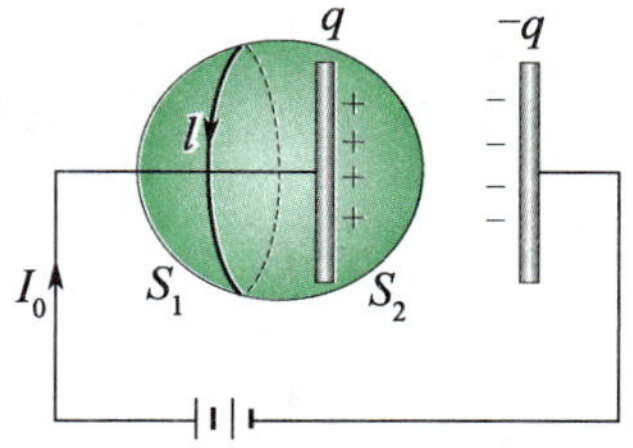

图 9－9　含电容器的电路

在如图 9－9 所示的电容器充电过程中,传导电流在电容器极板上终止的同时,将在极板表面引起自由电荷的积累,即正极板 $+q$ 增加、负极板 $-q$ 增加. 从而引起两极板之间的电场随之变化. 因为穿过任意闭合曲面 S 的传导电流密度的通量 $\oint_S \boldsymbol{j}_0 \cdot \mathrm{d}\boldsymbol{S}$ 就是流出 S 面的电流,它应当等于 S 面内部自由电荷在单位时间的减少率,即

$$\oint_S \boldsymbol{j}_0 \cdot \mathrm{d}\boldsymbol{S} = -\frac{\mathrm{d}q}{\mathrm{d}t}, \tag{9-16}$$

式中,S 是由 S_1 和 S_2 构成的闭合曲面,q 是积累在闭合曲面 S 内的极板上的自由电荷,即图 9－9 所示的正极板表面的自由电荷.

另外,根据麦克斯韦的假设,对此非稳恒电场高斯定理仍然成立,则有

$$\oint_S \boldsymbol{D} \cdot \mathrm{d}\boldsymbol{S} = q,$$

对此式两边求微商,得

$$\frac{\mathrm{d}}{\mathrm{d}t}\oint_S \boldsymbol{D} \cdot \mathrm{d}\boldsymbol{S} = \oint_S \frac{\partial \boldsymbol{D}}{\partial t} \cdot \mathrm{d}\boldsymbol{S} = \frac{\mathrm{d}q}{\mathrm{d}t},$$

把此式代入(9－16)式,得

$$\oint_S \boldsymbol{j}_0 \cdot \mathrm{d}\boldsymbol{S} = -\oint_S \frac{\partial \boldsymbol{D}}{\partial t} \cdot \mathrm{d}\boldsymbol{S},$$

可将此式改写为

$$\oint_S \left(\boldsymbol{j}_0 + \frac{\partial \boldsymbol{D}}{\partial t}\right) \cdot \mathrm{d}\boldsymbol{S} = 0$$

或

$$\int_{S_1} \left(\boldsymbol{j}_0 + \frac{\partial \boldsymbol{D}}{\partial t}\right) \cdot \mathrm{d}\boldsymbol{S} = \int_{S_2} \left(\boldsymbol{j}_0 + \frac{\partial \boldsymbol{D}}{\partial t}\right) \cdot \mathrm{d}\boldsymbol{S}. \tag{9-17}$$

由此可见,在非稳恒条件下,尽管传导电流密度 $\boldsymbol{j}$ 不一定连续,但 $\boldsymbol{j}_0 + \frac{\partial \boldsymbol{D}}{\partial t}$ 这个量永远是连续的. 并且 $\frac{\partial \boldsymbol{D}}{\partial t}$ 具有电流密度的性质,麦克斯韦把它称作**位移电流密度 $\boldsymbol{j}_\mathrm{D}$**,即

$$\boldsymbol{j}_\mathrm{D} = \frac{\partial \boldsymbol{D}}{\partial t}, \tag{9-18}$$

而把 $\frac{\mathrm{d}\Phi_{\mathrm{eD}}}{\mathrm{d}t}$ 称为**位移电流** I_D,即

$$I_\mathrm{D} = \frac{\mathrm{d}\Phi_{\mathrm{eD}}}{\mathrm{d}t} = \frac{\mathrm{d}}{\mathrm{d}t}\int_S \boldsymbol{D} \cdot \mathrm{d}\boldsymbol{S} = \int_S \frac{\partial \boldsymbol{D}}{\partial t} \cdot \mathrm{d}\boldsymbol{S} = \int_S \boldsymbol{j}_\mathrm{D} \cdot \mathrm{d}\boldsymbol{S}, \tag{9-19}$$

并把传导电流 I_0 与位移电流 I_D 合在一起称为全电流 I,即全电流 I 为

$$I = I_0 + I_\mathrm{D} = \int_S \boldsymbol{j}_0 \cdot \mathrm{d}\boldsymbol{S} + \int_S \boldsymbol{j}_\mathrm{D} \cdot \mathrm{d}\boldsymbol{S} = \int_S \left(\boldsymbol{j} + \frac{\partial \boldsymbol{D}}{\partial t}\right) \cdot \mathrm{d}\boldsymbol{S}. \tag{9-20}$$

在图 9－9 所示的电路中,电容器极板表面中断了的传导电流 I_0 被绝缘介质中的位移电流

$I_D=\frac{d\Phi_{eD}}{dt}$接续，二者合在一起保持全电流的连续性. 在一般情况下，电介质中的电流主要是位移电流，传导电流可忽略不计；而在导体中主要是传导电流，位移电流可忽略不计. 但在超高频电流情况下，导体内的传导电流和位移电流均起作用，不可忽略.

在真空中位移电流密度为

$$\boldsymbol{j}_D=\varepsilon_0\frac{\partial \boldsymbol{E}}{\partial t}.$$

它是位移电流的基本组成部分，说明真空中的位移电流或曰“纯粹”的位移电流本质上是变化着的电场，而与电荷的定向运动无关.

麦克斯韦的位移电流假设的实质在于，它说明了位移电流与传导电流一样都是激发磁场的源，其核心是变化的电场可以激发磁场. 但是，位移电流与传导电流仅仅在激发磁场这一点上是相同的. 在本质上位移电流是变化着的电场，而传导电流则是自由电荷的定向运动. 此外，传导电流在通过导体时会产生焦耳热，而导体中的位移电流则不会产生焦耳热. 高频情况下介质的反复极化会放出大量热，这是位移电流热效应的原因. 但这与传导电流通过导体时放出的焦耳热不同，遵从完全不同的规律.

二、全电流定律

在引进了位移电流的概念之后，麦克斯韦为了把安培环路定理推广到非稳恒情况下也适用的普遍形式，用全电流代替(9-12)式右边的传导电流，得到

$$\oint_L \boldsymbol{H}\cdot d\boldsymbol{l}=\sum I_i+\int_S\frac{\partial \boldsymbol{D}}{\partial t}\cdot d\boldsymbol{S}. \qquad (9-21)$$

即在普遍情况下，磁场强度 $\boldsymbol{H}$ 沿任一闭合回路 L 的积分等于穿过以该回路为边界的任意曲面的全电流. 这就是麦克斯韦的**全电流定律**.

三、麦克斯韦方程组

麦克斯韦把电磁现象的普遍规律概括为四个方程式，通常称为麦克斯韦方程组.

麦克斯韦电磁场方程组

(1)通过任意闭合面的电位移通量等于该曲面所包围的自由电荷的代数和，即

$$\oint_S \boldsymbol{D}\cdot d\boldsymbol{S}=\sum q_i.$$

注意：上式在电荷和电场都随时间变化时仍然成立. 这意味着尽管这时电场与电荷之间的关系不像静电场那样由库仑定律决定，但任一闭合面的 $\boldsymbol{D}$ 通量与闭合面内自由电荷的电量之间的关系仍遵从高斯定理.

(2)电场强度沿任意闭合曲线的线积分等于以该曲线为边界的任意曲面的磁通量对时间变化率的负值，即

$$\oint_L \boldsymbol{E}\cdot d\boldsymbol{l}=-\int_S\frac{\partial \boldsymbol{B}}{\partial t}\cdot d\boldsymbol{S}.$$

这里的电场 $\boldsymbol{E}$ 包括自由电荷产生的库仑电场和由变化的磁场所产生的涡旋电场.

(3)通过任意闭合曲面的磁通量恒等于零，即

$$\oint_S \boldsymbol{B}\cdot d\boldsymbol{S}=0.$$

这也是从稳恒磁场到对随时间变化的非稳恒磁场的假设性推广.

(4)磁场强度沿任意闭合曲线的线积分等于穿过以该曲线为边界的曲面的全电流，即

$$\oint_L \boldsymbol{H}\cdot d\boldsymbol{l}=\sum I_i+\int_S\frac{\partial \boldsymbol{D}}{\partial t}\cdot d\boldsymbol{S}.$$

前面我们已对此作了详细论述.

归纳起来，麦克斯韦方程组的积分形式为

$$\oint_S \boldsymbol{D}\cdot \mathrm{d}\boldsymbol{S}=\sum q_i; \tag{9-22a}$$

$$\oint_L \boldsymbol{E}\cdot \mathrm{d}\boldsymbol{l}=-\int_S \frac{\partial \boldsymbol{B}}{\partial t}\cdot \mathrm{d}\boldsymbol{S}; \tag{9-22b}$$

$$\oint_S \boldsymbol{B}\cdot \mathrm{d}\boldsymbol{S}=0; \tag{9-22c}$$

$$\oint_L \boldsymbol{H}\cdot \mathrm{d}\boldsymbol{l}=\sum I_i+\int_S \frac{\partial \boldsymbol{D}}{\partial t}\cdot \mathrm{d}\boldsymbol{S}. \tag{9-22d}$$

探雷器是如何工作的?

从上面的论述中我们看到，麦克斯韦理论不但提出了涡旋电场、位移电流这样的概念，还包括了从特殊情况(静电场和稳恒磁场)向一般非稳恒情况的假设性推广. 如稳恒场的高斯定理在非稳恒场中仍成立的假设，它的正确性由一系列理论与实验高度符合的事实得到证实.

习　题　9

习题参考答案

1. 选择题

(1)一圆形线圈在均匀磁场中做下列运动时，会产生感应电流的是(　　).

(A)沿垂直磁场方向平移

(B)以直径为轴转动，轴跟磁场垂直

(C)沿平行磁场方向平移

(D)以直径为轴转动，轴跟磁场平行

(2)如题 9.1(2)图所示，长度为 l 的直导线 ab 在均匀磁场 B 中以速度 $\boldsymbol{v}$ 移动，直导线 ab 中的电动势为(　　).

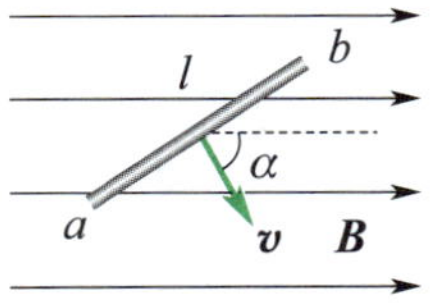

题 9.1(2)图

(A)Blv　　(B)$Blv\sin\alpha$

(C)$Blv\cos\alpha$　　(D)0

(3)对于涡旋电场，下列说法不正确的是(　　).

(A)涡旋电场对电荷有作用力

(B)涡旋电场由变化的磁场产生

(C)涡旋电场由电荷激发

(D)涡旋电场的电场线是闭合的

(4)下列矢量场中属于保守力场的是(　　).

(A)静电场　　(B)稳恒磁场

(C)感生电场　　(D)变化的磁场

(5)用线圈的自感系数 L 来表示载流线圈磁场能量的公式 $W_m=\frac{1}{2}LI^2$(　　).

(A)只适用于无限长密绕螺线管

(B)只适用于单匝圆线圈

(C)只适用于一个匝数很多，且密绕的螺绕环

(D)适用于自感系数 L 一定的任意线圈

*(6)对位移电流，下列说法中正确的是(　　).

(A)位移电流是指变化的电场

(B)位移电流是由线性变化的磁场产生的

(C)位移电流的热效应服从焦耳定律

(D)位移电流的磁效应不服从安培环路定理

*(7)如题 9.1(7)图所示为一充电后的平行板电容器，A 板带正电，B 板带负电，开关 K 合上时，位移电流方向为(按图上所示 x 轴正方向回答)(　　).

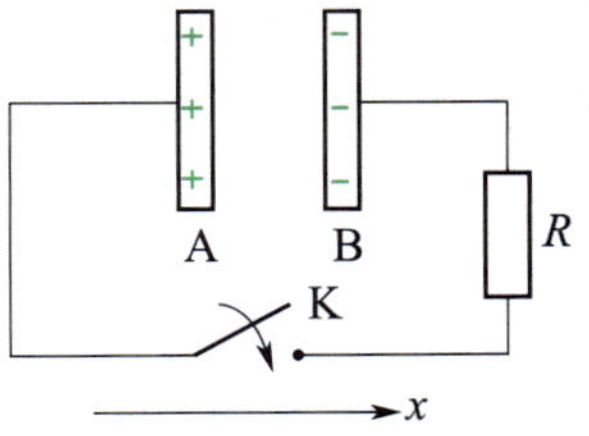

题 9.1(7)图

(A)x 轴正方向　　(B)x 轴负方向

(C)x 轴正方向或负方向　　(D)不确定

*(8)如题9.1(8)图所示，平板电容器(忽略边缘效应)充电时，沿环路 L_1、L_2 的磁场强度 H 的环流中，必有(　　).

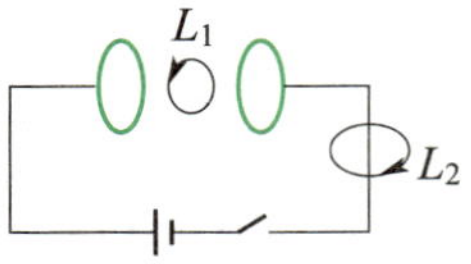

题 9.1(8)图

(A)$\oint_{L_1} \boldsymbol{H} \cdot \mathrm{d}\boldsymbol{l} > \oint_{L_2} \boldsymbol{H} \cdot \mathrm{d}\boldsymbol{l}$

(B)$\oint_{L_1} \boldsymbol{H} \cdot \mathrm{d}\boldsymbol{l} = \oint_{L_2} \boldsymbol{H} \cdot \mathrm{d}\boldsymbol{l}$

(C)$\oint_{L_1} \boldsymbol{H} \cdot \mathrm{d}\boldsymbol{l} < \oint_{L_2} \boldsymbol{H} \cdot \mathrm{d}\boldsymbol{l}$

(D)$\oint_{L_1} \boldsymbol{H} \cdot \mathrm{d}\boldsymbol{l} = 0$

2. 填空题

(1)将金属圆环从磁极间沿与磁感应强度垂直的方向抽出时，圆环将受到________.

(2)产生动生电动势的非静电场力是________，产生感生电动势的非静电场力是________，激发感生电场的场源是________.

(3)长为 l 的金属直导线在垂直于均匀磁场 $\boldsymbol{B}$ 的平面内以角速度 ω 转动，如果转轴的位置在金属直导线的________点，这个导线上的电动势最大，数值为________；如果转轴的位置在________点，整个导线上的电动势最小，数值为________.

(4)已知通过一线圈的磁通量随时间变化的规律为 $\Phi_m = 6t^2 + 9t + 2$，则当 $t = 2$ s 时，线圈中的感应电动势为________.(SI 制)

(5)楞次定律可以表述为________________________.

(6)变化的磁场和其产生的涡旋电场之间的关系表达式为________.

(7)两任意形状的导体回路 1 和 2，通有相同的稳恒电流 I，则回路 2 中的电流产生的磁场穿过回路 1 的磁通量为 Φ_{12}，回路 1 中的电流产生的磁场穿过回路 2 的磁通量为 Φ_{21}，两者之间的关系为________.

(8)真空中一长直螺线管通有电流 I_1 时，储存的磁能为 W_1，若螺线管中充以相对磁导率 $\mu_r = 4$ 的磁介质，且电流增加为 $I_2 = 2I_1$，螺线管中储存的能量为 W_2，则 $W_1 : W_2$ 为________.

3. 解答题

9.3.1 在磁感应强度 $\boldsymbol{B}$ 为 0.4 T 的均匀磁场中放置一圆形回路，回路平面与 $\boldsymbol{B}$ 垂直，回路的面积与时间的关系为 $S = 5t^2 + 3(\mathrm{cm}^2)$，求 $t = 2$ s 时回路中感应电动势的大小.

9.3.2 如题 9.3.2 图所示，载有电流 I 的长直导线附近，放一导体半圆环 MeN 与长直导线共面，且端点 M，N 的连线与长直导线垂直. 半圆环的半径为 b，环心 O 与导线相距 a. 设半圆环以速度 $\boldsymbol{v}$ 平行导线平移. 求半圆环内感应电动势的大小和方向及 MN 两端的电压$U_M - U_N$.

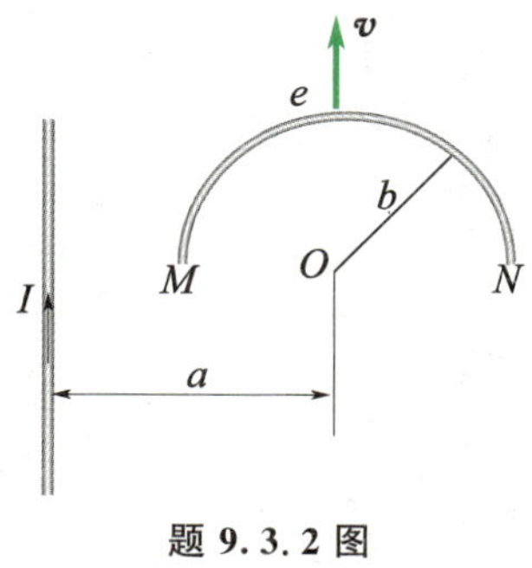

题 9.3.2 图

9.3.3 如题 9.3.3 图所示，在两平行载流的无限长直导线的平面内有一矩形线圈. 两导线中的电流方向相反、大小相等，且电流以$\frac{dI}{dt}$的变化率增大，求：

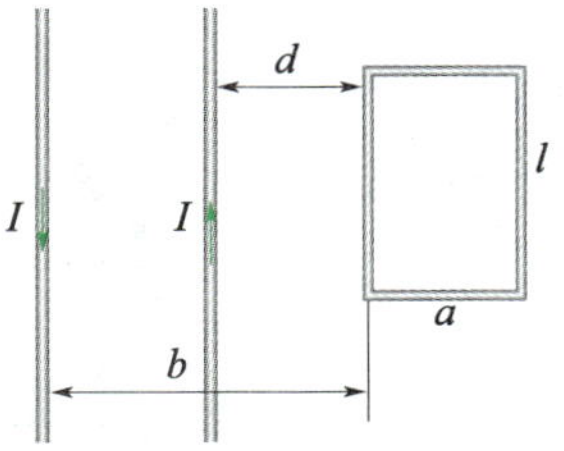

题 9.3.3 图

(1)任一时刻线圈内所通过的磁通量；

(2)线圈中的感应电动势.

9.3.4 如题 9.3.4 图所示，长直导线通以电流$I=5$ A，在其右方放一长方形线圈，两者共面. 线圈长$b=0.06$ m，宽 $a=0.04$ m，线圈以速度 $v=0.03\ \text{m}\cdot\text{s}^{-1}$垂直于直线平移远离. 求 $d=0.05$ m 时线圈中感应电动势的大小和方向.

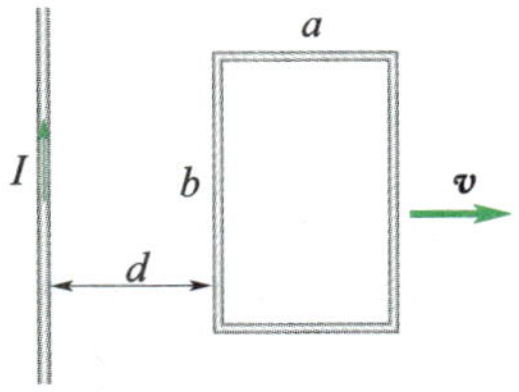

题 9.3.4 图

9.3.5 长度为 l 的金属杆 ab 以速率 v 在导电轨道 $adcb$ 上平行移动. 已知导轨处于均匀磁场 $\boldsymbol{B}$ 中，$\boldsymbol{B}$ 的方向与回路的法线成 60°角(见题 9.3.5 图)，$\boldsymbol{B}$ 的大小为$B=kt$(k 为正常数). 设$t=0$时杆位于 cd 处，求任一时刻 t 导线回路中感应电动势的大小和方向.

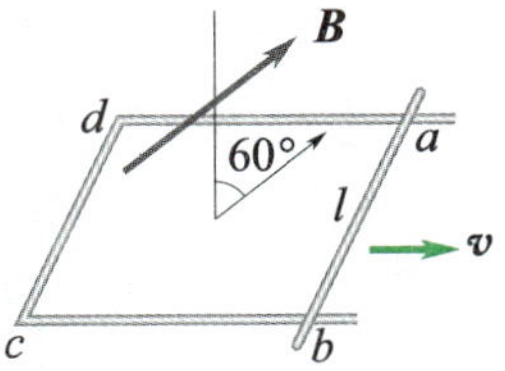

题 9.3.5 图

9.3.6 一矩形导线框以恒定的加速度向右穿过一均匀磁场区，$\boldsymbol{B}$ 的方向如题 9.3.6 图所示. 取逆时针方向为电流正方向，画出线框中电流与时间的关系(设导线框刚进入磁场区时$t=0$).

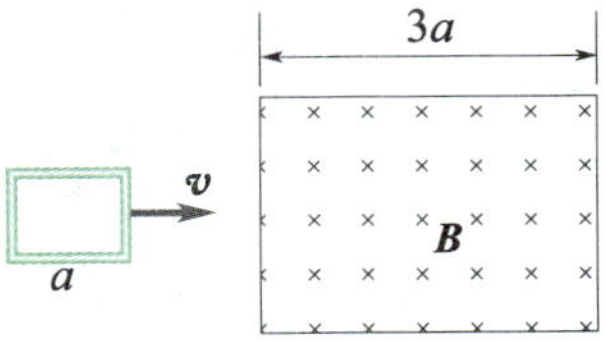

题 9.3.6 图

9.3.7 导线 ab 长为 l，绕过 O 点的垂直轴以匀角速 ω 转动. $aO=\frac{l}{3}$，磁感应强度 $\boldsymbol{B}$ 平行于转轴，如题9.3.7 图所示. 试求：

(1) ab 两端的电势差；

(2) a、b 两端哪一点电势高.

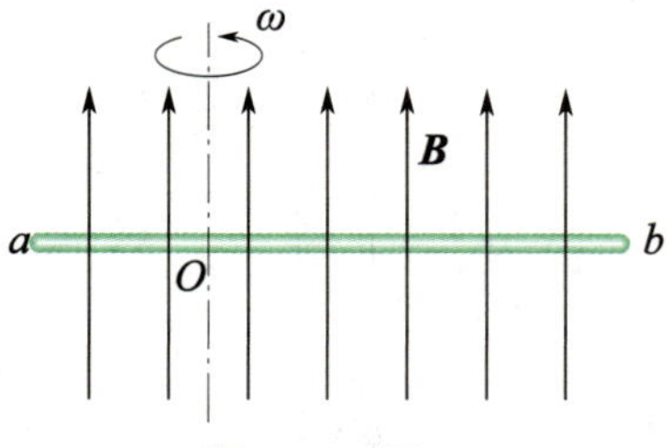

题 9.3.7 图

9.3.8 北半球某地的磁场的磁感应强度为 4×10^{-5} T，磁场方向与水平方向夹角为 60°. 现将一根长 1 m、东西方向水平放置的均匀金属棒自由落下，求 $t=3$ s 时金属棒中感应电动势的大小.

9.3.9 两根平行长直导线，横截面的半径都是 a，中心相距 d，两导线属于同一回路. 设两导线内部的磁通量可忽略不计，证明：这样一对导线长度为 l 的一段自感为

$$L=\frac{\mu_0 l}{\pi}\ln\frac{d-a}{a}.$$

9.3.10 磁感应强度为 $\boldsymbol{B}$ 的均匀磁场充满一半径为 R 的圆柱形空间，一金属杆放在如题 9.3.10 图所示的位置，杆长为 $2R$，其中一半位于磁场内、另一半在磁场外. 当 $\frac{\mathrm{d}B}{\mathrm{d}t}>0$ 时，求杆两端的感应电动势的大小和方向.

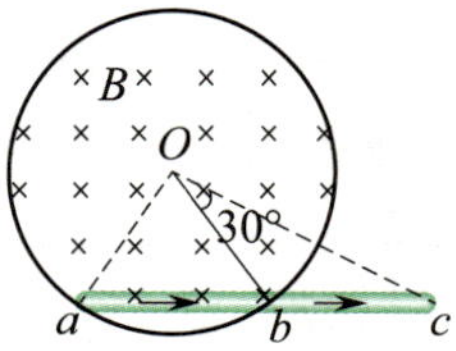

题 9.3.10 图

9.3.11 两线圈顺接后总自感为 1.0 H，在它们的形状和位置都不变的情况下，逆接后总自感为 0.4 H. 试求它们之间的互感.

9.3.12 一矩形截面的螺绕环如题 9.3.12 图所示，共有 N 匝.

(1) 求螺绕环的自感系数；

(2) 若导线内通有电流 I，环内磁能为多少？

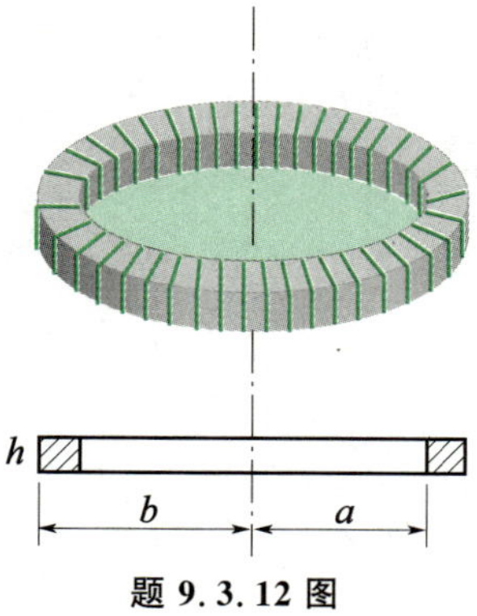

题 9.3.12 图

9.3.13 一无限长圆柱形直导线,其截面各处的电流密度相等,总电流为 I.求导线内部单位长度上所储存的磁能.

***9.3.14** 圆柱形电容器内、外导体截面半径分别为 R_1 和 R_2($R_1<R_2$),中间充满电容率为 ε 的电介质.当两极板间的电压随时间的变化规律为 $\frac{dU}{dt}=k$ 时(k 为常数),求介质内距圆柱轴线 r 处的位移电流密度.

***9.3.15** 试证:平行板电容器的位移电流可写成 $I_D=C\frac{dU}{dt}$.式中,C 为电容器的电容,U 是电容器两极板的电势差.如果不是平行板电容器,以上关系还适用吗?

***9.3.16** 半径为 $R=0.10$ m 的两块圆板构成平行板电容器,放在真空中.今对电容器匀速充电,使两极板间电场的变化率为 $\frac{dE}{dt}=1.0\times10^{13}\ V\cdot m^{-1}\cdot s^{-1}$.求两极板间的位移电流,并计算电容器内离两圆板中心连线 $r(r<R)$ 处的磁感应强度 B_r 及 $r=R$ 处的磁感应强度 B_R.

第10章 波动光学

本章提要

光学是物理学的一个重要组成部分，其内容包括几何光学、波动光学和量子光学等. 人们最早研究的光学内容是几何光学. 几何光学以光的直线传播性质和折射、反射定律为基础，研究光在透明介质中的传播规律. 以光的波动性质为基础，研究光的传播及规律的光学称为波动光学；以光的粒子性为基础，研究光与物质相互作用规律的光学称为量子光学.

本章仅从波动的角度来研究光的性质，分别介绍光的干涉、衍射和偏振，它的量子性将在"量子物理基础"章中介绍.

§10.1　杨氏双缝干涉

一、相干光

干涉现象是波动过程的基本特征之一，在第 4 章已经指出：**由频率相同、振动方向相同、相位相同或相位差恒定的两个波源**所发出的波才能产生相干现象. 在两相干波相遇的区域内，有些点的振动始终加强，有些点的振动始终减弱或完全抵消，即产生**干涉现象**.

机械波或无线电波的波源可以连续地振动，发出连续不断的正弦波，相干条件比较容易满足，因此观察这些波的干涉现象就比较方便. 例如，使两个频率相同的音叉在房间里振动，就可以听到房间里有些点的声振动始终很强，而另一些点的声振动始终很弱. 对于光波，情况就有所不同. 例如，教室内的两盏日光灯照射到黑板上，并不产生光强有强弱变化的干涉现象，即使在房间里放着两个发光频率完全相同的钠光灯，在它们所发出的光都能照到的区域，也观察不到光强有明暗相间的分布，这表明两个独立的光源即使频率相同，也不能构成相干光源. 这是由光源发光本质的复杂性所决定的.

能发光的物体称为**光源**. 光源发出的可见光是波长范围在 400～760 nm 之间可以引起视觉的电磁波. 常用的光源有两类：普通光源和激光光源. 普通光源有热光源(由热能激发，如白炽灯、太阳)、冷光源(由化学能、电能或光能激发，如荧光灯、气体放电管)等. 各种光源的激发方式不同，辐射机理也不相同. 在热光源中，大量分子和原子在热能的激发下处于高能量的激发态，当它从激发态返回到较低能量状态时，就把多余的能量以光波的形式辐射出来. 这些分子或原子间歇地向外发光，发光时间极短，仅持续 10^{-11}～10^{-8} s，因而它们发出的光波是在时间上很短、在空间中为有限长的一串串波列，如图 10-1(a)所示. 由于一个个波列之间没有任何联系，况且由于原子或分子的发光是间歇的，当它们发出一个波列之后，要间隔若干时间才能再发出第二个波列. 所以，即使是同一个原子，它先后所发出的波列的振动方向和相位也很难相同. 如图10-1(b)所示，两个独立光源中原子 1 和原子 2 各自发出一系列的波列，当它们到达点 P 时，因不符合相干条件，故不会产生干涉. 所以，两个独立的光源，不能构成相干光源. 不但如此，即使是同一个普通光源上不同部分发出的光，也不会产生干涉.

怎样才能获得能够发出两束相干光的光源呢？原则上可以将光源上同一发光点发出的光波分成两束，使之经历不同的路径再会合叠加. 由于这两束光是来自同一发光原子或分子且同时发出的，所以它们的频率和初相位必然完全相同. 在相遇点，这两束光的相位差是恒定的，而振动方向一般总有相互平行的振动分量，从而满足相干条件，可以产生干涉现象. 获得相干光的具体方法有两种：**分波阵面法和分振幅法**. 前者是**从同一波阵面上的不同部分产生的次级波相干**，如下面将要讨论的杨氏双缝干涉；后者是**利用光在透明介质薄膜表面的反射和折射将同一束光分割成振幅较小的两束相干光**，如后面要介绍的薄膜干涉.

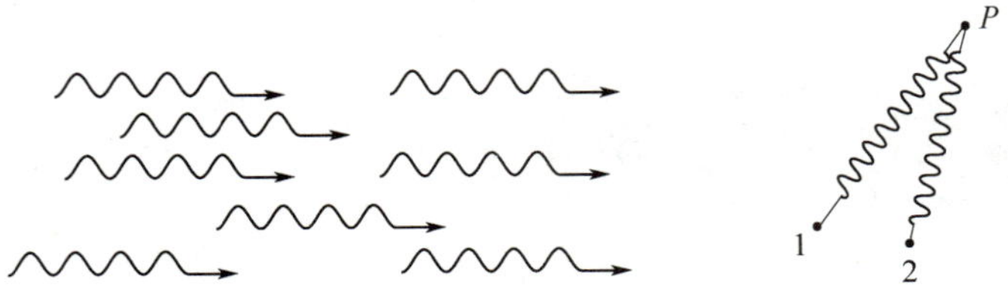

(a) 普通光源的各原子或分子所发出的光波是持续时间为 10^{-11}~10^{-8} s的波列，彼此完全独立

(b) 波列的叠加

图 10－1　波列

对于光波来说，振动的是电场强度 $\boldsymbol{E}$ 和磁场强度 $\boldsymbol{H}$，其中能引起人眼视觉或底片感光的是 $\boldsymbol{E}$，故通常把 $\boldsymbol{E}$ 叫作**光矢量**. 若两束光的光矢量满足相干条件，则它们是**相干光**，相应的光源叫作**相干光源**.

二、杨氏双缝干涉

杨氏双缝干涉实验是最早利用单一光源形成两束相干光，从而获得干涉现象的典型实验.

杨氏双缝干涉实验的相干光源是利用分波阵面法获取的. 实验装置如图 10－2 所示，在普通单色光源(如钠光灯)前面，先放置一个开有小孔 S 的屏，再放置一个开有两个相距很近的小孔 S_1 和 S_2 的屏，就可以在较远的接收屏上观测到明、暗交替的干涉图样. 根据惠更斯原理，小孔 S 可看作是发射球面波的点光源. 如果 S_1，S_2 处于该球面波的同一波阵面上，则它们满足振动方向相同、频率相同、相位差恒定(图 10－2 中的相位差为零)的相干条件. 也就是说，S_1，S_2 是满足相干条件的两个相干点光源，由它们发出的子波将在相遇区域发生干涉，这种干涉称为**分波阵面干涉**. 为了提高干涉条纹的亮度，后来人们改用狭缝代替小孔 S 及 S_1，S_2，即用柱面波代替球面波，这种实验就叫双缝干涉实验. 当激光问世以后，由于其具有相干性好和亮度高的特性，人们又多用激光来进行双缝干涉实验，直接用激光束照射双孔，便可在屏幕上获得清晰明亮的明、暗相间的干涉条纹.

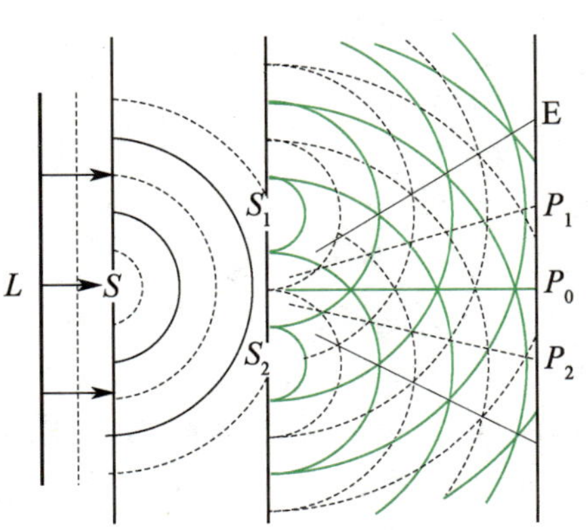

图 10－2　杨氏双缝干涉实验

现在对双缝干涉条纹的位置作定量分析. 如图 10－3 所示，S_1 与 S_2 之间的距离为 d，到屏幕 E 的距离为 D，MO 是 S_1S_2 的中垂线. 在屏幕 E 上任取一点 P，设

P 点到 O 点距离为 x，P 点到 S_1，S_2 的距离分别为 r_1，r_2，$\angle PMO=\theta$. 在实验中，一般 $D \gg d$，θ 很小，所以从 S_1 与 S_2 发出的光到达 P 点的波程差为

$$\delta = r_2 - r_1 \approx d\sin\theta \approx d\tan\theta = d\frac{x}{D}. \quad (10-1)$$

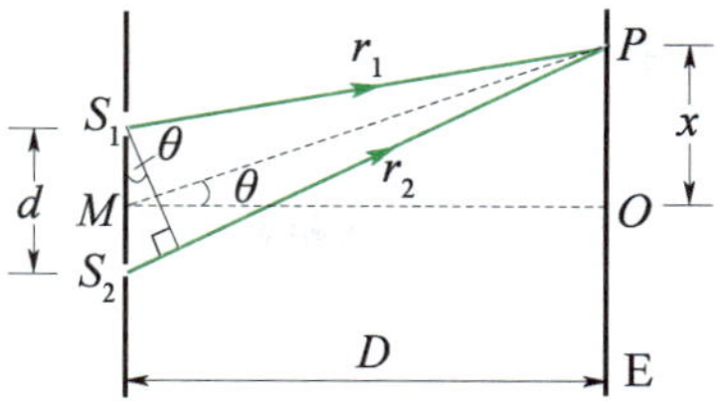

图 10－3　双缝干涉条纹的计算

根据波程差与相位差的关系式 $\Delta\varphi=\frac{2\pi}{\lambda}\delta$，结合第 4 章所讲述的相干波干涉加强或干涉减弱的条件，可推导出杨氏双缝干涉实验中两列光波的干涉加强或干涉减弱的条件为

$$\delta = r_2 - r_1 = \begin{cases} \pm k\lambda, & k=0,1,2,\cdots, \text{干涉加强}, \\ \pm(2k-1)\dfrac{\lambda}{2}, & k=1,2,\cdots, \text{干涉减弱}, \end{cases} \quad (10-2)$$

即 P 点到双缝的波程差为波长的整数倍时，P 点处将出现明纹. 其中 k 称为干涉级，$k=0$ 的明纹称为零级明纹或中央明纹，$k=1,2,\cdots$ 对应的明纹分别称第 1 级明纹、第 2 级明纹……当 P 点到双缝的波程差为半波长的奇数倍时，P 点处出现暗纹，$k=1,2,\cdots$ 称为第 1 级暗纹、第 2 级暗纹……波程差为其他值的各点，光强介于明与暗之间. 因此，可以在屏幕 E 上看到明暗相间的稳定的干涉条纹.

将(10－2)式代入(10－1)式，可得明纹中心在屏上的位置为

$$x = \pm k\frac{D}{d}\lambda, \quad k=0,1,2,\cdots. \quad (10-3)$$

暗纹中心的位置为

$$x = \pm(2k-1)\frac{D}{d}\frac{\lambda}{2}, \quad k=1,2,\cdots. \quad (10-4)$$

两相邻明纹或暗纹间的距离(条纹间距)均为

$$\Delta x = x_{k+1} - x_k = \frac{D}{d}\lambda. \quad (10-5)$$

由以上分析可知，杨氏双缝干涉条纹有如下特点.

(1)屏幕上的明暗条纹是对称分布于屏幕中心 O 点两侧且平行于狭缝的直条纹，明暗条纹交替排列.

(2)相邻明纹和相邻暗纹的间距相等，与干涉级 k 无关. 条纹间距 Δx 的大小与入射光波长 λ 及缝屏间距 D 成正比，与双缝间距 d 成反比.

因此，当 D，d 一定时，用不同的单色光做实验，则入射光波长越小，条纹越密；波长越大，条纹越稀. 如果用白光照射，则屏幕上中央明纹与波长 λ 无关，各单色光重合在一起而显示白色，其他各级条纹由于各单色光的波长不同而出现明纹的位置不同，因而形成彩色条纹. 此外，还可由 Δx 的精确测量而推算出单色光的波长 λ.

例 10－1　用单色光照射相距 0.4 mm 的双缝，缝屏间距为 1 m. (1)从第 1 级明纹到同侧第 5 级明纹的距离为 6 mm，求此单色光的波长；(2)若入射的单色光波长为 400 nm 的紫光，求相邻两明纹间的距离.

解 (1)由双缝干涉明纹条件 $x=\pm k\frac{D}{d}\lambda$，可得

$$x_5=\frac{D}{d}k_5\lambda,\quad x_1=\frac{D}{d}k_1\lambda$$

有

$$\Delta x_{1-5}=x_5-x_1=\frac{D}{d}(k_5-k_1)\lambda,$$

得

$$\lambda=\frac{d}{D}\frac{\Delta x_{1-5}}{(k_5-k_1)}=\frac{4\times10^{-4}\times6\times10^{-3}}{1\times(5-1)}\ \text{m}$$

$$=6.0\times10^{-7}\ \text{m}\ (橙色).$$

(2)当 $\lambda=400$ nm 时，相邻两明纹间距为

$$\Delta x=\frac{D}{d}\lambda=\frac{1\times4\times10^{-7}}{4\times10^{-4}}\ \text{m}=1.0\times10^{-3}\ \text{m}=1.0\ \text{mm}.$$

三、光程与光程差

光程和光程差

在上面所讨论的杨氏双缝干涉实验中，两束相干光是在同一种介质(如空气)中传播，所以只要计算出两束相干光到达相遇点时的几何路程差，即波程差 δ，就可根据 $\Delta\varphi=\frac{2\pi}{\lambda}\delta$ 确定两束相干光的相位差 $\Delta\varphi$. 但当两束相干光通过不同的介质时，由于同一频率的光在不同介质中的传播速度不同，因此不同介质中的光波波长也不相同. 这时，两束相干光的相位差就不能单纯由它们的几何路程之差来决定. 为此，需要介绍光程与光程差的概念.

单色光的频率不论在何种介质中传播都恒定不变，始终等于光源的频率 ν. 由波速、波长与频率的关系可知，若光在真空中的传播速度为 c，则在真空中的波长为 $\lambda=\frac{c}{\nu}$. 而光在折射率为 n 的介质中的传播速度为 $u=\frac{c}{n}$，所以光在介质中的波长为 $\lambda_n=\frac{u}{\nu}=\frac{c}{n\nu}=\frac{\lambda}{n}$. 这表明，光在折射率为 $n>1$ 的介质中传播时，其波长要缩短. 由于光每传播一个波长的距离，相位变化为 2π，若光在介质中传播的几何路程为 r，那么相应的相位变化为 $2\pi\frac{r}{\lambda_n}=\frac{2\pi}{\lambda}nr$. 由此可见，当光在不同的介质中传播时，即使传播的几何路程 r 相同，相位的变化也不同.

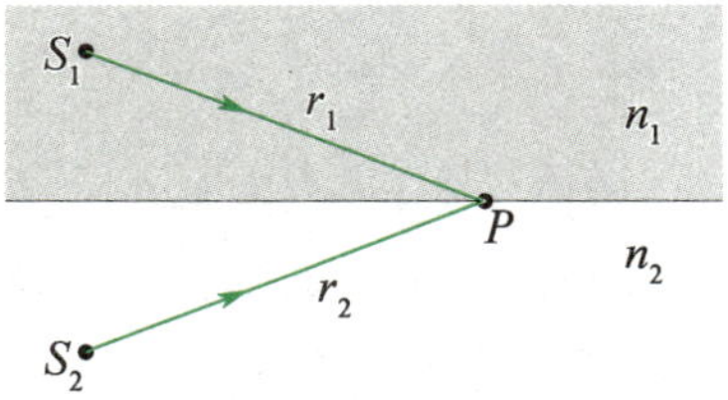

图 10-4 两束相干光在不同介质中传播

设从同相位的相干光源 S_1 和 S_2 发出的两束相干光，分别在折射率为 n_1 和 n_2 的介质中传播，相遇点 P 与光源 S_1 和 S_2 的距离分别为 r_1 和 r_2，如图 10-4 所示，则两束相干光到达 P 点的相位变化之差为

$$\Delta\varphi=\frac{2\pi r_1}{\lambda_{n_1}}-\frac{2\pi r_2}{\lambda_{n_2}}=\frac{2\pi}{\lambda}(n_1r_1-n_2r_2).\qquad(10-6)$$

(10-6)式表明，两束相干光通过不同的介质时，决定其相位差变化的因素有两个：一是两光经历的几何路程 r_1 和 r_2；二是所经介质的性质，即 n_1 和 n_2. 我们把光在某一介质中所经过的几何路程 r 和该介质的折射率 n 的乘积 nr 叫作**光程**. 当光经历几种介质时，

$$光程=\sum n_ir_i.\qquad(10-7)$$

在均匀介质中，$nr=\frac{c}{u}r=ct$，因此光程可认为是在相同时间内，光在真空中通过的路程. 引进光程的概念后，就可将光在介质中经过的路程折算为光在真空中的路程，这样便可统一用真空中的波长 λ 来比较两束光经历不同介质时所引起的相位改变. 若用 $\Delta=(n_1r_1-n_2r_2)$ 表示两束光到达 P 点的**光程差**，则两束光在 P 点的相位差为

科研设备介绍

大连相干光源

$$\Delta\varphi=\frac{2\pi}{\lambda}\Delta. \tag{10-8}$$

这是考虑光的干涉问题时常用的一个基本关系式. 应该注意，**引进光程后，不论光在什么介质中传播，(10-8)式中的 λ 均是光在真空中的波长**. 此外，(10-8)式仅考虑两束光经历不同介质不同路程引起的相位差，**如果两相干光源不是同相位的，则还应加上两相干光源的初相位差才是两束光在 P 点的相位差.**

这样，对于两同相位的相干光源发出的两束相干光，其干涉条纹的明暗条件便可由两束光的光程差 Δ 决定，即

$$\Delta=\begin{cases}\pm k\lambda, & k=0,1,2,\cdots,\text{干涉加强(明纹)},\\ \pm(2k+1)\dfrac{\lambda}{2}, & k=0,1,2,\cdots,\text{干涉减弱(暗纹)}.\end{cases} \tag{10-9}$$

在观察干涉、衍射现象时，经常要用到透镜. 透镜可改变通过的光线的传播方向，但不会引起附加光程差.

例 10-2　在杨氏双缝干涉实验中，入射光的波长为 λ，现在 S_2 缝上放置一片厚度为 d、折射率为 n 的透明介质，则原来的零级明纹将如何移动？如果观测到零级明纹移到了原来的第 k 级明纹处，求该透明介质的厚度 d.

解　如图 10-5 所示，有透明介质时，从 S_1 和 S_2 到观测点 P 的光程差为

$$\Delta=(r_2-d+nd)-r_1.$$

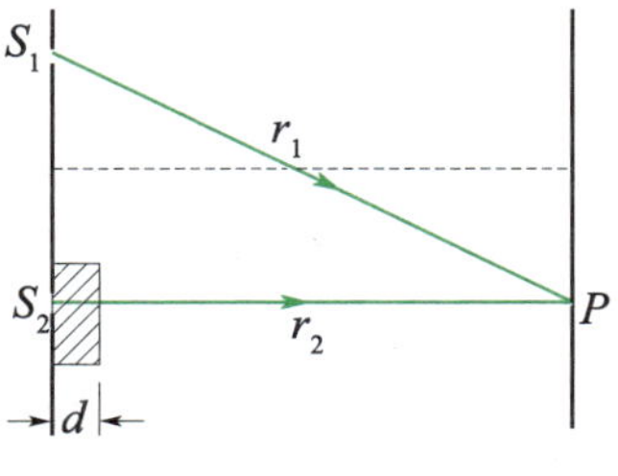

图 10-5　例 10-2 图

零级明纹相应的光程差 $\Delta=0$，其位置应满足

$$r_2-r_1=-(n-1)d<0. \quad ①$$

与原来零级明纹位置所满足的 $r_2-r_1=0$ 相比可知，在 S_2 前有介质时，零级明纹应该下移.

原来没有介质时第 k 级明纹的位置满足

$$r_2-r_1=k\lambda,\quad k=0,\pm1,\pm2,\cdots. \quad ②$$

假设观测到零级明纹移到了原来的第 k 级明纹处. 由①式和②式可得

$$d=\frac{-k\lambda}{n-1},$$

其中 k 为负整数. 上式理解为：插入透明介质使屏幕上的干涉条纹移动了 $|k|=(n-1)d/\lambda$ 条，即原来的零级明纹变为第 k 级明纹；如果观测到零级明纹移到了原来的第 k 级明纹处，则透明介质的厚度是 $k\lambda/(n-1)$. 这也是一种测量透明介质折射率的常见方法之一.

§10.2 薄膜干涉

薄膜干涉是常见的光的干涉现象，相干光源是通过分振幅法获取的. 薄膜干涉在日常生活和生产技术中经常见到. 如高级照相机镜面上见到的彩色花纹等都是日光的薄膜干涉图样.

一、薄膜干涉

等厚干涉的光程差及应用

先来讨论光线入射到厚度均匀的薄膜上产生的干涉现象. 如图10－6所示，在折射率为 n_1 的均匀介质中，有一折射率为 n_2 的平行平面透明介质薄膜(厚度为 e). 设 $n_2>n_1$，从单色扩展光源(或面光源)S上的 S_1 发光点发出一条光线 a，以入射角 i 投射到薄膜上的 A 点. 这时，光线 a 将分成两部分，一部分就在 A 点反射，成为光线 a_1；另一部分则以折射角 γ 折射入薄膜内，经下表面 C 点反射后到达 B 点，再经过上表面透射回原介质成为光线 a_2. 这两条光线因出自光源中的同一点 S_1，所以它们是满足相干条件的相干光. 这种产生相干光的方法又叫**分振幅法**. 下面我们用光程差的概念来分析薄膜干涉的加强和减弱条件.

光线 a 从 A 点开始分成两路光线 a_1 和 a_2，且从光线 a_1 中的 D 点和光线 a_2 中的 B 点以后两路光是等光程的，所以两路光之间的光程差为

$$\Delta=n_2(AC+CB)-n_1AD+\frac{\lambda}{2}. \qquad (10-10)$$

值得一提的是，入射光由光疏介质射向光密介质界面时，在反射过程中会产生"半波损失". 但光从光密介质入射向光疏介质界面时，在反射过程中不会产生"半波损失". 而在任何情况下，透射光均没有"半波损失". 图10－6中光线 a_1 在 A 点产生"半波损失"，光线 a_2 在 C 点没有"半波损失". 因此公式(10－10)中的 $\frac{\lambda}{2}$ 一项是光线在上表面反射时因半波损失而产生的附加光程差.

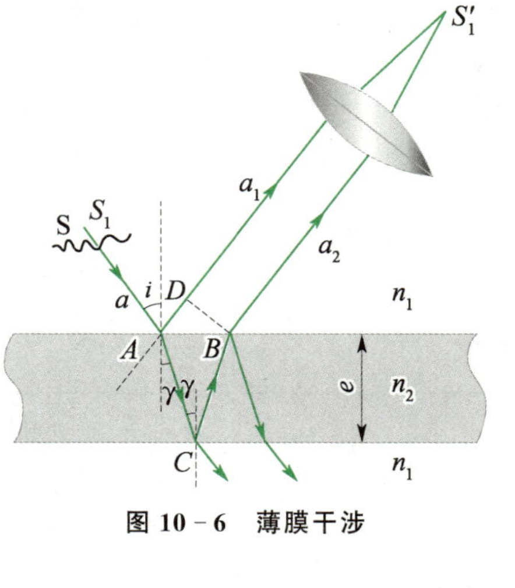

图10－6 薄膜干涉

由图 10－6 可知

$$AC=CB=\frac{e}{\cos\gamma},$$

$$AD=AB\sin i=2e\tan\gamma\sin i.$$

根据折射定律

$$n_1\sin i=n_2\sin\gamma,$$

有

$$\begin{aligned}\Delta &=2n_2\frac{e}{\cos\gamma}-2n_1 e\tan\gamma\sin i+\frac{\lambda}{2}\\ &=\frac{2n_2 e}{\cos\gamma}(1-\sin^2\gamma)+\frac{\lambda}{2}\\ &=2n_2 e\cos\gamma+\frac{\lambda}{2}\\ &=2e\sqrt{n_2^2-n_1^2\sin^2 i}+\frac{\lambda}{2}.\end{aligned}$$

于是，决定 a_1 和 a_2 两反射光线会聚点 S_1' 是明还是暗的干涉条件为

$$\begin{aligned}\Delta &=2e\sqrt{n_2^2-n_1^2\sin^2 i}+\frac{\lambda}{2}\\ &=\begin{cases}k\lambda, & k=1,2,\cdots,\text{干涉加强(明纹)},\\ (2k+1)\dfrac{\lambda}{2}, & k=0,1,2,\cdots,\text{干涉减弱(暗纹)}.\end{cases}\end{aligned}\qquad(10-11)$$

同理，在透射光中也有干涉现象．但应注意：透射光之间的附加光程差与反射光之间的附加光程差产生的条件是相反的．

中国物理学家

严济慈

从光程差 $\Delta=2e\sqrt{n_2^2-n_1^2\sin^2 i}+\frac{\lambda}{2}$ 可见，对于厚度均匀的薄膜（e 处处相等），光程差随入射光线的倾角 i 而变．因此，不同的干涉明纹和暗纹，相应地具有不同的倾角，而同一干涉条纹上的各点都具有相同的倾角．所以，在厚度均匀的薄膜上产生的这种干涉条纹叫作**等倾干涉条纹**．

例 10－3　在一光学元件的玻璃（折射率 $n_3=1.5$）表面上镀一层厚度为 e、折射率为 $n_2=1.38$ 的氟化镁薄膜，为了使入射白光中对人眼最敏感的黄绿光（$\lambda=550$ nm）反射最小，试求薄膜的厚度．

解　如图 10－7 所示，由于 $n_1<n_2<n_3$，氟化镁薄膜的上、下表面反射的 Ⅰ、Ⅱ 两光均有半波损失．设光线垂直入射（$i=0$），则 Ⅰ、Ⅱ 两光的光程差为

$$\Delta=\left(2n_2 e+\frac{\lambda}{2}\right)-\frac{\lambda}{2}=2n_2 e.$$

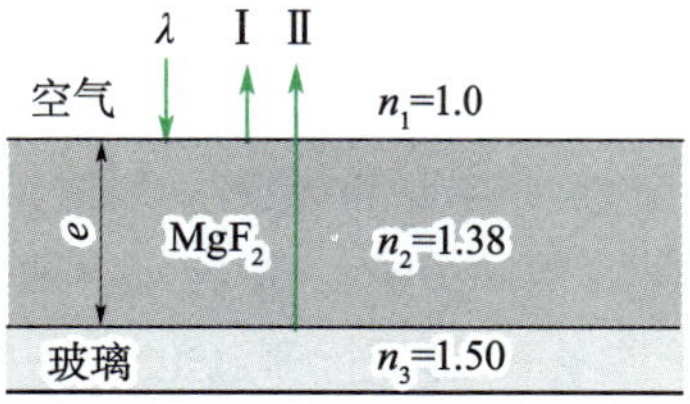

图 10－7　例 10－3 图

要使黄绿光反射最小，即 Ⅰ、Ⅱ 两光干涉减弱，于是

$$\Delta=2n_2 e=(2k+1)\frac{\lambda}{2}.$$

应控制的薄膜厚度为

$$e=\frac{(2k+1)\lambda}{4n_2},k=0,1,2,\cdots$$

其中，薄膜的最小厚度（$k=0$）

$$e_{\min}=\frac{\lambda}{4n_2}=\frac{550\ \text{nm}}{4\times1.38}=100\ \text{nm}=0.1\ \mu\text{m}.$$

即氟化镁薄膜的厚度为 0.1 μm 或 $(2k+1)\times0.1$ μm，都可使这种波长的黄绿光在两界面上的反射光干涉减弱．根据能量守恒定律，反射光减少，透射的黄绿光就增强了．

二、劈尖干涉

前面讨论了厚度均匀的薄膜的干涉现象，现在来讨论光线入射到厚度不均匀的薄膜上所产生的干涉现象. 光入射到厚度不均匀的薄膜上所产生的干涉条纹常称为**等厚干涉条纹**，劈尖干涉和牛顿环就属于这类实例.

1. 劈尖干涉

两块平面玻璃片，将它们的一端互相叠合，另一端垫入一薄纸片或一细丝，如图 10－8(a)所示，则在两玻璃片间就形成一端薄、一端厚的空气薄层，这是一个劈尖形的空气膜，叫作**空气劈尖**. 空气劈尖的两个表面即两块玻璃片的内表面. 两玻璃片叠合端的交线称为棱边，其夹角 θ 称劈尖楔角. 在平行于棱边的直线上各点，空气劈尖的厚度 e 是相等的.

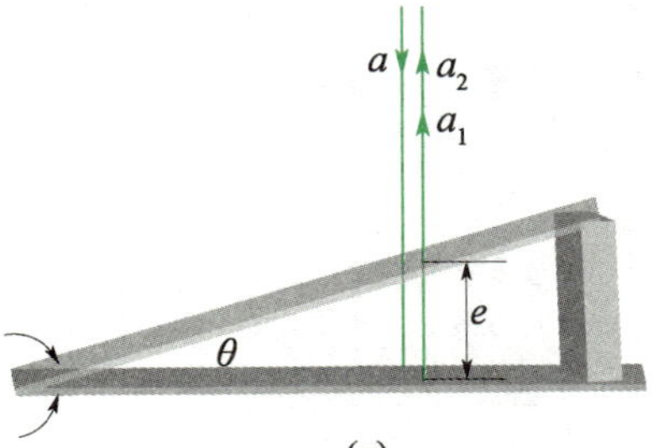

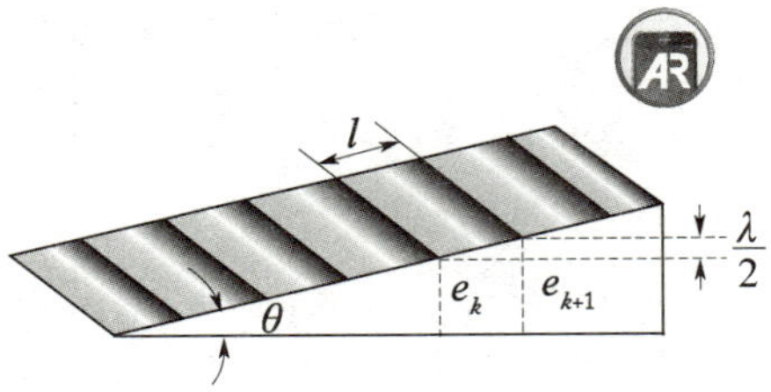

图 10－8　劈尖干涉

当平行单色光垂直照射玻璃片时，就可观察到明暗相间的干涉条纹. 这是由空气劈尖的上、下表面反射出来的两束光叠加干涉而成的.

考虑空气劈尖上厚度为 e 处，由上、下表面反射的两束相干光的光程差为

$$\Delta=2e+\frac{\lambda}{2}, \tag{10-12}$$

式中，$\frac{\lambda}{2}$ 为光在空气劈尖的下表面反射时的半波损失. 于是两表面反射光的干涉条件为

$$\begin{cases}\Delta=2e+\dfrac{\lambda}{2}=k\lambda, & k=1,2,\cdots,\text{明纹},\\[2ex] \Delta=2e+\dfrac{\lambda}{2}=(2k+1)\dfrac{\lambda}{2}, & k=0,1,2,\cdots,\text{暗纹}.\end{cases} \tag{10-13}$$

由此可见，在空气劈尖上厚度相同的地方，两反射光的光程差都相等，都与一定的明纹或暗纹的 k 值相对应. 因此这些条纹叫作**等厚干涉条纹**. 这样的干涉称为**等厚干涉**.

如果玻璃片的表面是严格的几何平面，即空气劈尖的表面是严格的平面，则平行于棱边的直线上的各点，空气劈尖的厚度都相同. 由(10－12)式，两束相干光的光程差也一样，所以从(10－13)式可知，干涉条纹是平行于棱边的一系列明暗相间的直条纹，如图 10－8(b)所示. 如果玻璃片的表面不平整，则干涉条纹将在凹凸不平处发生弯曲，由此可以检验玻璃是否平整. 此外，在两玻璃片的接触处，$e=0$，

两反射光的光程差为$\frac{\lambda}{2}$，所以棱边处应为暗纹，事实正是如此.

在劈尖干涉的直条纹中，任何两条相邻明纹或暗纹之间的距离 l 都是相同的，即条纹间距相等，这是因为

$$l\sin\theta=e_{k+1}-e_k=\frac{1}{2}(k+1)\lambda-\frac{1}{2}k\lambda=\frac{\lambda}{2}. \tag{10-14}$$

(10-14)式说明，当一定波长的单色光入射时，劈尖的干涉条纹间隔 l 仅与楔角 θ 有关. θ 越小，则 l 越大，干涉条纹越稀疏；θ 越大，则 l 越小，干涉条纹越密集. 因此，只能在 θ 很小的劈尖上方可观察到清晰的干涉条纹. 否则，干涉条纹将密得无法分辨. (10-14)式还说明，任何两相邻明纹或暗纹之间的空气膜厚度差为$\frac{\lambda}{2}$. 所以，在某处的空气膜厚度改变$\frac{\lambda}{2}$的过程中，将观察到该处干涉条纹由亮逐渐变暗后又逐渐变亮(或由暗逐渐变亮后又逐渐变暗)，好像干涉条纹移动了一条. 若观察到干涉条纹移动了 N 条，则该处空气膜厚度改变了 $N\frac{\lambda}{2}$. 干涉膨胀仪测量样品微小长度的变化就是根据这一原理实现的.

如果构成劈尖的介质不是空气，而是其他透明物质(液体、二氧化硅等)，其上、下表面两反射光的光程差计算方法类似，但附加光程差的计算应具体问题具体分析.

2. 牛顿环

如图 10-9(a)所示是牛顿环实验装置的示意图. 一块曲率半径很大的平凸透镜叠放在一平板玻璃上，构成一个上表面为球面、下表面为平面的空气薄膜. 当单色平行光垂直照射时，由于空气薄膜上、下表面两反射光发生干涉，在空气薄膜的上表面可以观察到以接触点 O 为中心的明暗相间的环形干涉条纹. 若用白光照射，则条纹呈彩色，如图 10-9(b)所示. 这些环形干涉条纹叫作**牛顿环**，它是等厚干涉条纹的又一特例.

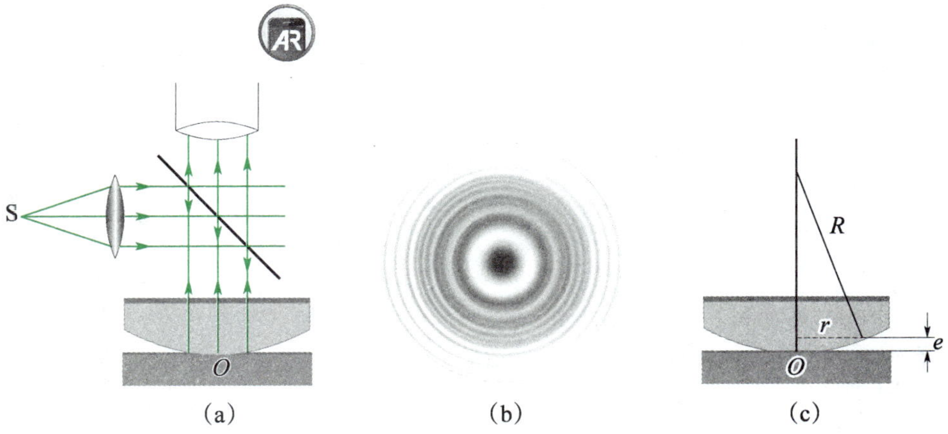

图 10-9　牛顿环

现推导各明暗环的半径 r、波长 λ 及透镜的曲率半径 R 三者之间的关系. 如图 10－9(c)所示,对于空气薄层的任一厚度 e 处,上下表面反射光的相干条件为

$$2e+\frac{\lambda}{2}=\begin{cases}k\lambda, & k=1,2,\cdots,\text{明环},\\(2k+1)\frac{\lambda}{2}, & k=0,1,2,\cdots,\text{暗环}.\end{cases} \tag{10-15}$$

由图 10－9(c)可得

$$r^2=R^2-(R-e)^2=2eR-e^2.$$

因 $R\gg e$,可略去 e^2 项,于是

$$e=\frac{r^2}{2R},$$

代入(10－15)式,可得干涉明暗环半径分别为

$$r_{\text{明}}=\sqrt{\frac{(2k-1)R\lambda}{2}},\quad k=1,2,\cdots; \tag{10-16}$$

$$r_{\text{暗}}=\sqrt{kR\lambda},\quad k=0,1,2,\cdots. \tag{10-17}$$

上两式表明,k 值越大,环的半径越大,但相邻明环(或暗环)的半径之差越小,即随着牛顿环半径的增大,条纹变得越来越密.

在透镜与平板玻璃的接触点 O 处,因 $e=0$,两反射光的光程差为 $\frac{\lambda}{2}$,故牛顿环的中心是一个暗斑(因为实际接触处不可能是点而是圆面). 实际测量平凸透镜的曲率半径 R 的方法是分别测出两个暗环的半径 r_k 和 r_{k+m},代入(10－17)式后,即可联立导出

牛顿环的条纹公式

$$R=\frac{r_{k+m}^2-r_k^2}{m\lambda}. \tag{10-18}$$

本节介绍的两种干涉现象,在透射光中也可以观察到. 但透射光干涉的明暗纹条件恰好与反射光相反. 所以在空气膜的牛顿环中用透射光观察,中心处为一亮斑.

例 10－4

利用劈尖干涉可以测量微小角度. 如图 10－10 所示,折射率 $n=1.4$ 的劈尖在某单色光的垂直照射下,测得两相邻明纹之间的距离是 $l=0.25$ cm. 已知单色光在空气中的波长 $\lambda=700$ nm,求劈尖的顶角 θ.

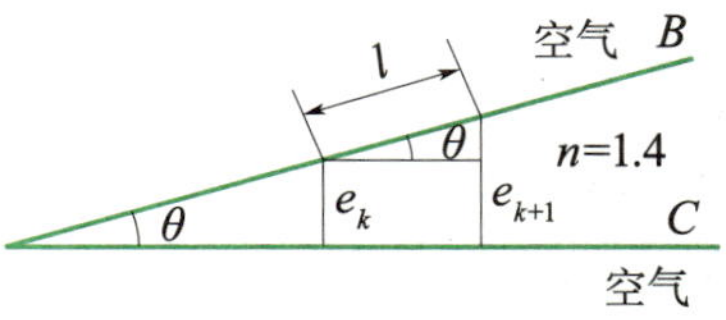

图 10－10 例 10－4 图

解 在劈尖的表面上(见图 10－10),取第 k 级和第 $k+1$ 级两条明纹,用 e_k 和 e_{k+1} 分别表示这两条明纹所在处劈尖的厚度. 按明纹出现的条件,e_k 和 e_{k+1} 应满足

$$2ne_k+\frac{\lambda}{2}=k\lambda,$$

$$2ne_{k+1}+\frac{\lambda}{2}=(k+1)\lambda.$$

两式相减,得

$$n(e_{k+1}-e_k)=\frac{\lambda}{2},$$

$$e_{k+1}-e_k=\frac{\lambda}{2n}. \quad ①$$

由图可见 $(e_{k+1}-e_k)$ 与两相邻明纹间隔 l 之间的关系为

$$l\sin\theta=e_{k+1}-e_k,$$

代入①式得

$$\sin\theta=\frac{\lambda}{2nl}. \quad ②$$

将 $n=1.4$，$l=0.25$ cm，$\lambda=7\times10^{-5}$ cm 代入②式得

$$\sin\theta=\frac{\lambda}{2nl}=\frac{7\times10^{-5}}{2\times1.4\times0.25}=10^{-4}.$$

因 $\sin\theta$ 很小，所以 $\theta\approx\sin\theta=10^{-4}$ rad.

例 10－5

利用牛顿环实验的干涉条纹可以测出透镜的曲率半径，如用 He－Ne 激光器发出的波长为 633 nm 的单色光作光源，在做牛顿环实验时，得到下列测量结果，第 k 级暗环半径为 5.63×10^{-3} m，第 $k+5$ 级暗环半径为 7.96×10^{-3} m，求曲率半径 R.

解 由牛顿环暗环半径公式(10－17)有

$$r_k=\sqrt{kR\lambda},\quad r_{k+5}=\sqrt{(k+5)R\lambda}$$

则

$$r_{k+5}^2-r_k^2=5R\lambda$$

曲率半径为

$$R=\frac{r_{k+5}^2-r_k^2}{5\lambda}=\frac{(7.96^2-5.63^2)\times10^{-6}}{5\times633\times10^{-9}}\approx10.0\text{ m}$$

三、迈克耳孙干涉仪

在现代科学技术中，广泛应用干涉原理来测量微小长度、角度等，迈克耳孙干涉仪就是一种典型的精密测量仪器. 它的构造和原理如图 10－11 所示.

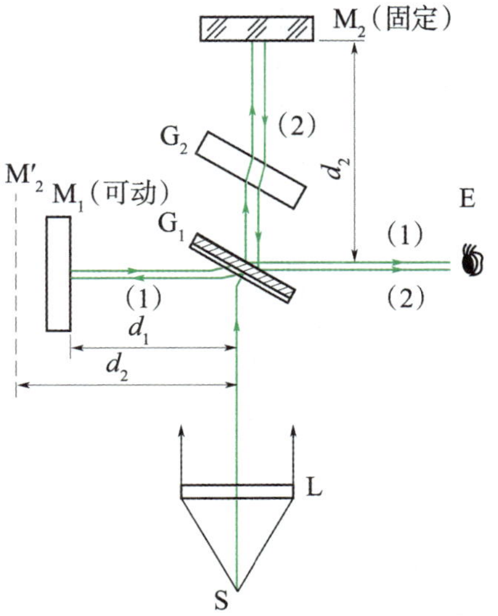

图 10－11 迈克耳孙干涉仪结构及原理图

M_1 和 M_2 是两块精细磨光的平面镜，分别安装在相互垂直的两臂上，其中 M_2 是固定的，M_1 由一螺丝控制，可在导轨上做微小移动. G_1 和 G_2 是两块材料相同、厚薄一样的玻璃片，均与两臂倾斜成 45°角，其中 G_1 的一个面上镀有半透明的薄银层，其作用是使入射到 G_1 的光束一半反射，一半透过，所以 G_1 称为分光板.

迈克耳孙

来自光源 S 的光束，穿过透镜 L 后，变成平行光射向 G_1，射入 G_1 的光线在薄银层上分成两束，一束在薄银层上反射后向 M_1 传播，用(1)表示，经 M_1 反射后再穿过 G_1 向 E 传播而进入眼睛. 另一束则透过薄银层及 G_2 向 M_2 传播，用(2)表示，经 M_2 反射后再次穿过 G_2 后由 G_1 的薄银层反射也进入眼睛. 显然，进入眼睛

的光束(1)和(2)是两束相干光,于是在 E 处可观察到干涉条纹. G_2 的作用是使光束(2)也与光束(1)一样,穿过玻璃片三次,这样可以避免两束相干光因在玻璃中经过的路程不等而引起较大的光程差.因此,G_2 又称为光程补偿片.

设想薄银层所形成的 M_2 的虚像是M_2',所以从 M_2 处反射的光可以看成是从虚像 M_2'发出来的,于是在 M_2'和 M_1 之间就构成一个"空气薄膜",从薄膜的两个表面 M_1 和 M_2'反射的光束(1)和(2)的干涉,就可当作薄膜干涉来处理.如果 M_1 和 M_2 不是严格相互垂直,则 M_2'与 M_1 之间的"空气薄膜"就是劈尖状,形成的干涉条纹将近似为平行的等厚干涉条纹(若 M_1 与 M_2 严格相互垂直,则干涉条纹为一系列同心圆环状的等倾干涉条纹).

根据劈尖干涉的理论,当调节 M_1 向前或向后平移$\frac{\lambda}{2}$距离时$\left(\text{"空气薄膜"的厚度变化}\frac{\lambda}{2}\right)$,就可观察到干涉条纹平移过一条.因此,若在视场中移动的条纹数目是 ΔN,就可知 M_1 移动的距离为

$$\Delta d=\Delta N\,\frac{\lambda}{2}. \tag{10-19}$$

这表明,根据条纹的移动数 ΔN 和单色光波长 λ,便可算出 M_1 移动的距离,可用来测量微小长度的变化,其精确度可达$\frac{\lambda}{2}\sim\frac{\lambda}{200}$,比一般方法的精确度高得多.此外,也可由 M_1 移动的距离来测定光波的波长.

§10.3 光的衍射

实验表明,光在传播过程中遇到障碍物时,能绕过障碍物的边缘继续前进,这种偏离直线传播的现象称为**光的衍射现象**.和干涉一样,衍射也是波动的一个重要特征,它为光的波动说提供了有力的证据.当激光问世以后,人们利用其衍射现象开辟了许多新的领域.

一、光的衍射 惠更斯-菲涅耳原理

1. 光的衍射现象及分类

从讨论机械波可知,衍射现象显著与否取决于孔隙(或障碍物)的线度与波长的比值,当孔隙(或障碍物)的线度与波长的数量级差不多时,才能观察到明显的衍射现象.然而,对于光波,由于波长远小于一般障碍物或孔隙的线度,所以光的衍射现象通常不易观察到.

在实验室中,采用高亮度的激光或普通的强点光源,并使光与屏幕的距离足够远,则可以将光的衍射现象演示出来.图 10-12(a)是一个光通过单缝的实验,S 为一单色点光源,K 是一个可调节的狭缝,E 为屏幕.实验发现,在 S,K,E 三者的位置固定的情况下,屏幕 E 上的光斑宽度取决于缝 K 的宽度.当缝 K 的宽度逐渐缩小时,屏幕 E 上的光斑也随之缩小,这体现了光的直线传播特征.但缝 K 宽度继

续减小时(小于 10^{-4} m),屏幕 E 上的光斑不但不缩小,反而增大起来,这说明光波已“绕”到狭缝的几何阴影区,光斑的亮度也由原来的均匀分布变成一系列的明暗条纹(单色光源)或彩色条纹(白光光源),条纹的边缘也失去了明显的界限,变得模糊不清,如图 10 - 12(b)所示.

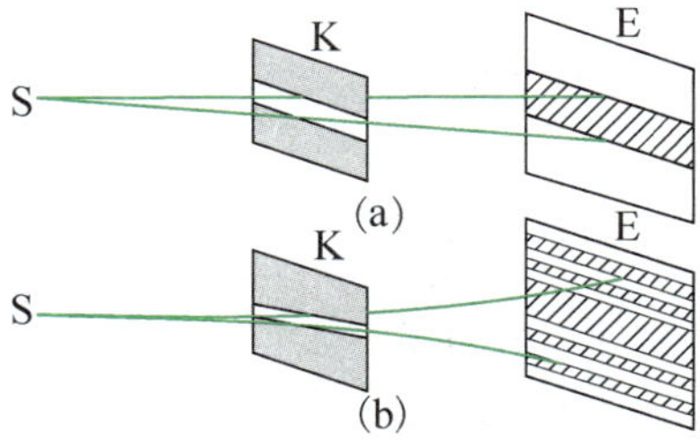

图 10 - 12　光的衍射现象

衍射系统由光源、衍射屏和接收屏组成,通常根据三者相对位置的大小,把衍射现象分为两类.一类是光源和接收屏(或其中之一)与衍射屏的距离为有限远时的衍射,称为**菲涅耳衍射**,如图 10 - 13(a);另一类是光源和接收屏与衍射屏的距离都是无限远时的衍射,即入射到衍射屏和离开衍射屏的光都是平行光的衍射,称为**夫琅禾费衍射**,如图 10 - 13(b)所示.

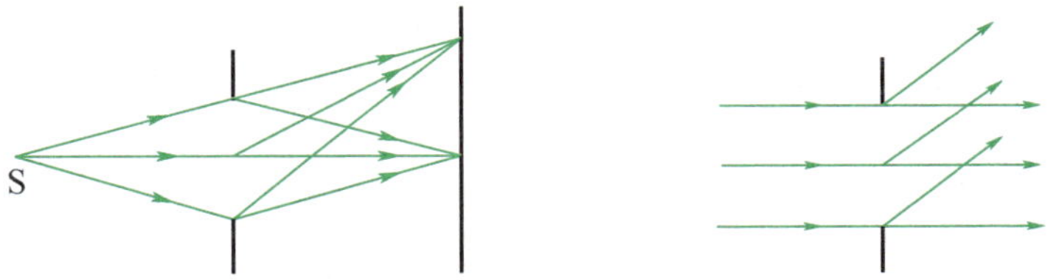

(a)菲涅耳衍射　　(b)夫琅禾费衍射

图 10 - 13　衍射分类

2. 惠更斯-菲涅耳原理

惠更斯原理指出:波阵面上的每一点都可看成是发射子波的新波源,任意时刻子波的包迹即为新的波阵面.惠更斯原理可以解释光通过衍射屏时为什么传播方向会发生改变,但不能解释为什么会出现衍射条纹,更不能计算条纹的位置和光强的分布.在这方面,菲涅耳用子波相干叠加的概念发展了惠更斯原理.菲涅耳认为:**从同一波阵面上各点发出的子波,在传播过程中相遇时,也能相互叠加而产生干涉现象,空间各点波的强度由各子波在该点的相干叠加所决定**.这个发展了的惠更斯原理称为**惠更斯-菲涅耳原理**.

菲涅耳

根据菲涅耳“子波相干叠加”的设想,如果已知光波在某时刻的波阵面 S,如图 10 - 14 所示,则空间任意一点 P 的光振动可由波阵面 S 上各面元 dS 发出的子波在该点相干叠加后的合振动来表示.它是研究衍射问题的理论基础,可以解释并定量计算各种衍射场的分布,但计算相当复杂.一般情况下,均采

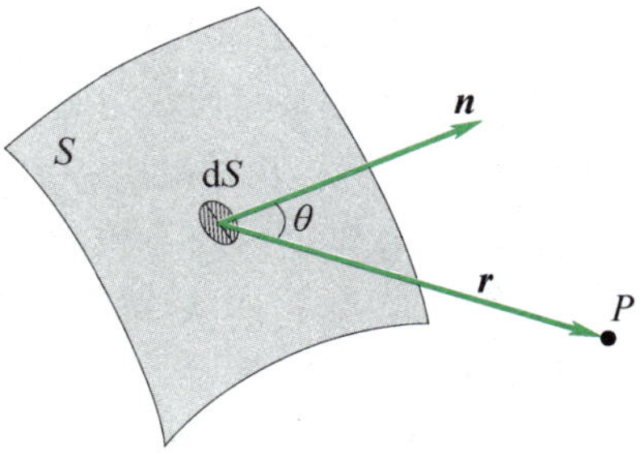

图 10 - 14　子波相干叠加

用菲涅耳提出的**半波带法**来讨论单缝夫琅禾费衍射现象，以避免繁杂的计算.

二、单缝夫琅禾费衍射

夫琅禾费

如图 10－15 所示是单缝夫琅禾费衍射实验装置. 在衍射屏 K 上开有一个细长狭缝，单色光源 S 发出的光经透镜 L_1 后变为平行光束，射向单缝后产生衍射，再经透镜 L_2 聚焦在焦平面处的屏幕 E 上，呈现出一系列平行于狭缝的衍射条纹.

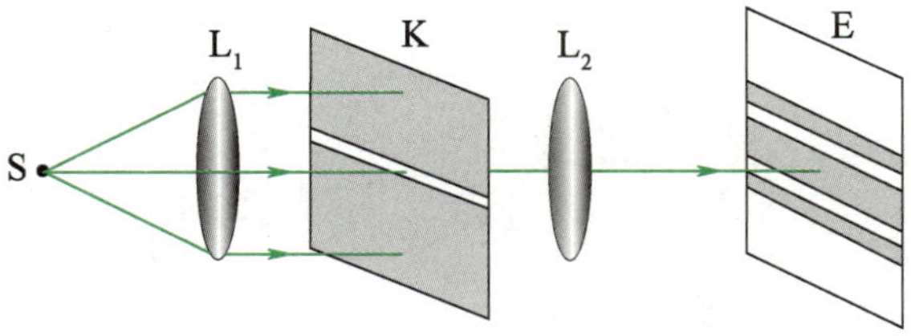

图 10－15 单缝夫琅禾费衍射实验装置

现在用菲涅耳半波带法来分析产生明、暗纹的条件.

单缝衍射原理

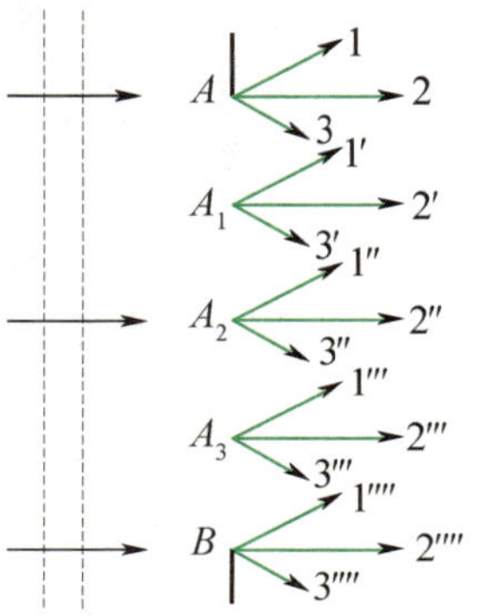

图 10－16 单缝衍射

设单缝(位于如图 10－16 所示的平面 AB)的宽度为 a，在平行单色光的垂直照射下，单缝所在处的平面 AB 也就是入射光束的一个波阵面(同相位面). 按照惠更斯原理，波阵面上的每一点都可以发射子波，并以球面波的形式向各方向传播. 显然每一子波源发出的光线有无穷多条，每个可能的方向都有，这些光线都称为**衍射光线**. 例如，图10－16 中 A 点处的 1，2，3 就代表该点发出光线的任意 3 个传播方向. 而波阵面上各点发出的各束衍射光，则互相构成各方向的平行光束. 图 10－16 中，光线 $1,1',1'',1''',\cdots$ 构成一个平行光束，光线 $2,2',2'',2''',\cdots$ 构成另一个方向的平行光束，依次类推. 每一个方向的平行光与原入射方向间的夹角用 φ 表示，φ 称为**衍射角**. 按几何光学原理，各平行光束经过透镜 L_2 后，会聚于焦平面上的不同位置处. 由于每一束平行光中所包含的光线均来自同一光源 S，根据惠更斯-菲涅耳原理，各平行光线之间满足相干条件会产生干涉作用，因而在屏幕上形成明暗条纹.

首先，考虑沿入射光方向传播的衍射光(1)，如图 10－17 所示，这些衍射光线从 AB 面发出时其相位是相同的，而经过透镜又不会引起附加光程差，它们经透镜会聚于焦点 P_0 时，相位仍然相同，因此它们在 P_0 处的光振动是相互加强的，于是在 P_0 处出现明纹，P_0 为中央明纹中心.

其次，考虑一束与原入射方向成 φ 角的衍射光线(2)，它们经透镜后会聚于屏幕上的 P 点. 显然，由单缝上各点发出的衍射光到达 P 点的光程各不相同，因而各子波在 P 点的相位也各不相同. 对其光程差可作这样的分析：过 B 点作平面 BC 与衍射光线(2)垂直，由透镜的等光程性可知，BC 面上各点到达 P 点的光程都相等，因此各衍射光到达 P 点时的相位差就等于它们在 BC 面上的相位差，它取决于各衍射光从 AB 面上相应位置到 BC 面间的光程差. 例如，单缝边缘 A，B 两点衍射光间的光程差为 $AC=a\sin\varphi$，显然，这是沿 φ 角方向各衍射光线之间的**最大**

光程差，其他各衍射光间的光程差连续变化. 衍射角 φ 不同，最大光程差 AC 也不相同，P 点的位置也不同. 由菲涅耳半波带法分析可知，屏幕上不同点的强度分布，正是取决于最大光程差.

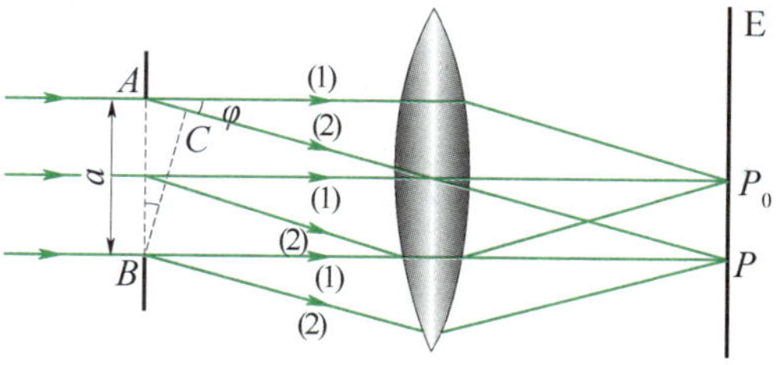

图 10－17　单缝衍射条纹的位置

半波带法

菲涅耳将波阵面 AB 分割成许多面积相等的波带来研究. 其方法是：将 AC 用一系列平行于 BC 的平面来划分，这些平面中两相邻平面间的距离等于入射单色光的半波长，即 $\frac{\lambda}{2}$，如图 10－18 所示. 这些平面同时也将单缝处的波阵面 AB 分为 AA_1，A_1A_2，A_2B 等整数个波带，称为**半波带**. 由于这些波带的面积相等，所以波带上子波源的数目也相等. 任何两个相邻的波带上对应点所发出的光线到达 BC 面的光程差均为 $\frac{\lambda}{2}$，即相位差为 π，经透镜会聚在 P 点时，将成对一一相互抵消. 如果 AC 的长度是半波长的偶数倍，则可将单缝上的波面 AB 分成偶数个半波带，于是在 P 点将出现暗纹；如果 AC 的长度是半波长的奇数倍，则可将单缝上的波面 AB 分成奇数个半波带，每相邻半波带发出的衍射光都成对一一抵消，最后剩下一个半波带的光线没有被抵消，于是 P 点将出现明纹.

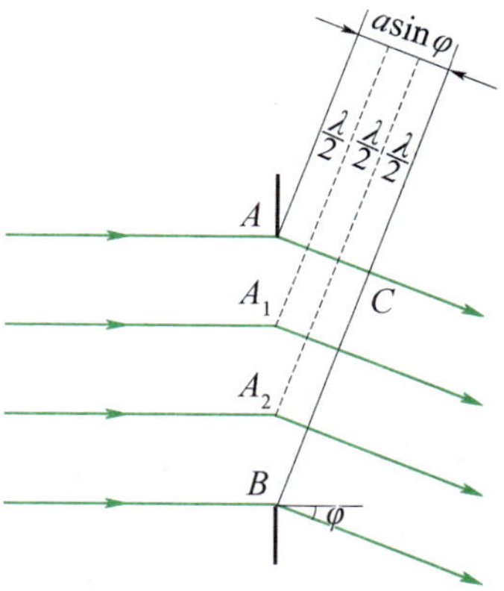

图 10－18　菲涅耳半波带法

综上所述，当平行单色光垂直单缝入射时，单缝衍射明暗条纹的条件为

$$a\sin\varphi=\begin{cases}0 & \text{中央明纹中心，}\\ \pm k\lambda & \text{暗纹，}\\ \pm(2k+1)\dfrac{\lambda}{2} & \text{明纹，}\end{cases}\qquad k=1,2,3,\cdots. \tag{10-20}$$

式中，k 为级次，正、负号表示衍射条纹对称分布于中央明纹的两侧.

必须指出，对于任意衍射角 φ 来说，AB 一般不能恰好分成整数个半波带，即 AC 的长度不一定等于 $\frac{\lambda}{2}$ 的整数倍，对应于这些衍射角的衍射光束，经透镜会聚后，在屏幕上的光强介于最明与最暗之间. 因而在单缝衍射条纹中，强度的分布并不是均匀的. 如图 10－19 所示，中央明纹最亮（其中心光强为 I_0），也最宽（约为其他明纹宽度的 2 倍），即两个第 1 级暗纹中心的位置，在 $a\sin\varphi_0=-\lambda$ 与 $a\sin\varphi_0=\lambda$ 之间. 当 φ_0 很小时，$\varphi_0\approx\sin\varphi_0=\pm\frac{\lambda}{a}$，因此中央明纹的角宽度（条纹对透镜中心所张的角度)为 $2\varphi_0 \approx 2\dfrac{\lambda}{a}$. 有时也用半角宽度描述,即

$$\varphi_0 = \frac{\lambda}{a}, \tag{10-21}$$

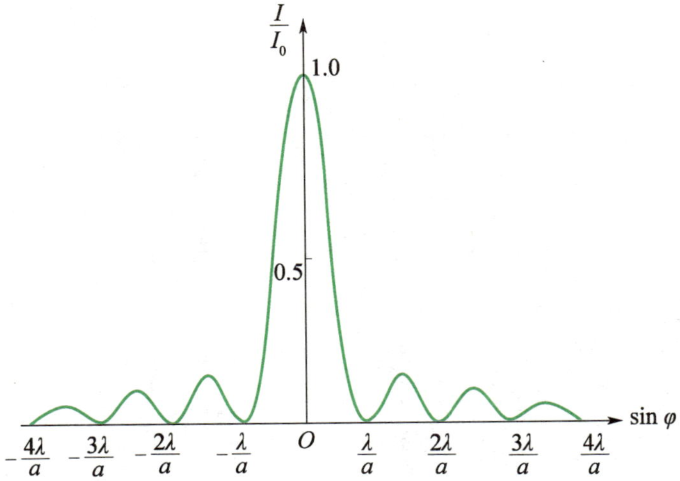

图 10-19　单缝衍射光强分布

这一关系称为衍射的反比律. 如图 10-20 所示,以 f 表示透镜的焦距,则在屏幕上观察到的中央明纹的线宽度为

$$\Delta x_0 = 2f\tan\varphi_0 = 2\frac{\lambda}{a}f. \tag{10-22}$$

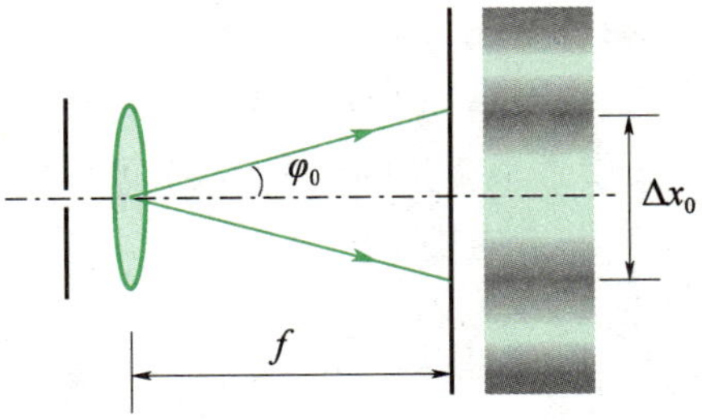

图 10-20　单缝衍射中央亮纹的角宽度和线宽度

显然,其他明条纹的角宽度近似为

$$\Delta\varphi = (k+1)\frac{\lambda}{a} - k\frac{\lambda}{a} = \frac{\lambda}{a}, \tag{10-23}$$

其线宽度为 $\Delta x = \dfrac{\lambda}{a}f$. 而各级明条纹的亮度随着级次的增大而迅速减小. 这是因为 φ 角越大,AB 波面被分成的波带越多,每个波带的面积相应减小,透过来的光强亦相应减小,因而从未被抵消的波带上发出的光在屏幕上产生的明纹的亮度越弱.

当缝宽 a 一定时,对于同一级衍射条纹,波长 λ 越大,则衍射角 φ 越大. 因此,若用白光入射,除中央明纹的中部仍是白色外,其两侧将出现一系列由紫到红的彩色条纹,称为**衍射光谱**.

由(10－20)式和(10－21)式可知，对波长 λ 一定的单色光来说，当 a 越小时(a 不能小于 λ)，各级条纹对应的 φ 角就越大，即衍射越明显；当 a 越大时，各级条纹所对应的 φ 角将越小，这些条纹都密集分布于中央明纹附近而逐渐分辨不清，也就是衍射作用越不明显. 如果 $a \gg \lambda$，各级衍射条纹将全部并入 P_0 附近，形成单一的明纹，这就是透镜所造成的单缝的像，即光的直线传播现象.

例 10－6　波长 $\lambda=600$ nm 的单色光垂直入射到缝宽 $a=0.2$ mm 的单缝上，缝后用焦距 $f=50$ cm 的会聚透镜将衍射光会聚于屏幕上. 求：(1) 中央明纹的角宽度、线宽度；(2) 第 1 级明纹的位置以及单缝处波面可分为几个半波带；(3) 第 1 级明纹宽度；(4) 如将单缝位置做上下小距离移动，屏上的衍射条纹有何变化.

解　(1) 中央明纹的宽度是上、下两个第 1 级暗纹中心的间距，第 1 级暗纹对应的衍射角 φ_0 为

$$\sin\varphi_0=\frac{\lambda}{a}=\frac{6\times10^{-7}}{2\times10^{-4}}=3\times10^{-3}.$$

因 $\sin\varphi_0$ 很小，可知中央明条纹的角宽度为

$$2\varphi_0\approx2\sin\varphi_0=6\times10^{-3}\ \text{rad}.$$

第 1 级暗纹到中央明纹中心 O 的距离为

$$x_1=f\tan\varphi_0\approx f\varphi_0=0.5\times3\times10^{-3}\ \text{m}=1.5\times10^{-3}\ \text{m}=1.5\ \text{mm},$$

因此中央明纹的线宽度为

$$\Delta x_0=2x_1=2\times1.5\ \text{mm}=3\ \text{mm}.$$

(2) 第 1 级明纹中心对应的衍射角 φ 满足

$$\sin\varphi=(2k+1)\frac{\lambda}{2a}=\frac{3\times6\times10^{-7}}{2\times2\times10^{-4}}=4.5\times10^{-3},$$

所以第 1 级明纹中心到中央明纹中心的距离为

$$x=f\tan\varphi\approx f\sin\varphi=0.5\times4.5\times10^{-3}\ \text{m}=2.25\ \text{mm}.$$

对应于该 φ 值，单缝处波面可分的半波带数为

$$2k+1=3.$$

(3) 第 1 级明纹宽度是第 1 级暗纹中心到第 2 级暗纹中心的距离. 设第 2 级暗纹到中央明纹中心 O 的距离为 x_2，对应的衍射角为 φ_2，故第 1 级明纹的线宽度为

$$\Delta x=x_2-x_1=f\tan\varphi_2-f\tan\varphi_0\approx f\left(\frac{2\lambda}{a}-\frac{\lambda}{a}\right)=\frac{\lambda}{a}f$$

$$=\frac{6\times10^{-7}\times0.5}{2\times10^{-4}}\ \text{m}=1.5\times10^{-3}\ \text{m}=1.5\ \text{mm}.$$

由此可见，第 1 级明纹的宽度为中央明纹宽度的一半.

(4) 如将单缝位置做上下小距离移动，由于单色光垂直照射到会聚透镜上时，总是会聚在透镜焦平面的中央，而透镜的上下位置没有变化，故屏上衍射条纹位置和形状均无变化.

§ 10.4　光栅衍射

在单缝衍射中，若缝较宽，明纹的亮度虽然较强，但相邻明纹的间隔很窄而不易分辨；若缝很窄，条纹间隔可加宽，但明纹的亮度却明显减弱. 在这两种情况下很难精确地测定条纹宽度，所以用单缝衍射很难精确地测定光波波长. 那么，是否可以使获得的明纹本身既亮又窄，且相邻明纹分得很开呢？利用衍射光栅可以获得这样的衍射条纹.

为什么太阳光下的光盘表面会出现彩色光带？

一、光栅衍射现象

由大量等间距、等宽度的平行狭缝所组成的光学元件称为**衍射光栅**. 用于透射光衍射的叫**透射光栅**，用于反射光衍射的叫**反射光栅**. 常用的透射光栅是在一

块玻璃片上刻出许多等间距、等宽度的平行刻痕而得到的，刻痕处相当于毛玻璃而不易透光，刻痕之间的光滑部分可以透光，相当于一个单缝，如图10－21所示. 缝的宽度 a 和刻痕的宽度 b 之和，即 $a+b$ 称为**光栅常数**. 现代用的衍射光栅，在1 cm 内，可刻上 $10^3 \sim 10^4$ 条缝，所以一般的光栅常数为 $10^{-6} \sim 10^{-5}$ m 的数量级.

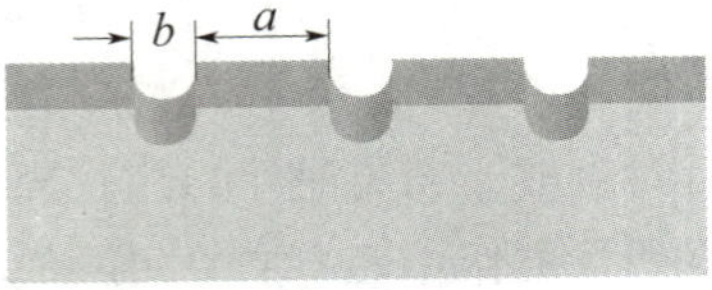

图 10－21　衍射光栅

如图 10－22 所示，平行单色光垂直照射到光栅上，由光栅射出的光线经透镜 L 后，会聚于屏幕 E 上，因而在屏幕上出现平行于狭缝的明暗相间的光栅衍射条纹. 这些条纹的特点是：明纹很亮很窄，相邻明纹间的暗区很宽，衍射图样十分清晰.

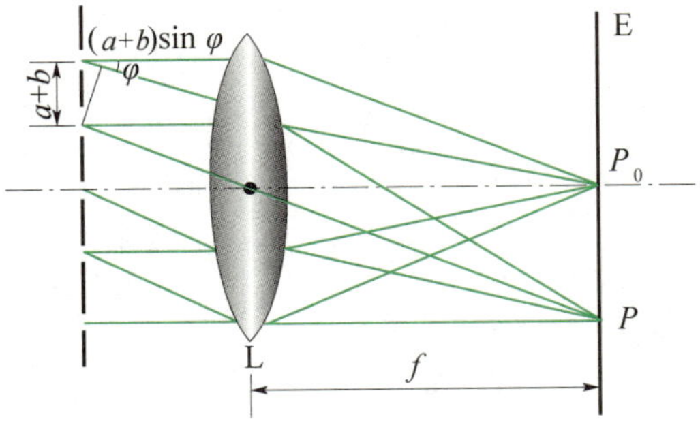

图 10－22　光栅衍射

二、光栅衍射规律

光栅与相控阵雷达

光栅是由许多单缝组成的，每个缝都在屏幕上各自形成单缝衍射图样，由于各缝的宽度均为 a，故它们形成的衍射图样都相同，且在屏幕上相互间完全重合. 例如，各缝中 φ 角为零的衍射光（垂直透镜入射的平行光）经透镜 L 后，都会聚在透镜主光轴的焦点，即图 10－22 中的 P_0 点上，这就是各单缝衍射的中央明纹的中心位置. 另外，各单缝的衍射光在屏幕上重叠时，由于它们都是相干光，所以缝与缝之间的衍射光将产生干涉，其干涉条纹的明暗分布取决于相邻两缝到会聚点的光程差. 因此，分析屏幕上形成的光栅衍射条纹，既要考虑各单缝的衍射，又要考虑各缝之间的干涉，即考虑单缝衍射与多缝干涉的总效果.

当平行单色光垂直照射光栅时，每个缝均向各方向发出衍射光，发自各缝具有相同衍射角 φ 的一组平行光都会聚于屏幕上同一点，如图 10－22 中的 P 点，这些光波叠加，彼此产生干涉，称为多光束干涉. 从图中可以看出，任意相邻两缝射出衍射角为 φ 的两衍射光到达 P 点处的光程差均为 $(a+b)\sin\varphi$，如果此值恰好是入射光波长 λ 的整数倍，则这两衍射光在 P 点将满足相干加强条件. 这时，其他任意两缝沿该衍射角 φ 方向射出的两衍射光，到达 P 点处的光程差也一定是 λ 的整数倍，于是所有各缝沿该衍射角 φ 方向射出的衍射光在屏上会聚时，均相互加强，形成明纹. 这时在 P 点的合振幅应是来自一条缝的衍射光的振幅的 N 倍（N 表示光栅缝的总数），合光强则是来自一条缝的光强的 N^2 倍，所以光栅的多光束形成的明纹的亮度要比一条缝发出的光的亮度大得多. 光栅缝的数目越多，

光栅衍射原理及缺级现象

则明纹越明亮. 由此可知,光栅衍射的明纹位置应满足

$$(a+b)\sin\varphi=k\lambda,\quad k=0,\pm1,\pm2,\cdots. \tag{10-24}$$

(10-24)式称为**光栅公式**. 式中,k 为明纹级次. 这些明纹细窄而明亮,通常称为主极大明纹. $k=0$,为零级主极大,$k=1$,为第 1 级主极大,其余依次类推. 正、负号表示各级主极大条纹在零级主极大条纹两侧对称分布,如图 10-23 所示.

由于衍射角 $|\varphi|\leqslant\pi/2$,即 $|\sin\varphi|\leqslant1$,因而衍射级次的最大值 $k\leqslant(a+b)/\lambda$,它表明观察到的主极大数目是有限的.

从光栅方程中可以看出,对于光栅常数一定的光栅,入射光波长 λ 越大,各级明条纹的衍射角也越大,所以光栅衍射对于复色光而言具有色散分光的作用. 对于光栅而言,其光栅常数越小,各级明条纹的衍射角越大,亦即各级明条纹间距越大,越易分辨. 对于长、宽一定的光栅,总缝数越多,其衍射明条纹越亮.

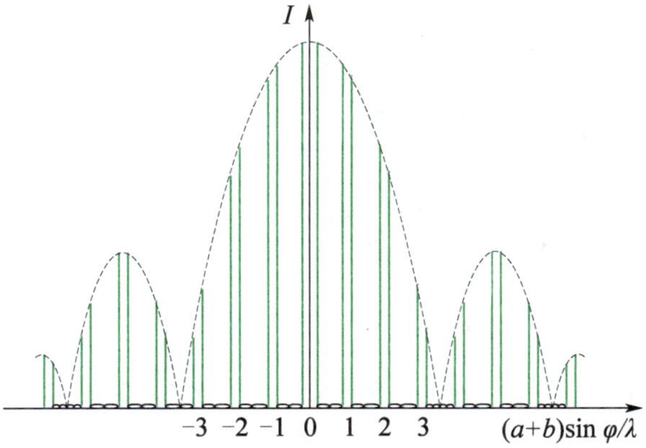

图 10-23 光栅衍射条纹的光强分布

如上所述,利用衍射光栅可以获得亮度大、分得很开、很细的明纹,因此能够用光栅精确地测量波长.

上面研究的光栅方程相应于衍射图样中主极大明纹的出现,只是产生主极大明纹的必要条件. 也就是说,在实际光栅衍射图样中,对应于光栅方程确定的主极大明纹的位置并不都有主极大明纹出现. 其原因在于研究光栅方程时只注意了不同缝之间光的相互干涉,而未注意单缝的衍射作用对光栅衍射图样的影响. 设想光栅上只留下一条缝透光,其余全部遮住,这时屏幕上呈现的是单缝衍射的条纹图样,不论光栅上留下哪一条缝透光,屏幕上的单缝衍射条纹图样都一样,而且条纹位置也完全重合,这是因为同一衍射角 φ 的平行光经过透镜都会聚于同一点. 因此,若某一束衍射光线的衍射角 φ 满足光栅方程的同时,也满足单缝衍射的暗纹条件,即

$$(a+b)\sin\varphi=\pm k\lambda,\quad k=0,1,2,\cdots;$$

$$a\sin\varphi=\pm k'\lambda,\quad k'=1,2,\cdots.$$

则对应于这一衍射角 φ 方向的缝与缝间出射光干涉加强的主极大明纹将不存在,即虽然满足光栅方程,但是相应的主极大明纹并不出现,这种现象称为衍射光谱线的**缺级**. 当光栅缝宽 a 及缝间距 b 已知时,光栅衍射光谱线缺级的级次为

$$k=k'\frac{a+b}{a}. \tag{10-25}$$

上式称为**缺级条件**. 例如,$(a+b)=3a$ 时,缺级的级次为 $k=3,6,9,\cdots$. 这种现象也可解释为多缝出射光的相互干涉结果要受单缝衍射结果的**调制**,如图 10－24 所示.

全息照相

由光栅方程可知,在光栅常数 $(a+b)$ 一定时,衍射角 φ 的大小和入射光波的波长有关,波长越长,衍射角越大,相应的各级衍射条纹距中央零级条纹越远. 若用一束含有各种波长的白光入射光栅,各种波长的单色光将产生各自的衍射条纹. 除中央明条纹由各色光混合仍为白光外,其两侧的各级明条纹都将形成由紫到红对称排列的彩色光带,称为**光栅光谱**. 由于波长短的光衍射角小,波长长的光衍射角大,所以波长较短的紫光靠近中央明条纹,波长较长的红光则远离中央明条纹. 级次较高的光谱中有部分谱线将会发生重叠.

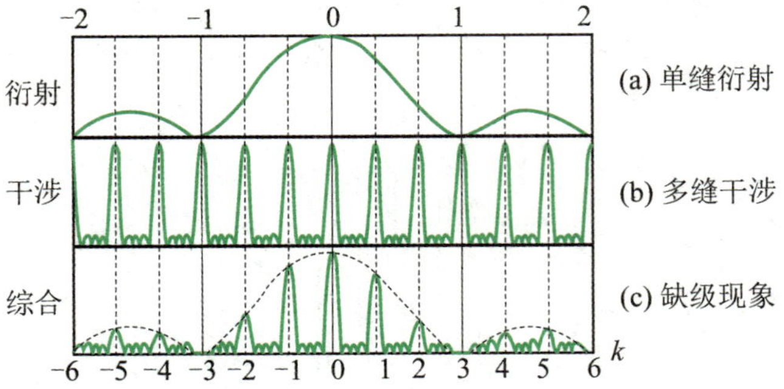

图 10－24　光栅衍射的缺级

白光的衍射光谱在光谱区内连成一片,称为连续谱. 如果入射光是波长不连续的复色光,如汞灯,其光栅衍射光谱在光谱区将出现与各波长对应的各级线状光谱,称为**线光谱**或**分立光谱**.

经过分析知道,每一种元素都有它自己的光谱成分. 由一定物质发出的光,其衍射光谱是一定的,测定其光栅衍射光谱中各谱线的波长和其相对光强,可以确定发光物质的成分和含量. 这种物质分析方法称为**光谱分析**. 光谱分析广泛应用于科学研究和工业技术等方面. 在固体物理中,还可以利用光栅衍射测定物质光谱线的精细结构,从而有助于人们深入了解物质的微观结构.

例 10－7　用每毫米有 500 条刻痕的光栅观察波长 $\lambda=590\ \text{nm}$ 的钠光谱线,已知刻痕间距 $a=1\times10^{-6}\ \text{m}$,问:平行光垂直入射时,最多能观察到第几级光谱线,实际上能观察到几条光谱线?

解　按题意,光栅常数

$$a+b=\frac{1\times10^{-3}}{500}\ \text{m}=2\times10^{-6}\ \text{m}.$$

由光栅方程知,只有当 $\varphi=\pi/2$,即 $\sin\varphi=1$ 时,k 才可能有最大值,k 的最大值为

$$k=\frac{(a+b)\sin\varphi}{\lambda}=\frac{2\times10^{-6}\times1}{590.0\times10^{-9}}\approx3.4.$$

由于小数没有实际意义,故最多能观察到第 3 级光谱线.

又根据缺级条件

$$k=k'\frac{a+b}{a}=k'\frac{2\times10^{-6}}{1\times10^{-6}}=2k',\quad k'=1,2,\cdots,$$

所以衍射光谱线中的 $k=2,4,6,\cdots$ 级次发生缺级,因而实际只能看到 $k=0,\pm1,\pm3$ 即 0 级、1 级和 3 级,共 5 条光谱线.

§ 10.5　光的偏振

前面讨论光的干涉和衍射规律时，并没有追究光是横波还是纵波，也就是说，无论是横波还是纵波，都可以产生干涉和衍射现象. 因此，光的干涉和衍射现象只显示了光的波动性. 而光的偏振现象则从实验上清楚地显示出光的横波性，这一点和光的电磁理论的预言完全一致.

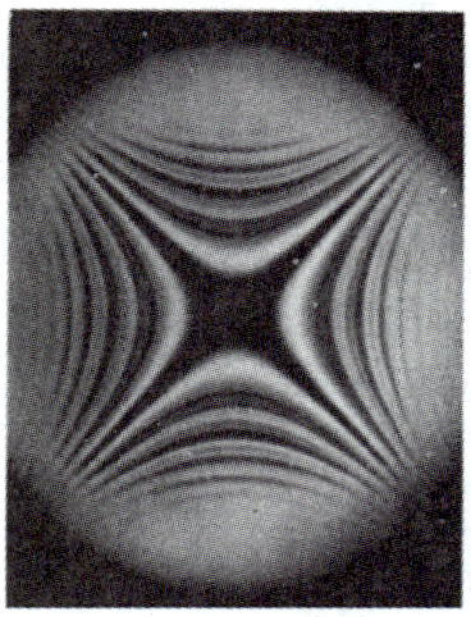

光的偏振

光的偏振现象在自然界中普遍存在. 光的反射、折射以及光在晶体中传播时的双折射都与光的偏振现象有关. 利用光的这种性质可以研究晶体的结构，也可用于测定机械结构内部应力分布情况. 激光器就是一种偏振光源. 此外，如糖量计、偏振光立体电影、袖珍计算器及电子手表的液晶显示屏等都属偏振光的应用.

一、自然光和偏振光

1. 横波的偏振性

我们知道，波可以分为纵波和横波，它们在某些方面的表现截然不同. 横波的传播方向和质点的振动方向垂直，通过波的传播方向且包含振动矢量的那个平面称为**振动面**. 显然，振动面与包含传播方向在内的其他平面不同，这称为波的振动方向相对传播方向没有对称性，这种不对称叫作**偏振**. 实验表明，只有横波才有偏振现象. 下面来看一个机械波的例子. 如图10－25 所示，将橡皮绳一端固定，用手拉着穿过缝隙的橡皮绳的另一端上下抖动，于是就有横波沿绳传播. 如果 G_1，G_2 两者的缝隙方向垂直，那么通过 G_1 的振动传到 G_2 处就被挡住，在 G_2 之后不再有波动. 如果以波动的传播方向为轴转动 G_2，使两缝的方向一致，则通过 G_1 的振动可以无阻碍地通过 G_2. 显然，这种现象只可能在横波的情况下发生，而纵波的振动方向与传播方向一致，转动 G_2，不论缝的取向如何，对波的传播没有任何影响.

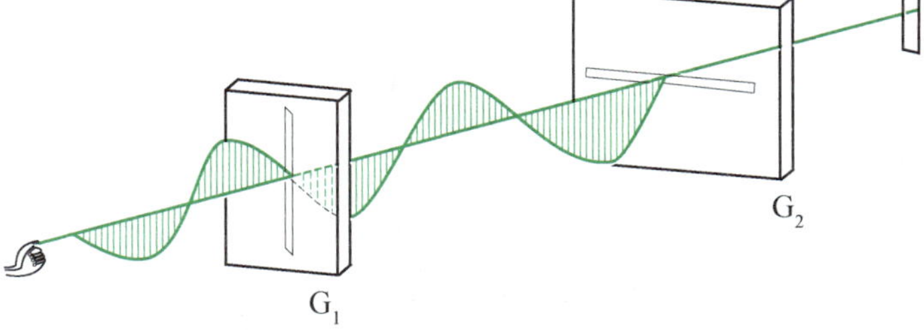

图 10－25　横波的偏振性

光波是电磁波，光波中光矢量的振动方向总是与光的传播方向垂直.当光的传播方向确定以后，光振动在与光传播方向垂直的平面内的振动方向仍然是不确定的，光矢量可能有各种不同的振动状态，这种振动状态通常称为光的**偏振态**.按照光振动状态的不同，可以把光分为五类：自然光、线偏振光、部分偏振光、椭圆偏振光和圆偏振光.下面仅对前三种光分别予以说明.

2. 自然光

普通光源发出的光是大量原子或分子发出的光的总和，不同原子或同一原子不同时刻发出的光波不仅初相位彼此毫无关联，其振动方向也彼此互不相关，随机分布.从宏观上看，光源发出的光中包含了所有方向的光振动，没有哪一个方向的光振动比其他方向占优势.在垂直于光传播方向的平面内，沿各个方向振动的光矢量都存在.平均说来，光振动对光的传播方向是轴对称而又均匀分布的.在各个方向上，光矢量对时间的平均值是相等的.也就是说，光振动的振幅在垂直于光波的传播方向上，既有时间分布的均匀性，又有空间分布的均匀性，具有这种特性的光就叫**自然光**，如图 10－26(a)所示.为研究问题方便起见，常把自然光中各个方向的光振动都分解为方向确定的两个相互垂直的分振动.这样，就可将自然光表示成两个相互垂直的、振幅相等的、独立的光振动，如图10－26(b)所示.**这种分解不论在哪两个相互垂直的方向上进行，其分解的结果都是相同的**，显然，每一独立光振动的光强都等于自然光光强的一半.但应注意，由于自然光光振动的随机性，这两个相互垂直的光矢量之间没有恒定的相位差，因而它们是不相干的.图 10－26(c)是自然光的表示法，图中用短线和点分别表示在纸面内和垂直纸面的光振动，短线和点交替均匀排列，表示光矢量对称且均匀分布.

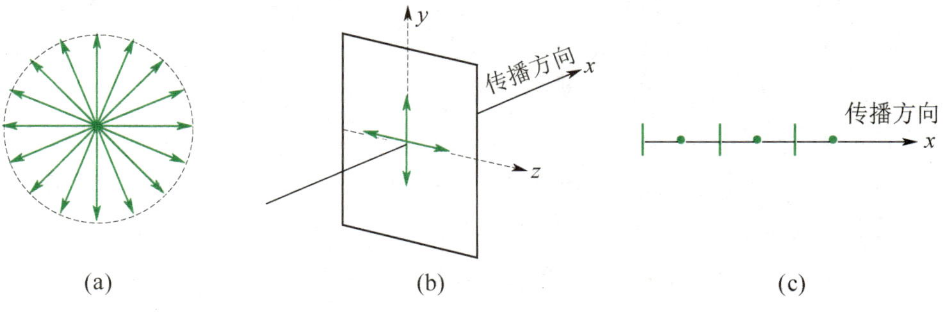

图 10－26 自然光

3. 线偏振光

如果光波的光矢量的方向始终不变，只沿一个固定方向振动，这种光称为**线偏振光**.在光学实验中，采用某些装置将自然光中相互垂直的两个分振动之一完全移去，就可获得线偏振光，所以线偏振光属于**完全偏振光**.因线偏振光中沿传播方向各处的光矢量都在同一振动面内，故线偏振光也称**平面偏振光**，简称**偏振光**.如图 10－27 所示是线偏振光的示意图，图 10－27(a)表示光振动方向在纸面内的线偏振光，图 10－27(b)表示光振动方向垂直纸面的线偏振光.

图 10－27　线偏振光

因为不可能把一个原子所发射的光波分离出来，所以我们在实验中获得的线偏振光，包含众多原子的光波中光振动方向都已相互平行的成分.

4. 部分偏振光

除了自然光和线偏振光，还有一种介于两者之间的偏振光，这种光在垂直于光的传播方向的平面内，各方向的振动都有，但它们的振幅大小不相等，称为**部分偏振光**. 部分偏振光可以看成偏振光与自然光的混合. 其光振动可这样表示：某一确定方向的光振动较强，与之垂直方向的光振动较弱. 这两个方向光振动的强弱对比度越高，表明其越接近完全偏振光. 如图 10－28 所示是部分偏振光的表示法，图 10－28(a)表示在纸面内的光振动较强，图 10－28(b)表示垂直纸面的光振动较强.

图 10－28　部分偏振光

二、起偏和检偏　马吕斯定律

普通光源发出的光都是自然光. 从自然光中获得偏振光的装置叫作**起偏器**，利用偏振片是从自然光获取偏振光最简便的方法. 除此之外，利用光的反射和折射或晶体棱镜也可以获取偏振光. 下面介绍几种产生和检验偏振光的方法.

1. 偏振片的起偏和检偏

偏振片是在透明的基片上蒸镀一层某种物质(如硫酸金鸡纳碱、碘化硫酸奎宁等)晶粒制成的. 这种晶粒对相互垂直的两个分振动光矢量具有选择吸收的性能，即对某一方向的光振动有强烈的吸收，而对与之垂直的光振动则吸收很少，晶粒的这种性质称为**二向色性**. 因此偏振片基本上只允许某一特定方向的光振动通过，这一方向称为偏振片的**偏振化方向，**也叫**透光轴**. 如图 10－29 所示，当自然光垂直照射偏振片 P_1 时，透过 P_1 的光就成为光振动方向平行于该透光轴方向的线偏振光，这一过程称为**起偏**. **透过偏振片的线偏振光的光强只有入射自然光光强的一半**.

怎样选择夏天戴的偏光太阳镜?

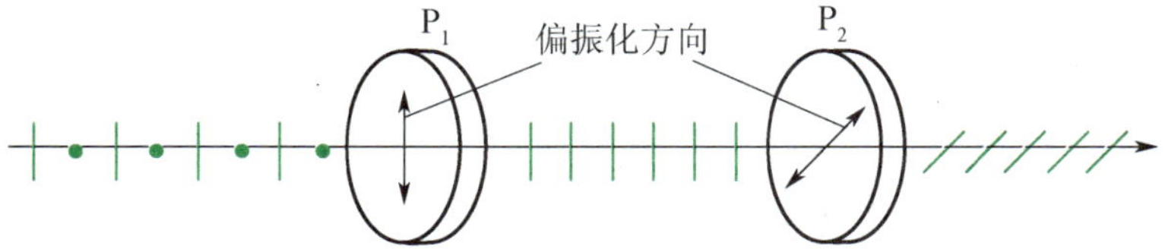

图 10－29　起偏与检偏

偏振片也可用来检验某一光束是否为线偏振光，称为**检偏**. 用作检验光的偏振状态的装置称为**检偏器**. 图 10－29 中的偏振片 P_2 就是一种检偏器. 当透过偏振片 P_1 所形成的线偏振光再垂直入射至偏振片 P_2 时，如果偏振片 P_2 的透光轴与线偏振光的振动方向相同，则该线偏振光可全部透过偏振片 P_2，在偏振片 P_2 的后面能观察到光；如果把偏振片 P_2 绕光的传播方向旋转 90°，即当偏振片 P_2 的透光轴与线偏振光的振动方向相互垂直时，由于线偏振光全部被偏振片 P_2 吸收，在偏振片 P_2 的后面就观察不到光. 如果让偏振片 P_2 绕入射线偏振光的传播方向缓慢转动一周，就会发现透过偏振片 P_2 的光强不断改变，并经历两次光强最大和两次光强为零的过程. 如果入射到偏振片 P_2 上的是自然光，上述过程就不会出现；如果入射到偏振片 P_2 的是部分偏振光，只能观察到两次光强最强和两次光强最弱，但不会出现光强为零的情况. 线偏振光透过偏振片 P_2 后，光强的变化是遵从马吕斯定律的.

2. 马吕斯定律

19 世纪初，马吕斯在研究线偏振光通过检偏器后的透射光光强时发现，**如果入射线偏振光的光强为 I_0，透过检偏器后，透射光的光强 I 为**

$$I=I_0\cos^2\alpha. \tag{10-26}$$

式中，α 是线偏振光的振动方向与检偏器的透光轴方向之间的夹角. (10－26)式称为**马吕斯定律**. 下面给出证明.

马吕斯定律

如图 10－30 所示，ON_1 表示入射线偏振光的振动方向，ON_2 表示检偏器的透光轴方向，两者的夹角为 α. 入射线偏振光的光矢量振幅为 E_0，将此光矢量沿 ON_2 及垂直于 ON_2 的方向分解为两个分量，它们的大小分别为 $E_0\cos\alpha$ 和 $E_0\sin\alpha$，其中只有平行于检偏器透光轴方向 ON_2 的分量可以透过检偏器. 由于光强和振幅的平方成正比，所以透过检偏器的透射光强 I 和入射线偏振光的光强 I_0 之比为

$$\frac{I}{I_0}=\frac{(E_0\cos\alpha)^2}{E_0^2}=\cos^2\alpha,$$

即

$$I=I_0\cos^2\alpha.$$

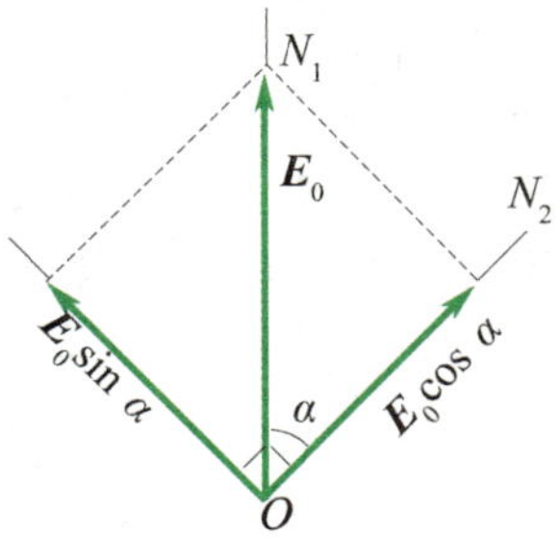

图 10－30 马吕斯定律的证明

如果入射到检偏器的线偏振光是起偏器产生的透射光，如图 10－29 所示的情况，那么上式中的 α 角就等于起偏器与检偏器两透光轴方向之间的夹角.

从马吕斯定律可以看出，线偏振光通过偏振片后，光强随入射线偏振光的振动方向和偏振片的透光轴方向之间的夹角 α 的改变而改变. 当 $\alpha=0$ 或 $\alpha=\pi$ 时，$I=I_0$，透过偏振片的光强最大；当 $\alpha=\frac{\pi}{2}$ 或 $\frac{3}{2}\pi$ 时，$I=0$，没有光透过偏振片.

例 10－8　一光束由线偏振光和自然光混合而成，当它通过偏振片时，发现透射光的光强随偏振片透光轴方向的取向的变化的最大值是最小值的 5 倍. 求入射光束中两种成分的光的相对强度.

解　设入射光束的总光强为 I，其中线偏振光的光强为 I_1，自然光的光强为 I_0，则 $I=I_1+I_0$.

通过偏振片后，自然光的光强为 $\frac{I_0}{2}$，且与偏振片的透光轴取向无关. 线偏振光的最大光强出现在偏振片的透光轴取向平行于线偏振光的振动方向时，大小为 I_1；线偏振光的最小光强出现在偏振片的透光轴取向垂直于线偏振光的振动方向时，大小为零. 故透过偏振片的混合光强最大为 $\frac{I_0}{2}+I_1$，最小光强为 $\frac{I_0}{2}$，由题意有

$$\frac{\frac{I_0}{2}+I_1}{\frac{I_0}{2}}=5.$$

由此得到

$$I_1:I_0=2:1,$$

即线偏振光 $I_1=\frac{2}{3}I$，自然光 $I_0=\frac{1}{3}I$.

例 10－9　如图 10－29 所示，偏振片 P_1 和偏振片 P_2 的偏振化方向间夹角为 60°，一束强度为 I_0 的自然光垂直入射到偏振片 P_1 上，然后从偏振片 P_2 射出，求出射光的光强.

解　自然光通过偏振片 P_1 后，变成偏振光，其光矢量振动方向平行于偏振片 P_1 的偏振化方向，其光强为原来光强的 $\frac{1}{2}$，即 $I_1=\frac{I_0}{2}$.

光强为 I_1 的偏振光射到偏振片 P_2 上，透过它时，遵循马吕斯定律，透出光的光强为

$$I_2=I_1\cos^2\alpha=\frac{I_0}{2}\cos^2 60°=\frac{I_0}{2}\times\frac{1}{4}=\frac{1}{8}I_0.$$

三、反射光与折射光的偏振　布儒斯特定律

自然光在两种各向同性的介质分界面上反射和折射时，反射光和折射光都将成为部分偏振光；在特定情况下，反射光成为线偏振光.

如图 10－31 所示，MM' 是两种介质（如空气和玻璃）的分界面，SI 是一束自然光的入射线，IR 和 IR' 分别为反射线和折射线，i 为入射角，γ 为折射角. 把自然光分解为两个相互垂直的光振动，一个与入射面垂直（图中用点表示），称为垂直振动；另一个和入射面平行（图中用短线表示），称为平行振动. 实验发现，在反射光束中，垂直振动多于平行振动，而在折射光束中，平行振动多于垂直振动，即反射光和折射光均为部分偏振光.

布儒斯特

理论和实验都证明，反射光的偏振化程度和入射角有关，**当入射角等于某一特定值 i_0，即满足**

$$\tan i_0=\frac{n_2}{n_1} \tag{10-27}$$

布儒斯特定律及计算

时，反射光中只有垂直入射面的分振动，即为线偏振光；而折射光仍为部分偏振光，但这时折射光的偏振化程度最强[见图10－31(b)].(10－27)式称为**布儒斯特定律**，i_0 称为**布儒斯特角**或**起偏角**.式中 n_1，n_2 为界面上、下介质的折射率.例如，自然光从空气射向折射率为1.50的玻璃面反射时，起偏角为 56.3°.

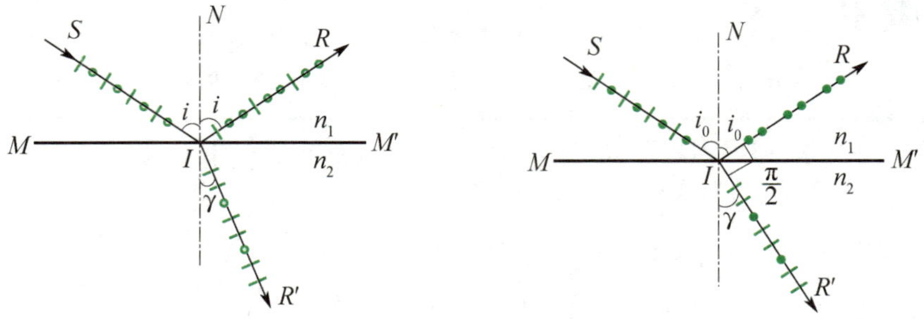

(a)　　　　　　　　(b)

图 10－31　反射光和折射光的偏振

根据折射定律，$n_1 \sin i_0 = n_2 \sin \gamma$，又由布儒斯特定律有

$$\tan i_0 = \frac{\sin i_0}{\cos i_0} = \frac{n_2}{n_1},$$

可得

$$\sin \gamma = \cos i_0,$$

故

$$i_0 + \gamma = \frac{\pi}{2}.$$

这说明**当入射角为起偏角时，反射光与折射光相互垂直.**

液晶

自然光以起偏角入射时，反射光虽然是线偏振光，但光强很弱.以自然光从空气入射到玻璃界面为例，反射光的光强只占入射自然光中垂直振动光强的 15%，折射光占入射自然光中垂直振动光强的 85%和平行振动光强的全部.所以，折射光的光强很强，但它的偏振化程度却不高.

例 10－10

利用布儒斯特定律可以测定不透明介质(如珐琅等釉质)的折射率.当一束平行自然光从空气中以 58°角入射到某介质材料表面上时，检验出反射光是线偏振光，求该介质的折射率.

解　根据布儒斯特定律

$$\tan i_0 = \frac{n_2}{n_1},$$

得

$$n_2 = n_1 \tan i_0 = \tan 58° = 1.60.$$

习　题　10

习题参考答案

1. 选择题

(1)在双缝干涉实验中,为使屏上的干涉条纹间距变大,可以采取的办法是(　　).

(A)使屏靠近双缝

(B)使两缝的间距变小

(C)把两个缝的宽度稍微调窄

(D)改用波长较小的单色光源

(2)两块平玻璃构成劈形空气膜,左边为棱边,用单色平行光垂直入射.若上面的平玻璃以棱边为轴,沿逆时针方向做微小转动,则干涉条纹的(　　).

(A)间隔变小,并向棱边方向平移

(B)间隔变大,并向远离棱边方向平移

(C)间隔不变,向棱边方向平移

(D)间隔变小,并向远离棱边方向平移

(3)一束波长为 λ 的单色光由空气垂直入射到折射率为 n 的透明薄膜上,透明薄膜放在空气中,要使反射光得到干涉加强,则透明薄膜最小的厚度为(　　).

(A)$\lambda/4$　　(B)$\lambda/(4n)$

(C)$\lambda/2$　　(D)$\lambda/(2n)$

(4)在迈克耳孙干涉仪的一条光路中,放入一折射率为 n、厚度为 d 的透明薄片,放入后,这条光路的光程改变了(　　).

(A)$2(n-1)d$　　(B)$2nd$

(C)$2(n-1)d+\lambda/2$　　(D)nd

(E)$(n-1)d$

(5)在迈克耳孙干涉仪的一条光路中,放入一折射率为 n 的透明介质薄膜后,测出两束光的光程差的改变量为一个波长 λ,则薄膜的厚度是(　　).

(A)$\lambda/2$　　(B)$\lambda/(2n)$

(C)λ/n　　(D)$\lambda/[2(n-1)]$

(6)在单缝夫琅禾费衍射实验中,对于给定的入射单色光,当缝宽度变小时,除中央明纹的中心位置不变外,各级衍射条纹(　　).

(A)对应的衍射角变小

(B)对应的衍射角变大

(C)对应的衍射角也不变

(D)光强也不变

(7)波长 $\lambda=500$ nm(1 nm$=10^{-9}$ m)的单色光垂直照射到宽度 $a=0.25$ mm 的单缝上,单缝后面放一凸透镜,在凸透镜的焦平面上放置一屏幕,用以观测衍射条纹.今测得屏幕上中央明纹一侧第 3 条暗纹和另一侧第 3 条暗纹之间的距离为 $d=12$ mm,则凸透镜的焦距是(　　).

(A)2 m　　(B)1 m

(C)0.5 m　　(D)0.2 m

(E)0.1 m

(8)波长为 λ 的单色光垂直入射于光栅常数为 d、缝宽为 a、总缝数为 N 的光栅上.取 $k=0,\pm1,\pm2,\cdots$,则决定出现主极大明纹的衍射角 φ 的公式可写成(　　).

(A)$Na\sin\varphi=k\lambda$　　(B)$a\sin\varphi=k\lambda$

(C)$Nd\sin\varphi=k\lambda$　　(D)$d\sin\varphi=k\lambda$

(9)在光栅光谱中,假如所有偶数级次的主极大明纹都恰好在单缝衍射的暗纹方向上,因而实际上不出现,那么此光栅每个透光缝宽度 a 和相邻两缝间不透光部分宽度 b 的关系为(　　).

(A)$a=0.5b$　　(B)$a=b$

(C)$a=2b$　　(D)$a=3b$

(10)一束光强为 I_0 的自然光垂直穿过两个偏振片,且此两偏振片的偏振化方向成 45°角,则穿过两个偏振片后的光强 I 为(　　).

(A)$I_0/4\sqrt{2}$　　(B)$I_0/4$

(C)$I_0/2$　　(D)$\sqrt{2}I_0/2$

(11)自然光以布儒斯特角由空气入射到一玻璃表面上,反射光是(　　).

(A)在入射面内振动的线偏振光

(B)平行于入射面的振动占优势的部分偏振光

(C)垂直于入射面振动的线偏振光

(D)垂直于入射面的振动占优势的部分偏振光

(12)一束自然光自空气射向一块平板玻璃[见题 10.1(12)图],设入射角等于布儒斯特角 i_0,则反射光 2 是(　　).

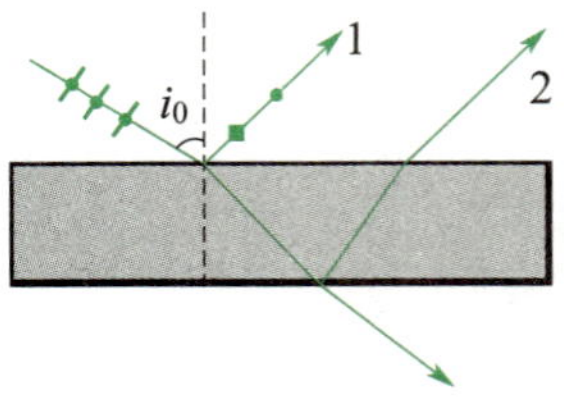

题 10.1(12)图

(A)自然光

(B)线偏振光且光矢量的振动方向垂直于入射面

(C)线偏振光且光矢量的振动方向平行于入射面

(D)部分偏振光

2. 填空题

(1) 某单色光从空气射入水中,其频率________,波速________,波长________.(选填"变大""变小"或"不变")

(2)在双缝干涉实验中,所用单色光波长为 $\lambda=562.5\ \text{nm}(1\ \text{nm}=10^{-9}\ \text{m})$,双缝与观察屏的距离 $D=1.2\ \text{m}$,若测得屏上相邻明纹间距为 $\Delta x=1.5\ \text{mm}$,则双缝的间距 $d=$________.

(3)波长 $\lambda=600\ \text{nm}$ 的单色光垂直照射到牛顿环装置上,第 2 个明环与第 5 个明环所对应的空气膜厚度之差为________ nm.$(1\ \text{nm}=10^{-9}\ \text{m})$

(4)在杨氏双缝干涉实验中,整个装置的结构不变,全部由空气中浸入水中,则干涉条纹的间距将变________.(选填"疏"或"密")

(5)在杨氏双缝干涉实验中,用一块透明的薄云母片盖住下面的一条缝,则屏幕上的干涉条纹将向________方移动.

(6)用两块平板玻璃构成劈形空气膜,左边为棱边,以单色平行光垂直入射.若上面的平玻璃以垂直于下面的平板玻璃的方向平移离开,则干涉条纹将向________平移,并且条纹的间距将________.

(7)将波长为 λ 的平行单色光垂直投射于一狭缝上,若对应于衍射图样的第 1 级暗纹位置的衍射角的绝对值为 φ,则缝的宽度等于________.

(8)波长为 λ 的单色光垂直入射在缝宽 $a=4\lambda$ 的单缝上.对应于衍射角 $\varphi=30^\circ$,单缝处的波面可划分为________个半波带.

(9)在单缝夫琅禾费衍射实验中,当缝宽变窄,则衍射条纹变________;当入射波长变长时,则衍射条纹变________.(选填"疏"或"密")

(10)在单缝夫琅禾费衍射实验中,如果把单缝沿透镜光轴方向平移,衍射图样________移动;若把单缝沿垂直于光轴方向平移,衍射图样________移动.(选填"向上""向下"或"不会").

(11)在单缝夫琅禾费衍射实验中,设第 1 级暗纹的衍射角很小,若钠黄光($\lambda_1=589\ \text{nm}$)中央明纹为 4.0 mm,则 $\lambda_2=442\ \text{nm}(1\ \text{nm}=10^{-9}\ \text{m})$的蓝紫色光的中央明纹宽度为________ mm.

(12)马吕斯定律的数学表达式为 $I=I_0\cos^2\alpha$.式中 I 为通过检偏器的透射光的光强;I_0 为入射________的光强;α 为入射光________方向和检偏器________方向之间的夹角.

(13)当一束自然光以布儒斯特角入射到两种介质的分界面上时,就偏振状态来说反射光为________光,其振动方向________于入射面.

(14)一束自然光从空气投射到玻璃表面上(空气折射率为 1),当折射角为 30°时,反射光是完全偏振光,则此玻璃板的折射率等于________.

(15)光的干涉和衍射现象反映了光的________性质.光的偏振现象说明光波是________波.

3. 解答题

10.3.1 在杨氏双缝干涉实验中,双缝间距 $d=0.20\ \text{mm}$,缝屏间距 $D=1.0\ \text{m}$.

(1)若第 2 级明纹到屏中心的距离为6.0 mm,计算此单色光的波长;

(2)求相邻两明纹间的距离.

10.3.2 在双缝装置中,用一很薄的云母片($n=1.58$)覆盖其中的一条缝,结果使屏幕上的第 7 级明纹恰好移到屏幕中央原零级明纹的位置.若入射光的波长为 550 nm,求此云母片的厚度.

10.3.3 在折射率 $n_1=1.52$ 的镜头表面涂有一层折射率 $n_2=1.38$ 的 MgF_2 增透膜,如果此膜适用于波长 $\lambda=550$ nm 的光,则膜的厚度应取何值?

10.3.4 如题 10.3.4 图所示,波长为 680 nm 的平行光垂直照射到 $L=0.12$ m 长的两块玻璃片上,两玻璃片一边相互接触,另一边被直径 $d=0.048$ mm 的细钢丝隔开.

(1)两玻璃片间的夹角 θ 为多大?

(2)相邻两明纹间空气膜的厚度差是多少?

(3)相邻两暗纹的间距是多少?

(4) 在这 0.12 m 内呈现多少条明纹?

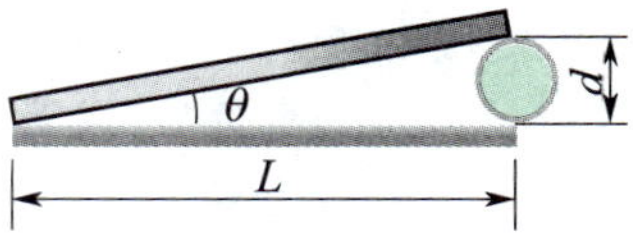

题 10.3.4 图

10.3.5 用 $\lambda=500$ nm 的平行光垂直入射劈形薄膜的上表面,从反射光中观察,劈尖的棱边是暗纹.若劈尖上面介质的折射率 n_1 大于薄膜的折射率 n($n=1.5$).

(1)求膜下面介质的折射率 n_2 与 n 的大小关系;

(2)求第 10 条暗纹处薄膜的厚度;

(3)使膜的下表面向下平移一微小距离 Δe,干涉条纹有什么变化?若 $\Delta e=2.0$ μm,原来的第 10 条暗纹处将被哪级暗纹占据?

10.3.6 (1)若用波长不同的光观察牛顿环,$\lambda_1=600$ nm,$\lambda_2=450$ nm,观察到用 λ_1 时的第 k 个暗环与用 λ_2 时的第 $k+1$ 个暗环重合,已知透镜的曲率半径是 190 cm.求用 λ_1 时第 k 个暗环的半径.

(2)又如在牛顿环实验中,若波长为 500 nm 的光的第 5 个明环与波长为 λ_3 的光的第 6 个明环重合,求未知波长 λ_3.

10.3.7 当牛顿环装置中的透镜与玻璃之间的空间充以液体时,第 10 个亮环的直径由 $d_1=1.40\times10^{-2}$ m变为 $d_2=1.27\times10^{-2}$ m,求液体的折射率.

10.3.8 利用迈克耳孙干涉仪可测量单色光的波长.当 M_1 移动距离为 0.322 mm 时,观察到干涉条纹移动数为 1 024 条,求所用单色光的波长.

10.3.9 把折射率为 $n=1.632$ 的玻璃片放入迈克耳孙干涉仪的一条光路中,观察到有 150 条干涉条纹向一方移过.若所用单色光的波长为 $\lambda=500$ nm,求此玻璃片的厚度.

10.3.10 试指出当衍射光栅的光栅常数分别为下述 3 种情况时,哪些级次的衍射明纹缺级.

(1)$a+b=2a$;(2)$a+b=3a$;(3)$a+b=4a$.

10.3.11 一单色平行光垂直照射一单缝,若其第 3 级明纹位置正好与波长为 600 nm 的单色平行光的第 2 级明纹位置重合,求前一种单色光的波长.

10.3.12 用橙黄色的平行光垂直照射一宽为 $a=0.60$ mm的单缝,缝后凸透镜的焦距 $f=40.0$ cm,观察屏幕上形成的衍射条纹.若屏上离中央明纹中心1.40 mm处的 P 点为一明纹,求:

(1)入射光的波长;

(2)P 点处条纹的级次;

(3)从 P 点看,对该光波而言,狭缝处的波面可分成几个半波带.

10.3.13 用 $\lambda=590$ nm 的钠黄光垂直入射到每毫米有 500 条刻痕的光栅上,则最多能看到第几级明纹?

10.3.14 波长 $\lambda=600$ nm 的单色光垂直入射到一光栅上,第 2、第 3 级明纹分别出现在 $\sin\varphi_2=0.20$ 与 $\sin\varphi_3=0.30$ 处,第 4 级缺级.求:

(1)光栅常数;

(2)光栅上狭缝的宽度;

(3)在 $90^\circ>\varphi>-90^\circ$ 范围内，所能观察到的全部级次.

10.3.15 一双缝装置的缝间距为 0.1 mm，每缝宽为0.02 mm，用波长为 480 nm 的平行单色光垂直入射双缝，双缝后放一焦距为50 cm的透镜. 试求：(1)透镜焦平面上单缝衍射中央明条纹的宽度；(2)单缝衍射的中央明纹包迹内有多少条双缝衍射明纹.

10.3.16 投射到起偏器的自然光的光强为 I_0，开始时，起偏器和检偏器的透光轴方向平行. 然后使检偏器绕入射光的传播方向转过 30°、45°、60°，试分别求出在上述 3 种情况下，透过检偏器后光强是 I_0 的几倍.

10.3.17 使自然光通过两个偏振化方向夹角为 60°的偏振片时，透射光强为 I_1，今在这两个偏振片之间再插入一偏振片，它的偏振化方向与前两个偏振片均成 30°角，则此时透射光强 I 与 I_1 之比为多少？

10.3.18 自然光入射到两个重叠的偏振片上，如果透射光强为：(1)最大透射光强的三分之一，(2)入射光强的三分之一，则这两个偏振片透光轴方向间的夹角为多少？

10.3.19 一束自然光从空气入射到折射率为1.40 的液体表面上，其反射光是完全偏振光. 试求：

(1)入射角；

(2)折射角.

10.3.20 光由空气射入折射率为 n 的玻璃. 在题 10.3.20 图所示的各种情况中，用黑点和短线把反射光和折射光的振动方向表示出来，并分别标明反射光和折射光是线偏振光还是部分偏振光. 图中 $i\neq i_0$，$i_0=\arctan n$.

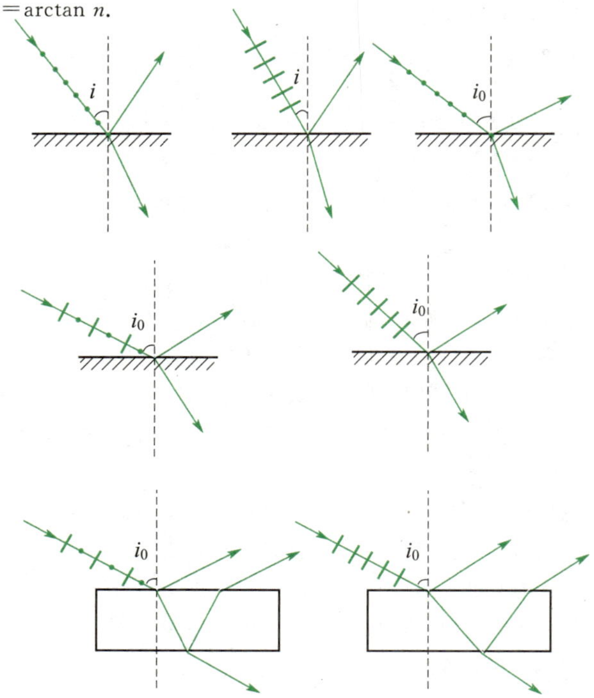

题 10.3.20 图

第 11 章 狭义相对论

本章提要

广义相对论简介

本书前 10 章所讲述的物理知识是 20 世纪以前，以经典力学、热力学和麦克斯韦电磁学理论为核心的经典物理学. 该领域到 19 世纪 80 年代达到全盛时期. 但当时存在经典物理理论无法解释的两个实验：一个是黑体辐射实验，另一个是迈克耳孙-莫雷实验. 进入 20 世纪后，为了解释黑体辐射实验，普朗克建立了量子论. 迈克耳孙-莫雷实验和其他一些实验，否定了经典电磁理论的以太假说，1905 年爱因斯坦建立了狭义相对论.

相对论是关于时间、空间和物质运动关系的理论，通常包括两部分：狭义相对论(或称特殊相对论)和广义相对论. 1905 年，爱因斯坦发表《论动体的电动力学》论文，创立了狭义相对论. 1915 年，爱因斯坦又创立了广义相对论. 相对论自创立以来，已有百余年，经受了大量实验的检验，至今还没发现有什么实验结果和相对论相违背. 本章只对狭义相对论作简略的介绍.

§11.1 伽利略变换　力学相对性原理

一、伽利略变换　经典力学时空观

伽利略

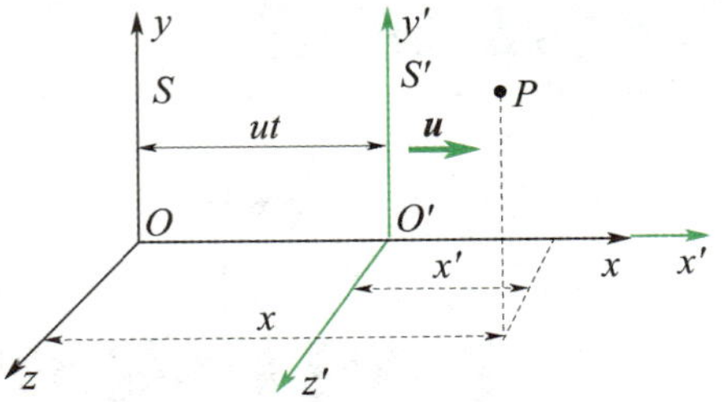

图 11－1　坐标变换

设有两个相对做匀速直线运动的参考系 S 和 S'，参考系 S'（比如一节火车车厢）相对参考系 S（比如地面）沿共同的 x、x' 轴正方向做速度为 $\boldsymbol{u}$ 的匀速直线运动，如图 11－1 所示. 设时刻 $t=t'=0$ 时，两坐标系的坐标原点 O 与 O' 重合，则某时空点 P 的坐标变换方程是

$$\begin{cases} x'=x-ut, \\ y'=y, \\ z'=z, \\ t'=t. \end{cases} \quad \text{或} \quad \begin{cases} x=x'+ut', \\ y=y', \\ z=z', \\ t=t'. \end{cases} \tag{11-1}$$

（11－1）式叫作**伽利略坐标变换方程**. 这个变换方程已经对时间、空间性质作了两条假定. 第一，假定了时间对于一切参考系、坐标系都是相同的，也就是假定存在着与任何具体参考系的运动状态无关的同一时间，表现为 $t=t'$. 既然时间是不变的，那么，时间间隔 $\Delta t=t_2-t_1$ 和 $t_2'-t_1'=\Delta t'$ 在一切参考系中也都是相同的，时间间隔与参考系的运动状态无关. 时间是用钟测量的数值，这相当于假定存在不受运动状态影响的时钟. 第二，假定了在任一确定时刻，空间两点间的长度

$$\Delta L=\sqrt{(x_2-x_1)^2+(y_2-y_1)^2+(z_2-z_1)^2}$$

对于一切参考系都是相同的，也就是假定空间长度与任何具体参考系的运动状态无关. 空间长度是用尺测量的数量，这相当于假定存在不受运动状态影响的直尺. 用数学式表示就是

$$\Delta L=\Delta L'.$$

这些假定与经典力学时空观是一致的. 牛顿说："绝对的、真正的和数学的时间，就其本质而言，是永远均匀地流逝着，与任何外界事物无关"，"绝对空间，就其本质而言，是与任何外界事物无关的，它永远不动、永远不变". 这就是经典力学时空观，也称**绝对时空观**. 按照这种观点，时间和空间彼此独立，互不相关，并且不受物质和运动的影响，存在绝对静止的参考系. 伽利略变换就是以这种绝对时空观为前提. 可以说伽利略变换是绝对时空观的数学表述.

二、力学相对性原理

伽利略曾在著作中描述了封闭的船舱中的许多力学现象，种种现象表明：**一切彼此做匀速直线运动的惯性系，对描述运动的力学规律来说是完全相同的.** 或者说**力学规律对一切惯性系都是等价的**.这就是**力学的相对性原理**,也称为**伽利略相对性原理**,或称为**经典相对性原理**.

把(11－1)式对时间 t 求导一次,得

$$\begin{cases} v_x' = v_x - u, \\ v_y' = v_y, \\ v_z' = v_z. \end{cases} \tag{11-2}$$

这就是 S 系和 S' 系之间的速度变换法则,叫作**伽利略速度变换法则**,或称为**经典速度相加定理**.

把(11－2)式对时间再求一次导数,得到 S 系和 S' 系加速度变换关系为

$$\begin{cases} a_x' = a_x, \\ a_y' = a_y, \\ a_z' = a_z. \end{cases} \tag{11-3}$$

(11－3)式说明在所有惯性系中,加速度是一不变量.经典力学中质量也是与参考系选择无关的物理量,于是,牛顿第二定律在所有惯性系中都具有相同的数学表述式,即

$$\boldsymbol{F} = m\boldsymbol{a}, \quad \boldsymbol{F}' = m'\boldsymbol{a}'.$$

这就是经典力学所满足的力学相对性原理.

§ 11.2 狭义相对论基本原理　洛伦兹变换

一、狭义相对论的两条基本原理

1865 年,麦克斯韦建立了描述电磁运动普遍规律的麦克斯韦方程组,并从这组方程出发,预言了电磁波的存在.通过 1886 年至 1888 年的一系列实验,赫兹证实了电磁波的存在并研究了电磁波的特性.电磁波就是以波动形式传播的电磁场.如果将真空中电磁波的波动方程与机械波的波动方程相比较,就会发现电磁波的波速等于光速,于是断定光是特定波长范围的电磁波.由此麦克斯韦提出了光的电磁学说.人们在考察这一理论的基础时碰到了一些困难.当时,这些困难集中在经典电磁学的以太假说.以太假说的主要内容是:以太是传播包括光波在内的电磁波的弹性介质,它充满整个宇宙空间.以太中的带电粒子振动会引起以太变形,这种变形以弹性波的形式传播,这就是电磁波.当时人们普遍认为,在相对以太静止的惯性系中,麦克斯韦方程组是成立的,因此导出的电磁波的波动方程成立.电磁波沿各方向传播的速度都等于恒量 c.那么,在相对以太运动的惯性系中,按伽利略变换,电磁波沿各方向传播的速度并不等于恒量 c.这一理论结果与实验测得的沿各方向均等于光速 c 相悖.

当时(19 世纪),人们认为伽利略变换对一切物理规律都适用,但麦克斯韦方程组不服从伽利略变换,它只在相对以太静止的惯性系里才成立.这样,以太就成了一个优越的参考系.既然根据伽利略相对性原理,人们不可能用力学实验找到

力学中优越的惯性系(绝对空间),而现在便可以用测量运动物体中光速的方法去寻找这一优越的参考系——以太.

以太若能找到,则可以把以太定义为绝对空间,相当于找到了牛顿的绝对空间.于是,人们纷纷设计一些实验来寻找以太.在这一系列的实验中,以迈克耳孙-莫雷实验的精度最高,最具代表性.

迈克耳孙-莫雷实验的目的是观测地球相对以太的绝对运动.实验装置就是第10章所讲述的迈克耳孙干涉仪.迈克耳孙干涉仪被放置在地球上某一实验室中,此时应有以太风吹过干涉仪.这个干涉仪有两条互相垂直的光路,中心部分有一面45°斜放着的半镀银镜(半透半反镜).设想实验中某一时刻,以太风的吹向刚好与其中一条光路平行,则它必与另一条光路垂直.当光在这两条垂直光路上从半镀银镜至反射镜之间来回传播时,它们所处的物理环境是不同的.物理环境的不同设想全是由于存在着以太风.当两路光再在半镀银镜会合并发生干涉再传播到人的眼睛时,我们能观察到干涉条纹.转动干涉仪可以将两条光路的物理环境对调,条纹会发生移动.这种"移动"是以太风导致的.实验中干涉仪的两条垂直光路长达11 m,预计最大能有0.4个干涉条纹的移动.

迈克耳孙与莫雷在春、夏、秋、冬四季以及白天、夜晚十分勤勉地进行实验.他们设想一年四季由于地球相对于太阳方向不同,所以以太风的吹向也不同.而这样整整辛苦了一年,却没有探测到任何"干涉条纹的移动".

当他们把实验的"零结果"向全世界公布后,物理学家们感到惊诧和沮丧.这意味着以太假设、绝对空间观念连同伽利略坐标变换式等全都成了问题.随后,其余的任何实验都没有观察到地球相对以太参考系的运动,于是爱因斯坦认为,应该抛弃以太和伽利略变换.他从一个完全崭新的角度提出了**狭义相对论的两条基本原理**.

(1)**相对性原理:所有物理定律在一切惯性系中都具有相同的形式.或者说所有惯性系都是平权的,在它们之中所有物理规律都一样.**

(2)**光速不变原理:所有惯性系中测量到的真空中光速沿各方向都等于c,与光源的运动状态无关.**

这两条基本原理是整个狭义相对论的基础.

二、洛伦兹变换

设S系和S'系是两个相对做匀速直线运动的惯性系(见图11-1),我们总可以适当地选取坐标轴、坐标原点和计时零点,使S系与S'系的关系满足以下规定:设S'系沿S系的x轴正向以速度u相对S系做匀速直线运动;使x',y',z'轴分别与x,y,z轴平行;S系的原点O与S'系原点O'重合时,两惯性系在原点处的时钟都指示零点.洛伦兹求出同一事件P(就是在某时刻在空间某点的物理事件,仅用一个时空点来表示)的两组坐标(x,y,z,t)和(x',y',z',t')之间的关系如下.

$S\to S'$系的变换方程

$$\begin{cases} x'=\gamma(x-ut), \\ y'=y, \\ z'=z, \\ t'=\gamma\left(t-\dfrac{u}{c^2}x\right). \end{cases} \tag{11-4a}$$

$S' \to S$ 系变换方程

$$\begin{cases} x = \gamma(x' + ut'), \\ y = y', \\ z = z', \\ t = \gamma\left(t' + \dfrac{u}{c^2}x'\right). \end{cases} \tag{11-4b}$$

式中

$$\gamma = \frac{1}{\sqrt{1-\beta^2}} = \frac{1}{\sqrt{1-\dfrac{u^2}{c^2}}},$$

$$\beta = \frac{u}{c}.$$

早在爱因斯坦建立狭义相对论之前，洛伦兹在研究电磁场理论、解释迈克耳孙—莫雷实验时就提出了这些变换方程式，因此(11-4)式称为**洛伦兹坐标变换公式**，简称**洛伦兹变换**.

对于洛伦兹变换须作以下几点说明.

(1)在狭义相对论中，洛伦兹变换占据中心地位. 它以确切的数学语言反映了相对论理论与伽利略变换及经典相对性原理的本质差别. 新的相对论时空观的内容都集中表现在洛伦兹变换上. 相对论的物理定律的数学表达式（如力学规律，见相对论动力学）在洛伦兹变换下保持不变.

(2)洛伦兹变换是同一事件在不同惯性系中两组时空坐标之间的变换方程. 所以，在应用时，必须首先核实(x,y,z,t)和(x',y',z',t')确实是代表了同一个事件.

(3)各个惯性系中的时间、空间量度的基准必须一致. 时间的基准必须选择相同的物理过程，比如某种晶体振动的周期. 空间长度的基准必须选择相同的物体或对象，比如某种原子的半径或某一定频率的电磁波长. 我们将作为基准用的过程和物体分别称为标准时钟和标准直尺，统一规定，各个惯性系中的钟和尺，必须相对于该参考系处在静止状态. 这样，各个惯性系时空度量结果的差异，反映出与这些惯性系固连的标准时钟和标准直尺的运动状态的差异.

(4)从(11-4)式看到，不仅 x' 是 x、t 的函数，t' 也是 x、t 的函数，而且都与两惯性系的相对速度 u 有关. 这就是说，相对论将时间和空间，以及它们与物质的运动不可分割地联系起来了.

伽利略变换与洛伦兹变换

(5)时间和空间的坐标都是实数，变换式中 $\sqrt{1-\left(\dfrac{u}{c}\right)^2}$ 不应该出现虚数，这就要求 $u \leqslant c$，而 u 代表选为参考系的任意两个物理系统的相对速度. 因而就可得出结论：物体的运动速度有个上限，就是光速 c. 换句话说，任何物体都不能超光速运动. 这是狭义相对论理论本身的要求，它已被现代科技实践所证实.

(6)洛伦兹变换与伽利略变换本质不同，但是在低速($u \ll c$)和宏观世界范围内（空间尺度远小于宇宙尺度），洛伦兹变换可以还原为伽利略变换. 这是因为若

$$u \ll c,$$

则

$$\beta = \frac{u}{c} \to 0.$$

于是

$$\gamma=\frac{1}{\sqrt{1-\frac{u^2}{c^2}}}\rightarrow 1,$$

$$\frac{u}{c^2}x\rightarrow 0.$$

代入(11－4)式后便推导出伽利略变换式[(11－1)式]. 这就说明,伽利略变换只是洛伦兹变换的一种特殊情况,而洛伦兹变换更具普遍性. 通常把 $u\ll c$ 称为经典极限条件或非相对论条件.

三、洛伦兹速度变换

现在考虑一个质点 P 在某一瞬时的速度. 设质点 P 在 S 系的速度为 $\boldsymbol{v}(v_x, v_y, v_z)$,在 S' 系的速度为 $\boldsymbol{v}'(v_x', v_y', v_z')$. 根据速度的定义,则

$$v_x=\frac{\mathrm{d}x}{\mathrm{d}t},\quad v_y=\frac{\mathrm{d}y}{\mathrm{d}t},\quad v_z=\frac{\mathrm{d}z}{\mathrm{d}t};$$

$$v_x'=\frac{\mathrm{d}x'}{\mathrm{d}t'},\quad v_y'=\frac{\mathrm{d}y'}{\mathrm{d}t'},\quad v_z'=\frac{\mathrm{d}z'}{\mathrm{d}t'}.$$

对洛伦兹变换(11－4a)式取微分,有

$$\begin{cases}\mathrm{d}x'=\gamma(\mathrm{d}x-u\mathrm{d}t)=\gamma\left(\dfrac{\mathrm{d}x}{\mathrm{d}t}-u\right)\mathrm{d}t,\\ \mathrm{d}y'=\mathrm{d}y,\\ \mathrm{d}z'=\mathrm{d}z,\\ \mathrm{d}t'=\gamma\left(\mathrm{d}t-\dfrac{u}{c^2}\mathrm{d}x\right)=\gamma\left(1-\dfrac{u}{c^2}\dfrac{\mathrm{d}x}{\mathrm{d}t}\right)\mathrm{d}t=\gamma\left(1-\dfrac{uv_x}{c^2}\right)\mathrm{d}t.\end{cases}$$

用 $\mathrm{d}t'$ 去除前面的三式,即得

$$\begin{cases}v_x'=\dfrac{\mathrm{d}x'}{\mathrm{d}t'}=\dfrac{\gamma(v_x-u)\mathrm{d}t}{\gamma\left(1-\dfrac{uv_x}{c^2}\right)\mathrm{d}t}=\dfrac{v_x-u}{1-\dfrac{uv_x}{c^2}},\\ v_y'=\dfrac{\mathrm{d}y'}{\mathrm{d}t'}=\dfrac{\mathrm{d}y}{\gamma\left(1-\dfrac{uv_x}{c^2}\right)\mathrm{d}t}=\dfrac{v_y}{\gamma\left(1-\dfrac{uv_x}{c^2}\right)},\\ v_z'=\dfrac{\mathrm{d}z'}{\mathrm{d}t'}=\dfrac{\mathrm{d}z}{\gamma\left(1-\dfrac{uv_x}{c^2}\right)\mathrm{d}t}=\dfrac{v_z}{\gamma\left(1-\dfrac{uv_x}{c^2}\right)}.\end{cases}\tag{11-5}$$

根据相对性原理,把上式中的 u 换为 $-u$,带“′”的量和不带“′”的量对调,便得到从 S' 系到 S 系的速度变换式为

$$\begin{cases}v_x=\dfrac{v_x'+u}{1+\dfrac{uv_x'}{c^2}},\\ v_y=\dfrac{v_y'}{\gamma\left(1+\dfrac{uv_x'}{c^2}\right)},\\ v_z=\dfrac{v_z'}{\gamma\left(1+\dfrac{uv_x'}{c^2}\right)}.\end{cases}\tag{11-6}$$

以上速度变换式称为**洛伦兹速度变换式**.

当 $u \ll c$ 和 $v_x \ll c$ 时，$\gamma \to 1$，$\frac{uv_x}{c^2} \to 0$，则(11－5)式为

$$v_x' = v_x - u,\quad v_y' = v_y,\quad v_z' = v_z.$$

这就是伽利略速度变换式.

在 v 平行于 x 轴的特殊情况下，$v_x = v$，$v_y = 0$，$v_z = 0$，代入(11－5)式，得到

$$v_x' = \frac{v-u}{1-\frac{uv}{c^2}},\quad v_y' = 0,\quad v_z' = 0. \tag{11-7}$$

在 v' 平行于 x' 轴的特殊情况下，$v_x' = v'$，$v_y' = 0$，$v_z' = 0$，代入(11－6)式，得到其逆变换

$$v_x = \frac{v'+u}{1+\frac{uv'}{c^2}},\quad v_y = 0,\quad v_z = 0. \tag{11-8}$$

(11－7)式、(11－8)式是常用的特殊情况.

例 11－1　有一辆火车以速度 u 相对地面做匀速直线运动. 在火车上向前和向后射出两道光，求光相对地面的速度.

解　以地面为 S 系，火车为 S' 系，则光相对火车向前的速度为 $v' = +c$，向后的速度为 $v' = -c$，代入(11－8)式，则得在地面 S 系中，光向前的速度为

$$v = \frac{c+u}{1+\frac{uc}{c^2}} = c;$$

光向后的速度为 $v = \frac{-c+u}{1-\frac{uc}{c^2}} = -c$.

这样得出无论在 S 系，还是在 S' 系，光的传播速度均为 c. 这与光速不变原理相符.

§ 11.3　狭义相对论时空观

一、同时的相对性

在相对论时空观念中，同时的相对性占有重要地位. 经典物理认为所有惯性系具有同一的绝对的时间，于是，同时也是绝对的. 就是说，如果有两个事件，在某个惯性系中观测是同时的，那么，在所有其他惯性系中观测也都是同时的. 狭义相对论则指出不能给同时性以任何绝对的意义.

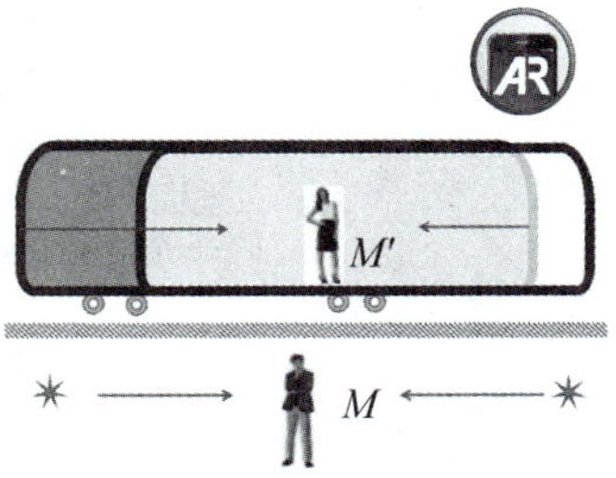

同时的相对性

爱因斯坦

首先定性分析一个理想实验. 如图 11－2 所示，一相对地面惯性系(S 系)以速度 u 匀速行驶的列车，通常称为爱因斯坦火车，取车厢为另一惯性系(S'系). 设在车厢的正中央 M' 处有一光源. 当 M' 与 S 系中的 M 点重合时(M 是 S 系的发光点)，光源闪光，如

图 11－2(a)所示. 设同一光信号到达车厢前门为事件 1，到达后门为事件 2. 根据光速不变原理，在车厢(S'系)，光信号沿 x' 轴的正、反方向传播速度都是 c，光源在车厢正中央，所以同一闪光信号同时到达前、后门，即事件 1、2 为同时事件，如图 11－2(b)所示. 在地面参考系(S 系)，光信号沿 x 轴的正、反方向传播的速度也是 c. 但车厢前、后门随车厢一起沿 x 轴正向以速度 u 相对地面运动，后门向 M 点接近，前门远离 M 点. 所以，地面观测者测到光信号先到达后门、后到达前门，即事件 1、2 不是同时事件，如图 11－2(c)所示.

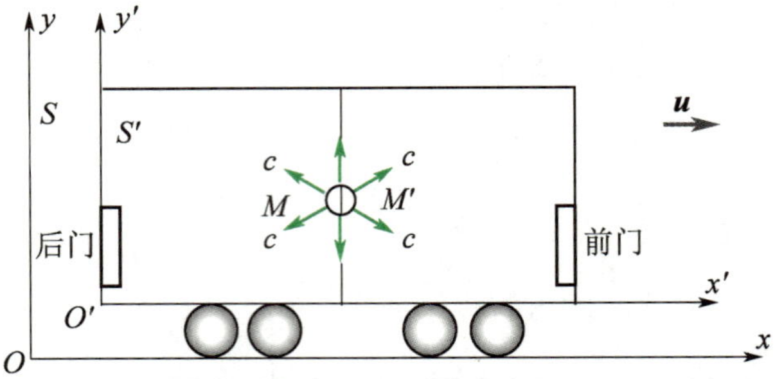

(a)车厢正中央M'处的灯与地面(S系)中的M点重合时，开始闪光

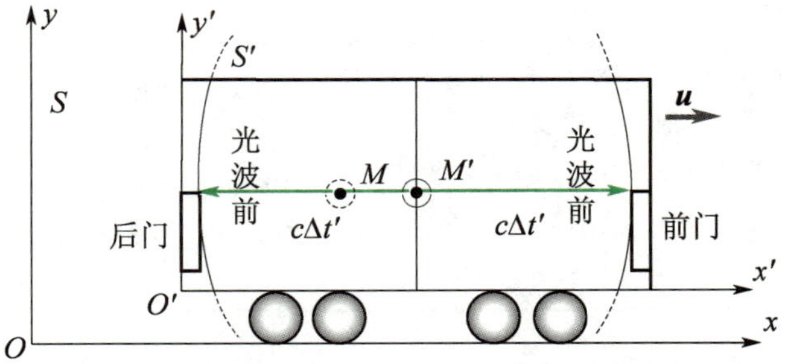

(b)车厢(S'系)中光向各方向传播的速度都为c，所以同一光信号同时到达前、后门

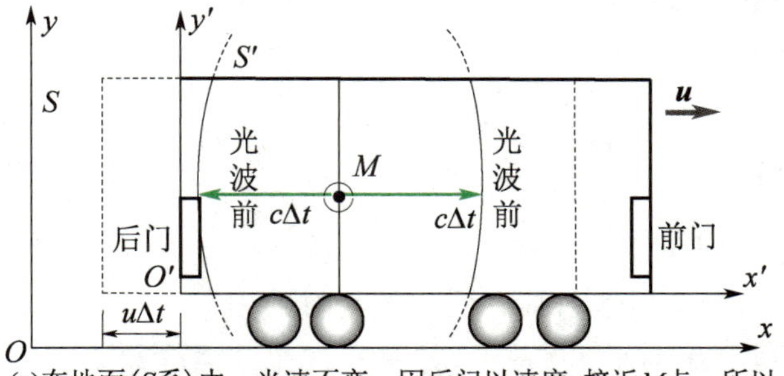

(c)在地面(S系)中，光速不变，因后门以速度u接近M点，所以同一光信号先到达后门，后到达前门

图 11－2　同时的相对性

这个例子说明，在一个惯性系中的两个同时发生的事件，在另一个惯性系中观测，则不是同时发生的，这是时空均匀性和光速不变原理的一个直接结果.

如图 11－3 所示，一列爱因斯坦火车以速度 u 通过车站. 车站观测者测到两个闪电同时分别击中车头和车尾. 此时车尾和车头在车站(S 系)中的坐标分别为 x_1 和 x_2. 设击中车尾为事件 1，在 S 系时空坐标为(x_1，t_1)，在火车(S'

系)中时空坐标为(x_1', t_1');设击中车头为事件 2,在 S 系时空坐标为(x_2, t_2),在 S' 系时空坐标为(x_2', t_2').

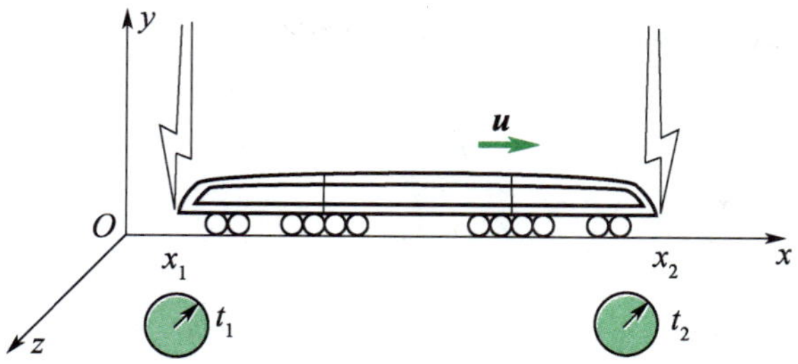

图 11-3　两个闪电同时击中车头和车尾

根据洛伦兹变换

$$t_1' = \gamma\left(t_1 - \frac{u}{c^2}x_1\right),$$

$$t_2' = \gamma\left(t_2 - \frac{u}{c^2}x_2\right),$$

于是

$$t_2' - t_1' = \gamma\left[(t_2 - t_1) - \frac{u}{c^2}(x_2 - x_1)\right].$$

车站(S 系)观测者测得两闪电同时击中,即 $t_2 = t_1$,则上式为

$$t_2' - t_1' = -\gamma\frac{u}{c^2}(x_2 - x_1).$$

因为 $u \neq 0$,$(x_2 - x_1) \neq 0$,则结论是在火车(S' 系)上的观测者测得两闪电不是同时击中的.按本题条件 $u > 0$,$(x_2 - x_1) > 0$,则有$(t_2' - t_1') < 0$,即从火车上观测,先击中车头,后击中车尾.如果将火车改为后退,$u < 0$,$(x_2 - x_1) > 0$,则有$(t_2' - t_1') > 0$,火车上观测者测得的结果是先击中车尾,后击中车头.这说明在一参考系中同时不同地点发生的两个事件,在另一参考系一定不同时发生.

二、长度的相对性

设一物体(如一把直尺)相对坐标系是静止的,如图 11-4 所示.物体在 x 方向的长度等于两端坐标值之差,即 $l = |x_2 - x_1|$.这里测量 x_1 和 x_2 的时间不要求是同时的.若物体是运动的,如图11-5 所示,物体相对于 S' 系是静止的,相对 S 系则以速度 u 运动.在 S 系中必须同时$(t_1 = t_2 = t)$记录下物体两端的坐标 x_1 和 x_2.若在 S 系中测得的长度 $l = x_2 - x_1$ 称为物体的**运动长度**,而在 S' 系中测得该物体的长度 $l_0 = x_2' - x_1'$就可称为**静止长度或固有长度(本征长度)**.根据洛伦兹变换

$$x_2' = \gamma(x_2 - ut_2),$$

$$x_1' = \gamma(x_1 - ut_1),$$

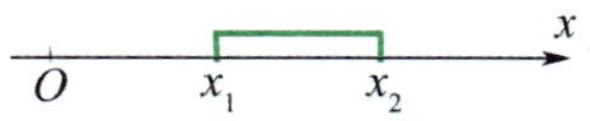

图 11-4　静止长度的测量图

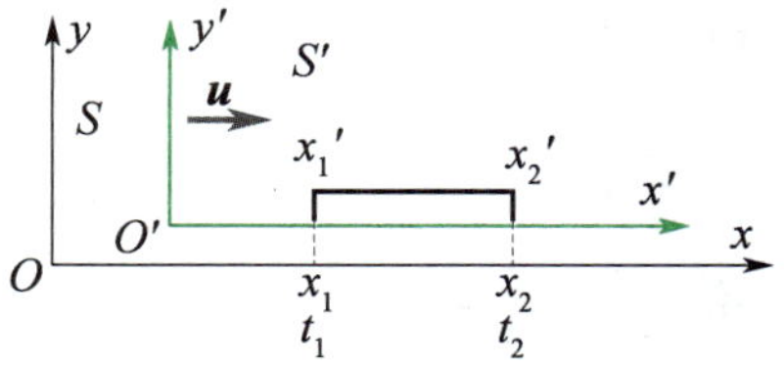

图 11-5　运动长度的测量

两式相减，得到

$$x_2' - x_1' = \gamma[(x_2 - x_1) - u(t_2 - t_1)].$$

因为测量要求在 S 系必须同时（$t_2 = t_1$），所以

$$x_2' - x_1' = \gamma(x_2 - x_1),$$

即

$$l_0 = \gamma l,$$

$$\gamma = \frac{1}{\sqrt{1-\beta^2}}.$$

上式又可写为

$$l = \frac{l_0}{\gamma} = \sqrt{1-\beta^2}\, l_0. \tag{11-9}$$

这就是说，**运动长度缩短了.** $\sqrt{1-\beta^2}$ 称为**洛伦兹收缩因子.**

愚人横竿能过城门吗？

从以上分析可以看出，相对论中，物体长度的比较在一定意义上具有相对性. 长度的收缩是普遍的时空性质，与物体的具体性质（如材料、结构等）无关. 在相对物体静止的惯性系中，测得物体的长度最长. 两个相对静止的物体长度的比较即固有长度的比较，有绝对的意义. **长度的收缩只发生在运动方向上，与运动垂直的方向并不发生长度收缩.** 特别要注意的是，长度收缩是测量的结果，不要错误地说成是某人眼睛看见的结果. 因为看见的图像是被观看的物体上各点发出的光同时到达观看者眼睛而感知的总图像. 光速是有限的，同时到达眼睛的光是与眼睛距离不同的各点在不同时刻发出的光，这与我们前面讲的同时（$t_1 = t_2$）记录 x_1 和 x_2 坐标是不一致的. 测量中观测者的作用仅仅是记录，他只能直接了解他所在地点的事件. 而眼睛看到图像要包含光信号的传输特征，所以观看与测量的图像不是一回事.

三、时间间隔的相对性

在 S' 系中同一地点发生了两个事件，例如，某振荡晶体到达相邻的两个正向峰值时，这两个事件的时空坐标是 (x_1', t_1')，(x_2', t_2')，因为是同地事件，$x_1' = x_2'$，时间间隔 $\Delta t' = t_2' - t_1'$，也就是晶体静止时振动的周期. 在 S 系中测这两事件的时空坐标分别是 (x_1, t_1)，(x_2, t_2)，如图 11-6 所示，显然 $x_1 \neq x_2$，t_1 和 t_2 是 S 系中两个同步时钟上的读数. 根据洛伦兹变换，有

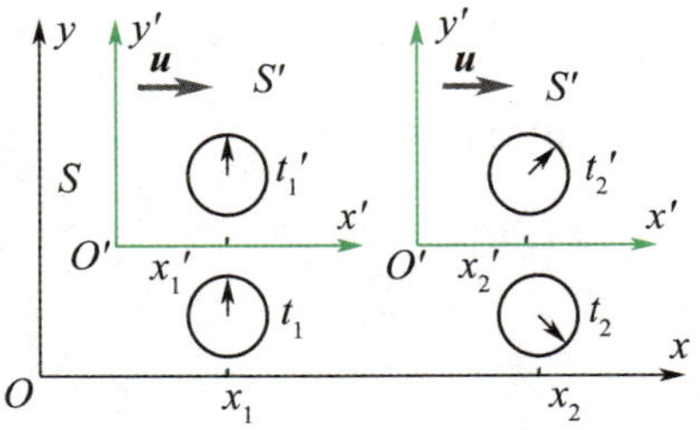

图 11-6　运动时钟变慢

$$t_1 = \gamma\left(t_1' + \frac{u}{c^2}x_1'\right), \quad t_2 = \gamma\left(t_2' + \frac{u}{c^2}x_2'\right).$$

两式相减，得

$$t_2 - t_1 = \gamma\left[(t_2' - t_1') + \frac{u}{c^2}(x_2' - x_1')\right].$$

因为 $x_2' = x_1'$，则有

$$t_2 - t_1 = \gamma(t_2' - t_1'),$$

即

$$\Delta t = \gamma \Delta t'. \tag{11-10}$$

因为 $\gamma>1$，所以 $\Delta t>\Delta t'$，表示时间膨胀了，或者说 S 系的观察者认为运动的 S' 系上的时钟变慢了.

(11－10)式表示，一个过程，在某惯性系发生在同一地点，则相对静止的惯性系测量到过程的时间间隔数值最小，即过程的时间间隔最短，称它为该过程的固有时间或本征时间，记作 τ_0；其他所有相对运动的惯性系测量该过程的时间间隔，都不是用一只钟测量，而是用不同地点的两只同步时钟测量，测得的数值都大于固有时间，记作 τ，则(11－10)式可写为

$$\tau=\gamma\tau_0. \tag{11-11}$$

式中 $\gamma>1$，称为**时间延缓因子**. 时间膨胀效应是一种普遍的时空属性，与过程的具体性质和作用机制无关.

相对论的时间延缓和长度收缩效应，已经为大量的近代物理实验证实. 下面举例说明.

孪生子佯谬

时间延缓与长度收缩

例 11－2　在大气上层 9 000 m 处，宇宙射线中有 μ^- 介子，速率约为 $u=2.994\times10^8\ \text{m/s}=0.998c$. μ^- 介子在静止参考系中的平均寿命为 2×10^{-6} s，最终衰变为电子和中微子，试解释地面实验室为什么能接收其信号.

解　在 μ^- 介子静止的参考系中，$\Delta t'=2\times10^{-6}$ s. 若没有时间延缓效应，它们从产生到衰变掉的时间里是根本不可能达到地面实验室的，因为它走过的距离只有

$$u\Delta t'=2.994\times10^8\times2\times10^{-6}\approx600\ \text{m}.$$

但事实是 μ^- 介子到达了地面实验室！这可用时间延缓效应来解释：将运动参考系 S' 建立在 μ^- 介子上，在地面参考系 S 上看，μ^- 介子的寿命是两地时，由公式(11－10)可求出

$$\Delta t=\gamma\Delta t'=\frac{1}{\sqrt{1-\frac{u^2}{c^2}}}\Delta t'=\frac{2\times10^{-6}}{\sqrt{1-(0.998)^2}}\ \text{s}$$
$$=3.16\times10^{-5}\ \text{s},$$

它约为固有时间 2×10^{-6} s 的 16 倍！按此寿命计算，在这段时间里，在地面参考系中 μ^- 介子移动的距离为

$$u\Delta t=2.994\times10^8\times3.16\times10^{-5}$$
$$=9\ 460\ \text{m}>9\ 000\ \text{m},$$

所以能到地面，地面实验室能接收其信号.

*§ 11.4　狭义相对论动力学基本结论

一、狭义相对论力学的基本方程　质速关系

在经典力学中，质量、加速度、力等物理量都是伽利略变换下的不变量，因此牛顿第二定律是伽利略变换的不变式. 狭义相对论否定了伽利略变换，提出了洛伦兹变换. 因此牛顿运动定律必须改造，使之在洛伦兹变换下也不变，而且当 $u\ll c$ 时又可以化为原来的经典形式.

把牛顿第二定律改写成

$$\boldsymbol{F}=\frac{\mathrm{d}\boldsymbol{p}}{\mathrm{d}t}$$

的形式，就是狭义相对论力学基本方程. 这里 $\boldsymbol{F}$ 仍然定义为力. 但其中动量 $\boldsymbol{p}$ 是相对论动量，其定义为

$$\boldsymbol{p}=m\boldsymbol{u},$$

m 是质量，$\boldsymbol{u}$ 是速度. 但这里 m 与速度 u 有关：

$$m=\frac{m_0}{\sqrt{1-\frac{u^2}{c^2}}}=\gamma m_0, \tag{11-12}$$

这就是**质速关系**. 式中 m_0 是当 $u=0$ 时的质量，也就是物体在相对静止惯性系中测出的质量，叫作**静止质量**. 静止质量在洛伦兹变换下是不变量. 而**相对论质量** m 是速率 u 的函数. 当 $u\ll c$ 时，$m\to m_0$；当 $u\to c$ 时，$m\to\infty$. 相对论认为 $m_0\neq 0$ 的物体，其速度不可能达到光速. 对于电磁辐射等物质，其速度 $u=c$，则其静止质量为零，而相对论质量 m 不为零，其量值要用别的关系式确定.

于是相对论动量可写成

$$\boldsymbol{p}=m\boldsymbol{u}=\frac{m_0}{\sqrt{1-\frac{u^2}{c^2}}}\boldsymbol{u}=\gamma m_0\boldsymbol{u}. \tag{11-13}$$

这些结论已被带电粒子在回旋加速器中运动的测量实验所证实.

二、质量和能量的关系

设静止质量为 m_0 的质点，初始静止，在外力的作用下，位移为 $\mathrm{d}\boldsymbol{s}$，获得的速度为 $\boldsymbol{u}$，质点动能的增量等于外力所做的功，即

$$\mathrm{d}E_\mathrm{k}=\boldsymbol{F}\cdot\mathrm{d}\boldsymbol{s}=\boldsymbol{F}\cdot\boldsymbol{u}\mathrm{d}t.$$

因为 $\boldsymbol{F}=\frac{\mathrm{d}(m\boldsymbol{u})}{\mathrm{d}t}$，代入上式得

$$\mathrm{d}E_\mathrm{k}=\mathrm{d}(m\boldsymbol{u})\cdot\boldsymbol{u}=(\mathrm{d}m)\boldsymbol{u}\cdot\boldsymbol{u}+m(\mathrm{d}\boldsymbol{u})\cdot\boldsymbol{u}=u^2\mathrm{d}m+mu\mathrm{d}u,$$

质能关系式

其中

$$\begin{aligned}\mathrm{d}\boldsymbol{u}\cdot\boldsymbol{u}=\boldsymbol{u}\cdot(\mathrm{d}\boldsymbol{u})&=(u_x\boldsymbol{i}+u_y\boldsymbol{j}+u_z\boldsymbol{k})\cdot(\mathrm{d}u_x\boldsymbol{i}+\mathrm{d}u_y\boldsymbol{j}+\mathrm{d}u_z\boldsymbol{k})\\&=u_x\mathrm{d}u_x+u_y\mathrm{d}u_y+u_z\mathrm{d}u_z=\frac{1}{2}\mathrm{d}(u_x^2+u_y^2+u_z^2)=\frac{1}{2}\mathrm{d}u^2=u\mathrm{d}u.\end{aligned}$$

又有

$$m=\frac{m_0}{\sqrt{1-\frac{u^2}{c^2}}},$$

微分得

$$\mathrm{d}m=\frac{m_0u\mathrm{d}u}{c^2\left(1-\frac{u^2}{c^2}\right)^{3/2}},$$

则解得

$$\mathrm{d}u=\frac{c^2\left(1-\frac{u^2}{c^2}\right)^{3/2}\mathrm{d}m}{m_0u}.$$

中国物理学家

钱三强

将 m、$\mathrm{d}u$ 的关系式代入前式，并化简，得到

$$\mathrm{d}E_\mathrm{k}=c^2\mathrm{d}m.$$

当 $u=0$ 时，$m=m_0$，动能 $E_\mathrm{k}=0$，积分为

$$\int_0^{E_\mathrm{k}}\mathrm{d}E_\mathrm{k}=\int_{m_0}^{m}c^2\mathrm{d}m,$$

$$E_\mathrm{k}=mc^2-m_0c^2. \tag{11-14}$$

这是**相对论物体动能的表达式**. 爱因斯坦把 m_0c^2 称作物体的**静能**，把 mc^2 称作物体运动时的能量或**总能量**. 用 E 表示总能量，得

$$E = mc^2. \tag{11-15}$$

这是爱因斯坦质能关系式，表明质量和能量是不可分割的. 由此可得

$$\Delta E = \Delta mc^2. \tag{11-16}$$

可见，质量变化，能量也必定变化. 对于一个孤立系统，总能量守恒就代表了总质量守恒，反之亦然.

中国物理学家

邓稼先

当 $u \ll c$ 时，

$$\begin{aligned} E_k &= m_0 c^2 \left(1 - \frac{u^2}{c^2}\right)^{-\frac{1}{2}} - m_0 c^2 \\ &= m_0 c^2 \left(1 + \frac{1}{2}\frac{u^2}{c^2} - \cdots\right) - m_0 c^2 \\ &\approx \frac{1}{2} m_0 u^2. \end{aligned}$$

这就回到经典力学中的质点动能公式.

例 11 - 3

已知质子和中子的静止质量分别为

$$M_p = 1.007\ 28\ \text{amu},$$
$$M_n = 1.008\ 66\ \text{amu}.$$

amu 为原子质量单位，1 amu=1.660×10^{-27} kg，两个质子和两个中子结合成一个氦($^4_2$He)核，实验测得它的静止质量 M_A=4.001 50 amu. 计算结合成一个氦核放出的能量.

解　两个质子和两个中子的质量为

$$M = 2M_p + 2M_n = 4.031\ 88\ \text{amu},$$

结合成一个氦核质量亏损

$$\Delta M = M - M_A = 0.030\ 38\ \text{amu},$$

则相应的能量改变量为

$$\begin{aligned}\Delta E &= \Delta Mc^2 = 0.030\ 38 \times 1.660 \times 10^{-27} \times (3 \times 10^8)^2\ \text{J} \\ &= 4.539 \times 10^{-12}\ \text{J}.\end{aligned}$$

这就是结合成一个氦核放出的能量.

若结合成 1 mol 氦核(4.002 g)，则放出的能量为

$$\begin{aligned}\Delta E &= 4.539 \times 10^{-12} \times 6.022 \times 10^{23}\ \text{J} \\ &= 2.733 \times 10^{12}\ \text{J}.\end{aligned}$$

这相当于燃烧 100 t 煤时放出的热量.

三、动量和能量的关系

相对论动量定义为 $\boldsymbol{p} = m\boldsymbol{u}$，取其平方，得

$$p^2 = m^2 u^2.$$

再由质能关系式 $E = mc^2$，取其平方，得

$$\begin{aligned} E^2 &= m^2 c^4 = m^2 c^4 - m^2 u^2 c^2 + m^2 u^2 c^2 = m^2 c^4 \left(1 - \frac{u^2}{c^2}\right) + p^2 c^2 \\ &= m_0^2 c^4 + p^2 c^2, \end{aligned}$$

即

$$E^2 = p^2 c^2 + m_0^2 c^4 = (pc)^2 + (m_0 c^2)^2. \tag{11-17}$$

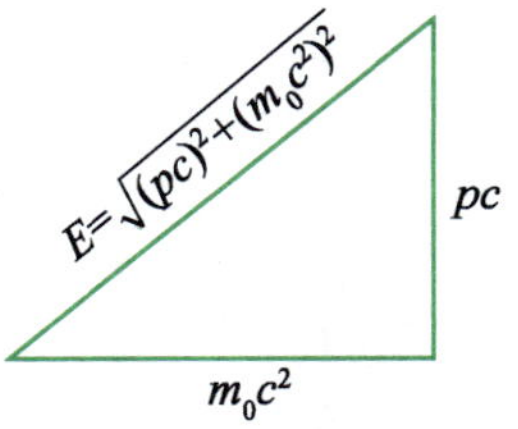

图 11 - 7　总能量与动量的关系

这就是**相对论中总能量和动量的关系式**. 可以用一个直角三角形的勾股弦形象地表示这一关系(见图 11 - 7).

有些粒子，如光子，$m_0 = 0$，则 $E = pc$ 或 $p = \dfrac{E}{c}$，可以得到

$$p = \frac{E}{c} = \frac{mc^2}{c} = mc.$$

说明静止质量为零的粒子一定以光速运动.

习 题 11

习题参考答案

1. 选择题

(1)在一惯性系中观测，两个事件同时不同地，则在其他惯性系中观测，它们(　　).

(A)一定同时

(B)可能同时

(C)不可能同时，但可能同地

(D)不可能同时，也不可能同地

(2)在一惯性系中观测，两个事件同地不同时，则在其他惯性系中观测，它们(　　).

(A)一定同地

(B)可能同地

(C)不可能同地，但可能同时

(D)不可能同地，也不可能同时

(3)宇宙飞船相对于地面以速度 v 做匀速直线飞行，某一时刻飞船头部的宇航员向飞船尾部发出一个光信号，经过 Δt(飞船上的钟)时间后，被尾部的接收器收到，则由此可知飞船的固有长度为(c 表示真空中光速)(　　).

(A)$c\cdot\Delta t$　　(B)$v\cdot\Delta t$

(C)$\dfrac{c\cdot\Delta t}{\sqrt{1-(v/c)^2}}$　　(D)$c\cdot\Delta t\cdot\sqrt{1-(v/c)^2}$

(4)一宇航员要到离地球 5 光年的星球去旅行. 如果宇航员希望把这路程缩短为 3 光年，则他所乘的火箭相对于地球的速度 v 应为(　　).

(A)$0.5c$　　(B)$0.6c$

(C)$0.8c$　　(D)$0.9c$

(5)某宇宙飞船以 $0.8c$ 的速度离开地球，若地球上测得它发出的两个信号之间的时间间隔为 10 s，则宇航员测得的相应的时间间隔为(　　).

(A)6 s　　(B)8 s

(C)10 s　　(D)10/3 s

2. 填空题

(1)有一速度为 u 的宇宙飞船沿 x 轴正方向飞行，飞船头、尾各有一个脉冲光源在工作，处于飞船尾的观察者测得飞船头光源发出的光脉冲的传播速度大小为________；处于飞船头的观察者测得飞船尾光源发出的光脉冲的传播速度大小为________.

(2)S'系相对 S 系沿 x 轴匀速运动的速度为 $0.8c$，在 S' 系中观测，两个事件的时间间隔 $\Delta t'=5\times10^{-7}$ s，空间间隔是 $\Delta x'=-120$ m，则在 S 系中测得的两事件的空间间隔 $\Delta x=$________，时间间隔$\Delta t=$________.

*(3)用 v 表示物体的速度，则当 $\dfrac{v}{c}=$________时，$m=2m_0$；当 $\dfrac{v}{c}=$________时，$E_k=E_0$.

3. 解答题

11.3.1 惯性系 S'相对另一惯性系 S 沿 x 轴做匀速直线运动，取两坐标原点重合时刻作为计时起点. 在 S 系中测得两事件的时空坐标分别为$x_1=6\times10^4$ m，$t_1=2\times10^{-4}$ s，以及 $x_2=12\times10^4$ m，$t_2=1\times10^{-4}$ s. 已知在 S'系中测得该两事件同时发生. 试问：

(1)S'系相对 S 系的速度是多少？

(2)S'系中测得的两事件的空间间隔是多少？

11.3.2 一飞船以 $0.99c$ 的速率平行于地面飞行，宇航员测得此飞船长度为 400 m.

(1)地面上的观察者测得飞船长度是多少？

(2)为了测得飞船的长度，地面上需要有两位观察者携带着两只同步钟同时站在首尾两端处，那么这两位观察者相距多远？

(3)宇航员测得两位观察者相距多远？

11.3.3 观测者甲、乙分别静止于两个惯性参考系 S 和 S' 中，甲测得在同一地点发生的两事件的时间间隔为 4 s，而乙测得这两个事件的时间间隔为 5 s. 求：
(1) S' 相对于 S 的运动速度；
(2) 乙测得这两个事件发生的地点间的距离.

11.3.4 6 000 m 的高空大气层中产生了一个 π 介子以速度 $v=0.998c$ 飞向地球. 假定该 π 介子在其自身静止系中的寿命等于其平均寿命 2×10^{-6} s. 试分别从下面两个角度，即地球上的观测者和 π 介子静止系中观测者来判断 π 介子能否到达地球.

11.3.5 设物体相对 S' 系沿 x' 轴正向以 $0.8c$ 运动，如果 S' 系相对 S 系沿 x 轴正向的速度也是 $0.8c$，则物体相对 S 系的速度是多少？

11.3.6 两个宇宙飞船相对于恒星参考系以 $0.8c$ 的速度沿相反方向飞行，求两飞船的相对速度.

11.3.7 (1) 火箭 A 和 B 分别以 $0.8c$ 和 $0.6c$ 的速度相对地球向 $+x$ 和 $-x$ 方向飞行. 试求由火箭 B 测得火箭 A 的速度. (2) 若火箭 A 相对地球以 $0.8c$ 的速度向 $+y$ 方向运动，火箭 B 的速度不变，求火箭 A 相对火箭 B 的速度.

***11.3.8** 已知一粒子的动能等于其静止能量的 n 倍，试求该粒子的速率.

***11.3.9** 一个电子的运动速度 $v=0.99c$，它的动能是多少？（电子的静止能量为 0.51 MeV）

***11.3.10** (1) 如果将电子由静止加速到速率为 $0.1c$，需对它做多少功？(2) 如果将电子由速率为 $0.8c$ 加速到 $0.9c$，又需对它做多少功？

***11.3.11** 一物体的速度使其质量增加了 10%，则此物体在运动方向上缩短了百分之几？

***11.3.12** 要使电子的速率从 1.2×10^8 m/s 增加到 2.4×10^8 m/s，必须做多少功？

***11.3.13** 粒子的静止质量为 m_0，当其动能等于其静能时，其质量和动量各等于多少？

***11.3.14** 太阳的辐射能来自其内部的核聚变反应. 太阳每秒向周围空间辐射出的能量约为 5×10^{26} J，由于这个原因，太阳每秒减少多少质量？把这个质量同太阳目前的质量 2×10^{30} kg 作比较，估算太阳的寿命.

第 12 章 量子物理基础

本章提要

量子力学的十大应用

上一章已提到 19 世纪末，经典物理无法解释的两个实验：一个是黑体辐射实验；另一个是迈克耳孙-莫雷实验. 从上一章的学习可以知道，为了解释迈克耳孙-莫雷实验，产生了狭义相对论理论. 同样地，1900 年，瑞利用经典的能量均分定理来说明热辐射现象时，出现了所谓的“紫外灾难”. 为了摆脱经典物理学的困境，一些思想敏锐而又不为旧观念束缚的物理学家，重新思考了物理学中的某些基本概念，经过艰苦而又曲折的探索，终于在 20 世纪初期诞生了量子理论.

1900 年，普朗克首先引入“能量子”概念，从理论上成功地得到黑体辐射公式，成功地解释了黑体辐射实验，标志着量子论的诞生. 1905 年，爱因斯坦提出光量子概念，成功解释了光电效应，促进了量子论的发展. 1913 年，玻尔利用量子概念解释氢原子的结构，取得成功. 以这三项成功为主要标志的量子论，通常称为旧量子论（早期量子论）. 在此基础上，一些理论物理学者和实验物理学者进行更深入的探索. 1924 年德布罗意提出了实物粒子（电子、质子、原子、分子等）也具有波粒二象性的假说. 1925—1927 年间薛定谔、海森伯等人建立了量子力学. 1927 年后，量子力学被广泛地用来研究微观物理学的各领域，如原子物理、核物理、固体物理等，取得了重大成就，量子论成为近代物理学的基础理论.

本章基本上按照量子论发展史的先后次序，首先介绍早期量子论，然后对量子力学作初步介绍，最后介绍原子壳层结构的主要结论. 其主要内容有：黑体辐射，普朗克能量子假设；爱因斯坦光量子假设；爱因斯坦的光电效应方程；光子和自由电子相互作用的康普顿效应；氢原子的玻尔理论；德布罗意假设、波粒二象性；测不准关系；量子力学的波函数、薛定谔方程；原子壳层结构；等等.

§12.1 黑体辐射 普朗克量子假设

一、热辐射 黑体辐射定律

实验表明，任何物体在任何温度下，都向外辐射各种波长的电磁波. 在不同的温度下辐射出的电磁波的能量按波长的分布而不同，这种能量按波长的分布随温度而不同的电磁辐射叫**热辐射**.

为了定量描述某物体在一定温度下辐射的能量按波长的分布，引入"**单色辐射本领**"(**单色辐出度**)的概念. 波长为 λ 的单色辐射本领是指单位时间内，从物体表面单位面积上发出的波长在 λ 附近单位波长间隔所辐射的能量，通常用 $M_\lambda(T)$ 表示. 它的国际单位为 $W \cdot m^{-3}$.

任何物体在任何温度下，不但能辐射电磁波，还能吸收电磁波. 理论和实验表明辐射本领大的表面，吸收本领也大，反之亦然. 物体表面越黑吸收本领越大，辐射本领也越大. 能全部吸收投射在它上面的各种波长的电磁波的物体称为**绝对黑体**，简称黑体. 黑体的吸收本领最大，辐射本领也最大. 在自然界，黑体是不存在的，即使最黑的煤烟也只能吸收 99% 的入射光能. 无论用什么材料制成一个空腔，在腔壁上开一小孔，如图 12－1 所示，即可看作一个黑体模型. 因为入射到小孔的电磁波，进入小孔后在腔内多次反射被吸收，几乎没有电磁波再从小孔射出，这个过程与构成空腔的材料无关. 从辐射的角度看，如果将空腔加热到一定温度，内壁发出的辐射也是经过多次反射后射出小孔，所以小孔的辐射实际上就是黑体的辐射.

黑体辐射只与温度有关. 保持一定温度，可用实验方法测出单色辐射本领随波长的变化曲线. 取不同的温度得到不同的实验曲线，如图 12－2 所示. 由图 12－2 可知，在任何确定的温度下，黑体对不同波长的辐射本领是不同的，在某一波长值 λ_m 处有极大值，当温度升高时，极大值向短波方向移动，同时曲线抬高并变得更为尖锐. 根据实验结果，可得下面两条黑体辐射定律.

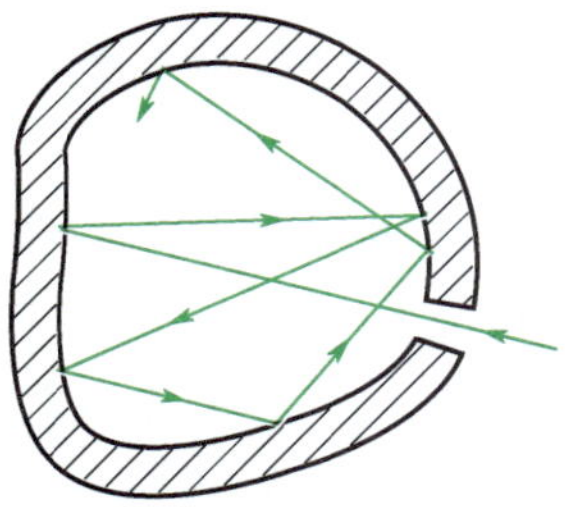

图 12－1 黑体模型

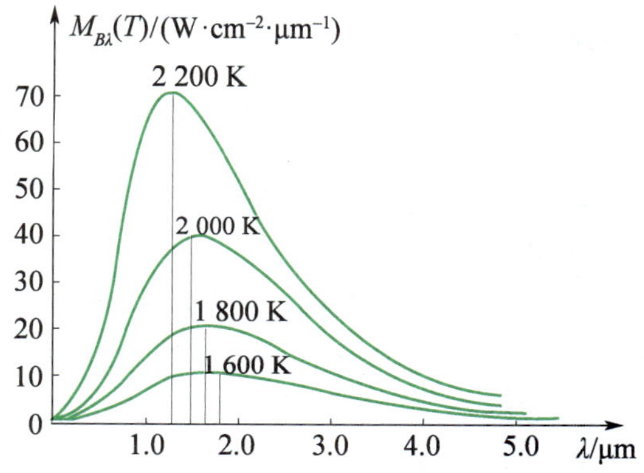

图 12－2 不同温度下辐射本领随波长的变化曲线

1. 斯特藩-玻尔兹曼定律

由实验曲线可得黑体辐射的**总辐射本领(辐射出射度)**为

$$M_B(T)=\int_0^{\infty}M_{B\lambda}(T)\mathrm{d}\lambda,$$

(可用曲线下的面积表示)与温度的四次方成正比,即

$$M_B(T)=\sigma T^4. \tag{12-1}$$

实验测得 $\sigma=5.670\times10^{-8}\ \mathrm{W\cdot m^{-2}\cdot K^{-4}}$,称为**斯特藩常量**. 这个规律称为**斯特藩-玻尔兹曼定律**. 可见黑体的总辐射本领随温度的升高而急剧增加.

2. 维恩位移律

在任意温度下,黑体的辐射本领都有一个极大值,这个极大值对应的波长用 λ_{m} 表示,称为**峰值波长**. λ_{m} 与温度 T 有如下确定的关系:

$$T\lambda_{\mathrm{m}}=b. \tag{12-2}$$

实验测得 $b=2.898\times10^{-3}\ \mathrm{m\cdot K}$,称为**维恩常数**. (12-2)式称为**维恩位移律**.

例 12-1 在地球大气层外的飞船上,测得太阳辐射本领的峰值在 465 nm 处. 假定太阳是一个黑体,试计算太阳表面的温度和单位面积辐射的功率.

解 根据维恩位移律

$$\lambda_{\mathrm{m}}T=b,$$

可得太阳表面的温度为

$$T=\frac{b}{\lambda_{\mathrm{m}}}=\frac{2.898\times10^{-3}}{465\times10^{-9}}\ \mathrm{K}=6\ 232\ \mathrm{K}.$$

根据斯特藩-玻尔兹曼定律,太阳表面单位面积所辐射的功率为

$$M=\sigma T^4=5.670\times10^{-8}\times(6\ 232)^4\ \mathrm{W\cdot m^{-2}}$$
$$=8.552\times10^{7}\ \mathrm{W\cdot m^{-2}}.$$

二、普朗克量子假设

普朗克

要从理论上解释黑体辐射定律,就必须从理论上找出黑体的单色辐射本领 $M_{B\lambda}(T)$与 λ,T 的具体函数形式. 19 世纪末,许多物理学家在经典物理学的基础上寻找这一关系式,结果都失败了. 1900 年,普朗克从理论上推导出一个与实验符合得非常好的公式:

$$M_{B\lambda}(T)=2\pi hc^2\lambda^{-5}\frac{1}{\mathrm{e}^{hc/\lambda kT}-1}, \tag{12-3}$$

称为**普朗克公式**. 式中,c 为真空中光速,k 为玻尔兹曼常量,e 为自然对数的底,h 为普朗克常量. 由实验测定得

$$h=6.626\ 075\ 5\times10^{-34}\ \mathrm{J\cdot s}.$$

为推导出这个公式,普朗克作了如下两条假设,其中第二条假设是与经典理论相矛盾的.

(1)黑体由带电简谐振子组成(把组成空腔壁的分子、原子的振动看作线性简谐振动). 这些简谐振子辐射电磁波,并和周围的电磁场交换能量.

(2)这些简谐振子的能量不能连续变化,只能取一些分立值,这些分立值是最小能量 ε 的整数倍,即

$$\varepsilon,2\varepsilon,3\varepsilon,\cdots,n\varepsilon,\cdots(n\ 为正整数).$$

而且假设频率为 ν 的简谐振子的最小能量为

$$\varepsilon=h\nu,$$

称为**能量子**，h 称为普朗克常量.

根据普朗克公式可以推导出斯特藩-玻尔兹曼定律和维恩位移律，说明理论与实验符合得很好.

普朗克的能量子假设打破了经典物理认为能量是连续的概念，这是一个新的重大发现，开创了物理学的新时代. 普朗克常量 h 是近代物理学最重要的常量之一，它是近代物理学和经典物理学的判据. 因此，人们把 1900 年普朗克提出的量子假设作为量子论的起点.

中国物理学家

叶企孙

例 12-2　某物体辐射频率为 6.0×10^{14} Hz 的黄光，这种辐射的能量子的能量是多大？

解　根据普朗克能量子公式有

$$\varepsilon=h\nu=6.63\times10^{-34}\times6.0\times10^{14}\ \text{J}=4.0\times10^{-19}\ \text{J}.$$

此能量就是辐射体在辐射或吸收黄光过程中最小的能量单元.

§ 12.2　光的量子性

一、光电效应　爱因斯坦方程

光照射到金属表面时，有电子从金属表面逸出，这种现象称为**光电效应**. 逸出的电子叫**光电子**. 通过对光电效应的研究揭示出光具有粒子性.

1. 光电效应的实验规律

如图 12-3 所示是研究光电效应的实验装置示意图. S 是一个抽成真空的玻璃管，K 为发出电子的阴极，A 为阳极. 当用单色光照射 K 时，金属释放出光电子. K，A 之间加上一定的电势差（由电压表 V 读出），光电子由 K 飞向 A，回路中形成电流（由电流计 G 读出），称为**光电流**. 从实验结果得到如下规律.

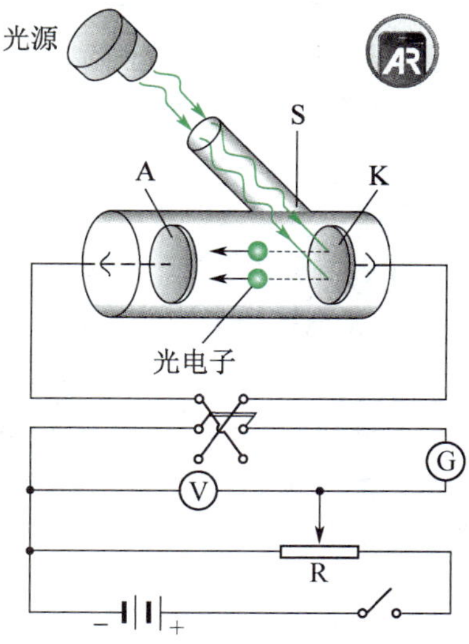

图 12-3　光电效应实验原理图

(1) 保持入射光的频率不变且光强一定时，光电流 I 和 A，K 之间电势差 U 的关系为如图 12-4 所示的伏安特性曲线，表明光电流 I 随 U 增大而增大，但当 U 增大到一定值时，光电流不再增大而达到一饱和值 I_s. 饱和现象说明这时单位时间内从阴极 K 逸出的光电子已全部被阳极 A 接收了. 实验表明，饱和电流与光强成正比，即**单位时间内从阴极逸出的光电子数与入射光的强度成正比.**

(2)由图 12－4 中的实验曲线可以看出，当电势差 U 减小到零时，光电流 I 并不等于零，仅当电势差 $U=U_A-U_K$ 变为负值时(实验时利用换向开关换向)，光电流 I 才迅速减小为零. 这表明逸出金属后具有最大初动能的光电子也不能到达阳极 A. 电势差 U_a 称为**遏止电势差**(或遏止电压). 此时有

$$\frac{1}{2}mv_m^2=eU_a, \tag{12-4}$$

式中，m 为电子质量，v_m 为光电子的最大初速度，e 为电子电量的绝对值. 实验表明 U_a 与光的强度无关，与入射光的频率呈线性关系(见图12－5)，即光电子的最大初动能随入射光的频率线性变化，用数学式表示为

$$U_a=k\nu-U_0. \tag{12-5}$$

式中，k 为直线斜率，它是与金属材料无关的常量；U_0 对同一金属是一个常量，不同金属的 U_0 不同. 将(12－5)式代入(12－4)式，可得

$$\frac{1}{2}mv_m^2=ek\nu-eU_0. \tag{12-6}$$

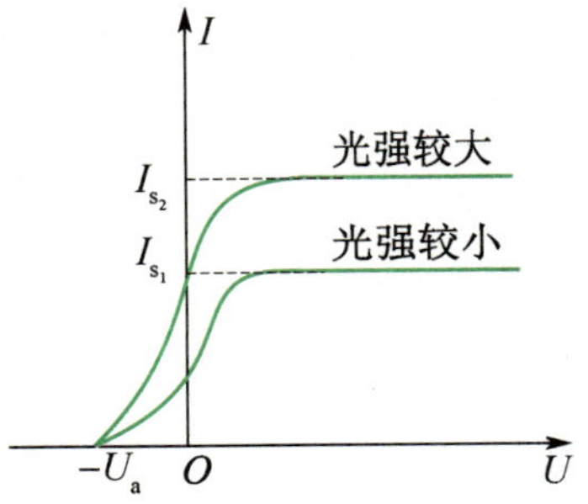

图 12－4　光电效应的伏安特性曲线

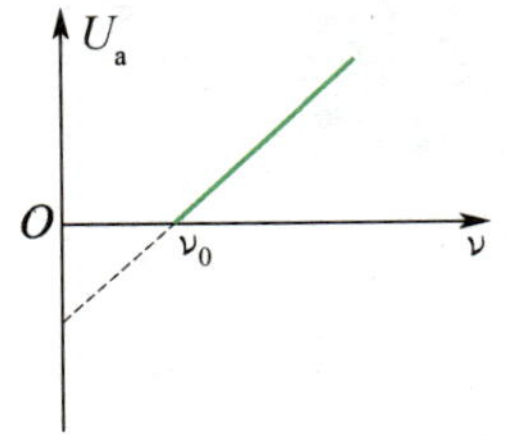

图 12－5　遏止电压与入射光频率的关系

由(12－6)式可知，由于$\frac{1}{2}mv_m^2\geqslant 0$，故入射光频率 ν 必须满足 $\nu\geqslant\frac{U_0}{k}$. 即当 $\nu>\nu_0=\frac{U_0}{k}$ 时，才有光电子产生. ν_0 称为光电效应的**红限频率**，相应的光波长称为**红限波长**. 也就是说，**当光照射某一给定的金属时，如果入射光的频率小于该金属的红限频率 ν_0，则无论光的强度如何，都不会产生光电效应.**

(3)实验发现，从光线开始照射到光电子逸出，几乎是瞬时的，时间不超过10^{-9} s.

光电效应的这些实验规律无法用光的波动理论解释.

2. 光电效应的理论解释

1905 年，爱因斯坦在普朗克量子假设的基础上提出了光子理论，圆满地解释了光电效应. 该理论认为，光在空间传播时，也具有粒子性，一束光就是一束以光速运动的粒子流. 这些粒子称为**光量子**，简称**光子**. 频率为 ν 的光的一个光子具有的能量为

$$\varepsilon=h\nu, \tag{12-7}$$

式中，h 为普朗克常量.

利用光子理论对光电效应的解释如下.

用频率为 ν 的单色光照射金属时，一个光子被一个电子吸收而使电子能量增

加 $h\nu$. 能量增大的电子，将其能量的一部分用于脱离金属表面时所需的**逸出功** W，另一部分则成为电子离开金属表面后的最大初动能. 根据能量守恒定律，得

$$\frac{1}{2}mv_m^2=h\nu-W, \tag{12-8}$$

或者

$$h\nu=\frac{1}{2}mv_m^2+W.$$

这就是**爱因斯坦光电效应方程**.

将(12－8)式与(12－6)式比较，可得

$$h=ek,$$

$$W=eU_0,$$

$$\nu_0=\frac{U_0}{k}=\frac{W}{h}. \tag{12-9}$$

(12－9)式说明了红限频率与逸出功的关系. 可由红限频率算出逸出功 $W=h\nu_0$. 同一种金属 W 具有确定值，光子能量 $h\nu<W$ 时，不能产生光电效应. 几种金属的红限频率和逸出功如表 12－1 所示.

表 12－1　几种金属的红限频率和逸出功

金　　属	钨	钙	钠	钾	铷	铯
红限频率 $\nu_0/(10^{14}\ \text{Hz})$	10.95	7.73	5.53	5.44	5.15	4.69
逸出功 W/eV	4.54	3.20	2.29	2.25	2.13	1.94

饱和电流和光的强度成正比的解释是：入射光的强度取决于单位时间内通过垂直于光传播方向单位面积的能量(能流密度). 设单位时间内通过单位面积的光子数为 N，则入射光的能流密度为 $Nh\nu$，当 ν 一定时，入射光越强，N 越大，照射到阴极 K 的光子数越多，逸出的光电子数越多，因此饱和电流越大.

光电效应的迟延时间非常短，这是因为光子被电子一次性吸收而增大能量的过程时间很短，几乎是瞬时的.

在波动光学中讲过，实验证明光是一种波动——光波. 进入 20 世纪后，又认识到光是一种粒子——光子. 综合起来，光既有波动性，又有粒子性，即光具有**波粒二象性**.

光的波动性用波长 λ 和频率 ν 描述，光的粒子性用光子的质量、能量、动量描述. 按照量子论，光子的能量为

$$\varepsilon=h\nu. \tag{12-10}$$

根据相对论的质能关系

$$\varepsilon=mc^2,$$

光子的质量

$$m=\frac{h\nu}{c^2}. \tag{12-11}$$

从粒子的质速关系

$$m=\frac{m_0}{\sqrt{1-\frac{v^2}{c^2}}},$$

可知,对光子有 $v=c$,而 m 是有限的,故 $m_0=0$,即光子的静止质量为零.

光子的动量 $p=mc$,将(12－11)式代入可得

$$p=\frac{h}{\lambda}. \tag{12－12}$$

(12－10)式和(12－12)式是描述光的性质的基本关系式.等式左边描述光的粒子性,右边描述光的波动性.这两种性质在数量上是通过普朗克常量 h 联系起来的.

例 12－3

钾的光电效应红限波长是 550 nm,求:(1)钾电子的逸出功;(2)当用波长 $\lambda=300$ nm的紫外光照射时,钾的遏止电压 U_a.

解 (1)当用红限波长照射时,$\frac{1}{2}mv_m^2=0$,

根据爱因斯坦光电效应方程

$$h\nu=\frac{1}{2}mv_m^2+W,$$

钾电子的逸出功

$$W=h\nu_0=h\frac{c}{\lambda_0}=\frac{6.63\times10^{-34}\times3\times10^8}{550\times10^{-9}}\ \text{J}$$
$$=3.616\times10^{-19}\ \text{J}=2.26\ \text{eV}.$$

(2)$$eU_a=\frac{1}{2}mv_m^2=\frac{hc}{\lambda}-W$$
$$=\frac{6.63\times10^{-34}\times3\times10^8}{300\times10^{-9}}\ \text{J}-3.616\times10^{-19}\ \text{J}$$
$$=3.014\times10^{-19}\ \text{J}=1.88\ \text{eV}.$$

所以遏止电压 $U_a=1.88$ V.

二、康普顿效应

康普顿

1922—1923 年,康普顿研究了 X 射线被较轻物质(石墨、石蜡等)散射后的成分,发现散射谱线中除了有波长与原波长相同的成分外,还有波长较长的成分.这种散射现象称为**康普顿效应**或**康普顿散射**.康普顿效应进一步证实了光的量子性.

如图 12－6 所示是康普顿效应的实验装置示意图和实验结果.从 X 射线管发出的波长为 λ_0 的 X 射线,经光阑 B_1 和 B_2 后被散射物 A 散射.散射光的波长和强度利用晶体衍射 X 射线谱仪测量(照相法或游离室法).散射方向和入射方向之间的夹角 φ 称为**散射角**.实验结果如下.

(1)散射光中除和原波长 λ_0 相同的谱线外还有波长大于 λ_0 的谱线.

(2)波长的改变量 $\Delta\lambda=\lambda-\lambda_0$ 随散射角 φ 的增大而增大.

(3)对于不同元素的散射物质,在同一散射角下,波长的改变量 $\Delta\lambda$ 相同.波长为 λ 的散射光强度随散射物原子序数的增大而减小.

按照经典波动理论,散射物在 X 射线照射下,散射物做受迫振动的频率等于入射光波的频率,散射光的波长只应等于入射光的波长 λ_0,不应出现波长变长的现象.

康普顿利用光子理论成功地解释了这些实验结果.X 射线的散射是单个电子和单个光子发生弹性碰撞的结果.分析计算如下.

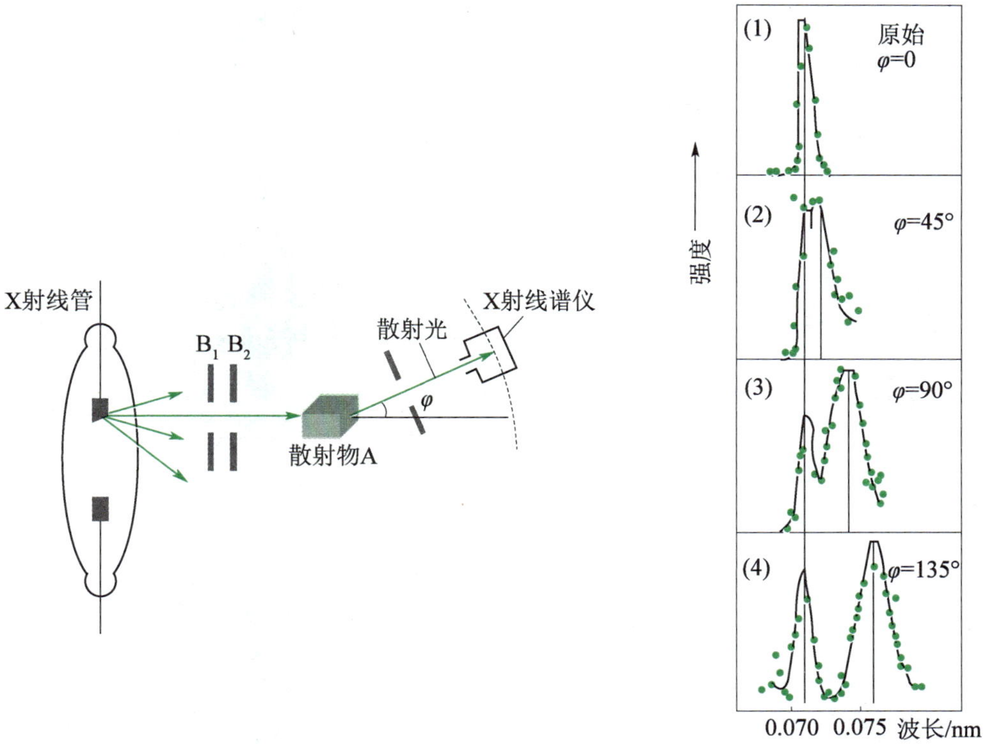

(a)康普顿效应实验装置示意图　　(b)石墨的康普顿效应实验结果

图 12-6　康普顿效应的实验装置示意图及实验结果

在固体中有许多和原子核联系较弱的电子,这些电子可以看作是自由电子.由于这些电子热运动平均动能(约 10^{-2} eV)和入射的 X 射线光子的能量($10^4 \sim 10^5$ eV)相比可以忽略不计,因而这些电子在碰撞前可以看作是静止的.一个电子的静止能量为 m_0c^2,动量为零.设入射光的频率为 ν_0,则一个光子的能量为 $h\nu_0$,动量为$\dfrac{h\nu_0}{c}\boldsymbol{n}_0$.再设弹性碰撞后,电子的能量变为 mc^2,动量变为$m\boldsymbol{v}$;散射光子的能量为 $h\nu$,动量为$\dfrac{h\nu}{c}\boldsymbol{n}$,散射角为 φ.这里 $\boldsymbol{n}_0$ 和 $\boldsymbol{n}$ 分别为碰撞前和碰撞后的光子运动方向上的单位矢量,如图 12-7 所示.按照能量守恒定律和动量守恒定律,有

中国物理学家
吴有训

$$h\nu_0 + m_0c^2 = h\nu + mc^2, \tag{12-13}$$

$$\frac{h\nu_0}{c}\boldsymbol{n}_0 = \frac{h\nu}{c}\boldsymbol{n} + m\boldsymbol{v}. \tag{12-14}$$

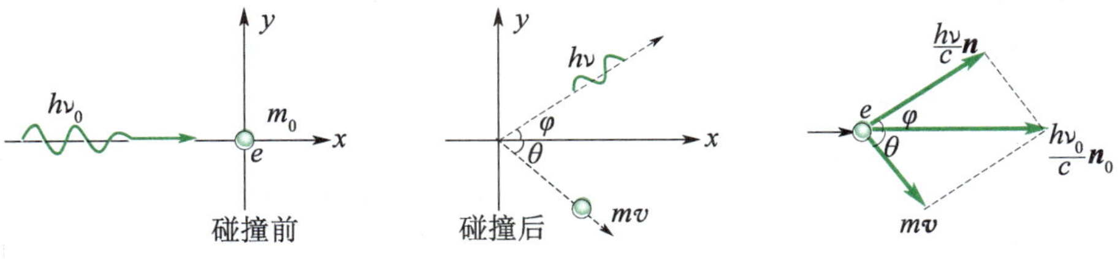

图 12-7　光子与静止的自由电子碰撞

考虑到反冲电子的速度可能很大,式中

$$m=\frac{m_0}{\sqrt{1-\frac{v^2}{c^2}}}.$$

将(12-14)式写成

$$m\boldsymbol{v}=\frac{h\nu_0}{c}\boldsymbol{n}_0-\frac{h\nu}{c}\boldsymbol{n},$$

两边平方得

$$m^2v^2=\left(\frac{h\nu_0}{c}\right)^2+\left(\frac{h\nu}{c}\right)^2-2\frac{h^2\nu_0\nu}{c^2}\boldsymbol{n}_0\cdot\boldsymbol{n}.$$

由于 $\boldsymbol{n}_0\cdot\boldsymbol{n}=\cos\varphi$,所以由上式可得

$$m^2v^2c^2=h^2\nu_0^2+h^2\nu^2-2h^2\nu\nu_0\cos\varphi. \tag{*}$$

将(12-13)式改写成

$$mc^2=h(\nu_0-\nu)+m_0c^2,$$

将上式平方,再减去(*)式,并将 $m^2=\dfrac{m_0^2}{1-\dfrac{v^2}{c^2}}$ 代入,化简后即可得

$$\frac{c}{\nu}-\frac{c}{\nu_0}=\frac{h}{m_0c}(1-\cos\varphi),$$

即

$$\Delta\lambda=\lambda-\lambda_0=\frac{2h}{m_0c}\sin^2\frac{\varphi}{2}. \tag{12-15}$$

上式称为**康普顿散射公式**.式中,$\dfrac{h}{m_0c}$具有波长量纲,称为电子的**康普顿波长**,用 λ_C 表示,则

$$\lambda_C=\frac{h}{m_0c}=0.002\ 426\ 3\ \text{nm}.$$

它与短波 X 射线波长相当.(12-15)式表明波长的改变量与散射物质的种类及入射光的波长无关,只与散射角 φ 有关,$\Delta\lambda$ 随 φ 的增大而增大,与实验数据相符.

为什么散射光中还有与入射光波长 λ_0 相同的谱线?这是因为上面的计算中假定了电子是自由的,这仅对轻原子中的电子和重原子中外层结合不太紧的电子近似成立.重原子中数目较多、束缚又较紧的内层电子就不能当成自由电子.光子和内层电子碰撞,相当于和整个原子相碰,碰撞中光子传给原子的能量很小,几乎保持自己的能量不变.这样散射光中就保留了原波长 λ_0 的谱线.由于内层电子的数目随散射物原子序数的增大而增加,所以波长为 λ_0 的散射光的强度随之增强,而波长为 λ 的散射光的强度随之减弱.

康普顿效应只有在入射光的波长与电子的康普顿波长相当时,散射才显著,这就是选用 X 射线观察康普顿效应的原因.而在光电效应中,入射光是可见光或紫外光,所以康普顿效应不明显.

康普顿效应不仅证实了光的粒子性,而且证实了在微观粒子相互作用的过程中,能量守恒定律和动量守恒定律同样适用.

例 12-4

波长 $\lambda_0=0.01\ \text{nm}$ 的 X 射线与静止的自由电子碰撞. 在与入射方向成 90°角的方向上观察时，散射 X 射线的波长多大？反冲电子的动能为多少？

解　将 $\varphi=90^\circ$ 代入康普顿散射公式，则

$$\Delta\lambda=\lambda-\lambda_0=\frac{h}{m_0c}(1-\cos 90^\circ)=\frac{h}{m_0c}=\lambda_C,$$

所以

$$\lambda=\lambda_0+\lambda_C=0.01\ \text{nm}+0.002\ 4\ \text{nm}=0.012\ 4\ \text{nm}.$$

对于反冲电子，其获得的动能 E_k 等于入射光子损失的能量，则

$$E_k=h\nu_0-h\nu=hc\left(\frac{1}{\lambda_0}-\frac{1}{\lambda}\right)=\frac{hc\Delta\lambda}{\lambda_0\lambda}$$

$$=\frac{6.63\times10^{-34}\times3\times10^8\times0.024\times10^{-10}}{0.1\times10^{-10}\times0.124\times10^{-10}}\ \text{J}$$

$$=3.8\times10^{-15}\ \text{J}=2.4\times10^4\ \text{eV}.$$

§12.3　玻尔的氢原子理论

一、氢原子光谱的实验规律

光谱是电磁辐射的波长成分和强度分布的记录，有时只是波长成分的记录. 原子光谱的规律性提供了原子内部结构的重要信息. 氢原子是结构最简单的原子，历史上就是从研究氢原子光谱规律开始研究原子的. 在可见光和近紫外区，氢原子的谱线如图 12-8 所示. 其中 $H_\alpha,H_\beta,H_\gamma,H_\delta$ 均在可见光区. 由图 12-8 可知，谱线是线状分立的，光谱线从长波方向的 H_α 线起向短波方向展开，谱线的间距越来越小，最后趋近一个极限位置，称为线系限，用 H_∞ 表示. 1885 年，巴耳末发现这些谱线的波长可用简单的整数关系公式计算出来，即

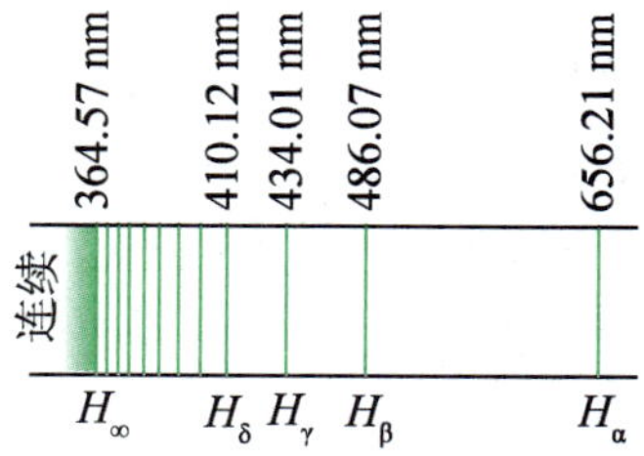

图 12-8　氢原子光谱巴耳末系谱线图

$$\lambda=B\frac{n^2}{n^2-4}.$$

上式称为**巴耳末公式**. 式中，$B=364.57\ \text{nm}$. 当 $n=3,4,5,6,\cdots$ 时，就可以算出 $H_\alpha,H_\beta,H_\gamma,H_\delta,\cdots$ 对应的波长. 公式值与实验值符合得很好.

光谱学上常用波长的倒数(称为**波数**)$\tilde{\nu}=\frac{1}{\lambda}$ 表征谱线. 它的物理意义是**单位长度内所包含完整波长的数目**. 则巴耳末公式可写成

$$\tilde{\nu}=\frac{1}{\lambda}=R\left(\frac{1}{2^2}-\frac{1}{n^2}\right),n=3,4,5,6,\cdots.$$

式中，$R=\frac{4}{B}=1.096\ 775\ 8\times10^7\ \text{m}^{-1}$，称为氢原子的**里德伯常量**.

后来又在光谱的紫外区、红外区及远红外区发现了其他线系，它们的波数公式也有类似的形式.

莱曼系：$\tilde{\nu}=R\left(\frac{1}{1^2}-\frac{1}{n^2}\right),n=2,3,4,\cdots$　　在紫外区.

帕邢系：$\tilde{\nu}=R\left(\frac{1}{3^2}-\frac{1}{n^2}\right), n=4,5,6,\cdots$　　在近红外区.

布拉开系：$\tilde{\nu}=R\left(\frac{1}{4^2}-\frac{1}{n^2}\right), n=5,6,7,\cdots$　　在红外区.

中国物理学家 饶毓泰

普丰德系：$\tilde{\nu}=R\left(\frac{1}{5^2}-\frac{1}{n^2}\right), n=6,7,8,\cdots$　　在红外区.

这些线系可统一表示为

$$\tilde{\nu}=R\left(\frac{1}{k^2}-\frac{1}{n^2}\right), k=1,2,3,\cdots, n=k+1,k+2,k+3,\cdots. \tag{12-16}$$

(12－16)式称为**广义巴耳末公式**.再将它改写为

$$\tilde{\nu}=T(k)-T(n).$$

式中，$T(k)=\frac{R}{k^2}$，$T(n)=\frac{R}{n^2}$，称为**光谱项**.可见氢原子光谱的任何一条谱线的波数都可由两个光谱项之差表示.改变前项 $T(k)$ 中的整数 k 可给出不同谱线系；前项中整数保持定值，后项 $T(n)$ 中整数 n 取不同数值，给出同一谱线系中各谱线的波数.不同的线系中可以有共同的光谱项.

二、玻尔的氢原子理论

玻尔

原子光谱的实验规律确定之后，许多人尝试为原子的内部结构建立一个模型，以解释光谱的实验规律.1912 年，卢瑟福根据 α 粒子散射实验结果建立了原子的有核模型.原子的中心有一带正电荷 Ze（Z 为原子序数，e 为电子电量）的原子核，其线度不超过 10^{-15} m，却集中了原子质量的绝大部分，原子核外有 Z 个带负电荷的电子，它们围绕着原子核运动.从经典电磁学理论看来，电子绕原子核的加速运动应该产生电磁辐射，所辐射的电磁波的频率等于电子绕原子核转动的频率.由于电子辐射电磁波，电子能量逐渐减少，运动轨道越来越小，相应的转动频率越来越高.因而结论是原子光谱应该是连续谱，而电子最终落到核上，原子系统是一个不稳定系统.但实验事实表明，原子光谱是线状光谱，原子一般处于某一稳定状态.可见依据经典电磁学理论不可能找出原子光谱和原子内部电子运动的联系.

为了解决经典电磁学理论所遇到的困难，玻尔于 1913 年在卢瑟福原子的有核模型基础上，把普朗克能量子的概念和爱因斯坦光子的概念运用到原子系统，提出了 3 条基本假设.

1. 定态假设

原子系统存在一系列不连续的能量状态，处于这些状态的原子中的电子只能在一定的轨道上绕原子核做圆周运动，但不辐射能量.这些状态为原子系统的稳定状态，简称**定态**，相应的能量只能是不连续的值 $E_1, E_2, E_3, \cdots$.

2. 频率假设

当原子从一个较大能量 E_n 的定态跃迁到另一个较低能量 E_k 的定态时，原子辐射出一个光子，其频率由下式决定

$$h\nu=E_n-E_k, \tag{12-17}$$

式中，h 为普朗克常量.

反之，当原子处于较低能量 E_k 的定态时，吸收一个能量为 $h\nu$ 的光子，则可跃迁到较高能量 E_n 的定态. 频率假设也称**频率条件**.

3. 轨道角动量量子化假设

原子中电子绕原子核做圆周运动的轨道角动量 L 必须等于$\frac{h}{2\pi}$的整数倍，即

$$L=n\frac{h}{2\pi},n=1,2,3,\cdots. \tag{12-18}$$

式中，n 只能取不为零的正整数，称为**量子数**.（12－18）式也称为**轨道角动量量子化条件**.

科研设备介绍
神光高功率激光实验装置

玻尔根据上述假设计算了氢原子在稳定态中的轨道半径和能量. 他认为原子核不动，电子以原子核为中心做半径为 r 的圆周运动. 电子质量为 m，速率为 v，向心加速度为$\frac{v^2}{r}$，向心力为库仑力，根据牛顿第二定律有

$$m\frac{v^2}{r}=\frac{e^2}{4\pi\varepsilon_0 r^2}. \tag{12-19}$$

又根据第 3 条假设

$$L=mvr=n\frac{h}{2\pi},n=1,2,3,\cdots. \tag{12-20}$$

联立（12－19）式和（12－20）式，消去 v，并用 r_n 代替 r，r_n 表示第 n 个稳定轨道的轨道半径，得

$$r_n=n^2\frac{\varepsilon_0 h^2}{\pi me^2}=n^2 r_1. \tag{12-21}$$

式中，$r_1=\frac{\varepsilon_0 h^2}{\pi me^2}=5.29\times10^{-11}$ m，称为**第一玻尔轨道半径**，是氢原子核外电子最小的轨道半径.

玻尔还认为原子系统的能量等于电子的动能和电子与原子核的势能之和，即

$$E_n=\frac{1}{2}mv_n^2-\frac{e^2}{4\pi\varepsilon_0 r_n}. \tag{12-22}$$

由（12－19）式可知

$$\frac{1}{2}mv_n^2=\frac{e^2}{8\pi\varepsilon_0 r_n},$$

代入（12－22）式，并将（12－21）式代入，得

$$E_n=-\frac{e^2}{8\pi\varepsilon_0 r_n}=-\frac{1}{n^2}\frac{me^4}{8\varepsilon_0^2 h^2}, \tag{12-23}$$

$n=1,2,3,\cdots$，可见**能量是量子化的**. 这些分立的能量值 $E_1,E_2,E_3,\cdots$ 称为**能级**. 当 $n=1$ 时，得

$$E_1=-\frac{me^4}{8\varepsilon_0^2 h^2}=-13.58\ \text{eV},$$

则有

$$E_n=-\frac{13.58}{n^2}\ \text{eV}. \tag{12-24}$$

当取 $n=1$ 时，E_1 为能量最小值，即原子处于能量最低的状态，称为正常态或**基态**. 当 $n=2,3,4,\cdots$时，对应的能量分别为 $E_2,E_3,E_4,\cdots$，分别称为第一激发态、

第二激发态……. 当 $n\to\infty$ 时，$E_\infty=0$，这时电子已脱离原子核成为自由电子. 如图 12－9 所示为氢原子的能级. 基态和各**激发态**中电子都没脱离原子，这两类状态统称为**束缚态**. 能量在 $E_\infty=0$ 以上时，电子脱离了原子，这种状态称为**电离态**，此时电子的能量是连续的，不受量子化条件限制. 电子从基态到脱离原子核的束缚所需要的能量称为**电离能**. 可见，氢原子的电离能为 13.58 eV.

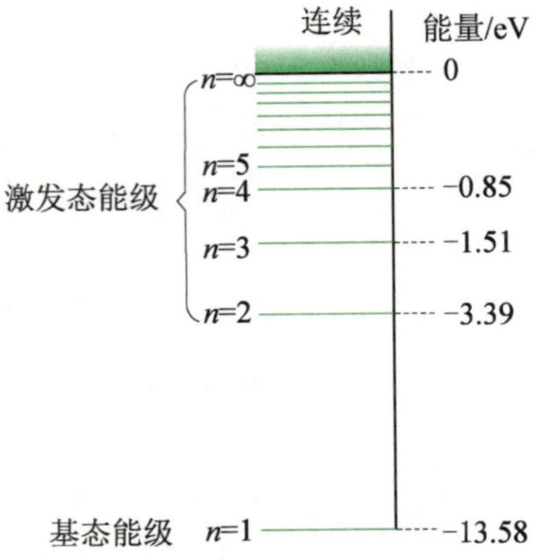

图 12－9 氢原子的能级

中国物理学家 王淦昌

根据玻尔的频率条件，则

$$\nu=\frac{E_n-E_k}{h}=\frac{me^4}{8\varepsilon_0^2h^3}\left(\frac{1}{k^2}-\frac{1}{n^2}\right).$$

用波数表示，则

$$\tilde{\nu}=\frac{\nu}{c}=\frac{me^4}{8\varepsilon_0^2h^3c}\left(\frac{1}{k^2}-\frac{1}{n^2}\right).$$

与(12－16)式比较，得到里德伯常量为

$$R=\frac{me^4}{8\varepsilon_0^2h^3c}.$$

式中，m 为电子质量. 将各量值代入，得理论值为

$$R_{\text{理论}}=1.097\ 373\times10^7\ \mathrm{m^{-1}},$$

实验值为

$$R_{\text{实验}}=1.096\ 776\times10^7\ \mathrm{m^{-1}}.$$

可见理论值与实验值符合得很好. 这是玻尔理论成功的一个方面. 于是氢原子能级表达式[(12－23)式]可写为

$$E_n=-\frac{Rch}{n^2}.$$

科研设备介绍 X 射线自由电子激光实验装置

要产生氢原子光谱，必须先使氢原子处于激发态. 通常是在放电管中加速电子或其他粒子与氢原子碰撞，使氢原子激发到各激发态，然后再从高能态自发跃迁到低能态. 从 $n>1$ 的能级向 $n=1$ 的能级跃迁，产生莱曼系各谱线；从 $n>2$ 向 $n=2$ 的能级跃迁，产生巴耳末系各谱线；从 $n>3$ 向 $n=3$ 的能级跃迁，产生帕邢系各谱线；其余线系依此类推. 如图 12－10 所示为氢原子光谱各线系的能级跃迁.

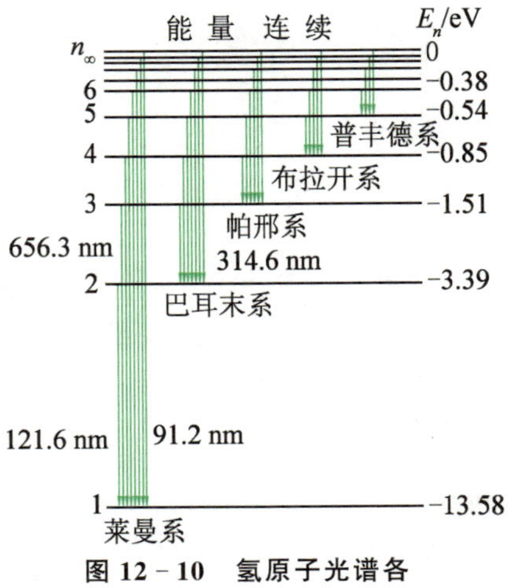

图 12－10 氢原子光谱各线系的跃迁

应当注意，某时刻一个氢原子一次跃迁，只发出一条谱线，而实验中是处于不同激发态的大量原子向低能态跃迁，所以能同时观察到全部发射谱线.

例 12-5　计算氢原子的电离电势和第一激发电势.

解　由氢原子能级公式为

$$E_n=-\frac{13.58}{n^2}\ \text{eV}$$

电离能为

$$E_{电离}=E_{\infty}-E_1=0-\left(-\frac{13.58}{1^2}\right)\ \text{eV}=13.58\ \text{eV}.$$

电离电势为

$$V_{电离}=\frac{E_{电离}}{e}=13.58\ \text{V}.$$

从基态到第一激发态所需能量为

$$E_2-E_1=\left(-\frac{13.58}{2^2}\right)\ \text{eV}-\left(-\frac{13.58}{1^2}\right)\ \text{eV}=10.2\ \text{eV},$$

所以第一激发电势为 10.2 V.

例 12-6　以动能为 12.5 eV 的电子通过碰撞使基态氢原子激发时，最高能激发到哪一个能级？当回到基态时能产生哪些谱线？分别属于什么线系？

解　设氢原子全部吸收 12.5 eV 的能量后最高能激发到第 n 个能级，由 $E_n=-\dfrac{Rhc}{n^2}$，则

$$E_n-E_1=Rhc\left(1-\frac{1}{n^2}\right)=12.5\ \text{eV}.$$

Rhc 等于电离能 13.6 eV，解得 $n=3.5$. n 只能取整数，所以氢原子最高能激发到 $n=3$ 的能级. 于是将产生三条谱线.

从 $n=3$ 的能级跃迁到 $n=1$ 的能级：

$$\tilde{\nu}_1=R\left(\frac{1}{1^2}-\frac{1}{3^2}\right)=\frac{8}{9}R,\quad \lambda_1=\frac{9}{8R}=102.6\ \text{nm};$$

从 $n=2$ 的能级跃迁到 $n=1$ 的能级：

$$\tilde{\nu}_2=R\left(\frac{1}{1^2}-\frac{1}{2^2}\right)=\frac{3}{4}R,\quad \lambda_2=\frac{4}{3R}=121.6\ \text{nm};$$

从 $n=3$ 的能级跃迁到 $n=2$ 的能级：

$$\tilde{\nu}_3=R\left(\frac{1}{2^2}-\frac{1}{3^2}\right)=\frac{5}{36}R,\quad \lambda_3=\frac{36}{5R}=656.3\ \text{nm}.$$

λ_1，λ_2 属于莱曼系，λ_3 属于巴耳末系. 对于单个氢原子来说，一次跃迁只能发出一种波长的光子，实际观测是大量氢原子发光，所以三种波长同时存在.

三、玻尔理论的成功和局限性

玻尔的氢原子理论是原子结构理论发展中的一个重要阶段，在处理氢原子(及类氢离子)的光谱问题上取得了成功：能从理论上算出里德伯常量；理论上能定量地解释氢原子光谱的实验规律. 他首先指出经典物理学对原子内部现象不适用，提出了原子系统能量量子化的概念和角动量量子化的概念. 玻尔创造性地提出了定态假设和能级跃迁决定谱线频率的假设，这在现代量子力学理论中仍然是两个最重要的基本概念.

量子力学的争论和非线性量子力学

玻尔理论也有很大的局限性：它只能计算氢原子谱线的频率，无法计算光谱的强度、宽度等；对稍复杂的原子(如氦原子)的光谱也无法计算；它虽然指出经典物理不适用于原子内部，但未能完全脱离经典物理的影响，仍采用经典物理的思想和处理方法. 例如，把电子看成一个经典粒子，做轨道运动，轨道半径和能量公式的推导完全是经典物理的方法. 它把经典理论和量子化条件生硬地结合起来，缺乏完整一致的理论体系. 它还没有抓住微观粒子的本质特征(波粒二象性)，严格说(从量子力学角度)，它的物理图像(如轨道)和某些结果(如 $L=n\dfrac{h}{2\pi}$)是不正确的. 所以玻尔理论必然被进一步发展起来的、更正确的理论(量子力学)所代替.

科研设备介绍

合肥同步辐射装置

§12.4 粒子的波动性

一、德布罗意波

德布罗意

1924 年，法国青年物理学家德布罗意在光的波粒二象性的启发下想到：自然界在许多方面都是明显地对称的，既然光具有波粒二象性，则实物粒子，如电子、质子、中子等也应该具有波粒二象性. 他假设：实物粒子也具有波动性. 一个实物粒子的能量为 E、动量大小为 p，跟它们联系的波的频率 ν 和波长 λ 的关系为

$$E=mc^2=h\nu, \tag{12-25}$$

$$p=mv=\frac{h}{\lambda}. \tag{12-26}$$

(12-25)式和(12-26)式称为**德布罗意公式**. 它是从光子所遵从的(12-10)式、(12-12)式推广而得出的. 和实物粒子相联系的波，称为**德布罗意波**或**物质波**.

德布罗意假设很快就被实验证实. 1927 年，戴维孙和革末做了电子束在晶体表面的散射实验，证实了电子的波动性. 同年，汤姆孙通过金的多晶薄膜观测到了电子的衍射图样.

一个静质量为 m_0 的自由粒子，当其速度 v 远小于光速 c 时，根据德布罗意假设，粒子具有波动性，波长为

$$\lambda=\frac{h}{p}=\frac{h}{m_0 v}. \tag{12-27}$$

但当粒子速度 v 与光速 c 可比较时，动量 p 要用相对论动量，这时波长为

$$\lambda=\frac{h}{p}=\frac{h}{m_0 v}\sqrt{1-\frac{v^2}{c^2}}. \tag{12-28}$$

例 12-7

(1)一个静止电子通过 100 V 电压加速后，求其德布罗意波长. (2)在电子显微镜中，需要波长为0.050 nm 的电子，则要多大的加速电压 U?

解 (1)若忽略相对论效应，电子加速后获得的动能为

$$E_k=\frac{1}{2}m_0 v^2=eU,$$

由德布罗意关系得

$$\lambda=\frac{h}{m_0 v}.$$

由以上两式消去 v，得

$$\lambda=\frac{h}{\sqrt{2m_0 eU}}=\frac{6.63\times10^{-34}}{\sqrt{2\times9.11\times10^{-31}\times1.60\times10^{-19}U}}$$

$$=\frac{1.23}{\sqrt{U}}\ (\text{nm}).$$

当 $U=100$ V 时

$$\lambda=\frac{1.23}{\sqrt{100}}\ \text{nm}=0.123\ \text{nm}.$$

可见，微粒的德布罗意波长一般非常短，与原子大小和软 X 射线波长的数量级相同.

(2)电子显微镜加速电压为

$$U=\frac{1.23^2}{\lambda^2}=\frac{1.23^2}{(0.050)^2}\ \text{V}\approx605\ \text{V}.$$

例 12－8 计算质量 $m=0.01$ kg，速率 $v=300$ m/s 的子弹的德布罗意波长.

解 根据德布罗意公式，可得

$$\lambda=\frac{h}{mv}=\frac{6.63\times10^{-34}}{0.01\times300}\ \text{m}=2.21\times10^{-34}\ \text{m}.$$

可以看出，因为普朗克常量很小，所以宏观物体的波长小到实验难以测量的程度，因而宏观物体仅表现出粒子性.

二、德布罗意波的统计解释

对于实物粒子波动性的解释，是在玻恩于 1926 年提出概率波的概念后得到公认的.

对比光和实物粒子的衍射图像，可以看出实物粒子的波动性和粒子性之间的联系. 对于光的强度问题，爱因斯坦已从统计学的观点提出：光强的地方，光子到达的概率大；光弱的地方，光子到达的概率小. 玻恩用同样的观点来分析戴维孙–革末实验（或电子衍射图样）（见图 12－11），认为电子流出现峰值（或衍射图样出现亮条纹）处，电子出现的概率大；而电子流未出现峰值处，电子出现的概率小. 对其他微观粒子也一样. 至于个别粒子在何处出现，则有一定的偶然性；但是大量粒子在空间何处出现的空间分布却服从一定的统计规律. 物质波的这种统计性解释把粒子的波动性和粒子性正确地联系起来，成为量子力学的基本观点之一.

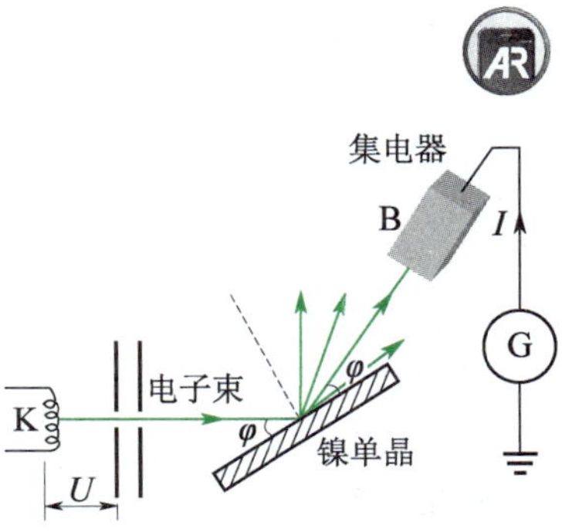

图 12－11 电子衍射

§ 12.5 测不准关系

在经典力学中，质点的运动状态是用位置和动量来描述的，一个粒子若在已知的力作用下运动，可以求出运动方程，只要给出粒子运动的初始条件，粒子在任意时刻的位置和动量就可同时精确地确定下来，因而质点的运动也就有一定的轨道. 然而，由于粒子具有波粒二象性，它的空间位置需要用概率波来描述，而概率波只给出粒子在各处出现的概率，所以，任一时刻，粒子不具有确定的位置，与此相联系，粒子在各时刻也不具有确定的动量.

1927 年，海森伯给出了粒子位置的不确定量与动量的不确定量的关系，称为**测不准关系**或**不确定关系**，下面以电子的单缝衍射为例来大致说明这一关系.

如图 12－12 所示，一束电子沿 y 轴正方向入射到缝宽为 Δx 的单缝上，由于电子具有波动性，通过单缝后的屏幕可观测到电子衍射图样，类似于光

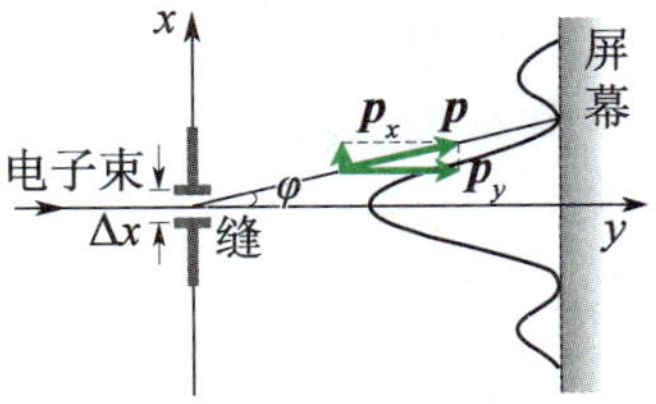

图 12－12 电子（或光子）的单缝衍射

的单缝衍射.

对于一个电子来说，不能确定地说它从缝中哪一点通过，而只能说它是从宽为 Δx 的缝中通过的，因此它在 x 轴方向的位置的不确定量为 Δx. 而衍射图样表明，电子通过缝后在 x 轴方向的动量 p_x 不为零，如果 p_x 为零，只能观测到与缝同宽的一条明条纹，而实际衍射条纹比缝宽大得多.

对于中央明条纹，其半角 φ 为第 1 级暗纹的衍射角，根据单缝衍射公式有

$$\Delta x\sin\varphi=\lambda.$$

设电子的动量为 p，对应衍射角 φ，光子在 x 轴方向的动量为$p\sin\varphi$，在中央明条纹范围内有

$$0\leqslant p_x\leqslant p\sin\varphi,$$

所以 p_x 的不确定量为

$$\Delta p_x\approx p_x=p\sin\varphi.$$

对于其他级次的明条纹，则

$$\Delta p_x\geqslant p\sin\varphi.$$

将 $\Delta x\sin\varphi=\lambda$ 代入上式得

$$\Delta p_x\geqslant p\,\frac{\lambda}{\Delta x}.$$

利用德布罗意公式 $\lambda=\dfrac{h}{p}$，可得

$$\Delta x\Delta p_x\geqslant h.$$

量子力学中给出严格的理论证明的关系式为

$$\Delta x\Delta p_x\geqslant\frac{1}{2}\hbar. \qquad (12-29)$$

同理，对于 y，z 轴方向，可得类似的关系式为

$$\Delta y\Delta p_y\geqslant\frac{1}{2}\hbar. \qquad (12-30)$$

$$\Delta z\Delta p_z\geqslant\frac{1}{2}\hbar. \qquad (12-31)$$

式中，$\hbar=\dfrac{h}{2\pi}=1.054\,588\,7\times10^{-34}\ \mathrm{J\cdot s}$，称为约化普朗克常量.

(12－29)式至(12－31)式为位置和动量的测不准关系. 测不准关系表明，同一方向，粒子的位置和动量不可能同时精确地确定，这就是说沿某一方向位置越准确，则该方向动量就越不准确；同样地，沿某一方向动量越准确，则该方向坐标就越不准确. 如果粒子的位置能确定，粒子的动量则完全不能确定，反之亦然. 这和衍射实验的结果一致. 单缝宽 Δx 越小，衍射条纹越宽，则 Δp_x 越大.

根据位置和动量的测不准关系，可以得出能量和时间也有类似的测不准关系.

设一质量为 m 的粒子以速度 v 做直线运动，不考虑相对论效应，其动能为

$$E=\frac{1}{2}mv^2=\frac{p^2}{2m}.$$

将上式两端微分，得动量的不确定量为

$$\Delta E=\frac{p}{m}\Delta p=v\Delta p.$$

由于 $x=vt$，故粒子的位置的不确定量为

$$\Delta x=v\Delta t.$$

利用(12－29)式有

$$\Delta x\Delta p_x=\frac{\Delta E}{v}v\Delta t=\Delta E\Delta t\geqslant\frac{1}{2}\hbar,$$

$$\Delta E\Delta t\geqslant\frac{1}{2}\hbar. \tag{12-32}$$

原子处于某激发能级的平均时间称为平均寿命，用 τ 表示. 利用能量和时间的测不准关系，可知能级宽度 ΔE 与它的平均寿命 τ 成反比，能级寿命越短，能级宽度越宽，反之越窄.

测不准关系完全是源于微观粒子的波粒二象性，与仪器精度和测量方法无关，是微观粒子波动属性的客观反映. 如果仍然使用位置和动量来描述微观粒子的运动，则必然存在这种不确定性.

例 12－9

电子具有 200 m/s 的速率，动量的不确定量为 0.01%，确定该电子的位置时，其不确定量有多大？

解 电子动量为

$$p_x=mv=9.1\times10^{-31}\times200\ \text{kg}\cdot\text{m}\cdot\text{s}^{-1}$$
$$=1.8\times10^{-28}\ \text{kg}\cdot\text{m}\cdot\text{s}^{-1}.$$

动量的不确定量为

$$\Delta p_x=p_x\times0.01\%=1.8\times10^{-32}\ \text{kg}\cdot\text{m}\cdot\text{s}^{-1}.$$

由测不准关系 $\Delta x\Delta p_x\geqslant\frac{1}{2}\hbar$，得

$$\Delta x\geqslant\frac{6.63\times10^{-34}}{2\times1.8\times10^{-32}\times2\times3.14}\ \text{m}=2.93\times10^{-3}\ \text{m}.$$

这个结果表明，对于微观粒子来说，其位置的不确定量可能很大，甚至远远大于粒子本身的线度.

例 12－10

(1)原子的线度为 10^{-10} m，求原子中电子速度的不确定量. (2)假定原子中的电子在某激发态的平均寿命 $\tau=10^{-8}$ s，该激发态的能级宽度是多少？

解 (1)原子中的电子的位置不确定量为 $\Delta x=10^{-10}$ m. 根据测不准关系可得

$$\Delta v_x\geqslant\frac{\hbar}{2m\Delta x}=\frac{1.05\times10^{-34}}{2\times9.11\times10^{-31}\times10^{-10}}\ \text{m}\cdot\text{s}^{-1}$$
$$=5.8\times10^{5}\ \text{m}\cdot\text{s}^{-1}.$$

由玻尔理论可知氢原子中轨道运动速度约为 10^6 m·s^{-1}，与这里计算所得的速度不确定量接近. 因此对于原子中的电子，说它的轨道与速度是没有实际意义的，微观粒子的运动状态不能用位置和动量来精确描述.

(2)根据测不准关系 $\Delta E\Delta t\geqslant\frac{1}{2}\hbar$，得

$$\Delta E\geqslant\frac{\hbar}{2\tau}=\frac{1.05\times10^{-34}}{2\times10^{-8}}\ \text{J}$$
$$=5.3\times10^{-27}\ \text{J}=3.3\times10^{-8}\ \text{eV}.$$

当原子从激发态向基态跃迁时，由于能级有一定的宽度，则光谱线也有一定的宽度，称为自然宽度. 反之，根据谱线的自然宽度可以确定原子在激发态的平均寿命.

§12.6 波函数 薛定谔方程

一、波函数

由于微观粒子具有波粒二象性，其运动状态不能用经典力学中的位置和动量来准确描述，那么，不妨从粒子的波动方向考虑一个波函数来描述微观粒子的运动状态.

根据经典波动理论，沿 x 轴正向传播的频率为 ν、波长为 λ 的平面简谐波的波动方程为

$$y(x,t)=A\cos 2\pi\left(\nu t-\frac{x}{\lambda}\right)$$

用复数形式表示为

$$y(x,t)=Ae^{-i2\pi\left(\nu t-\frac{x}{\lambda}\right)}$$

取其实部，就是可观测的物理量的波动方程. $y(x,t)$ 可代表不同的物理量，如在电磁波中可代表电场强度 E 或磁场强度 H，在机械波中可代表位移等.

然而，微观粒子的波动不同于经典物理中的波动，在经典物理中，粒子和波动是两个完全不同的概念，粒子是分立的，波是连续的，而微观粒子的波动性和粒子性是一体的. 对于一个不受作用力的自由粒子，动量和能量为常量. 根据德布罗意关系，其频率 $\nu=\frac{E}{h}$，波长 $\lambda=\frac{h}{p}$ 是一确定值，正好是一个单色平面波的形式. 为了把物质的波粒二象性统一起来，把频率 ν 和波长 λ 代入复数形式波动方程，并用 Ψ 表示，则得

$$\Psi(x,t)=\Psi_0 e^{-i\frac{2\pi}{h}(Et-px)}=\Psi_0 e^{-\frac{i}{\hbar}(Et-px)}. \tag{12-33}$$

这是一维情况，再考虑自由粒子的三维运动，则

$$\Psi(\boldsymbol{r},t)=\Psi_0 e^{-\frac{i}{\hbar}(Et-\boldsymbol{p}\cdot\boldsymbol{r})}. \tag{12-34}$$

$\Psi(\boldsymbol{r},t)$ 称为**波函数**，一般是时间和空间的函数，波动性反映在函数形式上，同时能量 E 和动量 p 又体现其粒子性. 因此，波函数 $\Psi(\boldsymbol{r},t)$ 可以用来描述微观粒子的运动状态. (12-33)式中引入了反映微观粒子波粒二象性的德布罗意关系和虚数 $i=\sqrt{-1}$，这使得波函数 $\Psi(\boldsymbol{r},t)$ 从形式到本质都与经典物理有着根本性的区别. 量子力学的波函数一般都用复数表示.

说明波函数物理意义的是玻恩的统计解释. 波函数 $\boldsymbol{\Psi}(\boldsymbol{r},t)$ 描述的是单个粒子，而不是包含大量粒子的体系. 例如，在电子衍射实验中，可以把入射电子束的强度减弱到每次只有一个电子入射，以保证相继两个电子之间没有任何关联. 用照片(或荧光屏等)记录衍射电子，发现就单个电子而言，落在照片上的位置是随机的，而长时间照射，就大量电子而言，照片上得到的是有规律的衍射图像. 在物理上有测量意义的是波函数模的平方，而不是波函数本身. t 时刻在位置 $\boldsymbol{r}$ 附近的体积元 dV 内测到粒子的概率正比于 $|\Psi|^2dV$. Ψ 是复数，$|\Psi|^2=\Psi\Psi^*$，这里 Ψ^* 是

Ψ 的共轭复数. 因此 $\Psi\Psi^*$ 表示 t 时刻在 $\boldsymbol{r}$ 附近单位体积内测到粒子的概率,称为**概率密度**. 可见波函数不是一个物理量,而是用来计算测量概率的数学量. 波函数描写的波是概率波,而概率波没有直接的物理意义,不是任何物理实在的波动. 由于波函数只描写测到粒子的概率分布,所以有意义的是相对取值,因此把波函数 Ψ 乘以任意常数后,并不反映新的物理状态. 未乘常数之前,t 时刻粒子在 $\boldsymbol{r}_1$ 附近的概率密度是 $|\Psi(\boldsymbol{r}_1,t)|^2$,在 $\boldsymbol{r}_2$ 附近的概率密度是 $|\Psi(\boldsymbol{r}_2,t)|^2$,相比得 $|\Psi(\boldsymbol{r}_1,t)|^2/|\Psi(\boldsymbol{r}_2,t)|^2$;而乘以常数 A 以后是 $A|\Psi(\boldsymbol{r}_1,t)|^2/A|\Psi(\boldsymbol{r}_2,t)|^2$,两者并无区别. 通常,求出一个波函数,令其在整个空间出现的概率为 1,即

$$\int_V |\Psi|^2 \mathrm{d}V = 1, \tag{12-35}$$

称为波函数的**归一化条件**. 意思是在波函数不为零的全部空间中测到粒子概率的总和应为 1.

由于某一时刻在空间中给定粒子出现的概率应该是唯一的,并且是有限的,概率的空间分布不能发生突变,所以**波函数必须满足单值、有限、连续**三个条件. 一般称这三个条件为**波函数的标准条件**. 因此,在两种不同势场交界处,波函数及其一阶导数也是连续的.

二、薛定谔方程

微观粒子在不同条件下(处在不同的外场中)的运动状态不同,就需要不同的波函数来描述. 决定波函数的基本方程是薛定谔方程. 薛定谔方程是非相对论性实物粒子的普遍波动方程,它在量子力学中的作用和地位,就相当于经典力学中的牛顿运动方程. 它不能由其他基本原理推导出来,而是直接给出,其正确性只能靠实践来检验. 由于一般薛定谔方程数学形式较为复杂,这里不进行讨论. 在量子力学中,多数情况是讨论微观粒子在一个不随时间变化的势场中的运动情况,即势能函数 V 只是空间的函数,而不含时间,也就是 $V=V(x,y,z)$. 此种情况,系统的能量不随时间变化,系统的状态称为**定态**. 描写定态的波函数称为**定态波函数**,常用 $\psi(x,y,z)$ 表示. 定态波函数服从定态薛定谔方程,它的直角坐标系形式为

薛定谔

薛定谔猫

$$\frac{\partial^2\psi}{\partial x^2}+\frac{\partial^2\psi}{\partial y^2}+\frac{\partial^2\psi}{\partial z^2}+\frac{2m}{\hbar^2}(E-V)\psi=0, \tag{12-36}$$

式中,m 是粒子的质量,V 是粒子在外势场中的势能函数,E 是粒子的总能量. 这是粒子在三维空间中运动的定态薛定谔方程. 如果粒子在外势场中做一维运动,则该方程为

$$\frac{\mathrm{d}^2\psi(x)}{\mathrm{d}x^2}+\frac{2m}{\hbar^2}[E-V(x)]\psi(x)=0. \tag{12-37}$$

量子力学对于粒子运动的研究,最终归结为求各种条件下的薛定谔方程的解,而各种条件在方程中仅体现为势能函数 V 的具体形式不同. 详细求解与讨论微观粒子的运动特征是量子力学课程的任务,本书不作介绍.

三、氢原子的薛定谔方程解

前面讲过,玻尔的氢原子理论有很大的局限性,不能圆满地解释氢原子的结构及其中电子的运动规律,用量子力学才圆满地解决了氢原子的这一问题.

氢原子的原子核的质量比电子的质量大得多(约为 1 837 倍),因此可以近似认为原子核不动,电子在核的静电场中运动.电子的势能函数为

$$V(r)=-\frac{e^2}{4\pi\varepsilon_0 r}.$$

式中,r 是电子到原子核的距离.$V(r)$ 只是空间坐标的函数,因此是一个定态问题.由(12-36)式,得到氢原子中电子的定态薛定谔方程为

$$\nabla^2\psi+\frac{2m}{\hbar^2}\left(E+\frac{e^2}{4\pi\varepsilon_0 r}\right)\psi=0.$$

式中,$\nabla^2=\frac{\partial^2}{\partial x^2}+\frac{\partial^2}{\partial y^2}+\frac{\partial^2}{\partial z^2}$,这是一个复杂的微分方程.要解这个方程求出波函数 ψ,必须作复杂的数学运算,超出了本课程的要求.这里只给出一些重要结果.

1. 能量量子化

在求解方程的过程中,要使波函数满足单值、有限、连续的条件,处于束缚态的电子(或者说整个原子)的能量只能是

$$E_n=-\frac{me^4}{8\varepsilon_0^2 h^2 n^2},n=1,2,3,\cdots. \quad (12-38)$$

式中,n 称为**主量子数**.这与玻尔理论得到的能级公式[(12-23)式]是相同的,不同的是:在这里是由解方程自然得出的,没有量子化的假设.

2. 角动量量子化

在解薛定谔方程的过程中给出电子的角动量(动量矩)L 的大小为

$$L=\sqrt{l(l+1)}\hbar,\quad l=0,1,2,\cdots,(n-1). \quad (12-39)$$

式中,l 称为**角量子数**.对于一定的主量子数 n,l 共有 n 个可能的取值.如 $n=3$ 时,$l=0,1,2$,角动量 $L=0,\sqrt{2}\hbar,\sqrt{6}\hbar$.无论 n 取何值,当 $l=0$ 时,$L=0$.角动量为零,是因为电子在原子核周围的概率分布是球对称的.

3. 角动量的空间量子化

氢原子的波函数指出,电子的角动量矢量 $\boldsymbol{L}$ 在空间的取向是不连续的,只能取一些特定的方向,称为角动量的空间量子化.选定外磁场的方向为 z 轴方向,则角动量在 z 轴方向的投影只能取以下不连续的值:

$$L_z=m_l\hbar,\quad m_l=0,\pm1,\pm2,\cdots,\pm l. \quad (12-40)$$

式中,m_l 称为**磁量子数**.对于一定的 l,m_l 可取$(2l+1)$个值.这表明角动量的空间取向只有$(2l+1)$种可能.例如,$l=1$,$m_l=-1,0,1$,共 3 种可能的取值.这时 $L=\sqrt{1\times(1+1)}\hbar=\sqrt{2}\hbar$,而$L_z=-\hbar,0,\hbar$,共 3 种可能取值.可见,$L$ 的最大分量 $L_z=l\hbar$ 小于 $L=\sqrt{l(l+1)}\hbar$.图 12-13 给出了 $l=1,2,3$ 时电子角动量空间取向量子化的情形.

塞曼效应可以证实原子中电子角动量空间取向量子化.塞曼效应是把原子置于外磁场中测量其发射光谱,发现原来无外磁场时的谱线分裂为几条分立的谱线,利用电子角动量空间取向量子化,可以算出分裂的几条谱线,理论与实验结果相符.

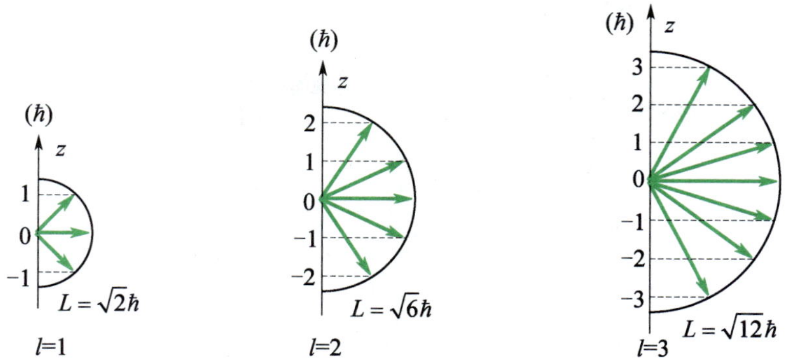

图 12－13　电子角动量空间取向量子化

§ 12.7　电子自旋　原子的壳层结构

一、电子自旋

电子自旋的概念最早是由乌伦贝克和戈尔德施米特在 1925 年提出的. 前面给出的薛定谔方程不能得出电子自旋的结论. 后来狄拉克在考虑了相对论效应之后建立了量子力学的狄拉克方程，从理论上可以得出电子存在自旋的结论，给出电子自旋角动量 $\boldsymbol{S}$ 的大小为

$$S=\sqrt{s(s+1)}\,\hbar,$$

式中，s 是**自旋量子数**，它只能取一个值，即

$$s=\frac{1}{2}.$$

因而电子的自旋角动量大小为 $S=\sqrt{\frac{3}{4}}\hbar$. 所有电子的自旋角动量都相同，而与电子的运动状态无关. 自旋角动量在外磁场方向的投影为

$$S_z=m_s\hbar,\quad m_s=\pm\frac{1}{2}. \tag{12-41}$$

式中，m_s 称为**自旋磁量子数**，它只能取 $\pm\frac{1}{2}$ 这两个数值.

施特恩-格拉赫实验(Stern-Gerlach experiment)可以证明电子自旋磁量子数只能取两个值. 如图 12－14 所示，从原子射线源 O 射出一束原子射线，通过 N 和 S 之间的不均匀磁场后落在照相底片 P 上. 因为电子绕原子核运动可看成一个磁矩，磁矩在不均匀磁场中受到磁力的作用，在磁力的作用下其运动轨道发生偏转，偏转的方向和大小与磁矩在磁场中的指向有关. 现让一束轨道磁矩为零($l=0$，$L=0$)的原子通过不均匀磁场. 实验结果是在照相底片上只有两条原子沉积线. 这说明电子自旋磁矩只有与磁场平行和反平行两个方向，也就是说电子自旋角动量在外磁场方向的投影只能有两个值.

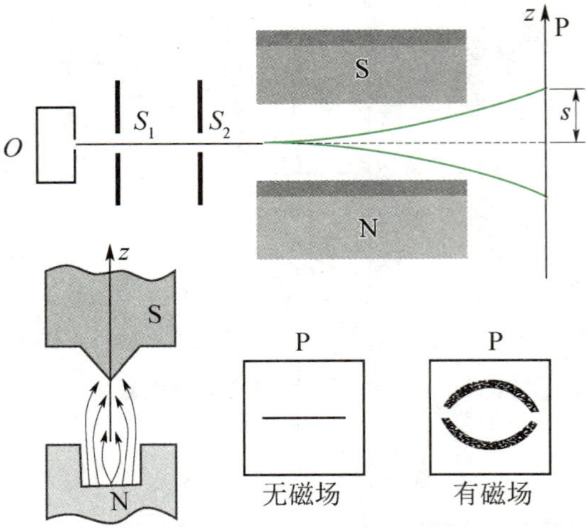

图 12-14　施特恩-格拉赫实验

因此，考虑电子自旋后，氢原子中电子的运动状态可由四个量子数决定.

(1)主量子数 n：$n=1,2,3,\cdots$，决定原子中电子的能量 E_n.

(2)副量子数 l：$l=0,1,2,\cdots,(n-1)$，决定电子绕原子核运动角动量的大小.

(3)磁量子数 m_l：$m_l=0,\pm1,\pm2,\cdots,\pm l$，决定电子角动量矢量在外磁场中的方向和大小.

(4)自旋磁量子数 m_s：$m_s=\pm\frac{1}{2}$，决定电子自旋角动量矢量在外磁场中的方向和大小.

二、原子的壳层结构

中国物理学家

黄昆

在讨论氢原子中电子的运动状态时，氢原子中只有一个电子. 而较复杂的原子中有许多电子，这时电子之间的相互作用也会影响它们的运动状态. 电子的势能函数很复杂，一般薛定谔方程不能求出严格解. 但用近似方法可以证明原子核外各电子的运动状态仍由四个量子数来确定. 与氢原子有以下两点区别.

(1)电子的能量不仅与主量子数 n 有关，也与角量子数 l 有关. 主量子数相同而角量子数不同的电子，其能量略有不同. 主量子数只是决定电子能量的主要部分.

科研设备介绍

全超导托卡马克核聚变实验装置

(2)对于原子核外电子的分布，玻尔认为是按一定壳层排列的. 1916 年，柯塞尔提出了形象化的**壳层分布**模型. 主量子数 n 相同的电子组成一个**主壳层**，简称**壳层**，主量子数不同的电子分布在不同的主壳层上. 对应主量子数 $n=1,2,3,4,5,6,7,\cdots$的电子，其壳层分别用 K，L，M，N，O，P，Q，…来命名. 如$n=1$，称为 K 壳层；$n=2$，称为 L 壳层等. 当主量子数相同，而角量子数不同的电子分布在不同的支壳层(或分壳层)时，角量子数 l 相同的电子组成一个支壳层. 与 $l=0,1,2,3,4,5,\cdots$相应的支壳层分别称为 s，p，d，f，g，h，…. 如 $l=0$，称为 s 支壳层；$l=1$，称为 p 支壳层等. 一般说来，主量子数越小，能级越低；同一主壳层(同一个主量子数 n)中，角量子数 l 较小的支壳层能级较低.

电子在不同壳层上的分布遵循泡利不相容原理和能量最小原理.

1. 泡利不相容原理

泡利

1925 年，泡利提出：一个原子中不可能有两个或两个以上的电子处在同一量子状态，即一个原子中不可能有两个或更多个电子有完全相同的四个量子数(n,l,m_l,m_s)．这条原理称为**泡利不相容原理**．这是微观粒子运动的基本规律之一．

利用泡利不相容原理可以计算各壳层中可容纳的最多电子数．当 n 给定时，l 的可能取值为 $0,1,2,\cdots,(n-1)$，共 n 个；当 l 给定时，m_l 的可能取值为 $0,\pm1,\pm2,\cdots,\pm l$，共 $2l+1$ 个；当 n,l,m_l 都给定时，m_s 只有 $+\frac{1}{2}$ 和 $-\frac{1}{2}$ 两个取值．

先计算 1 支壳层中最多能容纳的电子数．由于给定 l 后，m_l 有 $2l+1$ 个取值，每个 m_l 值又可配上 m_s 的两个取值，因此可以有 $2(2l+1)$ 组不完全相同数值，即 1 支壳层中最多可容纳 $2(2l+1)$ 个电子．例如，s 支壳层 $l=0$，可容纳 $2\times(0+1)=2$ 个电子；p 支壳层 $l=1$，可容纳 $2\times(2\times1+1)=6$ 个电子等．

给定主量子数 n 后，角量子数 l 有 n 个不同的取值．即一个主量子数为 n 的主壳层中有 n 个支壳层，$l=0,1,2,\cdots,(n-1)$，所以主量子数为 n 的主壳层中最多能容纳的电子数目 Z_n 为

$$Z_n=\sum_{l=0}^{n-1}2(2l+1)=\frac{2[1+(2n-1)]}{2}n=2n^2.$$

例如，$n=1$，K 壳层最多容纳 2 个电子；$n=2$，L 壳层最多容纳 $2\times2^2=8$ 个电子；$n=3$，M 壳层最多容纳 $2\times3^2=18$ 个电子等．表 12－2 列出原子中各壳层上最多可容纳的电子数．

表 12－2　原子中各壳层和分壳层最多可容纳的电子数

n	l							$Z_n=2n^2$
	0 s	1 p	2 d	3 f	4 g	5 h	6 i	
1 K	2	/	/	/	/	/	/	2
2 L	2	6	/	/	/	/	/	8
3 M	2	6	10	/	/	/	/	18
4 N	2	6	10	14	/	/	/	32
5 O	2	6	10	14	18	/	/	50
6 P	2	6	10	14	18	22	/	72
7 Q	2	6	10	14	18	22	26	98

2. 能量最小原理

原子系统处于正常态时，每个电子趋向占据**最低能级**．这一原理称为能量最小原理．在原子核外电子数不太多，即原子在元素周期表中的原子序数不太大的情况下，主量子数 n 越小，能级越低；而当 n 确定时，角量子数 l 越小，能级也越低．因此，电子首先从能量最低的 K 壳层中的 s 支壳层$(n=1,l=0)$填起，即先占据 1s 态．K 壳层最多可容纳两个电子，这两个电子自旋方向相反，不违背泡利不相容原理．锂原子有 3 个电子，其中 2 个填在能量最低的 1s 态，根据泡利不相容原理和能

量最小原理，第 3 个电子必须填入 $n=2, l=0$，即 L 壳层的 s 支壳层(2s). 这 3 个电子在能级上分配方式可用符号 $1s^2 2s^1$ 表示，右上角标的数字为该壳层的电子数，这种表示方式称为原子的**电子组态**. 以后电子按照 n 越小，同一 n 中 l 越小能量越小的顺序填入 L 层和 M 层的 s,p 支壳层. 到 19 号元素钾，钾原子有 19 个电子，其中 18 个电子填充为 $1s^2 2s^2 2p^6 3s^2 3p^6$，按照一般情况，第 19 个电子应该填充 3d 态，而实际填在 N 壳层的 4s 态，这是因为核外电子较多，电子之间的相互作用使角动量不同状态的能量变化较大，导致 4s 能级比 3d 能级更低. 此后会出现更多 n 较小的壳层未满，n 较大的壳层上开始有电子填入的情况. 关于 n 和 l 不同的能级高低问题，我国科学工作者总结出这样的规律：对于原子的外层电子，能级高低以 $(n+0.7l)$ 确定. $(n+0.7l)$ 越大，能级越高. 例如，4s 和 3d 比较，$(4+0.7\times 0)=4<(3+0.7\times 2)=4.4$，所以先填充 4s 态.

习　题　12

习题参考答案

1. 选择题

(1)已知一单色光照射在钠表面上，测得光电子的最大动能是 1.2 eV，而钠的红限波长是540 nm，那么入射光的波长是(　　).

(A)535 nm　　(B)500 nm

(C)435 nm　　(D)355 nm

(2)设用频率为 ν_1 和 ν_2 的两种单色光，先后照射同一种金属均能产生光电效应. 已知金属的红限频率为 ν_0，测得两次照射时的遏止电压 $|U_{a2}|=2|U_{a1}|$，则这两种单色光的频率的关系为(　　).

(A)$\nu_2=\nu_1-\nu_0$　　(B)$\nu_2=\nu_1+\nu_0$

(C)$\nu_2=2\nu_1-\nu_0$　　(D)$\nu_2=\nu_1-2\nu_0$

(3)在康普顿效应实验中，若散射光波长是入射光波长的 1.2 倍，则散射光光子能量 ε 与反冲电子动能 E_k 之比 ε/E_k 为(　　).

(A)2　　(B)3

(C)4　　(D)5

(4)氢原子光谱的巴耳末系中波长最大的谱线用 λ_1 表示，其次波长用 λ_2 表示，则它们的比值 λ_1/λ_2 为(　　).

(A)20/27　　(B)9/8

(C)27/20　　(D)16/9

(5)假定氢原子原是静止的，质量为 1.67×10^{-27} kg，则氢原子从 $n=3$ 的激发状态直接通过辐射跃迁到基态时的反冲速度大约是(　　).

(A)4 $\text{m}\cdot\text{s}^{-1}$　　(B)10 $\text{m}\cdot\text{s}^{-1}$

(C)100 $\text{m}\cdot\text{s}^{-1}$　　(D)400 $\text{m}\cdot\text{s}^{-1}$

(6)电子显微镜中的电子从静止开始通过电势差为 U 的静电场加速后，其德布罗意波长是 4 nm，则 U 约为(　　).

(A)150 V　　(B)330 V

(C)630 V　　(D)940 V

(7)如果两种不同质量的粒子，其德布罗意波长相同，则这两种粒子的(　　).

(A)动量相同　　(B)能量相同

(C)速度相同　　(D)动能相同

(8)已知粒子在一维矩形无限深势阱中运动，其波函数为

$$\Psi(x)=\frac{1}{\sqrt{a}}\cdot\cos\frac{3\pi x}{2a}(-a\leqslant x\leqslant a).$$

那么粒子在 $x=5a/6$ 处出现的概率密度为(　　).

(A)$1/(2a)$　　(B)$1/a$

(C)$1/\sqrt{2a}$　　(D)$1/\sqrt{a}$

(9)关于测不准关系 $\Delta p_x \Delta x \geqslant \frac{\hbar}{2}$，有以下几种理解：

(a)粒子的动量不可能确定；

(b)粒子的坐标不可能确定；

(c)粒子的动量和坐标不可能同时准确地确定；

(d)测不准关系不仅适用于电子和光子，也适用于其他粒子. 其中正确的是(　　).

(A)(a),(b)　　(B)(c),(d)

(C)(a),(d)　　(D)(b),(d)

(10)设粒子运动的波函数图线分别如下列选项所示，那么其中确定粒子动量的精确度最高的波函数是(　　).

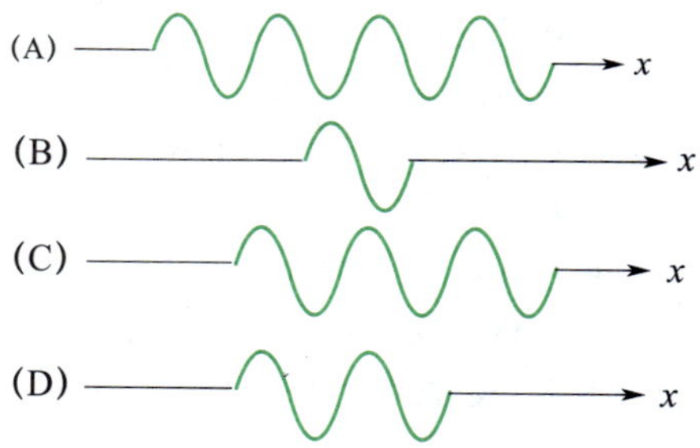

2. 填空题

(1)当波长为 300 nm 的光照射在某金属表面时，光电子的能量范围为 $0\sim4.0\times10^{-19}$ J. 在做上述光电效应实验时遏止电压为 $|U_a|=$________ V；此金属的红限频率 $\nu_0=$________ Hz.

(2)在 X 射线散射实验中，散射角为 $\varphi_1=45°$ 和 $\varphi_2=60°$ 的散射光波长改变量之比 $\Delta\lambda_1:\Delta\lambda_2=$________.

(3)氢原子从能量为 -0.85 eV 的状态跃迁到能量为 -3.4 eV 的状态时，所发射的光子能量是________ eV，这是电子从 $n=$________的能级到 $n=2$ 的能级的跃迁.

(4)光子波长为 λ，则其能量 $\varepsilon=$________；动量的大小 $p=$________；质量 $m=$________.

(5)根据量子力学理论，氢原子中电子的角动量为 $L=\sqrt{l(l+1)}\hbar$，当主量子数 $n=3$ 时，电子角动量的可能取值为________.

(6)如果电子被限制在边界 x 与 $x+\Delta x$ 之间，$\Delta x=5$ nm，则电子动量 x 分量的测不准量近似为________ $\mathrm{kg\cdot m\cdot s^{-1}}$(测不准关系式用 $\Delta x\cdot\Delta p\geqslant h$).

(7)电子的自旋磁量子数 m_s 只能取________和________两个值.

(8)原子中电子的主量子数 $n=2$，它可能具有的状态数最多为________.

(9)多电子原子中，电子的排列遵循________原理和________原理.

3. 解答题

12.3.1 将星球看作绝对黑体，利用维恩位移律，测量 λ_m 后便可求得 T. 这是测量星球表面温度的方法之一. 设测得太阳的 $\lambda_m=0.55\ \mu\text{m}$，北极星的 $\lambda_m=0.35\ \mu\text{m}$，天狼星的 $\lambda_m=0.29\ \mu\text{m}$，试求这些星球的表面温度.

12.3.2 用辐射高温计测得炉壁小孔的辐射出射度(总辐射本领)为 $22.8\ \mathrm{W\cdot cm^{-2}}$，求炉内温度.

12.3.3 从铝中移出一个电子需要 4.2 eV 的能量，今有波长为 200 nm 的光投射到铝表面. 求：

(1)由此发射出来的光电子的最大动能.

(2)遏止电压.

(3)铝的截止(红限)波长.

12.3.4 在一定条件下，人眼视网膜能够对 5 个蓝绿光光子($\lambda=500$ nm)产生光的感觉. 此时视网膜上接收到光的能量为多少？如果每秒都能吸收 5 个这样的光子，则到达眼睛的功率为多大？

12.3.5 若一个光子的能量等于一个电子的静能，试求该光子的频率、波长、动量.

12.3.6 波长 $\lambda_0=0.0708$ nm 的 X 射线在石蜡上受到康普顿散射，求在 $\pi/2$ 和 π 方向上所散射的 X 射线波长各是多大？

12.3.7 实验发现基态氢原子可吸收能量为12.75 eV的光子. 试问：

(1)氢原子吸收光子后将被激发到哪个能级？

(2)受激发的氢原子向低能级跃迁时，可发出哪几条谱线？请将这些跃迁画在能级图上.

12.3.8 处于基态的氢原子被外来单色光激发后发出的谱线中只有两条属于巴耳末线系，试求这两条谱线的波长及外来光的频率.

12.3.9 当基态氢原子被 12.09 eV 的光子激发后，其电子的轨道半径将增加多少倍？

12.3.10 光子与电子的波长都是 0.2 nm，它们的动量和总能量各为多少？

12.3.11 从某激发态向基态跃迁而产生的谱线波长为 400 nm，测得谱线宽度为 10^{-5} nm，求该激发能级的平均寿命.

12.3.12 一波长为 300 nm 的光子，假定其波长的测量精度为百万分之一，求该光子位置的不确定量.

12.3.13 原子内电子的量子态由 n,l,m_l,m_s 四个量子数表征. 当 n,l,m_l 一定时，不同的量子态数目是多少？当 n,l 一定时，不同的量子态数目是多少？当 n 一定时，不同的量子态数目是多少？